Experimentelle Forschungen

über

Bleiaufnahme und Bleiausscheidung

und ihre Bedeutung für Gewerbehygiene und Öffentliche Gesundheit,
unter besonderer Berücksichtigung von Bleitetraäthyl
und bleihaltigen Kraftstoffen.

Eine Sammlung von Veröffentlichungen aus dem
Kettering-Laboratorium für Angewandte Physiologie
Medizinische Fakultät der Universität Cincinnati (Ohio).

In deutscher Sprache herausgegeben von der
Ethyl G.m.b.H., Berlin

1939

Im Buchhandel durch die Verlagsbuchhandlung
Springer-Verlag Berlin Heidelberg GmbH

Aus dem Englischen übersetzt von
Dr. phil. Karl R. Kraze, Ludwigshafen am Rhein,
unter Mitwirkung
von Dr. med. Max Spelthahn, Leuna

ISBN 978-3-642-89458-9   ISBN 978-3-642-91314-3 (eBook)
DOI 10.1007/978-3-642-91314-3
Softcover reprint of the hardcover 1st edition 1939

Vorwort.

Die hier zusammengefaßten Aufsätze bilden einen Teil der Veröffentlichungen des Kettering-Laboratoriums für Angewandte Physiologie an der Medizinischen Fakultät der Universität Cincinnati. Sie stellen den Ertrag von Untersuchungen über Auswirkungen auf die Gewerbehygiene und öffentliche Gesundheit dar, die sich infolge der Herstellung, des Vertriebs und der Verwendung von bleihaltigen Kraftstoffen ergeben. Die Art und der Umfang dieser Probleme führte rasch zu einer Ausdehnung der experimentellen Forschungen, weit hinaus über den unmittelbaren Bereich der Gewerbehygiene und Toxikologie; sie liefen schließlich in eine allgemeine Untersuchung über das Ausmaß und die Bedeutung der menschlichen Bleiaufnahme überhaupt, sowie über die Natur der Bleivergiftung aus.

Nach Verlauf von mehr als 10 Jahren, die diesem Studium gewidmet waren, sind die hauptsächlichsten Ziele noch bei weitem nicht erreicht; doch ist eine Anzahl von Fragen zu einer befriedigenden Lösung gebracht, und die Richtlinien und Methoden der zukünftigen Arbeit sind entwickelt und geklärt worden.

Um den Hintergrund des Fragenkreises allgemein aufzuhellen, zu zeigen, was erreicht worden ist, und den gegenwärtigen Stand bestimmter Probleme zu klären, die für Hygieniker und Vertreter der betroffenen Gewerbe Bedeutung haben, sind die in Betracht kommenden Veröffentlichungen des eingangs erwähnten Laboratoriums in dem vorliegenden Nachschlagebuch vereinigt worden. Außerdem sind die in Kraft befindlichen Vorschriften für den Bau und Betrieb von Anlagen, die zum Mischen von bleitetraäthylhaltigem Ethyl-Fluid mit Benzin dienen, angefügt (Abschnitt IX).

Von der Praxis aus gesehen sind die wichtigeren Punkte, von denen die beschriebenen Untersuchungen handeln, die folgenden:

Die Entwicklung der chemischen sowie der spektrographischen Methoden zur Bestimmung von kleinen Mengen Blei in biologischen Stoffen (Abschnitt VIII).

Der Nachweis des Vorhandenseins, das allgemeine Bild und der Umfang eines normalen Bleiaustausches sowohl in primitiven wie in zivilisierten Menschen.

Das Verhalten von Bleitetraäthyl im tierischen und menschlichen Organismus, im Zusammenhang mit den klinischen Symptomen und der Behandlung von durch konzentriertes Bleitetraäthyl verursachter Bleivergiftung.

Die Bleigefährdungen, die mit der Herstellung von Bleitetraäthyl und dessen Vermischung mit Benzin verbunden, sowie die Maßnahmen, die für eine gefahrlose Handhabung dieses Stoffes notwendig sind.

Die Möglichkeiten einer Schädigung durch bleihaltige Kraftstoffe, wobei sich ergibt, daß bei dem Vertrieb und der Verwendung derartiger Kraftstoffe für Motortreibzwecke keine Wahrscheinlichkeit einer Gefährdung der öffentlichen Gesundheit besteht.

<table>
<tr><td>Ethyl G. m. b. H.
Berlin.</td><td>Kettering-Laboratorium
Cincinnati (Ohio).</td></tr>
</table>

Inhaltsverzeichnis.

Abschnitt I.
Normale Aufnahme und Ausscheidung von Blei.

A.

Kehoe, R. A., Thamann, F. und Cholak, J.: **Über die normale Aufnahme und Ausscheidung von Blei.**

B.

Kehoe, R. A., Thamann, F. und Cholak, J.: **Über die normale Aufnahme und Ausscheidung von Blei.**

C.

Kehoe, R. A., Thamann, F. und Cholak, J.: **Über die normale Aufnahme und Ausscheidung von Blei.**

D.

Kehoe, R. A., Thamann, F. und Cholak, J.: **Über die normale Aufnahme und Ausscheidung von Blei.**

Abschnitt II.
Gewerbliche Bleieinwirkung und Aufnahme.

A.

B.

Abschnitt III.
Diagnose von Bleivergiftung.

A.

Abschnitt IV.
Giftigkeit und physiologisches Verhalten verschiedener Bleiverbindungen.

A.

B.

Abschnitt V.
Bleitetraäthylvergiftung.

A.

B.

Machle, W. F.: Vergiftung durch Bleitetraäthyl und verwandte Bleiverbindungen. [J. amer. med. Assoc. **105**, 578 (1935)]

Abschnitt VI.

Gewerbliche Gefährdungsmöglichkeiten beim Mischen von Ethyl-Fluid mit Benzin.

A.

Kehoe, R. A.: Probleme beim Umgang mit Ethyl-Fluid und Bleibenzin. [National Safety News **29**, 19 (1934)]

B.

Kehoe, R. A. und Machle, W. F.: Die berufliche Bleiberührung bei mit dem Vermischen von Bleitetraäthyl (Ethyl-Fluid) mit Benzin beschäftigten Männern. [Als Separatdruck veröffentlichte Untersuchungsergebnisse (1936)]

Seite

Abschnitt VII.

Gefährdungsmöglichkeiten in Gewerbe und öffentlicher Gesundheit bei Vertrieb und Verwendung von Bleibenzin.

A.

B.

Abschnitt VIII.

Analyseverfahren.

(Vgl. auch I A, S. 5f., sowie IV B, S. 4f.)

A.

Abschnitt IX.

Sicherheits- und Betriebsvorschriften.

A.

B.

C.

Vorschriften über den Umgang mit Ethyl-Fluid und das Mischen auf Misch-anlagen, in denen Fluid-Vorrattanks aus Fässern gefüllt werden, sowie damit verknüpfte Arbeiten

I

Abschnitt I

Normale Aufnahme und Ausscheidung von Blei

Über die normale Aufnahme und Ausscheidung von Blei.

Von

Robert A. Kehoe, Frederick Thamann und **Jacob Cholak,**
Kettering-Laboratorium für Angewandte Physiologie, Universität Cincinnati, Cincinnati (Ohio).

I. Bleiaufnahme und Ausscheidung unter primitiven Lebensbedingungen[1].

Die Beobachtungen von Devergie (1) im Jahre 1838 über das Vorkommen von „normalem" Blei in Geweben des menschlichen Körpers bildeten den Anfang einer wissenschaftlichen Erörterung, die sich unvermindert fast ein Jahrhundert fortsetzte. In neuerer Zeit ist dieser Streit durch Anwendung von in ihrer Empfindlichkeit verbesserten Methoden der Bleibestimmung zu einem Abschluß gebracht worden. Es steht heute fest, daß sich in vielen Teilen der Welt regelmäßig im Stuhl und Urin von normalen, gesunden Personen Blei findet (2, 3, 4, 5, 6, 7, 8, 9, 10, 11). Daraus allein ist schon zu schließen, daß Blei ein im wesentlichen stetiger Bestandteil in den Geweben des heutigen Menschen ist; die zunehmende Aufklärung durch direkte chemische und spektrographische Forschungen (8, 12, 13, 14, 15, 16, 17) hat dies jedoch noch bestätigt. Im allgemeinen wird angenommen, daß das Blei in den Geweben zufällig ist, daß es weder als natürlich noch als notwendig angesehen werden kann, und daß sein tatsächliches Auftreten den Möglichkeiten der Berührung mit bleihaltigen Waren zuzuschreiben ist, welche die neuzeitliche Lebensführung mit sich bringt. Unbedingt braucht dies jedoch nicht zuzutreffen. Zbinden (15) lenkte im Hinblick auf den physiologischen Einfluß gewisser Substanzen in winzigen Mengen die Aufmerksamkeit auf die Möglichkeit, daß auch Blei, ebenso wie andere Schwermetalle, physiologische Bedeutung hat.

Uns erschien einleuchtend, daß sich kleine Bleimengen auf natürliche Weise in Geweben des menschlichen Körpers finden können — ob nützlich oder nicht. Da es klar war, daß sich eine derartige Frage nicht durch Beobachtungen beantworten ließ, die sich auf die industrialisierten Teile der Welt beschränkten, beschlossen wir, nach menschlichen Gemeinschaften zu fahnden, die den Handels- und Verkehrsentwicklungen der letzten Jahrzehnte entgangen waren und bei denen die Möglichkeiten für die Aufnahme von Blei denjenigen primitiver Völker gleichkamen.

Folgende Anforderungen bildeten die Grundlage für die Wahl eines Ortes für unsere experimentellen Untersuchungen: 1. Die Lebensbedingungen mußten derart sein, daß die Möglichkeit einer Berührung mit Bleiverbindungen bei irgendwelcher Beschäftigung jederzeit ausgeschlossen war. 2. Vollständiges Fehlen einer Gelegenheit zur Bleiaufnahme, wie sie die Verwendung von Bleifarben an

---

[1] Aus J. ind. Hyg. **15**, 257—272 (1933). Zur Veröffentlichung eingegangen am 13. März 1933.

oder in Wohnhäusern oder an allgemeinen Gebrauchsgegenständen, sowie der Genuß von Büchsenware, die Verwendung von Gefäßen und Kochgeräten aus Metall, von Wasserleitungsrohren und Maschinen jeder Art mit sich bringt. 3. Die Nähe von Städten oder leichte Transportmöglichkeiten zu oder von hochentwickelten Gemeinwesen bildeten einen weiteren Einwand. 4. Berg- und Hüttenbetriebe — besonders hinsichtlich bleihaltiger Erze — durften innerhalb einer Entfernung, die die Möglichkeit für eine Versehrung der Vegetation, der Bodenkruste und des Wassers geben konnte, nicht vorhanden sein. 5. Gebrauch von Feuerwaffen und Verwendung von Wild, das durch Feuerwaffen erlegt wird, als Nahrung in beträchtlichem Umfange war ebenfalls ein Grund zum Ausschluß. 6. Eine erhebliche Anzahl von Menschen mußte für Studienzwecke zur Verfügung stehen, die bereit waren, sich Blut entnehmen zu lassen und Proben von Exkrementen, sowie Nahrungsmittel und allgemeine Gebrauchsgegenstände zu liefern.

Ein Abwägen der verschiedenen in Betracht kommenden Örtlichkeiten führte zu der versuchsweisen Wahl von Mexiko als eines geeigneten Studiengebietes, und nach Erforschung mehrerer Dörfer in verhältnismäßig geringer Entfernung von der Stadt Mexiko wählten wir aus den vielen unseren Bedingungen entsprechenden Pueblos zwei kleine Dorfgemeinden aus. Da irgendwelche Schlüsse hinsichtlich eines natürlichen Vorkommens von Blei in menschlichen Wesen nur gezogen werden können, wenn Gelegenheiten zur künstlichen Berührung mit Blei durchaus fehlen, ist eine Beschreibung dieser Dörfer und des Lebens innerhalb derselben unerläßlich.

1. Die Versuchsstätten.

Das Pueblo Cachi, ein Gemeinwesen von ungefähr 100 Familien, liegt auf der mexikanischen Hochebene, ungefähr 5 Kilometer von dem nächsten Dorf Ixtlahuaca entfernt, 31 Kilometer nordwestlich von Toluca, im Staate Mexiko. Die aus Luftziegeln erbauten Häuser des Pueblo lagen in unregelmäßigen Abständen mitten in einem Feld von reifendem Mais verstreut, längs eines kleinen, gewundenen Kanals, der, von Trinkzwecken abgesehen, die Wasserversorgung bildete. Das Trinkwasser lieferte ein tiefer Brunnen, über dem ein Luftziegelgebäude mit einem Ziegeldach stand. Ein an ein Seil gebundenes Tongefäß diente zum Heraufziehen des Wassers. Die Häuser bestanden aus einem Raum mit einer Tür und mit einer weiteren Öffnung für Licht, oder auch ohne die letztere. Sie enthielten keine Möbel. Binsenmatten lagen auf dem Fußboden oder hingen an Pflöcken an der Wand. Sie vertraten die Stelle von Tischen, Stühlen und Betten. An einem Ende befand sich ein einfacher Steinherd ohne Esse; der Rauch suchte sich einen Ausweg durch die offenen Dachluken. Mehrere irdene Gefäße verschiedener Größe, ein auf drei Füßen ruhender, oben abgeflachter Stein und eine Steinwalze zum Mahlen von Mais, eine flache irdene Schüssel und eine hölzerne Kelle bildeten die gesamten Kochgeräte.

Die Männer beschäftigten sich lediglich mit Landwirtschaft und Viehzucht. Die Frauen arbeiteten ebenfalls auf den Feldern, wenn sie nicht mit Waschen der Kleidung, Krempeln und Spinnen von Wolle oder Weben beschäftigt waren. Die einzigen Metallwerkzeuge waren Sicheln und Messer zum Kornschneiden. Es gab kein Wildbret und keine Jagd. Außerdem hatten die Einwohner auch keine Feuerwaffen. Töpferwaren wurden hier nicht angefertigt; auch gab es keinen Fabrikationsbetrieb irgendwelcher Art in den zwei benachbarten Städten, die die einzigen leicht erreichbaren Handels- und Verkehrsmöglichkeiten mit anderen Eingeborenengruppen bildeten.

Cachi war arm. Seine Bewohner waren armselig gekleidet, hatten wenig Besitz, waren aber trotzdem im wesentlichen selbstgenügsam. Sie gewannen ihre Nahrung aus dem Boden. Sie hatten Mais, Bohnen, kleine Mengen Gerste und Weizen und zahlreiche andere pflanzliche Erzeugnisse, außerdem Milch, Eier, Schweine und Geflügel. Sie waren gut ernährt und im allgemeinen von guter Gesundheit. Die Höhenlage von über 2400 m verschonte sie vor übergroßer Wärme und tropischen Insekten, die warmen hellen Tage ließen andererseits während des ganzen Jahres die Pflanzenwelt wachsen. Die Indios litten also keinen Hunger. Die Nahrungsmittel, die im Dorfe nicht verbraucht wurden, wurden verkauft oder dafür im Tauschhandel Kalk, Stoffe, Töpferwaren, Matten, Hüte, Decken und Schals erworben. Im allgemeinen wurde jedoch nur sehr wenig im Überfluß erzeugt, so daß nur das unumgänglich Nötige angeschafft werden konnte. Tabakgenuß war nicht allgemein, obwohl die Einwohner großen Gefallen daran fanden. Pulque, der gegorene Saft der dort fast überall wachsenden Agaven, war leicht zu haben und wurde allgemein von den Männern und Knaben getrunken.

Zwischen Cachi und den benachbarten Städten gab es keine Landstraßen. Wollten die Indios die Stadt besuchen, dann gingen sie zu Fuß, und auch das beschränkte sich hauptsächlich auf die Markttage und örtliche oder allgemeine Feste. Weiter entlegene Ortschaften besuchten sie selten, und nur ein einziger Einwohner von Cachi, ein alter Mann von 70 Jahren, war jemals in der Stadt Mexiko gewesen.

Die Rancheria el Colero ist ein kleines Dorf bei Capulhuac, ungefähr 24 Kilometer südöstlich von Toluca und annähernd 50 Kilometer von Cachi entfernt. Seine Bevölkerung und Lebensweise stimmte in solchem Maße mit derjenigen des eben geschilderten Dorfes überein, daß sich keine Abweichungspunkte von Bedeutung feststellen ließen, es sei denn, daß die Abwechslung in der Ernährung etwas größer war als bei den Bewohnern von Cachi.

Nach Angaben des Mexikanischen Geologischen Bundesamtes (Federal Institute of Geology of Mexico) ist im Staate Mexiko des mexikanischen Staatenbundes Blei weder abgebaut noch verhüttet worden. Bleivorkommen sind in der Nähe der zwei Dörfer, in denen die Untersuchungen angestellt wurden, nicht bekannt, obwohl sich bei der Bergwerksbehörde (Department of Mines) drei veraltete Genehmigungsscheine für den Abbau von silberhaltigem Bleiglanz auf der Stadt Aquipan gehörigem Gelände im äußersten Süden des Staates vorfanden. Angaben über das Schicksal dieses Bergbauentwicklungsversuches fehlen.

Die Beobachtung der Einwohner dieser zwei Gemeinwesen ergab nur eine einzige Möglichkeit für das Eindringen von Blei in ihre Nahrung, nämlich die Verwendung von irdenen, mit Bleiglasur überzogenen Gefäßen. Wenn man bedenkt, daß schon das Altertum Töpferwaren und Geräte mit Bleiglasur kannte, so ist dies nicht als eine neuzeitliche Erscheinung anzusehen. Aus den Ergebnissen der vorliegenden Untersuchung wird man einen Begriff davon bekommen, welche Bedeutung die frühzeitige Verwendung von bleihaltigen Gegenständen besitzt.

2. Versuchspersonen und Methoden.

Wir wählten für unsere Untersuchungen 53 Personen in Cachi und 42 in Colero aus. Ihre Verteilung nach dem Alter ist in Tabelle 1 angegeben.

Jede Person wurde über Geburtsort, Alter, Beschäftigung, Besuche außerhalb des Dorfes und Krankheiten befragt und oberflächlich untersucht, um Kranke auszuscheiden. Jedesmal machten wir eine Hämoglobinbestimmung im Blut mittels des Dareschen Instrumentes, sowie Blutausstriche, und zwar wurden in Cachi von 34 Personen je 50 ccm Blut für Analysen entnommen. Dabei achteten wir darauf, daß jede Verunreinigung vermieden wurde. Die Spritze und Nadeln sterilisierten wir in einem kleinen, durch eine Spirituslampe erhitzten Metallgefäß. Destilliertes Wasser führten wir zu diesem Zwecke mit. Nach der Entnahme

Tabelle 1. Verteilung der Personen nach dem Alter.

Alter — Jahre	Beide Gruppen vereinigt	Cachi	Colero
5— 9	30	16	14
10—14	13	2	11
15—19	7	4	3
20—24	4	2	2
25—29	14	8	6
30—34	6	5	1
35—39	6	5	1
40—44	4	2	2
45—49	1	1	0
50—54	2	1	1
55—59	2	2	0
60—64	3	2	1
65—69	1	1	0
70	2	2	0
Insgesamt	95	53	42

jeder Probe wuschen wir die Spritze mit Brunnenwasser, spülten und kochten sie dann mit destilliertem Wasser aus. Von Zeit zu Zeit mußten wir dem Sterilisationsgefäß frisches destilliertes Wasser zusetzen. Nach Abschluß einer Tagesarbeit füllten wir das in dem Sterilisiergefäß zurückbleibende Wasser, in welchem sich die nichtflüchtigen Bestandteile von mehreren Sterilisationen angesammelt hatten, in eine Probeflasche zur Aufbewahrung und Analysierung.

Gallonenkannen für Proben von Urin und Getränken, Quartgefäße für Faeces und feste Nahrungsmittel und kleine Flaschen für Blut und andere kleine Proben hatten wir im Laboratorium in Cincinnati vorbereitet, versiegelt und mit der Bahn bis zur nächstliegenden Eisenbahnstation geschickt. Das letzte Stück ihres Weges wurden sie auf dem Rücken von Eseln befördert. Sie wurden in einem trocknen Luftziegelhaus aufbewahrt und den betreffenden Personen zum sofortigen Gebrauch und zur sofortigen Rückgabe an den Verwalter abgegeben. Jede Person wurde mit einer Identitätskarte versehen, auf der ihr Name und ihre Nummer stand; die Krüge und Gefäße wurden entsprechend etikettiert. Zuerst hatten wir Schwierigkeiten, den Eingeborenen begreiflich zu machen, daß die Urinproben nur von einer einzelnen Person zu liefern waren. Sie hatten manchmal, um die Sache schneller zu Ende zu bringen und um schneller ihre Geldbelohnung zu bekommen, ihre Ausweiskarte an andere Mitglieder ihrer Familie weitergegeben. Das war wohl nicht so sehr die Absicht zu betrügen, als ein Mangel an Verständnis, was wir überhaupt wollten. Dieses Mißverständnis ist nicht überraschend, wenn man die Sprachschwierigkeiten in dieser Lage und das vom Standpunkt der Mexikaner aus ans Absurde Grenzende der ganzen Sache in Betracht zieht. Im ganzen konnten wir jedoch die Sammlung der Proben befriedigend zu Ende führen, nur mit dem gelegentlichen Fehler, daß der Urin von mehr als einer Person in einem Gefäß vermischt war. In einigen Fällen waren die Proben so klein, daß wir sie ohnehin zu größeren zusammengesetzten Proben vereinigten. Die Nahrungsmittelproben wurden direkt in die Gefäße gesammelt. Jede Probe wurde mit 5—10 ccm 40%igem Formaldehyd versetzt, der analytisch als bleifrei festgestellt worden war. Die Behälter wurden versiegelt, in Verschläge verpackt und an das Laboratorium in Cincinnati zum Analysieren zurückgeschickt. Die Zollrevision wurde in Cincinnati in Gegenwart eines Mitgliedes des Laboratoriums vorgenommen; auf diese Weise war jede Möglichkeit vermieden, daß das Material von dem Augenblick an, wo es die mexikanischen Dörfer verlassen hatte, bis zu seiner Ankunft im Laboratorium verunreinigt werden konnte.

3. Analysenmethoden.

Analyse des Urins.

Die Gesamtmenge wird gemessen, und es werden, wenn es sich um ammoniakalische Proben handelt, auf je 1 Liter Urin 100 ccm Salpetersäure (spez. Gew. 1,42) und 10 ccm Schwefelsäure (1 : 10) vorsichtig zugesetzt. (Die Schwefelsäure dient dazu, übermäßige Alkalität des Ascherückstandes zu vermeiden.) Die Probe wird bei annähernd 105° C auf einer Heizplatte zur Trockne eingedampft, der Rückstand in eine 500-ccm-Pyrexschale übergelöst und wieder bei 105° C zur Trockne verdampft. Nach dem Veraschen im elektrischen Muffelofen bei einer durch Pyrometer kontrollierten Temperatur von nicht über 500° C wird die Asche abgekühlt, vorsichtig mit destilliertem Wasser angefeuchtet und mit 20 ccm Salpetersäure (1 : 1) aufgenommen, wobei man mit einem Rührstab auflockert. Darauf füllt man mit destilliertem Wasser auf 50 ccm auf, läßt auf einer Heizplatte stehen, filtriert den Rückstand ab und wirft ihn nach wiederholtem Auswaschen abwechselnd mit heißer Salpetersäure (1 : 1) und heißem Wasser fort. Das Filtrat und die Waschflüssigkeit werden in einem 600-ccm-Pyrexkochbecher aufgefangen, auf einer Heizplatte bei 105° C zur Trockne eingedampft, der Rückstand mit 25 ccm Salzsäure (spez. Gew. 1,19) behandelt, wieder zur Trockne verdampft und schließlich in so wenig wie möglich Salzsäure (1 : 1) gelöst. Die Lösung wird auf annähernd 300 ccm verdünnt und durch Zusatz von 25%igem Natriumhydroxyd neutralisiert, bis sie gerade alkalisch ist, mit 4 Tropfen 0,1%iger wäßriger Methylorangelösung als Indikator. Salzsäure (1 : 2) wird bis zu schwächster Rosafärbung zugesetzt, die Lösung abgekühlt und 1 Stunde lang mit Schwefelwasserstoff behandelt. Nachdem sie über Nacht gestanden hat, wird der Niederschlag auf ein 12,5-cm-Filter abfiltriert und gründlich mit frisch dargestelltem Schwefelwasserstoffwasser, dem 0,1% seines Volumens Salzsäure zugesetzt worden ist, ausgewaschen. Der Niederschlag wird von dem Papier in denselben Kochbecher, in welchem er ausgefällt worden war, mit heißer Salpetersäure (1 : 1) und danach mit heißem Wasser übergewaschen; die Wände des Kochbechers und das Gaseinleitungsrohr werden in derselben Weise abgespült. Die Lösung[1] wird auf

---

[1] Erhält man bei der der Sulfatausscheidung vorausgehenden Sulfidabscheidung eine erhebliche Menge schwarzen Sulfidniederschlages, so führt man eine Abscheidung von Wismut wie folgt aus: die Salpetersäurelösung der Sulfide wird in demselben Becherglas, in dem die

ein kleines Volumen eingedampft, in einen 100-ccm-Pyrexbecher übergefüllt, mit 1 ccm Schwefelsäure (spez. Gew. 1,84) versetzt und bis zum Auftreten von Schwefelsäuredämpfen verdampft. Nach dem Abkühlen werden die Wände des Kochbechers mit destilliertem Wasser (ungefähr 10 ccm) abgespült und die Lösung wieder bis zum Auftreten von Schwefelsäuredämpfen eingedampft. (Diese Behandlung ist nötig, um während des ersten Eindampfens entstehende Nitrosylschwefelsäure zu zerstören.) Nach erneutem Abkühlen wird eine Mischung von 10 ccm 95%igem Äthylalkohol mit 20 ccm Wasser zugesetzt, die Lösung 5 Minuten lang gekocht, um alle löslichen Salze aufzulösen, und über Nacht stehen gelassen. (In diesem Stadium werden die löslichen Sulfate der durch Schwefelwasserstoff ausgefällten Metalle beseitigt. Kleine Mengen von Wismut werden abgeschieden; größere Mengen indessen, wie sie sich nach einer Wismuttherapie vorfinden, können unlöslich sein. Vgl. Fußnote 1 S. 5). Der Niederschlag wird durch ein 7-cm-Filter abfiltriert und Becher sowie Filter gründlich mit einer Mischung von 1 ccm Schwefelsäure mit 10 ccm 95%igem Äthylalkohol und 20 ccm Wasser ausgewaschen. Der Niederschlag wird sodann mit heißer 20%iger Ammonacetatlösung und darauffolgend mit heißem Wasser aus dem Filter in einen 600-ccm-Pyrexbecher herausgelöst. (Dies geschieht, indem man zuerst das Becherglas, in welchem der Niederschlag ausgefällt wurde, mit 5 ccm Ammonacetatlösung ausspült, die Waschlösung auf das Papier filtriert und dann das Filter mit 5 ccm Ammonacetatlösung und schließlich gründlich mit heißem Wasser nachwäscht. Handelt es sich um große Bleimengen, so können mehrmals 5 ccm Ammonacetatlösung erforderlich werden.) Die nun mit kaltem Wasser auf 300 ccm verdünnte Lösung wird mit 2 Tropfen Salpetersäure versetzt, mit 25%igem Natriumhydroxyd alkalisch gemacht und sodann mit Salzsäure (1 : 2), Methylrot als Indikator (4 Tropfen 0,1%iger Methylrotlösung in 50%igem Äthylalkohol), bis zum Auftreten einer schwachen Rosafärbung angesäuert. Darauf wird 1 ccm Salzsäure (1 : 2) im Überschuß hinzugesetzt, die Lösung abgekühlt, 1 Stunde lang mit Schwefelwasserstoff behandelt und über Nacht stehen gelassen. Der Niederschlag wird abfiltriert, ausgewaschen und auf dieselbe Weise und unter denselben Vorsichtsmaßnahmen wie bei der vorhergehenden Sulfidstufe wieder aufgelöst. Die Lösung wird auf 1—2 ccm eingedampft, in einen 150-ccm-Pyrexbecher übergefüllt, mit kaltem Wasser auf 80 ccm verdünnt und mit 25%igem Natriumhydroxyd (eisen- und aluminiumfrei!) neutralisiert, mit 4 Tropfen einer 0,5%igen Phenolphtaleinlösung in 1%igem wäßrigem Natriumhydroxyd als Indikator. 5 Tropfen 25%iges Natriumhydroxyd werden im Überschuß zugesetzt, damit bei dem darauffolgenden Versetzen mit Essigsäure genügend Natriumacetat entsteht, um das Vorhandensein von kleinen Mengen Mineralsäuren zu puffern. Sodann werden 2 ccm 5%ige

---

Sulfidausfällung vorgenommen worden war, auf 1—2 ccm eingedampft und sodann mit destilliertem Wasser auf annähernd 100 ccm verdünnt. Nun wird der warmen Lösung tropfenweise Ammoniakwasser (1 : 10) zugesetzt, bis schwache Opaleszenz, jedoch noch kein ausgesprochener Niederschlag auftritt. An diesem Punkt setzt man 1 ccm Salzsäure (1 : 10) zu. Für einen Augenblick ist die Lösung klar, dann beobachtet man das Auftreten eines Niederschlages von Wismutoxychlorid. Die Lösung wird 10 Minuten zum Sieden erhitzt und, noch heiß, durch ein 12,5-cm-Filter in einen 400-ccm-Kochbecher filtriert. Der Niederschlag auf dem Filter wird mit kalter 0,1%iger Salzsäure ausgewaschen. Das Filtrat wird auf ein kleines Volumen (5 ccm) eingedampft, in einen 100-ccm-Pyrexbecher übergefüllt, mit 1 ccm Schwefelsäure (spez. Gew. 1,84) versetzt und bis zum Auftreten von Schwefelsäuredämpfen verdampft.

Essigsäure mehr hinzugefügt als zum Neutralisieren erforderlich ist. (Bei Anwendung von Eisessig fällt das Bleichromat nicht hinreichend aus, besonders wenn die vorhandene Bleimenge kleiner als 0,5 mg ist.) Die Lösung wird zum Sieden erhitzt und mit 2 ccm 1%iger Kaliumbichromatlösung versetzt, wonach man die Mischung 1 Stunde lang auf einer Heizplatte und bei nicht weniger als 60° C über Nacht stehen läßt. Der Niederschlag wird auf einem 7-cm-Filter aufgefangen und Becherglas und Filter gründlich mit heißem Wasser ausgewaschen, um die letzten Spuren von löslichem Chromat zu entfernen (zu prüfen mit Diphenylcarbazid, bis das Waschwasser keine Rosafärbung mehr gibt). Sodann wird der Chromatniederschlag mit 50 ccm kalter Salzsäure (1 : 5) und sofort darauffolgend mit kaltem Wasser in einen 250-ccm-Mohrschen Kolben übergelöst, der 100 ccm Wasser enthält. Becher und Rührstab werden mit einem Teil der Salzsäure (1 : 5) abgespült und die Spülsäure ebenfalls durch das Filter gegeben. In einem gleichen Mohrschen Kolben wird eine Normlösung angesetzt, die so viel Kaliumbichromat enthält, daß sie 0,30 mg Blei, als Bleichromat ausgefällt, entspricht; 100 ccm Wasser und 50 ccm kalte Salzsäure (1 : 5) werden zugesetzt. Die zu prüfende Lösung und die Normlösung werden sodann mit 2 ccm einer 1%igen s-Diphenylcarbazidlösung in Eisessig versetzt. Nachdem jede der beiden Lösungen auf 250 ccm verdünnt und gründlich durchgemischt ist, führt man die Bestimmung des Bleis in der zu prüfenden Lösung durch Vergleichen der Stärke der Rosafärbung mit derjenigen der Normlösung in einem Kolorimeter nach Duboscq zu Ende.

Analyse der Faeces.

Jede Probe wird in eine abgewogene 500-ccm-Quarzschale gebracht, auf einer Heizplatte bei 105° C bis zur Gewichtskonstanz getrocknet und in der gleichen Schale in einem elektrischen Muffelofen bei einer durch Pyrometer kontrollierten Temperatur von nicht mehr als 500° C verascht. Nach Abkühlen und Abwägen der Asche feuchtet man vorsichtig mit destilliertem Wasser an und versetzt mit 20 ccm Salpetersäure (1 : 1), wobei man mit einem Rührstab auflockert. Sodann wird mit heißem Wasser auf 50 ccm aufgefüllt. Man läßt einige Zeit auf einer Heizplatte stehen und filtriert in einen 600-ccm-Kochbecher, wonach der Rückstand sorgfältig abwechselnd mit heißer Salpetersäure (1 : 1) und heißem Wasser ausgewaschen und schließlich fortgeworfen wird. Das Filtrat mitsamt den Waschflüssigkeiten wird auf einer Heizplatte bei 105° C zur Trockne verdampft. Der Rückstand wird mit 25 ccm Salzsäure aufgenommen, wieder zur Trockne verdampft und schließlich in einem möglichst geringen Quantum Salzsäure (1 : 1) aufgelöst. Die Lösung wird auf annähernd 300 ccm verdünnt und durch tropfenweises Zusetzen von 25%igem Natriumhydroxyd unter beständigem Rühren neutralisiert, bis eine leichte, anhaltende Trübung auftritt. Die Lösung muß kalt sein und darf auch während des Neutralisierens nicht merklich warm werden. Man setzt nun ein paar Tropfen von 0,1%igem wäßrigem Methylorange zu und, wenn die Lösung alkalisch ist, Salzsäure (1 : 2) bis zu schwacher Rosafärbung. Sodann leitet man 1 Stunde lang Schwefelwasserstoff durch, läßt den Niederschlag über Nacht absitzen, filtriert durch ein 12,5-cm-Filter und wäscht mit frisch dargestelltem Schwefelwasserstoffwasser aus, dem 0,1 Vol.-% Salzsäure zugesetzt worden ist. Darauf wird wieder mit heißer Salzsäure (1 : 1) übergelöst, und zwar in denselben Kochbecher, in welchem die Sulfidausfällung vorgenommen wurde. Der Salzsäure setzt man 0,1% ihres Volumens Salpetersäure zu, um etwaiges Kupfersulfid aufzulösen und dadurch Bleieinschließung zu verhindern. Die

Wände des Kochbechers und das Gaseinleitungsrohr werden mit der gleichen Säure abgespült, das Filter zunächst mit der Säure und sodann gründlich mit heißem Wasser ausgewaschen. Die Lösung wird erwärmt, bis der Schwefelwasserstoff ganz vertrieben ist, wonach man sie mit kaltem Wasser bis auf 300 ccm verdünnt. Von diesem Punkt an werden die zweite Neutralisierung mit Natriumhydroxyd, die zweite Ausfällung mit Schwefelwasserstoff und die darauffolgenden Analysenstufen in genau der gleichen Weise ausgeführt wie bei den Urinproben.

Analyse von Nahrungsmitteln, Körpergeweben und anderen Substanzen.

Wenn es sich nicht um Stoffe handelt, die viel Calcium oder Fett enthalten, verfährt man im allgemeinen so, daß man — nach dem Abwägen — entsprechende Mengen mit 10—20 ccm konzentrierter Salpetersäure, 7 ccm konzentrierter Salzsäure und 20 ccm konzentrierter Schwefelsäure in 800-ccm-Pyrex-Kjeldahl-Kolben über einem elektrischen Brenner verkohlen läßt. Die Kohle wird durch wiederholtes Zusetzen von kleinen Mengen konzentrierter Salpetersäure zerstört. Gegen Ende des Prozesses setzt man 5 ccm 60%ige Perchlorsäure und so lange konzentrierte Salpetersäure zu, bis beim Eindampfen bis zur Entwicklung von Schwefelsäuredämpfen keine Kohle mehr auftritt. Der Aufschluß wird auf ein kleines Volumen eingeengt, abgekühlt und mit 10 ccm konzentrierter Salzsäure und 200 ccm Wasser versetzt. Er wird gekocht, um alle Salze aufzulösen, und mit heißem Wasser aus dem Kolben in einen 600-ccm-Kochbecher übergespült. Von hier an geschieht die Durchführung der Analyse in der üblichen vorher beschriebenen Weise.

Für den Aufschluß von Knochen oder von Geweben, von denen die Knochen nicht entfernt worden sind, wird keine Schwefelsäure verwendet. Derartige Stoffe werden mit genügend Salpetersäure (1 : 3) bis zur völligen Zerstörung behandelt, wonach die Probe auf einer Heizplatte bei ungefähr 105° C zur Trockne verdampft wird. Der Rückstand wird mit 50 ccm konzentrierter Salpetersäure und heißem Wasser aufgenommen, in eine Quarzschale gebracht, wieder zur Trockne verdampft und im elektrischen Muffelofen bei nicht mehr als 500° C zu einer weißen Asche geglüht. Die Asche wird vorsichtig mit Wasser angefeuchtet, mit 50 ccm konzentrierter Salpetersäure behandelt und bis zur Auflösung auf eine Heizplatte gestellt. Der Rückstand wird abfiltriert, abwechselnd mit heißer Salpetersäure (1 : 1) und heißem Wasser ausgewaschen und fortgeworfen. Das Filtrat in einem 600-ccm-Pyrex-Kochbecher wird zur Trockne verdampft. Der Rückstand wird mit 25 ccm Salzsäure behandelt, wiederum zur Trockne verdampft und schließlich in so wenig wie möglich Salzsäure (1 : 1) aufgelöst. Nach Verdünnung mit Wasser auf annähernd 300 ccm wird die übliche Analyse ausgeführt.

Fetthaltige Stoffe werden mit konzentrierter Schwefelsäure bis zu beginnender Verkohlung erhitzt und danach hintereinander mit jeweils kleinen Mengen konzentrierter Salpetersäure behandelt, bis keine weitere Kohle mehr vorhanden ist. Die Schwefelsäurelösung wird auf ein kleines Volumen eingedampft, worauf die wenige Kohle, die sich noch gebildet hat, durch etwas konzentrierte Salpetersäure und 60%ige Perchlorsäure zerstört wird. Das ganze Verfahren läßt sich schnell und bequem durchführen, wenn die Probe in kleine Mengen in die Kjeldahl-Kolben aufgeteilt wird. Beständige Aufmerksamkeit ist nötig. Die Behandlung mit Salzsäure ebenso wie die Verdünnung mit Wasser zwecks Auflösung der Salze wird wie beim Verarbeiten anderer Gewebe ausgeführt.

Bemerkungen über Analysenmethoden.

Ein Überblick über Analysenmethoden im Jahre 1924 ließ uns diejenige von Fairhall (18, 19) mit bestimmten, von Edgar (2) eingeführten Abänderungen wählen. Weitere Bemühungen, die Methode abzukürzen und die geringen Bleiverluste auf ein Mindestmaß einzuschränken, führten zur Ausarbeitung von technischen Verfahrenseinzelheiten teils durch Mitglieder unseres Laboratoriums selbst, teils angeregt durch die Arbeiten von Avery, Hemingway, Anderson und Read (20), Taylor (21), Francis und Mitarbeitern (9) und Tannahill (8). Die Aufbereitung der Proben für die Analyse zunächst durch Veraschung bei verhältnismäßig niedrigen Temperaturen (500° C) wurde — mit Ausnahme der Fäkalienproben — zugunsten der „nassen Verbrennung" fallen gelassen. Weiterhin erschien es uns sicherer, uns nicht zu fest auf die quantitative Abscheidung des Bleis aus Urin durch Behandlung mit Ammoniak zu verlassen, wie es Fairhall (19) mit bestimmten Einschränkungen vorschlägt, oder durch Ausfällung mit Oxalaten nach dem Verfahren von Taylor (21), obwohl wir die letztgenannte Methode nicht geprüft haben. Die Sulfatstufe nach Avery (20) u. a. erwies sich als nötig, um den Einschluß von anderen Substanzen außer Blei zu vermeiden. Die kolorimetrische Bestimmung, bei der das Chromation mittels s-Diphenylcarbazid gemessen wird, erwies sich bei unseren Arbeiten als so zufriedenstellend, daß wir uns gescheut haben, sie zugunsten einer Thiosulfattitration, einer Sulfidausfällung oder der sauren Sulfitmethode nach Iwanow (22) aufzugeben. Beim Bestimmen so kleiner Mengen wie ein paar Hundertstel eines Milligramms kann man sich auf die Thiosulfattitriermethode nicht verlassen. Daß die Carbazidreaktion nicht vom Blei, sondern vom Chromat abhängig ist, ist kein wesentlicher Einwand gegen ihre Anwendung, wenn man sich vor Augen hält, daß die Entfernung von löslichem Chromat ebenso sorgfältig auszuführen ist, wie es für das Vermeiden eines Einschlusses von Nichtbleistoffen bei den anderen zwei kolorimetrischen Reaktionen erforderlich ist. Ein Vorzug bei der Verwendung von s-Diphenylcarbazid liegt in der Gleichartigkeit der in der Normlösung und in der Probe erzeugten Färbungen.

Tabelle 2. Blei im Erdboden und im Wasser.

Probe	Cachi			Colero		
	untersuchte Menge	Blei gefunden mg	Blei berechnet mg/kg	untersuchte Menge	Blei gefunden mg	Blei berechnet mg/kg
Brunnenwasser (Trinkwasser) . .	3500 ccm	0,03	0,009	3900 ccm	0,03	0,009
Flußwasser (Waschwasser) . . .	3240 ccm			3860 ccm	0,03	0,009
Boden Nr. 1	50 g	0,22	4,44	50 g	0,30	6,00
Boden Nr. 2	50 g	0,08	1,60	50 g	0,03	0,60
Boden Nr. 3	50 g	0,26	5,20			

Es wäre höchst wünschenswert, wenn man die zahlreichen Arbeitsstufen einer rein chemischen Methode vermeiden könnte, die stets geringe, aber unvermeidliche Bleiverluste zur Folge haben. Trotzdem liegt die Bedeutung der Ergebnisse unserer Untersuchungen in der Gewißheit, daß die Methoden keinen Fehler nach oben hin haben. Obwohl sie also leider geringe Bleiverluste gleichmäßig mit sich bringen, beeinflussen diese doch nicht den wissenschaftlichen Wert der Resultate.

Zufriedenstellende Ergebnisse hängen bei Anwendung eines jeden Bleianalyse-verfahrens davon ab, daß hinsichtlich des Hinzukommens von Blei aus Gefäßen, Reagenzien und bei den Arbeitsstufen selbst die größte Vorsicht beobachtet wird. Die Möglichkeiten der Verunreinigung im Laboratorium sind im Vergleich zu denjenigen beim Einsammeln der Proben gering. Trotzdem haben wir die Reagenzien und die analytischen Verfahrensweisen dauernd kontrolliert, indem wir unter Verwendung der gleichen Mengen aller Reagenzien mit jeder Probenreihe gleichzeitig zwei Blindwertbestimmungen durchführten. Weniger als 1,0% dieser Blindwertbestimmungen weisen Spuren von Blei auf; das höchste Ergebnis war 0,02 mg.

Versuchsbefunde.

Bodenproben, die wir aufs Geratewohl von bestellten Feldern nahmen (Tabelle 2), ergaben gleichmäßig kleine Bleimengen.

Da jede Möglichkeit fehlte, daß die Oberfläche der Erde auf künstlichem Wege verunreinigt sein konnte, geben diese Befunde einen Begriff von dem natürlichen Bleigehalt des Bodens. Zweifellos bestehen hier in den verschiedenen Teilen der Erde sehr starke Abweichungen, doch wo immer der Boden durch Abtragung von Gebirgen entstanden ist, kann man mit kleinen Bleimengen rechnen. Auch das Wasser enthielt winzige Spuren Blei.

Tabelle 3. Natürliches Blei in Nährpflanzen.

Probe	Cachi			Colero		
	unter-suchte Menge	Blei gefunden	Blei berechnet	unter-suchte Menge	Blei gefunden	Blei berechnet
	g	mg	mg/kg	g	mg	mg/kg
Weizen (trocken)	99,40	0,04	0,40			
Weizen (frisch)	146,40	0,04	0,27			
Mais (trocken)	330,70	0,11	0,33			
Mais (frisch) Nr. 1	161,20	0,05	0,31	331,80	0,01	0,03—
Mais (frisch) Nr. 2	217,00	0,03	0,14			
Maisstengel (frisch) Nr. 1	183,20	0,02	0,11	275,00	0,02	0,07
Maisstengel (frisch) Nr. 2	215,00	0,01	0,05—			
Maishülsen (frisch)	227,20	0,06	0,26			
Erbsen (frisch)				291,20	0,01	0,03—
Erbsenschoten (frisch).				193,00	0,01	0,05—
Bohnen (trocken)	273,00	0,11	0,40	175,40	0,07	0,04
Bohnen (Haba) (trocken)				213,30	0,03	0,14
Bohnen (Haba) (frisch)	116,00	0,03	0,26	256,50	0,04	0,15
Bohnenhülsen (Haba) (frisch) . . .	175,00			283,80	0,01	0,04—
Blätter (Haba) (frisch).	133,30					
Birnen (frisch)				218,10	0,04	0,18
Äpfel (frisch)	249,50	0,03	0,12			
Pfirsiche (frisch)	243,70	0,02	0,08	262,80	0,01	0,04—
Feigenkaktus (Nopal) Nr. 1	149,30			231,10	0,01	0,04—
Feigenkaktus (Nopal) Nr. 2	214,40	0,01	0,05—	128,60	0,03	0,23
Kürbis (frisch)	121,00	0,04	0,33	335,60	0,01	0,03—
Kürbispflanze				71,20	0,02	0,18
Rettiche				54,80	0,01	0,28
Rübenblätter				221,50		
Pfeffer				32,00	0,03	0,94
Gemüse Nr. 1	85,70			224,60	0,01	0,05—
Gemüse Nr. 2				80,70		
Capulins (Mexikanische Judenkirsche)				215,90	0,01	0,05—

Die Tabellen 3 und 5 verzeichnen die analytischen Ergebnisse in bezug auf Nahrungsmittel; Tabelle 3 zeigt, daß die Pflanzen kleine Mengen Blei aufgenommen hatten.

Tabelle 4. Blei in Töpferwaren.

Probe	Cachi			Colero		
	untersuchte Menge g	Blei gefunden mg	%	untersuchte Menge g	Blei gefunden mg	%
Glasierte Schüssel	1,00	8,20	0,82	1,00	13,00	1,30
Glasierte Schüssel				1,00	12,50	1,25
Unglasierte Schüssel . . .				1,00	0,10	0,01

Tabelle 4 veranschaulicht die Beschaffenheit der Bleiglasur der Töpferwaren, die allgemein in den zwei mexikanischen Dörfern gebraucht wurden.

Bei zubereiteten Nahrungsmitteln (Tabelle 5) ist die Möglichkeit in Betracht zu ziehen, daß durch den Gebrauch von Töpferwaren Blei eingeführt wird.

Tabelle 5. Blei in Tieren, tierischen Erzeugnissen und zubereiteten Nahrungsmitteln.

Probe	Cachi			Colero		
	untersuchte Menge g	Blei gefunden mg	Blei berechnet mg/kg	untersuchte Menge g	Blei gefunden mg	Blei berechnet mg/kg
Atole (Gerste- und Maisbrei) . .	417,50			409,70	1,70	4,15
Mais in Zitronensaft	445,00	0,04	0,09	544,00	0,10	0,18
Gemahlener Mais für Maiskuchen	117,20	0,02	0,17	265,70	0,03	0,11
Brot				73,70	0,07	0,95
Tortillas (Maiskuchen)	119,40	0,07	0,59	224,80	0,08	0,35
Tamales (Mais)				283,30	0,01	0,04
Hühnchen				419,80		
Eier (Hühner- und Puten-) . .	503,40			471,50	0,01	0,02
Gekochtes Schweinefleisch . . .	411,70	0,03	0,07	492,10		
Wurst aus Schweinefleisch . . .				73,80	0,02	0,27
Speck (Schwein)				54,70		
Rindfleisch				121,80	0,02	0,16—
Chili (spanische Pfefferschoten) (mit Fleisch)				324,40	0,15	0,46
Käse				84,40		
Getrockneter Fisch				26,50	0,04	1,51
Frischer Fisch				80,90	0,02	0,24
Axolotl				207,80	0,02	0,10
Krebs				186,90	0,14	0,75
Gewöhnliches Salz				204,60	0,21	1,02
Candy (örtlicher Art)				277,60	0,08	0,29
Pulque (gegorener Agavensaft) .	3300 ccm	0,14	0,04	Probe verloren		
Aguamiel-Wein (Met)				3760 ccm	0,06	0,02

Einige der Tiere, wie frische Fische, Axolotl und Krebse, bzw. der tierischen Erzeugnisse, wie Eier, erhielten wir im rohen Zustand; sie sind infolgedessen nicht unter zubereitete Kost zu rechnen. Wenn wir daher Blei in ihnen feststellten, so ist dieses natürlichen Ursprungs. Tatsächlich zeigen nur wenige der in Tabelle 5 aufgeführten Naturstoffe Bleimengen, die eine offensichtliche Verunreinigung wahrscheinlich machen. Das Brot und die „Tortillas" (Maiskuchen) nahmen vermutlich einen Teil ihres Bleis aus den irdenen Schüsseln auf, die „Chili" (Pfefferschoten) können auf ähnliche Weise verunreinigt worden sein; eine Probe „Atole" (Gerste- und Maisbrei) enthielt ziemlich sicher Blei aus dieser Quelle, und dem Gebrauch von Salz ist zweifellos eine Vermehrung des Bleigehaltes in anderen gekochten Nahrungsmitteln zuzuschreiben.

Die Tabellen 6, 7, 8, 9 und 10 enthalten die Bleibefunde bei den zwei Personengruppen.

Nur 11 von den 32 Blutproben zeigten einen Gehalt an Blei; die Beträge waren klein, aber bestimmbar. In Anbetracht der Winzigkeit der Bleimengen, die an der unteren Grenze der analytischen Empfindlichkeit lagen, hoben wir die gesamten Lösungen der letzten 5 positiven und der letzten 3 negativen Proben, bis aufs letzte für die kolorimetrische Bestimmung vorbereitet, für eine nochmalige Untersuchung auf. 23 Proben

Tabelle 6.
Einteilung der Personen nach ihrem Bleigehalt im Blut.

mg Blei je 100 g Blut	Anzahl	%
0,0	21	65,6
0,01—0,02	6	18,8
0,03—0,04	2	6,3
0,05—0,06	1	3,1
0,07—0,08	1[1]	3,1
0,25	1[1]	3,1
Insgesamt	32	100,0

Tabelle 7. Einteilung der Personen nach Milligramm Blei je Liter Urin.

mg Blei je Liter Urin	Beide Gruppen vereinigt		Cachi		Colero	
	Anzahl	%	Anzahl	%	Anzahl	%
0,000—0,009	37	45,7	19	45,2	18	46,2
0,010—0,019	26	32,1	10	23,8	16	41,0
0,020—0,029	10[2]	12,4	8[2]	19,0	2	5,1
0,030—0,039	4	4,9	2	4,8	2	5,1
0,040—0,049	3	3,7	2	4,8	1	2,6
0,050—0,059						
0,060—0,069						
0,070—0,079						
0,080—0,089						
0,090—0,099						
0,100—2,109						
0,110—0,119						
0,120—0,129	1[3]	1,2	1[3]	2,4		
Insgesamt	81	100,00	42	100,00	39	100,00
Mittel	0,0138		0,0148		0,0127	
Wahrscheinlicher Fehler des Mittels	±0,0008		±0,0012		±0,0010	
Normale Abweichung	±0,0105		±0,0114		±0,0095	

waren bereits durchgearbeitet und die Lösungen beseitigt, ehe wir uns zu diesem Verfahren entschlossen. Die letzten 2 Probenreihen wurden vereinigt und eine nochmalige Bestimmung des Gesamtbleis vorgenommen. In der gleichen Weise

[1] Ungewöhnlich kleine Proben. Die quantitativen Ergebnisse sind unsicher.
[2] Dieselben umfassen 2 aus dem Urin von 2 Kindergruppen vereinigte Proben.
[3] Bei der Berechnung des Mittels fortgelassen.

verfuhren wir bei der Kontrolle der Bleimengen in allen anderen Probensorten, deren Ergebnisse wir in Tabelle 10 bringen. Trotz der kleinen Bleibeträge also, um die es sich in den ganzen Analysenreihen handelt, kann dort, wo wir seinen Befund angeben, kein Zweifel an dem Vorhandensein von Blei bestehen. Es ist sicher, daß das analytisch gefundene Blei in dem Blut war, wie wir es den Venen der untersuchten Personen entnahmen; denn jeder Verdacht, daß eine Verunreinigung vorgekommen sein könnte, wird durch die Tatsache widerlegt, daß die 3 Proben des zurückgebliebenen destillierten Wassers aus dem Sterilisator keine Spuren von Blei aufwiesen.

Tabelle 7, welche die in den Urinproben erhaltenen analytischen Befunde im einzelnen wiedergibt, zeigt die Mittelwerte der Bleiausscheidung je Liter Urin, für jede Gruppe getrennt, wie für die beiden Personengruppen vereinigt. Auch hier lagen die Ergebnisse niedrig, doch war die Menge der einzelnen Proben so groß, daß im allgemeinen die gefundenen Bleibeträge innerhalb der Grenzen einer genauen Bestimmungsmöglichkeit lagen. (Die durchschnittliche Menge jeder

Tabelle 8. Einteilung der Personen nach Milligramm Blei je Gramm Faecesasche.

mg Blei je Gramm Asche	Beide Gruppen vereinigt		Cachi		Colero	
	Anzahl	%	Anzahl	%	Anzahl	%
0,000—0,019	28	36,9	19	47,5	9	25,0
0,020—0,039	21	27,6	9	22,5	12	33,3
0,040—0,059	13	17,1	6	15,0	7	19,5
0,060—0,079	5	6,6	4	10,0	1	2,8
0,080—0,099	4	5,3	2	5,0	2	5,5
0,100—0,119						
0,120—0,139	2	2,6			2	5,5
0,140						
0,160						
0,180—0,199	1[1]	1,3			1[1]	2,8
0,200						
0,220						
0,240						
0,260—0,279	1[1]	1,3			1[1]	2,8
0,280—0,299	1[1]	1,3			1[1]	2,8
Insgesamt	76	100,0	40	100,0	36	100,0
Mittel	0,0347		0,0305		0,0397	
Wahrscheinlicher Fehler des Mittels	± 0,0022		± 0,0026		± 0,0037	
Normale Abweichung	± 0,0280		± 0,0243		± 0,0312	

Probe betrug mehr als 3 Liter.) Die Genauigkeit der Bestimmung der kleineren Beträge wird durch das Ergebnis der Analyse der vereinigten Proben bestätigt, das in Tabelle 10 verzeichnet ist. Die Ausscheidung von Blei mit dem Urin ist bei den beiden Personengruppen von der gleichen Größe, wie aus den errechneten Mittelwerten hervorgeht. Trotz der verhältnismäßig kleinen Anzahl von Versuchspersonen sind die Mittelwerte so stetig, daß die Schwankungen in bezug auf die Aufnahme von Blei nur gering sein können.

---

[1] Bei der Berechnung des Mittels fortgelassen.

Die Bleiausscheidung, ausgedrückt in Milligramm Blei je Gramm Faecesasche (Tabelle 8), weist eine etwas größere Schwankung auf, doch verhalten sich die 2 Personengruppen in dieser Beziehung ähnlich und können statistisch nicht auseinandergeschieden werden.

Tabelle 9. Einteilung der Personen nach dem Bleigehalt in den Faeces.

mg Blei je Faecesprobe	Beide Gruppen vereinigt		Cachi		Colero	
	Anzahl	%	Anzahl	%	Anzahl	%
0,000—0,019	8	10,5	6	15,0	2	5,5
0,020—0,039	7	9,2	5	12,5	2	5,5
0,040—0,059	9	11,8	8	20,0	1	2,8
0,060—0,079	7	9,2	5	12,5	2	5,5
0,080—0,099	4	5,3	2	5,0	2	5,5
0,100—0,119	9	11,8	4	10,0	5	13,9
0,120—0,139	7	9,2	1	2,5	6	16,7
0,140—0,159	6	7,9	1	2,5	5	13,9
0,160—0,179	2	2,6	2	5,0		
0,180—0,199	3	4,0	2	5,0	1	2,8
0,200—0,219	3	4,0	2	5,0	1	2,8
0,220—0,239	1	1,3			1	2,8
0,240—0,259	3	4,0	1	2,5	2	5,5
0,260—0,279	2	2,6			2	5,5
0,280—0,299						
0,300—0,319	1	1,3	1	2,5		
0,400—0,439	3[1]	4,0			3[1]	8,3
1,000—	1[1]	1,3			1[1]	2,8
Insgesamt	76	100,0	40	100,0	36	100,0
Mittel	0,1078		0,0900		0,1300	
Wahrscheinlicher Fehler des Mittels	±0,0059		±0,0077		±0,0083	
Normale Abweichung	±0,0741		±0,0725		±0,0700	

Tabelle 10. Zusammenfassung der analytischen Ergebnisse im Vergleich zu den aus vereinigten Analysen erhaltenen Mengen.

Proben	Cachi			Colero		
	Anzahl der Proben	Summe der einzelnen Funde	Analyse der vereinigten Proben	Anzahl der Proben	Summe der einzelnen Funde	Analyse der vereinigten Proben
Blut . . . . . . { positiv	5[2]	0,05	0,08			
negativ	3[2]	0,00	0,00			
Urin . . . . . { positiv	22[2]	0,78	0,85	32	1,41	1,51
negativ	3[2]	0,00	0,00	7		
Faeces . . . . . positiv[3]	12	1,02	1,02	36	6,15	5,75
Nahrungsmittel . { positiv	19	0,97	0,93	34	3,17	2,97
negativ	7	0,00	0,04	9		0,06
Insgesamt	71	2,82	2,92	118	10,73	10,29

[1] Bei der Berechnung des Mittels fortgelassen.
[2] Die anderen Proben waren fortgeworfen.
[3] Aus den Faecesproben erhielten wir nur 3 negative Ergebnisse.

Die Angaben in Tabelle 9 sind besonders wertvoll, da sie eine Schätzung der täglichen Bleiaufnahme durch die Nahrungsmittel erlauben. Wir haben festgestellt, daß der Bleigehalt von Faecesproben von 24 Stunden den täglich aufgenommenen Bleimengen annähernd äquivalent ist. (Die Beweisführung für diese Tatsache bringen wir in einem späteren Aufsatz.) Die von den hier behandelten Versuchspersonen beliebig erhaltenen Faecesproben stammten im allgemeinen aus einem einmaligen Stuhlgang. Sie stellen nur die Ausleerung der Nahrungsaufnahme von einem Tage dar, im ganzen sogar noch etwas weniger. Unter diesem Gesichtspunkt zeigt der durchschnittliche Bleigehalt der Faecesproben, daß die durchschnittliche tägliche Bleiaufnahme dieser Leute nicht unter 0,11 mg liegt. Es ist in diesem Zusammenhang zweckmäßig, daran zu erinnern, daß sich unter den Versuchspersonen eine Anzahl Kinder befand. Die durchschnittliche Bleiausscheidung durch Faeces und Urin bei den Kindern wich nicht wesentlich von derjenigen der Erwachsenen ab. Der besondere Wert der Beobachtung bei den Kindern beruht auf der Tatsache, daß wir die Möglichkeit einer Quelle für eine Aufnahme von Blei außerhalb des Dorfes nicht in Erwägung zu ziehen hatten. Seit ihrer Geburt lebten sie stets in unmittelbarer Nähe ihrer Dörfer.

4. Auswertung.

Auf Grund des vorstehenden Beweismaterials können wir nicht zweifeln, daß das Vorhandensein von Blei in menschlichen Exkrementen und menschlichen Geweben ebenso wie in lebenden Organismen im allgemeinen eine unvermeidliche Folge unseres Lebens auf einem bleiführenden Planeten ist. Die Menge des im animalischen Leben natürlich vorkommenden Bleis ist in den verschiedenen Teilen der Erde von der jeweiligen Umwelt abhängig. Nichtsdestoweniger bietet sich nun eine Grundlage für eine Begutachtung der in stark industrialisierten Gebieten erhaltenen Resultate. Wir dürfen hoffen, annähernd erkennen zu können, in welchem Ausmaße die allgemeine Verbreitung von bleihaltigen Waren zu einer allgemeinen Bleiaufnahme beiträgt.

5. Zusammenfassung.

Experimentelle Forschungen haben ergeben, daß Blei ein natürlicher Bestandteil des Bodens und der Pflanzenwelt in primitiven Gegenden von Mexiko ist, und daß Blei im Blut, Urin und den Faeces von Menschen enthalten ist, die in natürlicher Weise von örtlichen landwirtschaftlichen und tierischen Erzeugnissen leben.

Wir möchten hier unseren Dank aussprechen für das Entgegenkommen und die Unterstützung, die uns von Mitgliedern des Staatlichen Gesundheitsamts von Mexiko gewährt wurde. Besonderen Dank schulden wir Dr. Salvador Bermudez, ohne dessen Hilfe wir bei der Durchführung unserer Aufgabe große Schwierigkeiten gehabt hätten.

Schrifttum.

1. Devergie, A. u. O. Hervy: Kupfer und Blei als Bestandteile der menschlichen und tierischen Organe; zweckmäßige Abänderungen der analytischen Verfahren zur Bestimmung von Vergiftungen durch diese zwei Metalle. (Du cuivre et du plomb, comme éléments des organes de l'homme et des animaux; modifications qu'il y a lieu d'apporter dans les procédés d'analyse propres à constater les empoisonnements par ces deux métaux.) Ann. d'Hyg. 20, 463 (1838).

2. Kehoe, R. A., G. Edgar, F. Thamann u. L. Sanders: Die Bleiausscheidung bei normalen Personen. (The Excretion of Lead by Normal Persons.) J. amer. med. Assoc. **87**, 2081 (1926).
3. Leake, J. P. u. a.: Die Verwendung von Bleitetraäthylbenzin in ihrer Beziehung zur öffentlichen Gesundheit. (The Use of Tetraethyl Lead Gasoline in its Relation to Public Health.) U. S. Publ. Health Bull. Nr. 163 (1926).
4. Badham, C. u. H. B. Taylor: Forschungen zur Gewerbehygiene, Nr. 7. Bleivergiftung. Bericht des Generaldirektors des Gesundheitsamts, New South Wales, für das Jahr 1925. (Studies in Industrial Hygiene, Nr. 7. Lead Poisoning. Report of Director General of Public Health, New South Wales, for year 1925.) Sydney 1927.
5. Kehoe, R. A. u. F. Thamann: Die Ausscheidung von Blei. (The Excretion of Lead.) J. amer. med. Assoc. **92**, 1418 (1929).
6. Millet, H.: Die Ausscheidung von Blei im Urin. (The Excretion of Lead in Urine.) J. of biol. Chem. **83**, 265 (1929).
7. Cooksey, T. u. S. G. Walton: Elektrolytische Bestimmung von Blei in Urin. (Electrolytic Determination of Lead in Urine.) Analyst **54**, 97 (1929).
8. Tannahill, R. W.: Kritischer Überblick über die Methoden zur Bleibestimmung in biologischen Stoffen. (A Critical Survey of the Methods for the Determination of Lead in Biological Material.) Med. J. Austral. **1**, 194 (1929).
9. Francis, A. G., C. O. Harvey u. J. L. Buchan: Bestimmung kleiner Mengen Blei, besonders in Urin und biologischen Stoffen. (The Determination of Small Quantities of Lead, with Special Reference to Urine and Biological Materials.) Analyst **54**, 725 (1929).
10. Fretwurst, F. u. A. Hertz: Die quantitative Bestimmung von Blei in Stuhl und Urin und ihre Bedeutung für die Diagnose der Bleivergiftung. Arch. f. Hyg. **104**, 215 (1930).
11. Weyrauch, F. u. S. Litzner: Untersuchungen über Bleiausscheidung durch die Nieren und ihre Beeinflussung durch bestimmte Kostformen und Arzneimittel beim Menschen. II. Über sogenanntes normales Blei im Urin. Arch. f. Gewerbepath. u. Gewerbehyg. **3**, 15 (1932).
12. Meillère, G.: Bleivergiftung. (Saturnisme.) Diss. Paris 1903.
13. Seiser, A., A. Necke u. H. Müller: Mikrobestimmungen von Blei. (Ein Beitrag zur Diagnose der Bleierkrankung.) Arch. f. Hyg. **99**, 158 (1928).
14. Kohn-Abrest, E.: Neue Belege über Bleivergiftung. (Documents nouveaux sur le saturnisme.) Chim. et Ind., Num. Spec. S. 741 (1929).
15. Zbinden, C.: Spektrographische Untersuchungen der Asche von Blut und menschlichen Organen. (Recherches spectrographiques sur des cendres de sangs et d'organes humains.) Mém. Soc. vaudoise Sci. nat. **3**, 233 (1930).
16. Barth, E.: Untersuchungen über den Bleigehalt der menschlichen Knochen. Virchows Arch. **281**, 146 (1931).
17. Litzner, S. u. F. Weyrauch: Untersuchungen über den Bleigehalt des Blutes und Harns, seine Beziehungen zum Auftreten klinischer Krankheitserscheinungen sowie seine diagnostische Bedeutung. Arch. f. Gewerbepath. u. Gewerbehyg. **4**, 74 (1933).
18. Fairhall, L. T.: Bleiforschungen. I. Bestimmung kleinster Bleimengen in biologischen Stoffen. (Lead Studies. I. The Estimation of Minute Amounts of Lead in Biological Materials.) J. ind. Hyg. **4**, 9 (1922/23).
19. Fairhall, L. T.: Bleiforschungen. XI. Eine Schnellmethode zur Untersuchung von Urin auf Blei. (Lead Studies. XI. A Rapid Method of Analyzing Urine for Lead.) J. of biol. Chem. **60**, 485 (1924).
20. Avery, D., A. J. Hemingway, V. G. Anderson u. T. A. Read: Bestimmung kleinster Bleimengen in Wasser, mit Anmerkungen über bestimmte Fehlerquellen. (Determination of Minute Amounts of Lead in Water with Notes on Certain Causes of Error.) Proc. Austral. Inst. Min. a. Met., N. s. Nr. 43 (1921).
21. Taylor, H. B.: Bestimmung kleinster Metallmengen in biologischen Stoffen. Teil I. (The Determination of Minute Quantities of Metals in Biological Material. Part I.) J. Proc. roy. Soc. New South Wales **61**, 315 (1927).
22. Iwanow, W. N: Eine neue, sehr empfindliche Reaktion auf Blei. Chem.-Ztg. **38**, 450 (1914).

Über die normale Aufnahme und Ausscheidung von Blei.

Von

Robert A. Kehoe, Frederick Thamann und Jacob Cholak,

Kettering-Laboratorium für Angewandte Physiologie, Universität Cincinnati, Cincinnati (Ohio).

II. Bleiaufnahme und Ausscheidung im heutigen amerikanischen Leben[1].

Im vorhergehenden Aufsatz (1) haben wir gezeigt, daß Blei einen natürlichen Bestandteil des Bodens und der Pflanzenwelt, sowie einen Bestandteil von tierischen und menschlichen Geweben in einem Gebiet Mexikos bildet, in dem keine Industrie entwickelt ist. Es ist bekannt, daß normale Menschen in stärker industrialisierten Teilen der Welt regelmäßig Blei ausscheiden (2, 3, 4, 5, 6, 7, 8, 9, 10, 11). Heute ist erwiesen, daß ein gewisser Teil dieser „normalen" Bleiausscheidung physiologisch begründet ist; nicht begründet aber ist auf jeden Fall die Annahme, daß das Vorkommen von Blei in den Geweben und den Ausscheidungen der Menschen eine neuzeitliche Erscheinung ist. Bereits im Jahre 1838 entdeckten Devergie und Hervy (12) Blei in menschlichen Geweben, während Gautier (13) im Jahre 1881 den Bleigehalt vieler Nahrungsmittel bestimmte und daraus folgerte, daß der französische Bürger durchschnittlich ungefähr $^1/_2$ mg Blei täglich aufnahm. Putnam (14) berichtete im Jahre 1887 über das häufige Vorkommen von Blei in Urin bei anscheinend normalen Personen. Daraus ist jedoch nicht zu folgern, daß die gegenwärtigen Verhältnisse sowohl qualitativ als auch quantitativ dieselben sind. Die Art und Weise, mit Lebensmitteln umzugehen, ist heute sehr verschieden von derjenigen im 19. Jahrhundert, und viele andere Umweltfaktoren haben in den letzten Jahren dazu beigetragen, daß umwälzende Veränderungen vor sich gegangen sind. Es ist daher notwendig, die Möglichkeiten einer Bleiaufnahme zu prüfen, die sich praktisch aus den heutigen Verhältnissen ergeben. Wir haben diese Frage aufgegriffen durch Studium der Bleiaufnahme und Bleiausscheidung beim Menschen unter normalen Umweltbedingungen.

1. Die tägliche Bleiaufnahme und Bleiausscheidung beim normalen Menschen.

Vier junge Leute wurden als Versuchspersonen für eine längere Untersuchung auf Grund ihrer augenscheinlichen körperlichen Geeignetheit, ihrer Intelligenz und ihrer Bereitwilligkeit, die Vorschriften zu befolgen, ausgewählt. Jeder von ihnen erhielt die Weisung, 24-Stunden-Proben seines Urins und seiner Fäkalien regelmäßig für die Dauer der Untersuchung zu sammeln und uns von jedem Nahrungsmittel oder Getränk (mit Ausnahme von Wasser), das er in der gleichen

---

[1] Aus J. ind. Hyg. **15**, 273—289 (1933). Zur Veröffentlichung eingegangen am 13. März 1933.

Zeit zu sich nahm, Doppelmuster zu verschaffen. (Es wurde vorgezogen, die Menge jedes Stoffes löffelweise usw. zu berechnen anstatt nach Gewicht.) Genaue Anweisungen wurden gegeben, um die Proben vor Verunreinigung zu bewahren und sie nicht in Verlust geraten zu lassen. Jeder der jungen Leute führte ein Tagebuch über seine Tätigkeit, in welches die Art und die Menge der Nahrung, die der Betreffende zu sich genommen hatte, sowie ihre Herkunft eingetragen wurde. Er verbrachte den Arbeitstag im Laboratorium und hatte den Rest der Zeit zu seiner eigenen Verfügung mit der Einschränkung, daß er die betreffenden Proben nehmen mußte. Von jeder Versuchsperson wurden zu Analysezwecken von Zeit zu Zeit Blutproben von je 50 ccm genommen.

Die Urinproben wurden im Laboratorium in zwei 48-Stunden- und eine 72-Stunden-Probe für jede Woche zusammengegeben, um die Bruttomengen Blei je Analysenprobe zu erhöhen und somit die auf geringe Verluste zurückzuführende experimentelle Fehlergrenze herabzusetzen. Andere Stoffe wurden als 24-Stunden-Proben behandelt, mit Ausnahme von zwei Zeitspannen, während welcher die Nahrung für die Woche in Einzelposten gesondert wurde. Die bei der Analyse angewandten Methoden sind bereits früher beschrieben worden (1).

Die bei den vier Versuchspersonen erzielten Resultate sind in geeigneter Weise durch die graphischen Aufzeichnungen von zweien von ihnen in Abb. 1 und 2 dargestellt. Man sieht daraus, daß Blei in der täglichen Nahrungszufuhr praktisch ständig vorhanden ist; die gefundenen Mengen weisen beträchtliche Schwankungen auf, und es kommen gelegentlich hohe Werte vor, die gänzlich über den sonst üblichen stehen. Ein Vergleich der Nahrungsmittel- und Faecesbefunde zeigt, verständlicherweise mit einer Toleranz für die Verzögerung, die mit dem Durchgang der Stoffe durch den Ernährungstrakt verknüpft ist, einen hohen Grad von Übereinstimmung, während die Bruttomengen von Blei in der Nahrung und in den Faeces über einen Zeitraum von einigen Tagen oder über die ganze Zeit der Untersuchung annähernd gleichwertig sind. (Ungewöhnlich hohe Werte treten sowohl in den Faeces als auch in der Nahrung mit ungefähr der gleichen Häufigkeit auf, jedoch ohne einheitliche Beziehung hinsichtlich der Zeit. Eine Erklärung hierfür werden wir finden, wenn wir die Herkunft des Bleis in der Nahrung untersuchen, was in einem weiteren Aufsatz geschehen soll. Hier genüge, die Abweichungen im Falle der Nahrung auf Irrtümer bei der Probenahme zurückzuführen.) Offensichtlich geht ein hoher Prozentsatz des mit der Nahrung aufgenommenen Bleis unresorbiert durch den Ernährungstrakt[1].

Die Bleiausscheidung im Urin der beiden Versuchspersonen schwankte innerhalb enger Grenzen und ohne einheitliches Verhältnis zu den Veränderungen im Bleigehalt der Faeces. Wir haben an anderer Stelle gezeigt, daß das Volumen des ausgeschiedenen Urins (15) einen Faktor in der Veränderlichkeit der Bleiausscheidung mit dem Urin darstellt. Der Einfluß dieses Faktors wird oft durch Schwankungen verdeckt, die auf andere Ursachen zurückzuführen sind. Tatsächlich haben Litzner, Weyrauch und Barth (16) eine stetige Beziehung zwischen dem Urinvolumen und der Bleiausscheidung nicht feststellen können; sie folgerten daraus, daß keine solche besteht. Um dies nachzuprüfen, erhöhten wir die Wasseraufnahme von zwei Versuchspersonen für die Dauer von 3 Wochen auf ein hohes Maß. Diese Zeitspanne kennzeichnet sich in Abb. 1 und 2 durch die erhöhte Wasserausscheidung. Die Wirkung auf die tägliche und die Bruttobleiausscheidung

---

[1] Vgl. VII B, S. 1 ff.

im Urin für diesen Zeitraum tritt klar hervor. Weiterhin geht aus Abb. 1 eine unerwartete Folgeerscheinung der erhöhten Wasseraufnahme hervor, insofern als die Blutproben der hier behandelten Versuchspersonen während der zweiten und

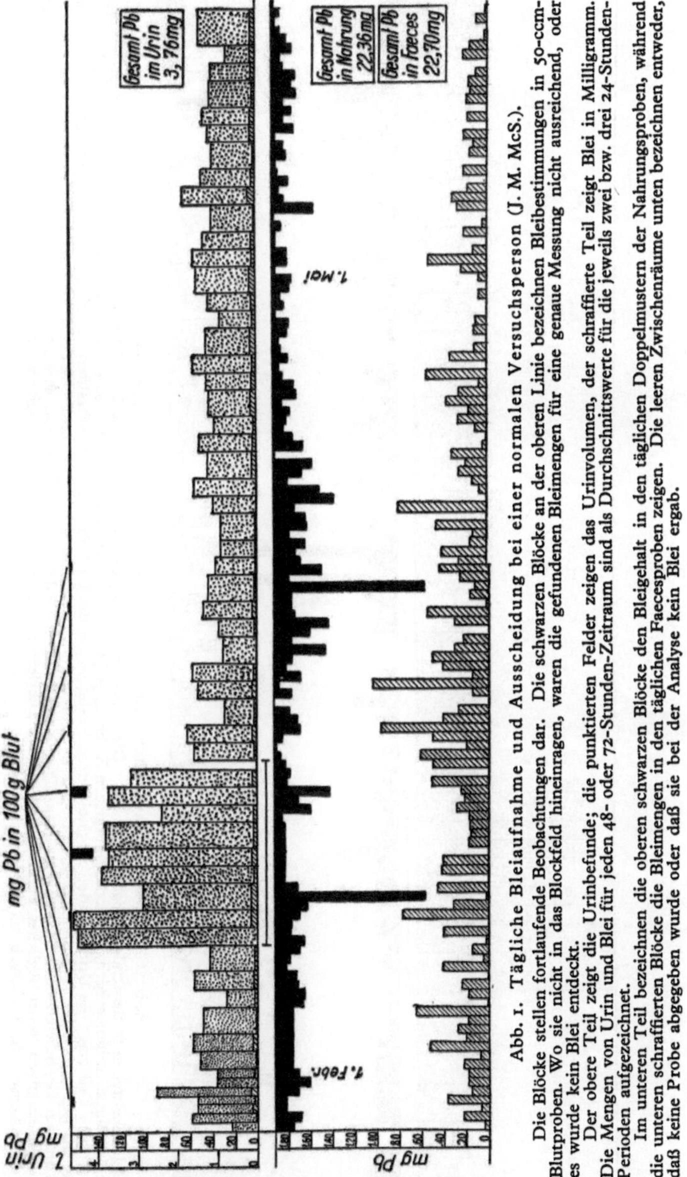

Abb. 1. Tägliche Bleiaufnahme und Ausscheidung bei einer normalen Versuchsperson (J. M. McS.).

Die Blöcke stellen fortlaufende Beobachtungen dar. Die schwarzen Blöcke an der oberen Linie bezeichnen Bleibestimmungen in 50-ccm-Blutproben. Wo sie nicht in das Blockfeld hineinragen, waren die gefundenen Bleimengen für eine genaue Messung nicht ausreichend, oder es wurde kein Blei entdeckt.

Der obere Teil zeigt die Urinbefunde; die punktierten Felder zeigen das Urinvolumen, der schraffierte Teil zeigt Blei in Milligramm. Die Mengen von Urin und Blei für jeden 48- oder 72-Stunden-Zeitraum sind als Durchschnittswerte für die jeweils zwei bzw. drei 24-Stunden-Perioden aufgezeichnet.

Im unteren Teil bezeichnen die oberen schwarzen Blöcke den Bleigehalt in den täglichen Doppelmustern der Nahrungsproben, während die unteren schraffierten Blöcke die Bleimengen in den täglichen Faecesproben zeigen. Die leeren Zwischenräume unten bezeichnen entweder, daß keine Probe abgegeben wurde oder daß sie bei der Analyse kein Blei ergab.

dritten Woche ungewöhnliche Bleimengen aufwiesen. Augenscheinlich verursachte die länger während Aufnahme und Ausscheidung anormaler Wassermengen ein Herausströmen von Blei aus den Geweben in den Blutkreislauf.

Tabelle 1 gibt eine Übersicht über die bei den vier Versuchspersonen erhaltenen Resultate in Form der errechneten Mittelwerte für das Blei im Urin, in den Faeces

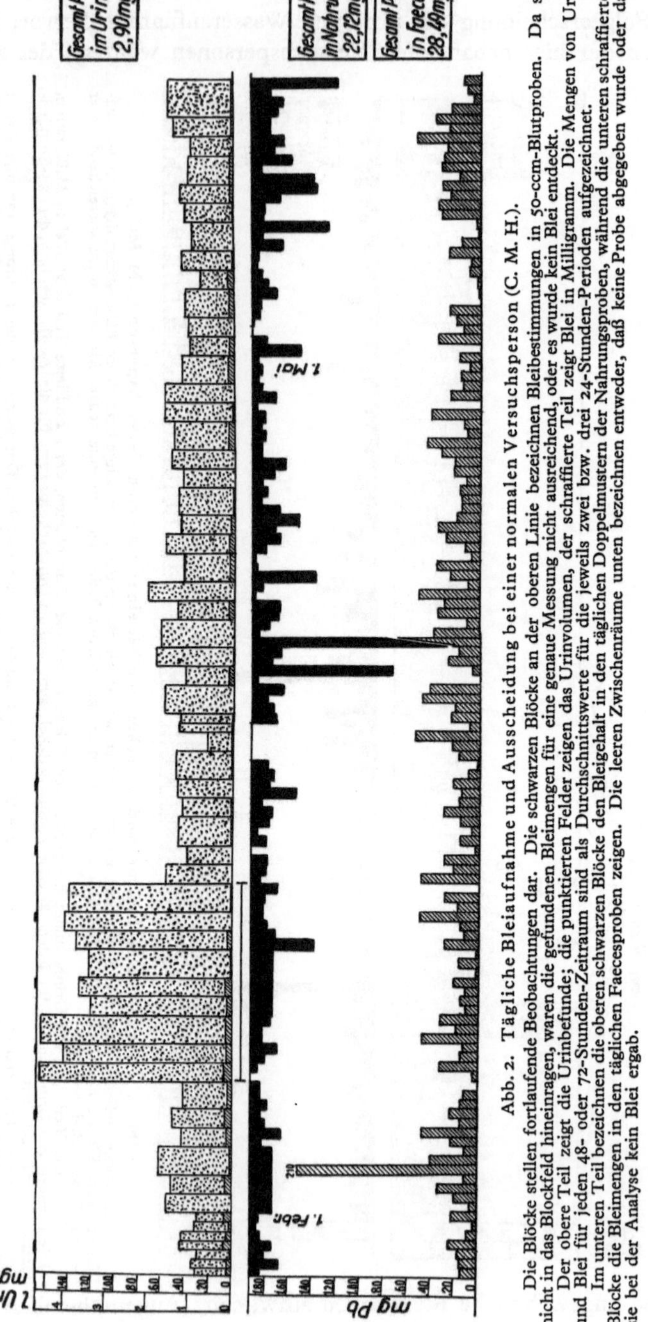

Abb. 2. Tägliche Bleiaufnahme und Ausscheidung bei einer normalen Versuchsperson (C. M. H.).

Die Blöcke stellen fortlaufende Beobachtungen dar. Die schwarzen Blöcke an der oberen Linie bezeichnen Bleibestimmungen in 50-ccm-Blutproben. Da sie nicht in das Blockfeld hineinragen, waren die gefundenen Bleimengen für eine genaue Messung nicht ausreichend, oder es wurde kein Blei entdeckt.

Der obere Teil zeigt die Urinbefunde; die punktierten Felder zeigen das Urinvolumen, der schraffierte Teil zeigt Blei in Milligramm. Die Mengen von Urin und Blei für jeden 48- oder 72-Stunden-Zeitraum sind als Durchschnittswerte für die jeweils zwei bzw. drei 24-Stunden-Perioden aufgezeichnet.

Im unteren Teil bezeichnen die oberen schwarzen Blöcke den Bleigehalt in den täglichen Doppelmustern der Nahrungsproben, während die unteren schraffierten Blöcke die Bleimengen in den täglichen Faecesproben zeigen. Die leeren Zwischenräume unten bezeichnen entweder, daß keine Probe abgegeben wurde oder daß sie bei der Analyse kein Blei ergab.

und in der Nahrung. Die jeweiligen Mittelwerte sind nahezu übereinstimmend; die Menge des Bleis in der Nahrung weist, obgleich diese sehr unterschiedlich war, einen hohen Grad von Gleichförmigkeit auf.

Offensichtlich war der Bleiaustausch dieser Versuchspersonen fast ausschließlich auf das Vorkommen von Blei in ihrer Nahrung zurückzuführen. Die einzige andere Möglichkeit war, daß sie Blei in einer vorherliegenden Zeit stärker aufgenommen als abgegeben hatten, oder daß während der Dauer der Untersuchung andere Gelegenheiten für eine Bleiaufnahme, wie z. B. Einatmen von kleinen Mengen

Tabelle 1. Vergleich der Mittelwerte der analytischen Befunde bei einer Reihe von normalen Versuchspersonen.

Versuchspersonen	Blei in Urin		Blei in Faeces		Blei in Nahrung 24 Stunden
	mg/Liter	mg/24 Stunden	mg/g Asche	mg/24 Stunden	
J. H.	0,017 ± 0,001	0,027 ± 0,001	0,027 ± 0,001	0,15 ± 0,01	0,15 ± 0,01
J.M.McS. (s.Abb.1)	0,022 ± 0,001	0,025	0,087 ± 0,003	0,23 ± 0,01	0,16 ± 0,01
C. H. M. (s. Abb. 2)	0,026 ± 0,001	0,032	0,057 ± 0,003	0,22 ± 0,01	0,17 ± 0,01
S. J.. . . . ± . . .	0,025 ± 0,002	0,021	0,039 ± 0,002	0,21 ± 0,01	0,22 ± 0,01

fein verteilten Bleis, bestanden hatten. Keine dieser Möglichkeiten darf außer Acht gelassen werden; es wäre jedoch übertrieben, ihnen Bedeutung beizumessen, solange sie nicht durch Beweis erhärtet werden können. Wenn wir also von ihnen absehen, so müssen wir folgern, daß in den Geweben der Versuchspersonen während der Dauer unserer Beobachtungen keine Bleianhäufung stattfand. Was war dann der Grund für das Fortdauern der Bleiausscheidung im Urin[1]? War es auf ein ständiges Übertreten von Blei aus dem Ernährungstrakt in das Blut zurückzuführen, um von dort durch die Nieren ohne Absonderung in den Geweben wieder ausgeschieden zu werden, oder lag eine ständige Aufnahme und Ausscheidung seitens der Gewebe vor, die für eine Bleiaufnahme normalen Grades einen ungefähren Gleichgewichtszustand erreicht hatte? Wenn die erste Annahme zutrifft, so müßte eine zusätzliche Einverleibung von kleinen Mengen Blei eine sofortige Erhöhung der Ausscheidung mit dem Urin zur Folge haben, ohne Bleianhäufung in den Geweben. Im anderen Falle müßte bei jeder bedeutenden Erhöhung der Bleiaufnahme über das gewöhnliche Maß hinaus eine Bleianhäufung in den Geweben nachzuweisen sein, im Verein mit einer erhöhten Bleiausscheidung, die nach dem Wiedereinsetzen normaler Bleiaufnahme bestehen bleiben müßte. Überdies müßte in den Geweben einer normalen Person eine Bleimenge vorhanden sein, die in direktem Verhältnis zum Ausmaß ihrer gewöhnlichen Bleiaufnahme stehen müßte. Die nachfolgenden Beobachtungen zeigen, daß die tatsächliche Aufnahme durch die Nahrung einen Faktor bei der Bleiausscheidung im Urin bildet. Sie zeigen ferner, daß eine Bleianhäufung vor sich geht, wenn die Bleiaufnahme erhöht wird, wodurch der indirekte Beweis erbracht wird, daß Blei beständig durch die Gewebe aufgenommen wird.

2. Der Einfluß erhöhter Bleiaufnahme auf die Bleiausscheidung.

Blei in bekannten Mengen wurde für kurze Zeitabschnitte einer normalen Versuchsperson zugeführt und während dieser Zeit auch der Bleigehalt in der Nahrung verfolgt. Die Ergebnisse von zwei Beobachtungen bei der gleichen

---

[1] Es besteht Grund zu der Annahme, daß die tatsächliche Bleiausscheidung durch den Ernährungstrakt die Bleiausscheidung im Urin übersteigt. Wir wollen in diesem Zusammenhang nicht darauf eingehen, da es kein Mittel gibt, ihren Umfang abzuschätzen.

Versuchsperson sind in Abb. 3 und 4 dargestellt. An dem Tage, der in Abb. 3 durch den ersten kleinen Pfeil bezeichnet ist, wurde eine halbe Stunde vor dem Mittagessen 1 mg Blei in Form von Bleichlorid in 50 ccm destilliertem Wasser verabreicht. Diese Gabe wurde 10 Tage lang jeden Tag wiederholt; der Abschluß dieser Periode ist in der Zeichnung durch den zweiten kleinen Pfeil

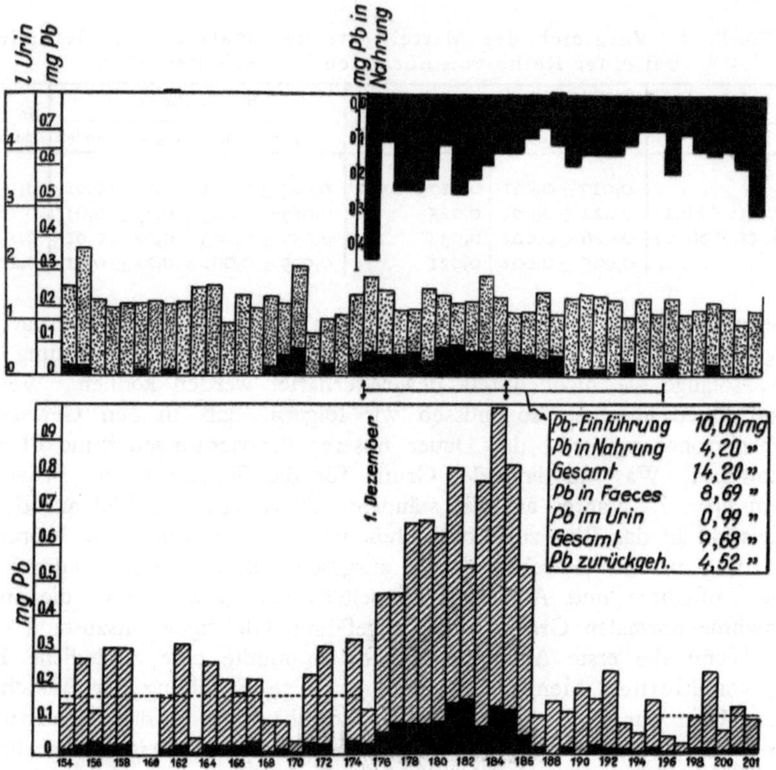

Abb. 3. Bleiaufnahme und Ausscheidung bei einer normalen Versuchsperson.
Die Blöcke stellen fortlaufende tägliche Beobachtungen dar. Die kleinen schwarzen Blöcke oberhalb der oberen Linie bezeichnen Bleibestimmungen in 50-ccm-Blutproben. Sie reichen in keinem Falle nach unten in das Feld, weil die gefundenen Bleimengen für eine genaue Schätzung stets zu klein waren.
Die von der oberen Linie herunterragenden schwarzen Blöcke zeigen den Bleigehalt der Doppelmuster der täglichen Nahrungsproben.
Im oberen Teil ist das Urinvolumen durch die punktierten Blöcke gekennzeichnet, während die Bleimengen im Urin in einem schwarzen Block unten im punktierten Feld erscheinen.
Im unteren Teil zeigen die schraffierten Felder das in den täglichen Faecesproben gefundene Blei. Die schwarze Grundfläche jedes schraffierten Blocks stellt Blei in Milligramm je Gramm Faecesasche dar. Die punktierte Linie bezeichnet die durchschnittliche Höhe der Fäkalienausscheidung für den Zeitraum, über welchen sie sich erstreckt.

bezeichnet. Die Wirkung der kleinen Dosis war sofort bemerkbar in der Ausscheidung mit dem Urin, und nach Verlauf von 24 Stunden auch in der fäkalen Ausscheidung. Man kann erkennen, daß die Ausscheidung mit dem Urin während der 10 Tage und noch 4 Tage nachher hoch blieb. Das Blei in den Faeces dagegen verminderte sich auf nahezu normalen Spiegel innerhalb 48 Stunden, d. h. alsbald nachdem die Verdauungsorgane das nicht resorbierte Blei entleert hatten. Abb. 4 stellt unmittelbar fortgesetzte Beobachtungen bei derselben Versuchsperson dar. Die Verabreichung von Blei wurde in der gleichen Weise wiederholt, nur mit der Abänderung, daß 6 Tage lang täglich 5 mg Blei genommen wurden. Die Aus-

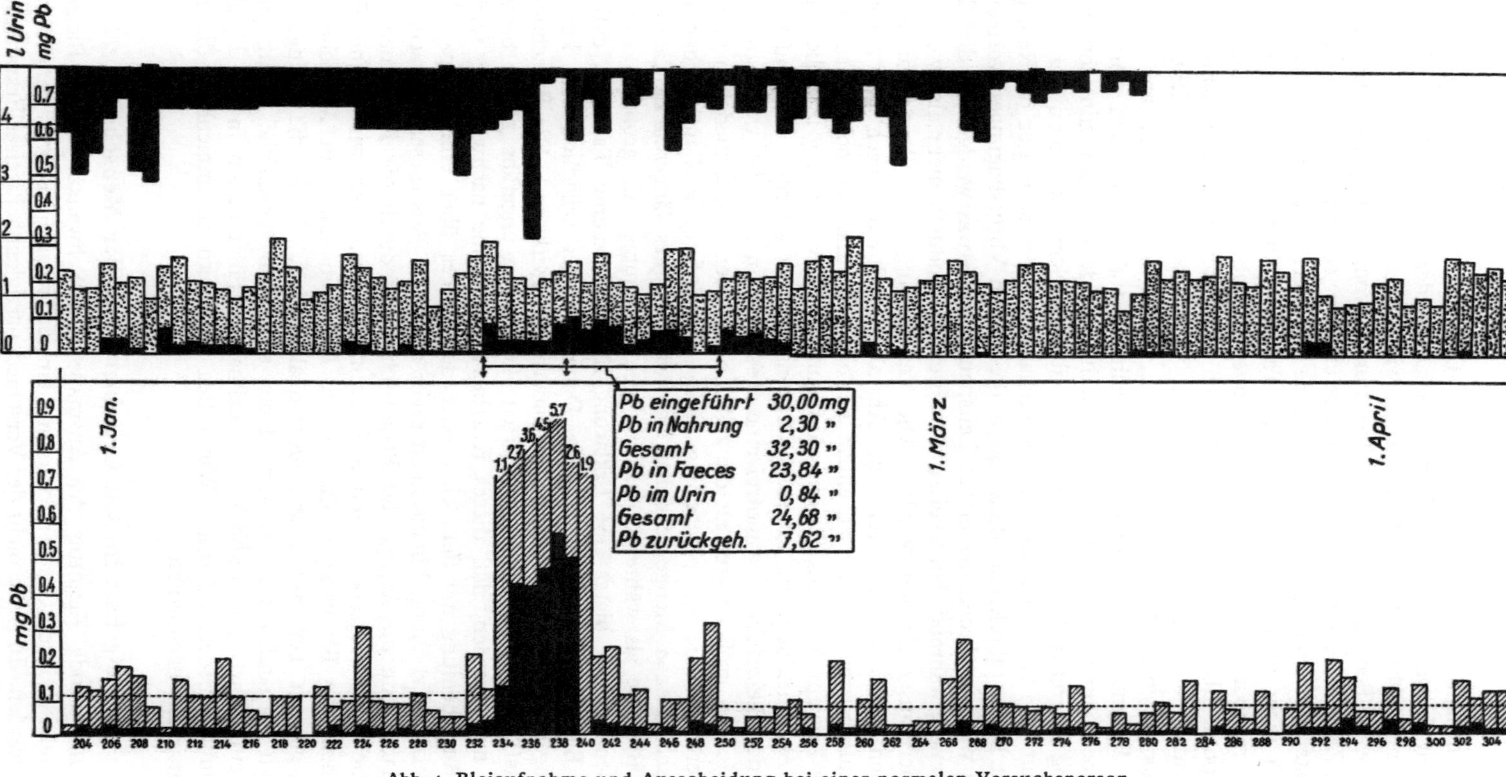

Abb. 4. Bleiaufnahme und Ausscheidung bei einer normalen Versuchsperson.

Die Blöcke stellen fortlaufende tägliche Beobachtungen dar als ununterbrochene Folge von Abb. 3. Alle Befunde sind wie in Abb. 3 wiedergegeben.

Jeder der drei breiten Blöcke bei der Darstellung des Bleis in der Nahrung ist auf eine Zusammenfassung der wöchentlich zugeführten Nahrungsmittel nach Gattungen zwecks gesonderter Analyse zurückzuführen.

Die Bleiausscheidung in den Faeces während der Zeit der Bleizuführung sowie noch 2 Tage nachher war so hoch, daß ihre genaue Darstellung zuviel Raum beansprucht hätte. Daher wurden die Resultate nur in ihrem allgemeinen Verlauf angegeben, während die gefundenen Mengen oben an jedem unvollständigen Block aufgezeichnet wurden.

wirkung hinsichtlich der Ausscheidung im Urin erfolgte wiederum prompt, und wieder hielt sie an, dieses Mal jedoch länger als bei der kleineren Dosis. Die fäkale Ausscheidung nahm den gleichen Verlauf wie vorher.

Bei diesen Beobachtungen sind drei Punkte von Wichtigkeit: Erstens fand in beiden Zeiträumen erhöhter Bleiaufnahme eine Vermehrung der Bleiausscheidung im Urin statt. Während der ersten Zeitspanne resorbierte die Versuchsperson durchschnittlich nicht mehr als $^1/_2$ mg Blei je Tag, und doch war die Ausscheidung im Urin meßbar erhöht. In dem folgenden Zeitabschnitt betrug die tägliche Bleiresorption über 1 mg je Tag; obgleich sich wiederum eine Erhöhung der Ausscheidung im Urin bemerkbar machte, war diese Erhöhung nicht merklich größer als diejenige der ersten Zeitspanne, hielt jedoch länger an. Zweitens war der Bleianteil, der durch den Ernährungstrakt unter den vorliegenden Versuchsbedingungen unresorbiert hindurchging, derart, daß hinsichtlich der Bedeutung unserer früheren Beobachtungen über das Schicksal des mit der Nahrung aufgenommenen Bleis jeder Zweifel ausgeschaltet werden muß. Für die Resorption des zusätzlich verabreichten Bleis waren die besten Vorbedingungen vorhanden; trotzdem wurde während der ersten Zeitspanne nur etwas weniger als die Hälfte aufgenommen, während den zweiten Zeitabschnitt hindurch mehr als zwei Drittel unresorbiert ausgeschieden wurden. Die Verzögerung um volle 24 Stunden bei der fäkalen Zunahme und deren jähes Absinken 48 Stunden nach dem Aufhören der Bleizufuhr ergänzen sich zu einem Beweis dafür, daß die hohen Faeceswerte zu keiner Zeit ein Ausdruck für eine Aufnahme aus der Nahrung und die darauffolgende Ausscheidung sein können. Drittens erfolgte während der beiden Zeitspannen der Bleizufuhr einwandfrei eine Resorption von Blei, wobei die resorbierten Mengen größer waren als die aus den Geweben ausgeschiedenen Mengen; d. h. es erfolgte eine Aufspeicherung. Diese Anhäufung fand im Verhältnis zu der aufgenommenen Menge schneller statt während des längeren Zeitraums mit geringer Bleigabe als während des kürzeren Zeitraums mit größerer Bleigabe. (Diese Beobachtung bietet eine Erklärung für die bekannte Tatsache, daß eine schwere Bleieinwirkung von kürzerer Dauer weniger schädlich sein kann als eine weniger starke, aber längere Zeit dauernde Einwirkung.) Die Berechnungen zeigen, daß die vom Körper resorbierten Bleimengen ungefähr 12 mg betragen. Erwähnt muß werden, daß dieses resorbierte Blei eine nachweisbare Wirkung auf die Ausscheidung mit dem Urin oder den Faeces über eine ein paar Tage lang dauernde Erhöhung hinaus nicht mehr ausübte. Aus dieser Tatsache geht hervor, daß, wenn die Menge der Bleiausscheidung durch die Bruttomenge des in den Geweben aufgespeicherten Bleis beeinflußt wird, wie wir Grund haben anzunehmen, die Bleimengen, die in der Regel in normalen Menschen vorkommen, ein gut Teil größer sein müssen als 12 mg. D. h. die Mengen, die gewöhnlich vorhanden sind, müssen derart sein, daß zusätzliche 12 mg, in die Gewebe eingeführt, im Hinblick auf meßbare Veränderungen in der Urinbleiausscheidung unbedeutend sind. Wir wollen in diesem Zusammenhang die greifbaren Tatsachen nachprüfen.

3. Bleigehalt in den Geweben normaler Menschen.

Eine umfassende Kenntnis des Ausmaßes der Schwankungen im Bleigehalt normaler menschlicher Gewebe kann aus einigen wenigen Beobachtungen kaum erworben werden. In Anbetracht der Verschiedenartigkeit zeitweiser Erkrankungen, bei denen ein anormaler Körperzustand, teilweise Nahrungsenthaltung und andere Faktoren gegen die normale Bleiverteilung in den Geweben ankämpfen können, ist es überdies schwierig, die tatsächlichen Vorgänge aus beliebig entnommenen Geweben bei der Sektion festzustellen. Innerhalb eines Zeitraums von mehreren Jahren hatten wir zweimal Gelegenheit, die Gewebe von anscheinend normalen Personen zu analysieren, so daß wir ihren Gesamtbleigehalt bestimmen konnten. In einem dieser Fälle, bei welchem es sich um ein Kind handelte, wurden die

Tabelle 2. Bleiverteilung in den Geweben eines normalen Kindes
(unter 6 Jahren, gestorben an eitriger Meningitis).

Gewebe	Gewicht g	mg Blei gefunden	mg Blei auf 100 g	Verhältnis	mg Pb auf 100 g Gewebe / mg Pb auf 100 g Gesamtkörpergewicht
Nieren	118,5	0,07	0,059		0,19
Leber	430,0	0,22	0,051		0,17
Galle	14,5	0,00			
Milz	46,2	Spuren			
Fett	248,0	0,00			
Muskeln	2272,0	0,22	0,009		0,03
Knochen (flach)	1764,0	18,00	1,022		3,31
Knochen (lang)	832,5	9,50	1,142		3,70
Knorpel	82,4	0,21	0,255		0,83
Lunge	247,7	0,08	0,032		0,10
Herz	112,8	Spuren			
Blut	50,0	0,00			
Bauchspeicheldrüse	22,0	Spuren			
Gehirn	1309,0	0,10	0,008		0,03
Rückenmark und periphere Nerven	34,5	0,00			
Verdauungsorgane und Inhalt	473,8	0,10	0,021		0,07
Haut	1490,0	1,93	0,129		0,42
Sonstiges	2271,0	6,00	0,264		
Insgesamt	11818,9	36,43	0,309		1,00

Gewebe in ihrer Gesamtheit analysiert. Das Kind war an einer akuten und schnell zum Tode führenden Meningitis gestorben. Die Befunde sind in Tabelle 2 dargestellt.

In dem anderen Falle wurden typische Gewebe analysiert und ihr Gesamtbleigehalt errechnet. Sie stammten von einem gesunden jungen Neger, der niemals Blei ausgesetzt gewesen und der unmittelbar an einem Herzstich gestorben war. Die analytischen Ergebnisse und die errechneten Werte sind in Tabelle 3 zusammengestellt.

Die Tabellen zeigen bedeutsame Übereinstimmungen. Die Übereinstimmung der Bleikonzentration in den Knochen ist ein eindringlicher Beweis dafür, daß die Vorbedingungen für eine Bleiaufnahme, denen beide Personen ausgesetzt waren, die gleichen gewesen waren. Die Ergebnisse, die von anderen Beobachtern erzielt worden sind, lassen erkennen, daß unsere Befunde die Tatsachen ziemlich genau wiedergeben. Meillère (17) berichtete über Bleimengen in menschlichen Eingeweiden in der gleichen Größenordnung, während Barth (18) neuerdings festgestellt hat, daß menschliche Knochen regelmäßig Blei enthalten, und zwar in Mengen, die denjenigen unserer Feststellungen vergleichbar sind. So bewegt sich der größere Teil seiner bei der Untersuchung der Knochen von Erwachsenen erzielten Resultate zwischen 0,08 und 0,14 mg Blei auf 3 g Knochenasche. Auf unsere Berechnungen übertragen, würden diese Werte sich auf ungefähr 0,56—1,12 mg Blei auf 100 g Knochen stellen.

Hieraus ist zu schließen, daß die fortgesetzte Aufnahme der üblichen Bleimengen mit der Nahrung eine Bleianhäufung in den Geweben bis zu einem gewissen Punkt hervorruft, über den hinaus eine weitere Anhäufung unter normalen Verhältnissen nicht erfolgt. Dies bedeutet, daß sich ein Gleichgewichtzustand

Tabelle 3. Verteilung von Blei in den Geweben eines normalen Erwachsenen (junger, gesunder männlicher Neger, keine vorherige Bleieinwirkung, gestorben durch einen Stich ins Herz).

Gewebe	Gewicht g	mg Blei gefunden	mg Blei auf 100 g	Verhältnis	mg Pb auf 100 g Gewebe / mg Pb auf 100 g Gesamtkörpergewicht
Nieren	300,0	0,21	0,07		0,41
Leber	2073,0	1,75	0,08		0,46
Milz	173,5	0,00	0,00		
Fett	109,0	0,00	0,00		
Muskeln	388,0	0,00	0,00		
Knochen (flach)	92,8	1,03	1,11		6,53
Knorpel	10,6	0,00	0,00		
Lunge	786,0	0,00	0,00		
Herz	276,5	0,00	0,00		
Schilddrüse	41,5	0,00	0,00		
Nebennieren	10,3	0,00	0,00		
Bauchspeicheldrüse.	106,7	0,04	0,04—		0,23
Vorsteherdrüse	5,8	0,00	0,00		
Harnblase.	79,3	0,00	0,00		
Teil des Rückenmarks und Schenkelnervs	17,8	0,00	0,00		
Insgesamt	4470,2	3,03	0,17[1]		

einstellt, bei dem ein verhältnismäßig gleichbleibendes Maß von Bleiaufnahme, eine ziemlich festumrissene Bleikonzentration im Körper und ein entsprechend gleichmäßiges Maß von Bleiausscheidung auftritt.

4. Bleiausscheidung verschiedener Gruppen normaler Menschen.

Die vorstehenden Ausführungen haben bestimmte Umstände erläutert, die auf das Vorkommen von Blei in den Faeces und im Urin normaler Einzelpersonen von Einfluß sind. Es ist jedoch nicht zu erwarten, daß Beobachtungen, die auf ein paar Personen beschränkt sind, quantitativ und allgemein auf die amerikanische Bevölkerung Anwendung finden können. Durch Untersuchung beliebiger Proben von Ausscheidungen einer großen Anzahl von Personen wird sich ein etwas größerer Spielraum ergeben, nicht nur als Folge einer größeren Unterschiedlichkeit in der Umgebung und der Beschäftigung der Betreffenden, sondern auch infolge physio-

---

[1] Diese Zahl wurde durch Errechnen aus dem Gesamtknochengewicht (12 kg) und Gesamtkörpergewicht (80 kg) erhalten. Der Gesamtbleigehalt stellt sich auf ungefähr 135 mg, so daß sich ein Betrag von 0,17 mg in je 100 g des gesamten Körpergewichts ergibt. Die in der letzten Spalte aufgezeichneten Verhältniszahlen sind ebenfalls auf dieser Grundlage errechnet.

Tabelle 4. Unterteilung von Versuchspersonen nach Milligramm Blei je Liter Urin.

mg Blei je Liter Urin	Medizinstudenten, die niemals Blei ausgesetzt waren		Andere Personen, die niemals Blei ausgesetzt waren		Personen mit zweifelhafter oder leichter früherer Bleieinwirkung	
	Anzahl	%	Anzahl	%	Anzahl	%
0,000—0,029	9	20,4	7	15,9	8	11,3
0,030—0,059	14	31,8	11	25,0	24	33,8
0,060—0,089	9	20,4	11	25,0	22	31,0
0,090—0,119	8	18,2	5	11,4	6	8,5
0,120—0,149			3	6,8	2	2,8
0,150—0,179	1	2,3	1	2,3	3	4,2
0,180—0,209	1	2,3	3	6,8	2	2,8
0,210—0,239	1	2,3				
0,240—0,269						
0,270—0,299						
0,300—0,329	1[1]	2,3				
0,330—0,359						
0,360—0,389						
0,390—0,419						
0,420—			3[1]	6,8	4[1]	5,6
Insgesamt	44	100,00	44	100,00	71	100,00
Mittel	0,067		0,076		0,069	
Wahrscheinlicher Fehler des Mittels	± 0,005		± 0,005		± 0,003	
Normale Abweichung	± 0,047		± 0,050		± 0,041	

logischer Verschiedenheiten bei den Menschen. Tabelle 4 zeigt die Unterteilung nach der Menge des Bleivorkommens und die errechneten Mittelwerte der Urinbefunde bei drei Gruppen von Versuchspersonen, die nach unserer Methode untersucht wurden.

Wie aus den Überschriften der Spalten ersichtlich, sind Personen, aus deren Lebenslauf hervorging, daß sie bereits früher einer Bleieinwirkung ausgesetzt gewesen waren, aus zwei der Gruppen ausgeschieden worden. Die dritte Gruppe schließt keine Personen ein, die in jüngster Zeit Blei ausgesetzt gewesen waren; jedoch umfaßt sie solche, bei denen eine weiter zurückliegende Bleieinwirkung nur leichter Natur oder zweifelhaft war. Bei der Errechnung der Mittelwerte haben wir einige hohe Resultate übergangen, die nicht in den Bereich der normalen Verteilung der Befunde fielen. Wahrscheinlich sind diese Proben während der Probenahme mit Blei verunreinigt worden. Die drei Personengruppen stimmen hinsichtlich des Bereichs ihrer Schwankungen und der Mittelwerte fast überein; jedoch sind sowohl die Schwankungen als auch die Mittelwerte größer als diejenigen der Einzelpersonen, die im Laboratorium beobachtet wurden, obwohl fast die Hälfte der Befunde sich innerhalb der Grenzen bewegt, die bei den letzteren im Laufe der auf längere Zeit ausgedehnten Untersuchung festgestellt wurden. Vom statistischen Standpunkt aus passen die individuellen Befunde zwar in das allgemeine Bild, das sich aus den Gruppen ergeben hat; es besteht jedoch die Wahrscheinlichkeit, daß die bei letzteren gemachten Beobachtungen in bezug auf die Bleiausscheidung ein umfassenderes Maß der allgemeinen Erfahrung darstellen.

---

[1] Bei der Berechnung des Mittels fortgelassen.

Demzufolge beträgt die mittlere Bleiausscheidung im Urin bei normalen Personen in den Vereinigten Staaten ungefähr 0,07 mg auf den Liter.

Es muß im Auge behalten werden, daß das Bild der normalen Faecesbleiausscheidung, das sich aus beliebig herausgegriffenen Proben ergibt, einer Reihe von Irrtumsmöglichkeiten unterworfen ist. Aus begreiflichen Gründen ist es schwierig, Proben zu erhalten, die vergleichbaren Zeitabschnitten entsprechen, außer es werden die Beobachtungen im Laboratorium angestellt, und selbst wenn dies leicht durchzuführen wäre, würde es dennoch notwendig sein, Schwankungen hinsichtlich der Ausnutzung der Nahrung zu berücksichtigen. Andererseits haben Vergleiche, die auf der Grundlage des Gewichts von nassen oder trockenen Faeces angestellt werden, nicht unbedingt physiologische Bedeutung. Mangels einer geeigneteren Norm haben wir den Bleigehalt in den Faeces auf das Aschengewicht der Probe bezogen. Auf diese Weise ergibt sich die mittlere fäkale Bleiausscheidung bei den drei Gruppen der Versuchspersonen in Tabelle 4 wie folgt: Medizinstudenten 0,069 mg auf 1 g Asche; andere Personen, die niemals bei Ausübung ihres Berufes einer Bleieinwirkung ausgesetzt waren, 0,098 mg auf 1 g Asche; Personen mit zweifelhafter oder leichter früherer gewerblicher Bleieinwirkung: 0,072 mg auf 1 g Asche. Angesichts der praktischen Bedeutung der Faecesbleiausscheidung als Maßstab des Bleigehaltes der aufgenommenen Nahrung (in Fällen, in denen eine berufsmäßige Bleieinwirkung als ausgeschlossen betrachtet werden kann) haben wir es jedoch für ratsam gehalten, die Ergebnisse zu vergleichen, die bei Einzelfaecesproben erzielt worden sind, ohne sie auf irgendeine gemeinsame Gewichtsgrundlage zu bringen. Im allgemeinen kann eine einzelne Probe als normale tägliche Entleerung angesehen werden. Zweifellos ergeben sich bei einer Sammlung vieler Proben Ausnahmen von dieser Regel, aber es kann angenommen werden, daß sie sich in weitem Maße ausgleichen. Hierauf fußend haben wir die Befunde von 381 normalen Erwachsenen aus allen Teilen der Vereinigten Staaten, die nicht in bleigefährdeten Betrieben arbeiten, geordnet. Tabelle 5 zeigt die Häufigkeitsverteilung dieser Ergebnisse in Verbindung mit ihrem errechneten Mittelwert. (Die Befunde bei 70 Medizinstudenten, die einen Teil der zusammengefaßten Gruppe bilden, ergaben für sich untersucht einen Mittelwert von 0,23 ± 0,02. Siehe Tabelle 1 zwecks Vergleich mit 24-Stunden-Proben von Versuchspersonen derselben Art.)

Das Ausmaß der Schwankungen in der gesamten Gruppe von Versuchspersonen ist größer als dasjenige, welches sich bei der ständigen Beobachtung der Einzelpersonen ergab, und der Mittelwert ist höher. Dieses Ergebnis war zu erwarten als Folge der erhöhten Gesamtzahl von Möglichkeiten einer Bleiaufnahme, die mit einer großen Mannigfaltigkeit der Kost aus sehr verschiedener Herkunft verknüpft sind. Daher werden wir nicht sehr fehl gehen, wenn wir folgern, daß die mittlere tägliche Bleiausscheidung in den Faeces bei normalen amerikanischen Erwachsenen nicht weniger als $1/_4$ und nicht mehr als $1/_3$ mg beträgt, mit Schwankungen von 0,0—0,7 mg von Tag zu Tag und mit gelegentlichen Mengen von mehr als 1 mg. Daraus läßt sich schließen, daß unsere tägliche Aufnahme von Blei mit der Nahrung die gleiche Größenordnung aufweist.

5. Zusammenfassung und Auswertung.

Wenn wir die Tatsachen zusammenfassen, die sich aus den vorstehend geschilderten experimentellen Beobachtungen ergeben, so stellen wir fest: 1. Der normale erwachsene Amerikaner scheidet Blei in einer Menge von 0,02 bis 0,08 mg im Liter Urin aus, in den Faeces 0,03—0,1 mg je Gramm Faecesasche. 2. Die durchschnittliche tägliche Bleiausscheidung bei verschiedenen Gruppen normaler Menschen schwankt zwischen 0,25 und 0,38 mg. 3. Die Aufnahme von Blei mit der Nahrung bei ausgewählten Versuchspersonen war ungefähr gleich dem Bleigehalt in den Faeces, was als Beweis dienen kann nicht nur für die Tatsache, daß ein großer Teil des aufgenommenen Bleis unresorbiert durch den Ernährungstrakt geht, sondern auch für die vorwiegende Quelle, aus welcher normale Menschen Blei aufnehmen und ausscheiden.

4. Aus direkten analytischen Untersuchungen der Nahrung und aus indirekten Folgerungen hinsichtlich des fäkalen Bleigehaltes einer großen Gruppe von Versuchspersonen hat sich herausgestellt, daß die tägliche Bleiaufnahme mit der Nahrung 0,16—0,28 mg beträgt. 5. Normale Menschen, deren Bleispiegel längere Zeit hindurch beobachtet wird, weisen keine Anzeichen von Bleianhäufung auf; es scheint vielmehr, daß sie mit ihrer Körpereinstellung zu einem Gleichgewicht kommen, bei dem die Bleiausscheidung mit der Bleiaufnahme Schritt hält. 6. Zwei Personen von großem Alters- und Gewichtsunterschied, die bis kurz vor ihrem Tode offensichtlich ganz normal waren, wiesen in ihren Geweben beträchtliche Mengen Blei auf, jeweils in ungefährem Einklang mit ihrem Gewicht; in dem Körper des Erwachsenen befanden sich annähernd 135 mg Blei. 7. Orale Verabreichung von 1 mg bzw. 5 mg Bleichlorid täglich bei einer Versuchsperson jeweils während eines kurzen Zeitraums ergab, daß der größere Teil des Bleis unresorbiert ausgeschieden wurde, und daß anteilmäßig Mengen aufgenommen wurden, die bei der ersten Dosis im Mittel etwas weniger als 0,5 mg täglich und bei der letzteren ungefähr 1 mg täglich betrugen. 8. Derartige Mengen aufgenommenen Bleis genügen, eine meßbare Zunahme der Bleiausscheidung im Urin während der Aufnahme und noch einige Zeit nachher hervorzurufen.

Tabelle 5. Unterteilung von beliebig entnommenen Einzelproben von Faeces von normalen amerikanischen Männern nach dem Bleigehalt.

mg Blei in der Faecesprobe	Anzahl der Proben
0,00—0,09	71
0,10—0,19	99
0,20—0,29	72
0,30—0,39	52
0,40—0,49	29
0,50—0,59	18
0,60—0,69	14
0,70—0,89	7
0,90—1,09	7
1,10—2,09	6
2,10—4,09	3
4,10—	3
Insgesamt	381
Mittel	0,275 [1]
Wahrscheinlicher Fehler des Mittels	±0,008
Normale Abweichung	±0,215

Wenn man die Bleiausscheidung von Menschen, die unter im wesentlichen natürlichen und primitiven Verhältnissen leben, mit derjenigen der Personen vergleicht, die den geschilderten Untersuchungen unterzogen wurden, so ergibt sich, daß die Möglichkeiten einer Bleiaufnahme bei zivilisierten Menschen größer sind als bei primitiven. Wir haben die mittlere tägliche Bleiaufnahme unserer mexikanischen Versuchspersonen auf ungefähr $^1/_{10}$ mg geschätzt. Nach der gleichen Schätzungsmethode haben wir festgestellt, daß die Bleiaufnahme des heutigen Amerikaners zwischen $^1/_5$ und $^1/_3$ mg schwankt. Ungeachtet der Tatsache, daß die Werte für die Amerikaner auf einem angemesseneren Querschnitt beruhen als diejenigen für die primitiven Menschen, ist der Vergleich doch lehrreich. Die

---

[1] Errechnet nach Ausschluß von 9 Werten mit weiter Streuung über 1,20 mg.

Verschiedenheit der beiden Ergebnisreihen ist in erster Linie auf den Unterschied im Bleigehalt der betreffenden Kost zurückzuführen. Angesichts der zahlreichen Möglichkeiten des Eindringens kleiner Bleimengen in unsere Nahrung im Vergleich zu den geringen Möglichkeiten einer Versehrung derselben bei primitiven mexikanischen Gemeinschaften muß angenommen werden, daß die neuzeitlichen Methoden der Herstellung und Behandlung von Nahrungsmitteln diesen eine Bleimenge zuführen, die etwas mehr beträgt als ihr natürlicher Bleigehalt. Es läßt sich nicht sagen, daß das Vorkommen von Blei in Nahrungsmitteln in den gewöhnlich gefundenen Mengen für die Gesundheit des Menschen von Bedeutung wäre. Die Feststellungen hinsichtlich der Quellen der Versehrung, die wir in einem späteren Aufsatz behandeln werden, ergeben, daß sich bereits seit langem vergleichbare Bleimengen in Nahrungsmitteln befunden haben. Diese Schlußfolgerung ist gerechtfertigt durch die Beobachtungen von Devergie (12), Orfila (19), Legrip (20) und Millon (21) über das Vorkommen von Blei in normalen Geweben. Die neueren Arbeiten von Meillère (17), von Badham und Taylor (4), Tannahill (8), Seiser und seinen Mitarbeitern (22), Weyrauch und Litzner (11) sowie Barth (18) zeigen, daß Bleimengen in normalen menschlichen Geweben sowie Ausscheidungen auftreten von der gleichen Größenordnung, wie wir sie gefunden haben. Derartige Ergebnisse setzen das Vorhandensein von weitverbreiteten und allgemein ähnlichen Vorbedingungen für menschliche Bleiaufnahme und Bleiausscheidung voraus. Tannahill (8) erwähnt drei Analysen von großen Nahrungsmittelproben, in denen er Bleimengen ebenfalls von der gleichen Größenordnung fand, wie wir sie verzeichnet haben. Süssmann (23) führt die Ergebnisse eines Versuches an sich selbst an, bei dem er seine tägliche Gesamtbleiausscheidung in den Faeces und im Urin beobachtete. Obgleich er seinen Befunden eine abweichende Auslegung gibt, kann nicht bezweifelt werden, daß diese in weitem Maße, vielleicht sogar gänzlich, Schwankungen in dem mit seiner Nahrung aufgenommenen Blei zuzuschreiben war. Aub, Fairhall, Minot und Reznikoff (24) bestreiten, daß Blei normalerweise in den Faeces und im Urin vorkommt. In neuerer Zeit haben Fairhall und Heim (25) Versuche beschrieben, die feststellen sollten, ob sich aus einer längere Zeit dauernden Berührung der Haut mit bleibeschwerter Seide Bleiaufnahme ergibt oder nicht. Sie fanden während der ganzen Dauer der Untersuchung in den Ausscheidungen ihrer Versuchspersonen kein Blei. Im Lichte unserer Beobachtungen beweisen ihre Angaben nur, daß ihre Analysenmethoden nicht empfindlich genug waren, das Blei zu entdecken, das sich normalerweise in den Faeces und im Urin befindet. Der gleiche Einwand gilt auch für die von Fairhall in Verbindung mit Aub u. a. früher erhaltenen Resultate. Wir haben es für notwendig befunden, in den von Fairhall (26, 27) beschriebenen Methoden gewisse Verfeinerungen vorzunehmen, um gleichmäßige Ergebnisse zu erzielen und Verluste zu vermeiden, die in manchen Fällen von der Größe eines $^1/_2$ mg waren. Im ganzen können wir die Schlußfolgerung ziehen, daß das Vorkommen von Blei in der Nahrung und in menschlichen Ausscheidungen — allgemein in den von uns gefundenen Beträgen — eine Erscheinung darstellt, die weder neu, noch auf einen bestimmten Umkreis beschränkt ist, und die daher kein neues hygienisches Problem bietet. Ob eine fortgesetzte Resorption von kleinsten Bleimengen einen Einfluß auf den allgemeinen Gesundheitszustand ausübt oder nicht, bleibt unbeantwortet. Doch deuten unsere Beobachtungen darauf hin, daß eine dauernde Bleianhäufung unter diesen Umständen nicht eintritt, sondern daß ein ungefähres Gleichgewicht erreicht wird, in welchem die Bleiausscheidung mit der Bleiaufnahme Schritt hält.

Da die Ausscheidung von Blei in den Faeces vorwiegend ein Ausdruck für nicht resorbiertes Blei ist, das mit der Nahrung oder sonstwie aufgenommen wurde, müssen wir die Notwendigkeit ins Auge fassen, bei Untersuchungen an Menschen und Tieren eine Änderung der Methode eintreten zu lassen, die eine geeignete Überwachung des so aufgenommenen Bleibetrages sichert. Andernfalls bleibt die von den Geweben in den Verdauungstrakt ausgeschiedene Bleimenge lediglich auf Mutmaßungen gegründet. Die Schwankungen bei der Bleiaufnahme sind mengenmäßig so groß, daß die Ergebnisse vieler experimenteller Untersuchungen verwischt werden, bei denen dieser Umstand nicht überwacht wurde, und bei denen die Schlußfolgerungen sich weitgehend auf die Bleiausscheidung in den Faeces stützten. Selbst wenn die angewandten analytischen Methoden empfindlich genug waren, um die Bleimengen zu entdecken, die gewöhnlich in den Faeces vorkommen, können wir nicht annehmen, daß sie genügend gleichmäßig gearbeitet haben, um verläßliche Angaben zu liefern. Daher muß die ganze Frage nach dem Einfluß der verschiedenen Faktoren auf die Ausscheidung von Blei aus dem Körper, die durch die Arbeit von Aub u. a. (24) den größten Antrieb erhalten hat, von neuem geprüft werden. Litzner, Weyrauch und Barth (16) haben dieses Problem neuerdings untersucht, indem sie empfindliche analytische Methoden anwandten und ihre Schlüsse aus den beim Urin erzielten Ergebnissen zogen. Sie stimmten hinsichtlich des Einflusses des Kalkspiegels auf Bleiaufnahme und Ausscheidung mit den Schlußfolgerungen von Aub und seinen Mitarbeitern (24) überein; es gelang ihnen jedoch nicht, eine erhöhte Bleiausscheidung unter dem Einfluß von Ammoniumchlorid festzustellen. Ihre Schlußfolgerungen sind in keinem Falle ganz überzeugend. Ihre Befunde weisen Schwankungen in der Bleiausscheidung im Urin auf, die nicht mit den experimentellen Methoden zusammenhängen, jedoch genügend groß sind, um die Wirkung der Verabreichungen zu verwischen. Wir haben ähnliche Schwankungen beobachtet, deren Umfang in großem Maße durch die allgemeine Menge der Ausscheidung bestimmt wurde, d. h. je größer die Gesamtbleiausscheidung, desto größer die Veränderlichkeit von Tag zu Tag. Bei der Auslegung von Untersuchungen dieser Art muß daher Vorsicht geübt werden. Es können Faktoren mitspielen, die man gegenwärtig noch nicht erkannt hat, die aber eine größere Bedeutung haben können als diejenigen, welche man berücksichtigt hatte.

Schrifttum.

1. Kehoe, R. A., F. Thamann u. J. Cholak: Über die normale Aufnahme und Ausscheidung von Blei. I. Bleiaufnahme und Ausscheidung unter primitiven Lebensbedingungen. (On the Normal Absorption and Excretion of Lead. I. Lead Absorption and Excretion in Primitive Life.) J. ind. Hyg. 15, 257 (1933). Siehe I A.
2. Kehoe, R. A., G. Edgar, F. Thamann u. L. Sanders: Die Bleiausscheidung bei normalen Personen. (The Excretion of Lead by Normal Persons.) J. amer. med. Assoc. 87, 2081 (1926).
3. Leake, J. P. u. a.: Die Verwendung von Bleitetraäthylbenzin in ihrer Beziehung zur öffentlichen Gesundheit. (The Use of Tetraethyl Lead Gasoline in its Relation to Public Health.) U.S. Publ. Health Bull. Nr. 163 (1926).
4. Badham, C. u. H. B. Taylor: Forschungen zur Gewerbehygiene, Nr. 7. Bleivergiftung. Bericht des Generaldirektors des Gesundheitsamts New South Wales für das Jahr 1925. (Studies in Industrial Hygiene, No. 7. Lead Poisoning. Report of Director General of Public Health, New South Wales, for year 1925.) Sidney 1927.
5. Kehoe, R. A. u. F. Thamann: Die Ausscheidung von Blei. (The Excretion of Lead.) J. amer. med. Assoc. 92, 1418 (1929).
6. Millet, H.: Die Ausscheidung von Blei im Urin. (The Excretion of Lead in Urine.) J. of biol. Chem. 83, 265 (1929).

7. Cooksey, T. u. S. G. Walton: Elektrolytische Bestimmung von Blei in Urin. (Electrolytic Determination of Lead in Urine.) Analyst 54, 97 (1929).
8. Tannahill, R. W.: Kritischer Überblick über die Methoden zur Bleibestimmung in biologischen Stoffen. (A Critical Survey of the Methods for the Determination of Lead in Biological Material.) Med. J. Austral. 1, 194 (1929). — Die Bleiausscheidung bei Grubenarbeitern in Broken Hill. (The Excretion of Lead by Mine Workers at Broken Hill.) Med. J. Austral. 1, 201 (1929).
9. Francis, A. G., C. O. Harvey u. J. L. Buchan: Bestimmung kleiner Mengen Blei, besonders in Urin und biologischen Stoffen. (The Determination of Small Quantities of Lead, with Special Reference to Urine and Biological Materials.) Analyst 54, 725 (1929).
10. Fretwurst, F. u. A. Hertz: Quantitative Bestimmung von Blei in Stuhl und Urin und ihre Bedeutung für die Diagnose der Bleivergiftung. Arch. f. Hyg. 104, 215 (1930).
11. Weyrauch, F. u. S. Litzner: Untersuchungen über Bleiausscheidung durch die Nieren und ihre Beeinflussung durch bestimmte Kostformen und Arzneimittel beim Menschen. II. Über sogenanntes normales Blei im Urin. Arch. f. Gewerbepath. u. Gewerbehyg. 3, 15 (1932).
12. Devergie, A. u. O. Hervy: Kupfer und Blei als Bestandteile der menschlichen und tierischen Organe; zweckmäßige Abänderungen der analytischen Verfahren zur Bestimmung von Vergiftungen durch diese zwei Metalle. (Du cuivre et du plomb, comme éléments des organes de l'homme et des animaux; modifications qu'il y a lieu d'apporter dans le procédés d'analyse propres à constater les empoisonnements par ces deux métaux.) Ann. d'Hyg. 20, 463 (1838).
13. Gautier, A.: Über die fortgesetzte Bleiaufnahme durch unsere tägliche Nahrung. (Sur l'absorption continue du plomb par notre alimentation journalière.) Bull. Acad. Méd., II. s. 10, 1323 (1881).
14. Putnam, J. J.: Über die Häufigkeit, mit welcher Blei im Urin gefunden wird, und über gewisse Punkte in der Symptomatologie chronischer Bleivergiftung. (On the Frequency with which Lead is Found in the Urine, and on Certain Points in the Symptomatology of Chronic Lead Poisoning.) Boston med. J. 117, 73, 97 (1887).
15. Kehoe, R. A.: Über die Diagnose und Behandlung von Bleivergiftung. (On the Diagnosis and Treatment of Lead Poisoning.) J. Med. (Cincinnati) 11, 3 (1930).
16. Litzner, S., F. Weyrauch u. E. Barth: Untersuchungen über Bleiausscheidung durch die Nieren und ihre Beeinflussung durch bestimmte Kostformen und Arzneimittel beim Menschen. I. Arch. f. Gewerbepath. u. Gewerbehyg. 2, 330 (1931).
17. Meillère, G.: Bleivergiftung. (Saturnisme.) Diss. Paris 1903.
18. Barth, E.: Untersuchungen über den Bleigehalt der menschlichen Knochen. Virchows Arch. 281, 146 (1931).
19. Orfila: Zit. von Tanquerel des Planches: Bleikrankheiten. (Lead Diseases.) Englische Übersetzung von S. L. Dana. Lowell 1848. — Anhang: Über das Vorkommen von Blei und Kupfer im menschlichen Körper. (On the Existence of Lead and Copper in the Human System.) S. 351—357.
20. Legrip: Zit. von Tanquerel des Planches: Ebenda S. 353.
21. Millon: Zit. von Tanquerel des Planches: Ebenda S. 354.
22. Seiser, A., A. Necke u. H. Müller: Mikrobestimmungen von Blei. (Ein Beitrag zur Diagnose der Bleierkrankung.) Arch. f. Hyg. 99, 158 (1928).
23. Süssmann, P. O.: Studien über die Resorption von Blei und Quecksilber bzw. deren Salzen durch die unverletzte Haut des Warmblüters. Arch. f. Hyg. 90, 175 (1921).
24. Aub, J. C., L. T. Fairhall, A. S. Minot u. P. Reznikoff: Bleivergiftung. (Lead Poisoning.) Medicine Monographs, Vol. VII. Baltimore: Williams & Wilkins Co. 1926.
25. Fairhall, L. T. u. J. W. Heim: Das Problem der Möglichkeit einer Gesundheitsgefährdung durch bleibeschwerte Seidengewebe. (The Problem of the Possible Health Hazard of Lead-weighted Silk Fabric.) J. ind. Hyg. 14, 317 (1932).
26. Fairhall, L. T.: Bleiforschungen. I. Bestimmung kleinster Bleimengen in biologischen Stoffen. (Lead Studies. I. The Estimation of Minute Amounts of Lead in Biological Materials.) J. ind. Hyg. 4, 9 (1922/23).
27. Fairhall, L. T.: Bleiforschungen. XI. Eine Schnellmethode zur Untersuchung von Urin auf Blei. (Lead Studies. XI. A Rapid Method of Analyzing Urine for Lead.) J. of biol. Chem. 60, 485 (1924).

Über die normale Aufnahme und Ausscheidung von Blei.

Von

Robert A. Kehoe, Frederick Thamann und **Jacob Cholak**,

Kettering-Laboratorium für Angewandte Physiologie, Universität Cincinnati, Cincinnati (Ohio).

III. Die Quellen normaler Bleiaufnahme [1].

1. Blei in Nahrungsmitteln.

Wir haben gezeigt, daß das Vorhandensein von Blei in Nahrungsmitteln den Hauptfaktor hinsichtlich der Bleiaufnahme und der Bleiausscheidung von normalen Menschen darstellt (1). Auf Grund dieser Tatsache haben wir einen indirekten Vergleich der Bleiaufnahme von eingeborenen mexikanischen Indios mit derjenigen verschiedener Gruppen von Amerikanern angestellt und sind zu der Schlußfolgerung gelangt, daß die Gelegenheiten für eine Aufnahme von Blei mit der Nahrung zahlreicher sind unter den höher entwickelten Verhältnissen des amerikanischen Lebens, als in der mehr primitiven mexikanischen Umgebung. Viele Möglichkeiten wurden, wie in der Literatur, so auch auf Grund unserer Erfahrung zur Erklärung dieser Tatsache herangezogen, aber es war nur wenig Aufschluß zu erhalten, an Hand dessen man die tatsächliche oder bedingte Bedeutung der in Betracht kommenden Faktoren für den Bleigehalt der durchschnittlichen Nahrung hätte einschätzen können. Aus diesem Grunde haben wir die Bleimengen festgestellt, die in einigen üblichen Nahrungsmitteln und Getränken vorkommen. Die Ergebnisse sind in Tabelle 1 und 2 verzeichnet, wo sie willkürlich nach ihrem Bleiwert geordnet worden sind.

Es kann angenommen werden, daß die in Tabelle 1 angeführten kleinen Mengen verhältnismäßig bedeutungslos und in weitem Maße natürlichen Ursprungs sind, wogegen diejenigen in Tabelle 2 insofern von größerem Werte sein sollten, als sie die Hauptquellen des aufgenommenen Bleis aufdecken. Die meisten Proben waren Doppelmuster der Nahrung von normalen Personen, deren Bleiaufnahme und Ausscheidung studiert wurde. Die Menge jedes untersuchten Nahrungsmittels kam derjenigen gleich, die von einer Person in einer Woche verzehrt wurde, so daß die darin gefundene Bleimenge einen eindeutigen Anteil der wöchentlichen Gesamtbleiaufnahme darstellt. Diese anteilmäßige Beziehung ist durch eine andersartige Anordnung der Befunde in Tabelle 3, wo die Hauptquellen der Bleiaufnahme ins Blickfeld gerückt werden, klar gemacht worden.

Die Hauptnahrungsmittel, Fleisch und Brot, liefern ein Viertel bis ein Drittel der durchschnittlichen Menge an Blei, die wöchentlich aufgenommen wird. Belegte Brötchen zeigten häufig einen Bleigehalt, der erheblich höher lag, als bei einer

---

[1] Aus J. ind. Hyg. **15**, 290—300 (1933). Zur Veröffentlichung eingegangen am 13. März 1933.

Tabelle 1. Befunde bei beliebig herausgegriffenen Proben
bestimmter Nahrungsmittel mit niedrigem Bleigehalt.

Nahrungsmittel	Gewicht der Proben g	Gefundenes Blei mg	Blei in mg/kg	Nahrungsmittel	Gewicht der Proben g	Gefundenes Blei mg	Blei in mg/kg
Brot	1769	0,00	0,00	Fruchtpastete . . .	600	0,00	0,00
	1322	0,00	0,00	Apfelsaft	175	0,01	0,06
	515	0,03	0,06	Obstkonserven . . .	269	0,00	0,00
	400	0,00	0,00	Orangen	1033	0,00	0,00
	733	0,02	0,03		1758	0,07	0,04
Nudeln und Spaghetti	326	0,02	0,06	Bananen	75	0,00	0,00
Reis	186	0,00	0,00	Pfirsiche	148	0,00	0,00
	87	0,00	0,00	Preißelbeeren . . .	112	0,01	0,09
Erbsen	68	0,00	0,00	Eier	180	0,02	0,11
	138	0,00	0,00		701	0,08	0,11
Bohnen	297	0,02	0,07		849	0,09	0,11
Mais	240	0,00	0,00		39	0,00	0,00
Succotash (Mais mit Bohnen)	185	0,00	0,00	Fleisch	674	0,06	0,08
Kartoffeln	1101	0,03	0,02		896	0,00	0,00
	808	0,06	0,07		230	0,00	0,00
	1196	0,00	0,00		781	0,06	0,08
	671	0,01	0,02		718	0,07	0,10
	865	0,03	0,03	Schabefleisch . . .	77	0,00	0,00
	1042	0,03	0,03	Belegte Brötchen .	358	0,00	0,00
	1617	0,04	0,02	Zuckerwerk	86	0,00	0,00
	1765	0,03	0,02	Butter	39	0,00	0,00
Salat	132	0,00	0,00	Speiseeis	303	0,03	0,10
Kohl	286	0,03	0,10	Milch	2700	0,10	0,04
Rüben	36	0,00	0,00		6582	0,13	0,02
Blumenkohl	180	0,00	0,00		8761	0,39	0,04
Spinat	158	0,00	0,00	Kaffee (zum Gebrauch zubereitet)	4240	0,06	0,01
Brüsseler Spruten	73	0,00	0,00	Kaffee	2655	0,08	0,03
Kohlrüben	357	0,00	0,00	Wasser	19000	0,16	0,01

vorwiegend aus Brot bestehenden Kost zu erwarten war. Offenbar hatte der Fleischbelag allgemein einen hohen Bleigehalt, oder es waren die Möglichkeiten einer Versehrung mit Blei während der Zubereitung ungewöhnlich groß. Milch trug zu den aufgenommenen Bleimengen nur in den Fällen in bedeutsamem Maße bei, in denen sie in der Verköstigung eine hervorragende Stelle einnahm; niemals wurde gefunden, daß der Bleigehalt in Milch 0,04 mg auf den Liter überstieg (Tabelle 1). Wir haben in Muttermilch Blei in vergleichbaren Mengen gefunden und betrachten derartige Beträge als normal.

Zum Unterschied von den vorerwähnten Posten, die einen großen Teil der allgemeinen Nahrungsmittelaufnahme bildeten, nahmen Zuckerwerk, Speiseeis und Früchte eine verhältnismäßig untergeordnete Stellung in der Verköstigung unserer Versuchspersonen ein, trugen jedoch in bedeutendem Maße zur Bleiaufnahme bei. Offensichtlich enthielten also diese Genußmittel Blei in erheblich höheren Konzentrationen als die meisten anderen Nahrungsmittel (Tabelle 2). Die geringe Anzahl der untersuchten Proben von Zuckerwerk und Speiseeis läßt Verallgemeinerungen hinsichtlich dieser Art Genußmittel nicht zu. Wir haben sie jedoch mit eingereiht in der Annahme, daß die Bleiquelle bei beiden wahrscheinlich großenteils in ihrem Gehalt an Zucker zu finden ist, der durch bleihaltige Schwefelsäure

Tabelle 2. Befunde bei beliebig herausgegriffenen Proben
bestimmter Nahrungsmittel mit hohem Bleigehalt.

Nahrungsmittel	Gewicht der Proben g	Gefundenes Blei mg	Blei in mg/kg
Brot	1351	0,12	0,09
	416	0,05	0,12
	863	0,14	0,16
Kleieflocken	516	0,07	0,14
	430	0,06	0,15
Zwieback	119	0,03	0,24
Brezeln	265	0,07	0,25
Eierkuchen	351	0,08	0,22
	177	0,05	0,28
Spaghetti und Makkaroni	138	0,03	0,21
Bohnen	290	0,09	0,31
Succotash (Mais mit Bohnen)	72	0,10	1,38
Spargel	162	0,10	0,60
Kohl	206	0,05	0,24
Fruchtpastete	1288	0,20	0,16
	476	0,07	0,14
	623	0,63	1,00
Apfelstrudel	98	0,04	0,40
Obstkonserven	486	0,14	0,28
Äpfel	451	0,13	0,30
Birnen	238	0,05	0,21
Kirschen	218	0,17	0,77

Nahrungsmittel	Gewicht der Proben g	Gefundenes Blei mg	Blei in mg/kg
Gemischte Früchte .	144	0,05	0,35
Fleisch	156	0,03	0,18
	163	0,02	0,12
	692	0,43	0,63
	447	0,08	0,18
Schabefleisch	400	0,07	0,17
	268	0,04	0,15
Wurst	100	0,16	1,60
Würstchen	101	0,02	0,20
	545	0,10	0,20
	439	0,08	0,16
Belegte Brötchen	923	0,27	0,29
	.847	0,36	0,42
Chili (spanische Pfefferschoten).	579	0,11	0,19
	591	0,11	0,18
Zuckerwerk	321	0,08	0,25
	283	0,07	0,25
	355	0,14	0,41
	317	0,16	0,48
	321	0,19	0,57
Sirup	142	0,03	0,21
Speiseeis	400	0,13	0,32
	406	0,14	0,35

Tabelle 3. Der Beitrag verschiedener Nahrungsmittel zur wöchentlichen
Bleiaufnahme von Amerikanern.

mg Blei in der Nahrung einer Woche	Prozentsatz der wöchentlichen Bleiaufnahme mit verschiedenen Nahrungsmitteln						
	Fleisch	Brot	Belegte Brötchen	Milch	Zuckerwerk und Speiseeis	Früchte[1]	Alle anderen Nahrungsmittel
0,76	12	13		17	21		37
0,76	12	21		0	25	36	6
1,20	20	9		32	28		11
1,03	23	15		10	7	28	17
0,63	27	8	43	0	0	0	22
1,27	6	6			9	68	11
1,28	33	10	28			17	12

Die leeren Stellen zeigen an, daß das betreffende Nahrungsmittel in der wöchentlichen
Beköstigung nicht vorkam.

invertiert worden war. Das Vorhandensein von Blei bei Früchten ist leicht erklärlich
in Anbetracht der weitverbreiteten Verwendung von Bleiverbindungen als
Schädlingsbekämpfungsmittel. Tabelle 2 zeigt, daß die höheren Bleigehalte bei
kleinen Früchten und Beeren vorkommen, die mit der Schale verzehrt werden.
Zweifellos befand sich die größte Menge des Bleis an der Oberfläche der
Früchte und hätte durch sorgfältiges Waschen entfernt werden können. Wie

[1] Mit Ausnahme von Orangen und Bananen.

wichtig diese Quelle für die Aufnahme von Blei ist, wurde durch einen längere Zeit währenden Vergleich der Beköstigungslisten unserer Versuchspersonen mit ihrem täglichen Bleispiegel noch unterstrichen. Wir haben bereits früher die Aufmerksamkeit auf das Auftreten großer täglicher Veränderungen hinsichtlich der Bleiaufnahme und Ausscheidung gelenkt (1); diese Schwankungen standen im allgemeinen mit entsprechenden Änderungen im täglichen Verzehr von Früchten in Zusammenhang, die, wie durch Analyse festgestellt, verhältnismäßig große Mengen an Blei enthielten. Daraus haben wir gefolgert, daß in den meisten Fällen, in denen die tägliche Bleiausscheidung den Mittelwert stark überschritt, die hauptsächliche Quelle für die Aufnahme von Blei im Obst zu finden war. Diese Schlußfolgerung wird gestützt durch einen Vergleich von verschiedenen Gattungen amerikanischer Nahrungsmittel mit den entsprechenden in Mexiko erhaltenen, was in Tabelle 4 veranschaulicht wird.

Tabelle 4. **Vergleich des Bleigehaltes verschiedener Gattungen amerikanischer und mexikanischer Nahrungsmittel.**

Nahrungsmittelgattung	Niedrigster und höchster Bleigehalt mg/kg			
	amerikanische		mexikanische	
Getreideprodukte	0,00—0,06	0,28	0,00—0,14	0,95
Hülsenfrüchte (enthülst)	0,00—0,07	0,31	0,00—0,05	0,40
Blattgemüse	0,00—0,24	0,66	0,00—0,04	0,28
Beerenobst	0,00—0,08	1,00	0,00—0,08	0,23
Eier	0,00	0,11	0,00	0,12
Fleisch	0,00—0,10	0,63[1]	0,00—0,07	0,46
Zuckerwerk	0,00	0,57	0,29	
Speiseeis	0,10	0,35	Kam nicht vor	

Aus dieser Nebeneinanderstellung kann man ersehen, daß diejenigen Gattungen amerikanischer Nahrungsmittel, welche die mexikanischen Nahrungsmittel hinsichtlich ihres Bleigehaltes übertreffen, Blattgemüse und kleine Früchte darstellen, d. h. solche, die in den Vereinigten Staaten allgemein mit Schädlingsbekämpfungsmitteln gespritzt werden. (Einen Vergleich zwischen einer Probe mexikanischen Zuckerwerks und den amerikanischen Proben zu ziehen, sind wir nicht berechtigt; Speiseeis gab es in den primitiven mexikanischen Gemeinden nicht.)

2. Ursprung dieses Bleis.

Es soll nicht behauptet werden, daß die obigen Angaben einen umfassenden Aufschluß hinsichtlich des Vorkommens von Blei in neuzeitlichen Nahrungsmitteln geben. Die durch sie erwiesenen Tatsachen haben jedoch eine mehr als örtliche Bedeutung im Hinblick auf die allgemeine Gleichförmigkeit der Methoden bei der Erzeugung, der Verteilung und der Zubereitung amerikanischer Nahrungsmittel. Ein weiterer Überblick über die mannigfachen Gelegenheiten zur Einführung von Blei in Nahrungsmittel kann durch einen flüchtigen Hinweis auf die Beobachtungen anderer Forscher gewonnen werden, hier und da vermehrt durch unsere eigenen. Die folgenden Angaben haben nicht den Zweck, die Mittel für eine genaue

---

[1] Unter Ausschluß einer einzigen Wurstprobe mit der ungewöhnlichen Menge von 1,60 mg Blei auf das Kilo.

Schätzung der Größe der Bleiaufnahme unter den gegenwärtigen Bedingungen an Hand zu geben. Sie sind vielmehr dazu zusammengestellt, eine Reihe von Begleitumständen aufzuzeigen, die berücksichtigt werden müssen. Sie stellen auch keine vollständige Übersicht über die zur Verfügung stehende Literatur dar.

Es ist unvermeidlich, daß Blei in der pflanzentragenden Schicht des Erdbodens vorhanden ist, solange Bleierze im Erdinnern allgemein vorkommen (2). Ohne Zweifel wird der Bleigehalt des Bodens sehr verschieden sein: er wird in der Nähe von Bleierzvorkommen verhältnismäßig hoch sein, er wird niedriger sein als Ergebnis von Auslaugungen u. dgl., die in weitere Entfernungen gelangen (3). So hat man gefunden, daß Überreste von Bleiminen durch Flüsse fortgetragen und auf ausgedehnten Flächen landwirtschaftlichen Bodens abgelagert wurden. Clarke und Steiger haben über das Vorkommen von Blei in Tonschichten am Meeresboden, im Schlamm des Mississippi und in vulkanischem Gestein berichtet (2). Ferner weiß man, daß Dämpfe von Bleischmelzen den Boden in ihrer Nachbarschaft versehren. Auch vulkanischer und meteoritischer Staub, Rauch aus Schornsteinen und Ruß aus verschiedenen Quellen liefern einen Beitrag, während des weiteren Bleiverbindungen, die als Schädlingsbekämpfungsmittel verwendet werden, Bleifarben und viele bleihaltige Gebrauchsgegenstände, sowie die in letzter Zeit aus den Abgasen von Automobilen stammenden fein verteilten Bleimengen zu ihrem Teil die Ablagerungen auf der Oberfläche des Bodens vermehren. Wenn nun Blei im Boden vorhanden ist, so folgt daraus naturgemäß, daß es in gewissen Wässern (4), in der Vegetation (5), in den Geweben von Tieren (6), im Meere (7) und in Seelebewesen (7) gefunden werden muß; tatsächlich sind Beweise vorhanden, daß dies der Fall ist.

Die Spuren von Blei, welche aus den obigen Quellen in die menschlichen Nahrungsmittel gelangen, können auf vielen Wegen noch vermehrt werden. Töpferwaren mit Bleiglasur (8), die schon sehr alten Ursprungs sind, wurden erwähnt. Es ist wahrscheinlich, daß aus Blei bestehende oder bleihaltige Metallschüsseln, Becher und andere Haushaltgefäße (9, 11) früher mehr zur menschlichen Bleiaufnahme beitrugen, als dies heute der Fall ist. Wir sind jedoch nicht vollkommen davon überzeugt, daß Zinngefäße mit einem hohen Bleigehalt lediglich der Vergangenheit angehören, in Anbetracht der noch heute vorkommenden Verwendung alter Geräte dieser Gattung. Überdies können auch neuzeitliche Küchengeräte merkliche Bleimengen in Emailleüberzügen (10) aufweisen; die heutigen Konservendosen aus Zinn sind auch nicht über allen Verdacht erhaben[1] (11).

Nach unserer Erfahrung enthalten Zahnpastatuben und die Stanniolhüllen für Käse, Zuckerwerk und ähnliche Nahrungsmittel in unserem Lande nur

---

[1] Im Hinblick auf eine jüngst gemachte Beobachtung sehen wir uns veranlaßt, die Reinheit von Zinn anzuzweifeln, wie es für das Verzinnen einer großen Anzahl von allgemeinen Gebrauchsgegenständen und Nahrungsmittelbehältern verwendet wird. Als wir einige Metallbehälter für unsere Tierstation benötigten, setzten wir uns mit einer zuverlässigen Firma in Verbindung, die sich mit der Herstellung von Haushaltgegenständen befaßt, um einige passende Eisenblechgefäße mit Zinnüberzug zu erhalten. Als vorbeugend eine Probe des Zinnbades analysiert wurde, fanden wir, daß sie 10% Blei und 3% Kupfer enthielt, obgleich das Bad ursprünglich aus Blockzinn von höchster Reinheit hergestellt worden war. Weitere Untersuchung ergab als Quelle der Verunreinigung das Eintauchen von verlöteten Kupfergegenständen, die langsam Blei und Kupfer abgegeben hatten. Die Anreicherung an diesen Metallen war verschieden, je nach dem Zeitraum, der seit der letzten Erneuerung des Metalls in dem Bad vergangen war.

unbedeutende Mengen Blei. Anderswo ist über entgegengesetzte Beobachtungen berichtet worden (12). Andererseits haben wir Packungen gefunden, bei denen Tabak und Tee in direkter Berührung mit einer mehr oder weniger oxydierten Bleifolie waren. Eine solche Packung Tee ergab 43,2 mg Blei auf das Kilogramm trockner Blätter. Das Mahlen von Mehl mittels Mühlsteinen, die mit Blei ausgebessert worden waren, hat, wie man weiß, beträchtliche Bleimengen in dieses Hauptnahrungsmittel gebracht (14), während weiterhin das Backen mit angestrichenem Holz als Brennstoff zur Verunreinigung von Brot und Kuchen beigetragen hat (14).

3. Blei in Trinkwasser und anderen Getränken.

Die Möglichkeit einer bedeutenden Infizierung von Wasser in den Städten durch Bleiröhren ist häufig mit Nachdruck betont worden (13). Es bleibt dies eine Frage von Wichtigkeit, wo immer Bleiröhren zur Leitung des Wassers zur Verwendung gelangen; in vielen Städten der Vereinigten Staaten hat sie jedoch geringe praktische Bedeutung, weil Blei für Röhrenleitungen nur in beschränktem Maße benutzt wird. Wir haben unlängst bemerkt, wie auf unerwartete Art und Weise Blei in beträchtlichen Mengen in Wasser eingeführt werden kann, nämlich dadurch, daß Rohrverbindungen mit Stoffen von hohem Bleigehalt abgedichtet werden, die bei Neubauten einige Zeit hindurch ihr Blei an das Wasser abgeben. In einem derartigen Gebäude fanden wir Blei im Wasser in Konzentrationen von 0,37—0,92 mg auf den Liter, je nachdem, wie lange das Wasser in den Röhren gestanden hatte. Wenn man das Wasser aus allen Hähnen 15 Minuten lang hatte auslaufen lassen, zeigten Proben nur noch 0,03 mg Blei auf den Liter, und nach 1 Stunde Laufens konnte Blei nicht mehr entdeckt werden. Ähnliche Umstände mögen wohl auch zum Teil für eine epidemisch aufgetretene Bleivergiftung in Leipzig verantwortlich gewesen sein, wo nach Kruse und Fischer (13) die Fälle großenteils auf die Bewohner von Neubauten beschränkt gewesen waren.

Auch andere Getränke als Wasser enthalten häufig bedeutende Bleimengen (15). Künstliche Limonade kann durch die handelsübliche Zitronensäure mit Blei infiziert sein. Kohlensäurehaltige Getränke können kleine Bleimengen enthalten, wenn die Syphons nicht sachgemäß gebaut sind. Frischer, ungegorener Traubensaft enthält häufig bedeutende Mengen Blei, weil allgemein Bespritzung mit Bleiarseniaten zum Schutz der Trauben gegen Erkrankungen vorgenommen wird. Nur zwei aus acht Proben von Traubensaft, die unlängst auf dem offenen Markt gekauft wurden, zeigten bei der Analyse keinen deutlichen Bleigehalt. Die anderen sechs Proben enthielten von 0,1—0,4 mg Blei auf den Liter. Das im Traubensaft enthaltene Blei wird in seiner ganzen Menge gefällt, wenn Gärung eintritt; es kann dann mit dem Bodensatz entfernt werden. (Diese Beobachtung, über die von Kohn-Abrest (15) berichtet wird, ist durch unsere Untersuchungen bestätigt worden.) Aber auch nach Beendigung der Gärung und der Niederschlagbildung kann eine weitere, gewöhnlich jedoch kleine Menge an Blei aus Glasflaschen und Metallfässern herausgelöst werden, in denen der Wein aufbewahrt wird. Andere alkoholische Getränke können Blei in wechselnden Mengen enthalten, von Spuren bis zu gefährlich hohen Konzentrationen. Insbesondere führt unter den Verhältnissen, die jetzt in den Vereinigten Staaten herrschen[1], die unterschiedlose Ver-

---

[1] 1933: Prohibition (der Übersetzer).

wendung aller Arten von Apparaten für die Gärung, die Destillation und die Aufbewahrung von verschiedenartigen Getränken mit großer Häufigkeit zu Bleiinfizierungen. Dafür, daß Milch während ihrer Zubereitung für den Versand durch Blei infiziert wird, ist wenig Beweis vorhanden. Doch kann Säuglingsmilch Blei enthalten, das aus Trinkflaschen und Gummisaugern stammt, während an der Brust genährte Säuglinge infolge der unklugen Verwendung von Brustwarzenschildern, bleihaltigen Schönheitswässern und kosmetischen Mitteln von seiten ihrer Ernährerinnen ungewöhnliche Bleimengen aufnehmen können (16).

4. Weitere Bleiquellen.

Wir haben weiter oben auf die Bedeutung von bleihaltigen Schädlingsbekämpfungsmitteln für den Bleigehalt gewisser Nahrungsmittel hingewiesen. Ausgedehnte Untersuchungen haben gezeigt, daß beträchtliche Mengen an Bleiarseniat nicht nur auf Früchten, sondern auch an Gras und Pflanzen zurückbleiben (17), die von Vieh, Schafen und anderen Tieren verzehrt werden können. Abgesehen von dem den Tieren zugefügten Schaden leuchtet es ein, daß eine Erhöhung des Bleigehaltes ihrer Gewebe zu einer größeren Bleiaufnahme seitens derer führen wird, die solches Fleisch als Nahrung verwenden. Überdies gibt es noch viele andere Wege für die Aufnahme von Blei durch die Tiere über die Mengen hinaus, die sich ohnehin im Futter befinden (18). Wie bekannt, liebt es das Vieh, die angestrichenen Flächen der Stallwände, der Tore, der Zäune und ähnlicher Gegenstände abzulecken. Über die Ablagerung von Blei auf Weideland infolge benachbarter Bleischmelzen ist berichtet worden, während eine Verunreinigung von Wasserläufen, die zum Tränken der Tiere dienten, durch Bleiabfälle ebenfalls vorgekommen ist. Man hat Massenbleivergiftungen unter wilden Enten gefunden, deren Ursache in dem Verschlucken von Schrotkörnern lag, die in dem Schlamm von Sümpfen, Buchten und Seen liegen, wo häufig gejagt wird (18). In diesem Zusammenhang sei bemerkt, daß mit Feuerwaffen erlegtes Wild beträchtliche Mengen an winzigen Bleistückchen enthält, und obwohl es unwahrscheinlich ist, daß daraus ein wichtiger Faktor hinsichtlich der menschlichen Bleiaufnahme entsteht, haben wir gefunden, daß dieser Umstand gelegentlich eine Quelle von großen Mengen Blei in den Faeces darstellen kann.

5. Schlußbetrachtung.

Wir haben es unterlassen, eine große Zahl von Gelegenheiten für die Aufnahme kleinster Mengen Blei auf anderem Wege als durch Nahrungsmittel zu erwähnen. Zweifellos gibt es viele, die man bei einer allgemeinen Behandlung der Frage der Bleiaufnahme nicht ganz übergehen kann. Überdies haben wir wahrscheinlich noch den einen oder anderen Posten ausgelassen, der auf den Bleigehalt der Nahrungsmittel von Einfluß ist. Das vorliegende Beweismaterial genügt jedoch, zu zeigen, daß Blei in unseren Nahrungsmitteln zu erwarten ist, teilweise als normales Vorkommen und teilweise infolge Infizierung aus verschiedenen Quellen. Eine Abschätzung des jeweiligen Einflusses der einzelnen Faktoren kann auf Grund der zur Verfügung stehenden Angaben nicht vorgenommen werden. Doch zeigen die unmittelbaren Beobachtungen, die wir an Nahrungsmitteln gemacht, sowie der indirekte Nachweis der täglichen Aufnahme, wie wir sie auf Grund einer Querschnittsbestimmung der Fäkalausscheidung ermittelt haben, daß seit den Beobachtungen Gautiers (11) im Jahre 1881 (aus umfangreichen Untersuchungen folgerte Gautier, daß der Franzose im Durchschnitt ungefähr $^1/_2$ mg Blei täglich mit seiner Nahrung aufnimmt) im allgemeinen eine Besserung hinsichtlich der Verwendung von Blei bei der Behandlung, der Konservierung und der Zubereitung von Nahrungsmitteln eingetreten ist. Diese Verbesserung ist in beträchtlichem Maße durch die weit verbreitete Verunreinigung von kleinen Früchten und Blattgemüsen durch bleihaltige Schädlingsbekämpfungsmittel wieder zunichte gemacht worden. Wenn unsere Untersuchungsbefunde den Tatsachen entsprechen, dann liegt hierin der größte Einzelfaktor im Unterschied der Bleiaufnahme der heutigen Amerikaner von derjenigen der mexikanischen Indios, die wir untersuchten, um natürliche und primitive Lebensbedingungen zu beschreiben. Was immer für eine hygienische Bedeutung dieser Angelegenheit zuzumessen ist, wird unserer Meinung nach hauptsächlich davon abhängen, ob im Laufe der Zeit eine Zunahme in der gesamten allgemeinen Bleiaufnahme erfolgen wird oder nicht. Gegenwärtig, darüber kann kein Zweifel herrschen, liegt für die amerikanischen Hygieniker das Hauptproblem nicht in der Bleiaufnahme durch das allgemeine Publikum, sondern im häufigen Auftreten von gewerblichen Bleivergiftungen.

6. Zusammenfassung.

1. Die Untersuchung von üblichen Nahrungsmitteln hat das allgemeine Vorkommen von kleinen Mengen Blei in ihnen gezeigt.

2. Gewisse Gattungen von Nahrungsmitteln enthalten häufig mehr als durchschnittliche Mengen Blei; darunter befinden sich, geordnet nach ihrer Bedeutung, Brot, Fleisch, verarbeitetes Fleisch, Speiseeis, Zuckerwerk, Blattgemüse und gewisse Früchte.

3. Ein Vergleich zwischen primitiven mexikanischen Nahrungsmitteln einerseits und amerikanischen andererseits zeigt, daß ein Hauptfaktor hinsichtlich des höheren Bleigehaltes der letzteren in der allgemeinen Verwendung von bleihaltigen Schädlingsbekämpfungsmitteln zu finden ist.

Schrifttum.

Die folgenden Schriften veranschaulichen einige Möglichkeiten für die Einführung von Blei in Nahrungsmittel.

1. Die normale Bleiausscheidung in ihrer Beziehung zur Bleiaufnahme mit Nahrungsmitteln.

Kehoe, R. A., F. Thamann u. J. Cholak: Über die normale Aufnahme und Ausscheidung von Blei. I. Bleiaufnahme und Ausscheidung unter primitiven Lebensbedingungen. II. Bleiaufnahme und Ausscheidung im heutigen amerikanischen Leben. (On the Normal Absorption and Excretion of Lead. I. Lead Absorption and Excretion in Primitive Life. II. Lead Absorption and Lead Excretion in Modern American Life.) J. ind. Hyg. 15, 257f. (1933). Siehe I A und B.

2. Natürliches Vorkommen von Blei im Boden und in Gestein, in vulkanischem Staub, anderem Staub und Ruß.

Bertrand, G. u. Y. Okada: Über das Vorkommen von Blei in der ackerbaufähigen Erde. (Sur l'existence du plomb dans la terre arable.) C. r. Acad. Sci. Paris 196, 826 (1933).

Clarke, F. W.: Die Befunde der Geochemie. (The Data of Geo-Chemistry.) U.S. Geological Survey, Bull. 770, 29 (1924).

Clarke, F. W. u. G. Steiger: Der verhältnismäßige Überfluß einzelner metallischer Elemente. (The Relative Abundance of Several Metallic Elements.) J. Wash. Acad. Sci. 4, 58 (1914).

Dana, J. D. u. E. S. Dana: System der Mineralogie. (System of Mineralogy.) S. 165, 170. New York: Wiley 1892.

Hartley, W. N. u. H. Ramage: Die aus verschiedenen Quellen stammenden mineralischen Bestandteile in Staub und Ruß. (The Mineral Constituents of Dust and Soot from Various Sources.) Proc. roy. Soc. Lond. **68**, 97 (1901).

Lindgren, W.: Mineralische Ablagerungen. (Mineral Deposits.) S. 7, 9. New York: McGraw-Hill Book Co. 1913.

Kehoe, R. A., F. Thamann u. J. Cholak: Siehe unter 1.

Schlußbericht der Ethylbenzin-Kommission des Englischen Gesundheits-Ministeriums, London. (Final Report of Departmental Committee on Ethyl Petrol. Ministry of Health.) S. 27—34. London 1930.

Shaw, C. F. u. E. E. Free: Bericht der Selby-Hütten-Kommission. (Report of Selby Smelter Commission.) U. S. Bur. Mines, Bull. **98**, 461 (1915).

3. Oberflächen-Ablagerungen durch Bleirückstände, Rauch, Staub und Ruß.

Danckwortt, P. W.: Über Bleiforschungen. Dtsch. tierärztl. Wschr., Jubiläumsnummer **1928**.

Griffith, J. J.: Der Einfluß von Bergwerken auf Land und Viehhaltung in Cardiganshire. (Influence of Mines upon Land and Live Stock in Cardiganshire.) J. agricult. Sci. **9**, 366 (1919).

Wells, A. E.: Bericht der Selby-Hütten-Kommission. (Report of Selby Smelter Commission.) U. S. Bur. Mines, Bull. **98**, 181 (1915).

4. Blei im Wasser von Mineralquellen.

Dede, L.: Über das Vorkommen von Blei und Zink in den Sintern der Bad Nauheimschen Sprudel. Z. anal. Chem. **62**, 342 (1923).

Forjaz, A. P.: Spektrochemie der portugiesischen Mineralwässer; das Wasser von Gerez. (Spectrochimie des eaux minerales portugaises; l'eau du Gerez.) C. r. Acad. Sci. Paris **186**, 1366 (1928).

Lindgren, W.: Mineralische Ablagerungen. (Mineral Deposits.) S. 41, 89. New York: McGraw-Hill Book Co., 1913.

Piña de Rubies, S. P. u. C. S. D'Argent: Spektrographische Bestimmung der Kationen in einigen spanischen medizinischen Mineralwässern. (Spectrographic Determination of Cations of Some Spanish Medicinal Mineral Waters.) An. Soc. españ. fis. quim. **29**, 235 (1931).

5. Blei in der Pflanzenwelt.

Berg, R.: Das Vorkommen seltener Elemente in den Nahrungsmitteln und menschlichen Ausscheidungen. Biochem. Z. **165**, 461 (1925).

Kehoe, R. A., F. Thamann u. J. Cholak: Siehe unter 1.

6. Blei in den Geweben normaler Tiere und in tierischen Produkten.

Bertrand, G. u. V. Ciurea: Das Blei im Organismus der Tiere. (Le plomb dans l'organisme des animaux.) C. r. Acad. Sci. Paris **192**, 990 (1931).

Bishop, W. B. S.: Das Vorkommen von Blei im Ei der Haushenne. (The Occurrence of Lead in the Egg of the Domestic Hen.) Med. J. Austral. **1**, 480 (1928); **1**, 96, 792; **2**, 660 (1929).

Fox, H. M. u. H. Ramage: Spektrographische Analyse von tierischen Geweben. (Spectrographic Analysis of Animal Tissues.) Proc. roy. Soc. Lond. **108 B**, 157 (1931).

Kehoe, R. A. u. F. Thamann: Das Verhalten von Blei im tierischen Organismus. II. Bleitetraäthyl. (The Behavior of Lead in the Animal Organism. II. Tetraethyl Lead.) Amer. J. Hyg. **13**, 478 (1931). Siehe IV B.

Taylor, H. B.: Kritische Übersicht neuerer Arbeiten über das Vorhandensein von Blei im Ei der Haushenne. (A Criticism of Recent Work on the Presence of Lead in the Egg of the Domestic Hen.) Med. J. Austral. **1**, 675 (1930).

Zbinden, C.: „Chemie des unendlich Kleinen" in der Milch und Entdeckung durch die spektrographische Methode. (Les „infiniment petits chimiques" du lait et leur détection par la méthode spectrographique.) Lait **11**, 113 (1931).

7. Blei im Seewasser und in Seelebewesen.

Chapman, A. C. u. H. Linden: Über das Vorhandensein von Blei und anderen metallischen Bestandteilen in marinen Crustaceen und Conchylien. (On the Presence of Lead and Other Metallic Impurities in Marine Crustaceans and Shell Fish.) Analyst **51**, 563 (1926).

Malaguti, Durocher u. Sarteaud: Ann. chim. phys., III. s. **28**, 129 (1850). Angeführt in F. W. Clarke: Die Befunde der Geochemie. (The Data of Geo-Chemistry.) U. S. Geological Survey, Bull. **770**, 124 (1924).

Phillips, A. H.: Analytische Suche nach Metallen in marinen Organismen von Tortugas. (Analytical Search for Metals in Tortugas Marine Organisms.) Publ. Depart. Marine Biol., Carnegie Inst. Washington **11**, Nr. 251 (1917).

8. Blei aus glasierten Behältern.

Gronover, A. u. E. Wohnlich: Über den Bleigehalt von roten Glasuren. Z. Unters. Lebensmitt. **57**, 360 (1929).

Masters, H.: Lösliches Blei in der Glasur von Pfannen. (Soluble Lead in the Glaze of Casseroles.) Analyst **44**, 164 (1919). — Blei in der Pfanne. (Lead in the Casserole.) Lancet **1**, 1002 (1919).

Monier-Williams, G. W.: Die Löslichkeit von Glasuren und Emaillen bei Küchengeräten. Berichte über Fragen der öffentlichen Gesundheit und der Medizin, Nr. 29, Ministerium für Gesundheitswesen, London 1925. (The Solubility of Glazes and Enamels Used in Cooking Utensils. Reports on Public Health and Medical Subjects, No. 29, Ministry of Health, London 1925.)

Uglow, W. A., W. A. Reberg u. M. W. Boltina: Über den Bleigehalt der Glasuren des Töpfergeschirrs der ukrainischen Kleinindustrie. Z. Unters. Lebensmitt. **59**, 379 (1930).

9. Blei in Zinngeräten.

Meillère, G.: Bleivergiftung. (Saturnisme.) S. 93. Diss. Paris 1903.

10. Blei in Emaillebehältern.

Garnier u. Simon: Vergiftung von Kindern durch bleihaltige Emaille. (Intoxication infantile par un émail plombifère.) Arch. Méd. Enf. Paris **4**, 36 (1901).

11. Blei in Nahrungsmitteln aus Metallbehältern.

Dunn, J. T. u. H. C. L. Bloxam: Mit Blei-Zinn-Legierungen verzinnte Eisenkessel. (Iron Kettles Tinned with Tin-Lead Alloys.) Analyst **55**, 34 (1930).

Gautier, A.: Über die fortgesetzte Bleiaufnahme durch unsere tägliche Nahrung. (Sur l'absorption continue du plomb par notre alimentation journalière.) Bull. Acad. Méd. Paris, II. s. **10**, 1325 (1881).

Meillère, G.: Siehe unter 9.

Zellner, H.: Blei in Ölsardinen. Dtsch. Nahrgsmitt.-Rdsch. Nr. 4, 23 (1929).

12. Blei in stanniolgepackten Nahrungsmitteln und in Tubenpräparaten.

Dankwortt, P. W. u. G. Siebler: Zur Toxikologie des Bleis und seiner Verbindungen. III. Blei in Zahnpasten. Arch. Pharmaz. **265**, 424 (1927).

Meillère, G.: Siehe unter 9.

Neukam, K.: Blei in Tuben-Präparaten. Chem.-Ztg **45**, 301 (1921).

13. Blei in Rohrleitungswasser.

Brown, J.: Unvermutete Bleivergiftung bei Kindern. (Unsuspected Lead Poisoning in Children.) Brit. med. J. **1**, 177 (1890).

Dufour-Labastide, A.: Bleivergiftung beim Kinde. (Intoxication saturnine chez l'enfant.) Diss. Paris 1902.

Fretwurst, F. u. A. Hertz: Quantitative Bestimmung von Blei in Stuhl und Urin und ihre Bedeutung für die Diagnose der Bleivergiftung. Arch. f. Hyg. **104**, 215 (1930).

Gautier, A.: Siehe unter 11.

Hamilton, A.: Gewerbliche Gifte in den Vereinigten Staaten (Industrial Poisons in the United States), S. 55. New York: The Macmillan Co. 1925.

Kruse, W. u. M. Fischer: Bleivergiftungen durch Trinkwasser im allgemeinen und in Leipzig. Dtsch. med. Wschr. **56**, 1814 (1930).

Rees, O. W. u. A. L. Elder: Die Einwirkung von gewissen Wässern in Illinois auf Blei. (The Effect of Certain Illinois Waters on Lead.) J. amer. Water Works Assoc. **19**, 714 (1928).

Thresh, J. C.: Bemerkungen über die sogenannte Einwirkung von Wasser auf Blei. (Notes on the So-Called Action of Water on Lead.) Analyst **46**, 270 (1921).

Wright, W., C. O. Sappington u. E. Rantoul: Bleivergiftung durch Rohrleitungswasser. (Lead Poisoning from Lead Piped Water Supplies.) J. ind. Hyg. **10**, 234 (1928).

14. Einige ungewöhnliche Quellen für das Vorkommen von Blei in der Nahrung.

(Einführung von Blei in Mehl durch Verwendung von schadhaften Mühlsteinen, die mit Bleimetall ausgebessert wurden. Einführung von Blei in die Nahrung durch Verwendung von angestrichenem Holz als Brennstoff.)

Berger, W., O. Studeny u. F. Rosegger: Bleivergiftung in der Landwirtschaft. Wien. klin. Wschr. **45**, 586 (1932).

Dufour-Labastide, A.: Siehe unter 13.

Schmidt, P., A. Seiser u. S. Litzner: Bleivergiftung, S. 12. Berlin u. Wien: Urban & Schwarzenberg 1930.

15. Blei in Limonade, Sodawasser, Tee, Wein, Bier und Whisky.

Aub, J. C., L. T. Fairhall, A. S. Minot u. P. Reznikoff: Bleivergiftung. (Lead Poisoning.) Med. Monographs Bd. VII, S. 241. Baltimore: Williams & Wilkins Co. 1926.

Gautier, A.: Siehe unter 11.

Hofmann, K. B.: Die Getränke der Griechen und Römer vom hygienischen Standpunkte. Dtsch. Arch. f. Ges. d. Med. u. med. Geographie **6**, 26 (1883).

Kohn-Abrest, E.: Neue Unterlagen über die Bleivergiftung. (Documents nouveaux sur le saturnisme.) Chim. et Ind., Sondernummer **1929**, 741.

Meillère, G.: Siehe unter 9.

Petherick, H. W.: Untersuchung von Sodawasser auf Blei. (Investigation of Soda Water for Lead.) Ann. Report. Com. Health, Queensland, Australia, 1928.

Smith, W. R.: Blei in Nahrungsmitteln. (Lead in Articles of Food.) J. State. Med. **1**, 57 (1892).

Vaughan, W. T.: Bleivergiftung durch Trinken von „Moonshine"-Whisky. (Lead Poisoning from Drinking "Moonshine" Whisky.) J. amer. med. Assoc. **79**, 966 (1922).

Wirthle, F. u. K. Amberger: Bleihaltiger Tee. Z. Unters. Nahrgs- u. Genußmitt. **44**, 89 (1922).

16. Bleiaufnahme aus infizierter Muttermilch und Kuhmilch bei Kindern.

Cadman, H. C.: Ein seltsamer Fall von akuter Bleivergiftung bei einem Säugling. (Curious Case of Acute Lead Poisoning in an Infant.) Lancet **2**, 1459 (1902).

Dufour-Labastide, A.: Siehe unter 13.

Guerbet, R.: Die Saugflasche aus Glas als mögliche Ursache von Bleivergiftung. (Le biberon de cristal, cause possible d'intoxication par le plomb.) Bull. Acad. Méd. Paris, III. s. **80**, 149 (1918) — J. Pharm. Chim. **18**, 291 (1918).

Holt, L. E., jr.: Bleivergiftung im Säuglingsalter. (Lead Poisoning in Infancy.) Amer. J. Dis. Childr. **25**, 229 (1923).

Meillère, G.: Siehe unter 9.

Suzuki, T. u. J. Kaneko: Seröse Meningitis bei Säuglingen, verursacht durch Bleivergiftung durch Puder. (Serous Meningitis in Infants Caused by Lead Poisoning from White Powders.) J. of orient. Med. (Dairen, Manchuria) **2**, 55 (1924).

Variot, G.: Bleivergiftung bei einem $4^{1}/_{2}$jährigen Kinde durch Benutzung eines bleihaltigen Zinnbechers. (Intoxication saturnine causée par l'usage d'un gobelet d'étain plombifère, chez un entfant de quatre ans et demi.) Bull. Soc. méd. Hôp. Paris **18**, 1102 (1901).

Wilcox, H. B. u. J. P. Caffey: Bleivergiftung bei Säuglingen; Bericht über zwei, durch Verwendung von Blei-Brustwarzenschildern verursachte Fälle. (Lead Poisoning in Nursing Infants; Report of Two Cases Due to the Use of Lead Nipple Shields.) J. amer. med. Assoc. **86**, 1514 (1926).

17. Blei an Früchten und Gemüsen aus Pflanzenschutzmitteln und von anderen Ablagerungen auf Pflanzen.

Danckwortt, P. W.: Siehe unter 3.

Griffith, J. J.: Siehe unter 3.

Hartzell, A. u. F. Wilcoxon: Analysen gespritzter Äpfel auf Blei und Arsen. (Analyses of Sprayed Apples for Lead and Arsenic.) J. econom. Entomol. **21**, 125 (1928).

Lendrich, K. u. F. Mayer: Über das Vorkommen von Arsen und Blei auf Obst als Folge der Schädlingsbekämpfung. Z. Unters. Lebensmitt. **52**, 441 (1926). (Und andere Veröffentlichungen der gleichen Verfasser.)

O'Kane, W. C., C. H. Hadley, jr. u. W. A. Osgood: Arsenhaltige Rückstände nach dem Bespritzen. (Arsenical Residues after Spraying.) New Hampshire agricult. exper. Station. Bull. 183 (1917).

Wells, A. E.: Siehe unter 3.

18. Bleiaufnahme und Bleivergiftung bei Tieren durch Infizierung von Pflanzen und Trinkwasser.

Bericht der Selby-Hütten-Kommission. (Report of Selby Smelter Commission.) U. S. Bur. Mines, Bull. **98**, 55 (1915).

Carpenter, K. E.: (Eine Reihe von Aufsätzen über Abwässer in Flüssen und ihre Wirkungen auf Fische.) Ann. of appl. Biol. **11**, 1 (1924). — J. of appl. Biol. **12**, 1 (1925). — Ann. of appl. Biol. **13**, 395 (1926). — Brit. J. exper. Biol. **4**, 378 (1927).

Danckwortt, P. W.: Siehe unter 3.

Dunn, J. T. u. H. C. L. Bloxam: Das Vorkommen von Blei im Graswuchs und im Boden von an Koksöfen angrenzenden Ländereien und die Erkrankung und Vergiftung von damit gefüttertem Vieh. (The Presence of Lead in the Herbage and Soil of Lands Adjoining Coke Ovens, and the Illness and Poisoning of Stock Fed Thereon.) J. Soc. chem. Ind. **51**, 100 (1932).

Griffith, J. J.: Siehe unter 3.

Henning, M. W.: Bleivergiftung. (Lead Poisoning.) J. Dep. Agricult. Union of S. Africa **8**, 596 (1924).

Magath, T. B.: Bleivergiftung bei Wildenten. (Lead Poisoning in Wild Ducks.) Proc. Staff Meetings, Mayo Clinic **6**, 749 (1931).

Miessner, H.: Fütterungsversuche mit Blei. Dtsch. tierärztl. Wschr. **35**, 297 (1927).

Wetmore, A.: Bleivergiftung bei Wassergeflügel. (Lead Poisoning in Waterfowl.) U. S. Dep. of Agricult., Bull 793 (1919).

Über die normale Aufnahme und Ausscheidung von Blei.

Von

Robert A. Kehoe, Frederick Thamann und **Jacob Cholak,**
Kettering-Laboratorium für Angewandte Physiologie, Universität Cincinnati, Cincinnati (Ohio).

IV. Bleiaufnahme und Ausscheidung bei Säuglingen und Kindern[1].

Im Verlaufe der Forschungen über die normale Aufnahme und Ausscheidung von Blei haben wir eine Gruppe Säuglinge und Kinder untersucht, um zu bestimmen, ob ihre Jugend und die Verschiedenheit ihrer Lebensumstände mit einer entsprechenden Abgrenzung ihrer Bleiaufnahme und Ausscheidung verbunden sind oder nicht.

1. Bleiausscheidung bei amerikanischen Kindern.

Aufs Geratewohl herausgegriffene Proben Urin und Faeces von Patienten aus verschiedenen Abteilungen eines Kinderkrankenhauses wurden zwecks Analyse beschafft. Es wurde darauf geachtet, Kinder auszuschließen, die im Verdacht standen oder von denen man wußte, daß sie Bleiverbindungen ausgesetzt gewesen waren, sowie auch solche, bei denen Pica (krankhaftes Eßgelüst) vorgelegen hatte, und solche, die akut erkrankt waren. Soweit es möglich war, wurden die Proben direkt in die Behälter gesammelt; wo dies nicht geschehen konnte, wurden Vorsichtsmaßregeln getroffen, um Verunreinigungen zu vermeiden. Dem Stab des Kinderkrankenhauses, insbesondere Herrn George M. Guest, sind wir für den Beistand bei der Erlangung dieser Proben zu Dank verpflichtet.

Tabelle 1 zeigt die Altersstufen der Kinder, den Grund ihrer Aufnahme ins Hospital und die analytischen Befunde zusammen mit den Mittelwerten für die Ausscheidung von Blei in den Faeces und im Urin. Das fäkale Blei auf die Aschewerte zu beziehen, ist nicht ganz befriedigend, aber irgendein willkürlicher Maßstab für eine mengenmäßige Gegenüberstellung war erforderlich, weil die Proben auf Grundlage der Zeit nicht vergleichbar waren.

2. Bleiausscheidung und Alter.

Zwischen der Größe der Bleiausscheidung und dem Alter besteht keine Wechselbeziehung; mehr noch, ein Vergleich mit den bei den beliebig herausgegriffenen normalen amerikanischen Erwachsenen erzielten Ergebnissen (1) zeigt keinen bedeutenden Unterschied, wenn auch die mittlere Bleiausscheidung im Urin der Kinder etwas höher liegt als der entsprechende Mittelwert für die Erwachsenen.

---

[1] Aus J. ind. Hyg. **15**, 301—305 (1933). Zur Veröffentlichung eingegangen am 13. März 1933.

Tabelle 1. Bleiausscheidung bei normalen amerikanischen Kindern.

Kranken-haus Kenn-Nr.	Beschreibung des Falles oder Diagnose	Alter in Jahren	Blei in Faeces		Blei im Urin	
			mg gefunden	mg je g Asche	mg gefunden	mg je Liter
90	Orthopädische Behandlung	9	0,30	0,06	0,17	0,17
245	Chorea	8	0,27	0,09	0,08	0,06
970	Herzerkrankungen	7	0,27	0,03	0,11	0,09
2130	Genesung nach Operation	5	0,10	0,03	0,23	0,08
2330	Herzerkrankung	10	0,38	0,10	0,13	0,07
2504	Orthopädische Behandlung	12	0,61	0,08	0,20	0,08
2582	Genesung nach Poliomyelitis	4	0,05	0,005	0,14	0,09
2783	Orthopädische Behandlung	4	2,22	0,31	0,11	0,13
2875	Genesung nach Knochenbruch	4	0,62	0,14	0,06	0,07
3043	Entfernung des Sprungbeins	9	0,14	0,07	0,10	0,06
3091	Osteomyelitis	11	0,42	0,08	0	0
3119	Nach Blinddarmoperation	7	0,10	0,13	0,11	0,08
3337	Ekzem	1	0,37	0,07	0,20	0,18
3377	Chronische Blinddarmentzündung	14	0,09	0,03	0,24	0,08
3387	Osteomyelitis	7	0,53	0,06	0,13	0,07
3528	Mastoiditis	6	0,21	0,05	0,18	0,09
3531	Ernährungsstörungen	0,6	0,26	0,03	0,18	0,11
3532	Ösophageale Striktur	7	1,57	0,19	0,04	0,02
3604	Chorea	11	0,29	0,11	0,37	0,07
3691	Nach Blinddarmoperation	11	0,45	0,05	0,24	0,11
3695	Osteomyelitis	10	0,14	0,01	0,12	0,07
3698	Nach Blinddarmoperation	12	0,41	0,06	0,17	0,05
3703	Anämie (Typus?)	5	0,43	0,14	0,10	0,04
3706	Nach Blinddarmoperation	13			0,22	0,08
3726	Mittelohrentzündung-Nierenentzündung	12	0,17	0,03	0,17	0,17
3763	Gelenkentzündung	6	0,10	0,01	0,18	0,07
3779	Nach Blinddarmoperation	12	0,28	0,07	0,13	0,04
3780	Genesung nach Knochenbruch	12	1,28	0,15	0,29	0,09
3846	Alkaptonurie	0,25	0,24	0,05	0,15	0,10
3866	Genesung nach Mandelentfernung	8	0,23	0,15	0,11	0,18
3874	Nach Blinddarmoperation	11	0,60	0,11	0,20	0,12
3887	Genesung nach Brandwunden	6	0,39	0,04	0,05	0,03
3901	Mastoiditis	15	0,24	0,06	0,03	0,04
3967	Chorea	8	0,23	0,03	0,23	0,11
4020	Orthopädische Behandlung	7	0,70	0,11	0,13	0,12
4026	Entfernung der Mandeln	8	0,90	0,11	0,09	0,10
Mittel			0,080		0,085	
Wahrscheinlicher Fehler des Mittels			±0,005		±0,004	
Normale Abweichung			±0,044		±0,038	

Wir haben in einer Untersuchung über eingeborene mexikanische Indios, die unter primitiven Verhältnissen leben, schon einmal festgestellt (2), daß die Bleiausscheidung der Kinder sich von derjenigen älterer Personen nicht erheblich unterschied. Anscheinend sind die Umweltfaktoren, die eine Bleiaufnahme von seiten der Kinder begünstigen, nicht merklich verschieden von denjenigen, die im Falle der Erwachsenen wirksam sind, und die Vorgänge der Bleiaufnahme und Ausscheidung sind in beiden Fällen im wesentlichen die gleichen. Ein weiterer Beweis für die hier zutage tretende Ähnlichkeit wird durch die analytischen Befunde bei den Geweben eines normalen Mannes und denen eines normalen Kindes im Alter von wenigen Jahren geliefert. Vgl. die Tabellen 2 und 3 in dem zweiten Aufsatz dieser Serie (1).

3. Bleiausscheidung bei mexikanischen Indiokindern.

Die bei der Untersuchung von mexikanischen Indiokindern erhaltenen Ergebnisse können mit denjenigen von amerikanischen Kindern an Hand der Angaben in Tabelle 1 und 2 verglichen werden.

Tabelle 2. Unterteilung von mexikanischen Kindern nach dem Befund von Blei in den Faeces, von Milligramm Blei je Gramm Faecesasche und von Milligramm Blei je Liter Urin.

Gefundenes Blei mg	Anzahl der Kinder, je nach Bleibefund in den Faeces			Anzahl der Kinder, je nach mg Blei je g Asche			Anzahl der Kinder, je nach mg Blei je Liter Urin		
	Cachi	Colero	zusammen	Cachi	Colero	zusammen	Cachi	Colero	zusammen
0,000—0,019	2	2	4	5	5	10	9[1]	12[1]	21[1]
0,020—0,039	2	2	4	4	5	9	5	4	9
0,040—0,059	4	1	5	1	2	3			
0,060—0,079	2	1	3	1	1	2			
0,080—0,099	1	1	2	1		1			
0,100—0,119		2	2						
0,120—0,139		1	1		1	1			
0,140—0,159		2	2						
0,160—0,179									
0,180—0,199		1	1		1	1			
0,200—0,219									
0,220—0,239		1	1						
0,240—0,259	1		1						
0,260—0,279		1	1						
Insgesamt	12	15	27	12	15	27	14	16	30
Mittel (zusammengefaßte Gruppen)	0,0881			0,0396			0,0153[2]		
Wahrscheinlicher Fehler	± 0,0093			± 0,0053			± 0,0014		
Normale Abweichung	± 0,0712			± 0,0409			± 0,0114		

Die Lebensweise in den mexikanischen Gemeinschaften war, wie bereits früher beschrieben (2), derartig, daß das von menschlichen Wesen in dieser Umgebung aufgenommene und ausgeschiedene Blei im wesentlichen natürlichen Ursprungs war. Andererseits setzen die an amerikanischen Erwachsenen gemachten Beobachtungen das Bestehen größerer Möglichkeiten für eine Aufnahme von Blei mit Nahrungsmitteln auch für die amerikanischen Kinder voraus. Daß dies in der Tat zutrifft, ist aus dem Unterschied in der mittleren Bleiausscheidung der zwei Gruppen von Kindern zu ersehen.

---

[1] Nur 6 von diesen Kindern wiesen nichts auf, und zwar 2 von den Cachi- und 4 von den Colero-Indios.

[2] Errechnet auf Grund einer weitergehenden Unterteilung der Befunde.

4. Blei in der Muttermilch.

Keines der amerikanischen Kinder zeigte Anzeichen einer Bleivergiftung; eines von ihnen ist seit der Geburt an der Mutterbrust genährt worden, was anzeigt, daß eine Bleiaufnahme während der Still- oder Schwangerschaftsperiode erfolgt war. Wir untersuchten daher auch den Bleigehalt von Muttermilch, indem wir uns Proben von ausgewählten Frauen verschafften, die in dem Krankenhause als Ammen tätig waren, Hausfrauen, deren Vorleben keine Krankheiten und keine gewerbliche Beschäftigung aufwies. Sie waren in dem Ausdrücken der Milch von Hand und in bezug auf Reinlichkeit unterwiesen worden. Kleine Mengen Milch wurden unmittelbar in Behälter gesammelt, die von unserem Laboratorium geliefert worden waren; sie wurden bei jeder Person zu einer einzigen großen Probe vereinigt. Die Befunde sind aus Tabelle 3 zu ersehen.

Tabelle 3. Bleigehalt von Muttermilch.

Nummer der Probe	Volumen Milch ccm	mg Blei gefunden
1	2031	0,05
2	1936	0,10
3	2806	0,09
4	1280	0,04
5	2858	Null

Die Ergebnisse zeigen, daß eine Aufnahme von Blei mit Muttermilch vorkommt. Sie sind jedoch in Anbetracht unserer Befunde (3) und derjenigen anderer (4) über Blei in Kuhmilch nicht bedeutsam.

5. Blei in Geweben von Föti.

Es erschien möglich, daß die Bleiausscheidung bei Säuglingen zum Teil dem Vorkommen von Blei in ihren Geweben bei der Geburt zuzuschreiben ist. Da nachgewiesen worden ist, daß Blei seinen Weg in den Fötus von Tieren und Menschen finden kann, wenn die Mutter beträchtliche Mengen Blei aufgenommen hat (5, 6, 7, 8), war zu erwarten, daß auch bei normaler Bleiaufnahme seitens der Mutter sehr kleine Mengen sich ähnlich verhalten könnten. Um dies zu prüfen, sind früh- und totgeborene Föti von einer Anzahl Frauen, die in ihrem Leben niemals berufsmäßig einer Bleigefährdung ausgesetzt gewesen waren, in bezug auf ihren Bleigehalt untersucht worden. Die Gewebe wurden in der in Tabelle 4 verzeichneten Weise in Proben für die Analyse eingeteilt, ohne daß irgendein Teil davon entfernt wurde.

Aus den Resultaten ergibt sich klar, daß Blei in den Geweben eines Fötus vorkommen kann. Andererseits ist aber kein Beweis für eine selektive Bleiaufnahme von seiten des Fötus vorhanden. Überdies waren die bei diesen Analysen gefundenen Bleimengen zu klein, um für die Menge der Bleiausscheidung, wie wir sie bei Säuglingen und Kindern beobachteten, in Betracht zu kommen. Es ist daher klar, daß die Bleiausscheidung von normalen Kindern, wie auch diejenige von Erwachsenen, in weitem Maße der regulären Bleiaufnahme mit ihrer Nahrung und nicht einer Bleiaufnahme *in utero* zuzuschreiben ist.

Tabelle 4. Die Verteilung von Blei in den Geweben von menschlichen Föti.

Gewebe	Fötus 1		Fötus 2		Fötus 3		Fötus 4		Fötus 5	
	mg Blei gefunden	mg Blei auf 100 g	mg Blei gefunden	mg Blei auf 100 g	mg Blei gefunden	mg Blei auf 100 g	mg Blei gefunden	mg Blei auf 100 g	mg Blei gefunden	mg Blei auf 100 g
Nieren	0,00	0,00			0,00	0,00	0,00	0,00	0,00	0,00
Leber			0,00	0,00	0,00	0,00	0,04	0,03	0,03	0,02
Gallenblase und Inhalt . .									0,00	0,00
Milz					0,00	0,00	0,00	0,00	0,00	0,00
Zentralnervensystem . . .	0,00	0,00	0,00	0,00	0,07	0,03	0,00	0,00	0,03	0,01–
Muskeln							0,00	0,00		
Knochen	0,02	0,05	0,00	0,00	0,08	0,03	0,29	0,06	0,00	0,00
Knorpeln							0,00	0,00		
Lungen					} 0,00	0,00	} 0,00	0,00	0,00	0,00
Herz									0,00	0,00
Thymus							0,00	0,00	0,00	0,00
Bauchspeicheldrüse									0,00	0,00
Nebennieren					0,00	0,00	0,00	0,00	0,00	0,00
Verdauungstrakt und Inhalt					0,03	0,03	0,00	0,00	0,00	0,00
Haut							Spur		0,07	0,01–
Übriges	0,07	0,03	0,00	0,00	0,04	0,04	0,08	0,01	Spur	
Gesamtbleimenge in allen Geweben	0,09		0,00		0,22		0,41		0,13	
Gesamtgewicht aller Gewebe	439,5 g		445,0 g		1846,0 g		3908,0 g		3833,0 g	
Dauer der Schwangerschaft	5 Monate		5 Monate		6 Monate		9 Monate		9 Monate	

6. Zusammenfassung.

1. Bei einer Gruppe von amerikanischen Kindern, die, soweit bekannt war, keiner Bleigefährdung ausgesetzt gewesen waren und die kein Anzeichen von Bleivergiftung aufwiesen, wurde gefunden, daß sie Blei im Urin in Mengen ausschieden, die sich von 0,02 mg bis 0,18 mg auf den Liter bewegten, bei einem Mittel von 0,08 mg auf den Liter. Die mittlere Bleiausscheidung in den Faeces betrug 0,08 mg auf das Gramm Asche.

2. Bei einer Gruppe von mexikanischen Kindern, die unter im wesentlichen primitiven Bedingungen lebten, wurde gefunden, daß die Bleiausscheidung von 0—0,03 mg auf den Liter Urin schwankte, mit einem Mittel von 0,015 mg; die mittlere Bleiausscheidung in den Faeces betrug 0,04 mg auf das Gramm Faecesasche.

3. Analysen von großen Mengen Muttermilch von normalen Müttern, die einer berufsmäßigen Bleigefährdung nie ausgesetzt gewesen waren, ergaben das Vorhandensein von Blei in Mengen, die sich von 0—0,05 mg auf den Liter bewegten.

4. Vier von fünf früh- oder totgeborenen menschlichen Föti zeigten kleine Mengen Blei in den Geweben, trotzdem die Mütter keiner Bleigefährdung ausgesetzt gewesen waren; das Blei wurde in den Knochen von drei, in der Leber, im Gehirn und in der Haut von zwei und im Verdauungstrakt von einem Fötus vorgefunden. Die größte Gesamtmenge betrug 0,41 mg Blei bei einem totgeborenen Kind.

Schrifttum.

1. Kehoe, R. A., F. Thamann u. J. Cholak: Über die normale Aufnahme und Ausscheidung von Blei. II. Bleiaufnahme und Ausscheidung im heutigen amerikanischen

Leben. (On the Normal Absorption and Excretion of Lead. II. Lead Absorption and Lead Excretion in Modern American Life.) J. ind. Hyg. **15**, 273 (1933). Siehe I B.

2. Kehoe, R. A., F. Thamann u. J. Cholak: I. Bleiaufnahme und Ausscheidung unter primitiven Lebensbedingungen. (I. Lead Absorption and Excretion in Primitive Life.) J. ind. Hyg. **15**, 257 (1933). Siehe I A.

3. Kehoe, R. A., F. Thamann u. J. Cholak: III. Die Quellen normaler Bleiaufnahme. (III. The Sources of Normal Lead Absorption.) J. ind. Hyg. **15**, 290 (1933). Siehe I C.

4. Zbinden, C.: „Chemie des unendlich Kleinen" in der Milch und Entdeckung durch die spektrographische Methode. (Les „infiniment petits chimiques" du lait et leur détection par la méthode spectrographique.) Lait **11**, 113 (1931).

5. Legrand, H. u. L. Winter: Ein Fall erblicher Bleivergiftung. (Un cas de saturnisme héréditaire.) C. r. Soc. Biol. Paris IX. s. **1**, 46 (1889).

6. Porak: Von dem Übergehen fremder Substanzen in den Organismus durch die Plazenta hindurch. (Du passage des substances étrangères à l'organisme à travers le placenta.) Arch. med. exper. et d'Anat. path. **6**, 192 (1894).

7. Balland, J.: Einfluß der Bleivergiftung auf den Verlauf der Schwangerschaft, das Produkt der Empfängnis und das Stillen; klinische, experimentelle und toxikologische Untersuchungen. (Influence du saturnisme sur la marche de la grossesse, le produit de la conception et l'allaitement; recherches cliniques, expérimentales et toxicologiques.) Diss. Paris Nr. 586 (1896).

8. Ganiayre, R.: Beitrag zum Studium der Bleivergiftung im Lichte der Schwangerschaft und Erblichkeit. (Contribution à l'étude de l'intoxication saturnine considérée dans ses rapports avec la grossesse et l'hérédité). Diss. Paris Nr. 279 (1900).

Normale Aufnahme und Ausscheidung von Blei[1].

Von

Robert A. Kehoe, Frederick Thamann und **Jacob Cholak,**
Kettering-Laboratorium für Angewandte Physiologie, Universität Cincinnati, Cincinnati (Ohio).

Eine kürzlich erschienene Reihe von Aufsätzen in einer anderen Zeitschrift hat die Methoden und die Hauptergebnisse unserer Forschungen über Bleiaufnahme und Bleivergiftung während der letzten 10 Jahre ausführlich geschildert (1). Soweit diese Untersuchungen sich auf normale Bleiaufnahme und Ausscheidung beziehen, können die Ergebnisse kurz wie folgt zusammengefaßt werden: 1. Bei zwei Gruppen von eingeborenen mexikanischen Indios, deren Lebensweise und Umwelt keine Möglichkeiten für eine Berührung mit den bleihaltigen Erzeugnissen hoch organisierter und industrialisierter Völker boten, wurde festgestellt, daß sie Blei in ihrem Blut haben, und in ihren Fäkalien sowie im Urin Blei ausscheiden, als Folge des Vorkommens von Blei im Boden und daher auch in den Pflanzen und in den tierischen Erzeugnissen, die ihnen als Nahrung dienten. 2. An verschiedenen Gruppen von gesunden Kindern und Erwachsenen in den Vereinigten Staaten, die berufsmäßig nicht bleigefährdet waren, wurde gezeigt, daß sie Blei in ihren Geweben und in ihren Ausscheidungen enthielten, hauptsächlich deshalb, weil sie es regelmäßig mit ihrer Nahrung aufgenommen hatten. 3. Die Bleiausscheidung unter den Amerikanern ist in Übereinstimmung mit dem höheren Bleigehalt bestimmter amerikanischer Nahrungsmittel dem Grad nach höher als diejenige, die bei einer unter einfacheren und natürlicheren Bedingungen lebenden Bevölkerung (eingeborene Mexikaner) beobachtet wurde. 4. Es konnte festgestellt werden, daß dieses Einverleiben von „normalen" Bleimengen nicht zu einer ständigen Anhäufung von Blei im Körper führt. Anscheinend wird nach einer gewissen Zeit ein Gleichgewichtszustand erreicht, so daß eine im wesentlichen stetige Menge an Blei in den Geweben verbleibt und die Ausscheidung der Aufnahme von Blei die Waage hält.

Im Verlaufe der Arbeiten, aus denen diese Schlußfolgerungen gezogen wurden, sind einige gesunde junge Leute, deren Leben bis dahin keine berufsmäßige Gefährdung aufwies, Monate hindurch unter Beobachtung gehalten worden. Während dieser Zeit wurde ihre Bleiaufnahme durch Nahrungsmittel und Getränke (ausschließlich Wasser) in der Weise gemessen, daß Doppelmuster der Nahrungsmittel, die sie in 24 Stunden zu sich nahmen, analysiert, und ihre tägliche Bleiausscheidung in Faeces und Urin bestimmt wurden. Neun solcher Personen sind bis jetzt in unsere Beobachtungen einbezogen worden. Die Resultate haben ein festes Bild der

---

[1] Aus J. amer. med. Assoc. **104**, 90—92 (1935). Vorgetragen vor der Sektion für Vorbeugende und Gewerbehygiene und Öffentliche Gesundheit (Preventive and Industrial Medicine and Public Health) auf der 85. Jahressitzung der American Medical Association, Cleveland, am 13. Juni 1934.

normalen Bleiaufnahme und der normalen Bleiausscheidung ergeben, wie sie auf Grund der von uns beschriebenen analytischen Methoden (I a I) gemessen wurde. Die Ergebnisse sind in den Tabellen I und 2 so angeordnet worden, daß sie die Tatsachen ersichtlich machen, die wir als Ausgangspunkte für die nachstehend beschriebenen weiteren Beobachtungen benutzen wollen.

Tabelle I. Unterteilung der analytischen Ergebnisse bei neun normalen Versuchspersonen.

mg Blei	Anzahl der 24-Stunden-Proben	
	der Nahrungsmittel	der Faeces
0,00—0,09	424	516[1]
0,10—0,19	421	500
0,20—0,29	171	303
0,30—0,39	64	149
0,40—0,49	40	87
0,50—0,59	17	35
0,60—0,69	8	14
0,70—0,79	5	7
0,80—0,89	3	6
0,90—0,99	2	2
I,00—I,49	14	10
I,50—I,99	1	—
2,0C—	6[2]	2[2]
Insgesamt	1176	1631
Mittel	0,176[3]	0,193[3]
Wahrscheinlicher Fehler des Mittels	± 0,004	± 0,003
Normale Abweichung	± 0,180	± 0,169

1. Normale Bleiaufnahme in ihrem Verhältnis zur normalen fäkalen Bleiausscheidung.

In Tabelle I sind alle Befunde bei den 24-Stunden-Nahrungsmittel- und Fäkalienproben nach der Häufigkeit ihres Vorkommens angeordnet worden, zusammen mit den errechneten Mittelwerten, ihren möglichen Fehlern und ihren Abweichungen. Aus der Ähnlichkeit in den Häufungserscheinungen und aus dem Fehlen einer Unterscheidungsmöglichkeit der Mittelwerte bei den beiden Probenreihen ist die ungefähre Gleichwertigkeit der Bleiaufnahme und der Bleiausscheidung durch den Ernährungstrakt deutlich ersichtlich. Der geringe Unterschied zwischen den zwei Mittelwerten legt, wenn er statistisch auch nicht von Bedeutung ist, die Vermutung nahe, daß mehr Blei mit den Fäkalien ausgeschieden wurde, als mit der Nahrung in den Körper gelangte. Aus diesen Beobachtungen allein sollten wir die Berechtigung herleiten, anzunehmen — was wir bei anderen Untersuchungen bestätigt gefunden haben —, daß die Hauptmenge des normalen Bleis mit der

---

[1] Von dieser Anzahl haben nur 60 kein Bleivorkommen gezeigt.
[2] Bei Berechnung des Mittels fortgelassen.
[3] Errechnet auf Grund einer weitergehenden Unterteilung der Befunde.

Nahrung aufgenommen und durch den Verdauungstrakt unresorbiert befördert wird. Ein Teil des aufgenommenen Bleis wird jedoch zweifellos resorbiert und wiederum etwas hiervon aus den Geweben in den Verdauungstrakt sowie in den Urin ausgeschieden.

Tabelle 2. Mittelwerte und ihre wahrscheinlichen Fehler bei Untersuchungen von acht normalen Personen.

Personen	Blei im Urin		Blei in den Faeces	
	mg je Liter	mg je 24 Stunden	mg je g Asche	mg je 24 Stunden
J. H.	0,017 ± 0,001	0,027	0,027 ± 0,001	0,15 ± 0,01
S. J. . . . . . : . . .	0,025 ± 0,002	0,021	0,040 ± 0,002	0,21 ± 0,01
C. M. H. (Probe 1). . .	0,022 ± 0,001	0,025	0,090 ± 0,003	0,23 ± 0,01
C. M. H. (Probe 2). . .	0,029 ± 0,002	0,028	0,123 ± 0,006	0,31 ± 0,02
J. M. McS. (Probe 1). .	0,026 ± 0,001	0,032	0,064 ± 0,004	0,22 ± 0,01
J. M. McS. (Probe 2). .	0,022 ± 0,001	0,026	0,057 ± 0,003	0,19 ± 0,01
J. A. B.	0,020 ± 0,002	0,020	0,061 ± 0,003	0,19 ± 0,01
H. G. R.	0,015 ± 0,001	0,014	0,069 ± 0,003	0,16 ± 0,01
L. S.	0,024 ± 0,001	0,020	0,053 ± 0,002	0,18 ± 0,01
E. C.	0,014 ± 0,001	0,014	0,040 ± 0,002	0,16 ± 0,01

2. Die Größe der normalen Bleiausscheidung in Urin und Faeces, durch chemische Analyse bestimmt.

Tabelle 2 gibt die errechneten Mittelwerte und ihre wahrscheinlichen Fehler für acht von den neun Versuchspersonen an, und zwar hinsichtlich der Bleimengen, die für den Zeitraum von 24 Stunden in einem Liter Urin gefunden wurden, wie auch je Gramm Asche aus den Faeces, ebenfalls für 24 Stunden. (Eine der ursprünglich neun Personen wurde zu kurze Zeit beobachtet, um statistisch zufriedenstellende Unterlagen zu erzielen.) Die jeweiligen Mittelwerte der Gruppe stimmen untereinander so eng überein (mit Ausnahme derjenigen, die sich auf fäkales Blei in Milligramm je Gramm Asche beziehen)[1], daß sie einen Beweis für die bemerkenswerte Ähnlichkeit hinsichtlich der Bleiaufnahme und Ausscheidung der einzelnen Versuchspersonen liefern.

3. Die Größe der normalen Bleiausscheidung in ihrer Abhängigkeit von den analytischen Methoden.

Es ist klar, daß die Genauigkeit dieser Werte von der Eignung der analytischen Methoden abhängen muß. Bei einem Vergleich mit Befunden von anderen Analytikern muß man die unterschiedliche Empfindlichkeit der verschiedenen in Gebrauch befindlichen analytischen Verfahren in Rechnung ziehen. Alle chemischen Methoden, die auf einer Trennung des Bleis von anderen Metallen mittels seiner unlöslichen Salze beruhen, haben die gemeinsame Eigenschaft, daß sie auch bei sachgemäßer Durchführung zu niedrige Resultate ergeben. Jede Methode hat ihren eigenen, ihr innewohnenden Verlustkoeffizienten; wenn dieser

---

[1] Das große Schwanken der individuellen Mittelwerte für Blei in Milligramm je Gramm Asche der Faeces ist ein hinlänglicher Beweis dafür, daß diesem Verhältnis geringe physiologische Bedeutung beizumessen ist. Es kann lediglich als angenäherter Ausdruck für die Menge des Bleis, bezogen auf die Größe der Faecesprobe, angesehen werden.

jedoch gleichmäßig und von bekannter Größe ist, so wird sie Angaben liefern, die mit denjenigen anderer genormter Methoden verglichen werden können.

Geleitet von diesen Erwägungen, wandten wir unlängst eine spektrographische Methode an, um die Gleichförmigkeit und die Größe des Verlustkoeffizienten zu prüfen, der mit der praktischen Durchführung chemischer Analysen verbunden ist. Die spektrographische Methode, die an anderer Stelle beschrieben wird (2), liefert, wie durch Untersuchungen festgestellt wurde, Angaben mit einer Genauigkeit von $\pm 25\%$, bei einer Anwendung auf Bleimengen, die von 0,00002—0,0004 mg reichen. (Diese Mengen im Spektrum entsprechen Bleikonzentrationen von 0,01 bis 0,2 mg im Liter Urin.) Eine Parallelbestimmung von bekannten Bleimengen mittels der zwei Methoden hat einen gleichförmigen Verlust auf Seiten der chemischen Methode gezeigt, der sich auf annähernd 0,07 mg je Probe beläuft. Bei Ausführung der folgenden Untersuchung wurden beide Methoden angewandt.

4. Normales Blei im Urin und in den Faeces, durch parallele spektrographische und chemische Analyse bestimmt. Normales Blei im Blut.

Eine kürzlich immatrikulierte Klasse Medizinstudenten, die aus weitverzweigten Teilen der Vereinigten Staaten zusammenkamen, wurde befragt und untersucht.

Tabelle 3. Unterteilung der bei Medizinstudenten erhaltenen Befunde nach Milligramm Blei je Faecesprobe.

mg Blei je Faecesprobe	Durch chemische Analyse			Durch spektrographische Analyse
	eines Teils	bezogen auf die ganze Probe[1]	nach Korrektur des Verlustes[2]	
0,00—0,04	21	21	0	2 [3]
0,05—0,09	11	7	9	7
0,10—0,14	13	15	8	11
0,15—0,19	9	7	16	16
0,20—0,24	7	9	6	10
0,25—0,29	5	5	10	7
0,30—0,34	2	3	5	7
0,35—0,39	3	1	5	5
0,40—0,44	—	3	2	2
0,45—0,49	—	—	2	3
0,50—	1	1	2	5
Insgesamt	72 [4]	72 [4]	65	75
Mittel	0,14	0,15	0,23	0,24
Wahrscheinlicher Fehler des Mittels	± 0,01	± 0,01	± 0,01	± 0,01
Normale Abweichung	± 0,11	± 0,13	± 0,12	± 0,14

[1] Ein Zehntel jeder Probe wurde für die spektrographische Bestimmung verwendet. Das Blei in der ganzen Probe wurde aus den in den neun Zehnteln gefundenen Bleimengen errechnet, die für die chemische Analyse zur Verwendung gelangten.

[2] Nach Ausscheidung der negativen Resultate wurde die in jedem Probenanteil gefundene Bleimenge auf die ganze Probe umgerechnet, worauf die Korrektur des der chemischen Methode innewohnenden Verlustkoeffizienten (0,07 mg) erfolgte, wie er bei Untersuchung mit bekannten Bleimengen gefunden worden ist.

[3] Hier waren keine negativen Resultate zu verzeichnen.

[4] Drei Proben sind während der Analyse in Verlust geraten.

Blutproben (50 ccm) und Urinproben von 3—4 Litern sowie von jedem eine Faeces-entleerung (die im allgemeinen eine 24-Stunden-Probe darstellte) wurden beschafft. Jede Probe des Urins und der Faeces wurde nach beiden Methoden untersucht.

Tabelle 4. Unterteilung der bei Medizinstudenten erhaltenen Befunde nach Milligramm Blei je Gramm Faecesasche.

mg Blei je g Asche	Chemische Methode	Spektrographische Methode
0,00—0,02	33	4
0,03—0,05	20	29
0,06—0,08	12	30
0,09—0,11	2	8
0,12—0,14	4	2
0,15—0,17	—	—
0,18—0,20	1	1
0,21—0,24	—	1
Insgesamt	72[1]	75
Mittel	0,045	0,069
Wahrscheinlicher Fehler des Mittels	± 0,003	± 0,003
Normale Abweichung	± 0,038	± 0,034

Tabelle 5. Unterteilung der bei Medizinstudenten erhaltenen Befunde nach Milligramm Blei je Liter Urin.

mg Blei je Liter Urin	Chemische Methode	Korrigierte chemische Methode[2]	Spektrographische Methode
0,000—0,009	48	—	3
0,010—0,019	15	—	12
0,020—0,029	7	10	11
0,030—0,039	—	19	21
0,040—0,049	5	10	11
0,050—0,059	—	1	4
0,060—0,069	—	3	5
0,070—0,079	—	2	5
0,080—0,089	—	—	2
0,090—0,099	—	—	—
0,100—	2[3]	2[3]	3[3]
Insgesamt	77	47	77
Mittel	0,012	0,039	0,038
Wahrscheinlicher Fehler des Mittels	± 0,001	± 0,001	± 0,002
Normale Abweichung	± 0,011	± 0,013	± 0,020

[1] Drei Proben sind während der Analyse in Verlust geraten.

[2] Nach Ausscheiden von 30 negativen Resultaten wurde jedes Ergebnis durch Hinzu-zählen von 0,07 mg (dem jeder Probe infolge der chemischen Methode innewohnenden Verlust) berichtigt und dann der Gehalt je Liter berechnet.

[3] Bei Berechnung des Mittels fortgelassen.

Die Ergebnisse finden sich in Tabelle 3, 4 und 5. Die Befunde der chemischen Analysen stehen in naher Übereinstimmung mit denjenigen der längeren individuellen Untersuchungen, die in Tabelle 1 und 2 verzeichnet sind. Die spektrographischen Befunde sind bedeutend höher. Daß der Unterschied zwischen den zwei Beobachtungsreihen gleichmäßig war, ist in Tabelle 3 und 5 daraus ersichtlich, daß die Verteilung der Ergebnisse und die errechneten Mittelwerte für beide praktisch übereinstimmen, wenn jedes positive chemische Ergebnis durch Hinzuzählen von 0,07 mg zum Ausgleich des bereits erwähnten Verlustes berichtigt wird. (Die negativen Befunde der chemischen Methode konnten hierbei natürlich nicht mit einbezogen werden, weil sie entweder Blei gar nicht oder nur bis zu 0,07 mg ergeben haben.)

Der Bleigehalt der Blutproben wurde lediglich nach der spektrographischen Methode bestimmt. Die Ergebnisse sind nach der Häufigkeit des Vorkommens in Tabelle 6 angeordnet.

Tabelle 6. Unterteilung der bei Medizinstudenten
erhaltenen Befunde nach Milligramm Blei
je 100 ccm Blut.

mg Blei je 100 ccm Blut	Spektrographisch ermittelt
0,00—0,01	1
0,02—0,03	15
0,04—0,05	25
0,06—0,07	21
0,08—0,09	5
0,10—0,11	3
0,12—0,13	1
Insgesamt	71
Mittel	0,058
Wahrscheinlicher Fehler des Mittels	±0,002
Normale Abweichung	±0,021

5. Absolute Werte für die normale Bleiaufnahme und Bleiausscheidung.

Der Nachweis des Auftretens eines stetigen Verlustes von 0,07 mg je Probe bei unserer chemischen Methode bietet eine Grundlage für die Ermittlung der absoluten Höhe der normalen Bleiausscheidung bei der amerikanischen Bevölkerung, wenn man die durch unsere auf chemischem Wege allein erhaltenen Befunde korrigiert. Nimmt man diese Berichtigung unmittelbar bei den in Tabelle 1 verzeichneten Mittelwerten vor, so erhält man als mittleren Bleigehalt von 24-Stunden-Proben von Nahrungsmitteln ungefähr 0,25 mg und für die tägliche Fäkalausscheidung ungefähr 0,26 mg. Die Urinresultate in Tabelle 2 können nicht unmittelbar berichtigt werden; doch ergibt ein Hinzuzählen von 0,07 mg zu den je Probe gefundenen Beträgen und eine Umrechnung der Mengen auf den Liter sowie auf einen 24-Stunden-Zeitraum Mittelwerte, die sich von 0,06—0,08 mg je Liter und von 0,05—0,1 mg für 24 Stunden bewegen. Individuelle 24-Stunden-Proben von normalen Faeces können 1 mg Blei oder sogar mehr enthalten, während eine normale Urinprobe selten 0,2 mg je Liter aufweisen wird und 0,1 mg je Liter nicht ungewöhnlich ist. Derartige Ergebnisse, mögen sie nun Grenzzuständen in physiologischer Hinsicht oder einer zufälligen Verunreinigung von Proben zuzuschreiben sein, veranschaulichen die Gefahr, die mit der Ausdeutung eines einzelnen analytischen Resultates verbunden ist. Tatsächlich erfordert das Unterscheiden einer normalen Person von einer, die unlängst ungewöhnlichen Mengen Blei ausgesetzt war, zumindest die Untersuchung von Urin- wie auch Faecesproben. Ein zusätzlicher Sicherheitsfaktor für die Beurteilung wird durch eine Analyse des Blutes beigebracht.

6. Zusammenfassung und Schlußfolgerungen.

1. Die chemischen Methoden zur Bestimmung von Blei in den Exkrementen und im Blut von Menschen, die wir angewendet und beschrieben haben, ergeben gleichmäßig zu niedrige Werte.

2. Ein Vergleich von parallel durchgeführten spektrographischen und chemischen Bleibestimmungen zeigt, daß der unserer chemischen Methode innewohnende Verlust sich auf ungefähr 0,07 mg je Probe beziffert.

3. Auf Grund der Ergebnisse der spektrographischen oder derjenigen der chemischen Methode, wobei die letzteren um den als normal festgestellten Verlust von 0,07 mg je Probe berichtigt wurden, betrug der Mittelwert der Bleiausscheidung einer Gruppe Medizinstudenten 0,24 mg in den Faeces für je 24 Stunden und 0,04 mg je Liter im Urin.

4. Die mittlere Bleimenge im Blut der gleichen Personengruppe belief sich auf 0,06 mg je 100 ccm, spektrographisch bestimmt.

5. Der durchschnittliche tägliche Bleigehalt der Faeces einer Gruppe von neun normalen Personen belief sich, durch chemische Analyse festgestellt, während eines Zeitraums von Monaten auf 0,193 ± 0,003 mg. Wenn man bei jeder Analyse einen durchschnittlichen Verlust von 0,07 mg je Probe berücksichtigt, dann betrug die mittlere Menge des durch die Faeces täglich ausgeschiedenen Bleis ungefähr 0,26 mg.

6. Die durch chemische Analyse bestimmte mittlere Bleiausscheidung dieser Personen mit dem Urin bewegte sich je Liter von 0,014—0,029 mg und für je einen Zeitraum von 24 Stunden von 0,014—0,032 mg. Nach vorgenommener Korrektur für den Verlust bezifferten sich die tatsächlichen Mittelwerte auf 0,06—0,08 mg je Liter, sowie auf 0,05—0,1 mg für einen Zeitraum von je 24 Stunden.

7. Die Quelle für die Aufnahme von Blei wurde weitgehend in der Nahrung gefunden. Ihr täglicher Bleigehalt betrug laut chemischer Analyse 0,176 ± 0,004 mg. Nach Korrektur des Verlustes belief sich die mittlere tägliche Bleiaufnahme auf ungefähr 0,25 mg, eine Menge, die etwas, aber nicht bedeutend geringer ist als die Bleiausscheidung in den Faeces.

Schrifttum.

1. Kehoe, R. A., F. Thamann u. J. Cholak: (a) Über die normale Aufnahme und Ausscheidung von Blei: I. Bleiaufnahme und Ausscheidung unter primitiven Lebensbedingungen. II. Bleiaufnahme und Ausscheidung im heutigen amerikanischen Leben. III. Die Quellen normaler Bleiaufnahme. IV. Bleiaufnahme und Ausscheidung bei Säuglingen und Kindern. (On the Normal Absorption and Excretion of Lead:

I. Lead Absorption and Excretion in Primitive Life. II. Lead Absorption and Lead Excretion in Modern American Life. III. The Sources of Normal Lead Absorption. IV. Lead Absorption and Excretion in Infants and Children.) J. ind. Hyg. **15**, 257 bis 305 (1933). Siehe I A—D.

Kehoe, R. A., F. Thamann u. J. Cholak: (b) Bleiaufnahme und Ausscheidung in gewissen Bleigewerben. (Lead Absorption and Excretion in Certain Lead Trades.) J. ind. Hyg. **15**, 306—319 (1933). Siehe II A.

— (c) Bleiaufnahme und Ausscheidung in ihrer Bedeutung für die Diagnose von Bleivergiftung. (Lead Absorption and Excretion in Relation to the Diagnosis of Lead Poisoning.) J. ind. Hyg. **15**, 320—340 (1933). Siehe III A.

2. Cholak, J.: Die quantitative spektrographische Bestimmung von Blei in Urin. (The Quantitative Spectrographic Determination of Lead in Urine.) J. amer. chem. Soc. **57**, 104 (1935). Siehe VIII B.

Abschnitt II

Gewerbliche Bleieinwirkung und Aufnahme

II

Bleiaufnahme und Ausscheidung in gewissen Bleigewerben[1].

Von

Robert A. Kehoe, Frederick Thamann und **Jacob Cholak,**

Kettering-Laboratorium für Angewandte Physiologie, Universität Cincinnati, Cincinnati (Ohio).

1. Einleitung.

Der Befund von Blei in Urin und Faeces von Personen, bei denen die Vermutung bestand, daß sie Blei ausgesetzt gewesen waren oder bei denen Verdacht auf Bleivergiftung vorlag, ist lange als wertvolle diagnostische Beweisunterlage betrachtet worden. Es muß heute im Hinblick auf sein regelmäßiges Vorkommen in Nahrungsmitteln, Getränken und in den Geweben und Ausscheidungen des Körpers als festgestellt gelten, daß das bloße Vorhandensein von Blei in den Exkrementen keine diagnostische Bedeutung hat. [Vgl. das Schrifttum über diesen Gegenstand (1).] Forscher, die systematische Untersuchungen vorgenommen haben, sind jedoch zu der Feststellung gelangt, daß Arbeiter in Bleigewerben einen höheren Grad von Bleiausscheidung aufweisen als Personen, die nicht mit Blei in Berührung kommen (2, 3, 4, 5, 6, 7, 8). Diese Befunde, unterstützt von Forschungen, die über das Verhalten von Blei in Versuchstieren gemacht worden sind (9), führten uns zu der Vermutung, daß zwischen Bleieinwirkung und Aufnahme verschiedenen Ausmaßes einerseits und der entsprechenden Bleiausscheidung andererseits quantitative Beziehungen gefunden werden könnten. Die Beobachtungen, über die nachstehend berichtet wird, zeigen, daß solche Beziehungen bestehen, wenn Gruppen von Arbeitern, die Bleieinwirkung verschiedenen Grades aufweisen, hinsichtlich ihrer durchschnittlichen Aussonderung von Blei in Faeces und Urin gegeneinander verglichen werden. Außerdem veranschaulichen die Resultate die praktische Bedeutung bestimmter Abstufungen der Bleieinwirkung, ausgedrückt durch das Ausmaß der Bleiausscheidung.

2. Die Bleiausscheidung bei Arbeitern einer Bleiweißfabrik.

85 Arbeiter, die alle Arten von Arbeit in der Fabrikation vertraten, wurden befragt, untersucht und auf ihre Faeces- und Urinbleiausscheidung hin beobachtet. Von jedem wurde ein einzelner Stuhl (im allgemeinen das Ergebnis von 24 Stunden) und nicht weniger als 2 Liter Urin entnommen. Aus besonderen Vorsichtsgründen wurden die Behälter den Leuten in die Wohnung geliefert, wo sie vor und nach der Arbeitszeit gefüllt und von wo die fertigen Proben wieder eingesammelt wurden. Jeder Mann badete und wechselte die Kleidung, bevor er nach Hause ging, wodurch

---

[1] Aus J. ind. Hyg. **15**, 306 (1933). Zur Veröffentlichung eingegangen am 17. März 1933.

die Möglichkeit einer Verunreinigung des Untersuchungsmaterials durch bleihaltigen Staub eingeschränkt wurde. Trotzdem wurden als zusätzliche Vorsichtsmaßnahme, und um die Wirkung der größtmöglichen Gefährdung durch Blei in der Anlage festzustellen, 10 Leute aus einer Gruppe von Arbeitern zur gesonderten Beobachtung ausgewählt, die mit einer Arbeit beschäftigt waren, bei der gefährdende Berührung kaum zu vermeiden war. Nach Schluß einer Arbeitsschicht, nachdem die Leute gebadet und ihre Kleider gewechselt hatten, kamen sie in das Laboratorium, wo sie untersucht und während des Einsammelns ihrer Proben unter Beaufsichtigung gehalten wurden.

Es war bekannt, daß Fälle von Bleivergiftung unter den auf der Fabrikanlage Beschäftigten vorgekommen waren, obgleich Unterlagen über die Häufigkeit von Erkrankungen nicht vorhanden waren. Überdies lagen zur Zeit der Untersuchung Fälle von Bleivergiftung nachweislich vor. Das Inberührungkommen mit bleihaltigem Staub war in allen Teilen der Anlage beträchtlich, in gewissen Betriebsräumen jedoch sehr stark. Doch waren die gefährdenderen Verrichtungen nicht vollkommen abgetrennt und Schutzmaßnahmen nicht so ausreichend getroffen, daß die Berührung mit Blei auf das für jede bestimmte Betätigung unumgängliche Maß eingeschränkt wurde. Die Unsicherheiten in dieser Beziehung wurden dadurch vergrößert, daß die Leute gelegentlich von einer Betriebsabteilung in eine andere versetzt wurden und daß sie schon vorher in anderen Bleiweißanlagen beschäftigt gewesen waren. Deshalb wäre es zwecklos, die Herstellungsvorgänge und ihre jeweiligen Gefährdungsmöglichkeiten zu beschreiben oder die Beobachtungen nach bestimmten Beschäftigungsarten zu ordnen. Aus Gründen der Kürze werden wir auch nicht weiter auf die klinischen Befunde eingehen, sondern lediglich die analytischen Ergebnisse betrachten, die ein Licht auf die mit einer allgemeinen Bleieinwirkung verbundene Bleiausscheidung werfen, und zwar einer Einwirkung, die genügend schwer war, daß sie Bleivergiftung hervorrufen konnte. Die Methoden, nach welchen die Proben aufbereitet und analysiert wurden, sind an anderer Stelle eingehend beschrieben worden (10).

Die in einzelnen Faecesproben der untersuchten Personen gefundenen Bleibeträge sind in Tabelle 1 verzeichnet.

Die Ergebnisse bei der Sondergruppe der schwerausgesetzten Leute beweisen die allgemeine Gültigkeit der anderen Befunde und spiegeln die maximale Stärke

Tabelle 1. Unterteilung von Arbeitern einer Bleiweißfabrik nach dem Bleigehalt einer einzelnen Faecesprobe.

mg Blei je Faecesprobe	Alle Arten von Arbeitern		Sondergruppe von Schwerausgesetzten	
	Anzahl	%	Anzahl	%
0,0— 1,9	37	43,5		
2,0— 3,9	18	21,3	2	20
4,0— 5,9	9	10,6	2	20
6,0— 7,9	5	5,9	2	20
8,0— 9,9	5	5,9	1	10
10,0—11,9	6	7,1	1	10
12,0—13,9	2	2,4	2	20
14,0—	3[1]	3,6		
Insgesamt	85	100	10	100
Mittel	3,76		7,60	
Wahrscheinlicher Fehler des Mittels	± 0,26		± 0,76	
Normale Abweichung	± 3,46		± 3,58	

---

[1] Bei Berechnung des Mittels fortgelassen.

der Berührung wider. Die Verhältnisse im Querschnitt der Bleiweißfabrik werden durch die kombinierten Befunde wiedergegeben.

Um die Werte in den Faeces auf eine mengenmäßig vergleichbare Grundlage zu bringen, sind sie in Tabelle 2 in Milligramm Blei je Gramm Faecesasche ausgedrückt. Durch diese Änderung der Berechnung stellt sich der Unterschied bei der Sondergruppe noch deutlicher heraus.

Die Bleiausscheidung im Urin ist in Tabelle 3 wiedergegeben. Die Häufigkeit des Auftretens von hohen Befunden stimmt mit der Beobachtung überein, daß Möglichkeiten für Bleieinwirkung in allen Teilen der Fabrikanlage zu finden waren. Andererseits schwanken die Ergebnisse in weiten Grenzen, während nur einige im normalen Rahmen bleiben. Die kleine Gruppe der besonders ausgewählten Leute bietet einen Anhalt für die Erklärung dieser Unregelmäßigkeiten, da hier ohne Ausnahme ein hoher Grad von Bleiausscheidung im Urin auftritt, mindestens 0,15 mg je Liter. Vermutlich stehen die großen Schwankungen ·in den kombinierten Resultaten mit erheblichen Abweichungen in dem individuellen Ausgesetztsein gegen Blei im Zusammenhang.

3. Die Bleiausscheidung bei Arbeitern einer Akkumulatorenfabrik.

Arbeiter aller Art aus einer Akkumulatorenfabrik wurden zur Beobachtung herangezogen, ähnlich wie im vorstehenden Abschnitt beschrieben, nur daß keiner ins

Tabelle 2. Unterteilung von Arbeitern einer Bleiweißfabrik nach Milligramm Blei je Gramm Faecesasche.

mg Blei je g Asche	Alle Arten von Arbeitern		Sondergruppe von Schwerausgesetzten	
	Anzahl	%	Anzahl	%
0,00—0,19	17	20,0		
0,20—0,39	16	18,3		
0,40—0,59	18	21,2	1	10
0,60—0,79	11	12,9	5	50
0,80—0,99	3	3,5		
1,00—1,19	6	7,1	2	20
1,20—1,39	3	3,5	2	20
1,40—1,59	4	4,7		
1,60—1,79	2	2,4		
1,80—	5[1]	6,0		
Insgesamt	85	100	10	100
Mittel	0,573		0,870[2]	
Wahrscheinlicher Fehler des Mittels	± 0,032		± 0,057	
Normale Abweichung	± 0,430		± 0,268	

Tabelle 3. Unterteilung von Arbeitern einer Bleiweißfabrik nach Milligramm Blei je Liter Urin.

mg Blei je Liter Urin	Alle Arten von Arbeitern		Sondergruppe von Schwerausgesetzten	
	Anzahl	%	Anzahl	%
0,00 —0,07	6	7,0		
0,08—0,15	28	32,6	2	20
0,16 —0,23	20	23,3	2	20
0,24—0,31	13	15,1	1	10
0,32—0,39	3	3,5	2	20
0,40—0,47	5	5,8	1	10
0,48—0,55	4	4,7	1	10
0,56—0,63	3	3,5		
0,64—0,71	2	2,3		
0,72—0,79	1	1,1		
1,20	1[1]	1,1	1	10
Insgesamt	86	100	10	100
Mittel	0,241		0,336	
Wahrscheinlicher Fehler des Mittels	± 0,012		± 0,040	
Normale Abweichung	± 0,165		± 0,189	

---

[1] Bei Berechnung des Mittels fortgelassen.
[2] Errechnet auf Grund einer weitergehenden Unterteilung.

Laboratorium kam. Im ganzen war die Berührung mit Bleiverbindungen weniger stark und weniger verbreitet als in der Bleiweißfabrik, obgleich ebenfalls Fälle von Bleivergiftung aufgetreten waren. Auch hier waren die einzelnen Betriebe nicht so gegeneinander abgegrenzt, daß es sich rechtfertigen ließe, jede Beschäftigungsart als Einheit für sich zu betrachten. Infolgedessen hat es auch hier keinen Zweck, die Betriebsvorgänge zu beschreiben. In gewissen Teilen der Anlage war die Möglichkeit zur Einatmung feinverteilter Bleiverbindungen groß, in anderen begrenzt und in wieder anderen praktisch zu vernachlässigen. Wieweit bestimmte Personen, die in allen Teilen der Anlage umhergingen, ausgesetzt waren, konnte nicht einmal vergleichsweise geschätzt werden, und da gewerbehygienische Überwachung nur gelegentlich erfolgte, war die Gefahr der Bleiaufnahme nicht bis aufs Unvermeidliche zurückgedämmt. Obgleich daher die Möglichkeiten einer Bleieinwirkung nicht zu verkennen waren, konnte eine Einteilung der Arbeiter nach dem Grad ihres Ausgesetztseins nicht genau durchgeführt werden. Es konnten jedoch drei Gruppen unterschieden werden, die verhältnismäßig schwere, mäßige und leichte Grade der Einwirkung darstellten.

Die Tabellen 4, 5 und 6 geben die analytischen Befunde wieder.

Die schwerwiegend ausgesetzte Personengruppe ist zu klein, um statistische Bedeutung zu haben; in den beiden anderen Gruppen jedoch ist der Unterschied eindeutig. Trotzdem darf nicht übersehen werden, daß in der Gruppe, bei der leichte Einwirkung anzunehmen war, sich vier Personen befanden, deren Faecesproben 2 mg oder mehr Blei enthielten, und drei, deren Urinproben Bleibeträge von über 0,2 mg je Liter aufwiesen.

Die Bleiausscheidung der gesamten Leute in dieser Fabrik ist bedeutend geringer als diejenige der Bleiweißarbeiter, was nach den Beobachtungen, die in bezug auf die Arbeitsbedingungen in der Anlage gemacht werden konnten, zu erwarten war.

Tabelle 4. **Unterteilung von Arbeitern einer Akkumulatorenfabrik nach dem Bleigehalt einer einzelnen Faecesprobe.**

mg Blei je Faecesprobe	Schwer ausgesetzte Personen		Mäßig ausgesetzte Personen		Leicht ausgesetzte Personen		Alle Gruppen zusammengefaßt	
	Anzahl	%	Anzahl	%	Anzahl	%	Anzahl	%
0,0— 0,9	1	11,1	13	32,5	10	45,5	24	33,8
1,0— 1,9	2	22,2	5	12,5	8	36,4	15	21,1
2,0— 2,9	2	22,2	6	15,0	1	4,5 +	9	12,7
3,0— 3,9	1	11,1	6	15,0	1	4,5 +	8	11,3
4,0— 4,9			3	7,5			3	4,2
5,0— 5,9	1	11,1	4	10,0			5	7,0
6,0— 6,9	1	11,1	1	2,5	1	4,5 +	3	4,2
7,0— 7,9			1	2,5			1	1,4
8,0— 8,9			1	2,5	1	4,5 +	2	2,8
9,0—10,9	1	11,1					1	1,4
Insgesamt	9	100	40	100	22	100	71	100
Mittel	3,72		2,70		1,73[1]		2,53	
Wahrscheinlicher Fehler des Mittels	± 0,62		± 0,23		± 0,29		± 0,18	
Normale Abweichung	± 2,74		± 2,16		± 2,00		± 2,28	

[1] Bei Fortlassung aller Ergebnisse über 2 mg ergibt sich ein Mittelwert von 0,67 ± 0,07 und eine normale Abweichung von ± 0,46.

Tabelle 5. Unterteilung von Arbeitern einer Akkumulatorenfabrik
nach Milligramm Blei je Gramm Faecesasche.

mg Blei je g Asche	Schwer ausgesetzte Personen		Mäßig ausgesetzte Personen		Leicht ausgesetzte Personen		Alle Gruppen zusammengefaßt	
	Anzahl	%	Anzahl	%	Anzahl	%	Anzahl	%
0,00—0,19	2	22,2	9	22,5	12	54,6	23	32,4
0,20—0,39	2	22,2	12	30,0	7	31,8	21	29,6
0,40—0,59	1	11,1	8	20,0	2	9,1	11	15,5
0,60—0,79	1	11,1	3	7,5	1	4,5	5	7,0
0,80—0,99	1	11,1	3	7,5			4	5,6
1,00—1,19			1	2,5			1	1,4 +
1,20—1,39			2	5,0			2	28,0
1,40—1,59	1	11,1					1	1,4 +
1,60—1,79			1	2,5			1	1,4 +
1,80—1,99	1	11,1	1	2,5			2	2,8
Insgesamt	9	100	40	100	22	100	71	100
Mittel	0,70[1]		0,52		0,22		0,45	
Wahrscheinlicher Fehler des Mittels	± 0,13		± 0,05		± 0,03		± 0,03	
Normale Abweichung	± 0,60		± 0,43		± 0,18		± 0,43	

Tabelle 6. Unterteilung von Arbeitern einer Akkumulatorenfabrik
nach Milligramm Blei je Liter Urin.

mg Blei je Liter Urin	Schwer ausgesetzte Personen		Mäßig ausgesetzte Personen		Leicht ausgesetzte Personen		Alle Gruppen zusammengefaßt	
	Anzahl	%	Anzahl	%	Anzahl	%	Anzahl	%
0,00—0,09			7	18,4	8	36,4	15	21,7
0,10—0,19	4	44,4	17	44,7	11	50,0	32	46,4
0,20—0,29	2	22,2	11	29,0	3	13,6	16	23,2
0,30—0,39	1	11,1	2	5,3			3	4,4
0,40—0,49			1	2,6			1	1,4 +
0,50—0,59	1	11,1					1	1,4 +
0,91	1	11,1					1	1,4 +
Insgesamt	9	100	38	100	22	100	69	100
Mittel	0,33[1]		0,176[2]		0,124[1]		0,182	
Wahrscheinlicher Fehler des Mittels	± 0,06		± 0,009		± 0,008		± 0,011	
Normale Abweichung	± 0,25		± 0,088		± 0,055		± 0,135	

4. Die Bleiausscheidung bei Arbeitern einer Bleitetraäthylfabrik.

Die vorstehend angeführten Fabrikationen stellen, als Einheiten betrachtet,
zwei deutlich unterschiedene Ebenen der Bleieinwirkung dar. Eine Bleitetraäthylanlage bot Gelegenheit für ein längeres Studium einer dritten Größenordnung von
Bleiberührung. Die Arbeitsbedingungen in dieser Anlage unterschieden sich von
denjenigen in den beiden anderen in den folgenden Punkten:

[1] Sehr unsicher; nur für angenäherte Vergleiche brauchbar.
[2] Errechnet auf Grund einer weitergehenden Unterteilung.

a) Die Berührung mit Blei war im Durchschnitt der ganzen Anlage weniger schwer.

b) Die individuelle Berührung mit Blei war auf das mit einer besondersartigen Arbeit unvermeidlich verknüpfte Maß beschränkt, als Folge sachgemäßer Auswahl, Abtrennung und Überwachung der Arbeiter.

c) Bestimmte Gattungen von Arbeitern waren Bleitetraäthyldämpfen ausgesetzt, entweder ausschließlich oder zusätzlich zu anorganischem Bleistaub; sie konnten daher nicht mit solchen zu einer Gruppe vereinigt werden, die lediglich anorganischem Bleistaub ausgesetzt waren.

d) Während einer Beobachtungszeit von 5 Jahren ereigneten sich keine Fälle von Bleivergiftung unter den Arbeitern, und keiner der Beschäftigten mußte von seiner Arbeit wegen Symptomen von drohender Vergiftung zurückgezogen werden.

Von jeder Beschäftigungsart wurden Vertreter im Hinblick darauf ausgewählt, daß sie voraussichtlich die gleiche Tätigkeit beibehalten würden. Daneben wurden von Zeit zu Zeit zusätzlich Leute untersucht, doch blieben die meisten der ursprünglich Ausgewählten während der ganzen Dauer der Beobachtung dabei. Je nach der Beschäftigung und nach der Art der Bleieinwirkung wurden einzelne Gruppen wie folgt unterschieden:

1. Mit der Herstellung und Handhabung von Blei-Natriumlegierung beschäftigte Leute, zur Beobachtung geeignet, weil sie metallisches Blei und Natrium in einem Kessel zum Schmelzen bringen, die Legierung in Tiegel gießen, abkühlen, mahlen und in Behältern abwiegen, wobei sie nur feinverteilten anorganischen Bleiverbindungen ausgesetzt sind.

2. Arbeiter, die Autoklaven mit der Blei-Natriumlegierung beschicken und die Reaktion während der Bildung des Bleitetraäthyls überwachen, — leicht Bleistaub, doch hauptsächlich Bleitetraäthyldämpfen ausgesetzt.

3. Bedienungsleute der Destillierblasen, die das Abdestillieren des Bleitetraäthyls aus der Reaktionsmasse und dem Rückstand überwachen und den Schlamm ablassen, — die gefährdendste Arbeit auf der Anlage, die eine Berührung allein mit Bleitetraäthyldämpfen mit sich bringt.

4. Arbeiter an den Schmelzöfen, die unverbrauchtes Blei durch ein Schmelzverfahren aus dem Schlamm wiedergewinnen und ausschließlich feinverteilten anorganischen Bleiverbindungen ausgesetzt sind.

5. Leute in der Mischanlage, die das fertige Bleitetraäthyl mit anderen Substanzen mischen und nur Bleitetraäthyldämpfen ausgesetzt sind.

6. Aufseher, die die verschiedenen Betriebsvorgänge allgemein überwachen und dadurch beiden Arten des Inberührungkommens unterliegen.

7. Laboratoriumsarbeiter, die mit dem Entnehmen und der Analyse von Proben aus den verschiedenen Stufen der Fabrikation beschäftigt sind und bei denen die Berührung zu vernachlässigen ist, wenn sie ihre Arbeit vorschriftsmäßig ausführen.

Von den unter Beobachtung stehenden Leuten wurden 5 Jahre hindurch Proben von Faeces und Urin in bestimmten Zeiträumen genommen. Das Ausmaß der Bleieinwirkung nahm während dieser Zeitspanne allmählich ab in dem Grade, wie die verursachenden Umstände unter Kontrolle gebracht wurden. Da die Zahl der beobachteten Leute notwendigerweise klein war, können die Verhältnisse am besten wiedergegeben werden, wenn alle Beobachtungen in Gruppen eingeteilt werden. Dies ist in Tabelle 7, 8 und 9 geschehen.

Tabelle 7. Unterteilung von Arbeitern einer Bleitetraäthylfabrik nach dem Bleigehalt einer einzelnen Faecesprobe.

mg Blei je Faecesprobe	Arbeiter an den Destillierblasen		Autoklaven-bedienungsleute		Mischer		Laboratoriums-arbeiter		Arbeiter an Schmelzöfen		Arbeiter in der Legierung		Aufseher		Alle Gruppen zusammengefaßt	
	Anzahl	%	Anzahl	%	Anzahl	%	Anzahl	%	Anzahl	%	Anzahl	%	Anzahl	%	Anzahl	%
0,00—0,09			2	7,7	2	11,1	3	25,0			3	13,0	2	5,6	12	7,1
0,10—0,19	3	8,1	4	15,4	2	11,1	7	58,3	3	16,7	2	8,7	7	19,4	28	16,5
0,20—0,29	4	10,8	4	15,4	4	22,2	1	8,3	1	5,6	4	17,4	7	19,4	25	14,7
0,30—0,39	5	13,5	2	7,7	3	16,7	1	8,3	3	16,7	3	13,0	8	22,2	25	14,7
0,40—0,49	3	8,1	4	15,4	3	16,7			1	5,6	1	4,3	3	8,3	15	8,8
0,50—0,59	7	19,0	3 ·	11,5	1	5,6					2	8,7	2	5,6	15	8,8
0,60—0,69	3	8,1									1	4,3	3	8,3	7	4,1
0,70—0,79	2	5,4	2	7,7	1	5,6			1	5,6			2	5,6	8	4,7
0,80—0,89	1	2,7	1	3,8					2	11,1	3	13,0			7	4,1
0,90—0,99	2	5,4	1	3,8	2	11,1									5	2,9
1,00—1,09			1	3,8					2	11,1					3	1,8
1,10—1,19	1	2,7	1	3,8					1	5,6					3	1,8
1,20—	6[1]	16,2	1[1]	3,8					4[1]	22,2	4[1]	17,4	2[1]	5,6	17[1]	10,0
Insgesamt	37	100	26	100	18	100	12	100	18	100	23	100	36	100	170	100
Mittel	0,51		0,45		0,39		0,15[2]		0,56		0,38		0,34		0,418	
Wahrscheinlicher Fehler des Mittels	±0,03		±0,04		±0,04		±0,02		±0,06		±0,04		±0,02		±0,014	
Normale Abweichung	±0,25		±0,31		±0,26		±0,08		±0,36		±0,26		±0,19		±0,261	

[1] Bei Berechnung des Mittels fortgelassen. Von diesen Leuten wiesen 13 weitverstreute Befunde zwischen 1,20—2,50 mg auf und 4 Befunde von 3,00—5,00 mg. Wenn man diese Resultate mit Ausnahme der letzten vier bei Berechnung des Mittels mit einschließt, so ergibt sich für die zusammengefaßten Gruppen ein Mittel von 0,504 ± 0,023 mg mit einer normalen Abweichung von 0,446.

[2] Errechnet auf Grund einer weitergehenden Unterteilung.

Tabelle 8. Unterteilung von Arbeitern einer Bleitetraäthylfabrik nach Milligramm Blei je Gramm Faecesasche.

mg Blei je g Asche	Arbeiter an den Destillierblasen		Autoklaven-bedienungsleute		Mischer		Laboratoriums-arbeiter		Arbeiter an Schmelzöfen		Arbeiter in der Legierung		Aufseher		Alle Gruppen zusammengefaßt	
	Anzahl	%	Anzahl	%	Anzahl	%	Anzahl	%	Anzahl	%	Anzahl	%	Anzahl	%	Anzahl	%
0,00—0,04			3	11,5							4	17,4	1	2,8	8	4,7
0,05—0,09	8	21,6	5	19,2	5	27,8	5	41,7	3	16,7	3	13,0	9	25,0	38	22,3
0,10—0,14	10	27,1	8	30,7	5	27,8	6	50,0	4	22,2	7	30,4	11	30,6	51	30,0
0,15—0,19	7	18,9	3	11,5	4	22,2	1	8,3	3	16,7	1	4,4	9	25,0	28	16,5
0,20—0,24	8	21,6	1	3,9					1	5,5	3	13,0	2	5,5	15	8,8
0,25—0,29	2	5,4	3	11,5	1	5,5			2	11,1			2	5,5	10	5,9
0,30—0,34					2	11,1					2	8,7	1	2,8	5	2,9
0,35—0,39	1	2,7							1	5,5					2	1,2
0,40—0,44											1	4,4			1	0,6
0,45—0,49																
0,50—0,54	1	2,7	1	3,9							2	8,7			4	2,3
0,55—0,59			1	3,9											1	0,6
0,60—0,64					1	5,5			2^1	11,1					3	1,8
0,65—0,69																
0,70—0,74																
0,75—			1^1	3,9					2^1	11,1			1^1	2,8	4	2,3
Insgesamt	37	100	26	100	18	100	12	100	18	100	23	100	36	100	170	100
Mittel	0,171		0,165		0,181		$0,112^2$		0,201				0,142		$0,186^3$	
Wahrscheinlicher Fehler des Mittels	±0,010		±0,018		±0,021		±0,007		±0,017				±0,007		±0,009	
Normale Abweichung	±0,090		±0,134		±0,133		±0,037		±0,158				±0,065		±0,166	

[1] Bei Berechnung des Mittels fortgelassen.

[2] Errechnet auf Grund einer weitergehenden Unterteilung.

[3] Wenn die letzten 12 abweichenden Resultate fortgelassen werden, so ergibt sich ein Mittel von 0,147±0,004 mit einer normalen Abweichung von 0,078.

Tabelle 9. Unterteilung von Arbeitern einer Bleitetraäthylfabrik nach Milligramm Blei je Liter Urin.

mg Blei je Liter Urin	Arbeiter an den Destillierblasen		Autoklaven-bedienungsleute		Mischer		Laboratoriums-arbeiter		Arbeiter an Schmelzöfen		Arbeiter in der Legierung		Aufseher		Alle Gruppen zusammengefaßt	
	Anzahl	%	Anzahl	%	Anzahl	%	Anzahl	%	Anzahl	%	Anzahl	%	Anzahl	%	Anzahl	%
0,00—0,03	1	2,8	2	8			5	41,7			4	16,7	9	26,5	21	14,0
0,04—0,07	5	13,9	6	24	2	11,8	6	50,0	4	23,5	10	41,7	9	26,5	42	28,0
0,08—0,11	2	5,6	4	16	4	23,5			4	23,5	7	29,2	7	20,6	28	18,7
0,12—0,15	8	22,2	4	16	5	29,4	1	8,3	3	17,6	1	4,2	3	8,8	25	16,7
0,16—0,19	4	11,0	4	16	1	5,9			1	5,9	1	4,2	4	11,8	15	9,9
0,20—0,23	5	13,9	2	8	3	17,6			2	11,8					12	7,9
0,24—0,27	4	11,0			2	11,8			1	5,9			1	2,9	8	5,4
0,28—0,31									1	5,9			1	2,9	2	1,3
0,32—0,35	3	8,3	1	4											4	2,7
0,36—0,39	1	2,8	1	4											2	1,3
0,40—0,43	1	2,8													1	0,7
0,44—0,47	2	5,6	1	4											3	2,0
0,48—0,51																
0,52—0,55									1[1]	5,9					1[1]	0,7
0,56—0,59											1[1]	4,2			1[1]	0,7
Insgesamt	36	100	25	100	17	100	12	100	17	100	24	100	34	100	165	100
Mittel	0,198		0,146		0,151		0,050		0,140		0,074		0,092		0,129	
Wahrscheinlicher Fehler der Mittels	±0,014		±0,015		±0,010		±0,006		±0,012		±0,005		±0,008		±0,005	
Normale Abweichung	±0,120		±0,108		±0,060		±0,031		±0,073		±0,038		±0,070		±0,098	

[1] Bei Berechnung des Mittels fortgelassen.

Die durchschnittliche Bleiausscheidung der Arbeiter im Laboratorium und in der Legierung sowie der Aufseher ist diejenige von Personen, die nicht gewerblich mit Blei in Berührung kommen. Bei den anderen Gruppen liegt sie über der normalen Höhe, ist aber geringer als diejenige der Bleiweiß- oder Akkumulatorenarbeiter. Die Ausscheidung im Urin bei den Leuten, die Bleitetraäthyldämpfen ausgesetzt waren, ist unverhältnismäßig hoch gegenüber ihrem fäkalen Blei. Besonders trifft dies bei den Arbeitern an den Destillierblasen zu, die ein Beispiel sind für die Wirkung einer verhältnismäßig schweren Berührung dieser Art. Diese Erscheinung, die sich aus den Eigenschaften des Stoffes voraussagen läßt, setzt einem weiteren Vergleich der Destillierblasen- und Autoklavenbedienungsleute und der Mischleute mit solchen, die anorganischen Bleiverbindungen ausgesetzt sind, ein Ende. Lediglich die Schmelzofen- und Legierungsarbeiter können mit in staubenden Bleigewerben Beschäftigten verglichen werden.

5. Bleieinwirkung im Vergleich zur Bleiausscheidung.

Wir haben an anderer Stelle gezeigt, daß normales fäkales Blei weitgehend aus eingeschlucktem, unresorbiertem Blei besteht (11), sodaß, wenn die Berührung mit Bleistaub aufgehört hat, und der Ernährungstrakt entleert ist, ein scharfer Abfall in der fäkalen Ausscheidung von Blei auftritt (12). Offenbar rührt Blei, das während des Ausgesetztseins gegenüber Staub im Ernährungstrakt auftritt, hauptsächlich vom Verschlucken von Aussonderungen aus den oberen Atmungswegen her. Es müßte daher zu erwarten sein, daß der Bleigehalt in den Faeces mit dem Grade der Einwirkung von Bleistaub wechselt. Tatsächlich wird dies durch die bisherigen Beobachtungen bestätigt. Daher kann der Bleigehalt einer einzelnen Entleerung als praktischer Maßstab für das Ausgesetztsein gegenüber Blei in den vorhergehenden 24—48 Stunden angenommen werden. Sicherlich tritt nicht alles fäkale Blei durch den oberen Atmungstrakt in den Ernährungstrakt ein. Ein Teil kann infolge Achtlosigkeit und Unsauberkeit unmittelbar eingeschluckt werden; ein gewisser Bruchteil wird aus den Geweben in den Darm abgeschieden, und ein begrenzter und verhältnismäßig stetiger Betrag wird mit den gewöhnlichen Nahrungsmitteln aufgenommen (1). Alle diese zusammenkommenden Mengen mit Ausnahme der letzteren wechseln in ihrer Größe je nach dem Umfang und der Art der gewerblichen Einwirkung. Daher gibt die fäkale Bleiausscheidung von Arbeitergruppen, die bestimmte Beschäftigungen vertreten, ein Querschnittbild der mit der jeweiligen Arbeit verknüpften Bleieinwirkung, wobei dasjenige Blei mit eingeschlossen wird, das individuell Achtlosigkeit und Leichtsinn zuzuschreiben ist.

Eine Berührung mit Bleiverbindungen wird erst von Bedeutung, wenn Blei aufgenommen wird. Daher braucht man, um die Tragweite einer Bleieinwirkung bestimmter Art abschätzen zu können, einen Maßstab für den Umfang der Bleiaufnahme. Die angeführten Befunde zeigen, daß das Durchschnittsmaß der Bleiausscheidung im Urin bei Arbeitergruppen, die unter vergleichbaren Bedingungen der Bleieinwirkung stehen, sich je nach der beobachteten Schwere ihrer Berührung ändert. Vermutlich wechselt, wenn man die individuellen Schwankungen ausschaltet, indem man die Gruppierung der Befunde auf eine genügende Anzahl von Beobachtungsobjekten ausdehnt, der Grad der Bleiausscheidung im Urin mit dem

Grad der Bleiaufnahme[1]. Die Zunahme der Urinbleiausscheidung hält jedoch mit der Zunahme der Bleieinwirkung nicht Schritt. Daher bringt entweder eine verstärkte Einwirkung eine entsprechende Verstärkung der Bleiaufnahme nicht mit sich, oder eine verstärkte Aufnahme verursacht keine entsprechende Erhöhung des Ausscheidungsgrades. Um einen klareren Überblick über diese Erscheinung zu erlangen und um die Befunde bei Bleiarbeitern mit denjenigen von nicht ausgesetzten Personen zu vergleichen, ist Tabelle 10 aufgestellt worden, die den durchschnittlichen Bleigehalt der Faeces und das durchschnittliche Urinblei in Milligramm je Liter für verschiedene Gruppen von Personen zeigt, die nach einheitlichen Methoden beobachtet worden sind.

Die Werte der Tabelle 10 sind in Abb. 1 als Punkte eingetragen. Die Kurve ist nur gezogen worden, um die Aufmerksamkeit auf die verminderte Zunahme der Bleiausscheidung im Urin gegenüber dem Ansteigen des fäkalen Bleigehaltes zu lenken. Der schwache Anstieg der Kurve im Bereich der Befunde, die mit Bleivergiftung verbunden sind, deutet an, daß der Schwellenwert für das Auftreten von Vergiftung mit dem Punkte zusammenfallen kann, bei welchem der Grad der Bleiaufnahme und der Grad der Bleiausscheidung merklich auseinandergehen.

Tabelle 10.

Untersuchte Personen		Anzahl der Proben	Durchschnittliches Faecesblei in mg je Probe	Durchschnittliches Urinblei in mg je Liter
Mexikanische Indios		81	0,11	0,014
Normale Person	J. H.. . . .	326	0,15	0,017
	C. M. H. . .	122	0,23	0,022
	J. M. McS. .	112	0,22	0,026
	S. J.. . . .	91	0,21	0,025
Medizinstudenten		70	0,23	0,078
Tankautofahrer.		15	0,28	0,063
Tankwarte.		19	0,34	0,063
Tankwarte.		72	0,20	0,081
Autoschlosser		26	0,24	0,077
Andere mit Benzin Beschäftigte		27	0,38	0,058
Andere mit Benzin Beschäftigte		22	0,29	0,052
Tankwarte.		56	0,26	0,071
Tankautofahrer.		50	0,36	0,089
Autoschlosser		201	0,38	0,086
Arbeiter einer Benzinraffinerie .		122	0,26	0,055
Bleitetraäthylarbeiter	Laboratorium . .	12	0,15	0,050
	Autoklaven . . .	26	0,45	0,146
	Mischleute. . . .	18	0,39	0,151
	Legierung	23	0,38	0,074
	Aufseher	36	0,34	0,092
	Schmelzöfen . . .	18	0,56	0,140
	Destillierblasen . .	37	0,51	0,198
Akkumulatorenarbeiter	leicht . . .	22	0,67	0,124
	mittelmäßig .	40	2,70	0,176
	schwer . . .	9	3,72	0,330
Bleiweißarbeiter	mittelmäßig	46	2,78	0,250
	schwer	26	4,00	0,191
	zusammengefaßt. .	86	3,76	0,241
	Sondergruppe . . .	10	7,60	0,336

Die umgrenzten Zonen haben eine spezifische praktische Bedeutung. Die „normale Zone" umfaßt sowohl Personengruppen, die nichts mit gewerblicher

---

[1] Längere Beobachtungen von Einzelpersonen nach dem Aufhören einer Einwirkung haben gezeigt, daß der Gesamtbetrag von Blei in den Geweben einen weiteren wichtigen Einfluß auf den Grad der Ausscheidung im Urin hat. Diese Beobachtungen werden den Gegenstand einer späteren Veröffentlichung bilden, in der wir zeigen werden, daß individuelle Schwankungen in der Urinbleiausscheidung nicht irreführend sind, wenn die Beobachtung des Individuums über eine genügend große Zeitspanne ausgedehnt wird.

Bleieinwirkung zu tun hatten, als auch mehrere andere, bei denen die Einwirkung nur hypothetisch bestand. Die „klinisch zweifelhafte Zone", die von gestrichelten Geraden umrandet ist, umfaßt vier Gruppen von Arbeitern, die bei der Herstellung von Bleitetraäthyl beschäftigt waren, sowie die gering ausgesetzte Gruppe von Akkumulatorenarbeitern, in Anbetracht der Tatsache, daß, obgleich ihre Bleiausscheidung höher war als bei normalen Individuen, sich keine Bleivergiftung bei ihnen ereignet hatte. Diese Zonen begreifen auch die Schwankungen der individuellen Befunde bei allen Gruppen innerhalb ihrer Grenzen mit ein, mit Ausnahme von einer abweichenden Gruppe, den Arbeitern an den Destillierblasen der Bleitetraäthylanlage, auf die wir weiter oben als nicht typisch hingewiesen haben. Die

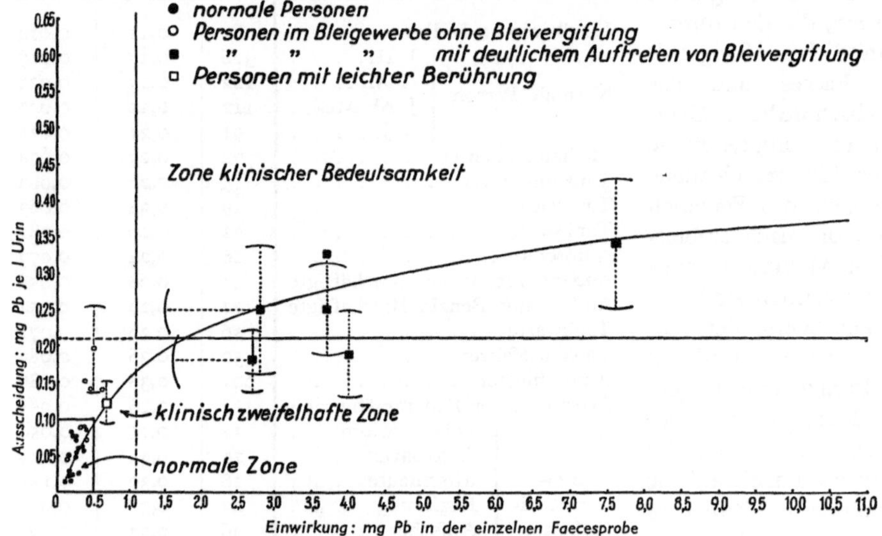

Abb. 1. Urinbleiausscheidung in Beziehung zur Bleieinwirkung.

Die Umrißlinien der „normalen Zone" sind unter Berücksichtigung der üblichen Abweichung bei den Befunden der normalen Gruppen gezogen worden; diejenigen der „klinisch zweifelhaften Zone" auf Grund der entsprechenden Werte für die innerhalb ihrer Grenzen liegenden Gruppen, mit Ausnahme einer stark abweichenden Gruppe in der Nähe der horizontalen Grenzlinie, der Leute an den Destillierblasen der Bleitetraäthylanlage (s. Text). Die gestrichelten Linien, die durch einige der Punkte führen und in einem Kreissegment enden, stellen die normalen Abweichungen dar, während der Punkt jeweils das Mittel bedeutet.

Die Kurve ist ein graphischer Ausdruck für eine mathematische Beziehung, die nicht absolut die Tatsachen zu kennzeichnen braucht. Sie soll hier nur einen allgemeinen Verlauf wiedergeben.

„Zone klinischer Bedeutsamkeit" umfaßt nur die Gruppen, bei denen Fälle von Bleivergiftung bekannt geworden sind. Individuelle Befunde im Urin bei einzelnen dieser Gruppen fallen in die zweifelhafte Zone, doch liegen die meisten Ergebnisse innerhalb der klinisch bedeutsamen Zone. Die drei Zonen bieten daher eine Grundlage für die Abschätzung der Tragweite einer individuellen Bleiberührung, ausgedrückt durch den Bleigehalt je einer einzelnen Probe von Faeces und Urin, und bestimmt nach analytischen Methoden, die den von uns angewandten an Genauigkeit gleichkommen. Was uns hier jedoch hauptsächlich beschäftigt, ist nicht, individuelle diagnostische Fragen zu lösen, sondern ein Kriterium zu finden für die Erkenntnis gefährdender gewerblicher Bleieinwirkung. Im Hinblick darauf kommen wir zu dem Schluß, daß, wenn im Querschnitt eine berufsmäßige Berührung mit Blei zu einer durchschnittlichen täglichen fäkalen Bleiausscheidung von mehr als 1,1 mg und einer durchschnittlichen Bleiausscheidung im Urin von mehr als 0,21 mg je Liter führt, Fälle von Bleivergiftung unter den Arbeitern zu erwarten sind. Ist andererseits die Einwirkung derart, daß der Grad der Bleiausscheidung bei den Arbeitern innerhalb der „normalen Zone" bleibt, so steht die Wahrscheinlichkeit gegen ein Auftreten von Bleivergiftung. Irgendwo dazwischen liegt ein Punkt, jenseits dessen zunehmend ein Einsetzen von Bleivergiftung zu erwarten ist. Wenn man die Erfahrungen bei Personen zugrunde legt, welche Bleistaub in beschränktem Maße ausgesetzt gewesen sind (die Bedienungsleute der Schmelzöfen der Bleitetraäthylanlage), so liegt dieser Punkt oberhalb des Spiegels, der von 0,5—0,6 mg Blei je Tag in den Faeces und 0,14—0,15 mg Blei im Liter Urin bestimmt wird. Nichtsdestoweniger verlangt die Vorsicht, daß die nach dieser Methode ermittelte berufsmäßige Bleiberührung nicht dauernd weit über der normalen Zone liegen sollte.

6. Zusammenfassung.

Die durchschnittliche Bleiausscheidung bei allen Gattungen von Arbeitern in einer Bleiweißfabrik wurde zu $3{,}76 \pm 0{,}26$ mg je Faecesprobe, zu $0{,}57 \pm 0{,}03$ mg je Gramm Faecesasche und zu $0{,}24 \pm 0{,}01$ mg je Liter Urin gefunden. Die entsprechenden Werte für Arbeiter in einer Akkumulatorenfabrik waren $2{,}53 \pm 0{,}18$, $0{,}45 \pm 0{,}03$ und $0{,}18 \pm 0{,}01$ mg. Arbeiter, die lediglich anorganischem Bleistaub in einer Bleitetraäthylfabrik ausgesetzt waren, schieden Blei in einer durchschnittlichen Menge von $0{,}56 \pm 0{,}06$ mg je Faecesprobe, $0{,}20 \pm 0{,}02$ mg je Gramm Faecesasche und $0{,}14 \pm 0{,}01$ mg je Liter Urin aus.

Klinische Bleivergiftung war in den ersten beiden Fabriken aufgetreten. In der Bleitetraäthylfabrik hatte sich während der 5 Beobachtungsjahre keine gezeigt.

Die Befunde wurden mit bei ähnlichen Untersuchungen von anderen Personengruppen gewonnenen zusammengestellt, um die Beziehung zwischen der Schwere von Bleieinwirkung und dem Grad von Bleiausscheidung aufzuzeigen. Es werden Beweise für die Annahme geboten, daß ein Ausgesetztsein gegen Blei ungefährlich ist, wenn es nicht zu einer höheren durchschnittlichen Bleiausscheidung als 0,6 mg je Tag in den Faeces und 0,15 mg im Liter Urin führt. Daraus wird die Schlußfolgerung gezogen, daß ein Auftreten von Bleivergiftung unter Verhältnissen zu erwarten ist, bei welchen Blei in einer durchschnittlichen Höhe von über 1,1 mg je Tag in den Faeces und 0,21 mg im Liter Urin ausgeschieden wird.

Schrifttum.

1. Kehoe, R. A., F. Thamann u. J. Cholak: Über die normale Aufnahme und Ausscheidung von Blei. III. Die Quellen normaler Bleiaufnahme. (Vgl. Literaturangaben.) (On the Normal Absorption and Excretion of Lead. III. The Sources of Normal Lead Absorption.) (Cf. Bibliography.) J. ind. Hyg. **15**, 290 (1933). Siehe I C.

2. Leake, J. P. u. a.: Die Verwendung von Bleitetraäthylbenzin in ihrer Beziehung zur öffentlichen Gesundheit. (The Use of Tetraethyl Lead Gasoline in its Relation to Public Health.) U. S. Publ. Health Bull. Nr. 163 (1926).

3. Badham, C. u. H. B. Taylor: Forschungen zur Gewerbehygiene. Nr. 7: Bleivergiftung. Bericht des Generaldirektors des Gesundheitsamts, New South Wales, für das Jahr 1925. (Studies in Industrial Hygiene, No. 7: Lead Poisoning. Report of Director General of Public Health, New South Wales, for year 1925.) Sydney 1927.

4. Kehoe, R. A. u. F. Thamann: Die Ausscheidung von Blei. (The Excretion of Lead.) J. amer. med. Assoc. **92**, 1418 (1929).

5. **Tannahill, R. W.:** Die Bleiausscheidung bei Grubenarbeitern in Broken Hill. (The Excretion of Lead by Mine Workers at Broken Hill.) Med. J. Austral. **1**, 201 (1929). — Bleiausscheidung bei Arbeitern auf den Schmelzanlagen Port Pirie. (Lead Excretion of Workers at the Smelters, Port Pirie.) Med. J. Austral. **1**, 205 (1929).

6. Schlußbericht der Ethylbenzin-Kommission des englischen Gesundheits-Ministeriums, London. (Final Report of the Departmental Committee on Ethyl Petrol. Ministry of Health, London, H. M. Stationery Office.) S. 15. London 1930.

7. **Fretwurst, F. u. A. Hertz:** Quantitative Bestimmung von Blei in Stuhl und Urin und ihre Bedeutung für die Diagnose der Bleivergiftung. Arch. f. Hyg. **104**, 215 (1930).

8. **Litzner, S., F. Weyrauch u. E. Barth:** Untersuchungen über Bleiausscheidung durch die Nieren und ihre Beeinflussung durch bestimmte Kostformen und Arzneimittel beim Menschen. I. Arch. f. Gewerbepath. u. Gewerbehyg. **2**, 330 (1931). — II. Über sogenanntes normales Blei im Urin. Arch. f. Gewerbepath. u. Gewerbehyg. **3**, 15 (1932).

9. **Kehoe, R. A. u. F. Thamann:** Das Verhalten von Blei im tierischen Organismus I. (The Behavior of Lead in the Animal Organism. I.) Amer. J. Publ. Health **18**, 555 (1928). — II. Bleitetraäthyl. (Tetraethyl Lead.) Amer. J. Hyg. **13**, 478 (1931). Siehe IV B. — III. Kolloidale Bleiverbindungen. (Colloidal Lead Compounds.) J. Labor. a. clin. Med. **19**, 178 (1933).

10. **Kehoe, R. A., F. Thamann u. J. Cholak:** Über die normale Aufnahme und Ausscheidung von Blei. I. Bleiaufnahme und Ausscheidung unter primitiven Lebensbedingungen. (On the Normal Absorption and Excretion of Lead. I. Lead Absorption and Excretion in Primitive Life.) J. ind. Hyg. **15**, 257 (1933). Siehe I A.

11. **Kehoe, R. A., F. Thamann u. J. Cholak:** Über die normale Aufnahme und Ausscheidung von Blei. II. Bleiaufnahme und Ausscheidung im heutigen amerikanischen Leben. (On the Normal Absorption and Excretion of Lead. II. Lead Absorption and Lead Excretion in Modern American Life.) J. ind. Hyg. **15**, 273 (1933). Siehe I B.

12. **Kehoe, R. A.:** Über die Diagnose und Behandlung von Bleivergiftung. (On the Diagnosis and Treatment of Lead Poisoning.) J. Med. (Cincinnati) **11**, 3 (1930).

Erkennung und Vorbeugung von Bleivergiftung[1].

Von

Robert A. Kehoe, M. D.,

Kettering-Laboratorium für Angewandte Physiologie, Universität Cincinnati, Cincinnati (Ohio).

Es ist seit langem bekannt, daß viele Stoffe eine harmlose — vielleicht sogar wohltätige — Wirkung auf den tierischen Organismus ausüben können, wenn sie in kleinen Mengen in den Körper gelangen, daß sie jedoch schädlich oder gar tödlich wirken, wenn sie in größeren Mengen aufgenommen werden. Mit der Erkenntnis des praktisch allgegenwärtigen Vorkommens von Blei im Boden, in Nahrungsmitteln, in Getränken, in den Geweben der Tiere sowie in den Geweben und Ausscheidungen des Menschen wurde es klar, daß Blei in diese Gruppe von Stoffen gehört. Die qualitativen und quantitativen Vorgänge beim normalen Bleiaustausch im Körper sind an anderer Stelle beschrieben worden (4, 5, 6, 7, 8), und es ist nicht nötig, sie hier im einzelnen zu erörtern. Immer und immer wieder, so lange, bis es völlig begriffen wird, muß jedoch darauf hingewiesen werden, welche praktische Bedeutung diese Vorgänge für die Erkennung einer Bleieinwirkung gefährlichen Ausmaßes und für die Diagnose der Bleivergiftung besitzen.

Damit soll nicht gesagt sein, daß das Verhalten der Bleiverbindungen im tierischen Organismus schon völlig geklärt und daß die Grenzlinie zwischen noch ungefährlicher und gefährlicher Bleiaufnahme so scharf bestimmt ist, wie es wünschenswert wäre. Trotzdem ist mit Sicherheit anzunehmen, daß, wenn die Aufklärung, soweit sie bis heute zur Verfügung steht, dazu benutzt wird, die Bleigefährdung in der Industrie zu überwachen, gewerbliche Bleivergiftungen fast gänzlich zu vermeiden sein sollten. Überdies ist die physiologische Grundlage für die Diagnose von Bleivergiftung heute so gesichert, daß viele Gründe für frühere Irrtümer in der Beurteilung als ausgeschaltet gelten können.

Die Verhinderung von Bleivergiftungen in der Industrie hängt in erster Linie davon ab, daß Bleiberührungen nach dem Grad ihrer Gefährlichkeit erkannt werden. Es gibt unter den zahlreichen verschiedenen Gattungen gewerblicher Bleigefährdung nur noch wenige, die neuzeitlichen hygienischen und technischen Sicherheitsmaßnahmen unüberwindliche oder auch nur schwierige Hindernisse bieten.

Bei den Arbeitern kann ein Einschlucken von Blei mit dem Essen verhindert werden, und es ist in der Tat verhindert worden, vor allem durch zweckmäßig eingerichtete und entsprechend überwachte Wasch-, Umkleide- und Speiseräume. Sorgfältigste Überwachung ist allerdings erforderlich, sollen diese Schutzeinrichtungen Erfolg haben. Ihre Benutzung kann dem Zufall oder dem Belieben des

---

[1] Aus Surg. etc. **66**, 444—447 (1938). Vorgetragen auf der Sitzung für Gewerbehygiene und Unfallheilkunde auf dem Clinical Congress of the American College of Surgeons, Chicago, am 25.—29. Oktober 1937.

einzelnen ebensowenig überlassen bleiben, wie die Sorgfalt bei der Durchführung irgendeines Verfahrens in der Fabrikation selbst, die Genauigkeit verlangt.

Eine Einwirkung ungleich bedeutungsvollerer Art, das Einatmen von Dämpfen und Staub, kann in gesicherten Grenzen gehalten werden durch zweckmäßig angeordnete, allgemeine und örtliche Entlüftungseinrichtungen, die, wenn erforderlich, durch wirksame Atemschutzgeräte ergänzt werden. Allerdings sind die letzteren aus verschiedenen Gründen weniger wünschenswert und weniger zuverlässig als Entlüftungseinrichtungen, und sie verlangen, wenn sie ihren Zweck erfüllen sollen, von seiten der sie Benutzenden sowohl wie der Betriebsleitung peinliche Sorgfalt und Aufmerksamkeit. Doch gibt es Verhältnisse, in denen sie nicht zu umgehen sind.

Die Möglichkeiten für eine Aufnahme von Blei durch die Haut sind, wenn man das gesamte Bleigewerbe überblickt, anteilmäßig ohne Bedeutung; sie können nur in Betrieben eintreten, in denen eine Berührung mit gewissen stark fettlöslichen organischen Verbindungen, wie Bleitetraäthyl, in Betracht kommt. Auch diese kann durch Verwendung von undurchdringlicher Schutzkleidung vermieden werden. Kurzum, gefährdende Bleieinwirkungen können ausgeschaltet werden unter der Voraussetzung, daß sie als solche erkannt werden, und daß man sich in geeigneter Weise unablässig um ihre Verhinderung bemüht.

Natürlich gibt es in Gewerben, in denen mit Bleiverbindungen und anderen giftigen Stoffen gearbeitet wird, stets unvermeidliche Gefährdungen. Schon daß Unfälle und unvorhergesehene Betriebsschwierigkeiten von Zeit zu Zeit ernsthafte Gefahren mit sich bringen können, ist nicht von der Hand zu weisen. Sie sind nur durch Geschick und Umsicht auf ein Mindestmaß zu beschränken und müssen als natürliche Folge der Betätigung einer hocherfinderischen und industrialisierten Bevölkerung bis zu einem gewissen Grade mit philosophischer Gelassenheit betrachtet werden. Doch sind derartige Vorkommnisse, obgleich sie um so häufiger und schwerer eintreten werden, je gleichgültiger sie aufgenommen werden, für die Gefährdungsfrage im Bleigewerbe nicht von grundlegender Wichtigkeit. Vielmehr hängt auf weite Sicht die Sicherheit gegen Blei von dem Ausmaß einer dauernden Bleieinwirkung ab, wie sie im Durchschnitt mit den normalen Betriebsbedingungen einer jeweiligen Fabrikation verbunden ist. In der Praxis besteht also das Problem darin, den Umfang und die hygienische Bedeutung dieser gewöhnlichen Grundeinwirkung zu erkennen.

Allgemein stehen drei Methoden zur Verfügung, um die gefährliche Natur einer Bleieinwirkung festzustellen. Keine derselben ist für den Gesamtzweck völlig ausreichend; jede jedoch hat bei erfolgversprechenden Planungen einer hygienischen Betriebsüberwachung ihren praktischen Nutzen.

1. Ärztliche Überwachung der Arbeiter.

Durch sorgfältige klinische Beobachtung der Belegschaft einer einzelnen Fabrik oder eines ganzen Industriezweiges wird sich feststellen lassen, von welcher Bedeutung ein Inberührungkommen mit Bleiverbindungen ist, nicht nur für die Industrie als Ganzes, sondern, da hierbei die Größe der Gefährdung in verschiedenen Teilen einer Fabrikanlage verhältnisgemäß abgeschätzt werden kann, auch für einzelne Betriebsvorgänge ganz bestimmter Art. Wenn sich die verschiedenen Beschäftigungsarten in einer Fabrik unterteilen lassen, kann zwischen gefährdenden und nicht gefährdenden Betätigungen scharf gesondert werden. Außerdem kann man feststellen, wie sich Abänderungen im Betrieb auswirken. Trotzdem liegt es in der Natur einer Bleiaufnahme gefährlichen Ausmaßes, daß ihre Symptome und physischen Anzeichen meistens erst nach vollendeter Tatsache und nicht vorher zutage treten. Ist daher eine gewerbliche Bleieinwirkung so stark, daß sie die Möglichkeit mit sich bringt, schwerere Anzeichen von Bleivergiftung hervorzurufen, so ist die sorgfältigste medizinische Überwachung, das größte ärztliche Geschick und alle Urteilsfähigkeit vonnöten, um zu verhindern, daß Bleivergiftungen tatsächlich auftreten.

Es gibt Gewerbeärzte, welche glauben, den Auswirkungen einer Bleiaufnahme gefährlichen Ausmaßes dadurch vorbeugen zu können, daß sie ihr Augenmerk auf Prodromalsymptome oder unmittelbar einsetzende körperliche Vergiftungsanzeichen richten. Andere wiederum verlassen sich als Warnungszeichen für eine drohende Bleivergiftung in erster Linie auf frühzeitige mikroskopische Veränderungen im Blut, von denen eine Vermehrung der getüpfelten basophilen Erythrocyten die bekannteste ist. Daß ein derartiges Vorgehen, wenn es mit Geschick und Erfahrung geschieht, von Nutzen ist, kann nicht geleugnet werden; doch haften ihm grundsätzlich und in der Praxis schwerwiegende Unzulänglichkeiten an, deren Aufklärung längerer Erörterung bedürfte. Hier genüge zu sagen, daß solche Maßnahmen an erster Stelle dazu dienen sollen, nachzuweisen, ob eine Bleieinwirkung von Bedeutung vorliegt, nicht jedoch als Mittel, die Folgen gefährdender Arbeitsverhältnisse zu verhindern, die an und für sich weiter bestehen bleiben.

Hier mag eine Abschweifung gerechtfertigt sein, um darauf hinzuweisen, daß es nicht dem Gewerbearzt obliegt, technische Mittel und Wege zu finden, das Eintreten von Vergiftungen bei Arbeitern zu verhindern, die bekanntermaßen Bleiverbindungen in gefährdender Weise ausgesetzt sind. Ebensowenig ist es seine Aufgabe, die Folgen einer unsorgfältigen und unzulänglichen Betriebsführung zu decken und ihren schlimmsten Auswirkungen etwa durch technische Ratschläge zuvorzukommen, weil er mit ärztlichem Blick die aus dem Versagen der Betriebsleitung entspringende Gefahr erkennt, ehe sie sich verhängnisvoll bemerkbar macht. Sein Amt ist vielmehr, sich über die möglichen Gefährdungen bei einer bestimmten Betätigung sowie ihre Folgen klar zu werden, die Betriebsleitung als Arzt darauf aufmerksam zu machen und den Beschäftigten so weit behilflich zu sein, wie sie unter den Arbeitsbedingungen leiden.

Diese Obliegenheiten zufriedenstellend zu erfüllen, erfordert Vertrautheit mit den Vorgängen und Betätigungen im Betrieb sowie genaue Kenntnis des Gesundheitszustandes der dort Beschäftigten. Zu diesem Zweck sind von Zeit zu Zeit Besichtigungen der Fabrikanlage sowie regelmäßige körperliche Untersuchungen der Belegschaft erforderlich, und es ist nötig, Erkrankungen aller Art sorgfältig klinisch zu beobachten. Diese periodischen Untersuchungen müssen gründlich und ins einzelne gehend vorgenommen werden, immer auf der Suche nach Symptomen und Anzeichen von beginnender Vergiftung. Sie sind durch geeignete Blutuntersuchungen zu ergänzen, deren Umfang und Häufigkeit durch die Schwere der Einwirkung bestimmt werden sollte. Diese Art Überwachung bringt in einem sonst gutgeleiteten Betrieb neben anderen Vorteilen den Nutzen einer Kontrolle mit sich, die an sich nötig ist, um festzustellen, wieweit die Maßnahmen wirksam sind, die angeordnet werden, um die Bleiberührung innerhalb gesicherter Grenzen zu halten.

2. Bestimmung des Bleigehaltes der Luft in Arbeitsräumen.

Aus verschiedenen Gründen, die hier nicht erörtert zu werden brauchen, ist die Überwachung des Eindringens von Bleiverbindungen durch Einatmen feinster Teilchen das notwendigste Einzelerfordernis, um gewerbliche Bleivergiftung zu verhindern. Es ist daher von der größten Wichtigkeit, daß für die Bestimmung des Bleigehaltes in der Luft von Arbeitsräumen befriedigende Methoden zur Verfügung stehen, und daß Normen für die Bemessung der Gefährdungen festgesetzt werden, die sich aus den ermittelten Analysewerten etwa ergeben. Für die heutige Praxis sind derartige Methoden sowie die Mittel zu ihrer Auswertung ausgearbeitet worden. In Anbetracht dessen, daß ausführliche Beschreibungen vorhanden sind (1, 2), braucht wenig darüber gesagt zu werden. Es darf jedoch nicht übersehen werden, daß jede Methode ihre technischen und praktischen Grenzen hat, und daß sie geschickt und genau ausgeführt werden muß, wenn sie zweckdienliche Aufklärung bringen soll. Wenn der Bleigehalt der Luft an schlecht ausgewählten Stellen einer Fabrikanlage und zu unpassenden Zeiten nur oberflächlich geschätzt wird, so kann dies nur irreführen.

Was die Bedeutung der Ergebnisse von Luftanalysen anbelangt, so haben Legge und Goadby 1912 aus ihren Untersuchungen geschlossen, daß, wenn die eingeatmete Luft „weniger als 5 mg Blei in 10 cbm enthält, Fälle von Gehirnerkrankungen und Paralyse nie, Kolikfälle nur sehr selten auftreten werden" (11). Neuere Forscher haben den Schwellenwert für die Giftigkeit etwas heruntergesetzt (3, 9, 12), und es liegen reichlich direkte und indirekte Beweise dafür vor, daß schon die tägliche Einatmung von 1,5—2 mg Blei gefährlich ist und bei einem erheblichen Teil von Menschen Bleivergiftung verursachen wird. Es liegt auf der Hand, daß der Bleigehalt eines Luftraums, in dem sich Arbeiter aufhalten, unter diesen Stand heruntergedrückt werden muß. Die Luftverhältnisse in den Betrieben müssen daher von Zeit zu Zeit untersucht und alle darauf bezüglichen Auswirkungen von Abänderungen in der Einrichtung oder im Betrieb kritisch geprüft werden.

3. Messung der Bleiausscheidung bleiausgesetzter Arbeiter.

Untersuchungen von Arbeitern, die auf verschiedene Art und Weise und in verschiedenem Grade Blei ausgesetzt waren, haben eine eindeutige Wechselbeziehung zwischen dem Ausmaß ihrer Bleiausscheidung und der Schwere der Bleieinwirkung aufgezeigt (9). Die Ausscheidung durch den Ernährungstrakt bei Personen, die feinverteiltem Blei in der Luft ausgesetzt sind, besteht in weitem Maße aus Blei, das durch die oberen Luftwege eingedrungen, hinuntergeschluckt und unresorbiert durch den Ernährungstrakt befördert worden ist. Daher wird eine Analyse vorschriftsmäßig entnommener Faecesproben von Arbeitern, die für die verschiedenen Beschäftigungsarten in einer Fabrikation typisch sind, ein Querschnittsbild der Berührung ergeben, die mit ihrer Arbeit an dem Tage, an dem die Proben genommen wurden, oder die letzten zwei Tage davor verknüpft war. Der Bleigehalt entsprechender Proben von Urin wird das allgemeine Ausmaß ihrer Bleiaufnahme während einer erheblich längeren Zeitspanne darstellen. Eine Kombination dieser Befunde wird somit die auf einer Fabrikanlage herrschende Bleigefährdung widerspiegeln in physiologischen Reaktionswerten der ihr ausgesetzten Personen.

Vom ärztlichen Standpunkt aus liegen die Vorteile einer derartigen Aufklärung auf der Hand. Die Anwesenheit von Blei in der Umgebung eines Arbeiters, in der

Atmosphäre oder sonstwo, kann von Bedeutung sein oder nicht; das Vorhandensein anormaler Bleimengen im Körper des Arbeiters ist immer von Bedeutung und muß aufgeklärt werden. Ob in einer Fabrik die in der Luft schwebenden Teilchen von Bleiverbindungen groß oder klein sind, löslich oder unlöslich, ob der Bleigehalt in der Luft als sich in gesicherten Grenzen haltend hingestellt oder ob von den Atemschutzgeräten und anderen hygienischen Einrichtungen angenommen wird, daß sie vorschriftsmäßig und pflichtgetreu benutzt werden — alles dies tut wenig zur Sache, wenn bei den Arbeitern gefunden wird, daß sie im Laufe von Tagen oder Wochen oder Monaten bedeutende Mengen Blei aufnehmen. Auf der anderen Seite kann aber auch festzustellen sein, daß Arbeitergruppen, deren Beschäftigung die Möglichkeit einer Gefährdung mit sich bringt, tatsächlich in Sicherheit arbeiten, wenn ihre Bleiausscheidung sich auf normalem Spiegel hält. Überdies werden die gleichen analytischen Maßnahmen, die über eine berufliche Bleieinwirkung Aufklärung verschaffen, wirksam zu einer glatten Lösung diagnostischer Fragen beitragen. Eine Analyse einer Blut- oder Urinprobe kann ein völlig unerwartetes Auftreten von Bleivergiftung enthüllen, oder sie kann das Infragekommen von Blei als Ursache ausschließen und so zu einer Erkennung und einer richtigen Behandlung irgendeiner anderen gesundheitlichen Störung führen (10).

Es mag den Anschein haben, als ob Forschungen über das Ausmaß der Bleiausscheidung bei typischen Arbeitern eines Bleigewerbes ein unpraktisches Hilfsmittel für eine Betriebsüberwachung darstellen, daß vielmehr Untersuchungen dieser Art in erster Linie dazu bestimmt sein sollten, wissenschaftliche Erkenntnisse zu sammeln. In Wirklichkeit hat mich einige Erfahrung in den Schwierigkeiten, denen man praktisch in der Industrie begegnet, vom Gegenteil überzeugt. Es ist häufig nicht einfach, leichte und frisch einsetzende Unpäßlichkeiten richtig zu diagnostizieren und zu behandeln, sowie die für den Betrieb daraus entspringenden Fragen mit solcher Sicherheit zu begründen, daß das Vertrauen und die Mitarbeit sowohl der Arbeiter wie der Betriebsleitung erworben und gefördert wird. Irrtümer bei der ärztlichen Beurteilung sind unvermeidlich, wenn man nicht die besten Mittel zur Verfügung hat, seine Schlußfolgerungen nachzuprüfen, und derartige Fehlurteile können weit über ihre unmittelbaren Auswirkungen hinaus teuer zu stehen kommen. Mehr noch, es ist nicht immer leicht, die Notwendigkeit vorbeugender Maßnahmen, die merklich zu den Kosten einer Fabrikation beitragen können, zu erweisen, ohne sie durch Unterlagen zu bekräftigen, so zutreffend und genau, wie es von Technikern und Industrieleitern zur Rechtfertigung bedeutender Ausgaben gewöhnlich verlangt wird. Am besten können derartige Beweisgründe noch an Hand von Angaben über das Ausmaß der Bleiaufnahme und -ausscheidung der gefährdeten Arbeiter beigebracht werden. Dies bedeutet nicht, daß Messungen über den Bleigehalt der Luft in Arbeitsräumen nicht von Nutzen wären. Sie haben jedoch, besonders für den Arzt, nicht den Wert, den die aus dem unmittelbaren Studium der Fabrikbelegschaft erhaltenen Aufschlüsse besitzen.

Zweck der vorstehenden Ausführungen ist nicht, einen umfassenden und ins einzelne gehenden Plan für eine hygienische Überwachung von Industrien aufzustellen, in denen Bleiberührung auftritt; auch sind sie nicht dazu bestimmt, irgendwelche festgelegten Maßnahmen zur Aufklärung einer Bleieinwirkung von Belang aufzudrängen. Der Ernst, mit dem der gesamte Fragenkreis der gewerblichen Bleivergiftung in der heutigen industriellen Betätigung zu behandeln ist, sowie die Schwierigkeiten, möglicherweise bleigefährdete Tätigkeiten zu sichern, bieten keinen Anlaß zu einer unangemessenen Begeisterung oder einer berufsmäßigen Voreingenommenheit für irgendeine bestimmte Methode. Was die Industrie braucht, sind zweckdienliche und durch Erfahrung gestützte medizinische Überwachung, die befriedigendsten Methoden zum Erkennen der gefährlichen Natur einer bestimmten Bleiberührung und die wirksamsten technischen Einrichtungen, um derartige Berührungen in gesicherten Grenzen zu halten. Kurzum, das Bleigewerbe verlangt eine Vereinigung der bestmöglichen klinischen, toxikologischen und technischen Vorkehrungen, um zu einer zweckentsprechenden Lösung dieser gesundheitwichtigen Frage zu gelangen.

Schrifttum.

1. Bloomfield, J. J. u. J. M. Dallavalle: Bestimmung und Überwachung von Industriestaub. (Determination and Control of Industrial Dust.) U. S. Publ. Health. Bull. Nr. 217 (1935).
2. Cook, W. A.: Chemische Methodik bei der Luftanalyse zur Bestimmung giftiger atmosphärischer Verunreinigungen. (Chemical Procedures in Air Analysis Methods for Determination of Poisonous Atmospheric Contaminants.) 6. Jahrbuch der American Public Health Association, Ergänzungsband 1935/36. Amer. J. Publ. Health. **26**, 80 (1936).
3. Greenburg, L., A. A. Schaye u. H. Shlionsky: Eine Untersuchung über Bleivergiftung in einer Akkumulatorenfabrik. (A Study of Lead Poisoning in a Storage-battery Plant.) U. S. Publ. Health Reports **44**, 1666 (1929). Sonderdruck Nr. 1299.
4. Kehoe, R. A., F. Thamann u. J. Cholak: Über die normale Aufnahme und Ausscheidung von Blei. I. Bleiaufnahme und Ausscheidung unter primitiven Lebensbedingungen. (On the Normal Absorption and Excretion of Lead. I. Lead Absorption and Excretion in Primitive Life.) J. ind. Hyg. **15**, 257 (1933). Siehe I A.
5. Kehoe, R. A., F. Thamann u. J. Cholak: II. Bleiaufnahme und Ausscheidung im heutigen amerikanischen Leben. (II. Lead Absorption and Lead Excretion in Modern American Life.) J. ind. Hyg. **15**, 273—288 (1933). Siehe I B.
6. Kehoe, R. A., F. Thamann u. J. Cholak: IV. Bleiaufnahme und Ausscheidung bei Säuglingen und Kindern. (IV. Lead Absorption and Excretion in Infants and Children.) J. ind. Hyg. **15**, 301—305 (1933). Siehe I D.
7. Kehoe, R. A., F. Thamann u. J. Cholak: Gutachten über die mit dem Vertrieb und der Verwendung von bleitetraäthylhaltigem Benzin verknüpften Bleigefährdungen. II. Teil: Das berufliche Ausgesetztsein gegen Blei bei Tankwarten und Autoschlossern. (An Appraisal of the Lead Hazards Associated with the Distribution and Use of Gasoline Containing Tetraethyl Lead. II. The Occupational Lead Exposure of Filling Station Attendants and Garage Mechanics.) J. ind. Hyg. **18**, 42 (1936). Siehe VII B.
8. Kehoe, R. A., F. Thamann u. J. Cholak: Normale Aufnahme und Ausscheidung von Blei. (Normal Absorption and Excretion of Lead.) J. amer. med. Assoc. **104**, 90 (1935). Siehe I E.
9. Kehoe, R. A., F. Thamann u. J. Cholak: Bleiaufnahme und Ausscheidung in gewissen Bleigewerben. (Lead Absorption and Excretion in Certain Lead Trades.) J. ind. Hyg. **15**, 306 (1933). Siehe II A.
10. Kehoe, R. A., F. Thamann u. J. Cholak: Bleiaufnahme und Ausscheidung in ihrer Bedeutung für die Diagnose von Bleivergiftung. (Lead Absorption and Excretion in Relation to the Diagnosis of Lead Poisoning.) J. ind. Hyg. **15**, 320—340 (1933). Siehe III A.
11. Legge, Th. M. u. K. W. Goadby: Bleivergiftung und Bleiaufnahme. (Lead Poisoning and Lead Absorption.) International Medical Monographs. London: Edward Arnold 1912. New York: Longmans, Green and Co. 1912.
12. Teleky, L.: Persistierende, rezidivierende oder wiederholte Bleivergiftungen und Quecksilbervergiftungen? Arch. f. Gewerbepath. u. Gewerbehyg. **5**, 132 (1934).

Abschnitt III

Diagnose von Bleivergiftung

Bleiaufnahme und Ausscheidung in ihrer Bedeutung für die Diagnose von Bleivergiftung[1].

Von

Robert A. Kehoe, Frederick Thamann und **Jacob Cholak,**

Kettering-Laboratorium für Angewandte Physiologie, Universität Cincinnati, Cincinnati (Ohio).

In den letzten Jahren wurde zunehmend Nachdruck auf die Bestimmung von Blei in den Faeces und im Urin gelegt als spezifischer Beweisunterlage dafür, ob in Fällen vermuteter Bleivergiftung Blei als ursächlicher Faktor anzunehmen oder auszuschließen sei. Diese Sachlage ist in gewissem Maße hervorgerufen durch eine unglückliche Neigung in der medizinischen Praxis, Methoden von erwiesener oder vermeintlicher wissenschaftlicher Genauigkeit an die Stelle klinischer Beobachtung und Beurteilung zu setzen. Diese Tendenz macht sich besonders auf medizinisch-juristischem Gebiet bemerkbar, wo aus verschiedenen Gründen das medizinische Gutachten nicht immer nach seinem offenbaren Wert gewürdigt wird. Vielleicht ist sie in noch höherem Maße auf die Schwierigkeiten zurückzuführen, die der Arzt zu überwinden hat, um zu einer richtigen Auslegung des Verlaufes einer beruflichen Bleieinwirkung zu gelangen. Auf jeden Fall verlangt das wachsende Vertrauen zu analytischen Maßnahmen bei der Feststellung von Bleivergiftungen nach einer klaren Erkenntnis ihrer Zweckdienlichkeit sowie ihrer Grenzen.

In früheren Aufsätzen haben wir die allgemeinen Quellen der normalen Bleiaufnahme (1) und das Ausmaß der normalen Bleiausscheidung (2) aufgezeigt. Ferner haben wir veranschaulicht, daß eine gewerbliche Bleieinwirkung an Hand der Bleiausscheidung in den Faeces und im Urin bei typischen Arbeitergruppen während der Dauer der Einwirkung zu messen ist (3). Eine bestimmte individuelle diagnostische Frage kann jedoch einen abweichenden Gesichtspunkt mit sich bringen, insofern als sie sehr oft die Begutachtung einer Bleieinwirkung erfordert, deren Beendigung schon Tage, Wochen oder Monate zurückliegt. Es kann vorkommen, daß eine erstmalige Feststellung des Arztes für diesen Zweck ausreichend ist; häufiger jedoch ist dies nicht der Fall, und es wird der Nachweis einer eindeutigen Bleieinwirkung erforderlich. Wenn dieser Nachweis in den Ausscheidungen gesucht wird, so geschieht dies in der Annahme, daß eine Bleieinwirkung zu einer Bleiaufnahme geführt hat, und daß derartig aufgenommenes Blei eine Zeitlang eine erhöhte Bleiausscheidung hervorrufen wird, auch nachdem

---

[1] Aus J. ind. Hyg. **15,** 320 (1933). Zur Veröffentlichung eingegangen am 12. Juni 1933.

die Einwirkung aufgehört hat. In welchem Umfange aber sind diese Vermutungen durch Tatsachen bewiesen? In welchem Grade hängt die Höhe der Bleiausscheidung von der aufgenommenen Bleimenge ab, und wieviel Zeit ist

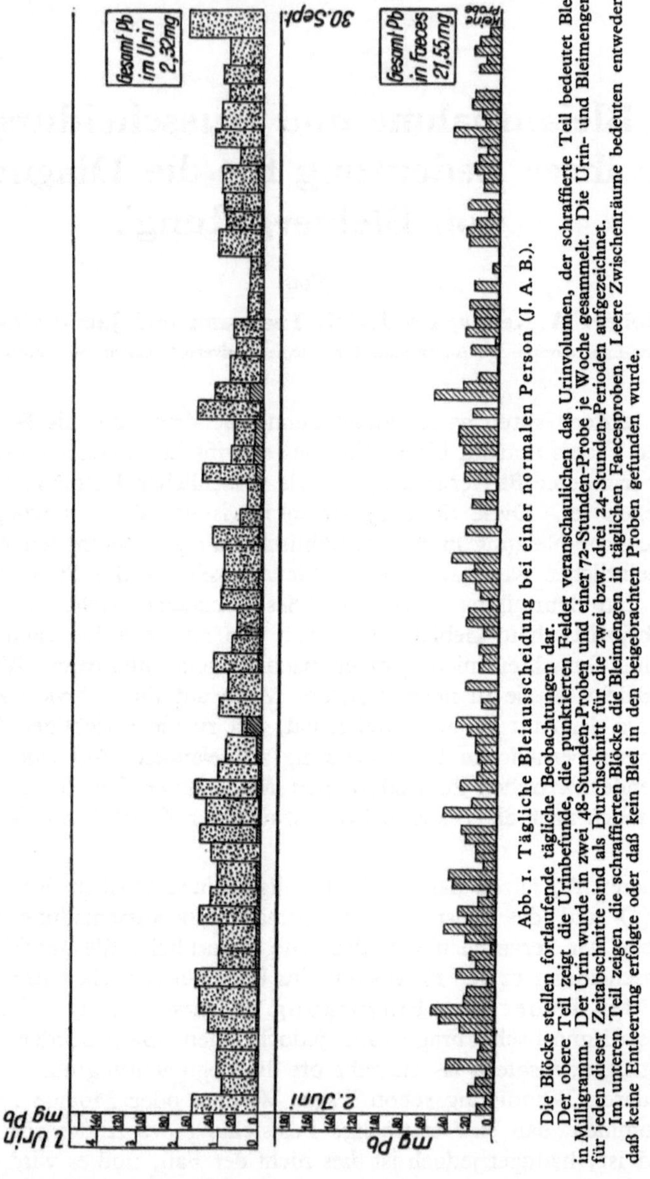

Abb. 1. Tägliche Bleiausscheidung bei einer normalen Person (J. A. B.).

Die Blöcke stellen fortlaufende tägliche Beobachtungen dar.

Der obere Teil zeigt die Urinbefunde, die punktierten Felder veranschaulichen das Urinvolumen, der schraffierte Teil bedeutet Blei in Milligramm. Der Urin wurde in zwei 48-Stunden-Proben und einer 72-Stunden-Probe je Woche gesammelt. Die Urin- und Bleimengen für jeden dieser Zeitabschnitte sind als Durchschnitt für die zwei bzw. drei 24-Stunden-Perioden aufgezeichnet.

Im unteren Teil zeigen die schraffierten Blöcke die Bleimengen in täglichen Faecesproben. Leere Zwischenräume bedeuten entweder, daß keine Entleerung erfolgte oder daß kein Blei in den beigebrachten Proben gefunden wurde.

für die Ausscheidung des aufgenommenen Bleis und für die Rückkehr zu einer normalen Bleiausscheidung erforderlich?

Wir haben Antworten auf diese Fragen gesucht, indem wir monatelang die Bleiausscheidung von Versuchspersonen nach dem Aufhören von Bleieinwirkungen bekannter Art beobachteten, indem wir weiterhin einzelne und wiederholte Beobachtungen an Patienten mit tatsächlicher oder vermuteter Bleivergiftung sammelten, und schließlich, indem wir bei tödlichen Fällen, bei denen Blei ein bedeutsamer ursächlicher Faktor war, Gewebe untersuchten. Ebenso haben wir, wo Versuche am Menschen nicht durchführbar waren, gewisse Beobachtungen an Tieren angestellt (5, 6). In den nachfolgenden Ausführungen geben wir die bei unseren Versuchspersonen sowie bei Sektionen erhaltenen Befunde wieder.

1. Die ständige Bleiausscheidung bei Abwesenheit beruflicher Bleieinwirkung.

Um eine geeignete Auswertung der Ergebnisse zu ermöglichen, die bei bleiausgesetzten Personen erzielt wurden, sind in Abb. 1 die Beobachtungen an einer Versuchsperson graphisch dargestellt, die Bleibenzin ausgesetzt gewesen war, bei der jedoch keine Bleieinwirkung festgestellt werden konnte. Die Befunde in den Faeces und im Urin dieser Versuchsperson bewegen sich im gewöhnlichen Rahmen und entsprechen daher den Befunden bei einer Reihe von anderen normalen Versuchspersonen, die, wie früher beschrieben (2), im Laboratorium beobachtet wurden[1]. Die Ausscheidung von 21,55 mg Blei in den Faeces in 120 Tagen ergibt einen täglichen Durchschnitt von 0,18 mg, mit einem Durchschnitt von 0,06 mg auf 1 g Asche. Die Ausscheidung von 2,32 mg im Urin in 122 Tagen entspricht einer Menge von 0,02 mg täglich. Die durchschnittliche Konzentration betrug ungefähr 0,02 mg auf 1 Liter[2].

2. Die ständige Bleiausscheidung nach dem Aufhören einer mäßigen Bleieinwirkung, die nicht zu chronischer Bleivergiftung geführt hat.

Als Versuchsperson für eine Untersuchung der täglichen Bleiausscheidung während eines Zeitraums von 101 Tagen wurde ein junger Neger verwendet. Er war fast 3 Jahre lang 4 Tage je Woche im Mahlraum einer Bleiweißanlage beschäftigt und der Einwirkung von feinverteiltem Blei in mäßigem Grade ausgesetzt gewesen. Er war nicht krank und auch während seiner Beschäftigung in der Bleiweißanlage nicht krank gewesen. Er wurde arbeitslos und daher für Versuchszwecke frei und kam am Ende seines letzten Arbeitstages in das Laboratorium, wo festgestellt wurde, daß die Anamnese hinsichtlich seines Ausgesetztseins sowie sein Körperzustand für unsere Zwecke geeignet war. Unterstützt wurde sein Verneinen irgendwelcher Beschwerden dadurch, daß kein Bleisaum am Zahnfleisch, keine Anämie (Zählung der roten Blutkörperchen ergab 4700000 Hb. 70 Dare), keine Spuren von Anomalie des Muskel- oder Nervensystems und keine Hyperacidität des Urins, kein Zucker und kein Eiweiß bei ihm gefunden wurde.

---

[1] Vgl. VII B, S. 14.

[2] Eine große Reihe normaler Versuchspersonen, die nach der Methode beliebiger Probennahme untersucht wurden, hat ein normales Grundmaß der Bleiausscheidung aufgewiesen, welches höher lag als dasjenige der beschränkten Anzahl von Einzelpersonen, deren tägliche Ausscheidung im Laboratorium einer Beobachtung unterzogen worden ist. Bezüglich einer Auswertung dieser Sachlage wird auf die im Schrifttumverzeichnis aufgeführten Aufsätze (1, 2) verwiesen. Für den hier vorliegenden Zweck kommen die in Abb. 1 wiedergegebenen Befunde näher an das letztere Grundmaß heran, weil die Bedingungen, unter denen sie erhalten wurden, die gleichen waren wie diejenigen, die während der Beobachtungen herrschten, mit denen sie verglichen werden sollen. Jedoch sollte im Auge behalten werden, daß das Vorhandensein von Blei in individuellen Faeces- und Urinproben, das etwas über den obigen Ziffern liegt, nicht als Beweis einer gewerblichen Bleieinwirkung aufgefaßt werden kann.

In Blutausstrichen wurde eine mäßige Anzahl basophiler Erythrocyten gefunden (der erste Ausstrich zeigte 40 in ungefähr 12 500 Erythrocyten, d. h. in 50 Feldern). Während der Beobachtungen hielt der Neger eine normale, jedoch einigermaßen

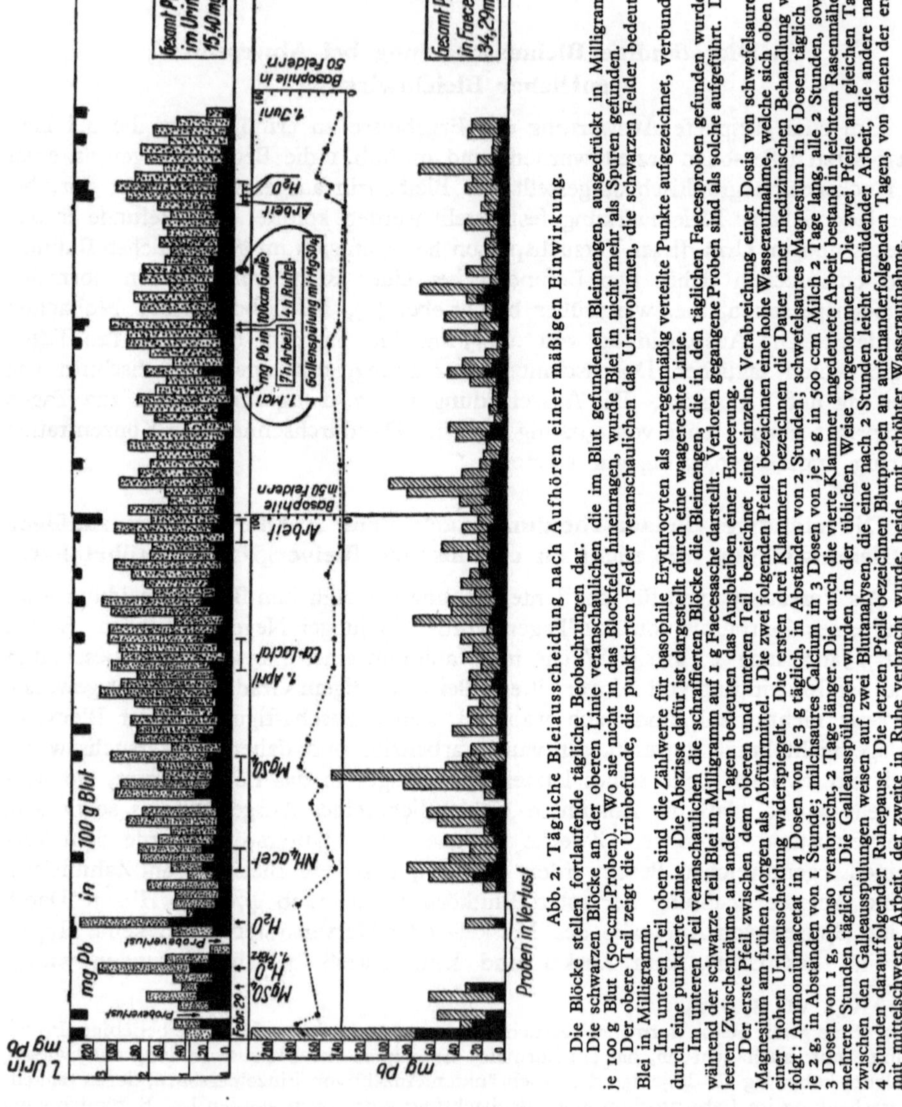

Abb. 2. Tägliche Bleiausscheidung nach Aufhören einer mäßigen Einwirkung.

Die Blöcke stellen fortlaufende tägliche Beobachtungen dar.

Die schwarzen Blöcke an der oberen Linie veranschaulichen die im Blut gefundenen Bleimengen, ausgedrückt in Milligramm je 100 g Blut (50-ccm-Proben). Wo sie nicht in das Blockfeld hineinragen, wurde Blei in nicht mehr als Spuren gefunden. Der obere Teil zeigt die Urinbefunde, die punktierten Felder veranschaulichen das Urinvolumen, die schwarzen Felder bedeuten Blei in Milligramm.

Im unteren Teil oben sind die Zählwerte für basophile Erythrocyten als unregelmäßig verteilte Punkte aufgezeichnet, verbunden durch eine punktierte Linie. Die Abszisse dafür ist dargestellt durch eine waagerechte Linie.

Im unteren Teil veranschaulichen die schraffierten Blöcke die Bleimengen, die in den täglichen Faecesproben gefunden wurden, während der schwarze Teil Blei in Milligramm auf 1 g Faecessache darstellt. Verloren gegangene Proben sind als solche aufgeführt. Die leeren Zwischenräume an anderen Tagen bedeuten das Ausbleiben einer Entleerung.

Der erste Pfeil zwischen dem oberen und unteren Teil bezeichnet eine einzelne Verabreichung einer Dosis von schwefelsaurem Magnesium am frühen Morgen als Abführmittel. Die zwei folgenden Pfeile bezeichnen eine hohe Wasseraufnahme, welche sich oben in einer hohen Urinausscheidung widerspiegelt. Die ersten drei Klammern bezeichnen die Dauer einer medizinischen Behandlung wie folgt: Ammoniumacetat in 4 Dosen von je 3 g täglich, in Abständen von 2 Stunden; schwefelsaures Magnesium in 6 Dosen täglich zu je 2 g, in Abständen von 1 Stunde; milchsaures Calcium in 3 Dosen von je 2 g in 500 ccm Milch 2 Tage lang, alle 2 Stunden, sowie 3 Dosen von 1 g, ebenso verabreicht, 2 Tage länger. Die durch die vierte Klammer angedeutete Arbeit bestand in leichtem Rasenmähen, mehrere Stunden täglich. Die Galleausspülungen wurden in der üblichen Weise vorgenommen. Die zwei Pfeile am gleichen Tage zwischen den Galleausspülungen weisen auf zwei Blutanalysen, die eine nach 2 Stunden leicht ermüdender Arbeit, die andere nach 4 Stunden darauffolgender Ruhepause. Die letzten Pfeile bezeichnen Blutproben an aufeinanderfolgenden Tagen, von denen der erste mit mittelschwerer Arbeit, der zweite in Ruhe verbracht wurde, beide mit erhöhter Wasseraufnahme.

sitzende Lebensweise ein. Sein Appetit war gut, und seine Ernährung wurde in keiner Weise beeinflußt.

Abb. 2 veranschaulicht die analytischen Befunde bei täglichen Faeces- und Urinproben, sowie die Ergebnisse der Analyse von 50-ccm-Blutproben, welche in Abständen genommen wurden. Eine Anzahl Faecesproben wurde irrtümlicherweise fortgeschüttet, und 2 Urinproben gingen bei der Behandlung verloren; sonst war keine Unterbrechung in den Beobachtungen zu verzeichnen. Das Auftreten von basophilen Erythrocyten in unregelmäßigen Zeitabständen ist eingezeichnet, und verschiedene experimentelle Eingriffe sind durch Pfeile bezeichnet, wo sie sich auf einzelne Tage beziehen, und durch Klammern, wo sie sich über mehrere Tage erstrecken. Ferner wird beiläufig auf den Einfluß einer erhöhten Wasseraufnahme auf die Bleiausscheidung im Urin sowie von schwefelsaurem Magnesium auf die Bleiausscheidung in den Faeces aufmerksam gemacht, Erscheinungen, über welche wir früher gesprochen haben (2, 4). Die anderen Maßnahmen ergaben wenig Anzeichen einer Wirkung, und obgleich nicht gesagt werden kann, daß sie ohne Einfluß waren, werden sie hier nicht weiter berücksichtigt werden, sofern es nicht notwendig wird, in anderen graphischen Aufzeichnungen wieder auf sie hinzuweisen.

Die anfängliche Abnahme der Bleiausscheidung in den Faeces nach dem Aufhören der Bleieinwirkung ist ein kennzeichnendes Merkmal für das Reagieren der Arbeiter in staubenden Bleibetrieben, nachdem sie der Bleieinwirkung enthoben wurden. Die erste Probe enthält weitgehend Blei, das während der Arbeit am vorhergehenden Tage eingeatmet worden war. Diese Bleimenge hatte sich auf der Schleimhaut der oberen Luftwege abgesetzt und wurde dann hinuntergeschluckt. Mit dem Entleeren des Darms ergibt sich eine Abnahme der fäkalen Ausscheidung. (Nur selten hat man Gelegenheit, diese erste Probe von einem Patienten zu erhalten, der zur Diagnose und Behandlung kommt, da in der Regel Tage vergangen sind, ehe der Arzt aufgesucht wird. In der Zwischenzeit ist dann der Darm entleert worden, und diese wichtige Beweisunterlage, die den allgemeinen Umfang der Bleieinwirkung kennzeichnet, ist verschwunden.) Nichtsdestoweniger zeigt sich die Wirkung der Bleiberührung in der nachfolgenden hohen Bleiausscheidung. Sowohl die Faeces- als auch die Urinbefunde lagen bei der vorliegenden Versuchsperson während der ganzen Zeit über der in Abb. 1 dargestellten Höhe. Trotz der großen Schwankungen zeigen sie im allgemeinen eine absteigende Kurve. Wir werden später noch auf die Veränderlichkeiten in den Faeces- und den Urinausscheidungen an Blei zurückkommen, sowie auch auf den Bleigehalt im Blut.

3. Die ständige Bleiausscheidung nach dem Aufhören einer starken Bleieinwirkung, die zu chronischer Bleivergiftung geführt hat.

Eine andere Versuchsperson, ein Neger von 45 Jahren, kam zu uns wegen eines Anfalls von Bleivergiftung in Behandlung. Er war mehrere Jahre hindurch zeitweilig in verschiedenen Bleiweißanlagen beschäftigt gewesen. Seine letzte Beschäftigung, nach einer Unterbrechung durch mehrmonatige Arbeitslosigkeit, betrug 8 Wochen unter starker Einwirkung von Bleiweißstaub. Er bekam Koliken und war gezwungen, seine Arbeit aufzugeben; dies geschah 8 Tage, bevor er zu uns kam. Erst dann begannen die Beobachtungen, und da er nicht bettlägerig war, wurden diese Untersuchungen im Laboratorium ausgeführt. Eine Körperuntersuchung ergab die folgenden Befunde hinsichtlich Blei: ausgesprochener Bleisaum, Schwäche der Vorderarmstreckmuskeln mit leichtem Muskelschwund, leichte Anämie (rote Blutkörperchen 4000000) und beträchtliche Basophilie (der erste Blutausstrich zeigte 149 Basophile auf 50 Felder). Weitere eindeutige klinische Befunde bestanden in nicht behandelter Syphilis, die 20 Jahre zurückreichte und sich durch eine mäßige Aortitis mit Dilatation kundgab, ferner in einer mäßigen

Herzhypertrophie und in einem leichten Ödem längs des Schienbeins. Dieser vorher vernachlässigte Zustand wurde unbehandelt gelassen, bis alle Bleisymptome verschwunden waren; auch wurde der Betreffende nicht auf Bleivergiftung behandelt, da er nicht darunter litt und wir die Bleiausscheidung unbeeinflußt durch therapeutische Faktoren beobachten wollten. Die Beköstigung dieser Versuchsperson war abwechslungreich und ausreichend. Sie wurde von ihr selbst ausgewählt, aber vom Laboratorium bezahlt, so daß die Kosten hinsichtlich der Beschaffenheit oder der Menge keine Rolle spielten.

Die täglichen Bleibefunde in den Faeces und im Blut, sowie die täglich auftretenden basophilen Erythrocyten sind in Abb. 3, 4 und 5 dargestellt. Im mittleren

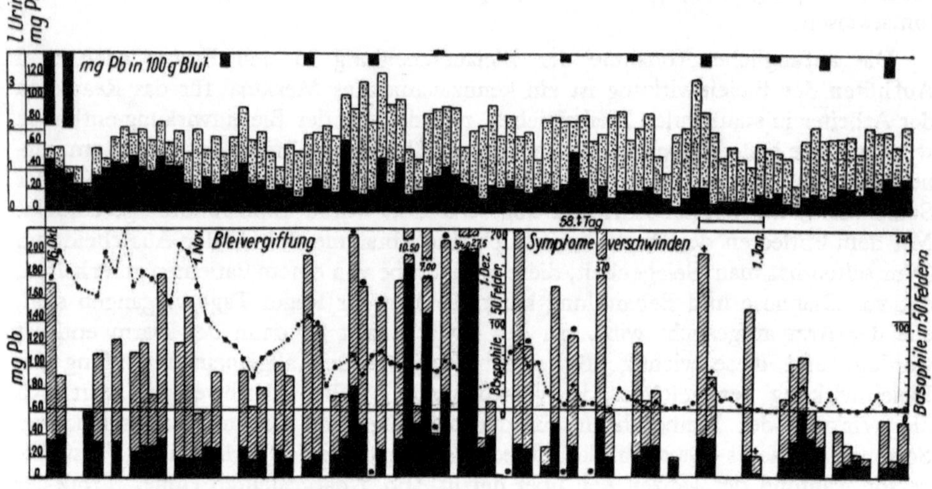

Abb. 3. Tägliche Bleiausscheidung nach Aufhören schwerer Einwirkung von Bleistaub.

Die Blöcke stellen fortlaufende tägliche Beobachtungen dar.

Die schwarzen Blöcke an der oberen Linie bezeichnen die im Blut gefundenen Bleimengen, ausgedrückt in Milligramm je 100 g Blut (50-ccm-Proben). Wo sie nicht nach unten in das Blockfeld hineinragen, wurde Blei in nicht mehr als Spuren gefunden.

Der obere Teil bezeichnet die Urinbefunde, die punktierten Felder zeigen das Urinvolumen, die schwarzen Felder Blei in Milligramm.

Im unteren Teil sind basophile Erythrocyten vermerkt, verbunden durch eine punktierte Linie. Die Abszisse der Kurve ist dargestellt durch eine waagerechte Linie.

Im unteren Teil bezeichnen die schraffierten Blöcke die in den täglichen Faecesproben gefundenen Bleimengen, während der schwarze Teil derselben den Bleigehalt in Milligramm auf 1 g Faecesasche bezeichnet. Verlorene Proben sind durch Punkte vermerkt. Leere Zwischenräume an anderen Tagen bedeuten das Ausbleiben einer Entleerung. Dort, wo das gefundene Blei über den Bereich der Zeichnung hinausgeht, ist die Menge in Milligramm zahlenmäßig eingetragen.

Tage, an denen die Versuchsperson geschossenes Kaninchen aß (s. Text), sind oben an dem entsprechenden Faecesblock wiederum durch Punkte bezeichnet.

Tage, an denen Salvarsan verabreicht wurde, sind mit einem + oben am Faecesblock bezeichnet, und die Dauer dieser therapeutischen Periode ist durch die Klammer zwischen dem oberen und unteren Teil wiedergegeben.

Der Pfeil am 58. Tage bedeutet den Zeitpunkt, an welchem sich der Patient zum ersten Male vollkommen wohl fühlte.

Teil der Abbildungen befinden sich verschiedene Hinweise auf außergewöhnliche Vorfälle; sie sind in den Unterschriften erläutert.

Am Schluß der 94-Tage-Periode, die aus Abb. 3 ersichtlich ist, wurde eine beträchtliche Abnahme der Bleiausscheidung in Faeces und Urin festgestellt, die basophilen Erythrocyten waren verschwunden, die Symptome des Patienten hatten sich verzogen, und sein Aussehen hatte sich geändert insofern, als aus einem apathischen und ziemlich kranken Manne ein lebendiger, sehniger und anscheinend gesunder geworden war. (Während dieser Zeit bekam er zum ersten Male drei

Arseneinspritzungen, auf die er klinisch gut reagierte.) Die in der ersten von ihm entnommenen Faecesprobe gefundene Bleimenge war nicht größer als diejenige verschiedener darauffolgender Proben, gab also keinen Aufschluß über den Umfang der täglichen Einwirkung während der Ausübung des Berufes, infolge der 8tägigen Pause nach dem letzten Arbeitstag. Indessen war das Blei in den Faeces viel höher als dasjenige der Versuchsperson in Abb. 2, in Übereinstimmung mit der Ungleichheit der Bleieinwirkung bei den beiden Personen. Es zeigte große Schwankungen. Am 34. Tag wurde eine neue Erscheinung in der fäkalen Ausscheidung festgestellt, die sich von Zeit zu Zeit bis zum 72. Tage wiederholte, insofern als Bleimengen gefunden wurden, die weit über das zu erwartende Maß hinausgingen.

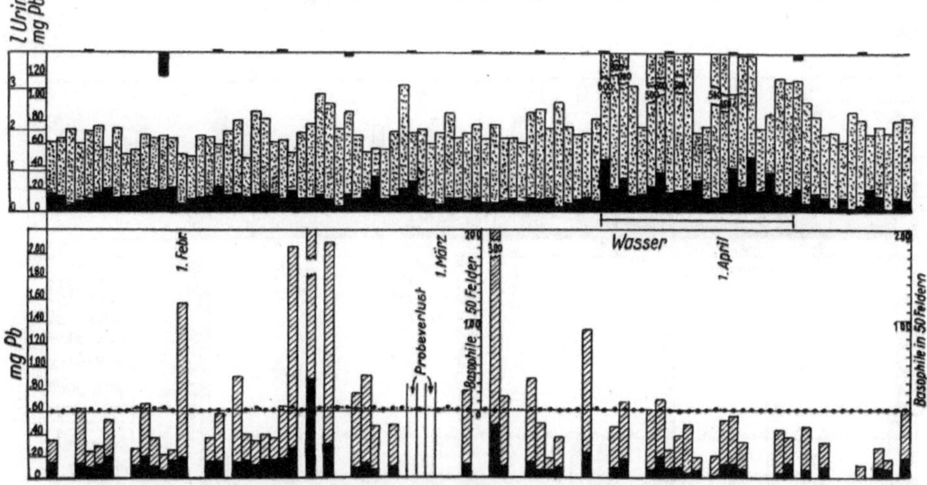

Abb. 4. Tägliche Bleiausscheidung nach Aufhören schwerer Einwirkung von Bleistaub.

Die Blöcke stellen fortlaufende tägliche Beobachtungen dar als ununterbrochene Folge von Abb. 3.
Die Klammer zwischen dem unteren und dem oberen Teil bezeichnet eine Periode erhöhter Wasseraufnahme, die sich in der Urinausscheidung widerspiegelt. Wo das Urinvolumen sich über die Zeichnung hinaus erstreckt, sind die gesamten Mengen in Zahlen ausgedrückt, z. B. 6,00 Liter.

Eine Prüfung der Beköstigungsliste ergab eine Abhängigkeit des Auftretens derartiger Befunde von der Einnahme einer Mahlzeit von gebratenem oder gekochtem Kaninchen. Dadurch, daß geschossenes Wild von der Speiseliste gestrichen wurde, zeigten sich solche abweichenden Ziffern nicht mehr, und mit zwei Ausnahmen, wie aus Abb. 4 ersichtlich, ergaben sich keine weiteren bemerkenswerten Befunde mehr, wenn auch ziemlich große Schwankungen in Verbindung mit Unregelmäßigkeiten in der Ernährung festzustellen waren. (Eine mäßige Verstopfung hielt während der ganzen Dauer der Untersuchung an.) Dieser grobe Einschluß von Blei in der Nahrung erhellt, wie ungewiß die Bedeutung des fäkalen Bleis ist, und da während dieser Beobachtungen keine Nachprüfungen des Bleigehaltes in der Kost stattfand, rechtfertigten die Befunde nur die Feststellung, daß während der in Abb. 3 dargestellten Zeitdauer die mittlere Faecesbleiausscheidung weit über derjenigen der in Abb. 1 und etwas über derjenigen der in Abb. 2 beschriebenen Versuchspersonen lag, die nicht bzw. weniger stark ausgesetzt waren. Daher wurde augenscheinlich die Bleiausscheidung aus den Geweben in den Darm auf einer Höhe gehalten, die im großen und ganzen dem Umfang der Bleieinwirkung entsprach sowie vermutlich auch der Bleiaufnahme. Erst gegen

Ende der 24. Woche zeigte die fäkale Ausscheidung, wie im letzten Teil von Abb. 4 ersichtlich, eine Abnahme auf ein ungefähr normales Maß.

Die verzeichnete Urinbleiausscheidung ist in ihrer Bedeutung gesicherter, da es sich hier nur um Blei handelt, das aus den Körpergeweben herrührt. Hier begann die Bleiausscheidung auf einer höheren Stufe und zeigte dann eine allmählich stärker werdende Abnahme mit großen Schwankungen von Tag zu Tag. Sowohl die tägliche Bleiausscheidung als auch die Schwankungen hatten einen größeren Umfang als diejenigen, welche bei der vorher beschriebenen Versuchsperson (Abb. 2) auftraten. (Da der weite Schwankungsbereich in den Urinbefunden in der ersten Hälfte der Abb. 3 nicht mit therapeutischen Maßnahmen oder mit irgendwelchen anderen experimentellen Eingriffen zusammenhing, müssen wir uns klar sein,

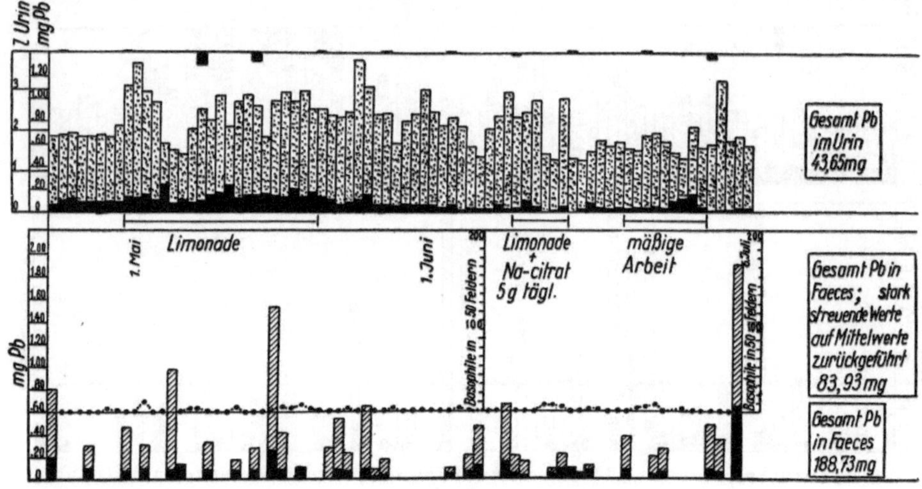

Abb. 5. Tägliche Bleiausscheidung nach Aufhören schwerer Einwirkung von Bleistaub.

Die Blöcke stellen fortlaufende tägliche Beobachtungen dar als ununterbrochene Folge von Abb. 4.
Die Klammern zwischen dem oberen und unteren Teil bezeichnen die Zeiträume, in denen verschiedene experimentelle Eingriffe, wie im Text berichtet, vorgenommen wurden.

daß bei der Bewertung des Einflusses von Medikamenten auf die Bleiausscheidung im Urin Vorsicht geboten ist. Während der Behandlung der Lues und noch ein paar Tage darauf war das Urinvolumen und die Urinbleiausscheidung etwas niedriger; beide jedoch erreichten nach kurzer Zeit wieder ihren alten Stand, um von da an abzunehmen, mit Ausnahme von zwei Perioden experimentell erhöhter Wasseraufnahme (Abb. 4 und 5), die von erhöhter Urin- wie Bleiausscheidung begleitet war.

Die erhöhte Wasseraufnahme während der zweiten Zeitspanne (Abb. 5) wurde durch Verabreichung von Limonade herbeigeführt. Über ihren Wassergehalt hinaus war von der Limonade als solcher nur wenig Wirkung zu verspüren. Die letzten beiden experimentellen Eingriffe (Abb. 5) hatten wenig oder gar keine Wirkung auf die Bleiausscheidung. Die „mäßige Arbeit", auf welche in der graphischen Aufzeichnung Bezug genommen wird, war nicht durchgreifend oder gleichmäßig genug, um Schlußfolgerungen zu rechtfertigen, weil sich der Neger diesem Teil des Experimentes widersetzte. Da er überhaupt nicht vollkommen bereit war, mitzuarbeiten, wurde die Untersuchung jäh abgebrochen. An diesem Zeitpunkt war er in ausgezeichneter gesundheitlicher Verfassung mit Ausnahme der Folgeerscheinungen der Lues.

Eine flüchtige Prüfung dieser Aufzeichnungen zeigt, daß trotz der zufälligen oder absichtlich herbeigeführten Unregelmäßigkeiten in der jeweiligen Bleiausscheidung mit den Faeces und dem Urin die beiden Versuchspersonen in gleicher Weise reagierten. Die Bleiausscheidung begann bei beiden auf einer hohen Stufe und nahm für kurze Zeit rasch ab, worauf sie sich in langsamem Maße weiter verringerte; der allgemeine Verlauf wurde durch verschiedene bekannte und unbekannte Einflüsse nur

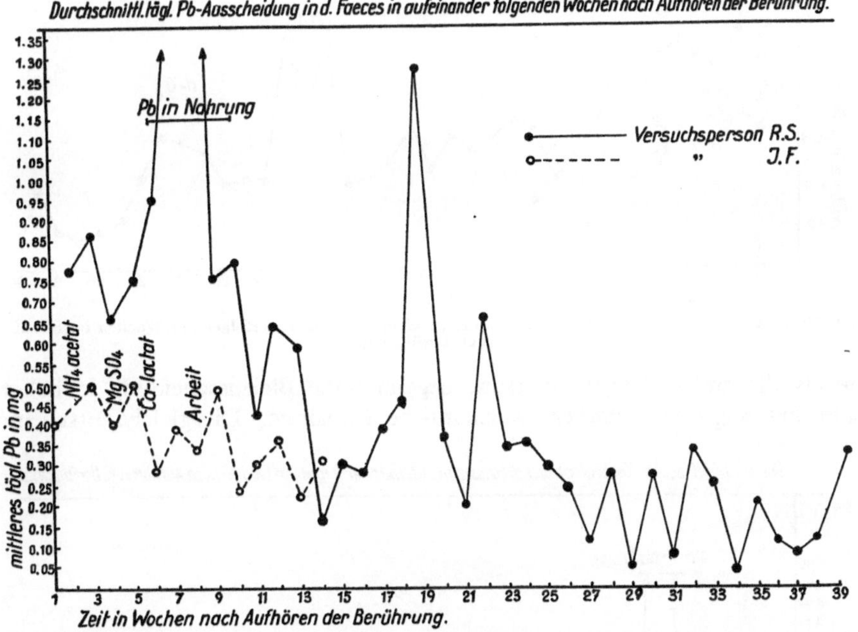

Abb. 6. Durchschnittliche tägliche Bleiausscheidung in den Faeces in aufeinanderfolgenden Wochen nach Aufhören der Berührung.

vorübergehend gestört. Die tatsächlichen Vorgänge sind, um die täglichen Schwankungen auszugleichen, in den Abb. 6—9 durch eine geänderte Anordnung der Befunde in ein schärferes Licht gerückt worden.

In Abb. 6 wird die durchschnittliche tägliche Faecesbleiausscheidung der beiden Versuchspersonen für aufeinanderfolgende Wochenzeiträume nach dem Aufhören der Bleieinwirkung dargestellt, während in Abb. 7 die Urinbefunde in der gleichen Weise behandelt werden. Die allgemeine Ähnlichkeit der Kurven für die beiden Versuchspersonen bedarf keiner weiteren Erläuterung[1], doch wird nun ein deutlicher Unterschied bemerkbar, insofern als der anfängliche Abfall der oberen

---

[1] Die Bedeutung der Spitzen bei der 6.—8. und bei der 19.—22. Woche in der oberen Kurve braucht nicht betont zu werden, da dieselben das Ergebnis der Aufnahme ungewöhnlich hoher Bleimengen sind. Ebenso besitzt der niedrige Stand bei der 14. Woche nur zweifelhafte Gültigkeit infolge der bei der Versuchsperson herrschenden Verstopfung. Das Gewicht an Faeces in dieser Woche betrug nur ungefähr die Hälfte des durchschnittlichen Betrages.

Kurve in Abb. 6 und 7 steiler ist als bei der unteren Kurve. Der Patient, der starker Bleieinwirkung ausgesetzt gewesen war und wahrscheinlich mehr Blei aufgenommen

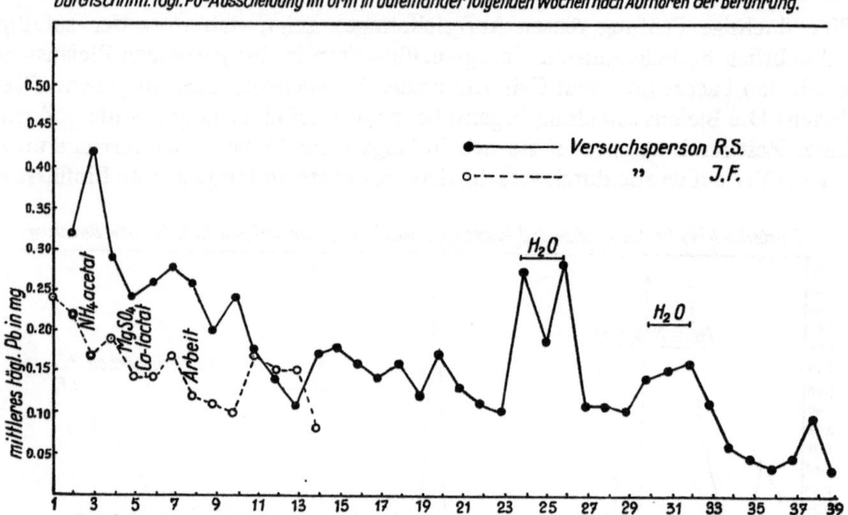

Abb. 7. Durchschnittliche tägliche Bleiausscheidung im Urin in aufeinanderfolgenden Wochen nach Aufhören der Berührung.

hatte als die andere Versuchsperson, begann seine Bleiausscheidung in höherem Grade und zeigte eine stärkere wöchentliche Abnahme. Die gleiche Erscheinung

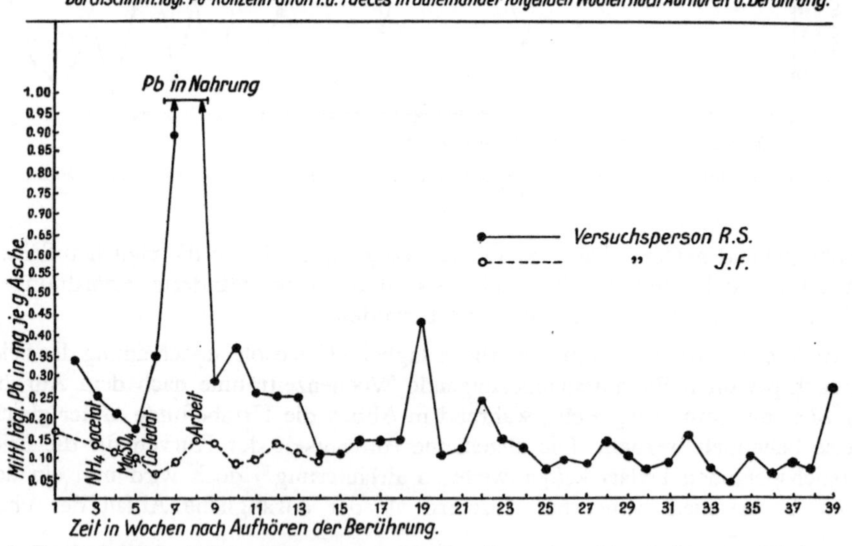

Abb. 8. Durchschnittliche tägliche Bleikonzentration in den Faeces in aufeinanderfolgenden Wochen nach Aufhören der Berührung.

zeigt sich betont bei einer Aufzeichnung der im Laufe der Zeit eintretenden Veränderungen in der Bleikonzentration der Exkremente der beiden Versuchspersonen.

Diese Aufzeichnung ist hinsichtlich der Faeces in Abb. 8 und hinsichtlich des Urins in Abb. 9 erfolgt. Ganz augenscheinlich ist der Abfall der beiden Ausscheidungskurven sowie ihre anfängliche Höhe je nach dem Ausmaß der Bleiaufnahme der betreffenden Versuchspersonen verschieden.

Es wird kaum gerechtfertigt sein, die bei diesen beiden bleiausgesetzten Versuchspersonen gemachten Beobachtungen als kennzeichnend für das Verhalten von Blei beim Menschen im allgemeinen anzusehen, wenn sie auch mit ähnlichen Forschungen übereinstimmen, die an Versuchstieren vorgenommen wurden. Wir haben gezeigt, daß, wenn Tieren Blei verabreicht wird, auf einen kurzen Zeitraum rascher Ausscheidung eine viel längere Zeit langsamer Ausscheidung folgt, nach deren Beendigung der Bleigehalt in ihren Geweben auf die bei Vergleichstieren

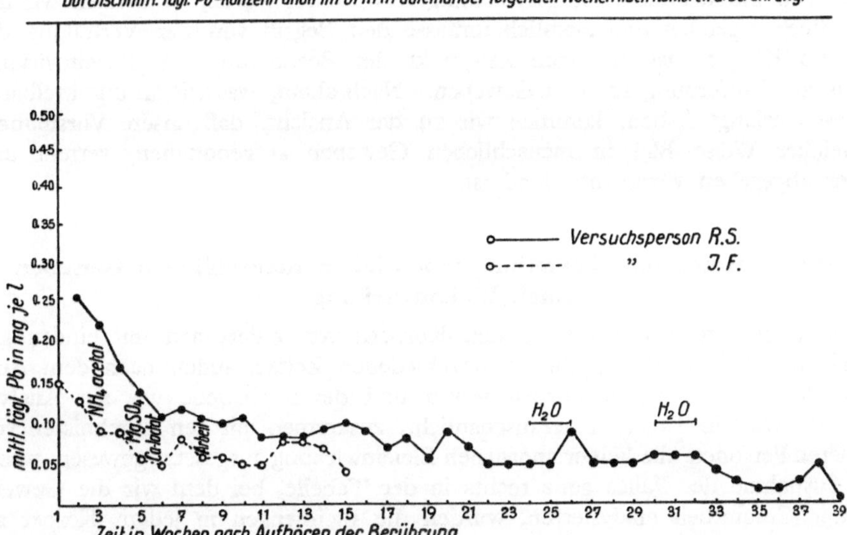

Abb. 9. Durchschnittliche tägliche Bleikonzentration im Urin in aufeinanderfolgenden Wochen nach Aufhören der Berührung.

gefundene Höhe gebracht wird (5). Wahrscheinlich sind die Veränderungen, die in der Verteilung des Bleis in den Geweben der Versuchstiere vor sich gehen (5) (und die für die erwähnten Schwankungen im Grad der Bleiausscheidung verantwortlich sind), der gleichen Art wie diejenigen, die beim Menschen auftreten. Ist dies der Fall, so können wir, wenn die Bleieinwirkung aufgehört hat, uns vom Ablauf der Vorgänge beim Menschen folgendes Bild machen: Ein Teil des Bleis im Ernährungstrakt wird resorbiert, und der Rest wird aus dem Körper entleert. Derjenige Teil, der sich in der Lunge befindet, wird für einige Zeit zurückgehalten. Während der Resorption werden diese Bleimengen allgemein in den Geweben verteilt, besonders in der Leber, in der Milz, in der Lunge, im Blut und in den Nieren, mit kleineren Anteilen in den Muskeln, im Zentralnervensystem und im Knochengerüst. Innerhalb verhältnismäßig kurzer Zeit (gewöhnlich in ein paar Wochen) verliert der Körper einen beträchtlichen Teil dieses Bleis durch die Faeces- und Urinausscheidung; gleichzeitig aber hat sich eine Neuverteilung vollzogen, wobei die Hauptmenge des verbleibenden Bleis seinen Weg in das

Knochengerüst gefunden hat. Viel kleinere Mengen (in jedoch annähernd vergleichbaren Konzentrationen) befinden sich in der Leber und in der Milz und ganz kleine Mengen im Blut, im Zentralnervensystem, in den Nieren, in der Lunge, im Herzen und im Darm. Während dieses Vorganges der Wiederverteilung nimmt das Ausmaß der Ausscheidung rasch ab; ist die Bleiverteilung stetig geworden, so nimmt die Ausscheidung dem Grad nach nur noch allmählich, wenn auch unregelmäßig ab, bis das über das normale Maß hinausgehende Blei aus allen Körpergeweben entfernt ist, ausgenommen aus denjenigen, die mit Blei in typischer Weise eine feste Bindung eingehen. (Das einzige Gewebe, in welchem wir derartiges „fixes" Blei nachgewiesen haben, ist das Zentralnervensystem nach Resorption von Bleitetraäthyl (4, 6).) Wenn wir annehmen, daß der gleiche Vorgang während einer Bleieinwirkung von längerer Dauer stattgefunden hatte, und daß er durch täglich neu hinzukommendes Blei ständig verwickelter wurde, so können wir uns einen überzeugenden und ziemlich umfassenden Begriff von der Verteilung des Bleis im Körper machen, vom Zeitpunkt der Beendigung der Bleieinwirkung an bis zur Entfernung aus den Geweben. Nach allem, was wir an unmittelbaren Beweisen erlangt haben, kommen wir zu der Ansicht, daß unsere Vorstellung, in welcher Weise Blei in menschlichen Geweben aufgenommen, verteilt und wieder abgegeben wird, zutreffend ist.

4. Vorkommen und Verteilung von Blei in menschlichen Geweben nach Bleieinwirkung.

Das Vorkommen von Blei in den Körpern von 4 Personen mit eindeutiger beruflicher Bleieinwirkung, die in verschiedenen Zeitabständen nach dem Aufhören der Einwirkung verstorben waren und deren Gewebe wir zur Analyse erhielten, wird in Tabelle 1 veranschaulicht, zusammen mit den Ergebnissen von 2 anderen Personen, die keiner anormalen Bleieinwirkung ausgesetzt gewesen waren. Mit Ausnahme des Falles ganz rechts in der Tabelle, bei dem wir die Gewebe in ihrer Gesamtheit analysierten, wurden die Bleimengen in jedem Körper als Ganzes auf Grund der Durchschnittsgewichte der verschiedenen Organe in dem angegebenen Alter errechnet. Die Personen, deren Gewebe analysiert wurden, starben unter folgenden Umständen: A. J. an akuter Vergiftung mit einem plötzlichen Anfall von Darmentzündung und mit Veränderungen im Blut, die auf Blei deuteten; J. G. mit vorhergehender schwerer Bleieinwirkung an einer Lungenentzündung während einer Periode von Schlafsucht, die mit Delirium abwechselte, was klinisch als Bleiencephalitis festgestellt worden war. A. S. an chronischer Encephalitis und Meningitis nach einer Krankheit von 8 Monaten, die auf 6 Jahre lange schwere Bleistaubeinwirkung zurückzuführen und vom Beginn des Anfalls an als Bleivergiftung diagnostiziert worden war. E. Mc. wurde nach 20 Jahren Bleieinwirkung als Hersteller von bunten Glasfenstern arbeitsunfähig infolge Paralyse der unteren Extremitäten (Bleivergiftung?), die 2 Jahre lang andauerte, bis er an Hämorrhagie starb, zurückzuführen auf eine kanalisierte Thrombose der Magenvenen. E. J., ein gesunder Erwachsener, der nie einer gewerblichen Bleieinwirkung ausgesetzt gewesen war, starb jäh an einer Stichwunde; B. X., ein Kind von schätzungsweise 4 Jahren, an einer akuten infektiösen Meningitis, als solche klinisch diagnostiziert und durch Sektion bestätigt.

Die Art der Bleiverteilung in diesen menschlichen Geweben ist im allgemeinen die gleiche, wie sie von anderen Forschern in ähnlichen Fällen berichtet wird (7, 8, 9). Ebenso steht sie im Einklang mit der Bleiverteilung, die an Versuchstieren bei Einwirkung von entsprechender Zeitdauer festgestellt worden ist (5). Die Ergebnisse

Tabelle 1. Verteilung von Blei in menschlichen Geweben in verschiedenen Zeitabständen nach dem Aufhören einer Bleieinwirkung.

Name	A. J.		J. G.		A. S.		E. Mc.		E. J.		B. X.	
Alter und Gewicht	3 Jahre 10 kg		54 Jahre 55 kg		29 Jahre 60 kg		58 Jahre 70 kg		25 Jahre 80 kg		4 Jahre 12 kg	
Art der Bleieinwirkung	Zeitlich kurze Bleiaufnahme		Schwere Staubeinatmung mehrere Jahre hindurch		Schwere Staubeinatmung 6 Jahre lang		Mäßige Staubeinatmung 20 Jahre lang		Keine		Keine	
Zeit zwischen Bleieinwirkung und Tod	Tage?		1 Monat?		8 Monate		2 Jahre		—		—	
Gewebe	mg gefunden	mg je 100 g	mg gefunden	mg je 100 g	mg gefunden	mg je 100 g	mg gefunden	mg je 100 g	mg gefunden	mg je 100 g	mg gefunden	mg je 100 g
Nieren	0,65	0,61	0,65	0,22	0,00	—	0,16	0,06	0,21	0,07	0,07	0,06
Leber	16,00	3,27	9,20	0,71	0,88	0,31	1,46	0,12	1,75	0,08	0,22	0,05
Milz	0,54	1,25	1,29	0,86	0,05	0,10	0,10	0,10	0,00	—	Spur	—
Fett	—	—	0,00	—	—	—	—	—	0,00	—	0,00	—
Gehirn	3,50	0,29	4,35	0,35	0,16	0,10	—	—	—	—	0,10	0,01
Rückenmark	—	—	—	—	—	—	—	—	—	—	0,00	—
Liquor	—	—	0,00	—	—	—	—	—	—	—	—	—
Blut	—	—	0,10	0,13	—	—	0,00	—	—	—	0,00	—
Muskeln	—	—	—	—	0,05	0,10	Spur	—	0,00	—	0,22	0,01
Flache Knochen	1,65	10,65	1,95	13,00	2,60	3,25	0,28	1,18	1,03	1,11	18,00	1,02
Lange Knochen	—	—	0,98	8,00	—	—	—	—	—	—	9,50	1,14
Knochenmark	—	—	0,18	2,77	—	—	—	—	—	—	—	—
Knorpel	—	—	0,23	0,46	—	—	—	—	0,00	—	0,25	0,26
Lunge	0,25	0,09	1,12	0,08	0,09	0,06	0,09	0,01 +	0,00	—	0,08	0,03
Herz	Spur	—	0,58	0,14	0;00	—	0,09	0,03	0,00	—	Spur	—
Schilddrüse	—	—	—	—	—	—	—	—	0,00	—	—	—
Nebennieren	—	—	0,00	—	—	—	0,00	—	0,00	—	—	—
Hoden	—	—	—	—	—	—	Spur	—	—	—	—	—
Bauchspeicheldrüse	Spur	—	0,18	0,36	—	—	Spur	—	0,04	0,04	Spur	—
Magen	—	—	—	—	—	—	0,03	0,01	—	—	—	—
Eingeweide	—	—	—	—	—	—	0,16	0,01	—	—	0,10	0,02
Harnblase	—	—	—	—	—	—	—	—	0,00	—	—	—
Vorsteherdrüse	—	—	—	—	—	—	—	—	0,00	—	—	—
Haut	—	—	—	—	—	—	—	—	—	—	1,93	0,13
Übriges	—	—	—	—	—	—	—	—	—	—	6,00	0,26
Gesamtbleigehalt im Körper, geschätzt	220		1000		240		135		135		36,47	

zeigen, daß Blei in menschlichen Geweben nicht auf lange Zeit zurückgehalten wird, sondern daß es allmählich abnimmt, wenn die Einwirkung aufhört, bis Gleichgewicht mit dem normalen Körperzustand erreicht ist. Die Befunde im Fall A. S. sind besonders beachtenswert, sowohl hinsichtlich der Gesamtmenge an vorhandem Blei als auch hinsichtlich der Art der Verteilung. Es besteht wenig

Grund, zu zweifeln, daß die Bleieinwirkung bei diesem Manne zu einer ausgedehnten Bleiresorption führte, und doch sind 8 Monate nach Aufhören der Einwirkung die in den Geweben zurückbleibenden Bleimengen nicht erheblich größer als die in nicht ausgesetzten Personen gefundenen. Im Falle E. Mc. hatte die Zwischenzeit von 2 Jahren dazu verholfen, jede Spur einer anormalen Bleiaufnahme zu entfernen. Die Befunde bei den beiden Personen, die keiner Bleieinwirkung ausgesetzt gewesen waren, dienen lediglich dazu, die Bleimengen zu zeigen, die man in den Geweben nie ausgesetzter Menschen finden kann.

Bezüglich ihrer praktischen Bedeutung für die pathologisch-anatomische Diagnose zeigen diese Befunde die Bleimengen, die in den Geweben als Folge einer eindeutigen Bleieinwirkung vorkommen können. Sie zeigen überdies, daß die Untersuchung von Geweben auf ihren Bleigehalt als diagnostische Maßnahme denselben Beschränkungen unterliegt wie die Beobachtung der Bleiausscheidung, da alle derartigen Beweise einer Bleieinwirkung mehr und mehr verblassen und endlich ganz verschwinden in dem Maße, wie der Zeitabstand zwischen dem Aufhören der Einwirkung und der analytischen Untersuchung sich verlängert. Die Angaben über die normalen Versuchspersonen lenken die Aufmerksamkeit auf eine Tatsache hin, die wir bereits hervorgehoben haben (2): daß das bloße Vorkommen von Blei in menschlichen Geweben in kleinen oder unbestimmbaren Mengen keine diagnostische Bedeutung hat.

5. Vorkommen von Blei im menschlichen Blut.

Wir haben früher auf das Vorkommen von Blei im Blut normaler Menschen hingewiesen, ebenso darauf, daß als Ergebnis einer Bleieinwirkung größere Mengen daselbst gefunden werden können (4). Andere Forscher haben über ähnliche Beobachtungen berichtet (10, 11). Die in Abb. 2, 3, 4 und 5 aufgezeichneten Befunde sowie andere gelegentliche Beobachtungen zeigen an, daß die Bleikonzentration im Blut bedeutenden Veränderungen unterliegt, und daß nicht unbedingt zwischen der aus 24-Stunden-Proben von Exkrementen hervorgehenden durchschnittlichen Bleiausscheidung und dem Bleigehalt im Blut, der durch eine einzelne Probe veranschaulicht wird, eine Übereinstimmung besteht. Die Beobachtungen von Litzner und Weyrauch (11) zeigen eine ähnliche Ungleichheit zwischen dem Blut und den Urinbleiausscheidungen. Angesichts des Verhaltens von Bleiverbindungen, sobald sie in den Blutkreislauf eingedrungen sind[1], ist dies vorauszusehen. Wenn Blei in ungewöhnlichen Mengen aus den Geweben in den Blutkreislauf gelangt, so kann damit gerechnet werden, daß das meiste binnen kurzem aus dem Kreislauf durch die Leber und die Milz entfernt wird, von wo es in der üblichen Weise wiederum von neuem verteilt wird. Die Schwankungen im Bleigehalt des Blutes legen die Vermutung nahe, daß dieser Vorgang sich immer wiederholt. Daher kann die Analyse einer einzelnen Blutprobe, die nur die Bleimenge zur Zeit der Probenahme angibt, ein fehlerhaftes Bild des allgemeinen Bleispiegels geben, während von der Urinbleiausscheidung innerhalb einer 24-Stunden-Periode zu erwarten ist, daß sie, wenn keine bedeutenden Anomalien der Nieren vorliegen, in hohem Maße von der mittleren Konzentration des Bleis im

---

[1] Wegen der Befunde, der Auswertung und des Schrifttums über diesen Gegenstand vgl. (5).

Blut abhängig ist. Litzner und Weyrauch sind zu der gegenteiligen Ansicht gelangt, daß eine Blutanalyse ein genaueres Mittel zur Schätzung der Bleiablagerungen im Körper darstellt als die Analyse von Exkrementen. Anscheinend stützt sich ihre Schlußfolgerung auf die Annahme, daß der Bleistrom von den Geweben in das Blut weniger bedeutenden Schwankungen unterliegt als der Ausscheidungsstrom durch die Nieren, eine Annahme, die noch nicht hinreichend bestätigt worden ist. Trotz der Veränderlichkeit der Blutbefunde ist klar, daß die Bleikonzentration im Blut dazu neigt, höher zu werden, wenn abnorme Bleimengen in den Geweben vorhanden sind. Nach unserer Erfahrung hängt ein ständiges Vorkommen von mehr als 0,04—0,05 mg Blei in 100 ccm Blut mit anderen Anzeichen einer bedeutenden und erst kürzlich, innerhalb eines Zeitraums von ein paar Monaten erfolgten Bleieinwirkung zusammen. Trotzdem zweifeln wir angesichts unserer gegenwärtigen ungenügenden Kenntnis über den Umfang der normalen und anormalen Schwankungen, ob es ratsam ist, sich auf die Befunde von Blutanalysen allein zu verlassen, um die Größe der Bleiaufnahme beim Menschen zu schätzen.

6. Erörterung.

Die vorstehenden Beobachtungen in Verbindung mit denjenigen unserer früheren Berichte bieten eine Grundlage für spezifische Schlußfolgerungen hinsichtlich der Bedeutung von Bleibestimmungen für die Diagnose von Bleivergiftung, wenn analytische Methoden von der Genauigkeit der von uns beschriebenen angewandt werden. Zunächst soll gesagt werden, daß es uns bis jetzt nicht gelungen ist, irgendwelche Wechselbeziehungen zwischen der Bleikonzentration in den Faeces, im Urin oder in den Geweben (einschließlich Blut) und dem Auftreten von Symptomen und Anzeichen einer Bleivergiftung zu finden. Man kann daher auf Grund unserer Beobachtungen nicht sagen, daß ein bestimmtes Maß von Bleiausscheidung das Vorhandensein von Symptomen voraussetzt, oder daß es notwendigerweise Symptome erklärt, die sich bei einem Patienten bemerkbar machen können. Die Diagnose auf Bleivergiftung muß auch fernerhin in weitem Maße auf Geschicklichkeit und Urteilsfähigkeit bei der Aufklärung und Ausdeutung klinischer Befunde beruhen. Der Wert verläßlicher analytischer Daten liegt in der Tatsache, daß, wenn sie früh genug erlangt werden, sie ein Mittel für die Einschätzung der Bleieinwirkung auf den Patienten darstellen. Angesichts der häufig mangelnden Eindeutigkeit der klinischen Befunde bei Bleivergiftung sind wir kaum berechtigt, zu folgern, daß sie auf Blei zurückzuführen sind, wenn wir nicht begründete Gewißheit haben, daß Bleieinwirkung stattgefunden hat. Andererseits sollte einem einwandfreien analytischen Nachweis anormaler Bleiaufnahme nicht mehr Gewicht beigelegt werden, als ihm zukommt. Bleiaufnahme ist nicht gleichbedeutend mit Bleivergiftung; auch entgeht der Bleiarbeiter nicht Krankheiten anderer Art. Daher können die sorgfältigen Beobachtungen, wie sie meist in der Differentialdiagnose erforderlich sind, nicht zugunsten analytischer Verfahren unterlassen werden.

Bei der Auslegung analytischer Befunde muß berücksichtigt werden, daß, da normalerweise im Bleigehalt der Exkremente ebenso wie der Gewebe ziemlich große Abweichungen vorkommen, eine einzelne Analyse der Faeces, des Urins oder des Blutes des Patienten oder eine beliebige Probe des Gewebes einer Leiche wahrscheinlich keinen vollständigen und verläßlichen Aufschluß geben wird. Um

Tabelle 2. Kennzeichnende Bleibefunde in den Exkrementen und im Blut von Personen mit Bleivergiftung.

Name	Art der Bleieinwirkung	Wichtige klinische Tatsachen und Befunde (Basophilie auf 50 Felder)	Zeitraum seit dem Aufhören der Einwirkung	Blei in Faeces mg gefunden	Blei in Faeces mg/g Asche	Blei im Urin mg gefunden	Blei im Urin mg je Liter	Blei im Blut mg je 100 ccm	Bemerkungen
W. K.	Polieren von Metallguß	Kolik, Bleiblässe, Bleisaum, rote Blutkörperchen 3800000, Basophile 258	Mehrere Tage	0,53	0,21	0,46	0,22	0,09	Politur enthielt 8% Blei.
F. P.	Bleiweißherstellung	Kolik, rote Blutkörperchen 4 500 000, Basophile 85	3 Wochen	—	—	0,30	0,33	—	Andere Proben nicht erhalten.
W. B.	Maler	Kolik, Basophile 102	2 Wochen			(1) 0,24	0,31		
				0,98	0,26	(2) 0,33	0,24	—	
A. G.	Schildermalerei (durch Spritzen)	Kolik, Bleiblässe, rote Blutkörperchen 3 000 000, Hb. 55	Mehrere Tage	1,25	0,45	0,62	0,20	—	Farbe mit 50% Bleisulfat.
M. B.	Akkumulatorenfabrik	Kopfschmerz, Schlafsucht, Lähmung (Arm), Myalgie, Kolik, rote Blutkörperchen 4 000 000, Basophile 101	1 Woche	0,48	0,30	(1) 0,26	0,30	0,19	
						(2) 0,15	0,22		
N. F.	Karrosserie lackieren und polieren (Naßverfahren). Keine anderen Fälle im Betrieb. Unbedeutende Staubmengen in der Luft.	Schlaflosigkeit, Kopfschmerz, Diplopie, Netzhauthämorrhagie, Bleiblässe, Bleisaum, Basophile 370	3 Wochen	—	—	1,01	0,46	0,31	Hielt beim Ausführen anderer Verrichtungen Sandpapier im Mund.
			5 Wochen			0,66	0,32	0,09	
			7 Wochen			0,35	0,18	0,00	
			11 Wochen			0,10	0,03		
R. S.	Bleiweißherstellung	Kolik, Basophile 149	1 Woche	1,70	0,33	0,18	0,42	0,33	
			2 Monate	0,53	0,09	0,18	0,10	0,18	
			4 Monate	0,49	0,08	0,13	0,06	0,00	
W. C.	Streichen und Reinigen von Wänden	Kolik, Bleisaum, rote Blutkörperchen 2 300 000, Basophile 98	1 Woche			1,40	0,58	0,11	
			2 Wochen	1,80	0,27	0,88	0,30		
W. F.	Essen von Farbe (Kind)	Anämie, Basophile 559	Mehrere Tage	1,39	0,70	0,30	0,48	—	
			15 Tage	1,08	0,36	0,10	0,17		
			30 Tage	1,23	0,25	0,16	0,29		
H.	Essen von Farbe (Kind)	Anämie, Encephalopathie	Unbekannt	1,95	?	—	—	0,36	Urin nicht zu erhalten. Teilchen von angestrichenem Holz in den Faeces.
G.	Essen von Farbe (Kind)	Anämie, Schwäche und Unterernährung	Unbekannt	0,27	1,08	—	—	—	Teilchen von Holz und Asphaltfarbe. Kein Urin erhalten.

Tabelle 3. Fragliche oder unbedeutende Bleibefunde in den Exkrementen von infolge Bleiaufnahme arbeitsunfähig gewordenen Personen.

Name	Art der Bleieinwirkung	Wichtige klinische Tatsachen und Befunde (Basophilie auf 50 Felder)	Zeitraum seit dem Aufhören der Einwirkung	Blei in Faeces		Blei im Urin		Blei im Blut je 100 ccm	Bemerkungen
				mg gefunden	mg/g Asche	mg gefunden	mg je Liter		
L. M.	Bleiweißherstellung	Anamnese von Einwirkung, neurologische Folgeerscheinungen	14 Monate	0,13	0,02	0,12	0,05	0,00	
J. N.	Schmelzen von Bleilegierungen	Kam zu uns einige Zeit nach Anfall von Abdominalstörung	2 oder 3 Monate	0,08	0,04	0,13	0,15	—	Bleivergiftung durch Diagnose weder bestätigt noch ausgeschlossen. Weitere Untersuchung nicht ermöglicht.
C. F.	Kurze Zeit Brückenanstrich (Entfernung von alter Farbe)	Neurologische Folgeerscheinungen (Gehirnaffektion?)	8 oder 9 Monate	(1) 0,10 (2) 0,26	0,03 0,06	0,03 0,05	0,01 0,02	0,00	
E. Mc. (s. Tabelle 1)	Herstellung bunter Glasfenster	Neurologische Folgeerscheinungen	2 Jahre	0,15	0,03	0,11	0,07	0,00	
W. H.	Anstreichen durch Spritzen	Schwäche, allgemeine Vergiftung. Keine Anämie. Keine Basophilie. Angeblich Bleivergiftung	18 Monate	0,20	0,04	0,02	0,01	0,00	
C. H.	Anstreichen und Farbemischen	Allgemeine Arbeitsunfähigkeit. Anamnese von zeitweiligen Koliken. Keine Anämie. Keine Basophilie	1 Jahr	1,52	0,14	0,03	0,01	—	Bleivergiftung durch Diagnose weder bestätigt noch ausgeschlossen. Weitere Untersuchung nicht ermöglicht.

die verhältnismäßige Größe einer Bleieinwirkung tatsächlich festzustellen, muß eine genügende Anzahl von Bestimmungen vorgenommen werden. Eine Analyse der Faeces ist besonders wertvoll innerhalb der ersten 24 oder 48 Stunden nach Einwirkung von Bleistaub oder nach Aufnahme von Blei, wie bei Fällen von Kindern mit Pica (krankhaftem Eßgelüst). Später ist trotz der Tatsache, daß durch den Darm eine größere Bleimenge entleert wird als mit dem Urin, die Urinbleiausscheidung ein verläßlicheres Anzeichen für die Bleieinwirkung, infolge des großen Bereichs der Schwankungen in der Bleiaufnahme durch Nahrung und Getränke, der bei der Auslegung von Faecesanalysen stets in Rechnung gezogen werden muß. Blutanalysen sind besonders wertvoll als zusätzliches Beweismaterial, da die Blutprobe direkt durch den Analytiker genommen werden kann, ohne daß der Patient oder irgendeine Zwischenperson, wie sie häufig zum Einsammeln von Urin oder Faeces herangezogen werden muß, Gelegenheit hat, die Probe absichtlich oder unabsichtlich zu verunreinigen.

Wo es möglich ist, bestimmen wir den Bleigehalt in einer einzelnen großen Faecesprobe, in einer Urinprobe von mindestens 2 Litern und einer Blutprobe von nicht weniger als 50 ccm. Die Faecesanalyse gibt Aufschluß über die Größe der Bleieinwirkung, wenn diese innerhalb der vorhergehenden 24 oder 48 Stunden erfolgt ist, und sie kann die Quelle der Einwirkung feststellen, besonders in Fällen von Kindererkrankungen. (Bei zwei Gelegenheiten haben wir kleine Teile von angestrichenem Holz gefunden als Erklärung für ungewöhnlich große Bleimengen in den Faeces von kranken Kindern mit negativer oder unbestimmter Anamnese von Pica.) Die Urinanalyse zeigt die Größe der Bleiausscheidung aus den Geweben und dient gleichzeitig als verläßliche Kontrolle der Bedeutung des Faecesbleis. Die Blutanalyse kann Aufklärung hinsichtlich der verhältnismäßigen Bleimenge in den Geweben verschaffen, indem sie die Urinbefunde entweder bestätigt oder nicht. Im letzteren Falle liegt auf der Hand, daß es ratsam ist, weitere Nachforschungen anzustellen.

Wenn die Befunde in allen drei Proben einen geringen Bleigehalt ergeben, d. h. wenn die Faecesprobe nicht mehr als 0,2 mg in 24 Stunden oder 0,08 mg auf 1 g Asche und der Urin 0,05 mg oder weniger auf 1 Liter enthält, und wenn das Blut nicht mehr als 0,04 mg auf 100 ccm zeigt, so kann angenommen werden, daß der Patient in letzter Zeit keiner bedeutenden Bleieinwirkung ausgesetzt gewesen war. Die gleiche Schlußfolgerung ist gerechtfertigt, wenn nur die Menge in den Faeces groß ist und diejenige im Urin und im Blut sich innerhalb der obigen Grenzen bewegt. Wenn Blei in Mengen von 1 mg oder mehr in einer 24-Stunden-Faecesprobe gefunden wird (im allgemeinen gleichbedeutend mit 0,3 mg oder mehr auf 1 g Asche), und im Urin in einer Konzentration von 0,2 mg auf 1 Liter oder mehr, so ist dies ein hinreichender Beweis für eine bedeutende Bleieinwirkung. Wenn außerdem das Blut mehr als 0,06 mg Blei in 100 ccm enthält, so liegen die Befunde zusammengefaßt sicherlich jenseits der weitestgehenden normalen Streuung. Bleimengen zwischen diesen beiden Grenzwertreihen müssen in Verbindung mit dem klinischen Verlauf der Bleieinwirkung ausgedeutet werden, mit besonderer Berücksichtigung des Zeitabstandes zwischen der letzten Einwirkung und der Probenahme. Wenn die verschiedenen Befunde sich widersprechen oder nur wenig über dem Normalspiegel liegen, so ist weitere Beobachtung erforderlich, um die Grenzen der Schwankungen bei dem Patienten sowie den Verlauf des Ausscheidungsgrades festzustellen, d. h. ob er gleichbleibt oder abnimmt. Tabelle 2 und 3 enthalten die wichtigeren Befunde in einigen Fällen, die innerhalb einer kurzen Zeit nach dem Aufhören der Einwirkung untersucht wurden, und in einigen anderen, die erst untersucht wurden, nachdem eine Bleieinwirkung analytisch nicht mehr nachgewiesen werden konnte. Die hier gegebenen Beispiele zeigen, wie klar eine anormale Bleieinwirkung zu beweisen ist, wenn die Beobachtungen unverzüglich angestellt, und wie ungewiß oder bedeutungslos der Wert der Analysen ist, wenn diese erst lange Zeit, nachdem die Einwirkung aufgehört hatte, vorgenommen werden.

Um aus der Sektion angemessenen Aufschluß zu erlangen, ist es nötig, den Bleigehalt derjenigen Gewebe zu bestimmen, die eine Grundlage für die ungefähre Schätzung des Gesamtbleigehaltes im Körper bilden. Für diesen Zweck sind die Bleigehalte in typischen Proben des Knochengerüstes, der Leber, der Milz, der Nieren, des Muskelgewebes und des Zentralnervensystems von spezifischer Bedeutung. Kennzeichnende Befunde sind in Tabelle 1 wiedergegeben.

7. Zusammenfassung.

Personen, die abnorme Bleimengen aufgenommen haben, scheiden Blei nach dem Aufhören der Einwirkung in höherem als normalem Grade aus. Die Dauer der erhöhten Bleiausscheidung ist vom Ausmaß der Bleiaufnahme abhängig.

Der Grad der Bleiausscheidung nimmt während eines Zeitraums von mehreren Wochen schnell ab, worauf eine längere und allmähliche Verringerung der Ausscheidung eintritt, bis die normale Höhe erreicht ist.

Die verhältnismäßige Stärke der Bleieinwirkung wird durch die anfängliche Höhe des Ausscheidungsspiegels angezeigt, ferner durch die Steilheit des Abfalls der Ausscheidungskurve während der ersten Wochen nach Aufhören der Einwirkung und schließlich durch die Dauer der hochgradigen Ausscheidung.

Personen, die einer anormalen Bleieinwirkung ausgesetzt waren, weisen in ihrem Blutkreislauf, sowie gegebenenfalls bei der Sektion in ihren Geweben ungewöhnliche Mengen Blei auf, und zwar unterschiedliche Zeit lang, nachdem die Einwirkung aufgehört hatte. Die Gesamtbleimenge im Körper wechselt mit der Schwere der Bleieinwirkung und je nach der Zeitspanne zwischen Einwirkung und Tod.

Die Feststellung eines abnorm hohen Grades von Bleiausscheidung oder einer ungewöhnlich großen Bleimenge in den Geweben ist für eine Beurteilung der Schwere der Bleieinwirkung von Nutzen. Sie bildet jedoch keinen Beweis für das Vorhandensein einer Bleivergiftung.

Das Erkennen dieser Erscheinungen wird durch eine bald nach dem Aufhören der Einwirkung erfolgende Untersuchung der Ausscheidungen oder der Gewebe sehr erleichtert.

Schrifttum.

1. Kehoe, R. A., F. Thamann u. J. Cholak: Über die normale Aufnahme und Ausscheidung von Blei. III. Die Quellen normaler Bleiaufnahme. (On the Normal Absorption and Excretion of Lead. III. The Source of Normal Lead Absorption.) J. ind. Hyg. 15, 290 (1933). Siehe I C.

2. Kehoe, R. A., F. Thamann u. J. Cholak: Über die normale Aufnahme und Ausscheidung von Blei. II. Bleiaufnahme und Ausscheidung im heutigen amerikanischen Leben. (On the Normal Absorption and Excretion of Lead. II. Lead Absorption and Lead Excretion in Modern American Life.) J. ind. Hyg. 15, 273 (1933). Siehe I B.

3. Kehoe, R. A., F. Thamann u. J. Cholak: Bleiaufnahme und Ausscheidung in gewissen Bleigewerben. (Lead Absorption and Excretion in Certain Lead Trades.) J. ind. Hyg. **15**, 306 (1933). Siehe II A.

4. Kehoe, R. A.: Über die Diagnose und Behandlung von Bleivergiftung. (On the Diagnosis and Treatment of Lead Poisoning.) J. Med. (Cincinnati) **11**, 3 (1930).

5. Kehoe, R. A. u. F. Thamann: Das Verhalten von Blei im tierischen Organismus. III. Kolloidale Bleiverbindungen. (The Behavior of Lead in the Animal Organism. III. Colloidal Lead Compounds.) J. Labor. a. clin. Med. **19**, 178 (1933).

6. Kehoe, R. A. u. F. Thamann: Das Verhalten von Blei im tierischen Organismus. II. Bleitetraäthyl. (The Behavior of Lead in the Animal Organism. II. Tetraethyl Lead.) Amer. J. Hyg. **13**, 478 (1931). Siehe IV B.

7. Aub, J. C., L. T. Fairhall, A. S. Minot u. P. Reznikoff: Bleivergiftung. (Lead (Poisoning.) Med. Monographs VII, S. 71. Baltimore: Williams & Wilkins Co. 1926.

8. Badham, C. u. H. B. Taylor: Forschungen zur Gewerbe-Hygiene, Nr. 7: Bleivergiftung. Bericht des Generaldirektors des Gesundheitsamts, New South Wales, für das Jahr 1925. (Studies in Industrial Hygiene, Nr. 7: Lead Poisoning. Report of Director General of Public Health, New South Wales, for year 1925.) S. 62—63. Sydney 1927.

9. Tannahill, W. R.: Die Verteilung von Blei im Körper nach der Resorption. (The Distribution of Lead in the Body after Absorption.) Med. J. Austr. **1**, 216 (1929).

10. Seiser, A., A. Necke u. H. Müller: Mikrobestimmungen von Blei. (Ein Beitrag zur Diagnose der Bleierkrankung.) Arch. f. Hyg. **99**, 158 (1928).

11. Litzner, S. u. F. Weyrauch: Untersuchungen über den Bleigehalt des Blutes und Harns, seine Beziehungen zum Auftreten klinischer Krankheitserscheinungen sowie seine diagnostische Bedeutung. Arch. f. Gewerbepath. u. Gewerbehyg. **4**, 74 (1933).

Die Diagnose von Bleivergiftung im Lichte neuerer Erkenntnis[1].

Von

Robert A. Kehoe, M. D.,

Kettering-Laboratorium für Angewandte Physiologie, Universität Cincinnati, Cincinnati (Ohio).

Die große Zahl neuerdings veröffentlichter Aufsätze über Bleivergiftung bekundet das stark erhöhte Interesse für ein klinisches Problem, das als eines unserer ältesten anzusehen ist. Leider entspricht der Betrag an Licht, mit dem diese Frage erhellt worden ist, nicht ganz dem Umfang der literarischen Ausbeute. Es scheint tatsächlich, daß für einen praktischen Mediziner, der versuchte, das laufende Schrifttum zu durchforschen und auszuwerten, fast unvermeidlich eine solche Verwirrung und Entmutigung die Folge wäre, daß er sich veranlaßt sehen würde, zu Auffassungen und Maßnahmen zurückzukehren, die sich im Laufe der Zeit bereits bewährt haben. Selbst der gelegentliche Leser wird bemerken, daß viele der neuerdings veröffentlichten Aufsätze sich in erster Linie mit systematischen, auf dem Laboratoriumswege gewonnenen Diagnosemethoden beschäftigen, unter der augenscheinlichen Annahme, daß die grundlegende pathologische Physiologie der Bleivergiftung vollständig aufgehellt worden und daher als gegeben anzunehmen ist, oder daß es nicht nötig ist, sie bei der Auswertung der Befunde in Rechnung zu ziehen. Man könnte so zu dem Glauben geführt werden, daß Laboratoriums-maßnahmen klinisches Studium ersetzen können. Tatsächlich besteht allerdings nicht nur auf medizinisch-gesetzgeberischem Gebiete, sondern auch in der all-gemeinen Praxis eine eindringliche Forderung nach einer Laboratoriumsprüfung, die für sich allein positive diagnostische Bedeutung besitzt. Es liegt daher guter Grund vor, einmal eine Bestandaufnahme der uns gegenwärtig verfügbaren Auf-klärung vorzunehmen, besonders soweit sie die auf dem Laboratoriumswege ge-wonnene Diagnose betrifft, und in einigermaßen vorsichtiger und kritischer Weise abzuschätzen, in welchem Umfange laboratoriumsmäßige Beobachtungen und die aus ihnen erhaltenen Auswertungen als zuverlässig angesehen werden können. Angesichts der Unmöglichkeit, in der kurzen zur Verfügung stehenden Zeit auf das Schrifttum auch nur flüchtig einzugehen oder selbst viele Dinge zu erwähnen, die von physiologischer Bedeutung sind, werde ich versuchen, einige wenige Punkte zu klären, die für das Diagnoseproblem von unmittelbarer praktischer Bedeutung erscheinen.

1. Normaler Bleiaustausch im Körper.

Es ist nachgewiesen worden, daß die Aufnahme (auch wahrscheinlich die Ein-atmung), die Resorption und die Ausscheidung von Blei im menschlichen Leben normale Erscheinungen darstellen (1 a, b, c, d). Die Grenzen für die normale Bleiaufnahme und für die Bleiausscheidung mit den Faeces und dem Urin bei Personen in den Vereinigten Staaten können in im wesentlichen absoluten Werten

---

[1] Aus J. Med. Cincinnati (Ohio), Dezember 1935. Vortrag auf einer Sitzung der Academy of Medicine of Cincinnati am 15. März 1935.

wiedergegeben werden (2). Die Werte für Blut, Rückenmarkflüssigkeit und Gewebe sind jedoch noch nicht so befriedigend festgestellt, weil bisher der ganze Bereich normaler Streuung noch nicht sicher genug umrissen ist (1 b, 2). (Dies bewahrheitet sich besonders im Falle der Haut, leider, da neuerdings (3) scheinbaren Schwankungen im Bleigehalt dieses Gewebeteils eine noch unbewiesene klinische Bedeutsamkeit zugeschrieben worden ist.) Das vorliegende Beweismaterial deutet darauf hin, daß innerhalb noch ziemlich unvollkommen umrissener physiologischer Grenzen sich ein Zustand dynamischen Gleichgewichts einstellt, bei welchem wenig oder keine fortschreitende Bleianhäufung in den Geweben stattfindet, sondern eher, nachdem ein gewisser Spiegel der Resorption in den Geweben erreicht worden ist, Bleiaufnahme und Ausscheidung zu einem annähernden Ausgleich gelangen (1 b). Befunde, die scheinbar darauf hingewiesen haben, daß eine Neigung zu fortschreitender Anhäufung in den Geweben, besonders im Knochengerüst besteht, ergeben in Wahrheit, daß die tatsächlichen Unterschiede in der Bleikonzentration im jugendlichen und im fortgeschrittenen Alter gering sind — tatsächlich so gering, daß erst noch bewiesen werden muß, ob sie die Grenzen zufälliger Streuung übersteigen (4). Dafür, daß ungewöhnliche Mengen Blei sich in den Geweben anhäufen oder zurückgehalten werden, ist außer als Folge einer anormalen Bleiaufnahme kein Beweis beigebracht worden. Sicherlich treten von einem Tag zum andern bedeutende Schwankungen in der Aufnahme und Ausscheidung von Blei auf; trotzdem ist der normale Bleispiegel im Vergleich zu dem Spiegel der anderen im lebenden Stoff verbreiteten metallischen Bestandteile bemerkenswert stetig. Ob Blei physiologisch von Nutzen ist oder nicht, ist eine Frage der Mutmaßung. Doch hat, ganz abgesehen von einer etwaigen Beantwortung dieser Frage, die Auffassung, daß es, ohne Rücksicht auf die Menge, ein sich anhäufendes Gift ist, einen harten Stoß erlitten. Hieraus erhellt, daß, wenn wir auf giftige Eigenschaften des Bleis im Kreislauf des tierischen oder menschlichen Körpers hinweisen, wir uns auf quantitative Werte stützen müssen.

Dieser Gesichtspunkt ändert notwendigerweise die Bedeutung dessen, was lange als wichtiges Element in der Diagnose der Bleivergiftung betrachtet worden ist, nämlich die Vorgeschichte des Inberührungkommens. Man hat oft, nachdem man eine mögliche Quelle der Einwirkung entdeckt hatte, geglaubt, mit weiteren klinischen Untersuchungen an dem betreffenden Patienten aufhören zu können, ohne sich um die Stärke der Einwirkung zu kümmern. Solche Fehlurteile sind einerseits aus der Tatsache entstanden, daß die klinischen Erscheinungen bei Bleivergiftung vielfältig, wechselnd und in weitem Maße unspezifisch sind; auf der anderen Seite aus dem Glauben, daß die Aufnahme jeglicher Mengen Blei, seien sie noch so klein, Erkrankung hervorrufen könnte, wenn die Einwirkung lange genug dauert, oder wenn ungewöhnliche Empfindlichkeit vorliegt. In Zukunft kann es für solche Überlegungen kaum noch eine Entschuldigung geben. Wenn eine Bleiberührung ernst genommen werden soll, muß ihre Vorgeschichte irgendeine quantitative Bedeutung haben. Es genügt nicht allein, das Gewerbe oder die Beschäftigungsart eines Patienten zu kennen; überdies wechseln die Verhältnisse in der Industrie rasch. Bleigefährdung besteht in Gewerben, von denen angenommen wird, daß sie ungefährlich sind; und umgekehrt, einige möglicherweise gefährdende Beschäftigungen sind so gesichert, daß sie frei von bedeutender Einwirkung sind. Daher muß die klinische Geschichte einer Bleiberührung genau und spezifisch sein, um eine Grundlage für eine Abschätzung des Umfanges der Einwirkung zu bilden, entweder durch Inbeziehungsetzen zu anderen Bedingungen der Berührung, die dem untersuchenden Arzt gut bekannt sind, oder dadurch, daß in bestimmten Werten zum Vergleich herangezogen wird, wie sich ein Ausgesetztsein bei anderen ähnlich beschäftigten Personen ausgewirkt hat.

Es gibt allerdings eine Möglichkeit der Bleieinwirkung, auf die die vorstehenden Vorbehalte in der Praxis nicht zutreffen, trotz ihrer grundsätzlichen Gültigkeit. Es besteht aller Grund, das Vorhandensein einer bedeutenden und gefährlichen Bleieinwirkung im Falle von Kindern anzunehmen, die mit Pica (krankhaftem Eßgelüst) behaftet sind. Das Vorkommen von bleihaltigen Gebrauchsgegenständen und die Verwendung von Bleifarben an Möbeln, Spielzeug und anderen Gegenständen, die in die Reichweite von kleinen Kindern gelangen, ist viel zu allgemein, um übersehen zu werden. Ein Auftreten von Symptomen, die auch nur leichthin an Bleierkrankung erinnern, sollte unverzüglich zu einer Untersuchung des Kindes und seiner Umgebung führen.

2. Anormaler Bleiaustausch im Körper.

Die Grenzen, jenseits welcher eine Aufnahme von Blei beim Menschen mit nachteiligen Wirkungen verknüpft ist, können heute noch nicht scharf umrissen werden, und bevor nicht gewisse Einzelheiten im Verhalten des Bleis klarer erkannt worden sind, besteht keine Wahrscheinlichkeit, daß diese Frage befriedigend beantwortet werden wird. Einige Merkmale, die sich mit gründlicher klinischer Erfahrung auf anderen Gebieten decken, können aufgegriffen werden. Die Industrie bietet zahlreiche verschiedenartige Möglichkeiten dafür, daß Personengruppen Bleiverbindungen ausgesetzt sind. Sorgfältige Beobachtung derartiger typischer Gruppen von bleiausgesetzten Personen wird gegebenenfalls einen klaren Hinweis auf die quantitativen Beziehungen liefern, die zwischen Einwirkung, Aufnahme, Verteilung in den Geweben, Ausscheidung und Vergiftung bestehen. Es ist wahrscheinlich, daß wir, lange bevor wir den physiologischen Mechanismus, der bei irgendeinem Individuum Bleivergiftung hervorruft, in seinen Einzelheiten erkannt haben werden, einen klaren Begriff von der Art und dem Ausmaß einer Bleiberührung und -aufnahme erhalten werden, die innerhalb einer Gruppe Vergiftung verursacht. Überdies werden wir den Bereich des Bleigehaltes in den Exkrementen, im Blut, im Liquor und in den Geweben kennen, der mit dem Auftreten von Erkrankung bei einer bestimmten Anzahl menschlicher Wesen verbunden ist, und es wird zweifellos durch das Verfahren, mit dem diese praktisch wertvollen Befunde erhalten werden, auch über die Natur des in Frage kommenden Mechanismus viel gelernt worden sein.

Es darf nicht angenommen werden, daß uns jede Aufklärung der oben beschriebenen Art fehlt; nach dieser Richtung hin ist eine sehr große Menge Arbeit geleistet worden. Worüber man sich nur klar sein muß, ist, daß bis jetzt lediglich ein Anfang gemacht worden ist, und daß wir in bezug auf den tatsächlich vor sich gehenden Mechanismus der Bleivergiftung noch ziemlich, wenn auch nicht ganz im Dunkeln tappen. Leider ist ebenso wahr, daß die verschiedenen Methoden, die zur Erzielung der heute verfügbaren Befunde angewandt worden sind, so wenig gleichförmig und so verschieden in ihrer Empfindlichkeit waren, daß die jeweils erhaltenen Ergebnisreihen für Vergleiche oder für klinischen Gebrauch nicht auf eine gemeinsame absolute Grundlage gebracht werden können. Zweideutigkeiten dieser Art sind allerdings in einigen der neueren Arbeiten ausgeschaltet worden; sie bilden jedoch immer noch eine Quelle der Verwirrung. Der Kliniker wird daher gut tun, in seiner Bewertung der Aufschlüsse, die er aus dem Laboratorium erhält, etwas vorsichtig zu sein.

Für gegenwärtige Zwecke müssen wir Befunde, die über dem Bereich normaler Werte liegen, als regelwidrig betrachten, insofern als sie auf das Vorhandensein eines ungewöhnlichen und daher der Sache nach anormalen Bleispiegels hinweisen. Zwischen dem Auftreten klinischer Symptome und dem Auftreten einer spezifischen Bleikonzentration in den Exkrementen oder in irgendeinem Gewebe oder einer Körperflüssigkeit hat eine ausgesprochene Wechselbeziehung nicht aufgezeigt werden können. Litzner und Weyrauch (5) glauben bewiesen zu haben, daß zwischen dem Bleispiegel im Blut und dem Auftreten von Symptomen Stetigkeit herrscht. Sie haben jedoch den Bereich der Schwankungen im Bleigehalt des Blutes bei normalen Individuen nicht genau genug bestimmt; ihre Aussage kann daher nicht als unangreifbar feststehend hingenommen werden. Es ist allerdings gezeigt worden, daß die Aufnahme von Blei, wie sie sich durch den Bleigehalt im Blut und gewissen Geweben, sowie durch die Faeces- und Urinbleiausscheidung kundgibt, meßbar je nach der Schwere des Ausgesetztseins gegen Bleiverbindungen wechselt (6). Anormal hohe Befunde können daher nur als Beweis für eine anormale Bleieinwirkung aufgefaßt werden. Andererseits gibt es trotz des Faktors der schwankenden individuellen Reaktion auf Blei eine Schwelle der Aufnahme (nachgewiesen durch die Ausscheidung), jenseits welcher ein bestimmter Teil ausgesetzter Personen krank wird, wobei ihre Zahl sowie die klinische Schwere ihrer Erkrankung mit der vermehrten Aufnahme zunimmt (6). Obgleich daher die Unterstellung, daß anormale analytische Resultate das Vorhandensein von Bleivergiftung beweisen, klinisch nicht gerechtfertigt ist, bestätigen anormale Befunde von der Größenordnung, wie sie bei erwiesenermaßen ausgesetzten und zum Teil bleivergifteten Personen auftreten, die mögliche klinische Bedeutsamkeit der Einwirkung: je höher der Spiegel der Bleiaufnahme und Ausscheidung, desto gesicherter ihre Bedeutung. Es besteht jedoch damit noch keine Gewißheit, daß Symptome, die von der in Frage stehenden Person vorgewiesen werden, Blei zuzuschreiben sind. Tatsächlich kann die Diagnose von Bleivergiftung mit begründeter Sicherheit nur an Symptomen und Krankheitsanzeichen gestellt werden, die mit dem bekannten klinischen Bild der Bleivergiftung übereinstimmen.

Bisher haben wir von anormalem Bleiumlauf gesprochen, als ob die Beziehung zwischen Aufnahme, Verteilung in den Geweben und Ausscheidung bei einem erhöhten Einnahme- oder Einatmungsstand unverändert bliebe, d. h. als ob sie den normalen Gleichgewichtszustand darstellte, lediglich auf einem höheren Spiegel. Es liegen bestimmte Beweise dafür vor, daß dies nicht der Fall ist, sondern daß es einen Typ des Bleiaustausches gibt, der an sich selbst pathologisch ist. Allem Anschein nach erhöht sich die Bleiausscheidung mit dem Urin über einen bestimmten Punkt hinaus nicht im Verhältnis zu vermehrter Bleieinwirkung. Zur Erklärung dieser Erscheinung können verschiedene Hypothesen aufgestellt werden als Arbeitsgrundlage für weitere Untersuchung; doch ginge auch ohne fernere Aufklärung schon daraus hervor, daß eine Veränderung in den Umlaufverhältnissen vorliegen muß, die mit einer fortschreitenden Anhäufung von Blei im Organismus verknüpft ist. Wir besitzen jedoch nur wenig hinreichende Beweise, daß eine derartige Anhäufung mit einer Änderung in der Art und Weise der Verteilung des Bleis in den Geweben des Körpers verbunden ist; weitere Forschung ist nötig, um diese wichtige Frage zum Abschluß zu bringen.

Ein zusätzlicher Beweis für eine qualitative Veränderung des Gleichgewichts zwischen hohem Bleigehalt in den Geweben und der Bleikonzentration in den Ausscheidungen ist in der Tatsache zu finden, daß die durch den Urin ausgeschiedene Menge einige Zeit nach dem Aufhören einer schweren Einwirkung rasch fällt und sich dann auf einem viel niedrigeren und immer noch abnehmenden Stande eine gewisse Zeitlang hält, deren Dauer von der Schwere der Einwirkung abhängt (7) — anscheinend bis das normale Verhältnis zwischen Bleiaufnahme, Bleigehalt der Gewebe und Bleiausstoß wieder hergestellt ist. Offensichtlich wird, wenn die Aufnahme mengenmäßig hoch ist, etwas von dem Blei in die Gewebe so verteilt, daß es weniger bereitwillig wieder abgegeben wird als von einer normalen oder nur leicht erhöhten Aufnahme herrührendes Blei. Aub (8) hat Beweise dafür beigebracht, daß in dem porösen Teil gewisser Knochen ein stärkerer Kalk- und Bleiaustausch vor sich geht als in ihrem kompakten Teil. Es kann sein, daß derartige Unterschiede einen tiefgreifenden Einfluß auf die Art und Weise ausüben, in der umlaufendes Blei in wechselnden Mengen im Knochengerüst zur Ablagerung kommt. Was immer die Ursache sein mag, der scharfe Abfall im Ausscheidungsgrad nach dem Aufhören einer schweren Einwirkung muß in der diagnostischen Praxis berücksichtigt werden. So ist ein schlüssiger Beweis für eine anormale Bleiaufnahme sehr sicher in einem bedeutend erhöhten Ausscheidungsgrad kurze Zeit nach dem Aufhören der anormalen Einwirkung zu finden. Je mehr Zeit zwischen dem Aufhören der Einwirkung und der Untersuchung der Exkremente verstreicht, um so schwieriger wird es werden, die Ergebnisse auszudeuten. Schließlich wird alle Nachweismöglichkeit verschwinden, und man kann sich selbst auf die Analyse der Gewebe nicht verlassen, wenn man aufzeigen will, daß eine anormale Einwirkung vor sich gegangen ist (7). Andererseits gibt sich eine nur leichte Erhöhung der Bleiaufnahme in der sofortigen Erhöhung des Grades der Bleiausscheidung kund (1 b), so daß eine kurz nach einer vermuteten Bleieinwirkung ausgeführte analytische Untersuchung der Exkremente die Bedeutsamkeit oder Bedeutungslosigkeit der Einwirkung feststellen wird. Unserer Erfahrung nach hält sich die Ausscheidung einige Zeit auch nach der Abnahme manifester Vergiftungssymptome stets auf einem erhöhten Stand.

3. Röntgenologischer und mikroskopischer Nachweis anormaler Bleiaufnahme.

Aus den vorstehenden Ausführungen ergibt sich, daß analytische Maßnahmen diagnostisch nur insofern von Nutzen sind, als sie ein Mittel für die Abschätzung der Bedeutsamkeit einer Einwirkung von Bleiverbindungen bilden. Sie haben allerdings gegenüber anderen klinischen Methoden den Vorteil, durchaus spezifisch zu sein, und dieser Vorteil verleiht ihnen einen einzigartigen Wert. Keine Erörterung der laboratoriumsmäßig erkannten Anzeichen von anormaler Bleiaufnahme würde jedoch vollständig sein, ohne auf den neuerdings entdeckten röntgenologischen Beweisgang einzugehen, sowie auf die in weiten Kreisen als kennzeichnend angenommene, heute jedoch noch etwas mangelhaft umrissene Bedeutung gewisser Blutveränderungen.

Park (9) und etwas später Vogt (10) lenkten die Aufmerksamkeit auf eine scharf gekennzeichnete Linie erhöhter Dichte an der Grenze des maximalen Wachstums von Knochen bei Kindern, die mit der örtlichen Ablagerung anormaler Bleimengen verbunden ist. Ihre weiteren Beobachtungen haben ein Mittel für eine sofortige Entdeckung anormaler Bleiaufnahme im Falle von kleinen Kindern geboten. Der durch die Bleiablagerung hervorgerufene Schatten ist seinem Charakter nach nicht so eindeutig, daß er in jedem Fall sich von Verdichtungen unterscheidet, die aus anderen pathologischen Vorgängen herrühren können. Er kann jedoch in einem sonst anscheinend normalen Knochen so kennzeichnend sein, daß man auf eine vorher nicht vermutete Bleiaufnahme aufmerksam gemacht wird. Der Charakter der Linie ändert sich im Verlaufe der Zeit. Sie verliert ihre Stärke in dem Maße, wie das Blei, nachdem die Einwirkung aufgehört hat, von dem Knochen wieder abgegeben wird; auch wird sie von der Zone aktiven Wachstums weiter und weiter abgetrennt in dem Grade, wie die letztere zunehmend fortschreitet. In ausgewachsenen Knochen wird keine solche Linie gebildet, so daß der Nutzen einer derartigen Untersuchung nur auf die Beobachtung von Kindern beschränkt ist. Positive Befunde müssen mit derselben Vorsicht ausgelegt werden, wie sie im Falle anderer Anzeichen anormaler Bleiaufnahme am Platze ist; mehr noch, es kann bezweifelt werden, ob negative Befunde als Beweis dafür angesehen werden können, daß in letzterer Zeit keine bedeutende Aufnahme von Blei erfolgt war. Dies muß besonders in Rechnung gezogen werden im Hinblick auf den gelegentlichen Fall akuter Bleivergiftung durch zufälliges Einverleiben großer Bleimengen.

Die zahlreichen Blutveränderungen, die mit anormaler Bleiaufnahme verknüpft sind, sind viele Jahre hindurch Gegenstand eingehender Forschung und reichlicher Erörterung gewesen. Daß gegenwärtig noch keine Übereinstimmung besteht, liegt zum größeren Teil an der Bedeutung der Schwankungen in der Zahl der verschiedenen Arten von Erythrocyten. Bei den Reticulocyten ist nachgewiesen worden, daß ihre Zahl unter dem Einfluß einer Bleiaufnahme Veränderungen unter-liegt. Ebenso ist basophile Tüpfelung der Erythrocyten seit langem als eine Begleit-erscheinung einer Bleiaufnahme und -vergiftung bekannt.

Für die Anfärbung und Zählung der einen oder der anderen oder beider Arten dieser kennzeichnenden Zellen sind verschiedene Methoden ausgearbeitet und empfohlen worden, und eine große Anzahl experimenteller Mediziner und Kliniker, die nach sehr verschiedenen Verfahren und mit sehr verschiedenen Gruppen von Patienten gearbeitet haben, hat Regelwerte für die Unterscheidung von normalen und anormalen Befunden aufgestellt. Es ist schwierig, wenn nicht unmöglich, irgendwelche Ordnung in das Chaos zu bringen, das sich hieraus ergeben hat, oder die sich schroff gegenüberstehenden Standpunkte durch eine allgemein an-nehmbare Festsetzung der Tatsachen zu versöhnen. Ich werde demgemäß nur einige wenige Meinungen zur Sprache bringen und mich hauptsächlich auf eine Darlegung der Ergebnisse beschränken, die von L. W. Sanders im Kettering-Laboratorium durch ständige Anwendung ein und derselben einfachen klinischen Methode auf die Untersuchung getüpfelter Erythrocyten im Blut normaler und anormaler Einzelpersonen erzielt worden sind.

Lehmann (11) hält dafür, daß Tüpfelung von Erythrocyten in Mengen, die für gewöhnlich als bedeutsam anzusehen sind, auch unter anderen Umständen als bei Bleivergiftung oder bei den gut bekannten Anämien auftritt. Er glaubt, gezeigt zu haben, daß Ausgesetztsein gegen feuchte Atmosphäre, Alkohol und Zementstaub zu erhöhter Basophilie führt. Die Mehrzahl der experimentellen Forscher leugnet das Auftreten von irgendwie bedeutenderen Mengen getüpfelter Zellen im normalen Blut. Diejenigen, die ihr normales Auftreten anerkennen, setzen ihre Höchstgrenze auf 100—500 je Million Blutkörperchen fest. Schwarz (12) gibt an, daß er „bei Leuten, die nach der allgemeinen Auffassung als gesund zu bezeichnen sind, niemals erhebliche Mengen gekörnter Erythrocyten gefunden habe". Koch (13) jedoch betrachtet 100 getüpfelte Erythrocyten je Million als ver-dächtig für Bleivergiftung und 500 je Million als diagnostisch bedeutsam. Heim de Balsac (14) dagegen behauptet, daß Basophilie nur in Fällen schwerer Blei- und sonstiger Vergiftungen sowie schwerer Anämie gefunden wird. Schmidt (15) wiederum hat eine Zahl von 100 je Million als wertvolle Stütze für den Nachweis von Bleivergiftung aufgestellt und 1000 je Million als Anzeichen „einer tiefergehenden Wirkung und einer größeren Gefahr".

Eine von Sanders angestellte, noch nicht beendete Durchsicht der bei uns während eines Zeitraums von 10 Jahren angesammelten Befunde zeigt, daß getüpfelte Erythrocyten häufig im Blut von Personen auftreten, die augenscheinlich normal und gesund und frei von anormaler Bleiaufnahme sind. In einer Reihe von 784 Personen, deren sorgfältig aufgenommene Anamnese keine Spur von gewerblicher Bleiberührung aufwies, wurde die mittlere Anzahl getüpfelter Erythrocyten je Million zu 339,18 gefunden mit einem wahrscheinlichen statistischen Fehler von 9,72 und einer normalen Streuung bis zu 405,6 (entsprechend etwa einem basophilen Blutkörperchen in je 12 Feldern, von denen jedes annähernd 250 Erythrocyten enthielt). 6% der untersuchten Männer gaben Resultate, die zwischen 1040 und 1440 je Million Erythrocyten schwankten; über 2% bewegten sich zwischen 1520 und 1920 je Million, und die obere Grenze lag bei 6000 je Million.

Aus diesen Beobachtungen folgt, daß das bloße Auftreten von getüpfelten Erythrocyten im Blut für eine anormale Bleiaufnahme nicht eindeutig ist, und daß der bloße Nachweis von Basophilie keinen diagnostischen Wert hat. Für jede Blutuntersuchungsmethode muß der Bereich der normalen Werte festgestellt werden, und die Methode selbst muß so genormt sein, daß sie stetige und vergleichbare Ergebnisse liefert.

Unsere Befunde an Personen, die Blei und gewissen anderen beeinflussenden Stoffen in anormaler Weise ausgesetzt waren, sind noch nicht so ausgewertet worden, daß sich ihre Bedeutung mit voller Berechtigung feststellen läßt. Trotzdem sind gewisse Tatsachen, die für die Diagnose bedeutsam sind, aus der Natur der individuellen Ergebnisse ersichtlich geworden. Unter gebührender Berücksichtigung der Technik, die wir angewandt haben, sind die folgenden Schlußfolgerungen gerechtfertigt:

a) Es besteht eindeutig ein Überlappen zwischen dem normalen und dem anormalen Ausmaß von Basophilie, das großen individuellen Schwankungen sowohl bei normalen wie bei anormalen Personengruppen zuzuschreiben ist.

b) Bleiaufnahme bildet nur einen unter einer Anzahl Faktoren, die eine Zunahme in der Zahl der getüpfelten Erythrocyten verursachen können, ohne zu subjektiver Erkrankung zu führen.

c) Im Einzelfalle neigt Bleiaufnahme dazu, verstärkte Basophilie der Erythrocyten zu verursachen. (Wir haben bis zu 19000 getüpfelte Zellen je Million Erythrocyten in bleibefallenen Personen, die sich jedoch subjektiv wohl befanden, gefunden.)

d) Das Ausmaß der durch eine Bleiaufnahme hervorgerufenen Vermehrung der Basophilie entspricht nicht notwendigerweise ihrem Zeitmaß und ihrer Größe oder dem Umfang der Bleiberührung.

e) Es besteht keine zwingende Beziehung zwischen der Zahl der getüpfelten Erythrocyten und dem Einsetzen oder der Schwere der Bleivergiftung (bei manifester Bleivergiftung haben wir bis zu 48000 Basophile je Million Erythrocyten gefunden).

f) Unserer bisherigen Erfahrung nach ist Bleivergiftung stets mit dem Auftreten eines gewissen Grades von Basophilie verbunden, wenn auch in bestimmten Fällen, bei denen die Erkrankung sofort und unvermittelt nach einer kurzen starken Einwirkung ausbricht, Basophilie nicht sogleich erscheinen kann.

Wenn man die Gültigkeit dieser Schlußfolgerungen anerkennt, so ist die Untersuchung des Blutes auf Basophilie nach Methoden von der gleichen Empfindlichkeit wie die, welche wir angewandt haben, von Nutzen als Hilfsmittel, in Fällen von Bleierkrankungsverdacht Blei als ursächlichen Faktor auszuschalten, wenn die Ergebnisse negativ gewesen sind, sowie eine Bestätigung für Bleivergiftung zu liefern, wenn sie positiv gewesen sind.

Schrifttum.

1. Kehoe, R. A., F. Thamann u. J. Cholak: (a) Über die normale Aufnahme und Ausscheidung von Blei. I. Bleiaufnahme und Ausscheidung unter primitiven Lebensbedingungen. (On the Normal Absorption and Excretion of Lead. I. Lead Absorption and Excretion in Primitive Life.) J. ind. Hyg. 15, 257 (1933).
   — (b) II. Bleiaufnahme und Ausscheidung im heutigen amerikanischen Leben. (II. Lead Absorption and Lead Excretion in Modern American Life.) J. ind. Hyg. 15, 273 (1933).
   — (c) III. Die Quellen normaler Bleiaufnahme. (III. The Sources of Normal Lead Absorption.) J. ind. Hyg. 15, 290 (1933).
   — (d) IV. Bleiaufnahme und Ausscheidung bei Säuglingen und Kindern. (IV. Lead Absorption and Excretion in Infants and Children.) J. ind. Hyg. 15, 301 (1933). Siehe I A—D. Ausführliche Hinweise auf das Schrifttum über diesen Gegenstand finden sich in dieser Reihe von Veröffentlichungen.
2. Kehoe, R. A., F. Thamann u. J. Cholak: Normale Aufnahme und Ausscheidung von Blei. (Normal Absorption and Excretion of Lead.) J. amer. med. Assoc. 104, 90 (1935). Siehe I E.
3. Gaul, L. E. u. A. H. Staud: Klinische Spektroskopie: Spektrometrische Analyse von lebendem Material aus Fällen von Bleivergiftung und von in täglicher Berührung mit Bleifarben stehenden Arbeitern. (Clinical Spectroscopy: Spectrometric Analysis of Biopsy Specimens Obtained from Cases of Plumbism and Workmen in Daily Contact with Lead Paints.) J. nerv. Dis. 81, 265 (1935).
4. Barth, E.: Untersuchungen über den Bleigehalt der menschlichen Knochen. Virchows Arch. 281, 146 (1931).
5. Litzner, St. u. F. Weyrauch: Untersuchungen über den Bleigehalt des Blutes und Harns, seine Beziehungen zum Auftreten klinischer Krankheitserscheinungen sowie seine diagnostische Bedeutung. Arch. f. Gewerbepath. u. Gewerbehyg. 4, 74 (1933).
6. Kehoe, R. A., F. Thamann u. J. Cholak: Bleiaufnahme und Ausscheidung in gewissen Bleigewerben. (Lead Absorption and Excretion in Certain Lead Trades.) J. ind. Hyg. 15, 306 (1933). Siehe II A.
7. Kehoe, R. A., F. Thamann u. J. Cholak: Bleiaufnahme und Ausscheidung in ihrer Bedeutung für die Diagnose von Bleivergiftung. (Lead Absorption and Excretion in Relation to the Diagnosis of Lead Poisoning.) J. ind. Hyg. 15, 320 (1933). Siehe III A.
8. Aub, J. C., G. P. Robb u. E. Rossmeisl: Bleistudien XVII. Bedeutung von Osteoporosis bei der Behandlung von Bleivergiftung. (Lead Studies XVII. Significance of Bone Trabeculae in the Treatment of Lead Poisoning.) Amer. J. Publ. Health. 22, 825 (1932).
9. Park, E. A.: In Röntgenbildern durch Blei hervorgerufene Schatten im wachsenden Knochengerüst. (Shadows Produced by Lead in the X-ray Pictures of the Growing Skeleton.) Amer. J. Dis. Childr. 41, 485 (1931).
10. Vogt, E. C.: Ein Röntgensymptom von Bleivergiftung. Die Bleilinie im wachsenden Knochen. (A Roentgen Sign of Plumbism. The Lead Line in Growing Bone.) Amer. J. Roentgenol. 24, 550 (1930).
11. Lehmann, H.: Über das Vorkommen basophil granulierter Erythrocyten beim Menschen ohne Bleieinwirkung als Ursache. Arch. f. Hyg. 102, 111 (1929).
12. Schwarz, L.: Basophil gekörnte Erythrocyten, vermehrtes Porphyrin sowie andere Beobachtungen bei der Durchuntersuchung von Arbeitern verschiedener Betriebe mit Bleigefährdung. Z. Hyg. 102, 57 (1924).
13. Koch, E. W.: Zur Frage der hämatologischen Diagnosestellung bei Bleiwirkung; Vorschlag einer Standardfärbung der granulopolychromaten Erythrocyten. Arch. f. Hyg. 94, 306 (1924).
14. Heim de Balsac, F., E. Agasse-Lafont u. A. Feil: Beitrag zum Studium der gewerblichen Bleivergiftung; die Entdeckung des Vorstadiums und der manifesten Bleivergiftung durch Laboratoriumsmethoden. (Contribution à l'étude du saturnisme professionel; le dépistage par les méthodes de laboratoire, du présaturnisme et du saturnisme confirmé.) Bull. méd. Paris 36, 223 (1922).
15. Schmidt, P.: Neuere Forschungen über das Wesen der Bleivergiftung. Klin. Wschr. 6, 367 (1927).

IV

Giftigkeit und physiologisches Verhalten verschiedener Bleiverbindungen

Über die Giftigkeit von Bleitetraäthyl und anorganischen Bleisalzen[1].

Von

Robert A. Kehoe, M. D.,
Eichberg-Laboratorium für Physiologie, Universität Cincinnati, Cincinnati (Ohio).

1. Einleitung.

Im Verlauf von Untersuchungen über Bleivergiftung ist die Giftigkeit von Bleitetraäthyl an Kaninchen bestimmt und mit derjenigen anderer und gebräuchlicherer Bleiverbindungen verglichen worden. Nachstehend sollen die Einzelheiten der Untersuchungsmethode sowie die Befunde über die Giftigkeit und außerdem einige wichtige Auswirkungen des Bleitetraäthyls beschrieben werden.

1. Bleitetraäthyl hat die Eigenschaft, durch die unverletzte Haut von Kaninchen unmittelbar in tödlichen Mengen absorbiert zu werden.

2. Seine Giftigkeit weicht wenig von derjenigen anderer wasserlöslicher Bleiverbindungen ab. Dies weist darauf hin, daß sie eine Funktion des Bleis ist und nicht von irgendwelchen besonderen charakteristischen Eigenschaften der Verbindung herrührt.

2. Substanzen und Versuchstiere.

Im Handel erhältliches Bleitetraäthyl wurde durch Destillation mit Wasserdampf bis auf Wasserklarheit und konstantes spezifisches Gewicht sorgfältig gereinigt. Die anderen Chemikalien waren von der besten Qualität und so chemisch rein, wie überhaupt erhältlich.

Als Versuchstiere dienten gesunde Kaninchen von verschiedenen Altersstufen und Größen, junge bis zu vollständig ausgewachsenen. Sie wurden, was Nahrung und Hygiene anbelangt, unter den besten Versuchsbedingungen gehalten.

3. Experimentelle Methodik.

Die Giftigkeit von Bleitetraäthyl wurde auf Grund intravenöser und oraler Verabreichung, sowie durch Aufbringen auf die Haut und durch Einatmung bestimmt. Für die intravenöse Injektion wurde das Bleitetraäthyl in sterilem Baumwollsaatöl so aufgelöst, daß 1 ccm Lösung 0,04 ccm Bleitetraäthyl enthielt. Die Injektion wurde sehr langsam vorgenommen, um totale Lungenembolie zu vermeiden.

Die Auftragung auf die Haut erfolgte, nachdem die Haare am Bauch sorgfältig, ohne die Haut zu verletzen, abgeschnitten worden waren[2]. Das Tier wurde sodann

---

[1] Aus J. Labor. a. clin. Med. **12**, 554—560 (1927). Zur Veröffentlichung eingegangen am 24. September 1926.

[2] Es wurde nicht ratsam gefunden, die Haut zu rasieren, wegen der Wahrscheinlichkeit leichter Verletzungen und, was wichtiger ist, weil die Erfahrung gelehrt hatte, daß ein Anfeuchten und Einseifen der Haut die Absorptionsfähigkeit stark beeinträchtigt.

unter einer Haube so verschnallt, daß sein Kopf dem Eintritt eines Luftstromes zugekehrt war, der in starkem Maße unterhalten wurde, bis die behandelte Hautfläche sich als trocken erwies. Es wurde gefunden, daß dies wenigstens eine Stunde erforderte. Das Tier wurde dann aus der Haube herausgenommen und zur Beobachtung in einen gut durchlüfteten Käfig gesetzt.

In den Ernährungstrakt wurde das Bleitetraäthyl eingeführt, indem man die gewünschte Menge unmittelbar in den geöffneten Mund des Tieres einträufelte. Es ergaben sich keine Schwierigkeiten, die Tiere zum Verschlucken der gesamten Dosis zu veranlassen.

Die Untersuchungen über die Wirkung der Einatmung wurden so vorgenommen, daß Luft durch Bleitetraäthyl hindurchgeblasen und, mit frischer Luft vermischt, durch luftdichte Käfige geleitet wurde, in denen sich die Tiere befanden, so daß sie bekannten Konzentrationen an Bleitetraäthyldampf ausgesetzt waren. Der für diesen Zweck benutzte Apparat bestand aus einem Metallkasten, dessen Vorderseite aus einem Metallrahmen mit Glasfenster gebildet wurde, mit Schraubenmuttern anzuschrauben und durch eine Gummidichtung fest abzudichten. Oben am Kasten war auf einer Seite ein Zuführungsrohr angebracht, und an der gegenüberliegenden Seite ein Ableitungsrohr. Frischluft wurde durch den Käfig mit einer Geschwindigkeit von 5 Litern je Minute hindurchgeleitet, in wechselnder Menge vermischt mit bleitetraäthyldampfgesättigter Luft. Das Volumen der Frischluft sowie der mit Bleitetraäthyl gesättigten Luft wurde mit sorgfältig geeichten Strömungsmessern gemessen. Die Durchmischung wurde erzielt, indem man die zwei Röhren, welche die beiden Luftarten zuführten, durch ein T-Stück verband. Die Errechnung der Bleikonzentration in der Luft ergab sich aus früheren Bleibestimmungen in Volumeinheiten Luft, die mit Bleitetraäthyl bei der Versuchstemperatur gesättigt war. Der gesamte Versuch wurde unter einem kräftig durchlüfteten Abzug vorgenommen. Die Tiere wurden täglich während eines Zeitraums bis zu höchstens 6 Stunden ausgesetzt, wobei ihnen in dieser Zeit weder Nahrung noch Wasser gegeben wurde.

Die Giftigkeit von Bleinitrat und Bleichlorid für Kaninchen wurde mit derjenigen von Bleitetraäthyl durch intravenöse Verabreichung verglichen.

Nachdem die Tiere auf den verschiedenen Versuchswegen behandelt waren, wurden sie hinsichtlich des Auftretens von Symptomen beobachtet. Es traten gewisse Anzeichen und Symptome in Erscheinung, die als kennzeichnend für eine akute Vergiftung erkannt wurden.

Wenn der Tod erfolgte, wurden die Gewebe auf Anomalien aller Art sorgfältig untersucht. Einige kennzeichnende pathologische Veränderungen wurden gefunden, die zuweilen mit anderen, durch unsere Versuche nicht bedingten Schädigungen zusammenhingen.

Auf Grund der klinischen Beobachtungen und der Sektionsbefunde wurde es im Verlaufe der Versuche schon frühzeitig möglich, zu bestimmen, ob der Tod des Tieres gänzlich durch das Gift allein oder teilweise durch eine vorher bestehende Krankheit oder durch einen experimentellen Zufall verursacht worden war.

4. Versuchsbefunde.

Intravenöse Injektion von Bleitetraäthyl.

Eine Durchsicht der Protokolle zeigt, daß die ersten Symptome ungefähr 1 Stunde nach der Injektion tödlicher Dosen von Bleitetraäthyl auftreten. Zuerst nimmt die Atemtätigkeit zu, und das Tier wird unruhig. Dann tritt ein Rückgang der Atemtätigkeit ein. Zu diesem Zeitpunkt sitzt das Tier ruhig da, als ob es schlafen würde, wobei es gelegentlich aufschreckt. Wenn es sich bewegt, ist muskuläre Inkoordination zu beobachten. Die allgemeine Depression nimmt zu, und als abschließende Erscheinung tritt gewöhnlich ein leichter Krampf auf. Der Tod tritt in 4—12 Stunden ein, in Abhängigkeit von der verabreichten Dosis, wobei Atemlähmung die unmittelbare Ursache ist.

Die pathologischen Befunde sind in dem folgenden Sektionsprotokoll aufgeführt: Kaninchen Nr. 27: 2,7 kg, tot 10 Stunden nach der Injektion. Die Lungen sind ödematös und weisen zahlreiche Petechien auf. Infarkte sind nicht vorhanden. Die Baucheingeweide zeigen allgemeine kapillare Dilatation. Die rechte Herzseite ist ungeheuer dilatiert, die linke Kammer dagegen kontrahiert. Der Pylorus ist sehr stark kontrahiert. Die oberen kleinen Eingeweide sind mit einer gelblichen, wäßrigschleimigen Flüssigkeit angefüllt, in ein oder zwei Windungen mit Blutflecken. Die Schleimhaut ist beinahe vollständig weggefressen. Die großen Eingeweide sind nicht angegriffen. Die Nieren zeigen im ganzen keine grobe Anomalie. Die Leber ist dunkelrot, die Zeichnung undeutlich, und es zeigt sich allgemein eine ödematöse Schwellung. Das Gehirn ist mehr als normal zerreibbar, und es weist ein beträchtliches Übermaß an Flüssigkeit an der Basis unterhalb der harten Hirnhaut auf.

Das Ausmaß der den Organen zugefügten Schädigung wechselt mit der Dosierung und insbesondere mit der Zeit, die zwischen Verabreichung und Tod vergeht. In der Tat kann bei einem Tier, das rasch stirbt, kein Gehirnödem entdeckt werden. Sonst treten die obigen pathologischen Befunde ständig und kennzeichnend auf.

Tabelle 1.

Kaninchen Nr.	Gewicht kg	Bleitetraäthyldosis ccm	Ergebnis
18	1,6	0,004	Blieb am Leben
19	1,9	0,01	„ „ „
20	1,4	0,02	„ „ „
24	2,8	0,033	„ „ „
25	3,0	0,04	Tod in 5 Minuten[1]
27	2,7	0,04	Tod nach etwa 10 Stunden
28	2,8	0,04	„ „ „ 12 „
33	2,8	0,03	Blieb am Leben

Tabelle 1 zeigt die Ergebnisse verschiedener Dosierungen von Bleitetraäthyl in Baumwollsaatöl (1 ccm = 0,04 ccm Bleitetraäthyl), intravenös injiziert. Wenn die Lösung injiziert wird, werden oft Lungeninfarkte hervorgerufen. Falls die Injektion zu rasch vorgenommen wird, zieht totale Embolie rasch den Tod nach sich. Wird die Injektion sehr langsam vorgenommen, dann bilden sich entweder sehr kleine Infarkte oder auch keine, und das Tier stirbt oder bleibt am Leben, je nach der Größe der Dosis.

Die obigen Befunde zeigen, daß Tiere im Gewicht von ungefähr 3 kg durch intravenös verabreichte Dosen von annähernd 0,04 ccm Bleitetraäthyl durchweg

---

[1] Lungenembolie.

getötet werden. Unter Zugrundelegung des spezifischen Gewichts von 1,6591 beträgt für Bleitetraäthyl pro Kaninchengewicht die tödliche Dosis, auf Blei bezogen, annähernd 0,014 g.

Auftragung von Bleitetraäthyl auf die Haut.

Diese Methode der Verabreichung scheidet jedweden anderen Faktor als die unmittelbare toxische Wirkung des Bleitetraäthyls aus. Die Symptome jedoch sind die gleichen, wie vorher beschrieben; hinzu kommt eine auffallende Verstärkung der peristaltischen Bewegung, die durch die Bauchwandung hindurch innerhalb einiger Minuten nach der Behandlung zu beobachten ist. Auch tritt gewöhnlich eine Reizung der Harnblase ein, als deren Folge in häufigen Zwischenräumen kleine Mengen Urin entleert werden.

Bei der Sektion werden die Lungen als normal oder nur mäßig mit Blut überfüllt befunden; die Bauchwandung an der Stelle der Applizierung ist geschwollen von subkutanen Ödemen. Sonst sind die pathologischen Veränderungen die gleichen, wie sie durch intravenöse Injektion hervorgerufen werden.

Tabelle 2.

Kaninchen Nr.	Gewicht kg	Bleitetraäthyldosis ccm	Ergebnis
36	2,4	0,4	Blieb am Leben
40	2,0	0,6	,, ,, ,,
69	1,4	1,0	Tod nach 24 Stunden
70	1,4	1,0	,, ,, 24 ,,
71	1,3	1,0	,, ,, 24 ,,
124	1,5	1,0	,, ,, 24 ,,
72	1,5	0,75	Blieb am Leben
73	1,6	0,75	,, ,, ,,
74	1,6	0,75	,, ,, ,,
120	2,0	1,5	Tod nach 24 Stunden

Tabelle 2 zeigt bei einer Reihe von Tieren die Ergebnisse der Behandlung der Haut mit reinem Bleitetraäthyl. Man kann daraus ersehen, daß hinsichtlich der Empfindlichkeit einer einzelnen großen Dosis gegenüber nur geringe Schwankungen bestehen.

Aus dieser Tabelle geht ferner hervor, daß 4 Tiere im Gewichte von ungefähr 1,5 kg starben, wenn sie mit 1 ccm behandelt wurden, während 3 Tiere von ungefähr gleichem Gewicht, die 0,75 ccm erhielten, am Leben blieben. Es hat kaum Wert, weitere Tiere zu opfern, um zu versuchen, die Ergebnisse noch zu verfeinern. Wenn man die unvermeidlichen Schwankungen bei Tieren und die Verschiedenheit der absorbierenden Fläche berücksichtigt, die bei einem derartigen Versuch auftreten müssen, so ist die tödliche Dosis für Tiere dieser Größe gut bestimmt. Die Befunde zeigen, daß sie für Kaninchen bei Aufbringen auf die Haut annähernd 0,7 ccm Bleitetraäthyl je Kilogramm Lebendgewicht beträgt. Dies bedeutet, auf Blei bezogen, 0,7 g je Kilogramm.

Orale Verabreichung von Bleitetraäthyl.

Wenn Bleitetraäthyl durch den Mund eingegeben wird, sind die Krankheitssymptome sowie die pathologischen Schädigungen, die in Erscheinung treten, die gleichen wie die bereits beschriebenen. Der Verlauf scheint jedoch etwas langsamer vor sich zu gehen. Keines der so behandelten Tiere starb vor Ablauf von 2 Tagen, und eins blieb 5 Tage am Leben.

Tabelle 3 zeigt die Versuchsergebnisse.

Tabelle 3.

Kaninchen Nr.	Gewicht kg	Bleitetraäthyldosis ccm	Ergebnis
37	2,7	0,04 (in Öl)	Keine Erkrankung
60	2,0	0,1 (unverdünnt)	Krank, blieb am Leben
54	1,6	0,2 (unverdünnt)	Tod nach 5 Tagen
48	1,8	0,3 (unverdünnt)	Tod nach 2 Tagen

Die tödliche Dosis *per os*, errechnet aus den obigen Angaben, beträgt ungefähr 0,12 ccm Bleitetraäthyl je Kilogramm Kaninchengewicht oder, als Blei ausgedrückt, annähernd 0,12 g je Kilogramm. Spätere Beobachtungen zeigten, daß unter entsprechenden Bedingungen, die wahrscheinlich mit einer stärkeren Resorption im Verdauungstrakt verbunden sind, die tödliche Dosis so niedrig wie 0,04 g Pb je Kilogramm liegen kann.

Einatmung von Bleitetraäthyl.

Der Tod durch Bleitetraäthylvergiftung tritt bei Versuchstieren sehr rasch ein, wenn die Dämpfe in hoher Konzentration eingeatmet werden. Gesättigter Bleitetraäthyldampf kann Tod in 2 Stunden herbeiführen. Es sind die gleichen Vergiftungssymptome, wie bereits beschrieben, zu beobachten, doch entwickeln sie sich mit überraschender Schnelligkeit.

Die am meisten hervortretende pathologische Veränderung bei Tieren, die auf diese Weise behandelt werden, ist an der Nasenschleimhaut zu beobachten, die rot, angeschwollen und mit einer anhaftenden schaumigen Flüssigkeit bedeckt ist. Der Zustand der Luftröhre und der Bronchien entspricht dem jedoch nicht, und die Lungen weisen nur geringe Ödeme auf. Die Leber zeigt bedeutend weniger Blutüberfüllung und ödematöse Schwellung; das Zentralnervensystem ist nicht besonders anormal. Wiederum wird die auffallendste Schädigung im Zwölffingerdarm gefunden, der die bereits früher beschriebenen kennzeichnenden Erscheinungen aufweist.

Tabelle 4 zeigt die Ergebnisse von Versuchen, bei denen Kaninchen verschiedenen Konzentrationen von Bleitetraäthyldampf in Luft ausgesetzt wurden.

Tabelle 4.

Kaninchen Nr.	Gewicht kg	Strömungsgeschwindigkeit je Minute durch den Käfig		Ergebnis
		Reine Luft Liter	Mit Bleitetraäthyl gesättigte Luft Liter	
3	1,5	Keine	5,00	Tod nach 2 Stunden
6	1,2	5	0,50	„ „ 6 „
11	1,6	5	0,25	Tod am 3. Tage
16	3,3	5	0,20	„ „ 3. „
38	3,4	5	0,15	Lebte noch nach 140 Tagen
32	2,5	5	0,10	Tod nach 100 Tagen

Aus dieser Tabelle ist ersichtlich, daß die tödliche Konzentration von Bleitetraäthyldampf für Kaninchen dann vorliegt, wenn volumenmäßig 1 Teil gesättigter Dampf auf 26 Teile Luft kommt. Dies entspricht 0,175 mg Pb im Liter Luft. (1 Liter gesättigter Dampf = 0,00456 g Pb bei 25° C) Die Menge an Blei, die tatsächlich durch die Lungen des Tieres hindurchgegangen ist, wenn der Tod in 3 Tagen eintritt, kann nicht genau bestimmt werden. Wenn man jedoch annähernd 20 Liter je Stunde als Luftverbrauch zugrunde legt, dann war das Tier ungefähr 63 mg Pb ausgesetzt. Eines solcher Tiere enthielt nach dem Verenden 32,1 mg.

Intravenöse Verabreichung von Bleichlorid.

Die bei der intravenösen Injektion von Bleisalzen an Kaninchen erhaltenen Resultate sind ganz verschieden. Schon hinsichtlich der Empfindlichkeit der Tiere ergeben sich beträchtliche Schwankungen; auch besteht eine gewisse Unsicherheit darüber, wie sich die injizierte Flüssigkeit an Ort und Stelle verhält.

Rasch erscheinen gewöhnlich Symptome von Schwäche, und das Tier kann innerhalb von 15 Minuten bis zu 1 Stunde nach der Injektion plötzlich sterben. Im allgemeinen tritt jedoch in einem gewissen Grade wieder Erholung ein, der in schweren Fällen nach verschieden langer Zeit wiederum ein Schwächeanfall mit muskulärer Inkoordination, Schläfrigkeit und schließlich Tod folgt. Dieser Verlauf ist als ein Zeichen für die allgemeine Giftigkeit der Bleiverbindung angesehen worden. Das plötzliche Verenden, beinahe unmittelbar nach der Injektion, ist der Ausdruck einer Veränderung, die durch die intravenöse Verabreichung verursacht wird. Daß Veränderungen im Blute vorkommen können, zeigt sich durch die Häufigkeit, mit der an der Injektionsstelle und während der Vornahme der Injektion Thrombose entsteht.

Die pathologischen Erscheinungen bei Tieren, die im Verlauf von einigen Stunden nach der Injektion von Bleichlorid oder Bleinitrat verenden, sind beinahe ausschließlich auf das Kreislaufsystem und die Nieren beschränkt. Das Herz ist ungeheuer dilatiert (in einem Fall war das Herz spontan rupturiert), und eine Erweiterung der Kapillargefäße mit petechialen Blutungen in den Lungen und Nieren ist zu beobachten. Die Lungen sind ödematös; auch die Nieren zeigen gewöhnlich ödematöse Schwellung. Die starke Zerfressung des Zwölffingerdarms, wie bei der Bleitetraäthylvergiftung, ist nicht vorhanden. Es besteht jedoch eine beträchtliche Injektion der Darmschleimhäute, und ein wäßriger Durchfall liefert oft vor Eintritt des Todes den Beweis für eine Darmreizung.

Tabelle 5 veranschaulicht die Schwankungen der Ergebnisse und läßt die tödliche Dosis von Bleichlorid ($PbCl_2$) ungefähr ersehen.

Diese Tabelle gibt gewisse Hinweise darauf, daß junge Tiere einer einzigen großen Dosis des Bleisalzes gegenüber weniger empfindlich sind als ältere Tiere. Es spielen jedoch wahrscheinlich noch einer oder mehrere andere Faktoren mit, die das Resultat beeinflussen und die nicht genau erkannt sind. Obgleich der Tod gelegentlich durch kleinere Mengen erfolgt, ist doch eine Dosis von 0,040 bis 0,045 g $PbCl_2$ nötig, um ein mittleres Kaninchen im Gewichte von 1,5—2,0 kg zu töten. Dies entspricht 0,020—0,030 g je Kilogramm oder, als Pb ausgedrückt, 0,015—0,022 g je Kilogramm. Im wesentlichen die gleichen Resultate werden erhalten, wenn $Pb(NO_3)_2$ zur Verwendung gelangt.

Tabelle 5.

Kaninchen Nr.	Gewicht kg	Bleichloriddosis (1 ccm = 5 mg) mg	Ergebnis
43	1,84	10	Keine Erkrankung. Blieb am Leben
44	1,88	15	Tod nach 12 Stunden
45	1,76	20	Blieb am Leben
154	2,10	20	„ „ „
55	1,64	25	Venöse Thrombose des Ohres. Blieb am Leben
147	2,70	25	Tod nach 41 Stunden
174	2,00	25	Blieb am Leben
61	1,64	30	Durchfall. Venöse Thrombose. Blieb am Leben
176	2,44	35	Blieb am Leben
178	2,30	40	Tod nach 25 Minuten
180	1,72	40	Blieb am Leben
187	1,63	40	„ „ „
193	1,72	40	Tod nach 14 Stunden
189	1,60	45	„ „ 24 „
190	1,62	45	„ „ 65 „
195	1,41	45	Tod nach 3—4 Stunden
192	1,77	45	Sehr krank. Blieb am Leben

5. Auswertung.

Die vorstehenden Versuche zeigen hinsichtlich der Giftigkeit von Bleitetraäthyl starke Ähnlichkeit mit Bleichlorid, und zwar unter Bedingungen, bei denen die Menge des Bleis im Blutkreislauf genau kontrolliert werden kann, nämlich bei der intravenösen Verabreichung. Diese enge Übereinstimmung verbürgt die Schlußfolgerung, daß die Giftigkeit eine Funktion des gemeinsamen Bestandteils der beiden Verbindungen, nämlich des Bleis ist. Man nimmt seit langem an, daß die Giftwirkung von Schwermetallen auf einer Gerinnung der Proteine beruht. Bleitetraäthyl hat eine solche Eigenschaft nur in geringem Grade oder überhaupt nicht, und dennoch ist es so giftig wie Bleisalze, die in diesem Sinne wirken. Doch ist im Auftreten der Giftwirkung eine Verzögerung zu verzeichnen[1]. Dies legt die Vermutung nahe, daß mit dem Bleitetraäthyl im Körper etwas vor sich geht, was eine ursprünglich nicht vorhandene Giftwirkung mit sich bringt. Es gibt genügend Beweise dafür, daß Bleitetraäthyl sich mit ziemlicher Geschwindigkeit in den Geweben zersetzt, um wasserlösliche Verbindungen zu bilden[2], die Triäthylverbindungen oder anorganische Salze sein können. Es ist wahrscheinlich, daß seine Giftigkeit in weitem Maße diesen Zersetzungsprodukten zuzuschreiben ist, und daß seine im Vergleich zu den Bleisalzen verzögerte Giftwirkung auf ein Tempo in der Zersetzung zurückzuführen ist, das unmittelbar hohe Ansammlungen von aktiven Bleiverbindungen nicht zuläßt.

---

[1] Der Verzug in der Giftwirkung ist in der Haut zu erblicken, wo ein Zustand, der einer Gerinnung ähnelt, sich bemerkbar macht, einige Tage nachdem das Bleitetraäthyl appliziert worden ist. Auch akute Symptome entwickeln sich langsam, selbst nach intravenöser Verabreichung einer Dosis, welche die tödliche Dosierung um ein Vielfaches übersteigt.

[2] Der Nachweis einer Zersetzung von Bleitetraäthyl ist gegeben, wenn man daran denkt, daß Blei im Urin in einer Form ausgeschieden wird, in der es durch Reagenzien, die Bleitetraäthyl nicht angreifen, quantitativ gefällt wird.

Alle Vorteile jedoch, die sich für den animalischen Körper aus dem verhältnismäßig nichtgiftigen Charakter des Bleitetraäthyls als solchem ergeben, werden nahezu aufgewogen durch die Eigenschaft der Fettlöslichkeit der Verbindung, die ihre selektive Ansammlung in Geweben zuläßt, die durch sie am meisten angegriffen werden, nämlich in den Nervengeweben. Aus diesem Grunde ist die Bleitetraäthylvergiftung im wesentlichen eine Vergiftung des Zentralnervensystems.

6. Zusammenfassung.

1. Die Giftigkeit des Bleitetraäthyls ist für die verschiedenen Methoden der Verabreichung an Kaninchen bestimmt worden.

2. Ein Vergleich der Giftigkeit von Bleitetraäthyl mit derjenigen anorganischer Salze zeigt, daß sie eine Funktion seines Bleigehaltes ist.

3. Eine Erklärung für die verzögerte Wirkung von Bleitetraäthyl im Vergleich zu Bleisalzen wird durch die Annahme geboten, daß Bleitetraäthyl seine Giftigkeit einer Zersetzungsreaktion verdankt, bei der wasserlösliche Bleiverbindungen entstehen, die imstande sind, Proteine zu koagulieren.

Das Verhalten
von Blei im tierischen Organismus.

Von

Robert A. Kehoe und **Frederick Thamann,**

Eichberg-Laboratorium für Physiologie, Universität Cincinnati, Cincinnati (Ohio).

II. Bleitetraäthyl[1].

1. Einleitung.

Bei Bleitetraäthyl ergeben sich auf Grund seiner besonderen Beschaffenheit im Vergleich zu den üblicheren Bleiverbindungen ungewöhnlich interessante physiologische Wirkungen. Wir haben früher darauf hingewiesen, daß diese Besonderheit physikalischen Eigenschaften zuzuschreiben ist, als deren Folge das Blei in den Geweben zunächst in einer Weise verteilt wird, die von der bei der Resorption wasserlöslicher Verbindungen beobachteten abweicht (1). Vergleichende Bestimmungen der Giftwirkung haben gezeigt, daß Bleitetraäthyl seine Giftigkeit seinem Bleigehalt verdankt (2), wobei klinische Beobachtungen auf eine Ähnlichkeit im Verhalten von Bleitetraäthyl und von wasserlöslichen Bleiverbindungen hingewiesen haben, wenn beide in kleinen Mengen und während einer Zeitspanne von Belang aufgenommen werden (3). Wenn man die chemische Reaktionsfähigkeit der organischen Bleiverbindung berücksichtigt, rechtfertigen diese Tatsachen die Vermutung, daß Bleitetraäthyl nicht lange als solches im lebenden tierischen Organismus bestehen bleibt.

Auch bestimmte praktische Erwägungen haben zu unserem Interesse an diesem Fragenkreis beigetragen. Die Arbeit von Bell und seinen Mitarbeitern (4) über die Behandlung von Krebs mittels kolloidaler Bleipräparate hat zahlreiche experimentelle Forschungen angeregt, bei denen verschiedene Bleiverbindungen zur Anwendung gekommen sind. Es wäre möglich, daß, was immer an günstigen Wirkungen von einer Bleitherapie zu erhoffen ist, leicht mit einer Verbindung wie Bleitetraäthyl erzielt werden könnte. Wegen seiner hohen selektiven Affinität gegenüber fetthaltigen Geweben müßte man erwarten, daß es sich zuerst in Drüsentumoren in verhältnismäßig hoher Konzentration örtlich ansammelt. Ferner könnte es direkt auf Oberflächentumoren wie Brustcarcinome appliziert werden mit aller Voraussicht, dadurch eine hohe Bleikonzentration in dem Gewebe des Tumors hervorzurufen. Es kann sich herausstellen, daß derartige Erwägungen in der Praxis von geringem Wert sind, oder daß ihre Bedeutung aufgewogen wird durch die Gefahr, die mit einer Resorption dieser Verbindung in die Gewebe des

---

[1] Aus Amer. J. Hyg. **13**, 478 (1931). Zur Veröffentlichung eingegangen am 6. Oktober 1930.

Nervensystems verbunden ist — eine Gefahr, so groß, daß sie, wenn sie nicht zu umgehen ist, Bleitetraäthyl als therapeutisches Mittel gänzlich ausschaltet. Auf jeden Fall ist nötig, vor Verwendung der Verbindung für derartige Zwecke, und sei es auch nur für Versuche, soviel wie möglich über ihr Verhalten zu erfahren.

Weiterhin hat auch die große Verbreitung von Bleitetraäthyl in sehr geringen Zusatzmengen zu Motortreibstoffen die Frage aufgeworfen, ob eine Aufnahme von Blei durch die Haut von Personen stattfindet, die mit solchem Benzin in Berührung kommen, ob auf diese Weise aufgenommenes Blei seinen lipoidlöslichen Charakter bewahrt und sich in Nerven- und anderen fettreichen Geweben ansammeln könnte. Diese Frage erlangt eine mehr als akademische Bedeutung, da, wie gesagt, bekannt ist, daß Bleiverbindungen beinahe quantitativ durch das Nervengewebe festgehalten werden (5).

Die vorstehenden Erwägungen haben uns dazu geführt, das Ausmaß der Aufnahme von Bleitetraäthyl durch die Haut unter verschiedenen Bedingungen, sein Verhalten in den Geweben während einer längeren Zeitspanne und schließlich den Grad seiner Ausscheidung zu untersuchen.

2. Experimentelle Methodik.

Als Versuchstiere kamen gesunde Kaninchen zur Verwendung, die sorgfältig nach Alter und Größe eingeteilt wurden. Auf die Haut des Bauches wurde chemisch reines Bleitetraäthyl aufgebracht, nachdem man die Haare auf einer größeren Fläche, als für die Auftragung des Bleitetraäthyls nötig war, abgeschnitten hatte. Die Tiere wurden nicht rasiert, und es wurde auch kein Wasser an die Haut gebracht, da gefunden worden war, daß diese Maßnahmen sich auf die Absorption ungünstig auswirken. Das Aufbringen des unverdünnten Bleitetraäthyls geschah so, daß man eine abgemessene Menge aus einer Pipette langsam auf die Haut tropfte und es sich soweit wie möglich ausbreiten ließ. Dies wurde unter einer Haube ausgeführt, die stark durchlüftet war; der Kopf des Tieres wurde so gerichtet, daß er sich im frischen Luftstrom befand, um ein Einatmen von Blei zu vermeiden. Das Tier war fest, aber bequem auf einem Brett angeschnallt und verblieb in dieser Lage während der ganzen Dauer der Absorption, ausgenommen in den Fällen, die besonders vermerkt sind. Auf diese Weise kommt bei allen Versuchen zur Feststellung des Grades der Hautabsorption der Begleitumstand einer Aufnahme durch Einatmung nicht in Frage. Wenn es wünschenswert war, die Haut nach einer gewissen Zeit der Aufnahme von Bleitetraäthyl zu säubern, wurde sie mittels eines Schwammes wiederholt mit handelsüblichem Petroleum und sodann mit Petroläther betupft und schließlich mit Seife und Wasser abgerieben. Die Befunde zeigen, daß dieses Verfahren zur Entfernung des ganzen, nicht absorbierten Bleis zweckdienlich war.

In den Fällen, in denen die Aufnahme der Bleiverbindung aus Benzin heraus studiert werden sollte, wurde reines Bleitetraäthyl mit einem handelsüblichen *straight-run* Benzin verdünnt. Eine kleine Menge dieser Lösung wurde in eine Glasröhre gegossen, die genügend groß war, um den Vorderfuß eines Kaninchens aufnehmen zu können. Das Tier, von dem der eine Vorderfuß bis zur Mitte des oberen Fußteiles in der Lösung eingetaucht war, wurde fest verschnallt und in dieser Stellung während eines festgesetzten Zeitraums belassen. Der Fuß wurde dann wiederholt mit Petroleum und darauf mit Seife und Wasser gewaschen und schließlich mit Cold-Cream behandelt, um eine unnötige Schädigung der Haut durch Extraktion ihres Fettes zu verhindern. An aufeinanderfolgenden Tagen wurde mit der Behandlung der beiden Vorderfüße abgewechselt.

Untersuchungen über den Grad der Bleiausscheidung wurden vorgenommen, indem man die Tiere sofort nach Beendigung der Aufnahme und nach sorgfältiger Reinigung der Haut, wie beschrieben, in besonders konstruierte Beobachtungs-

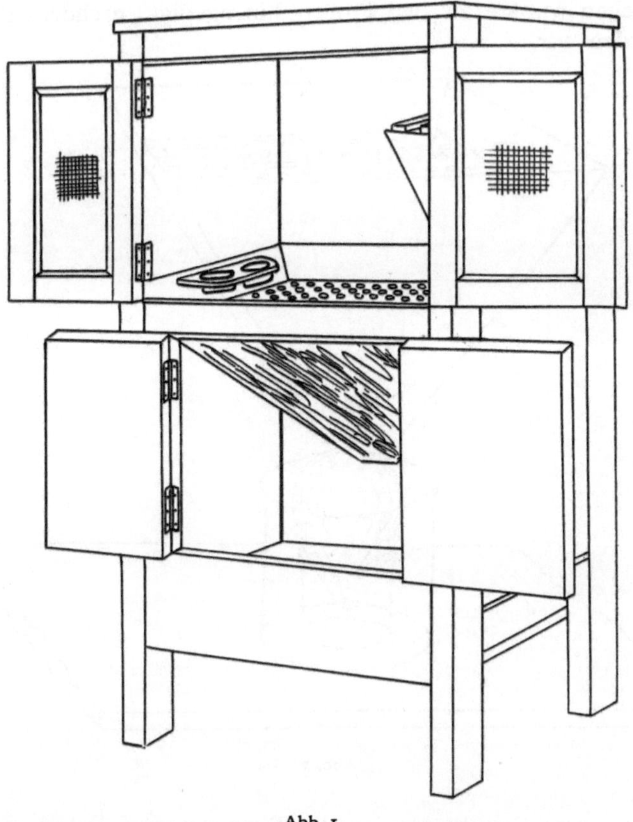

Abb. 1.

käfige setzte, die in Abb. 1 dargestellt sind. Die Käfige wurden in einem sauberen Raum aufgestellt, der nicht mit Bleifarben angestrichen und frei von Staub und Luftzug war. Der Urin wurde von den Fäkalien durch Verwendung eines in Abb. 2 gezeigten Apparates abgesondert, der sich an die sinnreiche Vorrichtung von James L. Gamble anpaßt. Diese Methode ist für den Zweck allgemein zufriedenstellend, da der Urin niemals durch die Fäkalien beschmutzt wird, während andererseits die leichte Benetzung der Fäkalien mit Urin nur eine bedeutungslose Fehlerquelle darstellt.

Bei der Durchführung der Versuche haben wir es für notwendig erachtet, die Bleiausscheidung des Tieres vor der Behandlung mit Blei zu beobachten, da gefunden worden ist, daß viele Tiere kleine Mengen Blei in ihren Geweben führen. Ferner müssen alle Nahrungsmittel, die in die Beobachtungskäfige gegeben werden, sorgfältig von Schmutz und Staub gewaschen werden, und von allen grünen Gemüsen, wie Kohl und Salat, müssen die äußeren Blätter entfernt werden, um eine Einführung von kleinen Mengen bleihaltiger Schädlingsbekämpfungsmittel zu vermeiden, mit denen diese Pflanzen häufig bespritzt werden. Die Exkremente wurden in Pyrexbechern aufgefangen. Am Schluß jeder Einsammelperiode wurden die Becher, um alle Rückstände an den Wänden aufzulösen, sorgfältig mit 10%iger Salzsäure und destilliertem Wasser ausgespült; die gesamten Rückstände und Waschflüssigkeiten wurden zu den Proben hinzugefügt, nachdem deren Menge gemessen worden war.

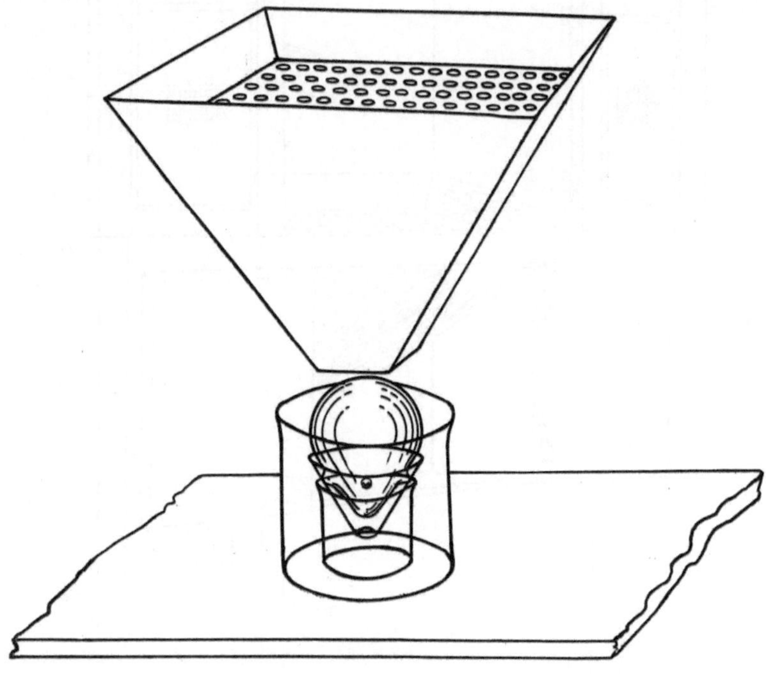

Abb. 2.

Zur Analyse ihrer Gewebe wurden die Tiere geopfert, indem man sie unter leichter Ätheranästhesie vom Herzen her ausbluten ließ, um die Gewebe blutleer zu machen. Die Gewebe wurden sorgfältig voneinander getrennt, wobei alles gemischte oder schwer zu trennende Material als „Rückstand" bezeichnet wurde, um kein Blei bei der Analyse des Kadavers zu verlieren. Starke pathologische Veränderungen bei den Tieren wurden schriftlich vermerkt.

Die zum Austreiben des Bleitetraäthyls aus den Geweben angewandte Methode beruht auf seiner Flüchtigkeit und auf seiner leichten Zersetzbarkeit durch Gegenwart von Brom. Die Gewebe wurden von einem frisch geopferten Tiere rasch entnommen, mit Scheren fein zerschnitten und sofort in den aus Abb. 3 ersichtlichen Dampfdestillationsapparat gebracht. Da die Möglichkeit einer Zersetzung von Bleitetraäthyl in den Geweben nahe lag, wurde alles getan, die Zeitspanne zwischen der Aufnahme des Bleis und der Destillation auf ein Mindestmaß zurückzuführen. Zu diesem Zweck wurden die betreffenden Tiere auf einer sehr großen Hautfläche mit 4—5 ccm Bleitetraäthyl behandelt, um größtmögliche Absorption in möglichst kurzer Zeit zu erreichen, und die zur Erlangung der Gewebe nötigen Verrichtungen wurden mit der größten Schnelligkeit ausgeführt.

Das zerschnittene Gewebe wurde zusammen mit einer kleinen Menge Wasser in den Weithalskolben B eingeführt. Dann wurde dieser mit dem Dampfentwicklungskolben A durch einen kurzen Gummischlauch verbunden. Der Dampf-

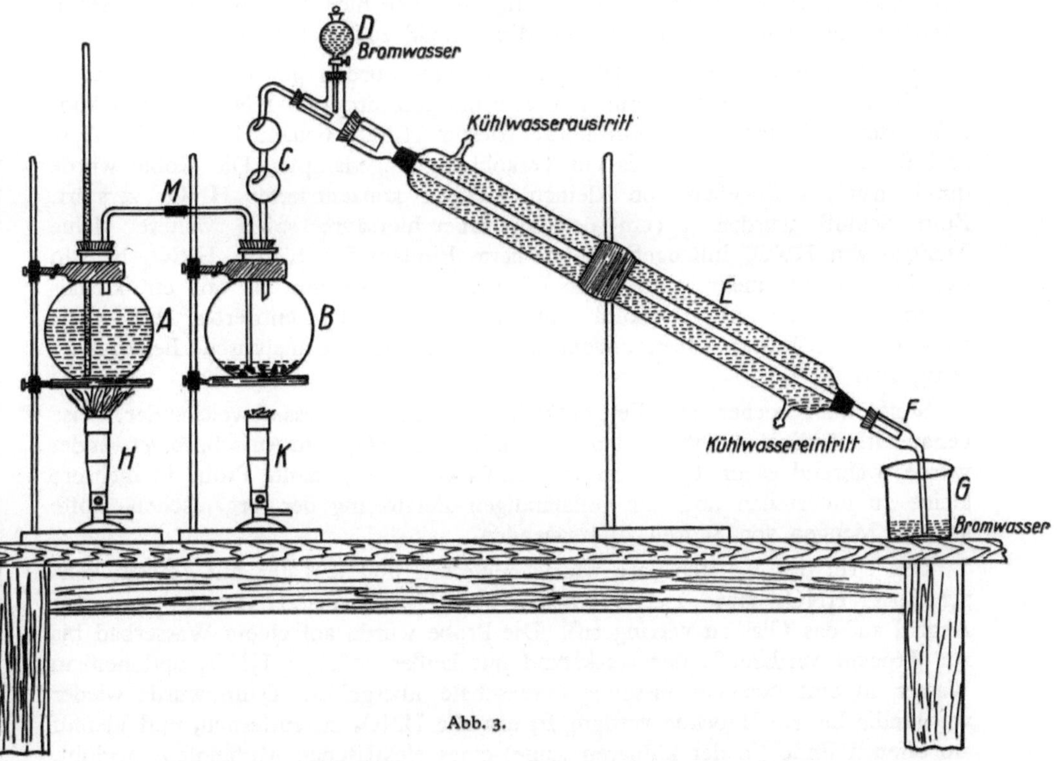

Abb. 3.

strom wurde durch die Flamme unter A geregelt und das Überspritzen irgendwelcher nichtflüchtiger Stoffe durch einen Sicherheitsaufsatz mit zwei Kugeln verhindert. Der Tropftrichter D, welcher Bromwasser enthielt, war so angebracht, daß seine Mündung gerade mit der Öffnung des Knierohres zusammentraf, das den Dampf in den Kühler einleitete. Sobald die Dampfdestillation regelrecht im Gange war, wurde das Bromwasser Tropfen für Tropfen so hinzugelassen, daß sich an der Innenwand des Kühlerrohrs beständig eine Bromschicht bildete. Das untere Ende des Ansatzes F tauchte in den Wasserspiegel des Bechers G ein. Nach Verlauf einer Stunde wurde die Vorlage entfernt, das Kühlerrohr mit destilliertem Wasser in die Vorlage ausgespült und der Inhalt der Vorlage auf Blei analysiert. Der Rückstand im Kolben B wurde in der nachstehend angegebenen Weise aufgeschlossen und getrennt einer Analyse auf Blei unterworfen.

Es war notwendig, bei dem Zusammenbau des oben beschriebenen Apparates große Sorgfalt walten zu lassen, damit er mit bleifreiem Material reine Blindwerte ergab. Die im Laboratorium gewöhnlich verwendeten Gummischläuche und Stopfen können bis zu 2% Blei enthalten. Aus diesem Grunde wurden Stopfen aus Kork anstatt aus Gummi und für die Verbindungen bleifreie Schläuche aus reinem Gummi verwendet.

Vor Beginn der Bleianalyse wurden die organischen Stoffe durch Aufschluß mit Säure zerstört. Wir haben früher darauf hingewiesen, daß ein Veraschen von Stoffen, die viel organische Verbindungen enthalten, selbst bei niedriger Temperatur leicht Verluste an Blei mit sich bringt (6). Die hier durchzuführende Arbeit erforderte, derartige Verluste auf ein Mindestmaß zu beschränken.

Die inneren Organe und das Muskelgewebe wurden gewogen, in 600-ccm-Pyrexbechergläser gegeben, mit 10—20 ccm konzentrierter HNO_3, 7 ccm konzentrierter HCl und 5—10 ccm konzentrierter H_2SO_4 behandelt und der Aufschluß auf einer Heizplatte bis zur Verkohlung eingedampft. Die Kohle wurde durch häufiges Zugeben von kleinen Mengen konzentrierter HNO_3 zerstört. Zum Schluß wurden 2 ccm 60%ige Überchlorsäure sowie weitere kleine Mengen von HNO_3 hinzugefügt, bis beim Eindampfen bis zu H_2SO_4-Nebeln sich keine Kohle mehr zeigte. Die Lösung wurde sodann bis auf ein kleines Volumen eingedampft, abgekühlt und mit 10 ccm konzentrierter HCl sowie 350—400 ccm Wasser versetzt, wonach sie für die übliche analytische Behandlung fertig war.

Stoffe, die Knochen oder Fett enthielten, wurden in etwas abweichender Weise behandelt, nämlich so, daß bei den ersteren keine H_2SO_4 zum Aufschluß verwendet wurde, während es im Falle von Fett nötig war, die gesamte Probe in mehrere kleine zu unterteilen und zur vollständigen Zerstörung der organischen Stoffe größere Mengen von Säuren zu verwenden.

Der Urin der Versuchstiere wurde gemessen und je Liter mit 10 ccm konzentrierter HNO_3 sowie 1 ccm konzentrierter H_2SO_4 versetzt (letztere, um den Angriff auf das Glas zu verringern). Die Probe wurde auf einem Wasserbad bis zur Trockne verdampft, der Rückstand mit heißer 10%iger HNO_3 und heißem Wasser in eine 500 ccm fassende Pyrexschale übergelöst. Dann wurde wieder vollständig bis zur Trockne verdampft, um alle HNO_3 zu entfernen, und hierauf am offenen Ende (in der kühleren Zone) eines elektrischen Muffelofens geglüht, bis der größere Teil der flüchtigen Stoffe ausgetrieben war, wonach die Tür geschlossen und das Glühen bei einer Temperatur von nicht mehr als 450° C, durch Pyrometer kontrolliert, so lange fortgesetzt wurde, bis weiße Asche zurückblieb. Nach dem Abkühlen wurde mit ungefähr 50 ccm Wasser und 10 ccm konzentrierter HNO_3 gelöst und die gesamte Probe in ein 600-ccm-Pyrexbecherglas übergespült. Die Lösung wurde bis zur Trockne verdampft, der Rückstand mit 20 ccm konzentrierter HCl aufgenommen und wiederum zur Trockne verdampft, um Spuren von HNO_3 zu entfernen. Der Rückstand wurde abermals in 10 ccm konzentrierter HCl gelöst und mit 350—400 ccm Wasser verdünnt. Hierauf folgte in üblicher Weise die Analyse.

Die Fäkalien wurden in Pyrexbechergläser mit einem Fassungsraum von 2 oder 4 Litern gegeben, mit 200—300 ccm konzentrierter HNO_3 aufgeschlossen und auf ein kleines Volumen eingedampft. Sodann wurde die Probe in eine 600-ccm-

Quarzschale übergespült, zur Trockne verdampft, um sie gänzlich von HNO_3 zu befreien und im elektrischen Muffelofen bei einer Temperatur von nicht über 450° C geglüht. Die Asche wurde aufgelöst wie beim Urin und der unlösliche Silikatrückstand (der stets vorhanden ist) abgefiltert und fortgeworfen. Das Filtrat wurde genau so behandelt wie die gelöste Asche des Urins und sodann der üblichen Analyse unterworfen.

Die Analyse auf Blei wurde nach einer Methode ausgeführt, die wir bereits früher im einzelnen beschrieben haben (7).

3. Ergebnisse.

Der Grad der Aufnahme von Bleitetraäthyl durch die Haut.

Drei Kaninchen (Nr. 17, 12 und 23) wurden mit 0,75 ccm Bleitetraäthyl behandelt, wobei diese Menge gleichmäßig über eine Fläche von ungefähr 25 qcm auf der Bauchhaut verbreitet wurde. Die Tiere wurden nach Ablauf von $^1/_2$ bzw. 1 bzw. 6 Stunden getötet. Der Inhalt des Verdauungstraktus wurde versehentlich fortgeworfen, so daß eine gewisse Menge des aufgenommenen Bleis in den analytischen Befunden nicht erscheint. Auch besteht Grund zu der Annahme, daß unsere ersten Versuche, die Haut von Bleitetraäthyl zu reinigen, nicht ganz befriedigend ausgefallen waren, so daß die bei der Analyse der behandelten Hautfläche erhaltenen Resultate in Abzug gebracht wurden. Abgesehen davon ist die Gesamtmenge des aufgenommenen Bleis für jedes Tier in Tabelle 1 verzeichnet.

Tabelle 1. Aufnahme von Bleitetraäthyl durch die Haut von Kaninchen.

	Kaninchen Nr.					
	17	12	23	290[1]	291	292
Zeit der Einwirkung in Stunden . .	0,5	1,0	6,0	4,0	4,0	4,0
Milligramm Blei im Körper	1,06[2]	2,43[2]	4,41[2]	7,87	9,27	8,24

Die vorstehende Tabelle führt daneben auch Ergebnisse in bezug auf die Kaninchen Nr. 290, 291, 292 auf; sie zeigen, wieviel die Tiere nach vierstündiger Einwirkung von ebenfalls 0,75 ccm Bleitetraäthyl aufgenommen hatten. Nach Beendigung der Absorption wurde hier die behandelte Haut sorgfältig gereinigt, worauf die Kaninchen 30 Tage lang in Beobachtungskäfige gesetzt und dann getötet wurden. Die Resultate wurden erhalten, indem die in den Körpern und Ausscheidungen während dieses Zeitraums gefundenen Bleimengen zusammengezählt wurden. Der Unterschied zwischen diesen Ergebnissen und denen der anderen drei Tiere wird dadurch erklärt, daß bei den Kaninchen Nr. 290, 291 und 292 das im Darminhalt und in der behandelten Haut enthaltene Blei mit eingeschlossen ist. Überdies sind kleine Abweichungen bei allen Befunden zu erwarten; sie sind auf einen Bleigehalt in den Geweben vor Beginn der experimentellen Behandlung zurückzuführen. Dieser Bleigehalt schwankt bei normalen Tieren, die unter gewöhnlichen Bedingungen aufgewachsen sind, im allgemeinen zwischen 0 und beinahe 2 mg, und er kann bei Tieren, die innerhalb der ersten 24 Stunden

---

[1] Sektionsbefund: Chronische Nephritis fokalen Typs.
[2] Unter Ausschluß des Bleis im Darminhalt und auf der behandelten Hautfläche.

nach Behandlung mit Bleitetraäthyl getötet wurden, ungefähr geschätzt werden, indem man die Menge des im Skelett vorgefundenen Bleis bestimmt (vgl. Tabelle 6 und 7). Derartiges Blei ist das Ergebnis einer Aufnahme vor dem Experiment, da im Falle einer Einwirkung von Bleitetraäthyl einige Stunden nicht hinreichen, um eine nennenswerte Ansammlung von Blei in den Knochen herbeizuführen.

Aus den obigen Befunden kann ersehen werden, daß das Bleitetraäthyl durch die Haut anfänglich ziemlich langsam absorbiert wird, da die Menge, die während der ersten halben Stunde in die Gewebe eindringt, sehr gering ist. Doch ist das Blei, das im ganzen von der Haut aufgenommen wird und sich später in die Gewebe verbreitet, beträchtlich. Es scheint tatsächlich so zu sein, daß der größere Teil der Bleiaufnahme bei einer einzelnen Aufbringung in der ersten Stunde stattfindet. Das ist in weitem Maße darauf zurückzuführen, daß das überschüssige Bleitetraäthyl auf der Oberfläche der Haut verdunstet. Unter unseren experimentellen Bedingungen ist die anfänglich nasse Oberfläche in 60—90 Minuten trocken geworden. Die zunehmenden Bleimengen, die in den Geweben, abgesehen von der Haut, nach dem Zeitpunkt der maximalen Aufnahme gefunden wurden, rühren daher zum größten Teil aus dem Abwandern des Bleis aus der Haut in diese Gewebe her. Tabelle 2 veranschaulicht das oben Gesagte; sie zeigt das bei der Analyse gleicher Mengen der mit 0,75 ccm Bleitetraäthyl behandelten Haut gefundene Blei, wobei die Haut an verschiedenen Zeitpunkten nach der Aufbringung rein gerieben worden war. Ebenso sind die Tiere zu verschiedenen Zeiten nach der Reinigung der Haut getötet worden. Man kann sehen, daß nach Ablauf von 6 Stunden nur noch eine kleine Menge Blei in der Haut gefunden wurde, trotzdem diese erst nach Beendigung dieser Zeitspanne gereinigt wurde.

Tabelle 2. In der mit Bleitetraäthyl behandelten Haut gefundenes Blei.

	Kaninchen Nr.						
	12	23	24	19	304	305	295
Dauer der Belassung des Bleitetraäthyls auf der Haut in Stunden	1	6	18	18	4	4	4
Zeitspanne in Stunden zwischen dem Reinigen der Haut und der Tötung des Tieres	0	0	0	0	84	84	168
Milligramm Blei in der behandelten Hautfläche	14,50[1]	0,40	0,23	nichts	nichts	Spur	0,07

Nach Verlauf von 1 oder $1^1/_2$ Stunden, die für das Verschwinden des groben Überschusses benötigt werden, ist die Haut noch nicht frei von Blei. Selbst nach 24 Stunden ist der Geruch von organischen Bleiverbindungen auf der Oberfläche der Haut noch deutlich wahrnehmbar, und analytische Prüfungen zeigen das Vorhandensein beträchtlicher Bleimengen an, es sei denn, daß die Haut sorgfältig gereinigt worden war. Das noch vorhandene Blei liegt jedoch anscheinend in einer Form vor, in der es nicht glatt resorbiert wird, und es kann durch sorgfältiges

---

[1] Die Befunde in einigen Fällen, in denen größere Mengen Blei auf die Haut aufgebracht und nachher abgewaschen wurden, zeigen, daß die Haut hier nicht vollständig gereinigt worden war. Wir führen das obige Resultat an, um zu veranschaulichen, wie hoch der Bleigehalt in der behandelten Fläche während des ersten Stadiums der Aufnahme war.

Waschen leicht entfernt werden. Das Waschen muß jedoch innerhalb der ersten
60—90 Minuten erfolgen, wenn es einen erheblichen Einfluß auf die Gesamtmenge des Bleis ausüben soll, das im Körper resorbiert wird.

Offenbar war zu erwarten, daß eine Erhöhung der auf die Haut gebrachten
Bleitetraäthylmenge, dadurch daß sie sich über eine größere Hautfläche aus-
breitet, auch eine erhöhte Bleiabsorption mit sich bringen müßte. Ein Kaninchen
Nr. 319 wurde mit 4,2 ccm Bleitetraäthyl behandelt, das sich über eine Fläche

Tabelle 3. Die Aufnahme von mit Benzin verdünntem Bleitetraäthyl.

| Nr. des Versuchs- tieres | Vol.-% Bleitetraäthyl im Benzin | Behandlung mit Bleitetraäthyl | | | Ergebnis der Behandlung | mg Blei im gesamten Körper |
| | | Häufigkeit | Dauer | | | |
			Einzelne Einwirkung	Gesamtdauer der Einwirkung		
86	10	täglich	30 Min.	3 Tage	Paralyse und Tod	36,46
90	1	,,	30 ,,	6 ,,	Blieb am Leben	3,81
91	1	2 × /Woche	30 ,,	16 Wochen	,, ,, ,,	0,76
92	1	2 × / ,,	30 ,,	15 ,,	,, ,, ,,	1,50
94	1	2 × / ,,	30 ,,	8 ,,	Tod	7,50
95	1	2 × / ,,	30 ,,	13 ,,	Blieb am Leben	1,40
96	1	2 × / ,,	30 ,,	13 ,,	,, ,, ,,	1,90
100	0,1	3 × / ,,	30 ,,	30 ,,	,, ,, ,,	1,07
101	0,1	3 × / ,,	30 ,,	30 ,,	,, ,, ,,	1,48
102	0,1	3 × / ,,	30 ,,	30 ,,	,, ,, ,,	1,14
89	Nur Benzin	2 × / ,,	30 ,,	15 ,,	,, ,, ,,	1,70
93	,, ,,	2 × / ,,	30 ,,	12 ,,	,, ,, ,,	1,40
98	,, ,,	2 × / ,,	30 ,,	14 ,,	,, ,, ,,	1,70
Blindwertversuch an Vergleichstier 1	Keine Behandlung irgendwelcher Art					1,23
Blindwertversuch an Vergleichstier 2	,,	,,	,,	,,		1,50
Blindwertversuch an Vergleichstier 3	,,	,,	,,	,,		1,10

von ungefähr 200 qcm ausbreitete. Nach 3 Stunden wurde das Tier getötet. Der
gesamte Bleigehalt der Gewebe mit Ausnahme der behandelten Hautfläche betrug
16,71 mg (s. Tabelle 4).

Wenn Bleitetraäthyl mit Benzin verdünnt wird, wird seine Aufnahme durch
die Haut von Kaninchen verzögert, und wenn die Konzentration im Benzin auf
0,1 % heruntergeht, dann ist die Aufnahme so gering, daß sie nicht mehr merkbar
ist. Tabelle 3 zeigt die Ergebnisse wiederholter, verschieden langer Behandlungen
der Haut von Kaninchen mit Benzin, das Bleitetraäthyl in wechselnden Mengen
enthält. Die Eigenschaft des Bleitetraäthyls, in großen Verdünnungen mit Benzin
durch die Haut nicht absorbiert zu werden, erklärt zweifellos in hohem Maße
das Fehlen von Anzeichen einer Bleiaufnahme und einer Bleivergiftung bei Personen,
die mit bleitetraäthylhaltigem Benzin zu tun haben.

Die Verteilung von Bleitetraäthyl in tierischen Geweben.

Wir haben früher gezeigt, daß lösliche anorganische Bleiverbindungen im normalen Kaninchen schließlich in einer charakteristischen Weise verteilt werden,

die im wesentlichen unabhängig ist von der Art der Verabreichung oder von der
Dauer, wenn nicht so viel Zeit verflossen ist, daß inzwischen praktisch eine quantitative Ausscheidung des Bleis aus dem Körper stattgefunden hat (6). Die Anfangsverteilung ist bei Bleitetraäthyl ebenfalls charakteristisch, jedoch ganz verschieden von derjenigen der wasserlöslichen Bleisalze. Die Tabellen 4, 5 und 6
veranschaulichen dies. Als bezeichnend für die Art und Weise, wie hierbei die
Anfangsverteilung von Blei tatsächlich vor sich geht, kann Tabelle 6 betrachtet
werden, weil in diesem Falle das Tier mit einer nicht tödlich wirkenden Dosis

Tabelle 4. Die Anfangsverteilung von Bleitetraäthyl in den Geweben.
Kaninchen Nr. 319.

Behandlung: 4,2 ccm Bleitetraäthyl auf die Bauchhaut appliziert. Tier 3 Stunden lang
auf dem Kaninchenbrett unter der Haube belassen. Haut sorgfältig mit Petroleum und
Petroläther sauber gerieben. Getötet. Gewebe sorgfältig voneinander getrennt und auf Blei
analysiert.

Gewebe	Gewicht des Gewebes g	Blei gefunden mg	mg Blei auf 100 g Gewebe	Verhältnis mg/100 g Gewebe / mg/100 g Gesamtkörper
Nieren	14,5	0,43	2,97	4,19
Leber	82,0	4,40	5,37	7,58
Milz	3,0	0,06	2,00	2,82
Fett	17,5	0,07	0,40	0,56
Zentralnervensystem	18,5	0,07	0,38	0,53
Blut	138,0	0,55	0,40	0,56
Muskeln	822,0	2,75	0,33	0,47
Knochen	198,0	1,26	0,64	0,90
Verdauungstrakt (Inhalt fort-geworfen).	227,0	2,90	1,28	1,80
Ovarien	0,8	Spur	—	—
Uterus	22,0	0,11	0,50	0,71
Herz	8,5	0,08	0,94	1,33
Galle.	0,5	0,07	14,00	19,77
Nebennieren	1,0	0,03	3,00	4,24
Lungen.	14,0	0,13	0,92	1,31
Haut (behandelte Fläche). . .	150,0[1]	10,90[1]	7,27	—
Rest (verschiedene Gewebe) .	794,0	3,80	0,48	0,68
Insgesamt	2361,3	16,71	0,708	

von Bleitetraäthyl behandelt und zu einem Zeitpunkt getötet wurde, an dem
sowohl die Haut wie das Blut ihr Blei an die Gewebe abgegeben hatten.
Tabelle 6 veranschaulicht also am besten die tatsächlich vorhandene Affinität der
Gewebe für die organische Bleiverbindung, wenn diese durch die Haut auf-
genommen wird. Der einzige Nachteil dieser Tabelle liegt darin, daß die in den
Geweben der kleineren Organe gefundenen Bleimengen geringer als die der
beiden anderen Aufstellungen und daher mehr einem Irrtum unterworfen sind.
Aus diesem Grunde sind alle drei Tabellen aufgeführt.

Nach Verlauf kurzer Zeit machen sich in der Art der Bleiverteilung Veränderungen bemerkbar, und die Gesamtlage gestaltet sich schließlich ähnlich der

---

[1] Nicht in der Gesamtziffer mit eingeschlossen.

bei Verabreichung von wasserlöslichen Bleiverbindungen beobachteten. Diese Erscheinung ist in Tabelle 7 veranschaulicht. Hier wurden die Kaninchen mit 0,75 ccm Bleitetraäthyl behandelt, dessen Überreste nach 4 Stunden abgerieben wurden. Die Tiere wurden nach verschiedenen Zeiträumen, bis zu 7 Monaten, getötet. Die aufgefundenen Gesamtmengen an Blei schwanken bedeutend je nach der Zeitspanne, die zwischen Einwirkung und Tod verflossen ist. Deshalb ist der Vergleich auf Grundlage des Verhältnisses angestellt worden, das zwischen der Bleiansammlung in einem spezifischen Gewebe und derjenigen im gesamten Körper besteht, eines Verhältnisses, das annähernd die selektive Affinität der Gewebe für Blei ausdrückt. Die Veränderungen im Charakter der Verteilung,

Tabelle 5. Die Anfangsverteilung von Bleitetraäthyl in den Geweben.
Kaninchen Nr. 312.

Behandlung: 3 ccm Bleitetraäthyl auf die Bauchhaut appliziert. Tier nach $16^{1}/_{2}$ Stunden getötet.

Gewebe	Gewicht des Gewebes g	Blei gefunden mg	mg Blei auf 100 g Gewebe	Verhältnis mg/100 g Gewebe / mg/100 g Gesamtkörper
Nieren	20	0,68	3,40	2,65
Leber	130	5,32	4,09	3,18
Milz	1	0,05	5,00	3,89
Fett	49	0,09	0,18	0,14
Zentralnervensystem	16	0,23	1,44	1,12
Blut	40	0,42	1,05	0,82
Muskeln	624	7,80	1,25	0,97
Knochen	170	2,25	1,32	1,03
Verdauungstrakt	200	2,00	1,00	0,80
Darminhalt	254[1]	11,00[1]	4,33	—
Ovarien	0,5	0,03	6,00	4,67
Uterus	3,0	0,08	2,67	2,08
Herz	7,0	0,04	0,57	0,44
Nebennieren	1,0	nichts	nichts	nichts
Galle	1,5	0,42	28,0	21,79
Haut		fortgeworfen		
Rest (verschiedene Gewebe)	567	4,10	0,72	0,56
Insgesamt	1830	23,51	1,285	

die hinsichtlich ihrer allgemeinen Bedeutung wie auch bezüglich der Regelmäßigkeit ihres Auftretens im Verlaufe der Zeit sehr bezeichnend sind, sind die folgenden: 1. die frühzeitig einsetzende Zunahme der Bleiablagerung in den Knochen, 2. das beinahe vollständige Verschwinden von Blei aus den Nieren und dem Blut, 3. die relative Abnahme der Konzentration im Muskelgewebe und 4. die relative Zunahme der Konzentration im Zentralnervensystem. Eine ausgeprägte Änderung der Aufspeicherung in den Knochen und Muskeln tritt am Ende von $3^{1}/_{2}$ Tagen ein. Ungeachtet der Tatsache, daß Blei aus dem Körper rasch durch Ausscheidung entfernt wird, zeigt die absolute Menge in den Knochen die Neigung, sich während eines Zeitraums von einem Monat zu vermehren, wonach sie abnimmt. Das Blei, das sich so in den Knochen ansammelt, wandert aus der Leber ab, insbesondere

---

[1] Nicht in der Gesamtziffer mit eingeschlossen.

jedoch aus dem Muskelgewebe. Wenn wasserlösliche Bleiverbindungen verabreicht werden, sind vergleichbare Mengen in den Muskeln niemals zu finden. Diese starke anfängliche Resorption von Blei in den Muskeln ist beinahe mit Sicherheit auf die besonderen Eigenschaften des Bleitetraäthyls zurückzuführen, wie das rasche Abgeben ebenso sicher einer Veränderung im Charakter dieser Verbindung zuzuschreiben ist. Hieraus allein läßt sich schon schließen, daß Bleitetraäthyl in den Geweben in eine wasserlösliche Bleiverbindung umgewandelt wird.

Weiterhin wird in Tabelle 7 das Festhalten des Bleis durch das Nervengewebe veranschaulicht. Hier ist bemerkenswert, daß, wenn überhaupt Blei vorhanden

Tabelle 6. Die Anfangsverteilung von Bleitetraäthyl in den Geweben.
Kaninchen Nr. 23.

Behandlung: 0,75 ccm Bleitetraäthyl auf die Bauchhaut appliziert. Tier 6 Stunden lang auf dem Kaninchenbrett unter der Haube belassen. Haut sorgfältig sauber gerieben. Getötet. Gewebe sorgfältig voneinander getrennt und auf Blei analysiert.

Gewebe	Gewicht des Gewebes g	Blei gefunden mg	mg Blei auf 100 g Gewebe	Verhältnis mg/100 g Gewebe mg/100 g Gesamtkörper
Nieren	16	0,11	0,69	4,88
Leber	104	1,50	1,44	10,23
Milz	4	nichts	nichts	nichts
Fett	113	0,14	0,12	0,88
Zentralnervensystem	19	nichts	nichts	nichts
Blut	147	0,04	0,03	0,19
Muskeln	992	1,10	0,11	0,79
Knochen	227	0,23	0,10	0,71
Verdauungstrakt (Inhalt fortgeworfen)	227	0,31	0,14	0,97
Ovarien	1	nichts	nichts	0
Uterus	23	,,	,,	0
Herz	11	,,	,,	0
Nebennieren	0,5	,,	,,	0
Haut (behandelte Fläche) . . .	45	0,40	0,89	0
Haut (nichtbehandelte Fläche)	340	0,45	0,13	0,94
Rest (verschiedene Gewebe) . .	1134	0,93	0,08	0,58
Insgesamt	3418,5	4,81	0,141	

ist, die Anhäufungen bei Tieren, die 7 Monate am Leben blieben, beinahe ebenso hoch sind wie bei denjenigen, die am Zeitpunkt der stärksten Aufnahme getötet worden sind. Diese Tatsache ist von großer Bedeutung im Hinblick auf die Folgen einer länger andauernden Bleiaufnahme unter Bedingungen, bei denen Blei in solcher Form oder solchen Beträgen ins Blut übergeführt wird, daß sich wenn auch nur sehr kleine Mengen im Gehirn ansammeln können. Dies wird sich wahrscheinlich als höchst wertvoll erweisen, wenn *post mortem* untersucht werden soll, welcher Art die Bleiberührung war, die bei einem Menschen oder bei einem Versuchstier in Frage kam.

Ein weiterer Umstand ist bei unseren Befunden von erheblicher praktischer Bedeutung, nämlich die Seltenheit des Vorkommens nennenswerter Mengen von Bei im Zentralnervensystem. Im Lichte der vorstehenden Bemerkungen bedeuten

Tabelle 7. Mit der Zeit eintretende Veränderungen in der Verteilung von Blei in den Geweben.

Gefundenes Blei in mg je 100 g Gewebe

	Kaninchen Nr.														
	23	19	24	304	305	303	295	302	309	291	292	310	311	294	296
Tage nach der Behandlung	0,25	0,75		3,5		7		14		30		90		205	
Nieren	0,69	0,41	1,93	0,54	0,25	0,39	0,44	Spur	0	0	0	0	0	0,59	Spur
Leber	1,44	1,93	4,79	0,37	0,38	0,35	0,96	0,06	0,10	0,04	0,06	0,11	0,06	0,12	0,13
Milz	0	0	0	0	0	0	5,14	0	0	—	Spur	0	0	Spur	3,50
Fett	0,12	0,05	0,17	—	0	0,15	0,09	0,22	0	0	—	0,08	0,04	0,07	0,08
Zentralnervensystem	0	0	0,32	0,21	0	0,27	Spur	0	0	0,21	Spur	0,21	0,15	0,35	0,21
Blut	0,03	0,05	0,24	0	0,04	0,07	0,07	0	0	Spur	0	Spur	0,03	0	Spur
Muskeln	0,11	0,11	0,48	0,03	0,03	0,04	0,03	0,01	0,03	0,02	0,01	0,003	0,005	0,01	0,01
Knochen	0,10	0	0,05	0,33	0,38	0,68	0,06	0,24	0,29	0,51	0,53	0,17	0,62	0,24	0,25
Gewaschener Verdauungstrakt	0,14	0,08	1,17	0,03	0,01	0	0	0	0,04	—	—	0,04	0,12	0,02	0,04
Haut	0,13[1]	0,16[1]	0,34	0,08	0,10	0,04	0,07	—	0,11	0,06	0,06	0,04	0,02	0,04	0,05
Rest	0,08	0,06	0,33	0,07	0,07	0,13	0,05	0,05	0,05	0,06	0,19	0,05	0,03	0,02	0,03

Relative Konzentration von Blei in den Geweben: Verhältnis $\dfrac{\text{mg Pb/100 g Gewebe}}{\text{mg Pb/100 g Gesamtkörper}}$

	23	19	24	304	305	303	295	302	309	291	292	310	311	294	296
Nieren	4,88	3,43	3,64	5,72	2,66	2,95	4,77[2]	—	0	0	0	0	0	14,40	—
Leber	10,23	16,11	9,02	3,91	4,08	2,63	10,47[2]	1,11	1,56	0,35	0,50	2,10	0,59	2,80	2,68
Milz	0	0	0	0	0	0	55,90	0	0	—	—	0	0	—	71,00
Fett	0,88	0,40	0,31	—	0	1,15	0,93	4,11	0	0	—	1,60	0,34	1,60	1,60
Zentralnervensystem	0	0	0,61	2,24	0	2,02	—	0	0	1,82	—	3,95	1,42	8,60	4,25
Blut	0,19	0,43	0,45	0	0,37	0,54	0,74[2]	0	0	—	0	—	0,31	0	—
Muskeln	0,79	0,88	0,91	0,30	0,36	0,27	0,35[2]	0,17	0,50	0,14	0,06	0,06	0,05	0,17	0,22
Knochen	0,71	0	0,10[2]	3,46	4,09	5,17	0,67	4,57	4,59	4,47	4,61	3,33	5,99	5,80	5,03
Gewaschener Verdauungstrakt	0,97	0,66	2,20	0,30	0,13	0	0	0	0,55	—	—	0,81	1,17	0,49	0,71
Haut	0,94[1]	1,31	0,65	0,82	1,05	0,30	0,79	—	1,66	0,52	0,51	0,67	0,19	0,95	0,96
Rest	0,58	0,53	0,62	0,70	0,78	0,97	0,50	1,02	0,72	0,56	1,69	1,04	0,27	0,56	0,51

[1] Unbehandelter Teil.

[2] Zeigt zugleich den Zeitpunkt an, bei dem die Bleimenge in dem betreffenden Gewebe die gleiche wird, wie sie normalerweise bei wasserlöslichen Bleisalzen kennzeichnend ist.

diese negativen Resultate, daß das resorbierte Blei sich in einer Form oder in einer Konzentration im Blut der Tiere befand, daß es ihm nicht möglich war, das Zentralnervensystem zu erreichen. Dieses Ergebnis hängt mit der kleinen Dosierung zusammen, die bei der in Frage stehenden Gruppe von Tieren zur Verwendung kam. Wenn Bleitetraäthyl in tödlich wirkenden Dosen verabreicht wird, dann findet man, daß das Zentralnervensystem stets Blei in beträchtlichen Mengen enthält. Ferner zeigen derartige Tiere Symptome von Störungen wie auch kennzeichnende pathologische Veränderungen des Zentralnervensystems. Wenn die Dosis klein und infolgedessen der Grad der Aufnahme entsprechend gering ist, dann zeigt das Nervensystem die Neigung, irgendwelcher meßbaren Resorption von Blei zu entgehen: Je kleiner die Dosierung, desto geringer auch die Wahrscheinlichkeit einer Bleiresorption durch das Gehirn. Eine Erklärung für diese Erscheinung ist weitgehend in der Schnelligkeit zu finden, mit der Bleitetraäthyl in den Geweben zersetzt wird, wodurch es seine Affinität gegenüber Fettgeweben beträchtlich einbüßt. Auch die geringere Anhäufung von Blei im Blut, die sich aus einer kleineren Dosis ergibt, ist ein beeinflussender Faktor, da auch umlaufendes Blei anorganischen Ursprungs sich in den Geweben des Gehirns festsetzen kann.

Die Zersetzung von Bleitetraäthyl in den Geweben.

Nachdem im vorstehenden nachgewiesen wurde, daß eine Zersetzung des Bleitetraäthyls in den Geweben stattfindet, erhebt sich die Frage, mit welcher Schnelligkeit diese Reaktion vor sich geht. Um dies zu klären, wurden einige Tiere mit großen Mengen Bleitetraäthyl behandelt und zu verschiedenen Zeitpunkten getötet, worauf das Blut sowie Gewebe wie die Haut, die Leber und das Zentralnervensystem hinsichtlich ihres Gehaltes an flüchtigem und nichtflüchtigem Blei geprüft wurden. Die Ergebnisse dieser Prüfungen erscheinen in Tabelle 8. Im Falle des Kaninchens Nr. 339 wurde nur ein kleiner und wiederholt gereinigter Teil der Haut benutzt, um sicher zu gehen, daß kein an der Oberfläche verbliebenes Blei in das analytische Resultat gelangt. Ungefähr die Hälfte des Bleis in der Haut bestand zu diesem Zeitpunkt aus Bleitetraäthyl. Es ist zu ersehen, daß die Zersetzung schon in der Haut sehr rasch vor sich geht, während das Blut beinahe 90 % seines Bleis während des Zeitraums der stärksten Absorption als ein Zersetzungsprodukt von Bleitetraäthyl mit sich führt. Die Leber enthält nur Spuren von Bleitetraäthyl,

Tabelle 8. Flüchtiges und nichtflüchtiges Blei in Geweben nach Aufnahme von Bleitetraäthyl.

	Kaninchen Nr. 317		Kaninchen Nr. 319		Kaninchen Nr. 339	
Behandlung	4 ccm Pb $(C_2H_5)_4$ auf Haut		4,2 ccm Pb $(C_2H_5)_4$ auf Haut		5 ccm Pb $(C_2H_5)_4$ auf Haut	
Absorptionszeit	12 Stunden		3 Stunden		$2^1/_2$ Stunden	
	mg Blei gefunden					
	flüchtig	nicht flüchtig	flüchtig	nicht flüchtig	flüchtig	nicht flüchtig
Haut	—	—	3,70	7,20	0,24	0,23
Blut	—	—	—	—	0,05	0,44
Leber	0,01	7,00	0,01	4,40	0,03	3,35
Gehirn und Rückenmark	0	0,15	0	0,07	—	—

während im Zentralnervensystem unter den günstigsten Bedingungen keine Spur flüchtiges Blei zu finden ist. Dieses beinahe vollständige Verschwinden von Bleitetraäthyl als solchem im Körper, und zwar in einem so kurzen Zeitraum wie $2^1/_2$ Stunden, legt die Möglichkeit eines Irrtums bei den analytischen Ergebnissen nahe, die von Norris und Gettler (8) hinsichtlich des menschlichen Zentralnervensystems erhalten wurden. Vermutlich sind kleine Mengen Blei auf physikalischem Wege in das Destillat mit hinübergerissen worden, oder letzteres ist in irgendeiner anderen Weise verunreinigt worden. Am erklärlichsten ist jedoch wohl, daß der Umstand einer Bleiaufnahme durch Einatmung in den von ihnen untersuchten Fällen die Schuld an dem Mißverhältnis zwischen ihren Resultaten und den oben beschriebenen trägt.

Die Bleiausscheidung bei Bleitetraäthylaufnahme.

Das Maß der Bleiausscheidung wurde bei drei Tieren, bei denen die Haut mit 0,75 ccm Bleitetraäthyl behandelt worden war, durch Analyse der Gesamtausscheidung während 30 Tagen beobachtet, die einer 4 Stunden langen Aufnahme unmittelbar folgten. Die behandelte Haut wurde mit besonderer Sorgfalt gereinigt. Die Exkremente wurden 5 Tage lang nach je 24 Stunden eingesammelt und in der darauffolgenden Zeit jeweils für 4 Tage zusammen. Nach Ablauf der 30 Tage wurden die Tiere getötet. Weitere, in gleicher Weise behandelte Tiere wurden in Zeitabschnitten bis zu 7 Monaten nach der Behandlung getötet, kurz vor der ihre Ausscheidung dreimal für je 4 Tage zusammen untersucht worden war. Aus diesen Resultaten im Verein mit den am Ende der Ausscheidungszeit in ihren Körpern gefundenen

Tabelle 9. Bleiausscheidung nach Aufnahme von Bleitetraäthyl durch die Haut.

Nr. der Probe	Aus-scheidung von Tagen	Kaninchen Nr. 290		Kaninchen Nr. 291		Kaninchen Nr. 292		Behandlung und Bemerkungen
		mg Blei		mg Blei		mg Blei		
		Faeces	Urin	Faeces	Urin	Faeces	Urin	
1	4	0,30	0,09	0,30	0,19	0,45	0,20	Keine Behandlung. Kontrollperiode.
2	1	0,30	0,23	0,49	0,19	0,50	0,29	0,75 ccm Bleitetraäthyl auf Haut
3	1	0,60	0,21	1,23	0,18	0,70	0,15	unter Haube. Haut nach
4	1	0,42	0,11	0,84	0,12	0,53	0,26	4 Stunden gereinigt.
5	1	0,49	0,26	0,92	0,06	0,23	0,06	Normales gemischtes Futter
6	1	1,05	0,02	0,72	0,05	0,37	0,04	während der ganzen Zeit. Durch-
7	4	0,58	0,26	0,78	0,10	0,49	0,17	schnittsmenge Urin je Tag be-
8	4	0,42	0,07	0,44	0,11	0,48	0,07	gann mit annähernd 400 ccm und
9	4	0,45	0,07	0,36	0,06	0,48	0,07	fiel allmählich auf weniger als
10	4	0,13	0,04	0,31	0,06	0,16	0,07	200 ccm gegen Ende der 30 Tage.
11	4	0,27	0,03	0,06	0,09	0,13	0,07	Diese Erscheinung war bei allen
12	4	0,18	0,07	0,14	0,06	0,20	0,07	3 Kaninchen beinahe die gleiche. Getötet. Gewebe analysiert.
		5,19	1,46	6,59	1,27	4,72	1,52	Gesamtbeträge
		6,65		7,86		6,24		Gesamtblei in den Exkrementen
		1,61		1,90		2,65		Gesamtblei im Körper
		8,26		9,76		8,89		Zusammen

Tabelle 10. Bleiausscheidung nach Verabreichung von löslichen Bleisalzen.

Ausscheidung an aufeinanderfolgenden Tagen	Kaninchen Nr.						
	255	242	244[1]	267		249	
	Blei mg	Blei mg	Blei mg	Blei mg		Blei mg	
	Faeces und Urin zusammen	Faeces und Urin zusammen	Faeces und Urin zusammen	Faeces	Urin	Faeces	Urin
1. Gabe:	6 mg Blei als $PbCl_2$ intravenös			70 Tage nach 4,00 mg $PbNO_3$ oral		1 Jahr nach 18 mg $PbCl_2$ intravenös	
1	0,41	0,67	0,44				
1	0,24	0,48	0,39				
1	0,19	0,72	0,73				
1	0,15	0,41	0,67				
3	0,35	0,58	0,91				
2. Gabe:	6 mg Blei als $PbCl_2$ intravenös						
1	0,32	0,60	0,75				
1	0,67	0,62	0,95				
1	0,28	0,27	0,99				
1	0,25	0,25	0,99				
4	0,38	0,17	0,46				
4	0,09	0,12	0,71				
3	0,31	0,27 (2 Tage)	0,11				
4	0,04		0,27	0,24	0,22	0,21	0,03
4	0,09		0,24	0,72	0,16	0,11	0,05
4	0		0,28	0,59	0,09	0,24	0,05
4	0		0,47 (1 Tag)	0,22	0,08		
4	0,07			0,31	0,07		
4	0,31			0,42	0,08		
3	0,27			2,50	0,70	0,56	0,13
Gesamtblei in den Exkrementen	4,42	5,16	9,36	3,20		0,69	
Gesamtblei im Körper	3,77	5,91	5,10	3,59		2,33	
Zusammen	8,19	11,07	14,46	6,79		3,02	

Bleimengen hofften wir Aufklärung über die Beziehungen zwischen der Ausscheidung und dem Bleigehalt der Gewebe zu erhalten. Leider fanden wir, daß, obgleich die Bleiausscheidung die Tendenz hatte, dem Grad nach abzunehmen, die Untersuchungsbefunde keinerlei Schlußfolgerungen zuließen, da unsere Tiere am Ende der 7 Monate annähernd ebensoviel Blei in ihren Körpern aufwiesen wie nach 30 Tagen. Die Ursache dafür haben wir bei einem derartigen Versuch, der sich über einen Zeitraum von mehreren Monaten erstreckt, nicht vollständig ausschalten können. Die Schwierigkeiten, Laboratoriumsbedingungen und Nahrungsmittel zu schaffen, die eine Gewähr dafür bieten, daß unsere Tiere außerhalb des Versuchs keinerlei Blei aufnehmen, sind sehr groß. Wesentlich ist eine von Staub freie

---

[1] Die Gewebe dieses Tieres enthielten am Beginn des Versuchs Blei, was durch eine Anfangsbleiausscheidung von 0,61 mg Blei in 2 Tagen bewiesen wird.

[2] Die Tiere wurden am Schluß der durch die Befunde bezeichneten Ausscheidungszeiträume getötet.

Atmosphäre, während sorgfältige Auswahl der Nahrung auf der Grundlage von Bleianalysen das einzige Mittel darstellt, eine Einführung von Blei mit dem Futter zu vermeiden. Aus diesem Grunde zeigen unsere Versuchstiere die Neigung, überschüssiges Blei auszuscheiden, bis es in ihrem Körper auf die Höhe von 1 oder 2 mg herunterkommt, wonach sie anscheinend ein Gleichgewicht mit ihrer Umwelt erreichen. Wenn man die beim Menschen ähnlichen Verhältnisse berücksichtigt, ist dies nicht erstaunlich. Nichtsdestoweniger ist es störend als experimentelle Voraussetzung, die in Rechnung gezogen werden muß.

Tabelle 9 führt im einzelnen die Befunde der 30tägigen Untersuchung auf. Mehrere bedeutsame Punkte treten in Erscheinung. Erstens weist die gegenseitige Ähnlichkeit der bei den drei Tieren erhaltenen Resultate auf ihren typischen Charakter hin. Zweitens werden ungefähr drei Viertel des von den Tieren aufgenommenen Bleis in den ersten 30 Tagen ausgeschieden und beinahe die Hälfte in der ersten Woche. Dies ist von praktischer Bedeutung. Ein Viertel bis zu einem Drittel dieses Bleis wird durch die Nieren ausgeschieden. Von größtem Interesse ist die Art und Weise, in welcher die Bleiausscheidung nachläßt, sowohl in den Fäkalien als auch im Urin, besonders aber in letzterem. Der erste Abfall ist der Abgabe von Blei aus dem Blutkreislauf zuzuschreiben; ein zweites Sinken rührt aus der Bleiverteilung in den Geweben her, wobei, wie wir früher beschrieben haben, grundlegende Veränderungen während der Zeitspanne von 3—14 Tagen nach einer einzelnen starken Einwirkung eintreten. Eine noch weitere Verminderung der Ausscheidungsmenge ergibt sich, wie wir glauben, aus der verringerten Menge von Blei im ganzen Körper. Doch werden weitere Beobachtungen über die Art und Weise der Entfernung des letzten kleinen Restes erforderlich sein, bevor dieser Punkt geklärt ist.

Ein Vergleich der Befunde in Tabelle 9 mit denjenigen von Tabelle 10, wo die Resultate von Kaninchen stammen, denen anorganische Bleiverbindungen zum Teil wiederholt verabreicht worden waren, dient dazu, zu zeigen, daß die Bleiausscheidung unter den beiden Bedingungen in keiner Weise verschieden ist.

4. Zusammenfassung und Schlußfolgerungen.

1. Die beschriebenen Versuche zeigen, daß Bleitetraäthyl durch die Haut absorbiert wird.

2. Die anfängliche Verteilung des Bleis in den Geweben durch eine sehr rasche Bleitetraäthylresorption entspricht derjenigen eines öllöslichen Stoffes und zeigt daher an, daß ein Teil des Bleitetraäthyls als solches resorbiert wird und umläuft.

3. Bleitetraäthyl wird jedoch durch die Gewebe, einschließlich der Haut, sehr rasch zersetzt, so daß nur ein kleiner Teil des Bleis, der später im Blut gefunden wird, noch aus Bleitetraäthyl besteht.

4. Das Endergebnis ist, daß nach Ablauf eines Zeitraums von 3 bis 14 Tagen das gesamte Blei in den tierischen Geweben in der Weise verteilt wird, die auch für wasserlösliche Bleiverbindungen kennzeichnend ist.

5. Bei kleinen Dosierungen bewirkt die rasche Zersetzung und die niedrige Konzentration im Blut, daß beim Umlauf des Bleitetraäthyls als solchem eine unmittelbare Resorption durch das Nervensystem verhindert wird.

6. Selbst wenn das Blei als Tetraäthylverbindung aufgenommen wird, gleicht seine Ausscheidung quantitativ derjenigen von wasserlöslichen Bleiverbindungen.

7. Eine Bleitetraäthylvergiftung ist daher von einer durch andere Bleiverbindungen verursachten Bleivergiftung nicht verschieden.

8. Es wird der Beweis erbracht, daß eine Bleitetraäthylaufnahme aus Benzin, das nicht mehr als 0,1% enthält, nicht meßbar ist.

Schrifttum.

1. Kehoe, R. A.: Bleitetraäthylvergiftung. (Tetraethyl Lead Poisoning.) J. amer. med. Assoc. 85, 108 (1925). Siehe V A.
2. Kehoe, R. A.: Über die Giftigkeit von Bleitetraäthyl und anorganischen Bleisalzen. (On the Toxicity of Tetraethyl Lead and Inorganic Lead Salts.) J. Labor. a. clin. Med. 12, 554 (1927). Siehe IV A.
3. Kehoe, R. A.: Ebenda.
4. Bell, W. B.: Einige Betrachtungen über das Krebsproblem. (Some Aspects of the Cancer Problem.) New York 1930.
5. Kehoe, R. A.: Über die Diagnose und Behandlung von Bleivergiftung. (On the Diagnosis and Treatment of Lead Poisoning.) J. Med. Cincinnati 11, 3 (1930).
6. Kehoe, R. A. u. F. Thamann: Das Verhalten von Blei im tierischen Organismus. I. (The Behavior of Lead in the Animal Organism. I.) Amer. J. Publ. Health 18, 555 (1928).
7. Kehoe, R. A. u. F. Thamann: Die Ausscheidung von Blei. (The Excretion of Lead.) J. amer. med. Assoc. 92, 1418 (1929).
8. Norris, Ch. u. A. D. Gettler: Vergiftung durch Bleitetraäthyl; Sektions- und chemische Befunde. (Poisoning by Tetraethyl Lead; Post mortem and Chemical Findings.) J. amer. med. Assoc. 85, 818 (1925).

V

Bleitetraäthylvergiftung

Bleitetraäthylvergiftung.

Von

Robert A. Kehoe, M. D., Cincinnati (Ohio),

Forschungslaboratorium der Ethyl Gasoline Corporation, Dayton (Ohio), und Eichberg-Laboratorium
für Physiologie, Universität Cincinnati, Cincinnati (Ohio).

Klinische Analyse
einer Reihe von nicht tödlichen Fällen[1].

Blei in seinen verschiedenen Formen ist seit langer Zeit als eines der wichtigen
gewerblichen Gifte erkannt worden. Eifriges Studium und beharrliches Herausschälen der kennzeichnenden Symptome haben ein klinisches Bild umrissen, das
trotz der widersprechenden Natur gewisser diagnostischer Einzelheiten eine allgemeine Grundlage für die medizinische Unterrichtung und Erkenntnis bietet. Die
Herstellung und Handhabung von Bleitetraäthyl, die sich aus seiner neuerlichen
Entwicklung für wichtige industrielle Zwecke ergibt, hat das Auftreten eines Typs
von Bleivergiftung mit sich gebracht, der seines einzigartigen Charakters wegen
zum Gegenstand dieser Abhandlung gemacht worden ist.

Bleitetraäthyl ist eine klare, schwere (spez. Gew. 1,6615), ölige Flüssigkeit von
eigenartig süßlichem Geruch, die bei gewöhnlicher Temperatur etwas flüchtig
ist. Es ist sowohl in heißem wie in kaltem Wasser unlöslich, löslich jedoch in
Alkohol und Aceton, und in allen Verhältnissen mit Fetten und Ölen mischbar.
Es zersetzt sich im Sonnenlicht unter Bildung von kristallinischem Triäthylbleioxyd, das bei Gegenwart eines Halogens das entsprechende Triäthylbleisalz bildet.
Bei ungereinigtem Bleitetraäthyl und in alten Behältern, in denen es aufbewahrt
worden ist, besteht die Möglichkeit, daß dieses Oxyd oder die Halogensalze auftreten. Die Salze sind wasserlöslich. Sie haben einen eigenartigen Geruch, der
dem des Bleitetraäthyls ähnelt, und sie verursachen, selbst wenn sie in sehr
niedriger Konzentration eingeatmet werden, heftiges Niesen und eine ausgesprochene Reizung der Schleimhäute. Bleitetraäthyl ist nicht unmittelbar ätzend,
wenn es auf lebende Gewebe gebracht wird, doch tritt nach einiger Zeit Nekrose
auf. Wenn man es eine halbe Stunde oder länger auf der Haut beläßt,
wird keine oder nur geringe Einwirkung hervorgerufen, doch blättert die Haut
nach 1 oder 2 Tagen ab, und es hinterbleiben weiße glänzende Flecke. Wird
es jedoch nach kurzer Zeit von der Haut entfernt (am besten mit Petroleum),
so erfolgt keine Schädigung.

Es sollte anzunehmen sein, daß eine derartige Bleiverbindung ein allgemeines
Protoplasmagift ist, und tatsächlich haben sie die Chemiker für gewöhnlich als

---

[1] Aus J. amer. med. Assoc. **85**, 108 (1925).

solches angesehen. Beobachtungen und Versuche haben diese Annahme bestätigt und das Ausmaß der Giftigkeit, die Wege der Zuführung in den Körper und die klinischen Merkmale aufgezeigt, die sich im Verlaufe der Vergiftung entwickeln. Die Eigenart der Vergiftung ist auffallend, in solchem Grade, daß das Krankheitsbild oft wenig Ähnlichkeit mit irgendeiner der klinisch typischen Bleivergiftungen aufweist, ausgenommen die nicht häufige Bleiencephalitis. Trotzdem kann nicht bezweifelt werden, daß den wesentlichen Giftfaktor im Bleitetraäthyl das Blei darstellt. Tatsächlich ist die Giftigkeit des Bleitetraäthyls von der gleichen Größenordnung wie diejenige anderer gut bekannter Bleiverbindungen (1). Die eigenartigen Symptome, die hervorgerufen werden, sind aller Wahrscheinlichkeit nach den physikalischen und chemischen Eigenschaften der organischen Verbindung zuzuschreiben, die eine schnellere Aufnahme durch die Haut und die Lungen zulassen, als es im Fall der gewöhnlicheren Bleiverbindungen möglich ist. Vielleicht noch wichtiger ist die als gesicherte Tatsache anzunehmende Erscheinung, daß ihre Verteilung in den Geweben sich von derjenigen der üblichen Bleiverbindungen insofern unterscheidet, als ihre Löslichkeit in Fetten eine frühzeitige örtliche Ansammlung in verhältnismäßig hoher Konzentration in Geweben mit hohem Fettgehalt begünstigt, wie zum Beispiel im Fettgewebe, im Zentralnervensystem und in der Leber.

1. Arten des Eindringens.

Es ist experimentell gezeigt worden, daß Bleitetraäthyl imstande ist, Krankheit und Tod bei Tieren herbeizuführen, wenn es in Dampfform eingeatmet wird, wenn es durch die Haut aufgenommen und wenn es oral oder intravenös verabreicht wird (1). Unter jeder dieser Bedingungen kann der Tod im Verlaufe von 3 bis 6 Stunden eintreten, obgleich letale Mindestdosen gewöhnlich erst innerhalb 24 bis 72 Stunden zum Verenden führen. Sogar eine intravenöse Verabreichung verursacht keinen sofortigen oder selbst schnellen Tod, sofern die Injektion nicht in solchen Mengen und in so rascher Folge vorgenommen wird, daß die großen Lungengefäße mechanisch blockiert werden. (Bleitetraäthyl ist mit Blut nicht mischbar und verursacht keine Gerinnung. Es kann sehr wohl sein, daß seine giftigen Eigenschaften in gewissem Grade von einer Zersetzung des Bleitetraäthylmoleküls abhängen.)

Beim Menschen kommt Vergiftung durch Einatmung von Bleitetraäthyldämpfen oder ebenfalls infolge einer Aufnahme durch die Haut vor. Auch kann sie zufällig oder aus Unachtsamkeit durch Verschlucken herbeigeführt werden, doch kommt bei dem Umgang mit Bleitetraäthyl in der Industrie eine derartige Quelle der Vergiftung nicht in irgendwie bedeutendem Umfange vor. Gewöhnlich ist eine Erkrankung beim Menschen das Ergebnis des Zusammentreffens einer beträchtlich lang andauernden Aufnahme durch die Haut mit einer Einatmung von Dämpfen. (Ebenso ist beobachtet worden, daß das Einatmen von staubförmigen Triäthylblei-Zersetzungsprodukten des Bleitetraäthyls Erkrankungen verursacht, die unter den obwaltenden Bedingungen von einer durch Bleitetraäthyl allein entstandenen Vergiftung nicht unterschieden werden konnten.) Eine akute und selbst tödliche Vergiftung kann hervorgerufen werden, wenn man während einer vergleichsweise kurzen Zeit (einige Arbeitstage) hoch konzentrierten Dämpfen ausgesetzt ist oder zuläßt, daß größere Mengen Bleitetraäthyl auf einer großen Hautfläche verbleiben.

2. Subjektive Symptome.

Unter Bedingungen, die eine Aufnahme von Bleitetraäthyl in irgendeiner Weise und in genügender Menge zulassen, entwickelt sich eine Erkrankung, bei der einige oder alle der folgenden subjektiven Symptome auftreten:

Schlaflosigkeit: Ist eines der frühesten und gesundheitstörendsten Symptome. Sie kann so schwer sein, daß sie zeitweilig tagelang jeden Schlaf verhindert, oder sie kann lediglich häufiges Aufwachen verursachen. In schweren Fällen kann jeder Schlaf, den die erkrankte Person finden sollte, gestört sein durch häufige Zuckungsanfälle des Körpers, häufige Bewegungen und Aufschreien. Seitens des Patienten wird oft darüber geklagt, daß sein Geist zu rege sei, um Schlaf zuzulassen, und daß er, wenn er schlafe oder wach sei, sich in einem Traum- oder traumähnlichen Zustand befinde, in dem alle möglichen grotesken und ungewöhnlichen Begebenheiten vorkämen. Der Versuch, zu schlafen, strengt mehr an als der Entschluß, wach und regsam zu bleiben.

Übelkeit, Appetitlosigkeit und Erbrechen: Treten besonders stark am frühen Morgen auf. Ein widerwärtiger Geschmack, der jedoch nicht als metallisch bezeichnet wird, trägt etwas zur Entwicklung dieser Symptome bei. Der Erkrankte betrachtet das Frühstück mit offenkundiger Abneigung, obgleich er sich im Laufe des Tages besser fühlt und am Abend oft herzhaft und mit Vergnügen ißt. Doch kann ein Anfall von Übelkeit und Erbrechen jederzeit durch den Geruch von Bleitetraäthyl oder selbst anderen Gerüchen, die dem Befallenen unangenehm sind, plötzlich wieder hervorgerufen werden.

Schwindel und Kopfschmerzen: Weder das eine noch das andere ist in den meisten Fällen ausgesprochen vorherrschend, obgleich über etwas Ähnliches oft geklagt wird, nämlich über ein dumpfes und volles Gefühl im Kopf. Gelegentlich jedoch kommt Schwindelgefühl ausgesprochen vor.

Muskelschwäche: Ein gewisser Grad von Schwäche tritt ständig auf, und es wird gewöhnlich dauernd darüber geklagt. Sie erscheint erst, wenn sich die Schlaf- und Appetitlosigkeit voll entwickelt hat, und scheint in den meisten Fällen auf unzureichende Ruhe und Ernährung zurückzuführen zu sein.

Ein gelegentlich auftretendes Symptom ist Hautjucken.

3. Objektive Anzeichen.

Die vorstehend aufgeführten Symptome werden ständig von den folgenden Anzeichen begleitet:

Blässe: Ist so allgemein, daß sie sofort ins Auge fällt. Diese Blässe ist nicht auf eine Blutzersetzung zurückzuführen, sondern vielmehr auf im allgemeinen unzureichende Zirkulation, die durch ein ausgesprochenes Fallen des Blutdrucks verursacht wird.

Unternormaler Blutdruck: Die Veränderungen im Blutdruck sind frühzeitig zu bemerken. Sie stellen eines der zuverlässigsten diagnostischen Anzeichen dar. Der systolische Druck kann bei einem Patienten mit vorher normalem Druck bis auf 80 mm Quecksilbersäule heruntergehen. Der diastolische Druck ist in beinahe jedem Falle verhältnismäßig niedriger; der Pulsdruck beträgt 50—70 mm Hg. Der Puls ist erniedrigt und die Atemtätigkeit erhöht.

Unternormale Temperatur: Die Temperatur ist in den frühen Morgenstunden außergewöhnlich niedrig, oft nur 35,5° C, und geht bei kranken Personen selten über 36,1°. Sie steigt während des Tages an, bleibt jedoch gewöhnlich während der ganzen 24 Stunden unter dem Normalen.

Gewichtsverlust: Ist ein ständiger Befund. Er schwankt von leichten bis zu großen Abnahmen, zum Beispiel bis zu 7 kg in 2 oder 3 Wochen.

Tremor: Ist zuweilen das am meisten in die Augen fallende Anzeichen, und zwar in der Mehrzahl derartiger Fälle beständig und von ausgesprochen grobschlägiger Natur. Zugleich sind die Reflexe gesteigert, die Muskeln selbst gewöhnlich übermäßig reizbar; sie reagieren leicht auf einen mechanischen Anstoß. Der Tremor steigert sich aufs höchste beim Versuch, ihn zu beherrschen, und wird sehr verstärkt durch plötzliche unerwartete Geräusche und Ereignisse. Das jähe Zucken eines Armes oder Beines kann den Erkrankten aus dem Schlaf aufschrecken oder verursachen, daß er einen in der Hand gehaltenen Gegenstand fallen läßt.

Periphere Neuritis mit Paralyse oder Anästhesie ist von uns in keinem Fall beobachtet worden, obgleich an anderen Stellen über einige wenige Fälle berichtet worden ist.

Abdominale Erscheinungen: Magen- und Darmkrämpfe spielen im klinischen Bild keine bedeutende Rolle. In den wenigen Fällen, wo sie auftraten, sind sie nicht schwer gewesen. Sie haben niemals den ersten Anlaß zu Klagen gegeben. Weder Verstopfung noch Durchfall wird häufig beobachtet.

Blutbefund: Ist nicht eindeutig kennzeichnend. Regelmäßig bei allen Patienten durchgeführte Hämoglobinbestimmungen haben keinerlei Aufklärung gegeben. In ein oder zwei Fällen war eine sehr leichte Abnahme zu bemerken, die jedoch nie von Bedeutung gewesen ist. (Die Bestimmungen sind mittels des Dareschen Instrumentes ausgeführt worden.) Die mikroskopische Untersuchung des Blutes liefert nur wenig Anhaltspunkte für eine Zerstörung der roten Blutkörperchen. Polychromasie und Basophilie werden bei einem hohen Prozentsatz von Fällen langsamer Aufnahme durch Monate hindurch gefunden, doch ist bei Fällen nachweislich rascher Aufnahme Basophilie sehr häufig nicht vorhanden. Aber auch wo Polychromasie und Basophilie auftreten (diese sind als Blutbilder niemals so ausgesprochen, wie oftmals bei den gewöhnlichen Bleivergiftungen beobachtet wird), besteht keine meßbare Verringerung der roten Blutkörperchen.

Bleisaum: Das Auftreten von Bleisaum am Zahnfleisch ist kein ständiger, nicht einmal ein häufiger Befund. In mehreren Fällen ist Bleisaum allerdings beobachtet worden, bei zwei Fällen sogar ganz ausgesprochen und charakteristisch. Trotzdem bildet er keinen frühzeitig eintretenden und keinen wichtigen Faktor für die Diagnose.

Urin: Der Befund ist spärlich, mit Ausnahme der Anwesenheit von Blei. In allen schweren Fällen weist der Urin ständig starke Acidität auf und verbleibt während der ganzen 24 Stunden stark sauer gegenüber Methylrot. Eiweiß erscheint selbst bei schwer vergifteten Personen nicht.

Ausscheidung von Blei: Blei wird in größeren Mengen ausgeschieden, als in den meisten Fällen von Bleivergiftung zu beobachten ist, und zwar sowohl durch die Nieren als auch durch den Verdauungstrakt. Gewöhnlich übersteigt während eines bestimmten Zeitraums die Ausscheidung mit den Faeces diejenige im Urin. In einem Falle jedoch übertraf die Ausscheidung im Urin beständig diejenige mit den Faeces. Die in einer 24-Stunden-Probe Urin ausgeschiedene Menge schwankte zwischen 0 und 8,4 mg Blei.

4. Typische klinische Erscheinungen.

Bei milden Vergiftungsfällen, bei denen die Einwirkung leicht und kurz war, sind Schlaflosigkeit und Appetitlosigkeit, verbunden mit einem leichten Abfall im Blutdruck und in der Temperatur, oft die einzigen Befunde. In derartigen Fällen hat die Blutprüfung nicht die geringsten Anhaltspunkte ergeben. An Stelle von Schlaflosigkeit kann sich der Befallene darüber beklagen, daß sein Schlaf durch schreckhafte Träume gestört werde. Im Verlaufe von einigen Tagen verschwindet dieser Zustand beinahe ganz, wenn auch der Blutdruck weitere 1—3 Wochen unternormal bleiben kann.

In Fällen, wo die Symptome schwach auftreten, bei denen jedoch eine leichte Einwirkung eine geraume Zeit (Monate) hindurch stattgefunden hat, besteht außer den vorerwähnten Symptomen die Wahrscheinlichkeit einer Veränderung des Blutbildes. Auch Bleisaum ist bei einigen solcher Fälle beobachtet worden. Gewöhnlich zeigt dann eine sorgfältige Untersuchung von Blutausstrichen hier und da ein getüpfeltes rotes Blutkörperchen, jedoch keine Abnahme des Hämoglobins oder der roten Blutkörperchen. Die Anzahl der Leukocyten ist dann gewöhnlich, wenn auch nicht immer, um 1000—2000 über das frühere Normale vermehrt. Sowohl die Symptome als auch die Abweichungen im Blutbild neigen zu raschem Verschwinden, sobald eine weitere Einwirkung aufhört und therapeutische Maßnahmen einsetzen.

In schwereren Fällen sind die Symptome zahlreicher. Gewichtsverlust, Schlaflosigkeit und Appetitlosigkeit sind besonders ausgesprochen. Auch während der Besserung des Patienten bilden Müdigkeit, Schwäche bei Anstrengung, unternormaler Blutdruck und Untertemperatur die am meisten hervorstechenden Symptome. Das Andauern dieses Zustandes kann so auffallend sein, daß die bei leichten Infektionskrankheiten übliche chronische Müdigkeit vorgetäuscht wird. Im Verlauf von 6—10 Wochen verschwinden jedoch alle diese Symptome, und es können keine Nachwirkungen mehr beobachtet werden.

Bei akuten Fällen sieht man sofort, daß eine Beeinflussung des Zentralnervensystems das wesentliche und kennzeichnende Merkmal des Zustandes ist. Der Patient ist reizbar, „nervös" und in einem beständigen Erregungszustand, der sich in solchem Maße steigern kann, daß der Befallene maniakalisch wird. Diese Manie ähnelt sehr stark einem alkoholischen Delirium. Der Kranke redet beständig und befindet sich in stetiger Furcht vor Tieren oder Personen, die ihn angreifen könnten. Er ist andauernd bestrebt, zu entschlüpfen, und falls er nicht zurückgehalten oder in irgendeiner Weise beruhigt wird, wird er wahrscheinlich versuchen, irgendwie zu entkommen, sei es auch durch Herausspringen selbst aus einem höher gelegenen Fenster. Der Ausgang eines solchen Falles ist fast immer tödlich, wobei der Tod anscheinend durch Erschöpfung erfolgt.

5. Diagnose.

Eine Diagnose auf Bleitetraäthylvergiftung muß auf Grund einer sorgfältigen Berücksichtigung der Symptome sowie der Anamnese gestellt werden. In Zweifelsfällen kann auf der einen Seite das Vorliegen einer derartigen Vergiftung, weil die für eine gewöhnliche Bleivergiftung als kennzeichnend geltenden Symptome fehlen, nicht mit Sicherheit von der Hand gewiesen werden. Andererseits wiederum ist keiner der Begleitumstände, die zusammen das klinische Bild dieses Zustandes liefern, für sich allein charakteristisch. Die Krankheiten, welche hinsichtlich einer Differentialdiagnose die größten Schwierigkeiten bieten, sind Tuberkulose, Syphilis, chronische Herzmuskelentzündung, chronische und subakute Sinusitis sowie andere chronische Infektionskrankheiten, bei denen eine Vergiftung des Systems eintritt. Der Befund von bedeutenden Mengen Blei im Urin und in den Faeces kann in gewissen Fällen sehr wohl die einzige sichere Unterscheidung darstellen. Die größten Schwierigkeiten in der Diagnose wird man jedoch wahrscheinlich in den Fällen finden, bei denen Zweifel bestehen, ob überhaupt eindeutig ein Ausgesetztsein gegen Bleitetraäthyl vorlag.

6. Behandlung.

Die Behandlung, die bei den hier besprochenen Fällen zur Anwendung kam, ist wegen des Fehlens spezifischer Heilmittel auf Überlegungen mehrfacher Art gestützt worden. Blei wird von der vergifteten Person, mindestens teilweise, in Form von anorganischen Verbindungen ausgeschieden. Es erscheint daher klar, daß die organische Verbindung zum Teil, wenn nicht gänzlich, in anorganische Bleiverbindungen umgewandelt wird. Hieraus würde folgen, daß die Schwankungen in der Symptomatologie der Bleitetraäthylvergiftung im Gegensatz zur gewöhnlichen Bleivergiftung aus einer einzigartigen Verteilung des Bleis in den Geweben oder aus einem großen Unterschied in den tatsächlich im Körper vorhandenen Mengen herrühren. Wenn man diese Schlußfolgerungen als richtig anerkennt, dann braucht die Behandlung einer Bleitetraäthylvergiftung nicht von derjenigen bei Bleivergiftungen anderer Art abzuweichen. Demgemäß gelangte eine Behandlungsweise zur Anwendung, die ihre Wirksamkeit bei verschiedenen Arten von Vergiftungen durch Schwermetalle erwiesen hatte. Die experimentelle Grundlage der Methode (2) und die klinischen Nachweise ihres Wertes (3) erscheinen an anderer Stelle. Ihre Richtlinien sind die folgenden:

1. Schwermetalle verbinden sich mit dem lebenden Gewebe und schädigen es.

2. Die Verbindung von Schwermetall und Gewebe kann sowohl verhindert wie aufgehoben werden durch die Gegenwart von Salzen der Leichtmetalle in hinreichender Konzentration, wodurch das Schwermetall zwecks Ausscheidung in löslicher Form freigemacht und das Gewebe wieder in seinen normalen physikalischen Zustand zurückversetzt wird.

3. Symptome von Säurevergiftung sowie Ödeme, die mit einer Schwermetallvergiftung verbunden sind, besonders mit einer akuten, können durch die gleichen Mittel wirksam bekämpft werden.

Die tatsächliche Behandlung bestand in der Verabreichung von Mischungen von doppeltkohlensaurem Natron oder Natriumcitrat, Magnesiumoxyd und Calciumcarbonat in genügenden Mengen, um den Urin neutral zu halten. 20—30 g einer Mischung dieser Salze werden täglich für diesen Zweck benötigt. Bei schwereren

Fällen wurde außerdem noch Magnesiumsulfat hinzugefügt, das in kleinen Dosierungen den ganzen Tag über gegeben wurde, um die Diurese zu erleichtern. Ebenso wurde der Darm zwecks ungehinderter Bleiausscheidung mit Abführsalzen offen gehalten. Da keiner der behandelten Fälle irgendwelche Anzeichen einer akuten Ödementwicklung aufwies, wurden große Mengen Wasser und Zitronenlimonade verabreicht.

Schlafmittel kamen nicht in Anwendung. Es kann nicht oft genug betont werden, daß die Verwendung von Opiumverbindungen und Chloralhydrat bei diesen und ähnlichen Fällen von Schlaflosigkeit ein äußerst gefährliches Vorgehen ist.

7. Therapeutische Ergebnisse.

Es wurde gefunden, daß die Schlaflosigkeit nach einer gründlichen Alkalisierung sich verminderte und gewöhnlich in ein paar Tagen verschwand. Der Appetit stellte sich beinahe sofort wieder ein, und damit hörte auch eine weitere Gewichtsabnahme des Patienten auf. In mehreren Fällen blieb allgemeine Schwäche und nervöse Reizbarkeit, die sich durch Zittern und etwas gesteigerte Reflexe kundgab, zusammen mit störenden Träumen noch beträchtliche Zeit bestehen. Ebenso zeigte der niedrige Blutdruck die Neigung, anzuhalten. In keinem einzigen Fall jedoch nahmen die Symptome an Schwere zu, und es erfolgte auch kein Rückfall in frühere schwere Symptome. Es ist natürlich möglich, daß dies in weitem Maße auf das Aufhören der Bleitetraäthyleinwirkung sowie auf die Ruhe und Ablenkung zurückzuführen ist, die durch leichte Beschäftigung im Freien und Erholung verschafft wurde. (Keinem der Patienten wurde Bettruhe verordnet aus dem Grunde, weil keiner gefährlich krank war; es behaupteten auch alle, daß sie sich außerhalb des Bettes wohler fühlten.) Andererseits ist wahrscheinlich nicht ohne Bedeutung, daß keine Nachwirkungen, weder von gewöhnlicher Bleivergiftung noch von dieser besonderen Art von Bleivergiftung bei irgendeinem der in Rede stehenden Fälle aufgetreten sind. Die bei der Beobachtung der Patienten erhaltenen experimentellen Befunde sollen der Gegenstand einer später erscheinenden und mehr ins einzelne gehenden Abhandlung werden. Was die klinischen Ergebnisse allein anbetrifft, so fühle ich mich jedoch berechtigt, die vorerwähnte Behandlungsweise als die zufriedenstellendste zu empfehlen, die jetzt geboten werden kann. Meine Ansicht ist, daß die heilsamen Wirkungen der Verabreichung von Natriumthiosulfat bei Arsen- und Bleivergiftungen (4) und von Jodkalium bei Bleivergiftungen auf Grund der oben angeführten Leitsätze zu erklären sind. Es ist jedoch wahrscheinlich, daß durch die Anwendung von Leichtmetallsalzen, die in viel höherer Konzentration gegeben werden können, eine größere Wirkung erreicht werden kann. Die Wirksamkeit dieser therapeutischen Methoden bei den akuten maniakalischen Typen von Bleitetraäthylvergiftung ist nicht ermittelt worden. Es ist jedoch bezeichnend, daß in einem akuten Fall von anorganischer Bleivergiftung mit ausgesprochenen zerebralen Symptomen die strenge Durchführung einer solchen Behandlung das dauernde Verschwinden der zerebralen Erscheinungen innerhalb von 12 Stunden zuwege gebracht hat (5).

Schrifttum.

1. Kehoe, R. A.: Über die Giftigkeit von Bleitetraäthyl und anorganischen Bleisalzen. (On the Toxicity of Tetra-Ethyl Lead and Inorganic Lead Salts.) J. Labor. a. clin. Med. 12, 554 (1927). Siehe IV A.

2. Kehoe, R. A.: Die Einwirkungen von Schwermetallen auf ein Protein und die Umkehrung derartiger Wirkungen. (The Affects of Heavy Metals upon a Protein and the Reversal of Such Effects.) J. Labor. a. clin. Med. **5**, 443 (1920). — Die Aktivierung eines durch Schwermetallsalze vergifteten Enzyms. (The Activation of An Enzyme Poisoned by Heavy Metal Salts.) J. Labor. a. clin. Med. **7**, 736 (1922).

3. Weiss, H. B.: Eine Methode der Behandlung von Quecksilberchloridvergiftung. (A Method of Treatment of Mercuric Chlorid Poisoning.) J. amer. med. Assoc. **68**, 1618 (1917). — Die Grundlagen der Behandlung von Quecksilberchloridvergiftung. (The Principles of Treatment in Mercuric Chlorid Poisoning.) J. amer. med. Assoc. **71**, 1045 (1918). — Die Behandlung von Quecksilberchloridvergiftung. (The Treatment of Mercuric Chlorid Poisoning.) Arch. int. Med. **33**, 224 (1924).

4. Dennie, C. C. u. W. L. McBride: Behandlung von Arsphenamindermatitis, Quecksilbervergiftung und Bleivergiftung. (Treatment of Arsphenamin Dermatitis, Mercurial Poisoning and Lead Intoxication.) J. amer. med. Assoc. **83**, 2082 (1924).

5. McCord, C. P.: Bericht über einen Fall. (Report of Case.) J. Med. Cincinnati **5**, 354 (1924).

Vergiftung durch Bleitetraäthyl und verwandte Bleiverbindungen[1].

Von

Willard F. Machle, M. D.,
Kettering-Laboratorium für Angewandte Physiologie, Universität Cincinnati, Cincinnati (Ohio).

Infolge der in den letzten Jahren angewachsenen Erzeugung von Bleitetraäthyl als Antiklopfmittel und der heute fast universalen Verwendung desselben in Form von Ethyl- und Q-Fluid hat die Überwachung der bei seiner Herstellung und Vermischung mit Motortreibstoffen auftretenden Unfallmöglichkeiten sowie der gesamte damit verbundene gewerbehygienische Fragenkreis sehr an Umfang zugenommen. Da die heutigentags von den Ethyl-Fluid-Lieferfirmen zugelassene Zumischung von Bleitetraäthyl zu Benzin im Verhältnis von höchstens 1 : 1260 sich in bezug auf die Möglichkeit einer gesundheitlichen Schädigung durch Blei als harmlos erwiesen hat (1), beschränkt sich die hygienische Fragestellung auf diejenigen Personen, die mit der in Rede stehenden chemischen Verbindung vor ihrer Zumischung zu Benzin umzugehen haben, sowie auf solche, die ihren unter bestimmten Bedingungen auftretenden Zersetzungsprodukten, wie sie weiter unten beschrieben werden, ausgesetzt sein können.

Im Hinblick auf die Tatsache, daß im Schrifttum mehrfach keine Unterscheidung gemacht worden ist zwischen Vergiftungen, die durch eine Berührung mit konzentriertem Bleitetraäthyl tatsächlich eingetreten, und den theoretischen Gefährdungen, die mit Bleibenzin in Zusammenhang gebracht worden sind, erscheint es geboten, hervorzuheben, daß die in der vorliegenden Abhandlung erörterten Fälle einschließlich ihrer Begleitsymptome sich lediglich auf Vergiftungen beziehen, die bei der Herstellung oder Handhabung von konzentriertem Bleitetraäthyl und seinen Zersetzungsprodukten aufgetreten sind.

Obgleich die Symptomatologie der durch Bleivergiftung hervorgerufenen Gehirnerkrankungen seit den Ausführungen von Tanquerel des Planches und den neueren Veröffentlichungen von Sir Thomas Oliver, die sich auf die Wirkung von anorganischen Bleiverbindungen beziehen, kaum noch erweitert worden ist, ist ein unmittelbarer Zusammenhang zwischen einer Berührung mit flüchtigen organischen Bleiverbindungen und dem Auftreten charakteristischer akuter zerebraler Symptome so regelmäßig beobachtet worden, daß es gerechtfertigt erscheint, diesen Typus von Gehirnerkrankungen als eine scharf umrissene klinische Einheit zu betrachten.

---

[1] Aus J. amer. med. Assoc. **105**, 578 (1935).

Zweck der vorliegenden Veröffentlichung ist, die Vergiftung durch Bleitetraäthyl und seine Abbauprodukte historisch zu erfassen, auf Grund von Erfahrungen in 78 Fällen das klinische Bild zu umreißen und die ihr Auftreten verursachenden Umstände zu ermitteln.

1. Geschichtliches.

Obgleich Bleitetraäthyl seit seiner im Jahre 1852 erfolgten Entdeckung durch Löwig (2) Gegenstand experimenteller Untersuchung gewesen ist, finden sich im Schrifttum keinerlei Angaben über Vergiftungsfälle. Erst im Oktober 1924, einige Monate, nachdem die Herstellung der Substanz im technischen Maßstabe aufgenommen worden war, berichtete Eldridge (3) über eine Reihe von Fällen, die ihm von Thompson und Schoenleber zur Kenntnis gebracht worden waren. Insgesamt waren es 138, davon 49 von Kehoe in Dayton, Ohio, beobachtete, 71 in Bayway, N. J., der Rest in Deepwater, N. J. Unter dieser Gesamtzahl befanden sich 13 Todesfälle. Im Juli 1925 berichtete Kehoe (4) über eine Anzahl nichttödlicher Fälle und beschrieb die Symptome sowie klinische Einzelheiten vom Standpunkt der Differentialdiagnose. Kurz darauf erschien ein Bericht von Norris und Gettler (5), in welchem die Sektionsergebnisse, auch chemisch, von 4 Fällen besprochen werden. Dies sind die ersten und bis heute einzigen Veröffentlichungen in der medizinischen Literatur, in denen über selbständige Beobachtungen berichtet wird. Im Schrifttum des Auslandes (6) finden sich einige Arbeiten, deren Verfasser jedoch, was die klinischen Angaben betrifft, alle auf die vorerwähnten Veröffentlichungen zurückgehen. Einige dieser Aufsätze haben Verwirrung angerichtet, da die Autoren, wie gesagt, unterlassen haben, zwischen den Vergiftungsfällen, die sich durch konzentriertes Bleitetraäthyl tatsächlich ereignet haben, und den theoretisch möglichen Gefährdungen durch Bleibenzin scharf zu unterscheiden.

Reynolds (7) berichtete 1928 über einen Fall, bei dem in einer Fabrikationsanlage eine über 3 Wochen sich erstreckende Berührung mit Bleitetraäthyl stattgefunden hatte. Am Zeitpunkt der Untersuchung bot der Patient das Parkinsonsyndrom mit Lethargie dar, das sich nach Aufhören der Berührung mit Bleitetraäthyl allmählich entwickelt hatte. Da über das klinische Bild beim Beginn der Einwirkung keine vollständigen Unterlagen, weiterhin auch keine chemischen Untersuchungen vorliegen, ist es fraglich, ob nicht möglicherweise Encephalitis die Ursache für das beobachtete Syndrom war, um so mehr als hier eine in ihrer Art einzig dastehende neurologische Folgeerscheinung einer Bleitetraäthylvergiftung vorliegen würde.

2. Pharmakologie.

Die Erforschung der pharmakologischen Wirkungen der organischen Bleiverbindungen, die 1878 mit Harnack (8) begann, ist weit davon entfernt, abgeschlossen zu sein. Das Auftreten von Bleitetraäthylvergiftungen im Jahre 1924 führte zu Untersuchungen von Eldridge (3) und später von Kehoe (9), der zu der Feststellung gelangte, daß die Giftigkeit von Bleitetraäthyl mehr eine Funktion seines Bleigehaltes als eine Besonderheit gerade dieser Verbindung sei. Diese Annahme wurde auf alle organischen Bleiverbindungen übertragen, obgleich Buck und Kumro (10) feststellten, daß bei Ratten die letale Mindestdosis für Bleitetramethyl, intraperitoneal eingeführt, zwischen 70 und 100 mg je Kilogramm Gewicht liegt, gegenüber 10 mg für Bleitetraäthyl und 2—3 mg für Tributyl- und Tripropylbleichlorid. Dabei wurden jedoch die Trialkylbleiverbindungen in verdünnter alkoholischer Lösung eingegeben, während das Tetraäthyl- und das Tetramethylblei in Olivenöl gelöst angewandt wurden. Die Forscher berichteten, daß die Resorption langsam verlief, wenn die Substanz in Olivenöl gelöst injiziert wurde, wodurch es schwierig sei, die Resultate zu vergleichen. Sie untersuchten ausgewählte ionisierte zweiwertige Bleiverbindungen, schwach ionisierte Salze, komplexe Salze, Diarylbleisalze und Trialkyl- und Tetraalkylbleisalze. Es wurde beobachtet, daß die drei ersten Gattungen von Bleiverbindungen sich in bezug auf das Hervorrufen von Bleivergiftung gleichartig verhielten; andererseits zeigten wiederum die Trialkyl- und die Tetraalkylsalze unter sich ähnliche Wirkungen, wichen aber von den ersten drei Verbindungen bezüglich ihrer Neigung, Gehirnerkrankungen hervorzurufen, ab.

Andere Forscher (11) haben in der Hoffnung, eine wirksame Bleiverbindung zur Behandlung maligner Tumoren zu finden, die Toxikologie und Pharmakologie von Bleitriäthylacetat, -hydroxyd, -chlorid und -sulfat, sowie von zahlreichen Tetraalkyl- und Diarylbleisalzen untersucht.

Im allgemeinen verläuft, wenn fettlösliche organische Bleiverbindungen angewandt werden, bei allen Tieren, die beobachtet wurden — bei Fröschen, Tauben, Ratten, Kaninchen, Katzen und Hunden —, die physiologische Reaktion in gleichartiger Weise. Unverkennbar sind die Symptome von seiten des Zentralnervensystems; sie überwiegen bei weitem diejenigen anderer Systeme, was auf Grund der Fettlöslichkeit der Verbindungen zu erwarten ist. Norris und Gettler (5) berichten über das Wiederfinden von flüchtigem Blei im Gehirn zweier von 4 Männern, die infolge Vergiftung hauptsächlich durch Dämpfe von Bleitetraäthyl gestorben waren. Außer flüchtigem organischem Blei wurden auch ungewöhnlich große Mengen nichtflüchtigen Bleis gefunden, was die Möglichkeit einer Aufspaltung von Bleitetraäthyl *in situ* nahelegt. Kehoe (12) konnte 3 und 12 Stunden nach Aufbringen von Bleitetraäthyl auf die Haut von Kaninchen in ihrem Gehirn kein flüchtiges Blei nachweisen, obgleich geringe Mengen im Blut von einem und in der Leber von drei Tieren gefunden wurden.

Der Abbau der chemischen Verbindung, bei dem sich ihre Flüchtigkeit vermindert, scheint in verhältnismäßig kurzer Zeit vor sich zu gehen. Was das Verhalten beim Menschen anbetrifft, so wurde in zwei der Norrisschen Fälle (5), bei denen die Patienten nach 72 Stunden gestorben waren, kein flüchtiges Blei im Gehirn gefunden, während die beiden anderen Männer, die schon nach 24 Stunden gestorben waren, wie gesagt, beträchtliche Mengen flüchtigen Bleis im Gehirn aufwiesen. Es ist anzunehmen, daß das Tempo des Abbaues von der Dosierung, von der Art der Einführung und in gewissem Grade von dem Organismus selbst abhängt. Kehoe (12) schätzte die Zeit, die zur vollständigen Zersetzung und Weiterverteilung des Bleis nötig ist — ähnlich wie sie für wasserlösliche, nicht flüchtige Bleiverbindungen gefunden wurde —, auf 3—14 Tage.

Die Wirkung auf das Zentralnervensystem ist die einer Reizung. Bei Tieren wird Ruhelosigkeit und Reizbarkeit beobachtet, selbst Kampflustigkeit kann auftreten; Inkoordination, Ataxie und Zuckungen stellen sich ein, in schweren Fällen Krämpfe und Tod. Empfindung und Bewußtsein schwinden erst kurz vor dem Tode.

Schwächezustände und Blutdrucksenkung sind beobachtet worden. Harnack (8) schrieb die Schwächezustände der Einwirkung des Bleis auf quergestreifte Muskeln zu, die Kreislaufänderungen einer Einwirkung auf das Herz. Eine Wirkung auf die glatten Muskeln der Gefäße oder des Darms bemerkte er nicht. Mason (13) dagegen schrieb die von ihm beobachtete Änderung des Blutdrucks und der Atemfrequenz. — sofortiges Sinken des Blutdrucks und Bradykardie bei erhöhter Atemtätigkeit — einer Reizung der gefäßerweiternden Zentren und Endorgane zu.

Der Ort im Körper, von welchem aus organische Bleiverbindungen die Blutdrucksenkung hervorrufen, ist noch nicht eindeutig ermittelt worden. Festgestellt worden ist (9) eine Zunahme der Atemfrequenz als Begleiterscheinung des ersten Erregungszustandes. Gewöhnlich erfolgt sodann eine Abnahme, besonders bei Kaninchen, obwohl auch das Gegenteil berichtet wird (14).

Die Wirkung parenteral eingeführter organischer Bleiverbindungen auf den Magen-Darmkanal ist unterschiedlich. Die meisten Beobachter haben allerdings gesteigerte Darmtätigkeit festgestellt, eher mit einer Neigung zu Diarrhöe als zu der bei chronischer Bleivergiftung üblichen Verstopfung.

Auf das Harnsystem sind deutliche Wirkungen nicht beobachtet worden, und experimentelle Untersuchungen über eine möglicherweise stattfindende Einwirkung auf die Fruchtbarkeit liegen nicht vor. Bischoff und Mitarbeiter (11) fanden, daß Bleitetraäthyl auf trächtige Kaninchen nicht giftiger wirkt als auf nichtträchtige, doch ergab sich eine erhöhte Sterblichkeit der Jungen, wenn einzelne große Dosen zwischen dem 6. und dem 15. Tage der Trächtigkeit eingegeben wurden. Obwohl die Nachkommenschaft geschwächt war, wurde nach Bleitetraäthyl keine spezifische Wirkung auf die Zottenhaut beobachtet.

3. Ätiologie.

Während erwiesen ist, daß Bleitetraäthyl in bezug auf seine pharmakologische Wirkung und seine Fähigkeit, charakteristische Vergiftungserscheinungen beim Menschen hervorzurufen, nicht vereinzelt dasteht, sondern diese Eigenschaften mit anderen organischen Bleiverbindungen ähnlicher physikalischer und chemischer Beschaffenheit teilt, ist es praktisch doch die einzige organische Bleiverbindung, die heute allgemein in technischem Gebrauch und im Handel ist. Infolgedessen sollen die vorliegenden Betrachtungen auf Bleitetraäthyl und seine Zersetzungsprodukte beschränkt bleiben.

Bleitetraäthyl ist eine farblose ölige Flüssigkeit (spez. Gew. 1,6615) von süßlichem Geruch. Es hat bei gewöhnlicher Temperatur einen merklichen Dampfdruck: 1 Liter gesättigte Luft enthält 5 mg. Es ist unlöslich in Wasser, löslich in Alkohol und Azeton, mischbar mit Fetten und Ölen. Infolge dieser letzteren Eigenschaft wird die Haut zu einer wichtigen Pforte für das Eindringen des Stoffes in den Körper; ebenso ist die Durchlässigkeit des Lungenepithels ihm gegenüber auffallend.

Obgleich Triäthylbleihydroxyd und Triäthylbleisalze, die ersten Zersetzungsprodukte, im ganzen nicht fettlöslich sind, scheinen auch sie rasch durch die Lungen resorbiert zu werden. Personen, die derartigen Verbindungen selbst in Form von minimalen Mengen Staub ausgesetzt waren, wiesen erhebliche Nasen- und Augenreizung auf.

Die Resorption von Bleitetraäthyl durch den Magen-Darmkanal verläuft zögernd und nicht einheitlich; sie fand bei zwei der in der vorliegenden Arbeit behandelten Fälle statt, wobei sofort Erbrechen und Stuhl erfolgte.

Nur bei einer verhältnismäßig kleinen Gruppe von Menschen in der Industrie besteht die Möglichkeit, mit der konzentrierten Bleiverbindung in Form von Ethyl- und Q-Fluid in gefährdende Berührung zu kommen. Letztere Flüssigkeiten stellen Mischungen von Bleitetraäthyl mit Alkylhalogeniden, wie Äthylendibromid, dar. Sie werden stets durch Zusatz eines Farbstoffes gefärbt, um sie einwandfrei kenntlich zu machen, und enthalten etwa 60 Gew.-% reines Bleitetraäthyl.

Bei der Herstellung des Fluids und zur Unterhaltung der dafür nötigen Apparatur werden in der einzigen bis jetzt in Betrieb befindlichen Anlage etwa 300 bis 600 Mann beschäftigt. Diese Leute stehen unter sorgfältiger ärztlicher Überwachung, und außergewöhnliche Vorsichtsmaßnahmen sind getroffen worden, um Berührung mit der Haut oder Einatmung von Dämpfen zu verhüten. Als Folge davon haben sich seit Bestehen dieser sanitären Maßnahmen, d. h. seit dem Jahre 1925, nur vier bereits im Anfangsstadium abgefangene Fälle ereignet, die ohne schwere Folgen geblieben sind.

Eine andere Schar von etwa 1700 Leuten wird in verschiedenen Raffinerien der Vereinigten Staaten von Zeit zu Zeit mit dem Vermischen des bleitetraäthyl-haltigen Fluids mit Benzin beschäftigt. Diese Leute werden von der Medizinischen Abteilung der Ethyl Gasoline Corporation überwacht; sie haben keinen Fall von Vergiftung aufzuweisen. In der Tat haben in neuester Zeit Untersuchungen von Kehoe[1] gezeigt, daß sie im Mittel keine wesentlich anderen Mengen Blei ausscheiden als sonstige nicht in besonderem Maße bleigefährdete Industrie-arbeiter.

Die gleichen Leute und außerdem eine wechselnde Anzahl von Arbeitern aus Raffinerien können etwa einmal im Jahr oder alle 2 Jahre einige Tage lang damit beschäftigt werden, Vorrattanks zu reinigen, in denen Bleibenzin aufbewahrt worden ist. Obwohl heutigentags die hygienischen Vorkehrungen hierfür etwa die gleichen sind wie für die Vermischung, und daher eine ernsthafte Berührung mit Bleibenzin, wenn die Vorschriften beachtet werden, nicht möglich ist, sind Gefahren doch tatsächlich vorhanden, so daß die Sicherheit der Leute von beständiger Aufmerksamkeit abhängt. Es ist stets damit zu rechnen, daß eine Einwirkung und Erkrankung eintreten wird, wenn die Sicherheitsvorschriften ungenügend befolgt werden oder die Aufmerksamkeit erlahmt.

Nach langem Stehen im Behälter kann sich Bleitetraäthyl in der handelsüblichen Mischung mit Benzin teilweise zersetzen, unter Bildung verschiedener Verbindungen, wie Triäthylbleibromid oder -hydroxyd und Diäthylbleisalzen. Diese sind im allgemeinen wenig flüchtig, können aber, wie weiter oben schon angedeutet, als feinverteilter Staub auftreten, wenn die Vorrattanks vor dem Säubern ausgetrocknet waren. In 11 der in Behandlung gewesenen Fälle fand eine Einwirkung bei Reinigungsarbeiten unter so beschriebenen Umständen statt. Außer durch Reizerscheinungen an Augen und oberen Atmungswegen, die während der Zeit der Berührung auftraten, unterschieden sich die sonst erkennbaren toxischen Wirkungen und das klinische Bild nicht von anderen Fällen, in denen eine Berührung mit reinem oder mit Äthylendibromid vermischtem Bleitetraäthyl oder mit anderen Bleiverbindungen stattgefunden hatte.

Eine andere zahlenmäßig wechselnde Gruppe von Leuten, die von Zeit zu Zeit gefährdet sein können, besteht aus Chemikern und Laboratoriumsgehilfen, die

---

[1] Kehoe, R. A.: Unveröffentlichte Angaben.

kleine Mengen von organischen Bleiverbindungen zu experimentellen Zwecken herstellen oder verarbeiten.

Tabelle 1 verzeichnet die Fälle von Vergiftungen bei den verschiedenen aufgezählten Gruppen für den Zeitraum von 1925—1930 und von 1930—1935.

Tabelle 1. Fälle von Bleivergiftungen.

	Anzahl der Fälle	
	1925—1930	1930—1935
Fabrikation	61	4
Reinigen von Behältern	0	11
Zufälliges oder fahrlässiges Verschlucken	0	2
Laboratorium	0	0
Mischen	0	0
Zusammen	61	17

Über Vergiftungsfälle vor 1925 liegen keine genauen Zahlen vor.

Alle betroffenen Personen waren weiße Männer. Es war daher wenig Gelegenheit, den Einfluß von Rasse und Geschlecht zu ermitteln. Der Zustand von zwei Italienern, die sich unter diesen Fällen befanden, gab keinen Hinweis auf eine erhöhte Empfänglichkeit ihrer Rasse.

Das Durchschnittsalter von 72 Patienten betrug 29 Jahre; der älteste war 55, der jüngste 16 Jahre. Jedoch wurde in bezug auf das Alter kein Unterschied in der Wirkung bemerkt. Die Schwere der Wirkung wurde fast ausschließlich durch die Stärke der Berührung bestimmt.

Es wäre zu erwarten, daß Alkoholismus und Schwächezustände die Wahrscheinlichkeit einer Erkrankung als Folge einer Bleieinwirkung von gegebenem Ausmaße erhöhen, wie sie auch das Verhalten gegen andere schädliche Stoffe beeinflussen. In der vorliegenden Reihe von Fällen konnte jedoch bei Leuten, die Alkohol tranken, keine besondere Empfindlichkeit bemerkt werden.

Bis heute ist eine chronische Vergiftung durch Bleitetraäthyl nicht beobachtet worden. Infolgedessen kann nur gemutmaßt werden, daß die Umstände, die zu einer chronischen Vergiftung durch anorganische Bleiverbindungen führen, eine solche in ähnlicher Weise auch durch flüchtige organische Verbindungen hervorrufen können. Geeigneter hygienischer Vorsorge und Überwachung ist es zweifellos zuzuschreiben, daß letzteres bis jetzt nicht der Fall gewesen ist. Allerdings liegen auch Beweise dafür vor, daß Bleitetraäthyl in höherem Maße ausgeschieden wird als anorganische Bleiverbindungen. Kehoe (12) fand, daß bei Kaninchen Bleichlorid in größerer Menge zurückgehalten wurde als Bleitetraäthyl, was auf stärkere und raschere Ausscheidung des letzteren schließen läßt. Diese wirksamere Ausscheidung wäre, obgleich sie physiologische Bedeutung nur für den der Zersetzung der vierwertigen Verbindung vorausgehenden Zeitraum besäße, für das Gesamtbild durchaus wichtig, wie es ähnlich bei den fünf- und dreiwertigen Antimonverbindungen festgestellt worden ist.

4. Pathologische Beobachtungen.

Spezifische pathologische Veränderungen, die dem Bleitetraäthyl zuzuschreiben wären, sind nicht zu beobachten. Allgemeine Blutüberfüllung der inneren Organe, deutlich vor allem im Gehirn und in der Lunge, wo sie gewöhnlich von Blutungen und Ödem begleitet ist, wurde von Kehoe (9) bei Kaninchen festgestellt. Diese sowohl wie die von Eldridge (3) benutzten Hunde zeigten ausgesprochene Kongestion im Darmkanal mit freier Blutung. Meistenteils treten die Blutungen bei Kaninchen im Zwölffingerdarm und im proximalen Dünndarm auf, während bei Hunden der lymphatische Apparat im unteren Ileum am meisten angegriffen wird. Da Blutungen im Magen-Darmkanal beim Menschen nicht beobachtet worden sind, muß diese Schädigung als kennzeichnend nur für diejenigen Tiere betrachtet werden, bei denen sie beschrieben worden ist.

Der Sektionsbefund ergibt beim Menschen wie beim Tier keine spezifische Schädigung, doch zeigt sich eine charakteristische örtliche Verteilung der schweren Kongestionen, der Ödeme und der Blutungen. Vorwiegend treten diese Schädigungen in der weißen Hirnsubstanz auf. Die Gefäße sind überfüllt, in vielen Fällen wie blockiert durch eine Anhäufung von roten Blutkörperchen, die deutlich verändert sein können, so daß ihre eosinophile Färbbarkeit zurückgeht. Norris (5) berichtete über Anhäufungen von eosinophilem Material um diese Thromben, obgleich verstreut und teilweise lokalisiert auch Degeneration der weißen Substanz auftreten kann, ohne von irgendwelchen zellulären Infiltrationen oder Anhäufungen von Leukocyten in den benachbarten Gefäßen begleitet zu sein.

Ein zweiter charakteristischer Sitz der Zerstörung ist die Lunge. Im Vordergrund steht Kongestion; freie Blutungen, begleitet von Ödem verschiedenen Grades, können auftreten. Gelegentlich sind hyaline Thromben zu beobachten mit zahlreichen Anhäufungen von hyaliner Substanz im interstitiellen Gewebe. In einigen Gefäßen tritt Blutveränderung ein, Anhäufungen von pigmentbeladenen Leukocyten sind üblich. Veränderungen in den Bronchien kommen gewöhnlich nicht vor.

Allgemein macht sich eine Blutüberfüllung der inneren Organe mit Ödem bemerkbar, ausgenommen in der Leber, die jedoch degenerative Veränderungen aufweisen kann. Ebenso zeigt sich in den Tubuli der Niere Degeneration verschiedenen Grades; die Glomeruli nehmen an der allgemeinen Gefäßüberfüllung teil. Diese Veränderungen in Leber und Nieren, sowie in Herz, Pankreas, Nebennieren und anderen Organen stellen eine mehr oder weniger einheitliche typische Reaktion gegen allgemein schädliche Stoffe dar und können nicht als spezifisch angesehen werden.

Tatsächlich erscheint außerordentlich zweifelhaft, ob es gerechtfertigt ist, aus der Autopsie im Falle einer Bleitetraäthylvergiftung irgendwelche spezifischen Rückschlüsse auf die Todesursache zu ziehen, trotz der einigermaßen charakteristischen Lokalisation der Veränderungen im Gehirn und in der Lunge. Für eine solche Diagnose ist nur eine Kenntnis der Art und Zeitdauer der Einwirkung von konzentrierten fettlöslichen Bleiverbindungen im Verein mit dem Auffinden deutlicher Mengen Blei im Zentralnervensystem und sonstwo maßgebend.

5. Symptome und Anzeichen.

Der Vorgang der Bleitetraäthylaufnahme selbst ist für gewöhnlich nicht von irgendwelchen Symptomen begleitet, ausgenommen vielleicht einem gewissen Brechreiz infolge des süßlichen Geruchs der Substanz. Berührung und Aufnahme von Bleitrialkylverbindungen andererseits sind, wie mehrfach erwähnt, von einer deutlichen Reizung der serösen und mukösen Häute begleitet.

Vergiftungssymptome zeigen sich in beiden Fällen erst später: bei Bleitetraäthyl gewöhnlich nach 1—3 Stunden, bei Trialkylblei etwas früher. Wie bei vielen anderen allgemeinen Giften hängt die Zeitspanne zwischen der Aufnahme des Giftes und dem Auftreten von Symptomen von der Dosis ab: eine Person, bei der deutliche Vergiftungserscheinungen innerhalb einer Stunde einsetzen, ist vermutlich in höherem Grade mit Blei in Berührung gewesen als ein anderer Patient, bei dem sich vor Ablauf von 4 oder selbst 12 Stunden kein deutliches Übelbefinden einstellt.

Diese Verzögerung im Auftreten von Symptomen beruht auf wenigstens zwei Faktoren: 1. auf der Zersetzung des Bleis im Körper unter Freimachung von wasserlöslichen Bleiverbindungen und 2. auf der verzögerten weiteren Resorption entweder aus den Lungenepithelien oder aus der Haut. Eine Aufnahme aus dem Darmkanal kann verzögert ebenfalls stattfinden, doch ist sie wegen des Auftretens von Erbrechen und Durchfall weniger wahrscheinlich.

In allen Fällen ging ein Prodromalstadium dem Ausbruch schwerer, akuter Symptome voraus; seine Dauer schwankte zwischen 18 Stunden und 8 Tagen und stand ebenso wie die der latenten Periode im umgekehrten Verhältnis zur Größe der Bleiaufnahme und der Schwere der Vergiftung. Zum Beispiel traten in einem schweren Falle deutliche Vergiftungssymptome innerhalb einer Stunde auf, die sich in weiteren 18 Stunden stetig zunehmend zu Manie entwickelten. In einem anderen leichteren Falle entwickelten sich Symptome erst 10—12 Stunden nach der Bleiaufnahme; sie hielten wenig deutlich umrissen 11 Tage lang an, dann jedoch trat Manie ein. Hier lag die größte Spanne zwischen dem Zeitpunkt der Bleiaufnahme und dem Ausbrechen schwerer Symptome vor, die bei derartigen Patienten beobachtet worden war, und in diesem Falle wie in allen anderen, die zu schweren Symptomen führten, wurde vor dem Ausbruch derselben kein Normalzustand mehr oder auch nur ein Zurückgehen der Erkrankung beobachtet, obgleich die Intensität der Krankheitserscheinungen von Tag zu Tag leichthin schwankte.

Die Symptome des Prodromalstadiums gleichen denen des akuten Zustandes in abgeschwächter Form. Im Gegensatz zu infektiösen Erkrankungen weist das klinische Frühbild wenig Schwankungen auf, und Herdsymptome stellen sich nicht ein. Die Reizung des Zentralnervensystems führt zu Schlaflosigkeit, die stets auftritt; das Einschlafen ist schwierig, der Schlaf unterbrochen und ruhelos, von wilden Schreckträumen begleitet. Während des Wachzustandes ist gewöhnlich Gesichtsblässe und Angstmiene zu beobachten. Der Patient ist nervös reizbar und kann wirre Antworten geben oder Niedergeschlagenheit zur Schau tragen, oder sein Zustand kann einer Angstneurose ähneln. Die psychische Erregung kann sehr deutlich sein, gewöhnlich von oft schweren Kopfschmerzen begleitet. Schwindel ist häufig. Meningitische Symptome fehlen. Der Liquor kann zu Zeiten erhöhten Druck aufweisen, zeigt jedoch sonst nichts Bemerkenswertes.

Veränderungen, die als Folgen einer Schädigung des peripheren Nervensystems gedeutet werden könnten, wurden nicht beobachtet. Wo im Hinblick auf den Zustand der Patienten eine neurologische Untersuchung durchführbar war, wurde das Sensorium als normal befunden, lediglich etwas in Richtung einer gesteigerten Reaktionsfähigkeit beeinflußt, die im ganzen mit der erhöhten psychischen Reizbarkeit zusammenhing. Gleichzeitig trat eine allgemeine Zunahme der Reflextätigkeit ein; die Sehnen- und Oberflächenreflexe waren erhöht, ja selbst übersteigert.

Im autonomen Nervensystem hat keine Veränderung der Reaktionsfähigkeit beobachtet werden können. Reflexe, die normalerweise nicht vorhanden sind, traten nicht auf. Clonus, Babinski und Oppenheim waren in keinem Falle auszulösen. Die Augenreflexe waren normal. Gelegentlich trat Klage über Sehstörungen auf; sie schienen in allen Fällen auf einer Schwäche der äußeren Augenmuskeln zu beruhen. Der Augenhintergrund bot nichts Bemerkenswertes.

Appetitlosigkeit, Brechreiz und Erbrechen oder Magenstörungen bildeten die ständigsten Symptome für den Magen-Darmkanal, am eindeutigsten des Morgens. Diarrhöe trat eher auf als Verstopfung, obgleich keine dieser beiden Störungen regelmäßig oder häufig war. Oft wurde über einen metallischen Geschmack geklagt.

Das Kreislaufsystem zeigte sich stark angegriffen; der Puls war langsam und ging in einigen Fällen auf 52—56 herunter; selbst wenn unverkennbare psychische Erregung auftrat, überstieg er nicht 100. Sowohl der systolische wie der diastolische Blutdruck ging zurück, in einigen Fällen bis auf 80 bzw. 40 mm Hg. Der durchschnittliche systolische Druck betrug in der untersuchten Reihe 104, der durchschnittliche diastolische Druck 62 mm Hg; beide lagen also im Mittel um 20 bzw. 16 mm tiefer als normal. Die größten Senkungen waren systolisch 53, diastolisch 36.

Schwäche, Tremor, Muskelschmerzen und leicht eintretende Ermüdbarkeit bildeten regelmäßige oder mindestens häufige Klagen. Die Schwäche entmutigte die Patienten in einigen Fällen derartig, daß sie den Hauptgegenstand der Beschwerden bildete. Nur 2 von 39 untersuchten Patienten erwähnten sie nicht besonders. Sie war in allen Fällen von rascher Ermüdbarkeit begleitet. Tremor, der in mehr als der Hälfte der Fälle beobachtet wurde, beschränkte sich größtenteils auf die Extremitäten, besonders die oberen, obgleich gelegentlich auch Patienten mit labialem und lingualem Tremor vorkamen. War der Tremor stark ausgeprägt, so war er grob und ruckartig, etwa vom Intentionstyp; er wurde durch Anstrengungen, durch ungewohnte Bewegungen oder durch einen Versuch, ihn zu beseitigen, noch verstärkt. Während des Schlafens oder der Ruhe war kein Tremor vorhanden; an seiner Stelle zeigten sich Zuckungen, choreiforme und lokalisierte Krampfbewegungen. Reizbarkeit der Muskulatur trat gewöhnlich auf, manchmal betont. Bei einem Patienten mit eindeutiger muskulärer Überempfindlichkeit gegen mechanische Reizungen war das Chvosteksymptom nachzuweisen zu einer Zeit, in der der Kalkspiegel im Blut normal war.

Symptome von seiten des Respirations- oder des Harntraktus treten im Prodromalstadium gewöhnlich nicht auf.

Eine gewohnte Beobachtung ist unternormale Temperatur; die Temperatur kann des Morgens zuweilen bis auf 35,6° C sinken und bleibt den ganzen Tag hindurch unter dem Normalen. Andererseits ist bei Patienten mit ausgesprochener psychischer Erregung auch normale Temperatur oder sogar 0,1—1° Fieber beobachtet worden. Bei einem Patienten trat plötzliche Temperaturerhöhung auf über 40° C auf zu einem Zeitpunkt, an dem er dem Tode nahe schien.

Auch Gewichtsverlust tritt gewöhnlich ein. Er beginnt frühzeitig, kann während der ganzen Krankheitsdauer anhalten und bis zu 11 kg betragen. In der untersuchten Gruppe belief sich der durchschnittliche Gewichtsverlust auf 4 kg bei einem Durchschnittsgewicht von 71 kg.

Tabelle 2. Symptome laut Berichten von 78 Patienten.

Symptome	Zahl der Patienten mit Symptomen	Zahl der Patienten ohne Symptome	Zahl der Patienten mit zweifelhaften Symptomen
Schlaflosigkeit	68	2	3
Seelische Erregung	28	1	—
Schwere Träume.	38	2	—
Leichte Ermüdbarkeit	40	2	—
Schwäche	37	2	—
Kopfschmerz	30	4	2
Muskelschmerzen	14	2	—
Magenstörungen	40	6	—
Schwindel.	22	4	—
Ängstlicher Gesichtsausdruck	9	2	—
Appetitlosigkeit	46	14	3
Appetitlosigkeit beim Frühstück . . .	42	13	1
Lethargie	13	3	1
Metallischer Geschmack	12	5	—
Tremor	22	17	2
Erbrechen	21	17	1
Verstopfung oder Diarrhöe	11	9	2
Inkoordination	6	4	—
Beeinträchtigung des Sehvermögens .	3	9	—
Ohrensausen	2	7	—

Am Beginn der Erkrankung und bei leichteren Fällen sind die Blutveränderungen nicht bedeutend.

Tabelle 2 gibt Aufschluß über die Häufigkeit des Auftretens der besprochenen Symptome. Sie ist auf Grund von freiwilligen Angaben der Patienten zusammengestellt, also nicht aus Antworten auf vorsätzlich gestellte Fragen abgeleitet. Infolgedessen ist die Tatsache, daß einige der Symptome regelmäßig wiederkehren, von beträchtlicher diagnostischer Bedeutung. Was den Zeitpunkt des Auftretens anbetrifft, so erweist sich allgemein, daß diejenigen Krankheitszeichen, die am häufigsten erscheinen, auch am frühesten bemerkt werden und die schwersten und am längsten andauernden sind.

Wenn die Einwirkung leicht und kurz gewesen ist, können die Symptome nach einigen Tagen zurückgehen, und es kann in 2—3 Wochen vollständige Wiederherstellung eintreten. Am hartnäckigsten jedoch halten sich in den meisten Fällen Schlaflosigkeit, Träume und Muskelschwäche, und das Fortschreiten der Erkrankung sowie die Wiederherstellung kann am Verlauf derselben ermessen werden.

Wenn während der Erkrankung eine deutliche Blutdrucksenkung eintritt, wird diese gewöhnlich ebenso wie die eben erwähnten Symptome anhalten. Kehoe (4) fand beim Studium der Fälle von Dayton, Ohio, von denen viele in der vorliegenden Arbeit enthalten sind, daß selbst bei den mäßig schweren unter ihnen alle Krankheitsanzeichen erst nach 6—10 Wochen ganz verschwunden waren.

In schweren akuten Fällen nach stärkerer Einwirkung häufen sich die Symptome an und können ständig an Intensität zunehmen. Dies gilt besonders für diejenigen, die auf eine Schädigung des Zentralnervensystems zurückzuführen sind, so daß bei einem vollentwickelten schweren Fall, wie bereits weiter oben erwähnt, die psychischen Erscheinungen das klinische Bild beherrschen und die Veränderungen in anderen Systemen bei weitem in den Schatten stellen. Eine Ausnahme davon bietet der gelegentliche Fall, bei welchem die eindeutigsten Veränderungen im neuromuskulären und im Kreislaufsystem in Erscheinung treten. Diese werden später beschrieben werden.

Gewöhnlich lassen sich verschiedene Typen von psychischen Symptomen unterscheiden: die delirösen, manischen, Verwirrungs- und schizophrenen Komplexe. Diese Unterteilung ist im wesentlichen willkürlich und nicht auf einen bestimmten Krankheitszustand oder ein bestimmtes Individuum fest zu übertragen; tatsächlich kann bei jedem Fall ein Hin- und Herschwanken zwischen Perioden der Verwirrung und der manischen Erregung eintreten. Oder es kann nach einem vorübergehenden Erregungszustand eine Periode der Schizophrenie beobachtet werden, verbunden mit aktiven Halluzinationen und Irresein. Im allgemeinen jedoch wird ein bestimmter Patient einen Typus von für ihn charakteristischen geistigen Merkmalen darstellen, der zu der Schwere seiner Erkrankung oder seinem derzeitigen Krankheitszustand nicht in Beziehung steht, sondern offensichtlich von seiner psychischen Veranlagung abhängt.

Der deliröse Symptomtypus weicht nicht besonders stark von anderen toxischen Delirien ab. Der Patient ist physisch sehr beeinträchtigt und offensichtlich krank. Tremor tritt deutlich auf, und das Gemüt ist von Furcht oder Besorgnis beherrscht, wenn auch in geringerem Grade als gewöhnlich bei Fällen von Delirium tremens. Der Kranke erscheint vollkommen losgelöst von seiner Umgebung; seine Aufmerksamkeit ist gering, und seine Antworten auf Fragen sind oft bezuglos oder abirrend, erheblich beeinflußt durch Amnesie für jüngere Ereignisse, die allgemein beobachtet wird. Erschreckende Traumerlebnisse werden in die Wirklichkeit übernommen; Halluzinationen sind allgemein, wenn auch nicht so stark wie in Fällen von alkoholischem Delirium. Verkennung von Personen und Örtlichkeiten ist üblich, und das Orientierungsvermögen geht häufig ganz verloren. Anfälle von akuter Schreckhaftigkeit können den Patienten zu Fluchtversuchen veranlassen. Alle Erkrankten müssen ständig eingeschlossen und überwacht werden, um zu verhindern, daß sie aus dem Fenster springen. Trotz der großen psychischen Erregung und der beständig äußerst starken motorischen Unruhe ist der Puls verhältnismäßig langsam (unter 100); die Temperatur ist kennzeichnenderweise normal oder unternormal; dabei starker Schweißausbruch. In der größeren Zahl der Fälle glich das Delirium dem eben beschriebenen Typus, und seine Dauer schwankte von einigen Stunden bis zu 4—5 Tagen. Es war einer Behandlung jedoch leicht zugänglich. Kurze tonische Zuckungen können eintreten.

Patienten vom manischen Typus sind von Delirfällen mit manischer Stimmungslage nicht klar zu unterscheiden. Symptome jedes der beiden Typen können auftreten, auch kombiniert, so daß ein Auseinanderhalten nur eine Frage dessen ist, was man für jeden Typus als wesentlich ansieht. Allerdings waren in zwei Fällen die psychischen Äußerungen charakteristisch genug, den Eindruck eher einer maniakalischen Erregung als eines Deliriums hervorzurufen. Das Bewußtsein war bis zu einem gewissen Grade getrübt, wenn auch weniger als gewöhnlich bei delirösen Patienten; Gedankenflucht zeigte sich eindeutig bis zu fast absoluter Zusammenhanglosigkeit, vorübergehende Halluzinationen waren unverkennbar. Übertriebene Gemütsäußerungen waren jedoch nicht zu bemerken, obgleich sie in Fällen so gesteigerter psychomotorischer Erregbarkeit zu erwarten wären; tatsächlich neigten die Patienten eher zu Depression, allerdings mit großer Ruhelosigkeit. Bei beiden Fällen verstärkte sich die deliröse Manie mit dem Zunehmen aller Symptome, und Einschließung der Patienten wurde erforderlich. Die somatischen Symptome ähnelten in beiden Fällen den weiter oben beschriebenen.

Ein Zustand der Verwirrung kann Anfällen von Manie oder Delirium vorangehen, folgen oder sie unterbrechen. Solche Patienten werden außer Ruhelosigkeit, Schlafstörungen oder Schlaflosigkeit nur geringe psychische Reizbarkeit aufweisen. Motorische Unruhe, Muskelzuckungen und Steigerung der Reflexe können wie bei den eben beschriebenen Fällen auch hier beobachtet werden; gelegentlich sind Halluzinationen und irre Äußerungen zu bemerken. Meistenteils ist der Erkrankte apathisch oder niedergeschlagen und seiner Umgebung unbewußt oder gleichgültig gegen sie. Gewöhnlich ist eine gewisse Betroffenheit wahrzunehmen, besonders in bezug auf die unmittelbare Umgebung und das Sichzurechtfinden. Lichte Intervalle von einigen Minuten bis zu mehreren Stunden können auftreten, wobei sich die Orientierung und das Einsichtsvermögen bessern; die Amnesie für jüngere Ereignisse mindert sich jedoch nicht erheblich. In einem Falle wurde eine Überempfindlichkeit gegen Licht beobachtet. Dem Auftreten von Delirium oder Manie gehen stetig zunehmende Äußerungen von zerebraler Reizung zuvor. Der Gesichtsausdruck wird angstvoller, die motorische Unruhe wächst, die Schlaflosigkeit wird unbekämpfbar. Dies geschieht etwa im Verlauf von 3—8 Stunden, ehe das akute Delirium eintritt, wodurch noch die Möglichkeit einer intensiven Behandlung geboten wird, indem man versucht, diese warnenden Symptome zurückzudämmen.

Der schizophrene Erkrankungstypus ist der bei weitem verwirrendste, besonders deshalb, weil bei den beiden Fällen, in denen er vorkam, die Anamnese ergab, daß bereits eine Veranlagung vorlag, die ein Auftreten dieses Phänomens wahrscheinlich machte, auch ohne das Dazwischenkommen einer Bleitetraäthylvergiftung. Die Art und Weise des Beginns, die ersten Äußerungen und die allgemeine Symptomatologie wichen bis zum Zeitpunkt des Auftretens von akuten psychischen Symptomen nicht irgendwie wesentlich von denen anderer Patienten ab. Im Verlauf von 1—2 Wochen nahm die Intensität der typischen allgemeinen Krankheitszeichen stetig zu, bis ziemlich akut psychische Verstörung eintrat. Die Anfangssymptome ähnelten in beiden Fällen den zeitweiligen katatonischen Erregungen, die bei Dementia praecox beobachtet werden. Die psychomotorische Erregbarkeit nahm zu, die Patienten waren impulsiv, außerordentlich gesprächig, lärmend und zerschlugen alles um sich herum. Vollständige Schlaflosigkeit und unverkennbare Inkohärenz traten ein, verbunden mit eindeutigen Halluzinationen und Wahnvorstellungen, wobei letztere ziemlich gut formuliert und organisiert waren. Einer der Patienten war sehr niedergeschlagen und furchtsam und brachte geordnete selbstanklägerische, ins religiöse Gebiet hinüberspielende Irreden heraus. Diese sowie seine Halluzinationen bezogen sich ziemlich genau auf Vorgänge während seiner Jugendzeit. Bei dem anderen Patienten wechselten Perioden deliroider Erregung mit eindeutig symptomatischen paranoiden Zuständen ab, die von Verfolgungswahn und Gehörhalluzinationen begleitet waren. Dabei hielt die psychomotorische Erregung bei beiden Patienten an, bei unverkennbarer manischer Stimmungslage. Grober Tremor war ganz allgemein. Der Gesichtsausdruck war leer und stumpf. Erkennungsvermögen und Urteilskraft waren gering. Überblick fehlte ganz. Die Gemütsarmut und der Mangel an Anpassungsvermögen waren auffallend. Die somatischen Symptome ähnelten den bei anderen Typen festgestellten.

Bei einem bestimmten Erkrankungstyp, den man gelegentlich beobachten kann — zwei solcher Fälle wurden studiert —, sind die psychischen Symptome nicht vorherrschend; obgleich Äußerungen von zerebraler Reizung zu erkennen sind, liegen die Symptome vorwiegend auf neuromuskulärem oder neurovaskulärem Gebiet. Auch hier treten Appetitlosigkeit, Ruhelosigkeit, Schlaflosigkeit und Träume auf; die Schlaflosigkeit kann tatsächlich so schwer werden, daß tagelang Schlaf verhindert wird. Doch erscheinen deliroide oder ähnliche Krankheitsbilder nicht. Andererseits zeigt sich ausgesprochene Muskelschwäche und leichte Ermüdbarkeit, mit starken Muskelschmerzen und Krämpfen. Lähmung, Anästhesie oder andere lokalisierte Anzeichen peripherer Neuritis sind nicht zu beobachten, doch kann der allgemeine Muskeltonus so geschwächt sein und so leicht Ermüdung eintreten, daß jede Arbeit unmöglich ist. 5 Minuten langes Gehen kann die Beine so anstrengen, daß eine entsprechend lange Ruhepause notwendig wird. Feinere Bewegungen werden nicht beeinflußt, und es tritt keine eigentliche Ataxie auf, doch kann die rasche Ermüdung und die Muskelschwäche den Anschein typischer Inkoordination erwecken und ataktische Bewegungen vortäuschen. Der straff gebogene Bizeps fühlt sich teigig an und gibt jedem Druck nach; die Muskeln erscheinen allgemein weich. Der Puls ist sehr langsam und die Temperatur entschieden unternormal. Der Blutdruck ist bis zu einem Grade gesunken, der stark unter dem durchschnittlich bei anderen typischen Erkrankungen beobachteten liegt. Die Sehnenreflexe sind gesteigert, anormale Reflexe sind nicht zu beobachten, und das Sensorium ist nicht angegriffen.

. In Fällen, bei denen heftige zerebrale Äußerungen auftreten, können diese nach wenigen Stunden oder Tagen vorüber sein, worauf auch alle anderen Symptome abklingen können, um einer ununterbrochenen Heilung Platz zu machen. Andererseits jedoch kann Delirium an Heftigkeit so weit abnehmen, daß der Patient keiner Einschließung mehr bedarf, um dann nach Verlauf von 2—3 Tagen wieder aufzutreten. Dabei ist bemerkenswert, daß in den Zeiten zwischen den Anfällen von Delirium die Besserung der übrigen Symptome, besonders der somatischen, nicht fortschreitet; statt dessen hält der Zustand mehr oder weniger an, und es geht dem Wiederausbrechen des Delirs sogar eine Verschlechterung voraus.

Klinische Laboratoriumsuntersuchungen haben für die Diagnose nur geringen Wert. Eine ausgesprochene Abnahme des Hämoglobinwerts, die in einem Falle unmittelbar nach der Berührung eintrat, war nicht von Bestand. Der Urin verhält sich in fast allen Fällen gegenüber Methylrot sauer; außerdem kann er, besonders in Zeiten von Delirium, Eiweiß und Zucker enthalten. Gelegentlich sind Formelemente zu beobachten. Über den Liquor liegen nur 6 Untersuchungsberichte vor; soweit die Fälle unkompliziert waren, bietet keiner unter ihnen Bemerkenswertes. Während des Deliriums stieg der Druck leicht an; bei zwei Patienten jedoch, bei denen unversehens der Wasserhaushalt erschöpft war, war der Druck unternormal. Alle Zählungen sowie die Globulin- und Chloridwerte blieben in normalen Grenzen. Der Zuckergehalt des Liquors betrug in zwei Fällen über 80. Die Goldkurve war in zwei Fällen negativ.

Eindeutigen Aufschluß jedoch über die Schwere der Einwirkung von Blei gibt die chemische Untersuchung des Urins, der Faeces und des Blutes. Die große Geschwindigkeit der Aufnahme und Ausscheidung von zahlreichen organischen Bleiverbindungen führt dazu, daß das Blei bereits kurz nach der Einwirkung im Urin

Tabelle 3. Bleiausscheidung in 14 Fällen.

Fall	Art der Einwirkung	Schwere des Falles	Zeitspanne zwischen Einwirkung und Entnahme der Probe	mg Blei im Liter Urin	mg Blei in 100 g Faeces	Basophile in 50 Feldern	Vollständige Wiederherstellung nach
C. N.	Zufälliges (oder fahrlässiges) Verschlucken	Schwer mit drei Perioden von Manie, ein Krampf	8 Tage	1,60	7,92	0	6 Wochen
F. R.	Fabrikation	Leichtes, jedoch eindeutiges Delirium	3 ,,	0,93	8,42	—	2 ,,
E. M.	Zufälliges (oder fahrlässiges) Verschlucken	Schwer; zwei Perioden von Manie	15 ,,	0,54	9,36	0	10 ,,
L. D.	Tankreinigung	Schwer; zwei Perioden von Manie	16 ,,	0,52	4,83	—	10 ,,
J. B.	,,	Mäßig schwer	16 ,,	0,37	0,79	—	5 ,,
J. L.	Fabrikation	Leichte Vergiftung	6—14 Tage	0,34	7,00	20	6 ,,
L. C.	Tankreinigung	,, ,,	5 Tage	0,34	3,15	0	1 Woche
B. R.	Fabrikation	,, ,,	5 Wochen	0,31	2,62	23	6—8 Wochen
P. Z.	Tankreinigung	Schwer mit Delirium	15 Tage	0,28	1,67	0	6 Wochen
G. O.	Fabrikation	Mäßig schwer	1 Woche	0,27	4,22	150	Kompliziert durch chronische Infektion
O. N.	Tankreinigung	Leichte Vergiftung	5 Tage	0,27	1,95	0	1 Woche
W. J.	,,	,, ,,	5 ,,	0,24	3,36	0	1 ,,
T. M.	,,	,, ,,	5 ,,	0,25	1,76	0	1 ,,
M. W.	,,	,, ,,	5 ,,	0,19	1,68	0	1 ,,

in erheblich größeren Mengen erscheint als nach entsprechender Zeit bei durch andere Bleiverbindungen verursachten Vergiftungen; die ausgeschiedenen Mengen weichen vollständig von den normalerweise im Urin befindlichen ab. Tabelle 3 verzeichnet die Ergebnisse von Urin- und Faecesuntersuchungen in 14 Fällen unter Berücksichtigung der zwischen der Einwirkung und der Probeentnahme verflossenen Zeit.

6. Diagnose.

Die Diagnose stützt sich auf die Feststellung, daß und in welcher Weise eine ins Gewicht fallende Berührung mit organischen Bleiverbindungen zustande gekommen ist, weiterhin auf die Auswertung der oben beschriebenen Symptome und körperlichen Befunde und schließlich darauf, ob in Urin und Faeces Bleimengen gefunden werden, die größenordnungsmäßig denen der hier wiedergegebenen Fälle entsprechen. (Im Blut und im Liquor hat die chemische Analyse nur in Sonderfällen Bleimengen ergeben, die als bemerkenswert angesprochen werden konnten. Der normale Bleigehalt ist so schwankend, und die Grenzen sind heute noch so wenig festgelegt, daß Urteile auf Grund dieser Analysenergebnisse fraglichen Wert besitzen.)

Um festzustellen, ob eine Einwirkung von Blei belangvoll war oder nicht, muß man die Umstände kennen, unter denen sie vor sich gegangen war, und aus Erfahrung wissen, daß ähnlich gelagerte Vorkommnisse folgenschwer gewesen sind und zu Vergiftungen geführt haben. Verschiedene Einflüsse können eine Differentialdiagnose erschweren. Delirium tremens und toxische Delirien aus anderer Ursache, wie durch Drogen, Bromide, Kohlenoxyd und Quecksilber, bringen die größte Schwierigkeit hinein, besonders wenn sie bei einem Arbeiter auftreten, der die Möglichkeit hatte, Bleitetraäthyl ausgesetzt zu sein. Zerebrale Symptome, die auf Urämie oder Pellagra zurückzuführen sind, Delirien bei akuten infektiösen Erkrankungen sowie Psychosen mit Delirium, die mit organischen Gehirnerkrankungen, wie epidemischer (lethargischer) Encephalitis, verknüpft sind, können den untersuchenden Arzt irreführen. Leichte Infektionen bei chronischem schlechtem Allgemeinzustand sind häufig von Symptomen wie Blutdrucksenkung, Schlafstörungen, Appetitlosigkeit und Schwäche begleitet. Solche Fälle können von ausgesprochenen Vergiftungen im Anfangsstadium nur auseinandergehalten werden, wenn die Vorgeschichte entsprechend klargestellt ist. In Fällen, wo dies nicht möglich ist, muß sich die Diagnose ausschließlich auf die Verteilung des Bleis, d. h. das Ergebnis der chemischen Untersuchungen stützen.

Die meisten Patienten jedoch werden diagnostisch kein großes Problem bieten, besonders wenn man daran denkt, welche begrenzte Gruppe von Personen die Möglichkeit hat, mit Bleitetraäthyl in Berührung zu kommen, und wenn man weiter die unmittelbar bestehende Beziehung zwischen Einwirkung und Erkrankung, das Anhalten und die unabweisliche Aufeinanderfolge der Symptome und die im wesentlichen immer wiederkehrende Natur der psychischen Erscheinungen im Auge behält.

Zusammentreffen von Bleitetraäthylvergiftung mit anderen Erkrankungen ist beobachtet worden. Ein Patient mit einer Vorgeschichte, die die Möglichkeit einer Entwicklung von Dementia paralytica ergab, dessen Liquor eine typische Goldkurve zeigte, und bei dem die serologische Prüfung positiv für Syphilis war, hatte darüber hinaus eine schwache Vergiftung. Alle Symptome verschwanden während der Rekonvaleszenz, da sofort nach dem Nachlassen der akuten Vergiftungssymptome mit Syphilistherapie eingesetzt wurde.

7. Komplikationen und Folgeerscheinungen.

Bei leichten und mäßig schweren Fällen, in denen es kurze Delirperioden gab, traten keine Komplikationen ein. Bei schweren oder sich blitzartig entwickelnden Fällen können als Folge von Kreislaufschwächung und Erschöpfung begreiflicherweise Komplikationen verschiedener Art auftreten, wie z. B. akute Herzerweiterung, Gehirnödem, Lungenödem oder ähnliche mit Endzuständen verbundene Schädigungen. Die in dem vorliegenden Aufsatz behandelten Fälle verliefen jedoch ohne weitere Verwicklungen.

Krankheitsfolgen sind nicht beobachtet worden. Die Wiederherstellung kann durch 8—10 Wochen hindurch anhaltende Symptome verzögert werden, doch sind Restsymptome oder erkennbare Schädigungen nicht festgestellt worden. Eine Gruppe von 14 Patienten, die in der hier behandelten Reihe nicht enthalten sind, ist seit dem Zeitpunkt ihrer Vergiftung im Jahre 1925 in monatlichen Abständen beständig unter ärztlicher Kontrolle geblieben. Diese Leute haben keinerlei Abweichung von der Norm, keine physischen Veränderungen oder erhöhte Empfindlichkeit gegen Vergiftungen gezeigt. Sie sind beständig in der Fabrikation beschäftigt gewesen, die meisten von ihnen seit den zwei letzten Jahren an Aufsichtsposten, bei denen die Berührung häufig größer ist als erfahrungsgemäß bei Arbeitern, die stets an ein und derselben Stelle arbeiten. Aus dieser Tatsache und aus dem Fehlen von zerebralen Herdsymptomen bei der Sektion erhellt die reversible Natur der Schädigungen durch Bleitetraäthyl; auch geht hieraus hervor, daß die Wahrscheinlichkeit von Schädigungen durch kumulierte subtoxische Berührung gering ist.

8. Behandlung.

Die beste Prophylaxe besteht darin, die Erzeugung, die Handhabung und die Mischung dieser Bleiverbindungen in vollkommen abgedichteten Apparaturen vorzunehmen. Wo dies wie bei Laboratoriumsarbeiten nicht durchzuführen ist, ist die Benutzung von sicher schützenden Handschuhen und Atemgeräten angezeigt. Die Ergebnisse, die durch strenge Aufrechterhaltung der Vorsichtsmaßnahmen bei der Produktion erzielt worden sind, sind in einem kürzlich erschienenen Aufsatz von Kehoe (15) aufgezeigt worden.

Bei leichten Fällen ist wenig symptomatische Behandlung erforderlich: Vermeidung weiterer Einwirkung, leichte Freiluftbewegung und normale Kost, verbunden mit reichlicher Zufuhr von Wasser, ist alles, was hier gewöhnlich nötig ist. Kleine Dosen von pentabarbitursaurem Natrium oder Paraldehyd werden im allgemeinen die Schlaflosigkeit günstig beeinflussen. Der Stuhlgang sollte, vorzugsweise durch Abführsalze, erleichtert werden.

In schweren Fällen ist eine durchgreifendere Behandlung angezeigt. Bei delirösen Patienten bildet die Durchführung einer angemessenen Flüssigkeitszufuhr ein Hauptproblem, da die freiwillige Flüssigkeitsaufnahme in solchen Fällen sehr gering und der Feuchtigkeitsverlust sehr groß ist. Intravenöse Einspritzung von 500 bis 1000 ccm physiologischer Kochsalzlösung, gegebenenfalls mit 5% Traubenzucker, alle 8 Stunden kann sich als nötig erweisen; die Wirkung ist gewöhnlich günstig. Delirium kann durch intravenöse Einspritzung von 2—4 g Magnesiumsulfat in 2%iger Lösung zusammen mit peroralen Gaben von pentabarbitursaurem Natrium bis zu 1 g täglich bekämpft werden. Calciumlactat und Viosterol können verabfolgt werden, um eine angemessene Kalkaufnahme aufrecht zu erhalten. In drei Fällen, in denen die Patienten sie bei sich behalten konnten, hatten Retentionseinläufe von gesättigter Magnesiumsulfatlösung in Gaben von 120—180 ccm eine deutlich beruhigende Wirkung.

Die Behandlung des akuten Zustandes war im wesentlichen symptomatisch und kräftigend; für Zufuhr angemessener Mengen von Kalk und Phosphor wurde gesorgt. Es wurde jedoch nichts unternommen, die Aufspeicherung oder die Ausscheidung von Blei zu erleichtern. Calciumchlorid und -glukonat wie auch Natriumthiosulfat sind in den üblichen Dosen intravenös eingegeben worden, ohne den Verlauf der Krankheit zu beeinflussen. Bei zwei Patienten wurde leichte Ätheranästhesie angewandt, ohne offensichtliche schädliche Folgen.

Während der Rekonvaleszenz erhebt sich die Frage der Entbleiung. Es ist allgemein anerkannt, daß akute Infektionen oder Störungen im Kalk- oder Phosphorspiegel (16) die Aufspeicherung, den Umlauf und die Ausscheidung von Blei weitgehend beeinflussen können. Doch sind die Gefahren, die eine Beschleunigung der Bleiausscheidung mit sich bringt, zu bedenken. Jedenfalls liegen zu wenig Erfahrungen vor, um in der diagnostischen und therapeutischen Praxis schematisch die Anwendung entbleiender Maßnahmen zu rechtfertigen. Vielmehr ist nachgewiesen worden (17), daß anormale Bleimengen in einem Zeitraum von 12 bis 18 Monaten auf natürlichem Wege ausgeschieden werden. Da keiner der in dem vorliegenden Aufsatz erwähnten Patienten irgendwelche Folgen oder Rückfälle aufwies, wurde nichts unternommen, um die Bleiausscheidung zu beschleunigen.

Schrifttum.

1. Kehoe, R. A., F. Thamann u. J. Cholak: Gutachten über die mit dem Vertrieb und der Verwendung von bleitetraäthylhaltigem Benzin verknüpften Bleigefährdungen. (An Appraisal of the Lead Hazards Associated with the Distribution and Use of Gasoline Containing Tetra-Ethyl-Lead.) J. ind. Hyg. **16**, 100 (1934). Siehe VII A.

2. Löwig, C.: Über Methplumbäthyl. J. prakt. Chem. **60**, 304 (1853).

3. Eldridge, W. A.: Eine Studie über die Giftigkeit von Bleitetraäthyl. (A Study of the Toxicity of Lead Tetra-Ethyl.) Chemical Warfare Service, Edgewood Arsenal. Medical Research Division. Bericht Nr. 29 vom 5. Oktober 1924.

4. Kehoe, R. A.: Bleitetraäthylvergiftung: Klinische Analyse einer Reihe nichttödlicher Fälle. (Tetra-Ethyl Lead Poisoning: Clinical Analysis of a Series of Nonfatal Cases.) J. amer. med. Assoc. **85**, 108 (1925). Siehe V A.

5. Norris, Ch. u. A. O. Gettler: Vergiftung durch Bleitetraäthyl: Sektions- und chemische Befunde. (Poisoning by Tetra-Ethyl Lead: *Post mortem* and Chemical Findings.) J. amer. med. Assoc. **85**, 818 (1925).

6. Zangger, H.: Eine gefährliche Verbesserung des Automobilbenzins. Schweiz. med. Wschr. **55**, 26 (1925).
   Bordas, F.: Bleitetraäthyl als Antiklopfmittel. (Le plomb tétraéthyle comme anti-détonant.) Ann. d'Hyg. **11**, 669 (1933).
   Ichok, G.: Bleitetraäthyl, eine neue Quelle für Bleivergiftung. (Le tétraéthyle de plomb; une nouvelle source de saturnisme.) Presse méd. **36**, 1127 (1928).
   Duvoir, M. u. F. Coste: Die Vergiftung durch Bleitetraäthyl. (L'intoxication par le plomb tétraéthyle.) Semaine Hôp. Paris **10**, 423 vom 31. Juli 1934.
   Cesaris Demel, V. jr., D. Corbi u. V. Constanzi: Experimentaluntersuchungen über akute Bleitetraäthylvergiftung durch Einatmung. (Ricerche esperimentali sull'avvelenamento acuto da piombo tetraetile introdotto per inalazioni.) Pathologica **25**, 685 (1933).

7. Reynolds, P. E.: Eine neuropsychische Erkrankung nebst Geschichte ihres Einsetzens nach Berührung mit Bleitetraäthyl. (Neuropsychiatric Disease, with History of Onset Following Exposure to Tetra-Ethyl Lead.) U.S. vet. Bur. M. Bull. **4**, 147 (1928).

8. Harnack, E.: Über die Wirkung des Bleis auf den thierischen Organismus. Arch. f. exper. Path. u. Pharm. **9**, 152 (1878).

9. Kehoe, R. A.: Über die Giftigkeit von Bleitetraäthyl und anorganischen Bleisalzen. (On the Toxicity of Tetra-Ethyl Lead and Inorganic Lead Salts.) J. Labor. a. clin. Med. **12**, 554 (1927). Siehe IV A.

10. Buck, J. S. u. D. M. Kumro: Giftigkeit von Bleiverbindungen. (Toxicity of Lead Compounds.) J. of Pharmacol. **38**, 161 (1930).

11. Bischoff, F., L. C. Maxwell, R. D. Evans u. F. R. Nuzum: Untersuchungen über die Giftigkeit verschiedener intravenös eingespritzter Bleiverbindungen. (Studies on the Toxicity of Various Lead Compounds Given Intravenously.) J. of Pharmacol. **34**, 85 (1928).
   Krause, E.: Eine wirkungsvolle Beeinflussung des experimentellen Mäusecarcinoms durch organische Bleiverbindungen. Ber. dtsch. chem. Ges. **62**, 135 (1929).
   Gilman, H. u. O. M. Gruhzit: Die relative Giftigkeit einiger organischer Salze des Triäthylbleihydroxyds. (The Relative Toxicities of Some Organic Salts of Triethyl Lead Hydroxide.) J. of Pharmacol. **41**, 1 (1931).

12. Kehoe, R. A. u. F. Thamann: Das Verhalten von Blei im tierischen Organismus: II. Bleitetraäthyl. (The Behavior of Lead in the Animal Organism: II. Tetra-Ethyl Lead.) Amer. J. Hyg. **13**, 478 (1931). Siehe IV B.

13. Mason, E. C.: Die pharmakologische Wirkung von Blei in organischer Bindung. (The Pharmacologic Action of Lead in Organic Combination.) J. Labor. a. clin. Med. **6**, 427 (1921).

14. Mason (13), R. R. Sayers, A. C. Fieldner, W. P. Yant u. B. G. H. Thomas: Experimentaluntersuchungen über die Wirkung von Bleibenzin und seinen Verbrennungsprodukten. (Experimental Studies on the Effect of Ethyl Gasoline and its Combustion Products.) Bericht des U.S. Bureau of Mines an die General Motors Research Corporation und die Ethyl Gasoline Corporation, 1927.

15. Kehoe, R. A., F. Thamann u. J. Cholak: Bleiaufnahme und Ausscheidung in gewissen Bleigewerben. (Lead Absorption and Excretion in Certain Lead Trades.) J. ind. Hyg. **15**, 306 (1933). Siehe II A.

16. Aub, J. C., L. T. Fairhall, A. S. Minot u. P. Reznikoff: Bleivergiftung. (Lead Poisoning.) Medicine Monographs, Vol. 7. Baltimore: Williams & Wilkins Co. 1926.

17. Kehoe, R. A., F. Thamann u. J. Cholak: Bleiaufnahme und Ausscheidung in ihrer Bedeutung für die Diagnose von Bleivergiftung. (Lead Absorption and Excretion in Relation to the Diagnosis of Lead Poisoning.) J. ind. Hyg. **15**, 320 (1933). Siehe III A.

Abschnitt VI

Gewerbliche Gefährdungsmöglichkeiten beim Mischen von Ethyl-Fluid mit Benzin

Probleme beim Umgang mit Ethyl=Fluid und Bleibenzin[1].

Von

Robert A. Kehoe, M. D., Cincinnati (Ohio).

Um einen Weg für eine eingehendere Betrachtung der dem Umgang mit Ethyl-Fluid innewohnenden Gefahren zu ebnen, werde ich mich sehr kurz mit Gefährdungen befassen, die sich beim Vertrieb von Bleibenzin zum Unterschied von anderem Benzin als denkbar herausstellen könnten. Durch 10 Jahre lange Erfahrung und kritische Untersuchungen ist das Vorhandensein einer Gefahr, die sich für gewerbliche Tätigkeit oder für das Publikum allgemein aus der Gegenwart von kleinen Mengen Bleitetraäthyl in Autotreibstoffen ergeben könnte, nicht festgestellt worden. Der hierauf bezügliche Fragenkreis wird nach verschiedenen Gesichtspunkten gegenwärtig weiter bearbeitet; in einer praktischen Aussprache über Sicherheitsprobleme jedoch verdienen zwei Punkte erwähnt zu werden.

1. Inberührungkommen mit Bleiverbindungen beim Reinigen von Vorrattanks.

Bleitetraäthyl allein oder in Benzin gelöst zersetzt sich langsam, um kristallinische Triäthylbleiverbindungen zu bilden. Unter normalen Lagerungsbedingungen ist diese Zersetzung fast unmerkbar, doch können derartige Verbindungen nach einer Reihe von Jahren in wechselnden Mengen in den Krusten an den Wänden und am Boden von Lagertanks auftreten. Werden diese in trockenem Zustand gereinigt, so kann fein verteilter Staub, der Triäthylbleisalze enthält, von Arbeitern eingeatmet werden, die den Tank betreten und nicht dagegen geschützt sind. Reizung der Atmungsschleimhäute und der Haut, begleitet von heftigem Niesen, Tränen der Augen und Brennen der Haut ist die Folge. Längeres Inberührungkommen kann rasch zu einer Bleiaufnahme und zu einer akuten Vergiftung führen.

Es ist leicht, eine derartige Bleigefährdung zu vermeiden, wenn man entweder die Tanks in feuchtem Zustande reinigt oder Luftmasken aufsetzt. In der Praxis

---

[1] Aus National Safety News **29**, Nr. 1, 19—20 (1934). Vorgetragen vor der Sektion „Petroleum" anläßlich des 22. Annual Safety Congress.

werden diese zwei Sicherheitsmaßnahmen in Benzinfabriken bei der üblichen Tankreinigung schon angewandt, um gegen das Einatmen von Benzindämpfen zu schützen. Trotzdem ist, da hierbei die Gefährdung durch Blei an sich noch nicht berücksichtigt werden würde, die Aufmerksamkeit des in der Benzinfabrik beschäftigten Personals auf diesen neuen Umstand nochmals durch Sondervorschriften gelenkt worden, die mit den üblichen Anweisungen für die Tankreinigung übereinstimmen bzw. sie ergänzen. Es muß außerdem darauf hingewiesen werden, daß alle Ablagerungen, die aus Bleibenzinlagertanks entfernt werden, verbrannt oder anderweitig unschädlich gemacht werden müssen, damit sie durch Luftbewegung nicht an andere Stellen getragen werden.

2. Bleiansammlung an der Erdoberfläche.

Auf verschiedenen Wegen gelangen Bleiverbindungen aus der Erde heraus und werden auf ihrer Oberfläche verteilt. Die Ablagerung von fein verteiltem Bleibromid aus den Auspuffgasen von Kraftwagen und Flugzeugen, die mit Bleibenzin betrieben werden, ist nur eine Seite dieses Vorganges. Ich erwähne das Problem des Vorkommens von Blei auf der Oberfläche der Erde hier nicht, weil die Verwendung von Bleibenzin der wichtigste ursächliche Faktor dabei wäre — denn das ist er nicht —, sondern weil die ganze diesbezügliche Fragestellung bei der Untersuchung der sich aus dem Vertrieb von Bleibenzin für die öffentliche Gesundheit ergebenden Probleme aufgetaucht ist. Gegenwärtig ist kein Grund vorhanden, anzunehmen, daß das Bleibenzin eine Gefahr für die öffentliche Gesundheit mit sich bringt. Es muß jedoch bedacht werden, daß eine hinreichend große allgemeine Vermehrung der täglichen Bruttobleiaufnahme bei den Menschen aus irgendwelchen oder aus allen in Betracht kommenden Quellen unter Umständen eine weitreichende Schädigung der Gesundheit nach sich ziehen könnte. Es wird daher einigermaßen wichtig, zu erfahren, wieviel Blei wir in unseren Körper durch unsere Nahrungsmittel und anderweitig aufnehmen, sowie die Faktoren kritisch im Auge zu behalten, die eine solche Bleiaufnahme begünstigen. Auf diesem Gebiet liegen die Bemühungen von meinen Mitarbeitern und mir im Laboratorium für Angewandte Physiologie an der Universität Cincinnati.

3. Eigenschaften des Ethyl-Fluids.

Die beim Umgang mit Ethyl-Fluid auftretenden Gefährdungen werden ihrem Charakter nach durch die Eigenschaften der organischen Bleiverbindung bestimmt, die den hauptsächlichen Bestandteil des Fluids bildet. Bleitetraäthyl ist eine ölige Flüssigkeit, die eine ausgesprochene Neigung zeigt, durch Nähte oder Verbindungsstellen von Behältern und Rohrleitungen hindurchzusickern, wodurch sich reichlich Möglichkeiten für ein Auslaufen ergeben. Überdies ist die Flüssigkeit schwer, beinahe doppelt so schwer wie Wasser, so daß Behälter von einer Größe, wie sie für das Mischen mit Benzin gebraucht werden, ziemlich schwierig zu handhaben sind und die Gefahr einer physischen Beschädigung des Arbeiters sowie die Möglichkeit eines Berstens mit sich bringen, falls sie fallen gelassen oder gewalttätig behandelt werden.

Bleitetraäthyl hat bei gewöhnlicher Temperatur einen merklichen Dampfdruck; wenn sie Hitze ausgesetzt wird, entwickelt die Flüssigkeit beim Verdampfen in den Behältern einen Druck, der unter äußersten Bedingungen (Brand) zum Bersten mit Entzündung des Inhalts führen kann. Die Wärme der Sonnenstrahlung auf den Behälter läßt, wenn er geöffnet wird, unversehens Dämpfe heraustreten. Die ölige (fettlösliche) Beschaffenheit der Substanz und ihre nicht zu vernachlässigende Flüchtigkeit verleihen ihr unter den Bleiverbindungen eine gefährliche Eigenart insofern, als sie auf dem Wege der Berührung durch die unverletzte Haut hindurch in den menschlichen Körper eindringen und durch Einatmen auch in die Lungen gelangen kann.

Mit Bleitetraäthyldampf gesättigte Luft enthält bei gewöhnlicher Temperatur ungefähr 5 mg Blei im Liter, ein Gehalt, der auf Versuchstiere nach ein paar Stunden tödlich wirkt.

Wenn man sich diese kennzeichnenden Merkmale vor Augen hält, kann man sich die Hauptschwierigkeiten vergegenwärtigen, die mit der Herstellung, dem Transport, der Lagerung und der Handhabung von Ethyl-Fluid verbunden sind. Die Notwendigkeit, ein Auslaufen und Verschütten des Fluids sowie Berührung mit der Haut oder Einatmen zu verhüten, liegt auf der Hand. Es müssen nicht nur Sicherheitsvorkehrungen gegen eine rasche Aufnahme und eine akute Erkrankung getroffen, sondern auch wiederholte leichte Einwirkungen, die zu chronischer Bleivergiftung führen können, vermieden werden.

4. Gefahren bei der Herstellung von Ethyl-Fluid.

Die Herstellung des Ethyl-Fluids besteht im wesentlichen aus dem Vermischen von Bleitetraäthyl mit einer hinreichenden Menge eines organischen Halogenträgers, um das Blei, wenn die Verbrennung stattfindet, in die entsprechende Halogenverbindung überzuführen. Ferner wird ein öllöslicher Farbstoff zugesetzt, um dem Fluid eine kennzeichnende Farbe zu geben. Die Stoffe müssen gründlich gemischt und durch chemische Analyse auf Beschaffenheit und richtiges Mischungsverhältnis geprüft werden. Die fertig gemischte Flüssigkeit wird in Tanks aufbewahrt oder zum Versand in Fässer bzw. in Kesselwagen gefüllt.

Die Überwachung der Gefahren bei der Herstellung ist verhältnismäßig einfach, da alle Verrichtungen von einer einzigen gesonderten Gruppe von Arbeitern ausgeführt werden, die unter ständiger Aufsicht stehen. Das Problem der Sicherheit wird durch Verwendung eines sorgfältig konstruierten geschlossenen Systems von Rohren, Pumpen und Tanks gelöst, mit den nötigen Entlüftungen, die reichlich außerhalb des Arbeitsgebietes münden. Als zusätzliche Vorsichtsmaßregel wird kräftige allgemeine und örtliche Ventilation aufrecht erhalten. Ein Durchbrechen des geschlossenen Systems wird beim Füllen von Versandfässern nötig. Diese Arbeit wird daher in einem besonders konstruierten, stark durchlüfteten Gehäuse ausgeführt, das mit Sicherheitsvorrichtungen gegen jedes zufällige Verschütten versehen ist. Die Schwierigkeit wird noch dadurch vermehrt, daß es nötig ist, das Fluid genau abzumessen.

Eine Berührung der Haut mit den zur Herstellung nötigen Substanzen und ein Einatmen von Dämpfen wird durch eine bis ins einzelne geregelte Organisation aller Verrichtungen einschließlich der Reparaturen auf der Anlage verhindert, unter Aufrechterhaltung peinlichster Ordnung und Sauberkeit. Die Zweckdienlichkeit der Vorsichtsmaßnahmen wird durch regelmäßige ärztliche Überwachung kontrolliert.

Einen unerläßlichen Teil der Herstellungs- und Versandverrichtungen bildet das Reinigen, Prüfen und Neuanstreichen der Eisenfässer vor dem Wiederfüllen, sowie das Prüfen der gefüllten Fässer auf Undichtigkeiten vor dem Versand. Die Gefährdungen bei der Reinigung sind im wesentlichen zu vernachlässigen, da letztere in gut durchlüfteten Gehäusen vorgenommen wird, die von außen bedient werden. Gereinigte Fässer werden einer Druckprüfung mit Luft unterworfen, und gefüllte Fässer werden in einem besonders durchlüfteten Raume dadurch geprüft, daß man sie mit den Verschlußverschraubungen nach unten 12—48 Stunden lang liegen läßt. Die geringste Undichtigkeit ist leicht zu bemerken, weil die dunkel gefärbte Flüssigkeit sich von dem hellen neuen Anstrich des Fasses scharf abhebt. Auf jedes Faß werden geeignete Warnungszettel geklebt mit Anweisungen für eintretende Unfälle oder Undichtigkeiten. Die Erkenntnis solcher Gefahren führte zur Verwendung von besonders konstruierten Eisenfässern und später zu einem besonderen Typ von Kesselwagen für Ethyl-Fluid.

5. Gefahren bei der Verschickung von Ethyl-Fluid.

Schwierigkeiten beim Transport entstehen großenteils aus der Tatsache, daß das Fluid in die Hände von Personen gelangen kann, die über die Gefahren und die zu ihrer Vermeidung nötigen Maßnahmen nicht angemessen unterrichtet sind. Es ist daher höchst notwendig, die Art der Behandlung derartiger Güter im Durchgangsverkehr von vornherein festzulegen. Tatsächlich muß alles unternommen werden, daß sich keine Gelegenheit für eine Berührung oder Gefährdung von der Verladung an bis zu dem Zeitpunkt ergibt, wo die Ware an ihrem Bestimmungsort anlangt und von entsprechend geschulten Leuten übernommen werden kann. Aus diesem Grunde wird der Versand von Fässern mit seltenen Ausnahmen in vollen Waggonladungen durchgeführt, auf jeden Fall allein in einem Güterwagen, so daß die Fässer bereits in der Erzeugeranlage an ihrem Platz im Waggon sicher befestigt werden können, um dann von dem geschulten Personal des Käufers entladen zu werden. Wenn der Versand zu Schiff erfolgt, steht die Faßladung so lange unter Aufsicht eines Vertreters der Versandstelle, bis sie an ihrem Platz auf dem offenen Deck des Schiffes befestigt ist, von wo sie am Bestimmungsort unter Aufsicht eines geschulten Vertreters des Verschiffers oder des Käufers ausgeladen wird.

Von Zeit zu Zeit ist Faßversand von Fluid auf Lastwagen durchgeführt worden, gewöhnlich aus dem Grunde, weil man einen Versand von Mengen, die weniger als eine Waggonladung ausmachten, mit der Eisenbahn vermeiden wollte. So wurde z. B. eine Waggonladung Fluid, die nach irgendeinem zentralen Punkt versandt worden war, dort unter benachbarte Käufer aufgeteilt, von denen jeder eine Anzahl von Fässern auf Lastwagen weiterbeförderte. Hier wiederum rechtfertigt sich das Bestreben, die Verantwortlichkeit für den Umgang mit Fässern in die Hände von Personen zu legen, die über die vorschriftsmäßige Behandlungsweise vollkommen unterrichtet sind.

6. Umgang mit Ethyl-Fluid auf Benzinfabriken und Großmischanlagen.

Die vorhergehenden Abschnitte haben von den Vorsichtsmaßregeln gehandelt, die seitens der Vertriebsstelle von Ethyl-Fluid zu ergreifen sind, damit das Produkt den Käufer erreicht, ohne daß irgendjemand während des Transports geschädigt wird. Von diesem Zeitpunkt an ist es für den Käufer notwendig, darauf zu achten, daß nur befugte Personen mit Fluid zu tun haben, daß es mit Benzin in den vorgeschriebenen Mengen und nach zulässigen Verfahren gemischt wird, und daß die entleerten Behälter der Vertriebsstelle mit der gleichen Sorgfalt zurückgesandt werden, die sie selbst hat walten lassen.

Lagerung.

Gefährdungen bei der Lagerung in Fässern ergeben sich aus der mechanischen Schwierigkeit der Handhabung von schweren Gegenständen, aus der Möglichkeit eines Leckwerdens und Verschüttens, aus dem Auftreten von Druck in den Fässern bei Wärme, aus dem teilweisen Festwerden des Fluids bei niedrigen Temperaturen im Winter und schließlich beim Ausbrechen eines Feuers. Ebenso muß Diebstahl von Fluid und unbefugtes Umgehen damit verhindert werden. Es ist klar, daß das Fluid so gelagert werden muß, daß die Behälter leicht zu handhaben sind, daß Dämpfe sich nicht ansammeln können, daß ausgeflossene oder verschüttete Flüssigkeit sofort weggewaschen werden kann, daß Schutz gegen direktes Sonnenlicht (in warmen oder gemäßigten Klimaten) und gegen Feuersgefahr vorhanden und daß es vor dem Zugriff unberechtigter Personen gesichert ist. Wenn Ethyl-Fluid in Kesselwagen versandt wird, so ergeben sich die Hauptschwierigkeiten bei dem Überleiten der großen Menge an schwerer Flüssigkeit aus dem Kesselwagen in einen Lagerbehälter, was ohne Gefährdung vor sich gehen muß und wobei aus dem Behälter weder Flüssigkeit sickern noch Dämpfe ausströmen dürfen; auch sind Vorkehrungen gegen ein übermäßiges Abkühlen oder Erwärmen zu treffen.

Mischen.

Unfälle beim Mischen aus Fässern entstehen beim Zubringen der schweren Fässer an die Mischstelle, beim Entfernen der Verschlußverschraubungen, beim Entnehmen von genau abgemessenen Mengen der Flüssigkeit, beim Mischen des Fluids mit Benzin, beim Ausspülen der entleerten Fässer und beim Wiedereinschrauben der Verschlußstücke. Alles dieses muß durchgeführt werden, ohne daß ein Austropfen oder Verschütten vorkommt, und ohne daß der die Arbeit Ausführende einer Gefährdung durch die Flüssigkeit bzw. durch ihre Dämpfe ausgesetzt wird. Ferner müssen alle bei diesem Verfahren benutzten Gerätschaften und Ausrüstungsgegenstände so gereinigt werden, daß keine Möglichkeit mehr für eine spätere Berührung mit der Flüssigkeit oder ihren Dämpfen auf der Mischanlage auftreten kann.

Die ernstesten Seiten des Problems, das Fluid aus einem Lagerbehälter zu entnehmen, ergeben sich aus der Notwendigkeit des genauen Abmessens, des Verhinderns von Undichtigkeiten in den Rohrleitungen und der Ausführung von Reparaturen.

Es ist unausbleiblich, daß hinsichtlich der Sicherheitsanforderungen Meinungs-verschiedenheiten unter den vielen Stellen herrschen, die Ethyl-Fluid zur Her-stellung von Bleibenzin kaufen und verwenden. Ebenso ist sicher, daß eine große Vielfältigkeit in den Methoden, Ausrüstungen und Vorbeugungsmaßnahmen auftreten würde, wenn die Art und Weise des Mischens dem Belieben der Kraft-stoffgesellschaften überlassen bliebe.

Insbesondere war es bei Beginn dieser neuen Industrie nötig, sich über die Unfallmöglichkeiten sorgfältig klar zu werden. Zu diesem Zweck mußte eine Stelle zentralisierter Verantwortlichkeit für das Vorgehen beim Mischen geschaffen werden. Vorschriften und Unterweisungen hierüber, sowie genaue bindende Vor-schriften für die Mischausrüstung werden an die Käufer von Ethyl-Fluid aus-gegeben. Unterwerfung unter diese Bestimmungen wird zur Pflicht gemacht, an die die Abnehmer durch Vertrag gebunden werden. Durch dieses Vorgehen ist ein hoher Grad von Einheitlichkeit erreicht worden.

Die Mischanlagen werden so gebaut, daß sie den Mindestanforderungen, die von der Vertriebsgesellschaft des Ethyl-Fluids gestellt werden, genügen. Diese Anforderungen betreffen die Lagerungsmöglichkeiten für Ethyl-Fluid, die Misch-einrichtung, die Umkleideräume, die Bademöglichkeiten, die gewöhnliche und die besondere Schutzkleidung und Ausrüstung sowie die Gasmasken.

Die Vorschriften umfassen alle Arbeiten mit Ethyl-Fluid, einschließlich der Erfordernisse hinsichtlich Reinlichkeit, Kleiderwechsel und ähnlicher Einzelheiten. Die Arbeiter werden durch einen Vertrauensarzt der Vertriebsgesellschaft auf Grund ihrer körperlichen Eignung ausgewählt, und jeder Mann wird über die Vorschriften unterrichtet sowie auf die Gefahren aufmerksam gemacht, die infolge eines unsachgemäßen Umgehens mit Ethyl-Fluid entstehen können.

Der Lagerraum für Fluid-Fässer besteht aus einer überdachten Betonplattform in Höhe von Waggons oder Lastwagen, die auf mindestens drei Seiten für den Luftzutritt offen und mit einem Wasserablauf versehen ist, so daß sie gründlich abgespritzt werden kann. Diese überdachte Plattform hängt mit der Mischanlage unmittelbar zusammen; das Ganze ist feuersicher gebaut, mit einem starken Draht-gitter eingezäunt und gegen Zutritt verschlossen. Der Lagertank für durch Kessel-wagen geliefertes Fluid ist anstoßend an die Mischeinrichtung aufgestellt.

Das Mischen von in Fässern geliefertem Fluid wird mit Hilfe von zwei Arten von Einrichtungen durchgeführt: eine für Teilfaßmischungen und eine andere, bei der stets nur ganze Fässer zum Mischen aufgebraucht werden. Bei der ersteren Art wird ein besonderer Apparat in der Verschlußöffnung des Fasses befestigt und die gewünschte Menge an Fluid, wie sie sich durch Abnahme des Bruttofaßgewichtes kundgibt, durch eine Mischdüse (Eduktor) herausgesaugt, die mit der Benzinleitung verbunden ist.

Im anderen Falle wird das volle Faß Fluid als Maßeinheit verwendet; ein oder mehrere Fässer, wie man sie eben benötigt, werden mittels der wiederum mit der Benzinleitung verbundenen Mischdüse entleert und das Fluid mit der vorgeschriebenen Menge Benzin im Tank vermischt. Der Arbeitsgang ist beendet, wenn das gesamte Fluid in das Benzin überführt und die Saugvorrichtung gut ausgespült worden ist, und wenn Fluid und Benzin eine vollkommene Durchmischung erfahren haben. Letzteres ist ein wichtiger Punkt, denn wenn das schwere Fluid in das Benzin nur hineingegossen wird, so sinkt es zu Boden und verbleibt dort für lange Zeit als besondere Schicht. Dies würde nicht nur zu einem schweren Irrtum in bezug auf die richtige Zusammensetzung des Benzins, sondern bei einer Reinigung der Tanks auch zu ernsten Gefährdungen führen.

In Mischanlagen, die Kesselwagen verarbeiten, wird das Einlagern von Fluid und sein Vermischen mit Benzin in zwei Arbeitsgängen ausgeführt: 1. Entleeren des Kesselwagens in einen Vorrattank, der auf einer Waage steht, und 2. Mischen abgewogener Fluidmengen mit Benzin. Beide Arbeitsgänge werden mittels der Mischdüse durchgeführt, die durch strömendes Benzin betrieben wird. Da alles Fließen des Fluids durch Saugen bewirkt wird und für diesen Zweck ein Unterdruck nötig ist, der nicht erreicht werden kann, wenn das System undicht ist, so folgt daraus, daß, falls das Fluid durch die Apparate überhaupt in Bewegung gesetzt wird, keine Gelegenheit für eine Berührung der Haut mit aussickernder Flüssigkeit oder für eine Einatmung ausströmender Dämpfe auftreten kann.

7. Sicherheit in Mischanlagen.

Die verschiedenen Umstände, die den Umfang einer gewerblichen Gefährdung der Arbeiter beeinflussen, können nach der Reihenfolge ihrer Bedeutung folgendermaßen geordnet werden: 1. Die Mitarbeit der Betriebsleitung in bezug auf eine Verhinderung von vorschriftswidrigen Maßnahmen, wie unnötiges Entnehmen von Proben aus dem Fluid, Abfüllen von kleinen Mengen Fluid in Zwischenbehälter zur Vornahme von Versuchsmischungen oder zwecks Richtigstellens von Fehlern beim Mischen; 2. die Beschaffenheit der Mischeinrichtung; 3. die Häufigkeit des Mischens und 4. der Grad der Vorsicht, die seitens des Mischpersonals bei Befolgung der Vorschriften geübt wird.

Die Wichtigkeit des letzten Punktes ist zu allen Zeiten betont worden; eine noch größere Bedeutung ist jedoch der zwangläufigen Sicherung beizumessen, die durch eine vorschriftsmäßige Mischausrüstung und durch angemessene Lagerungsgelegenheiten erzielt wird. Es liegt auf der Hand, daß es unmöglich ist, Abweichungen von den als erprobt befundenen Verfahren zu verhindern, wenn die Betriebsleitung der Benzinfabrik und das Personal nicht willig und verständnisvoll mitarbeiten, sondern sich der Erkenntnis verschließen, daß schon aus Gründen wirtschaftlicher Zweckdienlichkeit eine Verletzung der von der Vernunft diktierten Bestimmungen nicht zu rechtfertigen ist.

Die Hauptobliegenheiten der Vertrauensärzte bestehen darin, diesem Standpunkt Geltung zu verschaffen, die Mischanlagen in Ordnung zu halten, zu verbessern und jedes Nachlassen an Vorsicht zu verhindern. Die von Zeit zu Zeit vorzunehmende ärztliche Untersuchung einer jeden auf diesen Anlagen beschäftigten Person im Verein mit einer in bestimmten Zeiträumen erfolgenden Prüfung ihrer Bleiausscheidung dient hauptsächlich dazu, die Wirksamkeit der Vorsichtsmaßregeln festzustellen.

Dies ist vielleicht eine etwas ungewöhnliche Auffassung von der Bedeutung medizinischer Untersuchungen. Doch entspringt sie nicht einer mangelhaften Einschätzung der ärztlichen Berufung, sondern vielmehr der sicheren Überzeugung, daß keine gesundheitliche Fürsorge gut genug sein kann, ein Auftreten von Bleivergiftungen zu verhüten. Unserer Meinung nach besteht der einzige Weg zu diesem Ziel darin, die Möglichkeiten der Einwirkung so einzuschränken, daß eine Vergiftung nicht vorkommen kann.

Die berufliche Bleiberührung bei mit dem Vermischen von Bleitetraäthyl (Ethyl=Fluid) mit Benzin beschäftigten Männern[1].

Von

Robert A. Kehoe, M. D. und **Willard F. Machle**, M. D., Cincinnati (Ohio).

1. Geschichtliche Übersicht.

Bereits im Jahre 1926 wurde von der Ethyl Gasoline Corporation ein Plan für die hygienische Überwachung der Betriebsvorgänge beim Mischen von Ethyl-Fluid mit Benzin in Wirksamkeit gesetzt. Mit Ausnahme einiger geringer Abänderungen ist dieser Plan in seiner ursprünglichen Form bei allen geschäftlichen Unternehmungen der Ethyl Gasoline Corporation und der ihr angeschlossenen Ethyl Export Corporation beibehalten worden. Es erschien von Anfang an möglich, die Technik des Mischungsvorganges derart einzurichten, daß eine Berührung mit Blei und eine Bleiaufnahme von seiten des Mischpersonals vermieden wurde, wenn die Überwachung der Einrichtung und der Methoden durch die Ethyl Gasoline Corporation aufrechterhalten werden konnte. Daher wurde zwischen der letzteren und den Kraftstoffgesellschaften eine vertragliche Bindung eingegangen, die in erster Linie darauf hinzielte, eine derartige Überwachung zu sichern. Die Ethyl Gasoline Corporation stellte Bedingungen hinsichtlich der Konstruktion der Mischeinrichtungen auf; ferner wurde eine ins einzelne gehende Bevorschriftung des Mischverfahrens und der Unterhaltung der Anlagen sowie eine ärztliche Überwachung des Mischpersonals festgelegt.

Mischeinrichtung.

Von Zeit zu Zeit sind an der Mischeinrichtung Änderungen vorgenommen worden, veranlaßt durch Anpassung an veränderte wirtschaftliche Bedürfnisse, sowie infolge von Vereinfachungen und Verbesserungen in der Technik des Mischens. Ohne in eine längere Erörterung der Einzelheiten des früheren oder des gegenwärtigen Typs der Einrichtung einzugehen, genüge es an dieser Stelle, zu erwähnen, daß drei allgemeine Arten von Mischanlagen entwickelt worden sind, um den laufenden Bedürfnissen zu genügen. Bei der ersten derselben, der Reihenfolge der Entwicklung nach, werden Fluidfässer von etwa 215 Liter Rauminhalt als Maßeinheit zugrunde gelegt, wobei ein oder mehrere Fässer durch eine Mischdüse (Eduktor) mit Hilfe strömenden Benzins entleert werden, das Fluid in einen Benzinvorrattank geleitet und durch Umpumpen mit der geeigneten Menge Benzin vermischt wird. Bei der zweiten Form handelt es sich um Fluidfässer von etwa 40 oder wiederum 215 Liter Rauminhalt, die auf einer Wiegeplattform stehen und aus denen die gewünschte Gewichtsmenge Fluid mittels des Eduktors von Zeit zu

---

[1] Nur als Separatdruck veröffentlicht (1936) (d. Übers.).

Zeit entnommen wird, bis das Faß geleert ist. Der dritte Typ besteht aus einem großen Wiegetank zum Aufnehmen des Inhalts eines Kesselwagens, mit geeigneten geflanschten Rohrleitungen und Ventilverbindungen, die im ferneren Verlauf auf die entsprechenden Stutzen und Ventile des Kesselwagens passen und zu der Mischdüse führen (auch hier durch strömendes Benzin betrieben), mit Hilfe derer der Kesselwagen in den Wiegetank entleert wird. Dieselbe Mischdüse dient später auch zum Entnehmen der gewünschten Fluidmengen aus dem Wiegetank. Schließlich gibt es auch einige wenige Mischanlagen, bei denen der Vorrattank aus 215-Liter-Fluidfässern anstatt aus Kesselwagen gefüllt wird, und die hinsichtlich ihrer Bauart und des Betriebs eine Kombination des ersten und dritten Typs darstellen.

Die Einzelheiten der Einrichtung werden durch die Ingenieure der Ethyl Gasoline Corporation festgelegt und die Anlagen unter der persönlichen Aufsicht erfahrener Bevollmächtigter dieser Gesellschaft gebaut und in Betrieb gesetzt. In den Vereinigten Staaten und Kanada gibt es heute etwa 300 solcher Mischanlagen auf Benzinfabriken und großen Benzinlagern.

Vorschriften.

Schriftlich niedergelegte Bestimmungen mit Einzelheiten über den Betrieb der Mischanlage und mit den nötigen Vorsichtsmaßregeln werden in Buchform und auf Plakaten, die auf der Anlage angebracht werden, von der Medizinischen Abteilung der Ethyl Gasoline Corporation herausgegeben. Die Abnehmer von Ethyl-Fluid sind zur Einhaltung der Vorschriften vertraglich verpflichtet. Praktisch werden diese jedoch durch von Zeit zu Zeit stattfindende Inspektionen durch bevollmächtigte Techniker und Ärzte der Corporation aufrechterhalten. Für jede Anlage werden eingehende Berichte solcher Besichtigungen mindestens halbjährlich ausgegeben, in vielen Fällen vierteljährlich.

Im allgemeinen ist dem Buchstaben und dem Geist dieser Bestimmungen Folge geleistet worden. Es soll hiermit nicht gesagt sein, daß keine Übertretungen und keine fahrlässigen Handlungen vorgekommen sind; dauernde absichtliche Verletzungen und Täuschungsversuche sind jedoch bemerkenswert selten gewesen und in den letzten Jahren überhaupt nicht mehr, weder bei den Arbeitern noch bei Betriebsleitungen vorgekommen.

Ärztliche Überwachung des Mischpersonals.

Das Mischpersonal wurde bei jeder Anlage auf die für die Durchführung der Arbeiten erforderliche Mindestzahl beschränkt, und die Betriebsleitung wurde angehalten, verläßliche junge Leute zu nehmen und dieselben auf unbegrenzte Zeit bei dieser Beschäftigung zu behalten. Nachdem die Betriebsleitung der Benzinfabrik die Auswahl auf dieser Grundlage getroffen hat, werden die Leute von einem Mitglied des medizinischen Stabes der Ethyl Gasoline Corporation nach einer gründlichen ärztlichen Untersuchung angenommen oder abgelehnt. Während des größten Teils des ersten Jahres nach Einführung der gegenwärtig in Kraft befindlichen ärztlichen Überwachung (1926) wurden die Untersuchungen monatlich wiederholt. Es stellte sich bald heraus, daß ein zwingender Grund für solche häufigen Prüfungen nicht vorlag, da die Bemühungen der Ärzte hinsichtlich der Erhöhung der Sicherheit im allgemeinen von Erfolg gekrönt waren. Nach und nach ließen es die Verhältnisse gerechtfertigt erscheinen, zwischen den einzelnen Untersuchungen längere Pausen eintreten zu lassen, und heute wird jeder Mann durch

einen Arzt der Ethyl Gasoline Corporation einmal im Jahre einer Untersuchung
unterzogen. Vielfach haben die ärztlichen Abteilungen der Kraftstoffgesellschaften
ihre eigene für ihre anderen Fabrikarbeiter eingerichtete Aufsicht auch auf die
Leute übertragen, die mit dem Mischen befaßt sind. Diese zusätzliche ärztliche
Aufsicht ist jedoch nicht allgemein durchgeführt, und trotzdem sie sich an gewissen Stellen als wirklich wertvoll erwiesen hat, wurde die anfänglich über-
nommene Verantwortung der Ärzte der Ethyl Gasoline Corporation hinsichtlich des
Sicherheitsschutzes bei der in Frage kommenden Beschäftigung nicht verringert.

Angesichts der im Anfang notwendigerweise begrenzten Kenntnisse über die
Folgen längerer leichter Einwirkungen von Bleitetraäthyl, und um das Auftreten
von Erkrankungen irgendwelcher Art zu verringern, wurden die ursprünglichen
Anforderungen in bezug auf körperliche Eignung der mit dem Mischen beschäftigten Leute sehr hoch gestellt. Die bei der Einstellung vorgenommenen Untersuchungen waren streng und sind es auch weiterhin, obgleich örtliche Verhältnisse
und persönliche Faktoren nicht unberücksichtigt gelassen wurden. Die Nachuntersuchungen waren umfassend, und die Befunde wurden sorgfältig aufbewahrt. Erkrankungen bei den Leuten, die möglicherweise auf ihre Beschäftigung
zurückzuführen waren, sind mit allen Hilfsmitteln untersucht worden, die angewandt werden konnten, um zu einer gewissenhaften Diagnose und damit zu
einer Grundlage zu gelangen, auf welcher eine geeignete ärztliche Pflege durchzuführen war. Überdies wurde von Zeit zu Zeit die Bleiausscheidung bei solchen
Gruppen von Männern geprüft, von denen angenommen werden konnte, daß sie
am meisten Blei ausgesetzt waren, um festzustellen, inwieweit Bleigefährdungen
infolge der Beschäftigung tatsächlich vorkommen. Sowohl die klinischen Untersuchungen wie die Prüfung der Ausscheidungen haben eine nachweisliche gewerbliche
Bleiaufnahme unter diesen Leuten nicht zutage gefördert, hingegen in allen Fällen
die Zweckmäßigkeit der Vorsichtsmaßnahmen erwiesen. Daß die letzteren unverändert wirksam durchgeführt worden sind, offenbart sich in der Tatsache, daß
während der ganzen Zeit der medizinischen Überwachung kein Fall von Bleivergiftung festgestellt worden ist.

2. Überblick über die gegenwärtigen hygienischen Verhältnisse.

Die nachstehenden Ausführungen und Tabellen sind das Ergebnis einer sorgfältigen Durchsicht der ärztlichen Berichte aus den vergangenen 10 Jahren, ergänzt
durch Befunde von neuesten Untersuchungen über die Bleiausscheidung einer
typischen Mischgruppe. Tabelle 1 zeigt eine Unterteilung von Leuten, die einer

Tabelle 1. Unterteilung von Leuten, die zwecks Beschäftigung in Mischanlagen
untersucht wurden, im Dezember 1935 jedoch nicht dort beschäftigt waren.

Grund der Nichtbeschäftigung	Anzahl
Beschäftigung in der Benzinfabrik freiwillig niedergelegt	390
An andere Arbeiten versetzt	166
Entlassen	45
Mischtätigkeit in der Benzinfabrik eingestellt	50
Bei der Einstellung vom untersuchenden Arzt zurückgewiesen	54
Vom untersuchenden Arzt nach ursprünglicher Annahme ausgeschieden	17
Verstorben	23
Insgesamt	745

Tabelle 2. Vollständige Liste der in den Jahren 1926—1935 untersuchten und zurückgewiesenen Personen, die in Mischanlagen verwendet werden sollten, unter Angabe ihres Alters und des Grundes ihrer Nichtzulassung.

Jahr	Alter in Jahren	Grund
1926	55	Vorgeschrittenes Alter
1929	44	Schlechter Allgemeinzustand — hämorrhoidale Blutungen
1928	24	Chronische Kohlenoxydvergiftung
1929	35	Anzeichen von chronischem Alkoholismus
1927	26	Psychasthenie
1926	31	Beginnender Hyperthyreoidismus
1926	18	Infektion der oberen Luftwege
1926	26	„ „ „ „ — Tonsillitis
1929	36	„ „ „ „ — schlechter Allgemeinzustand
1926	51	Lues — Herzgefäß- und Nierenerkrankung
1926	46	„ — Arteriosklerose
1926	46	„ — „
1931	31	Gonorrhoische Urethritis, akut
1931	44	„ „ „
1926	38	Zerebrale Lues
1926	29	Lues — Albuminurie — frühere deutliche Bleieinwirkung
1926	45	Hypertrophie des Herzens — luesverdächtig
1926	24	Lungentuberkulose
1926	25	Anzeichen von Lungentuberkulose
1928	28	Drüsentuberkulose in der Anamnese
1931	23	Zahninfektion
1926	32	„ — frühere deutliche Bleieinwirkung
1926	36	„
1926	26	„
1933	—	Chronisches Nasenleiden
1926	29	Herzunregelmäßigkeiten (Extrasystolie) — Zahn- und Mandelinfektion
1926	45	Mitralfehler — Arteriosklerose — Hypertension
1926	32	„ — Myocarditis — Zahninfektion
1926	38	„ — Arteriosklerose
1930	27	Arterielle Hypertension
1931	23	„ „ — Albuminurie
1926	43	„ „ — Arteriosklerose
1926	52	„ „ — Dupuytrensche Kontraktur
1926	30	„ „ — Chronische Tonsillitis
1927	25	„ „ — Glykosurie
1926	34	„ „ — Herzleiden
1926	57	„ „ — Herzleiden
1926	47	„ „ — Arteriosklerose
1930	45	„ „ — geistig beeinträchtigt
1929	38	„ „
1926	44	„ „ — Arteriosklerose
1926	23	„ „ — subakute Tonsillitis
1926	36	Subakute Nephritis — infektiöse Arthritis — chronische Sinusitis
1929	30	Albuminurie — Zahn- und Mandelinfektion
1926	38	Chronische Nephritis
1929	33	Cystitis
1931	37	Albuminurie — familiäre Tuberkulose
1929	23	„ — Hypotension — neurovasculäre Schwäche
1929	36	Glykosurie
1927	32	Anderweitige deutliche Bleieinwirkung
1928	26	„ „ „
1926	33	Frühere deutliche Bleieinwirkung
1926	33	„ „ „
1927	37	„ „ „

Tabelle 3. Vollständige Liste von Personen, die während der Jahre 1926—1935 zum Mischdienst angenommen und nach einer gewissen Zeit der Beschäftigung ausgeschieden wurden, mit Angabe der Dauer der Beschäftigung und der Gründe für die Ausscheidung.

Ausgeschieden im Jahre	Jahre der Beschäftigung beim Mischen	Alter in Jahren	Grund
1935	3	39	Cholelithiasis und Cholecystitis
1931	2	33	Magengeschwür mit Blutung
1934	3	32	,,
1931	1	30	Lues und Aortenfehler
1926	0,1	22	Chronische Tonsillitis — Cystitis
1934	1	36	Unklare Albuminurie
1932	2	29	Zahninfektion
1926	1	39	,,
1931	2	54	Chronische Tonsillitis –Zahninfektion–Hypertension
1928	2	26	Zahninfektion, Albuminurie
1930	1	41	Bleieinwirkung, nicht beim Mischen
1929	3	46	Zahninfektion — Bleieinwirkung, nicht beim Mischen
1929	3	39	Analytischer Nachweis von Bleieinwirkung
1930	4	34	Parese
1927	1	26	Chronische Blinddarmentzündung
1928	2	22	Bleieinwirkung, nicht beim Mischen
1928	2	26	Zahninfektion

Tabelle 4. Todesfälle und -ursachen bei Mischarbeitern in den Jahren 1926 bis 1935.

Jahr	Alter des Verstorbenen in Jahren	Jahre der Beschäftigung beim Mischen	Todesursache
1934	56	1	Lungentuberkulose
1926	23	0,25	Akute cerebrospinale Meningitis nach Mastoiditis und Mastoidektomie
1929	42	2	Akute allgemeine Peritonitis, perforierende Appendicitis — Appendektomie
1935	37	1	Starb während der Operation an Ileus
1930	44	1	Starb nach Thyreoidektomie wegen Hyperthyreoidismus
1932	48	2	Postoperative Bronchopneumonie nach einer zweiten Magengeschwüroperation
1933	25	—	Starb plötzlich nach Tonsillektomie wegen chronischer Tonsillitis
1931	25	1	Starb an Wundinfektion nach Herniotomie
1930	25	3	Asphyxie durch Benzoldämpfe (im Beruf)
1934	26	1	Verbrennung (im Beruf)
1934	35	1	,, ,, ,,
1932	23	2	,, ,, ,,
1935	48	3	,, ,, ,,
1928	29	1	,, ,, ,,
1931	57	4	,, durch Schwefelsäure (im Beruf)
1932	32	6	Autounfall (Privat)
1931	29	3	,, ,,
1934	25	1	Ertrunken infolge Motorbootunfall
1931	25	2	Todesfall — Ursache nicht geklärt
1935	29	1	,, — ,, ,, ,,
1931	38	0,5	,, — ,, ,, ,,
1932	42	1	Plötzlicher Tod — Ursache nicht geklärt
1934	32	1	,, ,, — ,, ,, ,,

Tabelle 5. Beschäftigungsdauer von Leuten in Mischanlagen.
Stand Dezember 1935.

Beschäftigungsjahre	Anzahl	Beschäftigungsjahre	Anzahl
1 oder weniger	1092	6	38
2	175	7	24
3	171	8	12
4	54	9	2
5	49	Insgesamt	1617

Tabelle 6. Geographische Verteilung einer auf Grund längster
Beschäftigungsdauer ausgewählten Mischgruppe.

Staat oder Provinz	Personenzahl	Staat oder Provinz	Personenzahl
Californien	21	Virginia	3
Oklahoma	15	North Carolina	3
Texas	14	Missouri	3
Pennsylvanien	14	Nova Scotia	3
Kansas	10	Georgia	3
Wyoming	9	Arkansas	2
Maryland	9	South Carolina	2
New Jersey	7	Alabama	2
Florida	6	Ohio	2
Louisiana	6	Michigan	2
Illinois	6	Colorado	2
Ontario	5	Rhode Island	1
New York	4	Wisconsin	1
West Virginia	4	Alberta	1
Indiana	4	Saskatchewan	1
Montana	4	Quebec	1
British Columbien	4	Unbekannt	2
Massachusetts	3	Insgesamt	179

Tabelle 7. Verteilung einer ausgewählten Mischgruppe nach dem Alter.

Alter in Jahren	Anzahl	Alter in Jahren	Anzahl
20—22,9	14	44—46,9	5
23—25,9	22	47—49,9	2
26—28,9	26	50—52,9	2
29—31,9	32	53—55,9	1
32—34,9	25	56—58,9	1
35—37,9	21	Nicht bekannt	4
38—40,9	14	Insgesamt	179
41—43,9	10		

Durchschnittsalter 32,3 ± 0,37 Jahre.   Normale Abweichung ± 7,21.

Tabelle 8. Familienstand und Anzahl der Kinder einer ausgewählten Gruppe
von Mischpersonal zur Zeit der Einstellungsuntersuchung.

Verheiratet . . . . 142 — Kinder 221
Ledig 35
Nicht bekannt . . . 2

Insgesamt 179

oder mehreren vollständigen körperlichen Untersuchungen unterzogen wurden, heute jedoch nicht in Mischbetrieben beschäftigt sind.

Eine Anzahl von Leuten, wahrscheinlich größer als diese Gruppe insgesamt, wurde vor der Beendigung der Untersuchung zurückgewiesen, wegen ihres Alters oder wegen irgendwelcher persönlicher oder körperlicher Eigenschaften, die ihre Beschäftigung nicht tunlich erscheinen ließen.

Die Tabellen 2, 3 und 4 zeigen Einzelheiten bezüglich der letzten drei Gruppen von Tabelle 1.

In Tabelle 5 sind im Dezember 1935 mit dem Mischen beschäftigte Leute nach der Dauer ihrer Beschäftigung eingeteilt.

Es haben sich unter dieser Gruppe von Leuten keine Fälle von Bleivergiftung ereignet, auch sind keine offensichtlich schädlichen Folgen ihrer Beschäftigung festgestellt worden. Daher erschien es notwendig, nach vielleicht nicht zutage getretenen Anzeichen von Schädigung zu suchen durch einen Vergleich der klinischen Befunde bei aufeinanderfolgenden Untersuchungen ein und derselben Einzelperson. Dementsprechend wurden die Berichte aller Leute mit 4 oder mehr

Tabelle 9. Unterteilung einer ausgewählten Mischgruppe nach der Dauer ihrer industriellen Beschäftigung vor ihrer ersten körperlichen Untersuchung.

Beschäftigungsjahre	Anzahl	Beschäftigungsjahre	Anzahl
0— 1,9	7	22—23,9	7
2— 3,9	19	24—25,9	3
4— 5,9	15	26—27,9	1
6— 7,9	24	28—29,9	1
8— 9,9	14	30—31,9	3
10—11,9	23	32—33,9	
12—13,9	16	34—35,9	
14—15,9	9	36—37,9	
16—17,9	9	38—39,9	1
18—19,9	9	Nicht bekannt	11
20—21,9	7	Insgesamt	179

Mittel 11,45 ± 0,04.   Normale Abweichung ± 7,25.

Tabelle 10. Unterteilung einer ausgewählten Mischgruppe nach Arbeiten, die sie außer zeitweiligem Mischen verrichtete.

Andere Arbeiten außer Mischen [1]	Anzahl	Andere Arbeiten außer Mischen [1]	Anzahl
Laderampe	43	Kesselheizer	3
Hofarbeiten	24	kfm. Angestellter (Lager oder Büro)	3
Untersuchungen von Proben im Betrieb oder Laboratorium . . .	23	Maschinist.	2
		Feuerwehr oder Ambulanz	2
Pumpen.	18	Wächter	1
Regulieren von Betriebsvorgängen .	13	Schweißer.	1
Verdichten (außer mit Bleiglätte) .	10	Schlosser	1
Vorarbeiter	8	Schmied	1
Rohrleger	6	Keine	1
Arbeiter in der Destillation	5	Nicht bekannt	11
Aufseher	3	Insgesamt	179

[1] Anteilmäßig nicht ermittelt.

Jahren Beschäftigung einer eingehenden Prüfung unterzogen. Die hauptsächlichsten Ergebnisse dieser Untersuchung werden in den Tabellen 6 bis einschließlich 15 wiedergegeben. Die verzeichneten Befunde sprechen im wesentlichen für sich selbst[1]. Bei den untersuchten Männern finden sich keinerlei Anzeichen von schlechter

Tabelle 11. Häufigkeit des Mischens der Mitglieder der ausgewählten Mischgruppe in aufeinanderfolgenden Jahren ihrer Beschäftigung.

Anzahl der Mischungen	Jahr							
	1.	2.	3.	4.	5.	6.	7.	8.
0—19,9	111	111	89	62	41	13	9	1
20	20	25	35	32	13	3	3	2
40	11	14	10	19	16	2	1	
60	2	3	2	6	6			
80				1	1			1
100	8	7	8	6	7	4	2	1
120		2		1	1	2	1	
140	2	3	4	4	2			1
160				1				
180					1			
200—219,9		3	1	2		1	2	2
Gesamtzahl der Mitglieder der ausgewählten Gruppe je Jahr .	154	168	149	134	88	25	18	8
Durchschnittliche Anzahl der Mischungen je Jahr und Mann .	19	28	28	37	39	49	50	105

Tabelle 12. Anzahl der von Mitgliedern der ausgewählten Mischgruppe verarbeiteten Fluidfässer in aufeinanderfolgenden Jahren ihrer Beschäftigung.

Anzahl der Fässer je Mischung	Jahr							
	1.	2.	3.	4.	5.	6.	7.	8.
0—4,9	50	48	39	40	25	13	5	1
5	31	27	34	19	11	7	2	1
10	7	5	6	8	4			
15	4	3	5	4	2	1		
20	1	1	2	2	1			
25					1		1	
30	2		1	1				
35					1			
40		1	1	1				
45								
50								
55—59,9								
Gesamtzahl der Mitglieder der ausgewählten Gruppe je Jahr .	95	85	88	75	45	21	8	2
Durchschnittliche Fässerzahl je Mann	6,3	5,9	7,2	7,1	7,0	4,8[2]	6,8[2]	

[1] Es wird auf Tabelle 15 aufmerksam gemacht, in welcher gewisse Befunde an vier anderen Personengruppen zusammengestellt sind, die von denselben Ärzten und nach den gleichen Methoden untersucht worden sind. Die Vergleiche sind lehrreich.

[2] Zu dieser Zeit waren für Fliegerzwecke bei den meisten Benzinfabriken außer Faßmischanlagen hauptsächlich Tankmischanlagen mit Kesselwagenentleerung in Verwendung.

Gesundheit oder infolge ihrer Beschäftigung vermindertem Wohlbefinden. Sie scheinen als Gesamtgruppe tatsächlich bemerkenswert gesund gewesen zu sein. Es kann dies in gewissem Grade darauf zurückzuführen sein, daß sie gleich zu Anfang, bevor sie beschäftigt wurden, sorgfältig geprüft und ausgewählt worden waren.

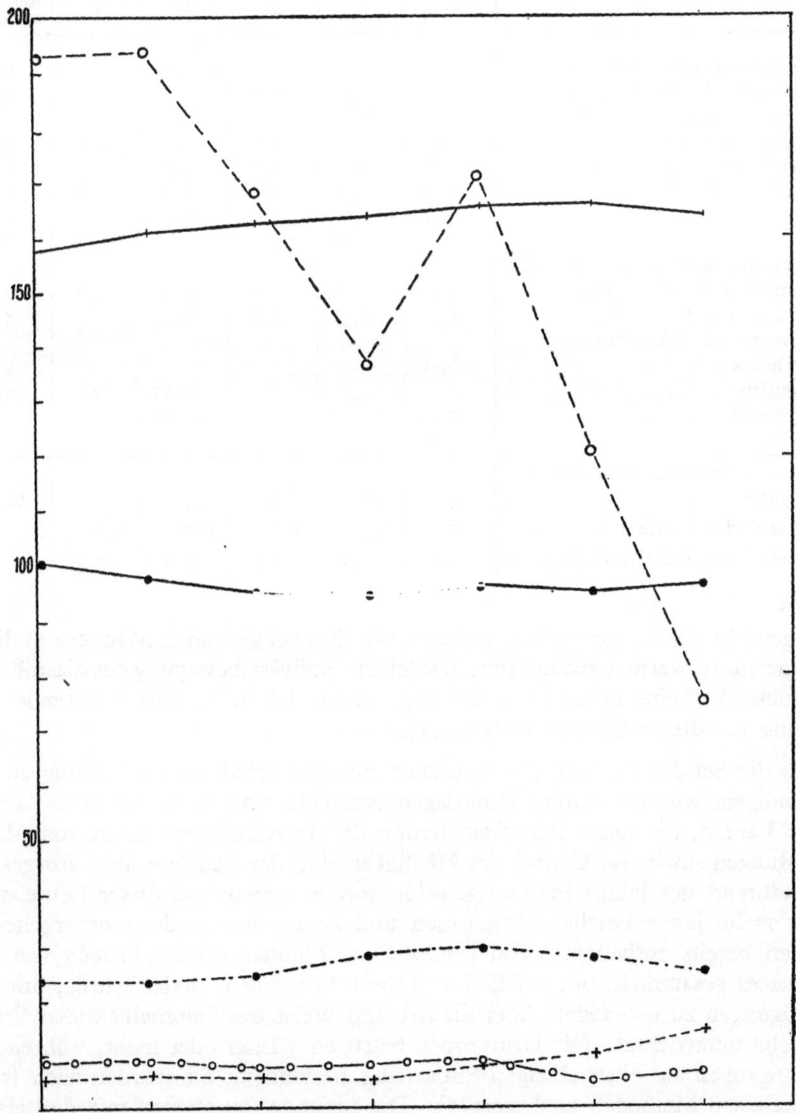

Abb. 1. Die Kurven zeigen in der Reihenfolge von oben nach unten den Verlauf der Mittelwerte für Basophilie, Gewicht, systolischen Blutdruck, diastolischen Blutdruck, Pulsschlag und Hämoglobinprozentgehalt für die der Aufnahmeuntersuchung einer ausgewählten Gruppe von Mischpersonal folgenden Jahre (s. Tabelle 16).

Tabelle 16 zeigt die Mittelwerte in einer Reihe von aufeinanderfolgenden Jahren in der in Rede stehenden Gruppe an, und zwar bezüglich Basophilie, Körpergewicht, systolischem und diastolischem Blutdruck, Pulsschlag und Prozentsatz an Hämoglobin im Blut.   Abb. 1 zeichnet diese Werte graphisch auf.   Das

Tabelle 13. Häufigkeit der Fälle von Arbeitsunfähigkeit unter 8 Tagen während eines Zeitraums von 5 Beschäftigungsjahren bei der ausgewählten Mischgruppe.

Grund der Arbeitsunfähigkeit	Prozent vom laufenden Dienstjahr					
	1.	2.	3.	4.	5.	Alle Jahre zusammen
Unfälle gewerblichen Ursprungs .	1,1	0,56		0,57		0,49
Außergewerbliche Schädigungen. .		0,56	0,56			0,24
Alle Erkrankungen der Atmungs-						
organe zusammen	3,9	3,9	5,0	4,6	4,1	4,4
Infektion der oberen Luftwege .	2,8	1,7	2,8	1,7	2,5	2,3
Tonsillitis oder Pharyngitis . . .	0,56	0,56	1,1	2,3	1,6	1,2
Influenza	0,56	1,1	1,1	0,57		0,73
Sinusitis		0,56				0,12
Alle Erkrankungen, außer denen der						
Atmungsorgane, zusammen . .	2,8	0,56	1,1	4,6	1,6	2,2
Diarrhöe und Enteritis	1,1	0,56	1,1	3,4		1,3
Rheumatische Erkrankungen:						
Arthritis	0,56					0,12
Neuritis				0,57	0,82	0,24
Nierenkolik	0,56			0,57	0,82	0,36
Migräne	0,56					0,12
Gesamtzahl der Fälle von Arbeits-						
unfähigkeit	14	10	12	17	7	60
Gesamtzahl der Leute	179	179	179	175	122	
Prozentsatz der Arbeitsunfähigkeit	7,8	5,6	6,7	9,7	5,7	7,3

Mittelgewicht der Gruppe nahm leicht zu, wie dies bei gesunden Männern in diesen Altersgrenzen erwartet werden kann. Die leichte Aufwärtsbewegung des diastolischen Blutdrucks hat eine ähnliche Bedeutung. Sonst ist keine fortschreitende Veränderung bei dieser Gruppe festzustellen.

Um die bei der Prüfung der ärztlichen Berichte erhaltene Aufklärung zu vervollständigen, wurden weitere Unterlagen beschafft, und zwar von einer Gruppe von 86 Leuten, die unter Berücksichtigung der verschiedenen Arten von Mischeinrichtungen sowie auf Grund der Häufigkeit und der Schwere ihres Ausgesetztseins während des Jahres 1935 ausgewählt worden waren. (34 dieser Leute waren 4 oder mehr Jahre beschäftigt gewesen und sind daher in den vorhergehenden Tabellen bereits enthalten.) Von jedem dieser Männer wurden Proben von Urin und Faeces gesammelt, um auf Blei analysiert zu werden. Jeder wurde, um Verunreinigungen zu vermeiden, über die Art und Weise des Sammelns dieser Proben eingehend unterrichtet. Die Urinproben betrugen 3 Liter oder mehr, während die Fäkalienproben aus einer einzigen Entleerung bestanden. Sie wurden nach früher beschriebenen Methoden analysiert (1). Die Befunde, zusammen mit den Hämoglobin- und Basophiliebestimmungen, die im Herbst 1935 vorgenommen worden waren, sind aus Tabelle 17, 18, 19 und 21 ersichtlich.

Hämoglobin und Basophilie bleiben offensichtlich im normalen Rahmen. Ebenso liegen die Faeces- und Urinausscheidungen innerhalb normaler Grenzen. Unter den drei Untergruppen sind, unregelmäßig verteilt, 7 Fälle festgestellt worden, bei denen mehr als $^1/_2$ mg Blei je Faecesprobe zu verzeichnen war, entweder als

Tabelle 14. Häufigkeit der Fälle von 8 Tage langer und längerer Arbeitsunfähigkeit während eines Zeitraums von 5 Beschäftigungsjahren bei der ausgewählten Mischgruppe.

Grund der Arbeitsunfähigkeit	Prozent vom laufenden Dienstjahr					
	1.	2.	3.	4.	5.	Alle Jahre zusammen
Unfälle gewerblichen Ursprungs .	0,56	0,56		1,7		0,56
Außergewerbliche Schädigungen .		0,56				0,11
Alle Erkrankungen der Atmungsorgane zusammen	1,7	0,56	0,56		0,82	0,73
Erkrankungen der oberen Luftwege			0,56			0,11
Tonsillitis oder Pharyngitis . . .	0,56					0,11
Influenza	1,1	0,56				0,33
Lungenentzündung					0,82	0,11
Alle Erkrankungen, außer denen der Atmungsorgane, zusammen . .	1,7	1,7	2,2	2,9	2,5	2,2
Diarrhöe und Enteritis		0,56				0,11
Appendicitis		0,56	1,1	1,7		0,67
Cholecystitis			0,56			0,11
Hernien		0,56			0,82	0,22
Rheumatische Erkrankungen:						
Arthritis	0,56		0,56			0,22
Hirnblutung				0,57		0,11
Diabetes				0,57	0,82	0,22
Dermatitis venenata					0,82	0,11
Masern	0,56					0,11
Malaria	0,56					0,11
Gesamtzahl der Fälle von Arbeitsunfähigkeit	7	6	5	8	4	30
Gesamtzahl der Leute	179	179	179	175	122	
Prozentsatz der Arbeitsunfähigkeit	3,9	3,3	2,7	4,6	3,3	3,6

Tabelle 15. Vergleich des prozentualen Auftretens von subjektiven und objektiven Anomalien bei der ausgewählten Mischgruppe gegenüber anderen bleigefährdeten bzw. nichtgefährdeten Personengruppen.

Subjektive und objektive Anomalien	Prozentsatz				
	Misch-personal[1]	Tankwarte	Auto-schlosser	Medizin-studenten	Bleistaub ausgesetzte Berufsgruppen
Appetitlosigkeit	2,5	7,3	11,4	1,4	3,3
Verdauungsstörungen	5,2	11,6	5,7	2,8	7,4
Verstopfung	6,1	27,6	25,8	36,6	9,8
Schlafstörungen	1,9	2,9	5,7	4,2	2,5
Leichte Ermüdbarkeit	1,2	17,4	14,3	12,7	5,7
Kopfschmerz	1,8	24,6	51,5	21,2	13,1
Störungen der Sinnesorgane . . .	0,6	7,3			2,5
Tremor	3,4	13,0	8,6	2,8	18,0
Bleisaum	0,98[2]				10,4
Bleiblässe	3,8[3]	4,4		1,4	8,2
Harnacidität	11,2	4,4	22,6	9,9	55,7
Albuminurie	0,8	4,4	8,6	1,4	· 6,4
Glykosurie	0,2	1,5		1,4	1,6

[1] Durchschnittl. Prozentsatz aus 5 Jahren (820 Untersuchungen an 164 Personen). — [2] Bei allen bis auf einen von 8 Männern mit einer Verfärbung des Zahnfleisches, die Blcisaum andeuten konnte, war dieser Befund auf regelwidrige Mischverfahren, jedenfalls auf Bleieinwirkungen zurückzuführen, die sich aus einem vorschriftsmäßigen Mischbetrieb nicht ergeben können. — [3] Der Prozentsatz von Bleiblässe betrug bei der Aufnahmeuntersuchung 5,0.

Tabelle 16. Die in Abb. 1 graphisch dargestellten Mittelwerte der Aufnahmeuntersuchung und der jährlichen Nachuntersuchungen bei einer ausgewählten Gruppe von Mischpersonal.

Befunde	Aufnahme-untersuchung	1. Jahr	2. Jahr	3. Jahr	4. Jahr	5. Jahr	6. Jahr
Basophilie:							
Mittel und wahrscheinlicher Fehler . . .	4,82 ± 0,42	4,84 ± 0,36	4,20 ± 0,31	3,43 ± 0,22	4,29 ± 0,38	3,03 ± 0,25	1,87 ± 0,15
Normale Abweichung .	± 8,34	± 6,98	± 6,10	± 4,22	± 7,11	± 3,62	± 1,24
Gewicht:							
Mittel und wahrscheinlicher Fehler . . .	158,33 ± 1,27	161,37 ± 1,19	163,02 ± 1,24	164,27 ± 1,20	166,34 ± 1,22	166,79 ± 1,49	164,73 ± 2,50
Normale Abweichung .	± 24,64	± 23,56	± 24,43	± 23,75	± 24,23	± 22,69	± 22,60
Systolischer Blutdruck:							
Mittel und wahrscheinlicher Fehler . . .	125,65 ± 0,63	124,06 ± 0,59	122,56 ± 0,61	122,47 ± 0,59	123,18 ± 0,62	122,83 ± 0,77	123,47 ± 1,29
Normale Abweichung .	± 12,32	± 11,66	± 11,96	± 11,77	± 11,98	± 11,84	± 11,47
Diastolischer Blutdruck:							
Mittel und wahrscheinlicher Fehler . . .	78,27 ± 0,47	78,67 ± 0,30	78,65 ± 0,49	78,30 ± 0,50	79,62 ± 0,47	80,42 ± 0,58	82,77 ± 0,87
Normale Abweichung .	± 9,36	± 9,48	± 9,67	± 9,77	± 9,12	± 8,87	± 7,84
Puls:							
Mittel und wahrscheinlicher Fehler . . .	79,80 ± 0,52	79,97 ± 0,53	79,45 ± 0,51	79,70 ± 0,55	79,81 ± 0,57	77,92 ± 0,58	78,99 ± 1,19
Normale Abweichung .	± 10,37	± 10,51	± 10,15	± 10,86	± 10,94	± 8,80	± 10,77
Hämoglobin %:							
Mittel und wahrscheinlicher Fehler . . .	87,23 ± 0,31	87,27 ± 0,33	87,84 ± 0,31	89,50 ± 0,29	90,26 ± 0,24	89,27 ± 0,39	88,28 ± 0,68
Normale Abweichung .	± 6,02	± 6,40	± 5,99	± 5,65	± 4,48	± 5,85	± 6,02

Tabelle 17. Unterteilung von Mischpersonal nach Hämoglobin im Blut.
(Eine den stärksten Einwirkungsmöglichkeiten in Mischanlagen des verschiedenen Typs ausgesetzte Sondergruppe.)

% Hämoglobin	Anzahl der Leute			Zusammen
	Faßmischung	Tank-Faßmischung	Tankmischung	
60— 64				
65— 69				
70— 74				
75— 79		1	1	2
80— 84	2	2	1	5
85— 89	10	13	3	26
90— 94	9	17	10	36
95— 99	1	1	3	5
100—104	7	3	2	12
Gesamtzahl	29	37	20	86
Mittel	92,5	91,0	92,5	91,74 $\pm$ 0,42
Normale Abweichung				$\pm$ 5,78

Tabelle 18. Unterteilung von Mischpersonal nach Basophilie.
(Eine den stärksten Einwirkungsmöglichkeiten in Mischanlagen des verschiedenen Typs ausgesetzte Sondergruppe.)

Basophile Erythrocyten in 50 Feldern	Anzahl der Leute			Zusammen
	Faßmischung	Tank-Faßmischung	Tankmischung	
0— 1	25	26	16	67
2— 3	1	5		6
4— 5		5	1	6
6— 7	3	1		4
8— 9			1	1
10—11			1	1
28			1	1
Gesamtzahl	29	37	20	86
Mittel	1,7	2,0	3,5	2,23 $\pm$ 0,21
Normale Abweichung				$\pm$ 1,77

Beweis einer ungewöhnlichen Bleiaufnahme oder als zufällige Verunreinigung der Proben. In keinem Fall ist ein hoher Wert bei ein und derselben Einzelperson mit einer anormal hohen Ausscheidung im Urin verbunden. Diesen Resultaten ist die gleiche Bedeutung beizulegen wie den entsprechenden hohen Werten, die gelegentlich bei normalen Menschen außerhalb des Bleigewerbes (2) gefunden wurden. Zum Zweck des Vergleichs werden in Tabelle 20 Befunde von 381 Personen wiedergegeben, die keiner Bleieinwirkung ausgesetzt waren. Es ist ganz klar ersichtlich, daß unsere drei Untergruppen sich ohne weiteres in diese größere Gruppe einreihen und keinerlei Anzeichen einer gewerblichen Bleieinwirkung aufweisen.

Die Urinbefunde der Tabelle 21 entsprechen den Fäceswerten; hinsichtlich eines Nachweises anormaler Bleieinwirkung sind sie jedoch noch deutlicher negativ. Die Ergebnisse erstrecken sich über einen viel kleineren Bereich, denn es sind nur drei, die 0,06 mg Pb je Liter übersteigen. Ein Vergleich mit Werten, die von einem Tag zum andern bei zwei normalen, unter Versuchsbedingungen

Tabelle 19. Unterteilung von Mischpersonal nach dem Befund von Blei in Faeceseinzelproben. (Eine den stärksten Einwirkungsmöglichkeiten in Mischanlagen des verschiedenen Typs ausgesetzte Sondergruppe.)

mg Blei	Anzahl der Leute			Zusammen
	Faßmischung	Tank-Faßmischung	Tankmischung	
0,00—0,07		6	7	13
0,08—0,15	11	5	4	20
0,16—0,23	5	7	3	15
0,24—0,31	4	10	2	16
0,32—0,39	5	4	1	10
0,40—0,47	1	1	1	3
0,48—0,55				
0,56—0,63	1			1
0,64—0,71				
0,72—0,79				
0,80—0,87		1		1
0,88—0,95		1		1
0,96—1,03		1	1	2
1,08			1	1
3,40	1			1
Kein Ergebnis	1	1		2
Gesamtzahl	29	37	20	86
Mittel	0,35 ± 0,074	0,29 ± 0,025	0,24 ± 0,044	0,29 ± 0,029
Normale Abweichung	± 0,58	± 0,22	± 0,29	± 0,39

Tabelle 20. Unterteilung von beliebig entnommenen Faeceseinzelproben nach ihrem Bleigehalt bei gewerblich nicht ausgesetzten männlichen Amerikanern.

mg Blei	Anzahl der Proben
0,00—0,09	71
0,10—0,19	99
0,20—0,29	72
0,30—0,39	52
0,40—0,49	29
0,50—0,59	18
0,60—0,69	14
0,70—0,89	7
0,90—1,09	7
1,10—2,09	6
2,10—4,09	3
4,10+	3
Insgesamt	381
Mittel	0,275[1]
Wahrscheinlicher Fehler des Mittels	± 0,008
Normale Abweichung	± 0,215

beobachteten Personen erhalten worden waren (Tabelle 22), ergibt ihre ordnungsgemäße Beschaffenheit, sowohl hinsichtlich der Mittelwerte als auch des Bereichs ihrer Streuung. Das eine Resultat von 0,11 mg je Liter in der „Faßmischgruppe", das vom statistischen Standpunkt aus abweicht, kann nicht als Beweis einer

[1] Errechnet nach Ausscheidung von 9 weitverstreuten Befunden über 1,25 mg.

Tabelle 21. Unterteilung von Mischpersonal nach Bleigehalt im Urin.
(Eine den stärksten Einwirkungsmöglichkeiten in Mischanlagen des verschiedenen Typs ausgesetzte Sondergruppe.)

mg Blei je Liter Urin	Anzahl der Leute			Zusammen
	Faßmischung	Tank-Faßmischung	Tankmischung	
0,000—0,009	8	15	6	29
0,010—0,019	9	10	1	20
0,020—0,029	7	8	5	20
0,030—0,039	1	2	3	6
0,040—0,049	1	1	1	3
0,050—0,059	1	1	2	4
0,060—0,069			2	2
0,070—0,079				
0,080—0,089				
0,090—0,099				
0,100—0,109				
0,110—0,119	1			1
Kein Ergebnis	1			1
Gesamtzahl	29	37	20	86
Mittel	0,021 ± 0,003	0,016 ± 0,001	0,028 ± 0,003	0,020 ± 0,001
Normale Abweichung	± 0,022	± 0,012	± 0,020	± 0,018

Tabelle 22. Unterteilung von Urinproben nach Bleigehalt bei zwei gewerblich nicht ausgesetzten normalen Männern.

mg Blei je Liter Urin	C. M. H.	J. M. McS.
0,00—0,01	33	19
0,02—0,03	11	30
0,04—0,05	9	4
0,06—0,07	1	1
Gesamtzahl der Proben	54	54
Mittel	0,022	0,026
Wahrscheinlicher Fehler des Mittels	± 0,001	± 0,001
Normale Abweichung	± 0,015	± 0,012

anormalen Bleiausscheidung bei dieser einen Person angesehen werden. Es kann das Ergebnis einer Verunreinigung der Probe mit Blei während des Einsammelns sein, andererseits jedoch liegt es im Bereich zufälliger physiologischer Schwankungen, wie solche bei einer großen Anzahl nicht ausgesetzter Personen beobachtet wurden (1, 2, 3).

3. Zusammenfassung und Schlußfolgerungen.

Die wesentlichen Ergebnisse der vorstehenden Ausführungen sind folgende:

1. Fast 2000 Leute sind während der letzten 10 Jahre verschiedene Zeiten hindurch mit dem Vermischen von Ethyl-Fluid mit Benzin beschäftigt gewesen, davon 179 Personen 4—9 Jahre.

2. Innerhalb dieser Leute ist kein Fall von Bleivergiftung festgestellt und auch keine Bleiaufnahme klinisch nachgewiesen worden.

3. Die Sterblichkeitsziffer und der allgemeine Krankheitsstand ist im Vergleich zu den entsprechenden Aufzeichnungen für im wesentlichen nicht bleigefährdete Gewerbegruppen günstig.

4. Eine Untersuchung der Bleiausscheidung typischer Gruppen von Mischpersonal zeigt, daß die Maßnahmen, die zur Verhinderung von Bleieinwirkungen ergriffen wurden, vollkommen zweckentsprechend waren, da keinerlei gewerbliche Bleiaufnahme erwiesen worden ist.

Diese Tatsachen rechtfertigen die Schlußfolgerung, daß unter den obwaltenden Verhältnissen die hier in Rede stehende Beschäftigung in bezug auf Bleieinwirkung praktisch gefahrlos ist.

Schrifttum.

1. Kehoe, R. A., F. Thamann u. J. Cholak: Über die normale Aufnahme und Ausscheidung von Blei. I. Bleiaufnahme und Ausscheidung unter primitiven Lebensbedingungen. (On the Normal Absorption and Excretion of Lead. I. Lead Absorption and Excretion in Primitive Life.) J. ind. Hyg. 15, 257 (1933). Siehe I A.

2. Kehoe, R. A., F. Thamann u. J. Cholak: Über die normale Aufnahme und Ausscheidung von Blei. II. Bleiaufnahme und Ausscheidung im heutigen amerikanischen Leben. (On the Normal Absorption and Excretion of Lead. II. Lead Absorption and Lead Excretion in Modern American Life.) Siehe I B. — III. Die Quellen normaler Bleiaufnahme. (The Sources of Normal Lead Absorption.) J. ind. Hyg. 15, 273—300 (1933). Siehe I C.

3. Kehoe, R. A., F. Thamann u. J. Cholak: Normale Aufnahme und Ausscheidung von Blei. (Normal Absorption and Excretion of Lead.) J. amer. med. Assoc. 104, 90 (1935). Siehe I E.

Abschnitt VII

Gefährdungsmöglichkeiten in Gewerbe und öffentlicher Gesundheit bei Vertrieb und Verwendung von Bleibenzin

Gutachten über die mit dem Vertrieb und der Verwendung von bleitetraäthylhaltigem Benzin verknüpften Bleigefährdungen.

I. Teil [1].

Von

Robert A. Kehoe, Frederick Thamann und **Jacob Cholak,**

Kettering-Laboratorium für Angewandte Physiologie, Universität Cincinnati, Cincinnati (Ohio).

1. Einleitung.

Die Entwicklung eines Motortreibstoffs, welcher Bleitetraäthyl enthält, hat bezüglich der öffentlichen Gesundheit und der Gewerbehygiene verschiedene Fragen laut werden lassen, die in ungewöhnlichem Maße Aufmerksamkeit erregt haben. Seit dem Jahre 1924 sind von Mitgliedern unseres Laboratoriums Reihen von Untersuchungen angestellt worden, die sich auf die mit der Herstellung, dem Vertrieb und der Verwendung dieser Art Benzin verknüpften Gefährdungsmöglichkeiten erstreckten.

Von Zeit zu Zeit (1925, 1927 und 1928) wurden der Ethyl Gasoline Corporation sowie dem Gesundheitsamt der Vereinigten Staaten Berichte über diese Untersuchungen eingereicht; die Ergebnisse sind jedoch nicht veröffentlicht worden, teils wegen der Unmenge angesammelter Unterlagen, teils deswegen, weil sie im wesentlichen mit den von anderen Forschern beschriebenen übereinstimmten. So weichen auch unsere Schlußfolgerungen nicht wesentlich von denjenigen ab, die Sayers und seine Mitarbeiter (1) aus Tierversuchen gezogen haben, oder von denjenigen, zu denen Leake und andere Mitarbeiter des Gesundheitsamts der Vereinigten Staaten (2) durch Anwendung von Methoden gelangten, die im allgemeinen den unsrigen ähnlich sind. Unsere Befunde (bis 1928) sowie die von Sayers und Leake wurden vom Gesundheitsministerium Großbritanniens kritisch geprüft, wie aus dem Schlußbericht der Ethylbenzin-Kommission (Ministry of Health of Great Britain, Final Report of the Departmental Committee on Ethyl Petrol) vom Jahre 1930 (3) hervorgeht.

In der letzten Zeit hat sich gezeigt, daß hinsichtlich der Bleiberührung bei der Verwendung von bleihaltigem Benzin nunmehr genauere Schlüsse gezogen werden können. Im nachfolgenden werden wir daher den gesamten Fragenkreis nochmals behandeln und kurz über Beobachtungen sprechen, die im Jahre 1929 angestellt wurden und die sich an unsere früheren Untersuchungen anschließen. In einem zweiten Aufsatz werden wir die Ergebnisse einer späteren und genaueren Methode des Messens der Bleieinwirkung darlegen, die bei den in Frage kommenden verschiedenartigen Betätigungen auf den Bleigehalt im Benzin zurückzuführen ist.

Wir möchten hier unseren Mitarbeitern unseren Dank für die Unterstützung bei diesen Arbeiten aussprechen, und zwar: W. F. Machle, L. W. Sanders, L. J. Schradin und W. E. Brown für ihre Mithilfe bei der Durchführung der

---

[1] Aus J. ind. Hyg. **16**, 100 (1934). Zur Veröffentlichung eingegangen am 10. Dezember 1933.

ärztlichen Untersuchungen; L. W. Sanders auch für die Untersuchung der Blutausstriche und T. J. Le Blanc für die statistische Auswertung der Befunde. Die Kosten für diese Arbeiten übernahm die Ethyl Gasoline Corporation auf Grund eines Abkommens mit dem Rektorat der Universität Cincinnati.

2. Die Natur der Bleieinwirkungsgefahr.

Gleich zu Beginn der Verwendung von bleitetraäthylhaltigem Benzin stellte sich heraus, daß die Herstellung von Bleitetraäthyl und das Mischen des konzentrierten Ethyl-Fluids mit Benzin eine gefährliche Beschäftigung war, mit einzigartigen Möglichkeiten für eine schnelle Entwicklung von Bleivergiftung. Die ernsthafte Gefährlichkeit dieser Verfahren steht jedoch in keinem Zusammenhang mit den von uns in den vorliegenden Ausführungen behandelten Fragen. Die anfänglich eingetretene Verwechslung der tatsächlichen Gefahren bei der Erzeugung mit den fraglichen Gefährdungen beim Gebrauch des fertigen Betriebsstoffs hat sich trotzdem nach wie vor aufrechterhalten. Der Unterschied zwischen beiden muß daher geklärt werden.

Gefahren bei der Herstellung von Bleitetraäthyl und bleihaltigem Benzin.

Reines Bleitetraäthyl ist eine schwere, farblose, ölige Flüssigkeit, die nicht ohne Schwierigkeit in geflanschten Behältern und Rohrleitungen zurückzuhalten ist. Es ist unlöslich in heißem oder kaltem Wasser, jedoch leicht löslich in Alkohol und Aceton und mit Fetten und Ölen in jedem Verhältnis mischbar. Wie auf Grund dieser letzteren Eigenschaft zu vermuten ist, durchdringt es die unverletzte Haut. Tatsächlich kann allein eine Aufnahme durch die Haut rasch akute Erkrankung und Tod bei Versuchstieren (4, 5) herbeiführen. Vom physikalischen Standpunkt aus ist die Flüchtigkeit des Bleitetraäthyls gering, in toxikologischen Werten ausgedrückt ist sie jedoch gefährlich hoch, da bei gewöhnlicher Temperatur die dampfgesättigte Luft ungefähr 5 mg Blei je Liter enthält. Diese Konzentration ist für Kaninchen in ein paar Stunden tödlich (4), eine Tatsache, die wiedergibt, wie leicht Bleitetraäthyl in das Lungenepithel eindringt. Unter gewissen Voraussetzungen, besonders unter Einwirkung der Sonnenstrahlen, ist Bleitetraäthyl unbeständig und spaltet sich zu wasserlöslichen kristallinischen Triäthylbleiverbindungen auf. Leichte Bewegung genugt, diese in trockenem Zustande als feine Kristalle in der Luft aufzuwirbeln, was eine Staubgefährdung hervorruft, die die Eigenschaft hat, — einzig in ihrer Art unter den Bleieinwirkungsgefahren —, sich dadurch warnend bemerkbar zu machen, daß schon sehr geringe Mengen eine Reizung der Schleimhäute hervorrufen, die sich in Tränen und Niesen auswirkt.

Die mit der Erzeugung und der Handhabung von Bleitetraäthyl verbundenen Gefahren sind, wenn man diese Eigenschaften erkannt hat, ziemlich offensichtlich. Leider waren sie, als die Herstellung dieses Produktes zum erstenmal erwogen wurde, noch nicht so weit aufgeklärt wie heute. Es ist daher nicht verwunderlich, daß, als die Darstellung von Bleitetraäthyl vom Laboratoriums- in einen noch in den Anfängen steckenden technischen Maßstab überging, Fälle von Bleivergiftung vorgekommen sind, die durch plötzliches Auftreten zerebraler Symptome und hohe Sterblichkeit gekennzeichnet waren.

Wir wollen hier nicht in eine Beschreibung der verschiedenen Verfahren eintreten, durch welche das Bleibenzin für den Markt zubereitet wird, sondern lediglich darauf hinweisen, daß Unfälle dabei hauptsächlich auf das Bleitetraäthyl selbst zurückzuführen sind. In allen Stufen besteht das hygienische Problem darin, daß die Haut mit Bleitetraäthyl nicht in Berührung kommt und ein Einatmen der Dämpfe verhindert wird. Infolge der strengen örtlichen Beschränkung der Gefahren können diese in geeigneter Weise überwacht werden; nichtsdestoweniger bleiben starke Gefährdungsmöglichkeiten bestehen, so daß Sicherheit nur durch fortgesetzte Wachsamkeit gewährleistet werden kann. Wir haben bereits an anderer Stelle (6) gezeigt, in welchem Maße eine Bleiaufnahme bei der Herstellung von Bleitetraäthyl durch die Anwendung von Betriebseinrichtungen besonderer Art und die Einführung und Aufrechterhaltung von geeigneten Sicherheitsmaßnahmen eingeschränkt worden ist.

Gefahren beim Vertrieb und der Verwendung von bleitetraäthylhaltigem Benzin.

Die mit der Behandlung und der Verwendung von fertigem Bleibenzin verbundenen Gefahren weichen sowohl qualitativ als quantitativ von denjenigen ab, die sich bei der Herstellung und der Handhabung von Bleitetraäthyl ergeben. Nichts könnte den Unterschied in bezug auf die Möglichkeit einer Bleigefährdung auf den beiden Gebieten zweckdienlicher beleuchten als der Umstand, daß derartiges Benzin bis heute (November 1933), nachdem es mehr als 10 Jahre in einzelnen Gegenden und fast 8 Jahre hindurch in den gesamten Vereinigten Staaten ständig verwendet worden ist, keinen einzigen nachweislichen Fall von Bleivergiftung verursacht hat. (Diese Feststellung wird noch bedeutungsvoller, wenn man berücksichtigt, daß die denkbaren Gelegenheiten für eine Bleiaufnahme als Folge des Vertriebs von bleihaltigem Benzin so vielfältig und so weitverzweigt sind, daß keine Regel dafür aufgestellt werden kann.) Aber es gibt noch andere Unterscheidungspunkte, die zu erkennen es des Prüfsteins der Erfahrung nicht bedarf. Bleitetraäthyl wird in das Benzin in so kleinen Mengen eingeführt, daß die Lösung seine wesentlichen Vergiftungseigenschaften nicht mehr aufweist. So wird, während Bleitetraäthyl allein oder in hochkonzentrierter Benzinlösung von der Haut schnell absorbiert wird, das Aufnehmen durch eine weitere Verdünnung mit Benzin stark abgeschwächt. Wir haben jedenfalls in keinem Fall eine Bleiaufnahme durch die Haut von Versuchstieren nach einer längeren Einwirkung von 1 Raumteil Bleitetraäthyl in 1000 Raumteilen Benzin (5) feststellen können. Ebenso beseitigt die Verdünnung mit Benzin in weitem Maße die Gefahr einer Bleieinatmung. Der Unterschied zwischen der Flüchtigkeit des Bleitetraäthyls und derjenigen der verschiedenen Grundbenzine, mit denen es vermischt wird, ist so groß, daß fast die Hälfte des Benzins verdampfen kann, bevor Blei in den Dämpfen gefunden wird [1]. Daraus folgt, daß die Dämpfe, die aus Bleibenzin enthaltenden Tanks aufsteigen, keine meßbaren Bleimengen aufweisen. Dies will jedoch nicht besagen, daß in der Praxis bei der Handhabung oder gar beim Verschütten von Bleibenzin kein Bleitetraäthyl verdampfen kann.

Obgleich also jahrelange Erfahrung ergeben hat, daß für die Allgemeinheit irgendwelche Gefahren bei der Verwendung von bleitetraäthylhaltigem Benzin nicht bestehen, wofür die Eigenschaften des Betriebsstoffs, wie oben beschrieben, in

---

[1] Wir haben bei Versuchen, bei denen die Benzindämpfe so konzentriert waren, daß sie die Tiere in einem Stand leichter Vergiftung hielten, keinerlei Bleiansammlung in Kaninchen gefunden, die monatelang derartigen Dämpfen täglich mehrere Stunden hindurch ausgesetzt gewesen waren.

weitem Maße eine Erklärung bieten, kann angesichts der allgemeinen Verbreitung des Produktes die Möglichkeit einer Bleieinwirkung nicht leichtfertig von der Hand gewiesen werden. Ein voller Überblick über diese Möglichkeiten ist daher erforderlich, um den ganzen Fragenkreis zu verstehen, den sie der Untersuchung eröffnen.

Bleibenzin wird in Benzinfabriken, Großbenzinlagern, Tankstellen sowie in öffentlichen und privaten Garagen gehandhabt. Es wird in Tankschiffen, Kesselwagen, Tankautos, Fässern und Kannen von einem Ort zum andern verschickt. In den Vereinigten Staaten und in Kanada wird ein riesiger Teil dieses Motortreibstoffs durch Tankstellen ausgegeben. In England wird eine große Menge Benzin in 10-Liter-Kannen vertrieben, die durch automatische Vorrichtungen in Benzinfabriken und Benzinlagern gefüllt werden. Zahlreiche Personen kommen — ein unvermeidliches Ergebnis der verschiedenen Vertriebsmethoden — mit vergossenem Benzin in Berührung. Auch atmen sie Dämpfe aus Tanks, Schlauchleitungen und an Stellen ein, an denen Benzin verspritzt wurde. Auf Laderampen in Benzinfabriken, an Tankstellen und an anderen Orten, wo regelmäßig mit Benzin gearbeitet wird, kann ein wiederholtes Verschütten von bleihaltigem Benzin eine Ansammlung von höher siedenden, nach dem Petroleum zu liegenden Fraktionen und damit von kleinen Mengen Bleitetraäthyl mit sich bringen, da dieselben in Holzböden oder in Beton-, Asphalt-, Kies-, Asche- oder Erdböden eindringen. Dabei wird ein Teil des Bleitetraäthyls langsam verdampft, der Rest wird zersetzt. In beiden Fällen ist eine Gelegenheit zur Einatmung von Blei seitens der Personen, die sich in der Nähe aufhalten, gegeben, obgleich zweifellos das meiste durch häufiges Abspritzen oder durch Regen wieder entfernt wird.

Unter den derzeitig herrschenden Absatzverhältnissen ist die Zersetzung von Bleitetraäthyl im Benzin fast unmerklich; nach einer Reihe von Jahren jedoch können sich wechselnde Mengen von Bleiablagerungen in den Krusten an den Wänden und am Boden von Vorrattanks, Kesselwagen und anderen Behältern finden. Eine Reinigung solcher Behälter in trocknem Zustand kann zu Einatmung fein verteilten Staubes führen, der Triäthylbleisalze enthält. Im allgemeinen bieten die gegen die Einatmung von gefährlichen Mengen Benzin getroffenen Vorsichtsmaßregeln hinreichenden Schutz gegen eine Aufnahme der Bleiniederschläge, doch sollte diese Möglichkeit des Inberührungkommens mit Blei nicht außer Acht gelassen werden.

Durch den Verkauf an den Einzelverbraucher gelangt das Benzin in den Bereich der allgemeinen Öffentlichkeit, woselbst ebenfalls in gewissem Grad eine Berührung mit der Haut oder ein Einatmen von Dämpfen vorkommen kann. Wichtiger jedoch ist hier das Auftreten einer Reihe von weiteren Vorbedingungen für eine Aufnahme von Blei, die sich aus der Verbrennung des Treibstoffs ergeben. Bei der Verbrennung wird Bleitetraäthyl in feinverteilte anorganische Bleiverbindungen umgewandelt (hauptsächlich Bleibromid), die sich teilweise im Auspuffsystem festsetzen, andernteils jedoch mit den Abgasen des Motors in die freie Luft ausgepufft werden. Das Ausmaß der Anhäufung von Abgasen aus vielen Autos in belebten Stadtstraßen und besonders an schlecht belüfteten Stellen, wo eine beträchtliche Anzahl von Kraftwagen im Verkehr ist, wird zu einer Frage von Wichtigkeit. Diese Angelegenheit betrifft die gesamte Stadtbevölkerung, erlangt jedoch besondere Bedeutung für Garagenpersonal. Garagen sind im allgemeinen schlecht durchlüftet. Wenige sind so eingerichtet, daß günstigstenfalls eine angemessene Verdünnung der Auspuffgase eintritt, und wenn bei kaltem Wetter die Türen und Fenster geschlossen sind, kann oft von einer Belüftung überhaupt keine Rede sein. Aus diesem Grunde zeigen sich bei vielen Autoschlossern in den Wintermonaten am späten Nachmittag Kopfschmerzen infolge einer Aufnahme von Kohlenoxyd. Ihr Inberührungkommen mit Blei aus den Abgasen von mit Bleibenzin betriebenen Kraftwagen ist daher stärker als bei irgendwelchen anderen Personen in der Öffentlichkeit. Weiterhin ist zu bemerken, daß bei der Handhabung und beim Verschütten von Benzin, beim Einstellen der Vergaser und bei der Reparatur anderer Teile des Wagens die Haut oft mit Benzin und Schmieröl in Berührung kommt, das kleinste Mengen Bleitetraäthyl enthalten kann. Ein Verschütten und Verflüchtigen von Benzin kann das schwerer flüchtige Bleitetraäthyl hinterlassen, welches späterhin langsam verdampft oder sich zersetzt und sich so dem Staub in der Garage hinzugesellt. Der Schlosser kann beim Auseinandernehmen des Motors auf die Verbrennungsprodukte des Bleitetraäthyls stoßen und, wenn diese auch nicht von der Haut aufgenommen werden, können sie doch seine Hände, seine Kleider und seine Umgebung verunreinigen. Wir müssen diese Faktoren, ebenso wie auch die Bleiablagerungen in den Auspuffgasen in Rechnung ziehen, denn sie tragen zu der Anhäufung von Bleistaub in der Garage bei, obgleich die in Frage kommenden Bleimengen wahrscheinlich nicht so groß sind wie diejenigen, die sich bei der Reparatur von Akkumulatorenbatterien sowie aus der Verwendung von Farben und beim Löten während der Reparatur von Automobilen ergeben.

Wenn man die Möglichkeiten einer Bleigefährdung durch Bleibenzin ganz allgemein und vollständig erfassen will, so muß noch ein weiterer Punkt in Betracht gezogen werden. Das Niederschlagen von Bleiverbindungen auf den Land- und Stadtstraßen — kurz, auf der Erdoberfläche — kann begreiflicherweise die Bleimenge beeinflussen, die von Tieren und Menschen eingeatmet wird, ebenso wie diejenige, die sich auf den Pflanzen absetzt und dadurch von ersteren aufgenommen wird.

3. Der Vertrieb und Verkauf von Bleibenzin in den Vereinigten Staaten.

Der Charakter der Bleigefährdungen bei der Verwendung bleihaltigen Benzins ergibt sich aus den Vertriebs- und Verbrauchsmethoden. Ihr allgemeines Ausmaß hängt von der Weite der Verteilung derartigen Benzins, vom Umfang des Verbrauchs in einem gegebenen Bezirk und von der Zeitspanne ab, über die sich Vertrieb und Verbrauch erstreckt haben. Diese Umstände werden jedoch bis zu einem gewissen Grad durch die Unterschiedlichkeit des Bleigehaltes im Benzin beeinflußt, die sich in verschiedenen Teilen des Landes ergeben hat.

Bleitetraäthylhaltiges Benzin wurde zuerst Anfang 1923 in Dayton (Ohio) vertrieben; ein paar Monate später kam es in Cincinnati und in der Umgebung dieser beiden Städte zum Verkauf. Von dort verbreitete sich seine Verwendung nach dem mittleren Westen und dem Süden der Vereinigten Staaten, in Bezirke, die am besten durch Städte wie Chicago, Detroit, St. Louis, Jacksonville, Atlanta und Savannah gekennzeichnet werden. Die Benzinmenge, die bis 1926 zum Verkauf gekommen ist, kann nicht genau geschätzt werden, doch war sie im allgemeinen auf diesen Bereich beschränkt, wobei das Verkaufsvolumen ständig zugenommen hatte mit Ausnahme von einem Jahr, das im Mai 1925 begann. (Damals wurde das Bleibenzin vom Markt zurückgezogen, weil eine Untersuchung des Gesundheitsamts der Vereinigten Staaten schwebte, wenn auch die Verwendung in einigen Bezirken aus bestimmten Gründen nicht unterbrochen wurde.) Seine Ausbreitung setzte sich fort, bis der Autotreibstoff in allen Teilen der Vereinigten Staaten

Tabelle 1. Zeitdauer des Vertriebs von Bleibenzin in verschiedenen
amerikanischen Städten bis zum Oktober 1929.

Ort	Beginn des Vertriebs	Unterbrechung	Jahre ununterbrochenen Vertriebs
Dayton, Ohio	Februar 1923	Keine	6,7
Cincinnati, Ohio	April 1923		6,5
Wheeling, W. Va.	Sommer 1923		3,2
Chicago, Ill.	Herbst 1923		3,2
Detroit, Mich.	„ 1923		3,2
St. Louis, Mo.	Frühjahr 1924	Mai 1925	3,2
Kansas City, Mo.	„ 1924	bis	3,2
Minneapolis, Minn.	„ 1924	Sommer	3,2
Milwaukee, Wis.	„ 1924	1926	3,2
Baltimore, Md.	„ 1924		3,2
Washington, D. C.	„ 1924		3,2
San Antonio, Texas	„ 1924		3,2
Savannah, Ga.	Herbst 1924		5,0
Atlanta, Ga.	„ 1924		5,0
Jacksonville, Fla.	„ 1924		5,0
New Orleans, La.	Frühjahr 1926		3,2
Cleveland, Ohio	Sommer 1926		3,2
Philadelphia, Pa.	„ 1926		3,2
Boston, Mass.	„ 1926	Keine	3,2
Denver, Colo.	„ 1926		2,2
Spokane, Wash.	„ 1926		2,2
Tulsa, Okla.	„ 1926		2,2
San Francisco, Cal.	Winter 1926		2,2
Los Angeles, Cal.	„ 1926		2,2
New York City	Herbst 1928		1,0

erhältlich war. Tabelle 1 zeigt die Zeit, zu welcher der Verkauf in verschiedenen
Städten begann. Ebenso ist die Dauer des ständigen Vertriebs in diesen Bezirken
bis zur Zeit der hier zu beschreibenden Beobachtungen verzeichnet. Die ungefähren Mengen, welche während der Jahre verkauft wurden, für die Zahlen vorhanden sind, sind in Tabelle 2 verzeichnet. Bemerkenswert ist, daß allgemein
diejenigen Bezirke, in denen das Benzin zuerst eingeführt wurde, den größten
anteilmäßigen und Gesamtverbrauch beibehalten haben.

Im Staat Ohio, wo der größte Teil der ersten Untersuchungen durchgeführt
wurde, wurde der Zusatz von Bleitetraäthyl zum Benzin bis 1926 mit 3 ccm je Gallone
aufrechterhalten — ungefähr 1 Raumteil Bleitetraäthyl auf 1260 Raumteile Benzin.
In gewissen anderen Bezirken wurden während dieser Zeit nur 2 ccm verwendet.
Seither hat der Bleizusatz geschwankt je nach der Menge, die erforderlich war,
um das verfügbare Grundbenzin auf eine bestimmte Leistungsnorm in einem
Prüfmotor zu bringen, jedoch mit der Begrenzung, daß die zugemischte Bleitetraäthylmenge 3 ccm je Gallone Benzin nicht überstiegen hat.

Der durchschnittliche Bleigehalt des Benzins in den verschiedenen Jahren und
für verschiedene Bezirke des Landes ist aus Tabelle 3 ersichtlich.

Eine kurze Durchsicht dieser Tabellen genügt, um einen klaren Überblick
über die Bezirke zu erhalten, in denen sich die meisten Möglichkeiten für Bleieinwirkungen ergaben. Sie vermitteln auch einen deutlichen Begriff von dem
Umfang des von uns zu behandelnden Problems.

Tabelle 2. Ungefährer Gesamt- sowie anteilmäßiger Verbrauch von Bleibenzin in verschiedenen Gegenden der Vereinigten Staaten von 1926 bis Oktober 1929.

Vertriebsbezirke in den Vereinigten Staaten	1926		1927		1928		1929 (9 Monate)	
	Millionen Gallonen Bleibenzin	Prozentanteil Bleibenzin am Gesamtbenzin	Millionen Gallonen Bleibenzin	Prozentanteil Bleibenzin am Gesamtbenzin	Millionen Gallonen Bleibenzin	Prozentanteil Bleibenzin am Gesamtbenzin	Millionen Gallonen Bleibenzin	Prozentanteil Bleibenzin am Gesamtbenzin
Staaten von New England und New York	11,9	0,8	54,8	3,1	89,7	4,6	90,3	5,2
Pennsylvanien . . .	7,9	1,4	31,7	4,6	73,9	9,7	82,1	12,1
Staaten an der Atlantischen Küste . .	10,3	0,9	5,8	0,4	15,8	1,2	90,3	8,2
Ohio.	1,6	0,2	17,3	2,3	89,7	10,4	147,8	20,5
Kentucky, Georgia, Florida, Mississippi, Alabama . .	4,8	0,6	20,2	2,5	36,9	4,3	49,3	7,2
Louisiana, Arkansas und Tennessee. .	0,8	0,2	0,3	0,07	10,6	2,3	49,3	13,2
Centralstaaten . .	36,5	1,2	112,5	3,2	163,6	4,1	238,2	7,1
Texas und Oklahoma	1,6	0,2	2,9	0,3	5,3	0,6	16,4	2,0
Rocky Mts. - Staaten	4,0	1,4	11,5	3,4	15,8	4,0	16,4	4,9
Staaten an der Westküste	0,0	0,0	31,7	2,3	26,4	1,7	41,1	3,2
Insgesamt	79,4	0,8	288,8	2,4	527,8	4,1	821,3	7,4

Tabelle 3. Durchschnittlicher Bleitetraäthylgehalt des Benzins in verschiedenen Gegenden der Vereinigten Staaten 1926—1929.

Vertriebsbezirke in den Vereinigten Staaten	Durchschnittlicher Bleitetraäthylgehalt in ccm je Gallone			
	1926	1927	1928	1929
Staaten von New England sowie New York	1,4	1,1	1,2	0,9
Pennsylvanien	1,2	1,0	1,2	1,65
Staaten der Atlantischen Küste	1,7	1,6	1,4	1,5
Ohio	0,9	1,2	1,1	1,5
Kentucky, Georgia, Florida, Mississippi und Alabama	1,0	1,7	1,7	1,9
Louisiana, Arkansas und Tennessee	0,9	0,6	0,9	1,3
Centralstaaten	1,4	1,6	2,2	2,0
Texas und Oklahoma.	1,4	1,7	2,0	2,7
Rocky Mountains - Staaten	1,3	2,0	2,4	2,4
Staaten der Westküste	—	0,7	1,5	1,5
Vereinigte Staaten im ganzen	1,4[1]	1,6[1]	1,75	1,62

Im Lichte der durch frühere Untersuchungen gewonnenen Aufklärung kann nur wenig Zweifel darüber aufkommen, daß manche der oben beschriebenen vermeintlichen Gefahren nicht bestehen. Wir werden diese Einzelheiten jedoch unberücksichtigt lassen und vor allem die eine Frage behandeln: Ist der Umfang der Bleieinwirkung, wenn man die Gefährdungen bei der Verwendung von bleihaltigem Benzin alle zusammennimmt, derart, daß er eine meßbare Bleiaufnahme seitens irgendeiner Gruppe von Einzelpersonen in der Öffentlichkeit mit sich bringen kann?

[1] Diese Zahlen sind nur Schätzungen und daher nicht genau.

4. Experimentelle Untersuchungen.

Die Auswahl von Versuchspersonen.

Es wurden Gruppen von Versuchspersonen ausgewählt, um die Auswirkungen ihrer Beschäftigung auf ihre Gesundheit und auf physiologische Vorgänge, die durch eine erhöhte Bleiaufnahme spezifisch beeinflußt werden, eingehend zu untersuchen.

Tabelle 4 zeigt die Anzahl und Gattungen der Versuchspersonen sowie den Ort, wo sie beschäftigt waren. Drei Arbeitergattungen, die alle Arten der mit Bleibenzin verknüpften Bleieinwirkung durchgemacht hatten, werden durch 56 Tankwarte, 50 Tankwagenabfüller und 201 Autoschlosser dargestellt.

Tabelle 4. Verteilung der Versuchspersonen nach Ort und Beschäftigung.

Ort	Anzahl der Bleibenzin ausgesetzten Tankwarte Nr. 1—56	Anzahl der Bleibenzin ausgesetzten Tankwagenabfüller Nr. 101—150	Anzahl der Bleibenzin ausgesetzten Autoschlosser Nr. 301—501	Anzahl der Bleibenzin nicht ausgesetzten Faßfüller Nr. 201—227	Anzahl der Bleibenzin ausgesetzten Faßfüller Nr. 251—272
Cleveland, Ohio . . .			15		
Cincinnati, Ohio . . .	11	1	13		
Dayton, Ohio	11	10	15		
Chicago, Illinois . . .	6	9	13		
Detroit, Michigan . .	1	11	12		
St. Louis, Missouri . .	11	8	48		
Kansas City, Missouri		1	5		
Minneapolis, Minnesota			5		
Jacksonville, Florida .	6	6	5		
Atlanta, Georgia . . .	10	4	5		
Milwaukee, Wisconsin			5		
Boston, Massasuchetts			50		
Wheeling, West Virginia			10		
New York, New York				27	22
Insgesamt	56	50	201	27	22

Die Tankwarte wurden unter Berücksichtigung verschiedener Umstände ausgewählt: Besonders bevorzugt waren Leute, die früher schon als Versuchspersonen verwendet worden waren; ferner diejenigen, die die längste Zeit hindurch mit Bleibenzin in Berührung gewesen waren oder die mit den höchsten Bleitetraäthylgehalten im Benzin zu tun gehabt hatten, und schließlich solche, durch deren Hände die größten Mengen Bleibenzin täglich gegangen waren. Bis Mai 1925 war eine kleine Meßeinrichtung mit Hilfe einer Literkanne Ethyl-Fluid verwendet worden, die auf Tankstellen durch eine Schlauchleitung das Benzin mit der erforderlichen Bleizumischung versah. Diese Vertriebsmethode brachte in einem gewissen Grad ein Inberührungkommen mit konzentriertem Bleitetraäthyl für das Personal der Tankstellen mit sich. Daher haben die Versuchspersonen, deren Beschäftigung in diese Zeit zurückreicht, Gelegenheit zur Aufnahme von Blei aus dieser Quelle gehabt. Sie waren besonders günstige Objekte für eine Bestimmung der mit ihrer Beschäftigung verbundenen höchsten Bleieinwirkung. Es ist weiter oben darauf hingewiesen worden, daß in den Städten Dayton, Cincinnati, Savannah, Jacksonville und Atlanta seit der Einführung von Bleibenzin keine Unterbrechung im Vertrieb desselben eingetreten war. Überdies war der Wechsel der an Tankstellen Beschäftigten derart gering gewesen, daß es nicht schwer war, eine passende Gruppe von Männern zu finden, die Bleibenzin seit Beginn seines Erscheinens auf dem Markt an ihren Tankstellen ausgegeben hatten. Am größten war der Verbrauch an diesem Kraftstoff in einigen der Centralstaaten gewesen, die durch die Städte Dayton, Cincinnati, Detroit, Chicago und St. Louis bezeichnet werden. Hier hatten einzelne Tankwarte an günstig gelegenen Tankstellen mehr mit Bleibenzin zu tun gehabt, als in irgendeinem anderen Landesteil.

Die Tankwagenabfüller wurden im Hinblick auf die Schwere und die Länge ihres Ausgesetztseins gegen Bleibenzin ausgewählt. 24 von ihnen hatten bereits im Jahre 1927 als Versuchspersonen gedient. Dadurch wurde ein unmittelbarer Vergleich der bei beiden Gelegenheiten erzielten Ergebnisse möglich.

Die Gruppe der Autoschlosser bestand aus 109 Personen, die an ausschließlich mit Bleibenzin betriebenen Wagen gearbeitet hatten, sowie weiteren 93, bei denen die Wagen zu einem hohen Prozentsatz derartiges Benzin verwendeten. Das Bestreben ging dahin, alle Schlosser in den Vereinigten Staaten ausfindig zu machen, die einer längeren Einwirkung in Garagen ausgesetzt gewesen waren, in denen Jahre hindurch alle Wagen ausschließlich mit Bleibenzin gelaufen waren. 10 Autoschlosser waren in einer öffentlichen Garage in Dayton (Ohio) angestellt gewesen, in der von 1923 an bis zum Zeitpunkt der vorliegenden Untersuchung ebenfalls nur Bleibenzin verwendet worden war. 39 Versuchspersonen hatten dort 3—6 Jahre lang täglich unter den gleichen Verhältnissen gearbeitet.

Von jedem Standpunkt aus hatten die zur Untersuchung ausgewählten Versuchspersonen die größte Gelegenheit zu einer Bleieinwirkung durch Bleibenzin gehabt. Die Autoschlosser verdienten besondere Beachtung, da ihre Beschäftigung alle möglichen Gefährdungen durch engste Berührung mit dem Kraftstoff in sich vereinigte; dazu kamen noch andere Möglichkeiten, die damit nichts zu tun hatten. Aus diesem Grunde wurde die Gruppe der Autoschlosser gegenüber den anderen weniger stark ausgesetzten Gruppen auf eine große Anzahl Leute ausgedehnt.

Die in Tabelle 4 erwähnten Faßfüller wurden aus folgendem Grunde mit herangezogen: Durch ein glückliches Zusammentreffen standen Angaben über sie bereits zur Verfügung. Jahrelange Beobachtungen an Personen, die berufsmäßig längere Zeit hindurch und in erheblichem Maß gewöhnlichem Benzin ausgesetzt waren, hatten unsere Aufmerksamkeit bezüglich der Auswirkungen dieses besonderen Umstandes erregt. Daher wurde nach einer Gruppe solcher Leute gesucht, deren Fall durch andere gewerbliche Einflüsse nicht verwickelt wurde. Im Sommer 1928 wurde eine geeignete Gruppe in einer Benzinfabrik gefunden, in der große Mengen Kraftstoff zum Versand in 215-Liter-Fässer gefüllt wurden. Dies geschah in einem besonders gebauten Raum, der mit künstlicher Durchlüftung versehen war. Trotz der starken Durchlüftung war der Gehalt der Luft an Benzindämpfen hoch genug, um unmittelbar einem jeden Beschwerden zu verursachen, der nicht an solche Dämpfe gewöhnt war. Überdies wurden die Haut, die Kleidung und die Schuhe der Arbeiter oft oder sogar fast beständig mit Benzin durchnäßt. Die Fässer waren in einer Doppelreihe aufgestellt längs der Benzinzuführungsleitungen, die mit Kniestücken sowie Schläuchen mit Schwimmerventil versehen waren. Jede Schlauchleitung mit ihrem Ventil wurde in ein Faß gesteckt und das Ventil geöffnet. Benzin floß unter einem beträchtlichen Druck hinein, bis der Flüssigkeitsspiegel im Faß das Ventil schloß. Manchmal arbeitete dieses nicht richtig; dann schoß ein Strahl Benzin aus dem Faß heraus und durchnäßte jeden Arbeiter vollkommen, der sich in unmittelbarer Nähe befand.

Die Zahl der mit dem Füllen und Bedienen der Benzinfässer beschäftigten Leute war nur klein, doch waren diese so stark betroffen, daß eine ausgezeichnete Gelegenheit gegeben war, irgendwelche Folgen aufzudecken, die sich aus der Benzineinwirkung ergaben. Die Leute wurden sorgfältig untersucht, in einer Art und Weise, die später beschrieben wird, und es wurden verschiedene Laboratoriumsvordrucke ausgefüllt, die auch den Bleigehalt des Urins und der Faeces berücksichtigten. (Letzteres, weil wir Interesse an der Bleiausscheidung von Arbeitergruppen hatten, die keiner gewerblichen Bleieinwirkung ausgesetzt waren.)

Kurz nachdem diese Untersuchungen abgeschlossen waren, übernahm die betreffende Benzinfabrik den Vertrieb von Bleibenzin. Dieses wurde ebenfalls wie gewöhnliches Benzin in der oben beschriebenen Weise abgefüllt. Da Experimentalversuche erwiesen hatten, daß die Gefahr einer Bleiaufnahme durch Berührung der Haut mit bleitetraäthylhaltigem Benzin oder durch Einatmen seiner Dämpfe praktisch zu vernachlässigen ist, bestand hinsichtlich des neu hinzukommenden niedrigen Bleigehaltes kein Anlaß zu Befürchtungen. Nichtsdestoweniger ergab sich hier ein einzigartiger Fall schweren Ausgesetztseins, und es erschien ratsam, Aufklärung darüber zu erlangen, ob die Männer Blei aufnahmen oder nicht. Demgemäß wurden die Arbeiter nach Verlauf von 6 Monaten, während derer Bleibenzin täglich in der vorbeschriebenen Weise abgefüllt worden war, untersucht und Proben ihrer Ausscheidungen zu Analysezwecken genommen. In dieser zweiten Gruppe, die aus 22 Mann bestand, befanden sich 10, die bereits in die erste Untersuchung einbezogen worden waren.

Mit Ausnahme dieser Faßfüller konnten Vergleichsgruppen, die nicht den Möglichkeiten einer Gefährdung durch Bleibenzin ausgesetzt waren, zur Beobachtung nicht herangezogen werden. Zur Zeit unserer Untersuchungen gab es in den Vereinigten Staaten kein Gebiet mehr, in dem überhaupt nicht ausgesetzte Personen herausgesucht werden konnten, da die Verwendung von bleihaltigem Benzin sich derartig gesteigert hatte, daß alle Teile des Landes davon ergriffen waren. Es war daher nötig, sich auf Ermittlungen zu verlassen, die aus der Zeit vor dem allgemeinen Vertrieb von Bleibenzin stammten, um zu Vergleichen mit Beschäftigungsgruppen ähnlicher Art zu gelangen, die mit diesem Erzeugnis nichts zu tun gehabt hatten. Andererseits boten, da die Beobachtungen an ein und denselben unter ständiger Einwirkung stehenden Personen wiederholt angestellt worden waren, die laufenden Befunde ein Mittel zur Aufdeckung von fortschreitenden Einflüssen irgendwelcher Art.

Untersuchungsmethoden.

Experimentelle Untersuchungen an Tieren und Menschen haben das Vorhandensein einer Beziehung zwischen dem Umfang der Bleieinwirkung und -aufnahme und dem Grad der Bleiausscheidung erwiesen, wobei die fäkale Ausscheidung ein Maßstab für eine Einverleibung am Tage vor der Entnahme der Probe ist, während die Urinausscheidung die Größe der Bleiaufnahme anzeigt (6, 7, 8). Trotzdem wollten wir keinen Baustein unberührt lassen, der zu weiterer Aufklärung dienen konnte. Wir suchten daher auch nach klinischen Anzeichen einer Bleiaufnahme mit der gleichen Sorgfalt, mit der wir bei der Zusammenstellung von genauen analytischen Befunden vorgegangen waren.

Wir bemühten uns, soviel Aufschlüsse wie möglich über jede Versuchsperson zu erhalten und diese Angaben in einer einheitlichen Form auszuwerten. Zu diesem Zweck wurden Karteikarten angeschafft (Abb. 1—5), und die Obliegenheit des

Erster Untersuchungsbericht.

Vorgeschichte.

Nr.   Untersuchender Arzt   Datum

Name   Alter   Rasse   Farbe   Geburtsort

Familienstand   Kinder, Alter   Fehlgeburten   Stadium

Wohnort

Andere Aufenthaltsorte, mit Zeitangabe

Beschäftigungsort   Art der Arbeit (genaue Beschreibung, auch der
                                        Arbeitsbedingungen)

Dauer der jetzigen Beschäftigung und frühere gleiche Tätigkeit

Sonstige frühere Beschäftigungen   von.... bis...

Frühere Bleigefährdungen:	von... bis....	Frühere Bleigefährdungen:	von.... bis...
Maler		Bleibronzefabr.	
Spengler		Bleilöter	
Chauffeur: Pers.- od. Lastw.		Emaillieren	
Typengießer		Farbenfabrik	
Bleihütte oder Affinerie		Töpferei	
Treibherd-Raffinerie		Glas	
Akkumulatorenfabr. od. Rep.		Kristallglasschleiferei	
Mennigefabrikation		Bleiweiß	
Druck od. Lithographie		Gummi	
Bergwerk		Garage	
Blechverbleiung, Löt- u. Lagermetall		Telef. und Telegr.-Rep.	

Autobesitzer   Verwendetes Benzin   Reparaturarbeiten

Frühere Krankheiten mit Zeitangabe und genauer Beschreibung (keine beeinflußten
    Aussagen)

Tbc.   Malaria   Rheumatismus   Lues   Go.   Scharlach   Diphtherie

Typhus   Tonsillitis   Häufige Erkältungen   Krämpfe   Herzleiden   Asthma

Bedeutsame Familienereignisse:

Bemerkungen:

Abb. 1.

Zweiter Untersuchungsbericht.

Krankheitsverlauf.

Nr.   Untersuchender Arzt   Datum

Schlaf   Stunden im Bett   Träume   Ruhig   Unruhig

Darmtätigkeit   Häufigkeit der Entleerung   Stunde

Neigung zu Verstopfung   Abführmittel

Neigung zu häufigem Stuhlgang

Zähne   Zähneputzen   Wann   Letzter Besuch beim Zahnarzt

Gewöhnliches Gewicht   Höchstgewicht   Letzter Gewichtsverlust
                                                (jahreszeitlich?)

Allgemeinbefinden

Ermüdbarkeit   Neuerliche Veränderungen

Kopfschmerzen   Wann?

Sehstörungen (Art und Zeitpunkt des Auftretens)

Geschmack im Mund   Art   Wann?

Gelenkschmerzen   Anschwellen der Gelenke

Muskelkraft   Muskelkrämpfe

Leibschmerzen   Art   Häufigkeit

Appetit   Mahlzeiten

Verdauungsstörungen   Übelkeit oder Erbrechen

Hautinfektionen oder Ausschläge   Allgemein   Hände

Polyurie   Nykturie   Häufigkeit

Nervosität   Allgemeine Schwäche

Andere Klagen   Rechts- oder Linkshänder

Schwäche in Armen oder Beinen, irgendwann

Stechende Schmerzen

Taubheit oder Ohrensausen

Schwindelanfälle

Abb. 2.

Bericht über körperliche Untersuchung.

Nr.   Untersuchender Arzt   Datum

Alter   Größe   Gewicht

Allgemeines Aussehen   Körperbau
Ernährungszustand   Muskulatur
Puls   Blutdruck (sitzend)
Temperatur

Hautfarbe (genau)   Beschaffenheit der Haut

Beschaffenheit der Haut der Hände

Cornea   Sclera

Nase   Rachen

Drüsen   Tonsillen

Schleimhäute   Ohren (Struktur)

Zähne   Zahnfleisch   Pyorrhöe

Bleisaum (Aussehen und Ausdehnung)

Herzfrequenz in Ruhe   Relat. Herzdämpfg.   ×
  nach 25 Kniebeugen   Absol. Herzdämpfg.
  2 Minuten nachher

Lunge: Krönig { R.   Zwerchfell- { R.   Untere Lun- { R.
              { L.   exkursion { L.   gengrenze   { L.

Brustkorb

Abdomen:

Leber   Milz   Nieren

Rectum   Genitalien

Obere Extremitäten   Untere Extremitäten

Diagnose und Bemerkungen:

Abb. 3.

Bericht über neurologische Untersuchung.

Untersuchender Arzt

Kopfnerven

  I Geruch

  II Sehschärfe   R — 15/   Zustand
                   L — 15/   Korrektur

  III, IV, VI   äußere Augenmuskeln

                   Pupillen   Reflexe

                   Gesichtsfeld

  V Motorische   Sensorische

  VII   Facies

  VIII Gehör { R.   Gleichgewicht
                   L.

  IX, X, XII Sprache   Schlucken   Zunge

  XI Nacken   Schultern

Obere Extremitäten   Reflexe

Tonus   Pharyngeal
Atrophie   Biceps
Ataxie   Triceps
Tremor   Radial
Muskelkraft   Patellar
Dynamometer   Achilles
Stereognostisch   Epigastrisch
Epikritisch   Bauch
Protopathisch   Cremaster
Kinästhetisch   Plantar
Thermal
Vibration
Empfindlichkeit der Nervenstränge

Untere Extremitäten   Gang

Abb. 4.

Laboratoriumsbericht.

Nr.   Untersucher   Datum

Urinuntersuchung:

Menge

Spez. Gew.

Reaktion (Methylrot)

Eiweiß (nach Heller)   Erwärmen   Essigsäure

Zucker (nach Fehling)

Aceton (Nitroprussidprobe)

Mikroskopisch

Blut:

Weiße Blutkörperchen   Hämoglobin (nach Dare)

Rote Blutkörperchen

Differentialblutbild (100 Zellen): Polymorphk. Neutrophile
                                   Polymorphk. Eosinophile
                                   Polymorphk. Basophile
                                   Lymphocyten

                                   Große Mononukleäre

                                   Abnorme Mononukleäre

Tüpfelung in 50 Feldern   Polychromasie

Analytische Untersuchung:

Genaue Angabe der zum Einsammeln benötigten Zeit von

  Urin: Faeces:

Verstopfung   Diarrhöe   Abführmittel

            Faeces   Urin

Gewicht Schale + getrocknete Faeces   Volumen   ccm
   „   „   + Asche
   „   „
   „   getrocknete Faeces
   „   Asche

Blei   mg   Blei   mg
            mg/g Asche   mg/Liter
   Analysen-Nr.   Analysen-Nr.

Abb. 5.

Ausfüllens wurde auf vier Ärzte verteilt, von denen jeder seine Beobachtungen bei jeder Versuchsperson in der gleichen Art und Weise durchführte. Soweit irgend möglich, wurde bei der körperlichen Untersuchung jede Einzelheit aufgezeichnet, ohne jedoch die klinische Beurteilung zu vernachlässigen. Es wurden im Gegenteil, obgleich es grundsätzlich wünschenswert war, alle Angaben statistisch auszuwerten, klinisch-diagnostische Methoden bevorzugt, wie sie bei der individuellen Behandlung von Einzelfällen angewendet werden, um festzustellen, ob sich bei den Versuchspersonen irgendwelche Anzeichen von Bleivergiftung gezeigt hatten oder nicht. Als Beleg für diese Auffassung diene, daß jede Versuchsperson auf Symptome von Atrophie oder Muskelschwäche durch Befühlen oder dadurch geprüft wurde, daß der untersuchende Arzt die Kraft seiner Muskeln der jeweils in Frage kommenden Muskelgruppe der Versuchsperson entgegensetzte. Zum Zwecke des wertmäßigen Vergleichs eines einzelnen bestimmten neuro-muskulären Faktors jedoch wurde das Griffvermögen mit einem Handdynamometer gemessen. (Bei allen Untersuchungen wurde ein und dasselbe Instrument verwendet.) Blutdruckmessungen wurden bei jeder Versuchsperson (sitzend) mit Hilfe eines der üblichen erprobten Blutdruck-messer vorgenommen. Ebenso wurde jedesmal eine frische Urinprobe genommen und sofort auf ihre Reaktion sowie auf Eiweiß und Zucker geprüft. Mikroskopische Untersuchungen des Urins und eine Prüfung auf Aceton wurden nur dann durch-geführt, wenn sie infolge auffälliger chemischer oder klinischer Befunde ratsam er-schienen. Erythrocyten, Leukocyten und Differentialblutbild wurden regelmäßig lediglich bei den Faßfüllern genommen, sonst nur, wenn es für diagnostische Zwecke angezeigt erschien. Hämoglobinbestimmungen wurden bei jeder Versuchsperson mit dem Dareschen Hämoglobinometer vorgenommen. Für alle Beobachtungen wurde ein und dasselbe Instrument verwendet, und alle Ablesungen erfolgten durch den gleichen Beobachter. Blutausstriche wurden bei allen Versuchspersonen gemacht und auf Basophilie nach einer erprobten Methode untersucht, die an anderer Stelle von L. W. Sanders beschrieben werden wird. (Siehe VII B, S. 2.)

Proben von Urin und Faeces wurden genommen, um den Bleigehalt zu bestimmen. Die Probenahme und die Analysen wurden nach Methoden ausgeführt, die wir früher beschrieben haben (9). In einigen Fällen konnten Proben nicht erhalten werden, auch gingen ein paar beim Transport und im Laufe der Analyse verloren. Abgesehen von diesen wenigen Ausnahmen wurden die analytischen Ergebnisse ohne Schwierigkeiten erzielt.

5. Untersuchungsbefunde.

Bei den Versuchspersonen wurde kein Fall von Bleivergiftung festgestellt, und es zeigte sich auch tatsächlich keinerlei Zusammentreffen von Symptomen und körperlichen Befunden, das auf Bleivergiftung hindeutete. Anzeichen von Bleiaufnahme, wie sie gewöhnlich bei Bleiarbeitern vorkommen, waren ganz und gar nicht vorhanden. Von besonderer klinischer Bedeutung im negativen Sinne war die vollständige Abwesenheit von Bleisaum, das Fehlen bemerkenswerter mikroskopischer Blutveränderungen (Basophilie) und die Seltenheit von unbestimm-ten Symptomen schlechten Gesundheitszustandes. Wenn unter diesen Umständen irgendwelche Anzeichen für eine merkbare Bleiaufnahme als Folge einer Einwirkung von Bleibenzin vorhanden gewesen sein sollten, so müssen sie in den Aufzeich-nungen über die Bleiausscheidung gesucht werden.

Einige der klinischen Befunde sowie alle analytischen Resultate bei den einzelnen Gruppen sind in einer Reihe von Tabellen dargestellt, wie sie sich, wenn nichts

Tabelle 5. Unterteilung der Versuchspersonen nach der Dauer ihres
Ausgesetztseins gegen Bleibenzin.

Zeit des Ausgesetztseins in Jahren	Tankwarte		Tankwagenabfüller		Autoschlosser		Faßfüller	
	Anzahl	%	Anzahl	%	Anzahl	%	Anzahl	%
0,1—0,25							4	18
0,5							18	82
1	1	2	1	2	26	13		
2			4	8	36	18		
3	6	11	4	8	98	49		
4	16	28	19	38	22	11		
5	23	41	16	32	12	6		
6	10	18	6	12	7	3		
Insgesamt	56	100	50	100	201	100	22	100

Tabelle 6. Unterteilung der Versuchspersonen nach etwaiger früherer
Bleieinwirkung unter Ausschluß von Bleibenzin.

Grad der Bleieinwirkung	Tankwarte		Tankwagenabfüller		Autoschlosser		Bleibenzin nicht ausgesetzte Faßfüller		Bleibenzin ausgesetzte Faßfüller	
	Anzahl	%	Anzahl	%	Anzahl	%	Anzahl	%	Anzahl	%
Keine	20	36	18	36			15	55	10	46
Fraglich	8	14	10	20	30	15	8	30	6	27
Leicht	28	50	21	42	163	82	3	11	6	27
Mäßig			1	2	8	4	1	4		
Insgesamt	56	100	50	100	201	100	27	100	22	100

anderes bemerkt ist, durch eine genaue statistische Auswertung ergeben. Zahlreiche andere klinische Einzelheiten, die ebenfalls statistisch ausgewertet wurden,
sind ihres negativen Ausfalls und der Kürze wegen fortgelassen worden.

Tabelle 5 zeigt die Unterteilung der Versuchspersonen nach der Dauer ihres
Ausgesetztseins gegen Bleibenzin. Die Hälfte der Tankwarte und etwas weniger
als die Hälfte der Tankwagenabfüller waren 5 Jahre oder länger damit in Berührung
gekommen, während 69% der Autoschlosser Wagen repariert hatten, die 3 Jahre
oder länger mit diesem Betriebsstoff gelaufen waren.

Ob die vorliegende Frage dadurch irgendwie beeinflußt wird oder nicht, eine
früher einmal erfolgte berufliche Bleieinwirkung kann bei den Versuchspersonen
nicht außer Acht gelassen werden.

In Tabelle 6 wird daher eine Übersicht über die Auswirkungen früherer beruflicher Betätigungen gegeben. Aus ihr ist ersichtlich, daß ein großer Prozentsatz
der Versuchspersonen, bevor sie mit Bleibenzin selbst in Berührung kamen, in
Betrieben beschäftigt gewesen war, in denen sich eine gewisse Gelegenheit für
eine Aufnahme von Blei ergeben hatte. Von keinem der Autohandwerker z. B. kann
gesagt werden, daß er, auch abgesehen von Bleibenzin, keine Möglichkeit gehabt
hätte, bei seiner Tätigkeit mit Blei in Berührung zu kommen. Es kann jedoch angenommen werden, daß nur wenige unter ihnen im Laufe ihrer gewöhnlichen Tagesarbeit mehr als einer leichten Bleieinwirkung unterlegen haben, da kleine Schweiß-
und Lackierarbeiten sowie die gelegentliche Reparatur von Akkumulatoren nie eine
merkbare Bleivergiftung bei ihnen hervorgerufen hatten. Ein Tankautofahrer und
acht Autoschlosser waren zu einer früheren Zeit in gefährdenden Bleibetrieben

Tabelle 7. Verteilung der Versuchspersonen nach dem Alter.

Alter in Jahren	Tankwarte		Tankwagen-abfüller		Autoschlosser		Bleibenzin nicht ausgesetzte Faßfüller		Bleibenzin ausgesetzte Faßfüller	
	Anzahl	%	Anzahl	%	Anzahl	%	Anzahl	%	Anzahl	%
15—19					9	4				
20—24	3	5			32	16			1	5
25—29	12	21	15	30	33	17	6	23	2	9
30—34	12	21	7	14	34	17	5	19	6	27
35—39	5	9	10	20	42	21	5	19	2	9
40—44	2	4	5	10	26	13	6	23	7	31
45—49	5	9	5	10	11	5	1	4	2	9
50—54	4	7	3	6	8	4	1	4		
55—59	7	13	1	2	4	2	2	8	1	5
60—64	6	11	3	6	2	1			1	5
65—69			1	2						
Insgesamt	56	100	50	100	201	100	26	100	22	100
Mittel	40,8		38,6		34,3		37,9		39,1	
Wahrscheinlicher Fehler des Mittels	± 1,2		± 1,1		± 0,5		± 1,2		± 1,3	
Normale Abweichung	± 13,07		± 11,28		± 9,86		± 8,76		± 9,34	

Tabelle 8. Unterteilung der Versuchspersonen nach Hämoglobin im Blut.

Hämoglobinometer-ablesungen (nach Dare)	Tankwarte		Tankwagen-abfüller		Autoschlosser		Bleibenzin nicht ausgesetzte Faßfüller		Bleibenzin ausgesetzte Faßfüller	
	Anzahl	%	Anzahl	%	Anzahl	%	Anzahl	%	Anzahl	%
60—67			1	2			9	33	1	5
68—75	15	27	4	8	13	6	12	44	1	5
76—83	21	37	12	24	77	39	4	15	8	35
84—91	15	27	27	54	92	46	1	4	11	50
92—99	5	9	5	10	15	7			1	5
Keine Ablesungen verfügbar			1	2	4	2	1	4		
Insgesamt	56	100	50	100	201	100	27	100	22	100
Mittel	80,9[1]		85,0[1]		84,5[1]		71,1[1]		83,3[1]	
Wahrscheinlicher Fehler des Mittels	± 0,67		± 0,59		± 0,24		± 0,92		± 0,91	
Normale Abweichung	± 7,39		± 6,11		± 5,09		± 6,98		± 6,34	

beschäftigt gewesen, in denen die Berührung jedoch weder ihrer Natur noch ihrer Zeitdauer nach schwer gewesen war.

Die aus Tabelle 7 hervorgehende Verteilung der Versuchspersonen nach ihrem Alter ist nur insofern von Bedeutung, als gezeigt wird, daß sich unter den Versuchspersonen stark unterschiedliche Altersgruppen befinden.

In Tabelle 8 und 9 sind die Hämoglobin- und Basophiliebefunde im Blut verzeichnet. Für Basophilie wurden wegen der großen Zahl negativer Ergebnisse keine Mittelwerte aufgestellt. Aus den Tabellen geht hervor, daß Schwankungen auf

---

[1] Alle Mittelwerte auf Grund einer weitergehenden Unterteilung der Befunde errechnet.

Tabelle 9. Unterteilung der Versuchspersonen nach Basophilie.

Zahl basophiler Zellen auf 50 Felder	Tankwarte		Tankwagen-abfüller		Autoschlosser		Bleibenzin nicht ausgesetzte Faßfüller		Bleibenzin ausgesetzte Faßfüller	
	Anzahl	%	Anzahl	%	Anzahl	%	Anzahl	%	Anzahl	%
0	36	64	33	66	159	79	7	26	21	95
1	6	11	8	16	19	9	1	4	1	5
2— 5	6	11	5	10	17	8	6	22		
6—10	3	5	2	4	5	3	3	11		
11—20	3	5	1	2	1	1	4	15		
21—32	2	4	1	2			6	22		
Insgesamt	56	100	50	100	201	100	27	100	22	100

Tabelle 10. Unterteilung der Versuchspersonen nach Blei in Faeces.

mg Blei je Faecesprobe	Tankwarte		Tankwagen-abfüller		Autoschlosser		Bleibenzin nicht ausgesetzte Faßfüller		Bleibenzin ausgesetzte Faßfüller	
	Anzahl	%	Anzahl	%	Anzahl	%	Anzahl	%	Anzahl	%
0,00—0,07	6	11	1	2	5	3	2	7		
0,08—0,15	5	9	4	8	26	13	4	15	2	9
0,16—0,23	12	21	4	8	33	17	2	7	9	40
0,24—0,31	4	7	6	12	25	12	3	11	5	22
0,32—0,39	8	14	6	12	28	14	4	15	1	5
0,40—0,47	2	4	2	4	17	9	3	11	2	9
0,48—0,55	2	4	5	10	13	6	1	4	1	5
0,56—0,63	1	2	2	4	8	4				
0,64—0,71			1	2	7	3	3	11		
0,72—0,79					7	3				
0,80—0,87	1	2			3	2	·		1	5
0,88—0,95					2	1	1	4		
0,96—1,03			1	2	2	1	1	4		
1,04—1,11					6	3				
1,12—1,19										
1,20—	2[1]	4	1[1]	2	6[1]	3	3[1]	11	1[1]	5
Keine Angabe verfügbar	13	22	17	34	13	6				
Insgesamt	56	100	50	100	201	100	27	100	22	100
Mittel	0,258		0,360		0,379		0,380		0,288	
Wahrscheinlicher Fehler des Mittels	± 0,018		± 0,023		± 0,012		± 0,037		± 0,024	
Normale Abweichung	± 0,169		± 0,197		± 0,245		± 0,266		± 0,160	

diesem Gebiet hinsichtlich einer Einwirkung von Bleibenzin keine Bedeutung beigemessen werden kann, da alle Befunde praktisch innerhalb normaler Grenzen liegen. Doch kommen vielfach niedrige Hämoglobinablesungen und eine anormale Zahl von basophilen Erythrocyten bei den Faßfüllern vor, die gewöhnlichem Benzin ausgesetzt waren. Diese Männer waren während des Sommers untersucht worden, wo die Einatmung von Benzindämpfen am größten war; offensichtlich können daraus Blutveränderungen einschließlich des Auftretens von Basophilie hervorgehen.

---

[1] Bei Berechnung des Mittels fortgelassen.

Tabelle 11. Unterteilung der Versuchspersonen nach Milligramm Blei je Gramm Faecesasche.

mg Blei je g Asche	Tankwarte		Tankwagen-abfüller		Autoschlosser		Bleibenzin nicht ausgesetzte Faßfüller		Bleibenzin ausgesetzte Faßfüller	
	Anzahl	%	Anzahl	%	Anzahl	%	Anzahl	%	Anzahl	%
0,00—0,03	10	18	2	4	5	2	1	4		
0,04—0,07	14	24	16	32	51	25	9	33	7	32
0,08—0,11	9	16	4	8	54	27	7	26	8	36
0,12—0,15	4	8	3	6	36	18	3	11	2	9
0,16—0,19	2	4	3	6	18	9	2	7	3	14
0,20—0,23	1	2	1	2	8	4	1	4	2	9
0,24—0,27	1	2	1	2	4	2	1	4		
0,28—0,31	1	2			4	2				
0,32—0,35					1	1	1	4		
0,36—0,39										
0,40—0,43			1	2			2	7		
0,44—0,47					5	2				
0,48—0,51										
0,56—0,59			1	2						
0,64—0,67					3	1				
1,00—	1^1	2	1^1	2	1^1	1				
Keine Angabe verfügbar	13	22	17	34	13	6				
Insgesamt	56	100	50	100	201	100	27	100	22	100
Mittel	0,087		0,120		$0,123^2$ 0,131		0,137		0,113	
Wahrscheinlicher Fehler des Mittels	± 0,007		± 0,014		$± 0,004^2$ ± 0,005		± 0,014		± 0,007	
Normale Abweichung	± 0,065		± 0,115		$± 0,074^2$ ± 0,100		± 0,106		± 0,052	

Die Analysenergebnisse bei den Ausscheidungen der Versuchspersonen sind in Tabelle 10, 11 und 12 dargestellt. Ein Überblick zeigt, daß ein paar hohe Resultate unregelmäßig verstreut sind. Im Fall von Fäkalienproben kann angenommen werden, daß diese hohen Befunde entweder auf eine Verschmutzung der Proben oder auf eine Aufnahme von ungewöhnlichen Mengen Blei mit der Nahrung zurückzuführen sind und weder notwendig noch wahrscheinlich mit irgendeiner beruflichen Bleiaufnahme in Zusammenhang stehen. Wenn sie bei der Errechnung der Mittelwerte mit einbezogen werden, wird deren wahrscheinlicher Fehler merklich erhöht und ein befriedigender Vergleich zwischen den einzelnen Gruppen der Versuchspersonen erschwert. Trotzdem sind derartige Resultate aufgezeichnet und bei den Berechnungen berücksichtigt worden, wenn in den Tabellen nichts anderes bemerkt. Wurde ein Befund ausgeschlossen, so geschah dies, weil er keine begründete Beziehung zu dem Ausgangsproblem hatte. Bei den Urinproben sind aus der Reihe fallende Ergebnisse, wie zu erwarten war, selten. Andererseits ist eine gelegentliche Versehrung von Proben mit Blei während des Einsammelns offenbar unvermeidlich, trotz der sorgfältigsten Unterweisung der Versuchspersonen. Dies

---

[1] Bei Berechnung des Mittels fortgelassen.
[2] Errechnet nach Ausschließung von drei Ergebnissen über 0,64 mg.

Tabelle 12. Unterteilung der Versuchspersonen nach Milligramm Blei
im Liter Urin.

mg Blei im Liter Urin	Tankwarte		Tankwagen-abfüller		Autoschlosser		Bleibenzin nicht ausgesetzte Faßfüller		Bleibenzin ausgesetzte Faßfüller	
	Anzahl	%	Anzahl	%	Anzahl	%	Anzahl	%	Anzahl	%
0,00—0,03	18	32	11	22	45	22	6	22	8	36
0,04—0,07	15	27	18	36	76	38	16	60	10	45
0,08—0,11	13	23	4	8	34	17	5	18	2	9
0,12—0,15	3	5	1	2	16	8			1	5
0,16—0,19	3	5	1	2	5	2				
0,20—0,23	1	2			3	1				
0,24—0,27			1	2	3	1				
0,28—0,31			1	2	3	1				
0,32—0,35			1	2	1	1				
0,36—0,39					1	1				
0,40—0,43					1	1				
0,44—0,47					1	1				
0,48—0,51			1	2	1	1				
0,52—	1[2]	2	1[2]	2	3[2]	1				
Keine Angabe verfügbar	2	4	10	20	8	4			1	5
Insgesamt	56	100	50	100	201	100	27	100	22	100
Mittel	0,071		0,089		0,086		0,058[1]		0,052[1]	
Wahrscheinlicher Fehler des Mittels	± 0,005		± 0,011		± 0,004		± 0,009		± 0,004	
Normale Abweichung	± 0,050		± 0,099		± 0,079		± 0,071		± 0,030	

ist nicht zu verwundern, wenn man sich die Allgegenwart von Bleiverbindungen
und das mangelhafte Verständnis für chemische Sauberkeit bei den Versuchspersonen vor Augen hält.

Die analytischen Befunde dienen dazu, die verschiedenen Gruppen der Versuchspersonen zu sondern, und zwar als deutlich geschieden von Leuten solcher
Betriebe, in denen die Gesundheit durch Bleieinflüsse gefährdet ist [vgl. dazu
die Befunde in gewissen Bleigewerben (6).] Auf den ersten Blick erscheinen die
Mittelwerte für das Faecesblei bei den Tankwarten, Tankwagenabfüllern und Autoschlossern hoch im Vergleich zu denjenigen normaler Personen mit keinerlei beruflicher Bleieinwirkung. Andererseits zeigt die kleine Gruppe der Faßfüller, solange
sie mit Bleibenzin nichts zu tun und zur Zeit der Untersuchung auch sonst keine
bleigefährliche Beschäftigung hatten, ähnlich hohe Befunde. Wenn weiterhin das
Faecesblei in quantitativ vergleichbaren Werten ausgedrückt wird (nämlich in Milligramm je Gramm Asche), so verlieren die anscheinend hohen Resultate ihre Bedeutung. Schließlich ist es aus Gründen, die wir an anderer Stelle zum Ausdruck
gebracht haben (8), unmöglich, genaue Schlußfolgerungen hinsichtlich des Umfangs
der Bleiaufnahme aus Faeceswerten zu ziehen; vielmehr ist notwendig, sich für
eine diesbezügliche Aufklärung an die Untersuchung der Urinausscheidung zu
halten. Von diesem Gesichtspunkt aus fallen die Gruppen in die Gattung von
Personen, die keiner beruflichen Einwirkung von Bleiverbindungen ausgesetzt sind.

---

[1] Mittelwerte auf Grund einer weitergehenden Unterteilung der Befunde errechnet.
[2] Bei Berechnung des Mittels fortgelassen.

Eine besondere Bedeutung kommt dem Umstand zu, daß die Faßfüller etwa als Folge ihres Ausgesetztseins gegen Bleibenzin keinerlei Zunahme ihrer Bleiausscheidung zeigen. Nicht nur weisen die beiden Gruppen als solche in dieser Beziehung keinen Unterschied auf, sondern es hebt sich auch keine Einzelperson innerhalb der Gruppen irgendwie ab. Auch von den 10 Arbeitern, die vor ihrem Inberührungkommen mit Bleibenzin und sodann 6 Monate danach wieder untersucht wurden, zeigte keiner eine vermehrte Bleiausscheidung. Dies kann nur so ausgelegt werden, daß sich eine erhebliche Bleiaufnahme als Folge dieser Einwirkung nicht ereignet hatte. Daher erscheint es ganz klar, daß die Tatsache, daß Tiere keine meßbaren Mengen Bleitetraäthyl aus Benzin in verdünnter Lösung aufnehmen können (1 Volumteil oder weniger auf 1000) (5), auch auf den Menschen zutrifft.

6. Vergleich der Befunde mit früheren Ergebnissen.

Angesichts der bedeutsamen Schlußfolgerungen der vorstehenden Abschnitte, die aus dem negativen Charakter der Befunde hervorgehen, ist es angebracht, zum Vergleich Beobachtungen an Gruppen von Versuchspersonen heranzuziehen, die in jeder Beziehung, mit Ausnahme der Einwirkung von Bleibenzin, Ähnlichkeit bieten. Demgemäß führen die Tabellen 13—18 im Jahre 1927 erhaltene Resultate von Personengruppen auf, die nichts mit Bleibenzin zu tun gehabt hatten. Die Medizinstudenten setzten sich aus einer neu immatrikulierten Klasse zusammen. Zu einer zweiten Gruppe wurden Tankwarte und Tankwagenabfüller, die nur mit gewöhnlichem Benzin zu tun hatten, zusammengefaßt, um für statistische Zwecke eine möglichst große Zahl zu erhalten. Leider sind hinsichtlich der Tankwagenabfüller keine analytischen Daten zugänglich, da diese nicht gewillt waren, uns Proben ihrer Ausscheidungen zu geben; die in den Tabellen angegebenen analytischen Befunde beziehen sich daher nur auf die Tankwarte. Die Gruppe der

Tabelle 13. Unterteilung von im Jahre 1927 untersuchten, Bleibenzin nicht ausgesetzt gewesen Gruppen von Versuchspersonen nach dem Alter.

Alter in Jahren	Medizinstudenten		Tankwarte und Tankwagenabfüller		Autoschlosser	
	Anzahl	%	Anzahl	%	Anzahl	%
15—19	11	15	1	1	2	6
20—24	51	72	18	16	2	6
25—29	9	13	23	20	12	34
30—34			16	14	12	34
35—39			11	10	2	6
40—44			13	11	4	11
45—49			10	9	1	3
50—54			10	9		
55—59			5	4		
60—64			4	4		
65—69			3	3		
70—74						
Insgesamt	71	100	114	100	35	100
Mittel	22,3		37,5		31,2	
Wahrscheinlicher Fehler des Mittels	± 0,2		± 0,8		± 0,8	
Normale Abweichung	± 2,3		± 12,54		± 6,69	

Tabelle 14. Unterteilung von im Jahre 1927 untersuchten, Bleibenzin nicht ausgesetzt gewesenen Gruppen von Versuchspersonen nach Hämoglobin im Blut.

Hämoglobinometer-ablesungen nach Dare	Medizinstudenten		Tankwarte und Tankwagenabfüller		Autoschlosser	
	Anzahl	%	Anzahl	%	Anzahl	%
60— 64	1	1				
65— 69	1	1	1	1		
70— 74			9	8	1	3
75— 79	3	4	12	11	2	6
80— 84	10	15	17	16	6	18
85— 89	21	30	43	40	12	35
90— 94	17	25	15	14	10	29.
95— 99	11	16	9	8	3	9
100—104	5	7	2	2		
105—109	1	1				
Insgesamt	70	100	108	100	34	100
Mittel	89,8		86,0		88,0	
Wahrscheinlicher Fehler des Mittels	± 0,6		± 0,5		± 0,7	
Normale Abweichung	± 7,78		± 7,15		± 5,73	

Tabelle 15. Unterteilung von im Jahre 1927 untersuchten, Bleibenzin nicht ausgesetzt gewesenen Gruppen von Versuchspersonen nach Basophilie.

Zahl basophiler Zellen auf 50 Felder	Medizinstudenten		Tankwarte und Tankwagenabfüller		Autoschlosser	
	Anzahl	%	Anzahl	%	Anzahl	%
0	58	82	72	63	22	63
1	5	7	20	18	6	17
2— 5	7	10	14	12	6	17
6—10	1	1	7	6	1	3
11—20						
21—32			1	1		
Insgesamt	71	100	114	100	35	100

Autoschlosser besteht aus einer nur kleinen Zahl von Männern, die im Jahre 1926 sorgfältig, als keinerlei Einwirkung von Bleibenzin ausgesetzt, ausgewählt worden waren. Die strenge Berücksichtigung dieses besonderen Gesichtspunkts machte es ziemlich schwer, geeignete Versuchspersonen zu finden.

Da die Tabellen die beobachteten Tatsachen eindeutig wiedergeben, erübrigen sich alle Erläuterungen. Hervorgehoben werden muß nur, daß die in Frage kommenden Untersuchungen durch den gleichen Stab von Forschern angestellt worden waren, welche die Befunde bei den weiter oben beschriebenen Versuchspersonen ermittelt haben. Die in beiden Fällen angewandten klinischen Methoden sowie die chemischen Analyseverfahren waren ebenfalls praktisch die gleichen.

Tabelle 19 faßt für alle Gruppen von ausgesetzten und nicht ausgesetzten Personen Mittelwerte zusammen, die von besonderer Bedeutung sind. (Da die Befunde von Basophilie wegen ihres unregelmäßigen Vorkommens nicht geeignet waren, Mittelwerte aufzustellen, müssen für diese wichtige Erscheinung die diesbezüglichen Tabellen herangezogen werden.) Ein Vergleich der Mittelwerte ergibt, daß die Gruppen statistisch nicht zu unterscheiden sind. Die Medizinstudenten

Tabelle 16. Unterteilung von im Jahre 1927 untersuchten, Bleibenzin nicht ausgesetzt gewesenen Gruppen von Versuchspersonen nach Blei in Faeces.

mg Blei je Faecesprobe	Medizinstudenten		Tankwarte		Autoschlosser	
	Anzahl	%	Anzahl	%	Anzahl	%
0,00—0,07	17	25	14	20	5	19
0,08—0,15	15	22	14	20	7	27
0,16—0,23	19	27	18	25	2	8
0,24—0,31	6	9	7	10	2	8
0,32—0,39	3	5	7	10	3	11
0,40—0,47	2	3	6	8	2	8
0,48—0,55	2	3	1	1	1	4
0,56—0,63	1	1				
0,64—0,71	1	1	1	1		
0,72—0,79						
0,80—0,87	1	1	1	1		
0,88—0,95	1	1			1	4
0,96—1,03						
1,04—1,11	1	1				
1,12—1,19	1	1				
1,20—			3[1]	4	3[1]	11
Insgesamt	70	100	72	100	26	100
Mittel	0,232		0,197		0,235	
Wahrscheinlicher Fehler des Mittels	± 0,019		± 0,013		± 0,029	
Normale Abweichung	± 0,236		± 0,159		± 0,205	

Tabelle 17. Unterteilung von im Jahre 1927 untersuchten, Bleibenzin nicht ausgesetzt gewesenen Gruppen von Versuchspersonen nach Milligramm Blei je Gramm Faecesasche.

mg Blei je g Asche	Medizinstudenten		Tankwarte		Autoschlosser	
	Anzahl	%	Anzahl	%	Anzahl	%
0,00—0,04	29	48	29	41	12	46
0,05—0,09	16	27	26	37	6	23
0,10—0,14	9	15	8	11	1	4—
0,15—0,19	3	5	4	6	2	8
0,20—0,24	1	2			1	4
0,25—0,29			1	1	1	4
0,30—0,34			1	1	1	4
0,35—0,39						
0,40—0,44	1	2	1	1		
0,55—0,59	1	2				
0,65—0,69					2	8
1,50—			2[1]	2		
Insgesamt	60	100	72	100	26	100
Mittel	0,079[2]		0,077[1]		0,085[3]	
					0,131	
Wahrscheinlicher Fehler des Mittels	± 0,008		± 0,006		± 0,012[3]	
					± 0,023	
Normale Abweichung	± 0,094		± 0,071		± 0,085[3]	
					± 0,177	

[1] Bei Berechnung des Mittels fortgelassen.
[2] Mittelwert auf Grund einer weitergehenden Unterteilung der Befunde errechnet.
[3] Errechnet nach Ausschluß von zwei Befunden über 0,65 mg.

Tabelle 18. Unterteilung von im Jahre 1927 untersuchten, Bleibenzin nicht ausgesetzt gewesenen Gruppen von Versuchspersonen nach Milligramm Blei im Liter Urin.

mg Blei im Liter Urin	Medizinstudenten		Tankwarte		Autoschlosser	
	Anzahl	%	Anzahl	%	Anzahl	%
0,00—0,02	11	17	11	15	8	31
0,03—0,05	22	34	20	28	4	15
0,06—0,08	16	25	17	24	5	19
0,09—0,11	10	15	6	8	2	8
0,12—0,14	1	1	4	6	5	19
0,15—0,17	1	1	3	4		
0,18—0,20	1	1	5	7		
0,21—0,23	1	1				
0,24—0,26					1	4
0,27—0,29	1	1				
0,45—0,47			1	1		
0,54—0,56			1[1]	1		
0,66—0,68	1[1]	1	1[1]	1		
1,00—			3[1]	4	1[1]	4
Insgesamt	65	100	72	100	26	100
Mittel	0,078		0,081		0,077	
Wahrscheinlicher Fehler des Mittels	± 0,007		± 0,006		± 0,008	
Normale Abweichung	± 0,089		± 0,069		± 0,059	

Tabelle 19. Übersicht über die Mittelwerte für das Alter, den systolischen Blutdruck, das Hämoglobin und die Bleiausscheidung in den Fäkalien und im Urin bei verschiedenen Gruppen von Versuchspersonen.

Beschreibung der Versuchspersonen	Alter in Jahren	Systolischer Blutdruck (sitzend)	Hämoglobin	mg Blei in einzelnen Faecesproben	mg Blei je g Faecesasche	mg Blei je Liter Urin	Zahl der Versuchspersonen
Bleibenzin nicht ausgesetzte Medizinstudenten, untersucht 1927	22,3 ± 0,2	125,9 ± 0,8	89,8 ± 0,6	0,232 ± 0,019	0,079 ± 0,008	0,078 ± 0,007	71
Bleibenzin nicht ausgesetzte Tankwarte und Tankwagenabfüller, untersucht 1927	37,5 ± 0,8	138,2 ± 1,5	86,0 ± 0,5	0,197 ± 0,013	0,077 ± 0,006	0,081 ± 0,006	114
Bleibenzin ausgesetzte Tankwarte, untersucht 1929	40,8 ± 1,2	130,1 ± 1,7	80,9 ± 0,67	0,258 ± 0,018	0,087 ± 0,007	0,071 ± 0,005	56
Bleibenzin ausgesetzte Tankwagenabfüller, untersucht 1929	38,6 ± 1,1	130,4 ± 1,9	85,0 ± 0,59	0,360 ± 0,023	0,120 ± 0,014	0,089 ± 0,011	50
Bleibenzin nicht ausgesetzte Autoschlosser, untersucht 1927	31,12 ± 0,8	129,8 ± 1,3	88,0 ± 0,7	0,235 ± 0,029	0,131 ± 0,023	0,077 ± 0,008	35
Bleibenzin ausgesetzte Autoschlosser, untersucht 1929	34,3 ± 0,5	125,7 ± 0,7	84,5 ± 0,24	0,379 ± 0,012	0,131 ± 0,005	0,086 ± 0,004	201
Bleibenzin nicht ausgesetzte Faßfüller	37,9 ± 1,2	134,3 ± 1,8	71,1 ± 0,92	0,380 ± 0,037	0,137 ± 0,014	0,058 ± 0,009	27
Bleibenzin ausgesetzte Faßfüller	39,1 ± 1,3	129,1 ± 2,3	83,3 ± 0,91	0,288 ± 0,024	0,113 ± 0,007	0,052 ± 0,004	22

[1] Bei Berechnung des Mittels fortgelassen.

heben sich nur durch ihr Alter beträchtlich ab, sonst jedoch nicht. Die Bleibenzin nicht ausgesetzten Faßfüller weisen einen deutlich niedrigen Gehalt an Hämoglobin in ihrem Blut auf, worauf weiter oben schon aufmerksam gemacht wurde. Ebenso zeigt der mittlere Bleigehalt je Faecesprobe innerhalb der Gruppen gewisse statistisch bemerkenswerte Schwankungen, doch ist diesen Unterschieden angesichts der verschiedenartigen Menge der Proben keine wirkliche Bedeutung beizumessen. Wird der letztere Umstand dadurch berichtigt, daß man den Bleigehalt in den Fäkalien im Verhältnis zur Aschenmenge ausdrückt, so werden die Schwankungen auch statistisch bedeutungslos.

7. Der Einfluß einer zurückliegenden gewerblichen Bleieinwirkung.

Es ist auf die beachtenswerte Tatsache eingegangen worden, daß eine erhebliche Zahl unter den Versuchspersonen Bleieinwirkungen bei früheren Beschäftigungen unterworfen gewesen war. Ebenso kann angenommen werden, daß bei Autoschlossern eine Berührung mit anderen Bleiverbindungen, als den bei bleihaltigen Kraftstoffen in Betracht kommenden, einigen Einfluß auf ihre Bleiaufnahme hatte. Um die Bedeutung dieses Umstandes festzustellen, wurden die analytischen Ergebnisse von zwei kleinen Gruppen, die keinerlei Anzeichen aufwiesen, daß sie bei irgendeiner früheren Beschäftigung Bleieinwirkungen unterworfen gewesen waren, zum Vergleich herangezogen. (Tabelle 6 hatte die Verteilung der Versuchspersonen in dieser Hinsicht wiedergegeben.) Tabelle 20 zeigt die mittleren Werte für die Bleiausscheidung dieser beiden Gruppen, gesondert und zusammengenommen. Die Befunde sind etwas niedriger; doch ergibt sich aus ihnen, daß dadurch, daß Leute, die früher Bleieinwirkungen ausgesetzt waren, ausgeschlossen wurden, keine bedeutenden statistischen Unterschiede entstanden sind.

Tabelle 20. Mittelwerte von Blei in Faeces und Urin bei Bleibenzin ausgesetzten Tankwarten und Tankwagenabfüllern unter Ausschluß aller derjenigen, die früher mit anderen Bleiverbindungen beruflich in Berührung gekommen waren.

	Bleibenzin ausgesetzte Tankwarte	Bleibenzin ausgesetzte Tankwagenabfüller	Tankwarte und Tankwagenabfüller zusammen
Milligramm Blei in einzelnen Faecesproben	$0{,}338 \pm 0{,}043$	$0{,}277 \pm 0{,}035$	$0{,}336 \pm 0{,}030$
Milligramm Blei je Gramm Faecesasche .	$0{,}069 \pm 0{,}009$	$0{,}116 \pm 0{,}024$	$0{,}086 \pm 0{,}011$
Milligramm Blei je Liter Urin	$0{,}063 \pm 0{,}009$	$0{,}063 \pm 0{,}010$	$0{,}065 \pm 0{,}007$
Anzahl der Versuchspersonen	19	15	34

8. Bleiausscheidung im Verhältnis zur Dauer der Berührung mit bleihaltigem Benzin.

Eine Prüfung der zwischen der Dauer der Berührung und der Größe der Bleiausscheidung bestehenden Beziehung könnte ein Mittel bieten, die Bedeutung einer mit der Tätigkeit der Autoschlosser verknüpften Bleigefährdung festzustellen. Diese Aufgabe wurde in Angriff genommen durch eine Untersuchung der Wechselbeziehung zwischen dem Ausmaß der Bleiausscheidung und der Dauer der ständigen Beschäftigung als Schlosser überhaupt, sowie bei der Reparatur von Wagen, die mit Bleibenzin betrieben wurden, im besonderen. Die Ergebnisse dieses Versuches einer Gegenüberstellung werden in Tabelle 21 aufgezeigt. Es besteht in beiden Fällen keinerlei Zusammenhang. Daher muß der Schluß gezogen werden, daß

Tabelle 21. Zeigt das Fehlen einer Wechselbeziehung zwischen der Beschäftigungsdauer von Autoschlossern sowie der Dauer des Umgangs mit Bleibenzin einerseits und ihrer Bleiausscheidung andererseits.

Vergleichsgrundlagen	Vergleichskoeffizienten
Zeitdauer ununterbrochenen Dienstes als Autoschlosser und Milligramm Blei je Gramm Faecesasche	$+$ 0,017 $\pm$ 0,056
Zeitdauer ununterbrochenen Dienstes als Autoschlosser und Milligramm Blei je Liter Urin	$+$ 0,023 $\pm$ 0,055
Zeitdauer des Ausgesetztseins gegen Bleibenzin und Milligramm Blei je Gramm Faecesasche	$+$ 0,223 $\pm$ 0,099
Zeitdauer des Ausgesetztseins gegen Bleibenzin und Milligramm Blei je Liter Urin	$-$ 0,243 $\pm$ 0,099

Tabelle 22. Aufteilung von ein und denselben, in den Jahren 1927 und 1929 untersuchten Personen nach Milligramm Blei in den Faeces.

mg Blei je Faecesprobe	Bleibenzin ausgesetzte Tankwarte				Bleibenzin ausgesetzte Tankwagenabfüller			
	1927		1929		1927		1929	
	Anzahl	%	Anzahl	%	Anzahl	%	Anzahl	%
0,00—0,07	1	5	3	15			2	12
0,08—0,15	6	30	3	15	3	17	2	12
0,16—0,23	2	10	8	40	4	23	3	17
0,24—0,31	3	15			3	17	3	17
0,32—0,39	2	10	3	15	2	12	1	6
0,40—0,47	1	5	1	5	3	17	3	17
0,48—0,55			1	5			1	6
0,56—0,63	2	10	1	5	2	12	1	6
0,64—0,71	1	5						
0,72—0,79								
0,80—0,87								
0,88—0,95								
0,96—1,03							1 [2]	6
1,83	1 [1]	5						
5,10	1 [1]	5						
Insgesamt	20	100	20	100	17	100	17	100
Mittel	0,280		0,236		0,308		0,402 [2]	
Wahrscheinlicher Fehler des Mittels	$\pm$ 0,030		$\pm$ 0,023		$\pm$ 0,025		$\pm$ 0,036	
Normale Abweichung	$\pm$ 0,187		$\pm$ 0,153		$\pm$ 0,150		$\pm$ 0,218	

entweder die mit einer Beschäftigung als Schlosser verbundene Bleigefährdung ohne Bedeutung ist, oder daß eine Berührung so unregelmäßig vorkommt, daß sie zeitlich nicht zu erfassen ist.

Es bleibt noch ein anderes Mittel, die vorhandenen Unterlagen auf Beweise für eine Bleiaufnahme durch Umgang mit bleihaltigem Benzin zu prüfen. Unter den im Jahre 1929 untersuchten Leuten befanden sich 26 Tankwarte und

---

[1] Bei Berechnung des Mittels fortgelassen.

[2] Bei Ausscheidung des abseitigen hohen Befundes beläuft sich der Mittelwert auf 0,365 $\pm$ 0,028.

Tabelle 23. Aufteilung von ein und denselben, in den Jahren 1927 und 1929 untersuchten Personen nach Milligramm Blei je Gramm Faecesasche.

mg Blei je g Faecesasche	Bleibenzin ausgesetzte Tankwarte				Bleibenzin ausgesetzte Tankwagenabfüller			
	1927		1929		1927		1929	
	Anzahl	%	Anzahl	%	Anzahl	%	Anzahl	%
0,00—0,03	2	10	1	5	1	6	7	41
0,04—0,07	5	25	7	35	4	23	2	12
0,08—0,11	5	25	6	30	5	30	3	17
0,12—0,15	3	15	3	15	4	23	2	12
0,16—0,19	1	5	1	5	3	17	1	6
0,20—0,23			1	5			1	6
0,24—0,27	1	5	1	5				
0,28—0,31								
0,32—0,35								
0,36—0,39								
0,40—0,43	1	5						
0,44—0,47								
0,57							1[2]	6
0,64	1[1]	5						
1,36	1[1]	5						
Insgesamt	20	100	20	100	17	100	17	100
Mittel	0,118		0,106		0,109		0,142[2]	
Wahrscheinlicher Fehler des Mittels	± 0,015		± 0,009		± 0,008		± 0,019	
Normale Abweichung	± 0,093		± 0,058		± 0,047		± 0,117	

24 Tankwagenabfüller, die schon im Jahre 1927 als Versuchspersonen gedient hatten. Es war anzunehmen, daß, wenn ihre Beschäftigung eindeutig eine Bleigefährdung mit sich gebracht hatte, sich nach 2 Jahren Anzeichen einer Veränderung in der Bleiausscheidung bemerkbar machen würden. Die Befunde hinsichtlich ihrer Bleiausscheidung für diese 2 Jahre sind in Tabelle 22, 23 und 24 dargestellt. Die Mittelwerte sind in Tabelle 25 zusammengefaßt. Es tritt kein statistisch bedeutsamer Unterschied auf.

9. Zusammenfassung und Auswertung.

307 Männer, die am stärksten und längsten einer Einwirkung von Bleibenzin und seinen Verbrennungsprodukten ausgesetzt gewesen waren, wurden während der Wintermonate 1929/30 auf ihre körperliche Beschaffenheit und ihre Bleiausscheidung hin untersucht. Bei keinem einzigen von ihnen zeigten sich klinische Anzeichen einer Bleiaufnahme oder Bleivergiftung. Auch wurden keinerlei Spuren von Bleiaufnahme als Folge einer Einwirkung von bleihaltigem Benzin gefunden, als sie im Hinblick auf ihre Bleiausscheidung mit entsprechenden Gruppen von Personen verglichen wurden, die keinerlei Bleieinwirkungen unterworfen und die früher untersucht worden waren. Bei einer Gruppe von 50 dieser Versuchspersonen, die bereits im Jahre 1927 in ähnlicher Weise geprüft worden waren, zeigte sich keine meßbare Änderung der Bleiausscheidung.

[1] Bei Berechnung des Mittels fortgelassen.

[2] Bei Ausscheidung des abseitigen hohen Befundes beläuft sich der Mittelwert auf 0,118 ± 0,010.

Tabelle 24. Aufteilung von ein und denselben, in den Jahren 1927 und 1929 untersuchten Personen nach Milligramm Blei im Liter Urin.

mg Blei im Liter Urin	Bleibenzin ausgesetzte Tankwarte				Bleibenzin ausgesetzte Tankwagenabfüller			
	1927		1929		1927		1929	
	Anzahl	%	Anzahl	%	Anzahl	%	Anzahl	%
0,00—0,03	3	11	7	27			6	25
0,04—0,07	9	35	7	27	10	42	11	46
0,08—0,11	6	23	9	35	5	21	2	8
0,12—0,15	3	11			3	11	1	4
0,16—0,19	1	4	1	4	1	4	1	4
0,20—0,23	2	8	1	4				
0,24—0,27							1	4
0,28—0,31								
0,32—0,35					1	4	1	4
0,36—0,39					1	4		
0,40—0,43					1	4		
0,58	1	4						
0,87	1	4					1[2]	4
1,00			1	4				
4,00					2[1]	8		
Insgesamt	26	100	26	100	24	100	24	100
Mittel	0,142		0,111		0,129		0,115[2]	
Wahrscheinlicher Fehler des Mittels	± 0,024		± 0,025		± 0,015		± 0,024	
Normale Abweichung	± 0,180		± 0,188		± 0,106		± 0,173	

Tabelle 25. Zusammenstellung der Mittelwerte des Bleis in Faecesproben, in Faecesasche und im Liter Urin für die in den Jahren 1927 und 1929 untersuchten Personen.

	Bleibenzin ausgesetzte Tankwarte		Bleibenzin ausgesetzte Tankwagenabfüller		Tankwarte und Tankwagenabfüller zusammen	
	1927	1929	1927	1929	1927	1929
Milligramm Blei in einer einzelnen Faecesprobe	0,280 ± 0,030	0,236 ± 0,023	0,308 ± 0,025	0,407 ± 0,038	0,294 ± 0,019	0,312 ± 0,022
Milligramm Blei je Gramm Faecesasche	0,118 ± 0,015	0,106 ± 0,009	0,109 ± 0,008	0,142 ± 0,019	0,114 ± 0,008	0,124 ± 0,011
Milligramm Blei je Liter Urin	0,142 ± 0,024	0,111 ± 0,025	0,129 ± 0,015	0,115 ± 0,024	0,136 ± 0,015	0,113 ± 0,017
Anzahl der untersuchten Personen	26	26	24	24	50	50

Bei einer Reihe von Arbeitern wurde die Bleiausscheidung vor und nach einem Zeitraum von 6 Monaten bestimmt, während welchem ihre Haut stark der Einwirkung von Bleibenzin ausgesetzt gewesen war. Kein einziges Mitglied dieser Gruppe wies als Folge dieser Einwirkung eine erhöhte Bleiausscheidung auf.

Es ist früher gezeigt worden, daß der Grad der menschlichen Bleiausscheidung ein äußerst empfindlicher Maßstab für die Größe der Bleieinwirkung und -aufnahme

---

[1] Bei Berechnung des Mittels fortgelassen.

[2] Mittelwert sinkt auf 0,083 ± 0,011, wenn der eine Befund von 0,87 mg ausgeschlossen wird.

ist (6, 8). Da die Versuchspersonen keine Zunahme ihrer Bleiausscheidung aufwiesen, ist zu folgern, daß nur eine sehr geringe Bleieinwirkung vorlag und daß auch keine bedeutende Blei a u f n a h m e stattfand. Angesichts unserer früher veröffentlichten Befunde hinsichtlich Personen, die keiner Einwirkung unterworfen waren (8, 9), muß man sich darüber klar sein, daß die Größe und Vielfältigkeit der Bleieinführung mit der Nahrung genügt, eine leichte Bleiaufnahme zu verdecken, die sich aus einem Umgang mit Bleibenzin ergeben könnte. Selbst wenn eine solche eintreten sollte, ist klar, daß der Beitrag des Bleibenzins zu der gesamten sonstigen Bleiaufnahme bei den untersuchten Personen verhältnismäßig unbedeutend ist. Daher muß, wenn das genaue Ausmaß einer gewerblichen Bleieinwirkung bestimmt werden soll, die bei den beschriebenen Untersuchungen angewandte Methode dahin abgeändert werden, daß auch der Faktor der individuellen Bleiaufnahme seitens der Versuchspersonen durch ihre Nahrung und aus anderen Quellen überwacht wird. Die Resultate, die wir durch Anwendung einer in dieser Beziehung verbesserten Methode erzielt haben, werden wir im nachstehenden Aufsatz darlegen.

Im Hinblick auf das negative Ergebnis der hier beschriebenen Untersuchung von Personen, bei denen die Berührung mit Bleibenzin und seinen Verbrennungsprodukten weit größer war, als sie im allgemeinen bei der Bevölkerung möglich ist, besteht kein Grund zu einer Befürchtung, daß infolge des Vertriebs und der Verwendung von bleihaltigem Benzin irgendwelche Gefahren für die öffentliche Gesundheit entstehen.

Schrifttum.

1. Sayers, R. R. u. a.: Experimentaluntersuchungen über die Wirkung von Bleibenzin und seinen Verbrennungsprodukten. (Experimental Studies on the Effect of Ethyl Gasoline and its Combustion Products.) Bericht des U.S. Bur. of Mines, 1927.
2. Leake, J. P. u. a.: Die Verwendung von Bleitetraäthylbenzin in ihrer Beziehung zur öffentlichen Gesundheit. (The Use of Tetraethyl Lead Gasoline in its Relation to the Public Health.) U.S. Publ. Health, Bull. Nr. 163 (1926).
3. Schlußbericht der Ethylbenzin-Kommission des englischen Gesundheitsministeriums. (Final Report of the Departmental Committee on Ethyl Petrol. Ministry of Health.) London 1930.
4. Kehoe, R. A.: Über die Giftigkeit von Bleitetraäthyl und anorganischen Bleisalzen. (On the Toxicity of Tetra-Ethyl Lead and Inorganic Lead Salts.) J. Labor. a. clin. Med. 12, 554 (1927). Siehe IV A.
5. Kehoe, R. A. u. F. Thamann: Das Verhalten von Blei im tierischen Organismus. II. Bleitetraäthyl. (The Behavior of Lead in the Animal Organism. II. Tetraethyl Lead.) Amer. J. Hyg. 13, 478 (1931). Siehe IV B.
6. Kehoe, R. A., F. Thamann u. J. Cholak: Bleiaufnahme und Ausscheidung in gewissen Bleigewerben. (Lead Absorption and Excretion in Certain Lead Trades.) J. ind. Hyg. 15, 306 (1933). Siehe II A.
7. Kehoe, R. A. u. F. Thamann: Das Verhalten von Blei im tierischen Organismus. I. (The Behavior of Lead in the Animal Organism. I.) Amer. J. Publ. Health 10, 555 (1928).
8. Kehoe, R. A., F. Thamann u. J. Cholak: Über die normale Aufnahme und Ausscheidung von Blei. II. Bleiaufnahme und Ausscheidung im heutigen amerikanischen Leben. (On the Normal Absorption and Excretion of Lead. II. Lead Absorption and Lead Excretion in Modern American Life.) J. ind. Hyg. 15, 273 (1933). Siehe I B.
9. Kehoe, R. A., F. Thamann u. J. Cholak: Über die normale Aufnahme und Ausscheidung von Blei. I. Bleiaufnahme und Ausscheidung unter primitiven Lebensbedingungen. (On the Normal Absorption and Excretion of Lead. I. Lead Absorption and Excretion in Primitive Life.) J. ind. Hyg. 15, 257 (1933). Siehe I A.

Gutachten über die mit dem Vertrieb und der Verwendung von bleitetraäthylhaltigem Benzin verknüpften Bleigefährdungen.

II. Teil.

Das berufliche Ausgesetztsein gegen Blei bei Tankwarten und Autoschlossern[1].

Von

Robert A. Kehoe, Frederick Thamann und **Jacob Cholak,**

Kettering-Laboratorium für Angewandte Physiologie, Universität Cincinnati, Cincinnati (Ohio).

Der vorhergehende Aufsatz (1) befaßte sich mit allgemeinen Beobachtungen an Personen, die mit dem Vertrieb und Verbrauch von Bleibenzin zu tun hatten. Es wurde darauf hingewiesen, daß die unterschiedliche Bleiaufnahme mit der Nahrung bei den untersuchten Personen ausreichend sein könnte, den Nachweis einer geringen beruflichen Bleiaufnahme zu verdecken. Um festzustellen, ob dies der Fall ist oder nicht, wurde eine beschränkte Anzahl von typischen Einzelpersonen einer eingehenden Untersuchung unterzogen. Nachstehend werden die Versuchsmethoden beschrieben, sowie die Ergebnisse, die bei vier Tankwarten und vier Autoschlossern erhalten wurden.

1. Beobachtungen an Tankwarten.

Untersuchungsgrundlagen und Methoden.

Zwei junge Leute, die erst kürzlich ihre Schulzeit beendet und keinerlei Erfahrung im Umgang mit Benzin oder in irgendeiner Tätigkeit hatten, bei der eine Bleiberührung in Betracht kommen konnte, wurden nach einer Befragung und einer allgemeinen Körperuntersuchung auf Grund ihrer augenscheinlichen Intelligenz und Verläßlichkeit, ihrer Bereitwilligkeit, Vorschriften zu befolgen, sowie auf Grund ihrer körperlichen Eignung ausgewählt. [Einer von ihnen, J. M. McS., litt an einer rückfälligen Infektion der Atmungsorgane als Folge einer leichten chronischen Sinusitis, verbunden mit leichter Bronchialaffektion. Dies verminderte seine Eignung wenig oder gar nicht, rief jedoch etwas größere Schwankungen im Blutbild hervor, als zu erwarten war (s. Abb. 1)]. 4 Monate lang wurden diese beiden Personen im Laboratorium unter Beobachtung gestellt, während welcher Zeit sie über ihre Tätigkeit genau Tagebuch führten, die Art und Menge der aufgenommenen Nahrung und Getränke verzeichneten, Doppelproben aller eingenommenen Nahrungsmittel und Getränke (mit Ausnahme von Wasser) abgaben und 24-Stunden-Proben ihrer Fäkalien sowie Proben ihres Urins sammelten. Die einzelnen Nahrungsmittel wurden zu 24-Stunden-Mischproben vereinigt (mit

[1] Aus J. ind. Hyg. a. Toxicology **18**, 42 (1936). Zur Veröffentlichung eingegangen am 18. Oktober 1935.

Ausnahme von 2 Wochen, in denen sie einzeln abgesondert blieben), während die Urinproben für jede Woche als zwei 48-Stunden-Proben und eine 72-Stunden-Probe gesammelt wurden.

Proben von Trinkwasser wurden an den hauptsächlichsten Stellen entnommen, die den betreffenden jungen Männern zur Verfügung standen. Die Analyse ergab das Vorhandensein von 0,02 mg Blei je Liter. Ein weiterer Versuch, die tägliche Bleiaufnahme aus dieser Quelle zu messen, wurde nicht gemacht.

Von Zeit zu Zeit wurden Blutproben (50 ccm) genommen, die nach folgendem Plan mikroskopisch untersucht wurden: Blutausstriche zwecks Zählung der getüpfelten Erythrocyten wurden täglich gemacht und jede Woche Erythrocyten, Leukocyten und Differentialblutbild aufgenommen. (Die Blutausstriche für die Zählung der Basophilen waren dünn und so gleichmäßig wie möglich; sie wurden nach dem Trocknen an der Luft ohne Fixierung durch 4 Sekunden langes Eintauchen in eine 1,5%ige Lösung von Methylenblau in Methylalkohol angefärbt, schnell in 0,025%iger wäßriger Natriumbikarbonatlösung gewaschen und rasch und gleichmäßig bei scharfer Zugluft getrocknet. Die Zählung erfolgte durch genaue Prüfung jedes einzelnen Blutkörperchens in 50 Feldern [durchschnittlich ungefähr 250 Erythrocyten je Feld] bei 900facher Vergrößerung, wobei die Optik unter besonderer Berücksichtigung der Höchstschärfe ausgewählt worden war). Hämoglobinbestimmungen mit dem Haden-Hausser-Instrument wurden in wöchentlichen Abständen vorgenommen.

Die beiden Leute verbrachten den Tag im Laboratorium und hatten die übrige Zeit, mit Ausnahme der zum Sammeln der Proben der eingenommenen Nahrung und der Exkremente erforderlichen, zu ihrer Verfügung. Zur Vermeidung einer Verunreinigung und eines Inverlustgehens der Proben wurden genaue Anweisungen erteilt, und durch persönlichen Verkehr mit den Versuchspersonen wurde erreicht, daß sie keinerlei Grund zu Täuschungen oder Irrtümern bei der Befolgung dieser Vorschriften hatten[1].

Nach Ablauf von 4 Monaten wurden den beiden jungen Männern Stellungen als Tankwarte vermittelt, und jeder von ihnen arbeitete 53 Stunden in der Woche. Während der nächsten 4 Monate setzten sie das Sammeln ihrer Nahrungs- und Exkrementproben fort und kamen täglich zur Blutuntersuchung ins Laboratorium.

Tabelle 1. Angaben über die bei dem Versuch benutzten Tankstellen.

Versuchs-person	Tank-stelle	Dienstzeit	Zahl der gleichzeitig beschäftigten anderen Männer	Durchschnittliche Anzahl der täglich ausgegebenen Gallonen Benzin	Davon täglich durchschnittlich Bleibenzin %
C. M. H.	1	1. Juni bis 16. Juli 1932	3	1350	50
	2	16. Juli „ 28. Aug. 1932	2	700	42
	3	28. Aug. „ 1. Okt. 1932	2	500	48
J.M.McS.	1	1. Juni „ 19. Aug. 1932	2	700	42
	2	20. Aug. „ 1. Okt. 1932	1	425	35

Tabelle 1 enthält zweckdienliche Aufschlüsse hinsichtlich der Tankstellen, in denen die beiden Leute beschäftigt wurden. Das Bleibenzin, mit welchem sie dort zu tun hatten, wies einen durchschnittlichen Bleitetraäthylgehalt von 2,8 ccm je Gallone auf. (Die Höchstkonzentration beträgt 3 ccm.) Gegen die Berührung

---

[1] Vgl. I B, S. 1 f.

der Haut mit Benzin, Schmierfett oder verbrauchtem Motorgehäuseöl waren
keine außergewöhnlichen Vorsichtsmaßregeln getroffen, doch wurden die beiden
jungen Männer zwecks Vermeidung einer Verunreinigung der Proben angehalten,
ihre Hände mit Wasser und Seife zu waschen, ehe sie die Behälter für die Proben
berührten, wenn sie dieserhalb auch nicht überwacht wurden. Sie waren hinsichtlich Gefährdungsmöglichkeiten bei ihrer Beschäftigung nicht beunruhigt, und
es besteht kein Grund anzunehmen, daß ihre tägliche Arbeit von derjenigen
anderer Leute bei der Tankstelle verschieden war.

Da die Zeit der Beobachtung der beiden vorerwähnten Versuchspersonen verhältnismäßig kurz war, wurden, um eine größere zeitliche Grundlage zu gewinnen,

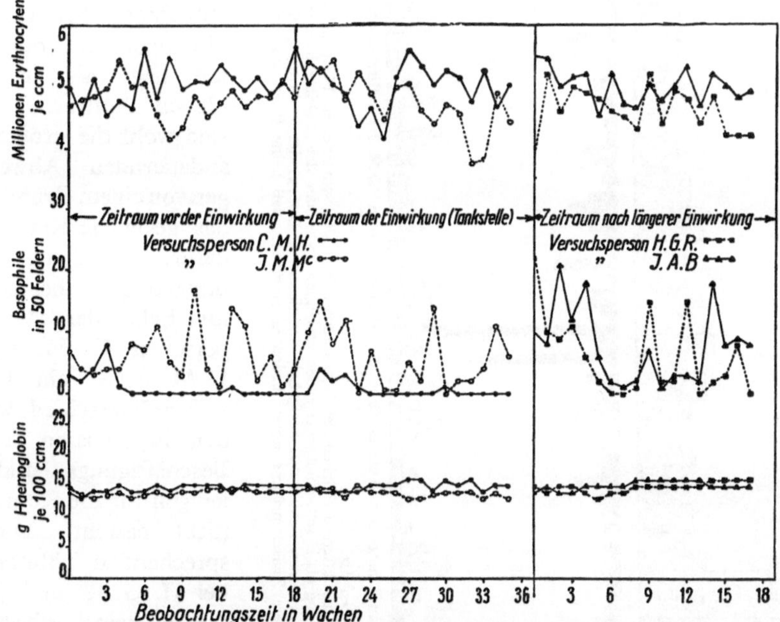

Abb. 1. Erythrocyten, basophile Erythrocyten und Hämoglobin nach Wochen. Versuchsperson C. M. H. und
J. M. McS. vor und während kurzer Beschäftigung als Tankwarte. Versuchsperson H. G. R. und J. A. B. nach
längerer Beschäftigung als Tankwarte.

zwei Männer, die $3^{1}/_{2}$ bzw. 6 Jahre als Tankwarte beschäftigt gewesen waren, aus
ihrer Beschäftigung herausgenommen und ebenfalls in der bereits beschriebenen
Weise im Laboratorium einer Untersuchung unterzogen mit der Ausnahme, daß
ihre Bleiaufnahme mit der Nahrung nicht verfolgt wurde. Die Bleianalysen wurden
nach Methoden, die an anderer Stelle beschrieben worden sind, durchgeführt (2).

Nichtspezifische klinische Aufschlüsse.

Die körperliche Untersuchung der Versuchspersonen ergab negative Resultate.
Einzelheiten der Blutbefunde sind in Abb. 1 aufgezeichnet. Die Erythrocyten-
zählungen und Hämoglobinbestimmungen erfordern keine Erläuterungen, wenn
die Schwankungen bei J. M. McS. während der Überwachungszeit im Laboratorium wie in der Zeit seiner Tätigkeit auf der Tankstelle auch etwas tiefer
heruntergehen, als dies gewöhnlich bei jungen, gesunden Personen der Fall
ist; die niedrigen Punkte hängen mit einer erhöhten Erkrankung seiner Atmungs-
wege zusammen. Für das Auftreten von Basophilie von Woche zu Woche

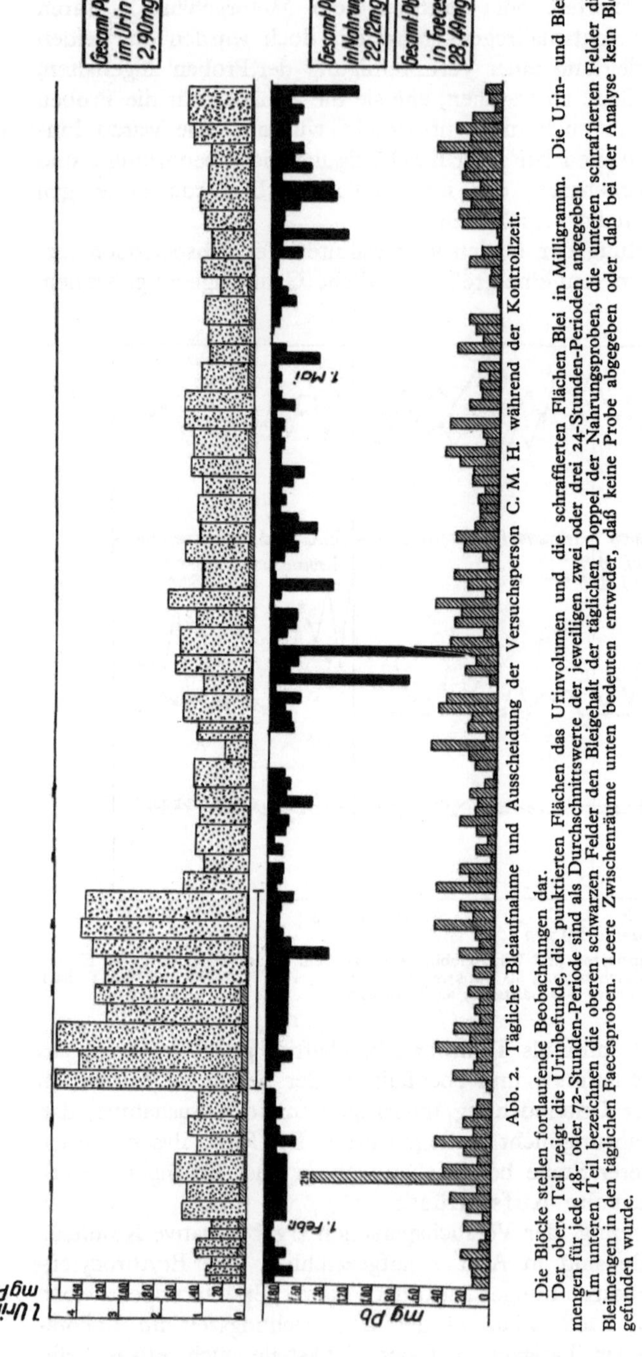

Abb. 2. Tägliche Bleiaufnahme und Ausscheidung der Versuchsperson C. M. H. während der Kontrollzeit.

Die Blöcke stellen fortlaufende Beobachtungen dar. Der obere Teil zeigt die Urinbefunde, die punktierten Flächen das Urinvolumen und die schraffierten Flächen Blei in Milligramm. Die Urin- und Bleimengen für jede 48- oder 72-Stunden-Periode sind als Durchschnittswerte der jeweiligen zwei oder drei 24-Stunden-Perioden angegeben. Im unteren Teil bezeichnen die oberen schwarzen Felder den Bleigehalt der täglichen Doppel der Nahrungsproben, die unteren schraffierten Felder die Bleimengen in den täglichen Faecesproben. Leere Zwischenräume unten bedeuten entweder, daß keine Probe abgegeben oder daß bei der Analyse kein Blei gefunden wurde.

wurde der höchste Wert, der an irgendeinem Tage jeder Woche beobachtet wurde, eingesetzt. Dies ergibt einen etwas überhöhten Eindruck von den durchschnittlichen Befunden, aber es stimmt mit unserer Beurteilung überein, daß die Bedeutung der Basophilie hinsichtlich Bleiaufnahme eher in ihrem Umfange und Fortschreiten liegt als in ihrem bloßen Auftreten. Somit sind wohl die größten und andauernden Abweichungen von einem Grundspiegel das geeignete Kennzeichen dafür. Aus den Aufzeichnungen geht hervor, daß im Falle der Versuchspersonen C. M. H. und J. M. McS. ein bedeutsamer Unterschied zwischen den Ergebnissen für ihre Beschäftigungs- und denjenigen für die Kontrollzeit nicht besteht. Die entsprechenden Blutbefunde bei H. G. R. und J. A. B. zeigen keine scharf umrissenen auffälligen Züge oder sonstigen bedeutsamen Merkmale.

Analytische Ergebnisse bei den neu eingestellten Tankwarten.

Die analytischen Befunde bei C. M. H. werden für die Kontrollzeit in Abb. 2 und für die Zeit als Tankwart in Abb. 3 graphisch dargestellt; diejenigen für J. M. McS. in Abb. 4 und 5.

Es ergibt sich, daß Blei in der Kost praktisch stets anwesend ist; die von Tag zu Tag gefundenen Mengen schwanken innerhalb weiter Grenzen, gelegentlich bis zu Werten von mehr als 1 mg.

Die Bleimengen in den Fäkalien sind von der gleichen Größenordnung wie diejenigen in der Nahrung, und zwischen hohen Befunden bei beiden besteht im großen und ganzen eine, wenn auch schwankende Übereinstimmung, sowohl hinsichtlich der Zeit als auch der Menge.

Die Tatsache, daß der Gesamtbleigehalt in der Nahrung während eines beträchtlichen Zeitraums fast der gleiche bleibt wie derjenige in den Fäkalien, läßt darauf schließen, daß der größere Teil des Bleis unresorbiert die Verdauungsorgane durchläuft. Wenn dies die ganze Erklärung wäre, so müßte die graphische Darstellung des einverleibten Bleis mit derjenigen des ausgeschiedenen Bleis übereinstimmen unter Berücksichtigung einer gewissen Resorption durch den Verdauungstrakt sowie einer bestimmten Zeitspanne für die Entleerung. Jedenfalls dürfte die Abweichung zwischen beiden Werten nicht groß sein; es dürfte sogar die Ausscheidung von Blei mit den Fäkalien etwas geringer sein als die Aufnahme. Die vorwiegende Neigung des Faecesbleis aber, den Bleigehalt der Nahrungsmittel zu übertreffen, sowie das nicht ganz zeitgleiche Auftreten von ungewöhnlich hohen Werten in der Nahrung wie in den Fäkalien erfordern eine besondere Erklärung. Diese Unstimmigkeiten können mit einiger Sicherheit gelöst werden, wenn man sie weitgehend als Beweis für einen Fehler bei der Probenahme der Nahrungsmittel ansieht. Die genaue Herkunft eines einzelnen bestimmten Fehlers kann nur gemutmaßt werden. Eine wahrscheinliche Quelle einer erheblichen Abweichung zwischen der tatsächlich eingenommenen Nahrung und derjenigen, die zwecks Analyse beiseite gelegt wurde, ergibt sich daraus, daß einzelne Proben von Obst, Gemüse, insbesondere frischen Blattgemüsen, die gewöhnlich mit Schädlingsbekämpfungsmitteln gespritzt werden, hinsichtlich des Bleis, das sich auf ihrer Oberfläche befindet, sehr voneinander abweichen können. Fehler dieser Art können sich auf lange Sicht ausgleichen, für eine kurze Zeitspanne jedoch können große Verschiedenheiten entstehen. Daher ist bei jeder Beobachtungsreihe nötig, zu prüfen, ob in der einen oder anderen Serie von Proben eine unverhältnismäßige

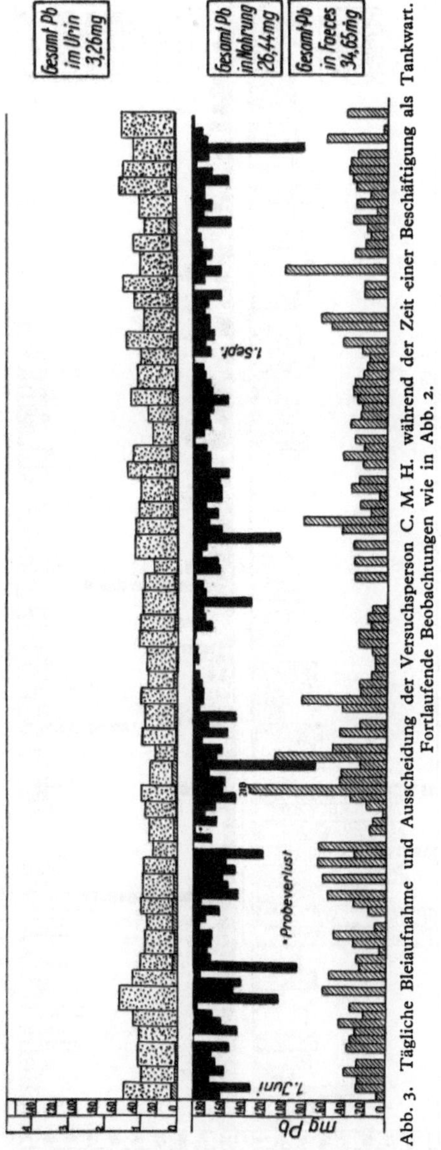

Abb. 3. Tägliche Bleiaufnahme und Ausscheidung der Versuchsperson C. M. H. während der Zeit einer Beschäftigung als Tankwart. Fortlaufende Beobachtungen wie in Abb. 2.

Anzahl solcher hoher Ergebnisse zu finden ist oder nicht. Wenn man diesen Gesichtspunkt auf die eingetragenen Werte anwendet, so wird ein Ausscheiden einiger hoher Befunde in der Nahrung in Abb. 5 deren Aufzeichnung mit den

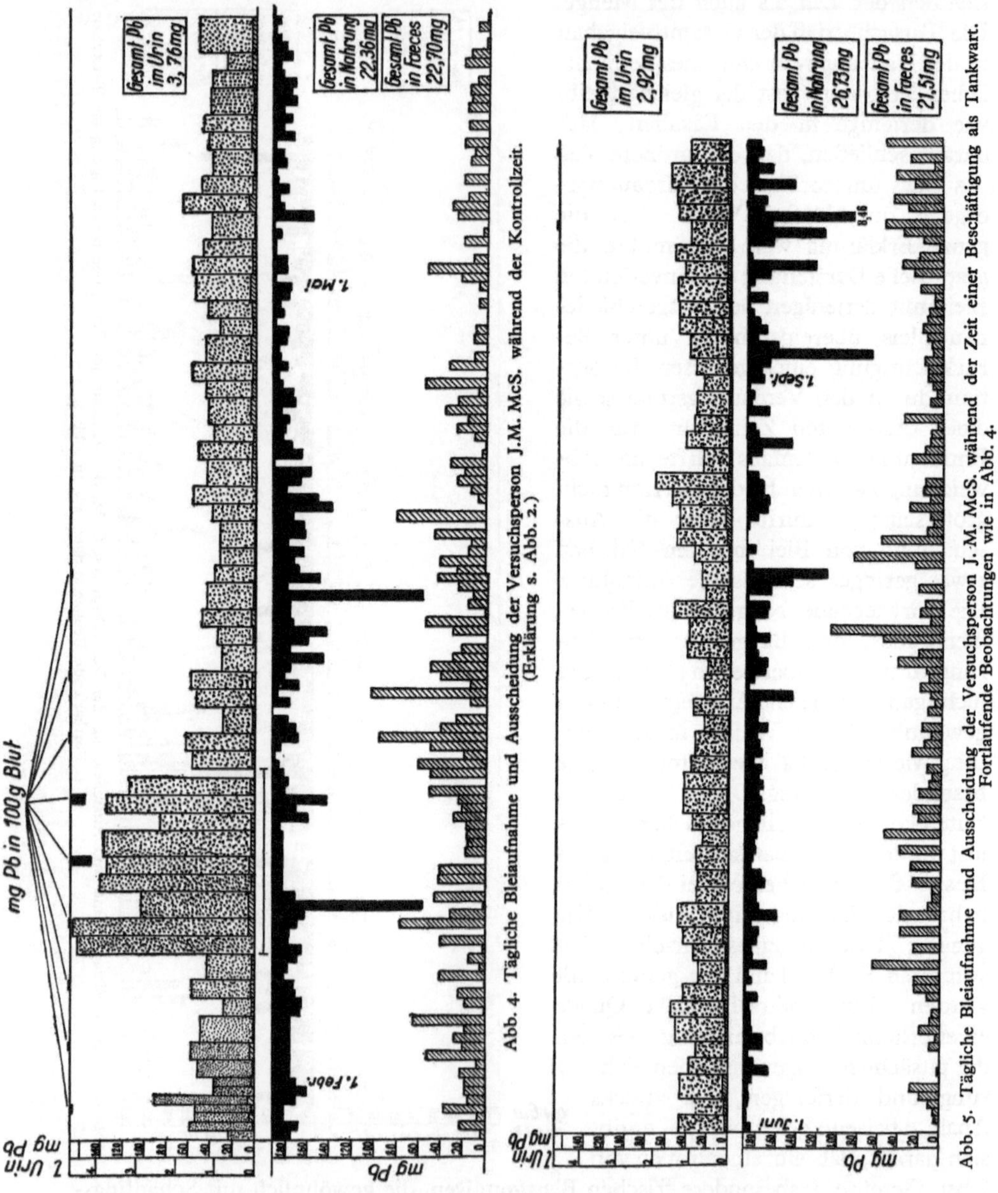

Abb. 4. Tägliche Bleiaufnahme und Ausscheidung der Versuchsperson J.M. McS. während der Kontrollzeit. (Erklärung s. Abb. 2.)

Abb. 5. Tägliche Bleiaufnahme und Ausscheidung der Versuchsperson J. M. McS. während der Zeit einer Beschäftigung als Tankwart. Fortlaufende Beobachtungen wie in Abb. 4.

anderen in Übereinstimmung bringen. Dann würde sich auch herausstellen, daß der Bleigehalt in den Fäkalien denjenigen der Nahrung bei beiden Versuchspersonen und in beiden Zeiträumen überschritten hat. Dieses offensichtlich gleichmäßige Auftreten eines Überschusses an Blei in den Fäkalien gegenüber dem in der Nahrung gefundenen läßt vermuten, daß noch

Tabelle 2. Aufteilung der täglichen Nahrungsproben nach Bleigehalt bei den Versuchspersonen vor und während eines Ausgesetztseins gegen Bleibenzin als Tankwarte.

mg Blei	Versuchsperson C. M. H.		Versuchsperson J. M. McS.	
	Kontrollzeit	Beschäftigungszeit	Kontrollzeit	Beschäftigungszeit
0,00—0,04	17	16	13	21
0,05—0,09	29	15	23	28
0,10—0,14	23	21	21	28
0,15—0,19	14	25	17	19
0,20—0,24	12	7	17	12
0,25—0,29	6	13	7	3
0,30—0,34	1	5	5	2
0,35—0,39	2	5	2	
0,40—0,44	1	6	2	2
0,45—0,49		1	2	1
0,50—0,54	4		2	1
0,55—0,59		2		
0,60—0,64	1			
0,65—0,69		1		
0,70—0,74	1			1
0,75—0,79				2
0,80—0,84		2		
1,00—1,39	1	3	2	1
1,64	1			
8,46				1[1]
Insgesamt	113[2]	122	113[2]	122
Mittel	0,177	0,222	0,189	0,157[1]
Wahrscheinlicher Fehler des Mittels	± 0,013	± 0,013	± 0,012	± 0,010
Normale Abweichung	± 0,212	± 0,211	± 0,192	± 0,166

irgendeine andere Quelle der Bleiaufnahme vorhanden war. Das Trinkwasser mit seinem Bleigehalt von 0,02 mg je Liter macht für einen Zeitraum von 4 Monaten allein 3,0—3,5 mg aus. Wenn diese Menge zu der in der Nahrung gefundenen hinzugezählt wird, wird die Bedeutung des Unterschieds zwischen der Gesamtmenge an aufgenommenem und (mit den Fäkalien und dem Urin) ausgeschiedenem Blei zweifelhaft. Der größte Unterschied wurde bei C. M. H. während seiner Tankwartzeit beobachtet, wo die Gesamtbleiausscheidung die Gesamtbleiaufnahme um 8,0 mg überschritt; da aber bei der gleichen Versuchsperson ein entsprechender Unterschied von 6,0 mg auch während der Kontrollzeit bestand, kann dieser Ausscheidungsüberschuß nicht einer beruflichen Ursache zugeschrieben werden.

Durch eine statistische Auswertung der Befunde wurde weitere Aufklärung bezüglich des Verhältnisses zwischen Bleigehalt in der Nahrung und in den Fäkalien gesucht. Tabelle 2 stellt die Häufigkeitsverteilung der analytisch ermittelten Bleigehalte der 24-Stunden-Nahrungsproben für die beiden Versuchspersonen dar, in Verbindung mit den errechneten Mittelwerten, ihren wahrscheinlichen Fehlergrenzen und ihren normalen Abweichungen. Diese Aufteilung der Befunde zeigt sowohl hinsichtlich der beiden Personen als auch der beiden Untersuchungsperioden enge Übereinstimmung, und die Mittelwerte weichen nicht erheblich

---

[1] Bei Berechnung des Mittels fortgelassen (8,46 mg).

[2] Proben während 14 Tagen als einzelne Nahrungsmittel gesammelt (s. S. 2).

Tabelle 3. Aufteilung der täglichen Fäkalienproben nach Bleigehalt bei den Versuchspersonen vor und während eines Ausgesetztseins gegen Bleibenzin als Tankwarte.

mg Blei	Versuchsperson C. M. H.		Versuchsperson J. M. McS.	
	Kontrollzeit	Beschäftigungszeit	Kontrollzeit	Beschäftigungszeit
0,00—0,07	21 (4)[1]	27 (18)[1]	38 (16)[1]	38 (24)[1]
0,08—0,15	30	5	19	31
0,16—0,23	28	19	28	21
0,24—0,31	20	21	15	12
0,32—0,39	13	19	4	7
0,40—0,47	5	9	9	4
0,48—0,55	7	5	8	2
0,56—0,63	1	5	1	4
0,64—0,71	1	5	1	1
0,72—0,79		1	2	
0,80—0,87		3		1
0,88—0,95			1	
0,96—1,03		1	1	
1,04—1,11		1		1
2,10	1			
2,18		1		
Insgesamt	127	122	127	122
Mittel	0,233	0,314[2]	0,220	0,185[2]
Wahrscheinlicher Fehler des Mittels	± 0,013	± 0,017	± 0,012	± 0,011
Normale Abweichung	± 0,220	± 0,284	± 0,194	± 0,184

voneinander ab. (Die Resultate bei C. M. H. während der Zeit seiner Tätigkeit als Tankwart wiesen eine etwas abweichende Verteilung und einen verhältnismäßig hohen Mittelwert auf.) Es erhellt daraus, daß die Unterschiede im Gesamtbleigehalt in der Nahrung, wie sie aus Abb. 2, 3, 4 und 5 hervorgehen, sich innerhalb der Grenzen normaler oder zufälliger Abweichungen halten.

Tabelle 3 zeigt die Ergebnisse einer ebensolchen Anordnung der bei den Fäkalienproben erzielten Befunde. Auch hier verteilen sich die einzelnen Werte in den verschiedenen Spalten mit Ausnahme der Tankwartzeit bei C. M. H. in ähnlicher Weise, und die Mittelwerte stimmen mit dieser einen Ausnahme eng überein, nicht nur untereinander, sondern auch mit denjenigen der Nahrung. Andererseits wird hier das einheitliche Abweichen voneinander im gleichen Sinne deutlich offenbar, d. h. die tägliche mittlere Faecesbleiausscheidung übersteigt stets in geringem Maße den täglichen mittleren Bleigehalt in der Nahrung. Diese Spanne ist nur in einem Falle, nämlich 0,092 ± 0,021 in der Beschäftigungszeit bei C. M. H.[3], von statistisch bedeutsamem Ausmaß. Wenn eine tägliche Blei-

---

[1] Die eingeklammerten Zahlen bezeichnen Tage, an denen keine Entleerung stattfand. Sie sind in der Gesamtzahl der täglichen Proben einbegriffen und als Leerresultate betrachtet. Siehe Fußnote 3. — [2] Errechnet aus einer abweichenden Aufteilung der Befunde.

[3] Infolge der verhältnismäßig hohen Zahl von Tagen, an denen keine Entleerung stattfand, ist die Verteilung der 24-Stunden-Resultate bei C. M. H. in Tabelle 3 etwas entstellt. Um den Einfluß dieser Verschiebung zu bestimmen, wurden die Werte für Nahrung und Fäkalien für den ganzen Zeitraum auf die Grundlage von 48 Stunden umgerechnet. Die mittlere 48-Stunden-Aufnahme an Blei mit der Nahrung betrug alsdann 0,44 ± 0,026, und die mittlere 48-Stunden-Faecesbleiausscheidung 0,57 ± 0,034. Der Unterschied von 0,13 ± 0,012 ist statistisch ohne Bedeutung.

Tabelle 4. Aufteilung von 48- und 72-Stunden-Urinproben nach Bleigehalt bei den Versuchspersonen vor und während eines Ausgesetztseins gegen Bleibenzin als Tankwarte.

mg Blei	Versuchsperson C. M. H.				Versuchsperson J. M. McS.			
	Kontrollzeit		Beschäftigungszeit		Kontrollzeit		Beschäftigungszeit	
	48 Std.	72 Std.	48 Std.	72 Std.	48 Std.	72 Std.	48 Std.	72 Std.
0,00—0,02	16	7	10	2	5	1	9	3
0,03—0,05	3	2	8	2	9	4	10	3
0,06—0,08	6	1	3	6	18	4	12	6
0,09—0,11	10	4	11	7	2	3	3	
0,12—0,14	1	2	2	1	2	2		6
0,15—0,18		2				4		
Insgesamt	36	18	34	18	36	18	34	18
Mittel	0,053[1]	0,071[1]	0,061[1]	0,079[1]	0,064[1]	0,097[1]	0,051[1]	0,081[1]
Wahrscheinlicher Fehler des Mittels	±0,005	±0,009	±0,004	±0,006	±0,004	±0,008	±0,003	±0,006
Normale Abweichung	±0,044	±0,055	±0,039	±0,033	±0,032	±0,051	±0,029	±0,041
Durchschnitt für 24 Stunden	0,025		0,028		0,032		0,026	

Tabelle 5. Aufteilung von Urinproben nach Milligramm Blei je Liter bei den Versuchspersonen vor und während eines Ausgesetztseins gegen Bleibenzin als Tankwarte.

mg Blei im Liter Urin	Versuchsperson C. M. H.		Versuchsperson J. M. McS.	
	Kontrollzeit	Beschäftigungszeit	Kontrollzeit	Beschäftigungszeit
0,00—0,01	33	17	19	23
0,02—0,03	11	21	30	26
0,04—0,05	9	12	4	3
0,06—0,07	1	2	1	
Insgesamt	54	52	54	52
Mittel	0,022[1]	0,029	0,026[1]	0,022[1]
Wahrscheinlicher Fehler des Mittels	± 0,001	± 0,002	± 0,001	± 0,001
Normale Abweichung	± 0,015	± 0,017	± 0,012	± 0,011

aufnahme von 0,02—0,03 mg durch das Wasser berücksichtigt wird, so ergibt sich aus der Statistik kein hinreichender Grund, in den Mittelwerten der täglichen fäkalen Bleiausscheidung einer jeden der Versuchspersonen und ihrer täglichen Bleiaufnahme durch Nahrung und Getränke einen Unterschied zu sehen. Andererseits fand unzweifelhaft eine Resorption von Blei im Verdauungstrakt statt; der Bleigehalt in den Fäkalien müßte daher geringer sein als das aufgenommene Blei, sofern nicht ein gleichwertiger Gegenstrom von Bleiabsonderung aus dem Verdauungstrakt eingesetzt hat. Es besteht Grund anzunehmen, daß der geringe

---

[1] Errechnet auf Grund einer weitergehenden Unterteilung der Befunde.

Überschuß an Faecesblei gegenüber dem aufgenommenen Blei physiologisch von Bedeutung ist, trotz seines zweifelhaften statistischen Wertes, und diese Annahme wird bekräftigt durch die Gleichförmigkeit, mit der ein solcher Überschuß auftrat. Die Tatsache, daß diese Wechselbeziehung auch während der Kontrollzeit bestand, legt jedoch nahe, bestimmte besondersartige Arbeitsverhältnisse als Veranlassung auszuschalten.

Was die Urinbefunde anbelangt, so verdient die Wirkung der Wasserausscheidung auf die Bleiabsonderung und auf die Bleikonzentration im Urin besondere Beachtung, ein Umstand, der die Auswertung der nachstehenden Beobachtungen beeinflussen wird. In Abb. 2 und 4 ist ein Zeitabschnitt verzeichnet, in welchem im Rahmen des darin wiedergegebenen Versuches eine übermäßige Wasseraufnahme und Ausscheidung herbeigeführt worden war, um das unverhältnismäßig niedrig bleibende Ansteigen der Gesamtausscheidung von Blei zu beleuchten, das sich aus einem erhöhten Urinvolumen und demzufolge einer Abnahme des Bleigehaltes im Urin ergibt. Ein Überblick über die gesamten Urinaufzeichnungen für die beiden Versuchspersonen jedoch zeigt keinen erheblichen Unterschied zwischen der Kontroll- und der Beschäftigungszeit. Bei der einen Versuchsperson, C. M. H., ergab sich während der letzteren eine geringe Zunahme der gesamten Urinbleiausscheidung, während die andere, J. M. McS., eine Abnahme in ungefähr gleichem Maße aufwies. In keinem Falle jedoch ist eine fortschreitende Veränderung nachweisbar. Offensichtlich sind beide Ergebnisreihen für in normalen Grenzen verbleibende Schwankungen kennzeichnend. Diese vorweggenommene Schlußfolgerung wurde durch eine statistische Auswertung der analytischen Befunde bekräftigt.

Tabelle 4 zeigt eine Anordnung der Urinproben nach der Häufigkeit der verschiedenen analytischen Ergebnisse der Bleiausscheidung für 48 und 72 Stunden. Aus den Befunden und den Mittelwerten ergeben sich bei dieser Aufteilung keine statistisch bedeutungsvollen Unterschiede für die Zeit der Beschäftigung und der Laboratoriumsbeobachtung. Bei der einen Versuchsperson, C. M. H., war die tägliche Urinbleiausscheidung während der Zeit ihrer Tätigkeit als Tankwart um ein Geringes stärker, während bei J. M. McS. ein etwas größerer, aber statistisch unbedeutender Unterschied in entgegengesetztem Sinne auftrat. Ähnliche Beziehungen weisen die mittleren Bleiwerte in Milligramm je Liter bei den betreffenden Versuchspersonen auf (Tabelle 5).

Der Unterschied von 0,007 ± 0,002 zwischen dem Mittel für die Tankwart- und die Kontrollperiode bei C. M. H. liegt innerhalb der allgemein üblichen Streuungsgrenze. Etwas muß auch der Einfluß des warmen Wetters auf das Verdampfen von Urin berücksichtigt werden, wie spätere Angaben zeigen werden. Es ergibt sich also bei keiner der Versuchspersonen ein gültiger Beweis für eine bedeutsame Veränderung in der Urinbleiausscheidung während ihrer Tätigkeit als Tankwarte.

Die chemischen Analysen von 50 ccm Blutproben ergaben keine aufschlußreichen Befunde. Die meisten Proben zeigten Spuren von Blei, die gerade unter dem Bereich der quantitativen Genauigkeit der analytischen Methode lagen. Offensichtlich war eine empfindlichere Methode notwendig, um bei solchen Blutmengen befriedigende Resultate zu erzielen. Später soll auf Ergebnisse eingegangen werden, die bei dem Blut anderer Versuchspersonen durch eine spektrographische Analysenmethode erhalten wurden.

Analytische Ergebnisse bei Tankwarten nach Beendigung eines längeren Ausgesetztseins.

Die täglichen Befunde bei den Versuchspersonen H. G. R. und J. A. B. werden in Abb. 6 und 7 veranschaulicht. Anzeichen, daß die anfängliche Bleiausscheidung

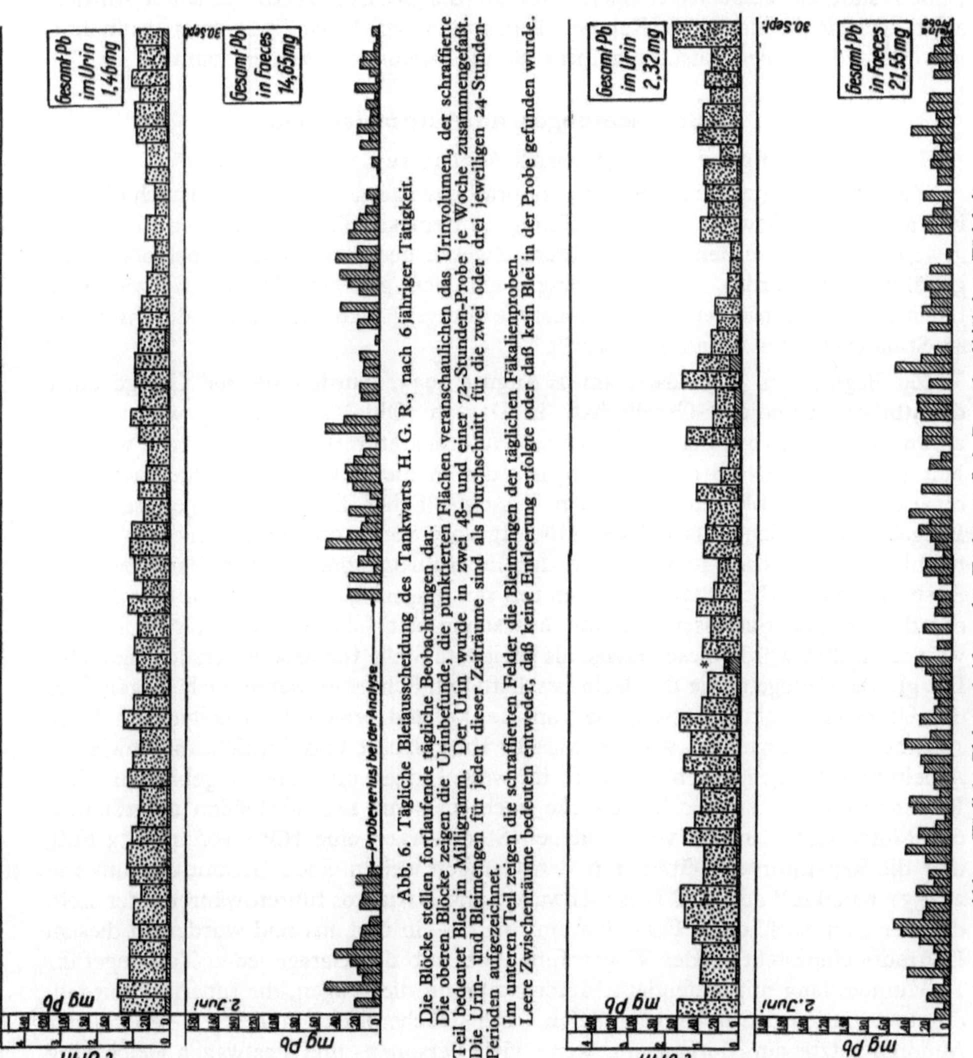

Abb. 6. Tägliche Bleiausscheidung des Tankwarts H. G. R., nach 6 jähriger Tätigkeit.

Die Blöcke stellen fortlaufende tägliche Beobachtungen dar.
Die oberen Blöcke zeigen die Urinbefunde, die punktierten Flächen veranschaulichen das Urinvolumen, der schraffierte Teil bedeutet Blei in Milligramm. Der Urin wurde in zwei 48- und einer 72-Stunden-Probe je Woche zusammengefaßt.
Die Urin- und Bleimengen für jeden dieser Zeiträume sind als Durchschnitt für die zwei oder drei jeweiligen 24-Stunden-Perioden aufgezeichnet.
Im unteren Teil zeigen die schraffierten Felder die Bleimengen der täglichen Fäkalienproben.
Leere Zwischenräume bedeuten entweder, daß keine Entleerung erfolgte oder daß kein Blei in der Probe gefunden wurde.

Abb. 7. Tägliche Bleiausscheidung des Tankwarts J. A. B. nach 3½jähriger Tätigkeit.
Fortlaufende Beobachtungen wie in Abb. 6.
Das Sternchen bezeichnet ein Resultat, das einer zufälligen Verunreinigung der Probe zuzuschreiben ist.

in den Fäkalien wie im Urin anormal gewesen ist, sind nicht vorhanden, auch zeigt sich in der Folge keine Abnahme des Ausscheidungsgrades. Eine Erklärung für das schwache Ausmaß an Blei im Urin bei H. G. R. wird sich aus späteren Beobachtungen ergeben. An dieser Stelle soll lediglich auf die volumenmäßig geringe Urinausscheidung aufmerksam gemacht werden.

Eine statistische Auswertung der Faeces- und Urinbefunde, die wie in Tabelle 3, 4 und 5 vorgenommen wurde, ergab bei der Versuchsperson H. G. R. für die

Fäkalien Mittelwerte von 0,173 ± 0,010 mg Blei je 24 Stunden, für Urin 0,014 mg Blei je 24 Stunden und 0,015 ± 0,001 mg Blei für den Liter Urin; die entsprechenden Mittelwerte für J. A. B. betrugen 0,190 ± 0,008, 0,020 und 0,020 ± 0,002 (vgl. Tabelle 8). Ein Vergleich dieser Werte mit denjenigen, die bei den beiden anderen Versuchspersonen während der Kontrollzeit erhalten wurden, zeigt, daß sie im normalen Rahmen liegen und daß keine Spur einer Aufnahme von Blei infolge der Ausübung ihres Berufes gefunden werden kann [1].

2. Beobachtungen an Autoschlossern.

Untersuchungsgrundlagen und Methoden.

Zwei junge Leute, die nie Autoreparaturarbeiten ausgeführt und sich auch niemals in irgendeinem Gewerbe betätigt hatten, in dem sie Bleiverbindungen ausgesetzt gewesen waren, wurden als für unsere Zwecke geeignete Versuchspersonen ausgewählt. Sie wurden 4 Monate lang nach den gleichen Methoden, wie oben beschrieben, beobachtet, mit Ausnahme dessen, daß ihr Urin durchweg in 48-Stunden-Proben gesammelt wurde [2].

Zu Beginn des 5. Monats, am 1. August 1933, wurden sie der Garage einer öffentlichen Autodienst-Gesellschaft in Dayton (Ohio) zugewiesen, wo sie nach anfänglicher Einarbeitung mit laufenden Autoreparaturarbeiten beschäftigt wurden. Seit Juli 1923 war bei dem Wagenpark, der in dieser Garage untergebracht und repariert wurde, bleihaltiges Benzin ausschließlicher Betriebsstoff gewesen; der Bleigehalt hielt sich stets auf der Höchstgrenze von 3 ccm je Gallone. Die Verhältnisse, unter denen in bezug auf das Inberührungkommen mit Bleibenzin und Auspuffgasen gearbeitet wurde, waren uns seit langem gut bekannt und eine Anzahl der dort tätigen Schlosser war von uns schon seit Jahren wiederholt beobachtet worden. Daher wurde diese Garage als geeignete Stelle für unsere Versuche gewählt. Die gleiche Garage sowie die darin beschäftigten Schlosser waren auch Gegenstand der Untersuchungen gewesen, die von Leake und seinen Mitarbeitern im Jahre 1925/26 (3) durchgeführt worden waren. Ihre Bauart und Einrichtung sowie die Arbeitsbedingungen waren seit 1923 im wesentlichen unverändert geblieben. Das Backsteingebäude ist vier Stockwerke hoch und mit Betonfußböden ausgestattet; die Räume haben in den verschiedenen Stockwerken eine Höhe von 12—13 Fuß, und die Reparaturwerkstätten mit den Garagen weisen einen Gesamtluftraum von 273531 Kubikfuß auf. 148 Personenwagen und Lastautos fuhren während der Zeit, die hier hauptsächlich in Frage kommt, täglich ein und aus und wurden in diesem Luftraum eingestellt. Jeder Wagen fuhr innerhalb der Garage jeden Tag ungefähr 10 Minuten lang mit laufendem Motor, während die Wagen, die repariert wurden, durchschnittlich 1 Stunde lang liefen. Der Höchstpunkt in Betrieb befindlicher Motoren setzte am Morgen ein, wenn viele Personen- und Lastwagen gleichzeitig herausfuhren; diese morgendliche Ausfahrt rief infolge der zusammengedrängten Zeit eine besonders hohe Anreicherung an Auspuff in und um den Aufzugschacht hervor, der zur Beförderung der Wagen in das Erdgeschoß benutzt wurde. Die Gase breiteten sich aber auch im Erdgeschoß aus, durch das die Wagen sich hindurchbewegten, wenn sie zum Ausfahrttor fuhren. Während des Tages kehrten Wagen von Zeit zu Zeit zurück, am größten aber war das Zurückfluten am Abend. Die

---

[1] Für J. A. B. vgl. III A, S. 2 u. 3.
[2] Vgl. I B, S. 1 f.

Durchlüftung war entsprechend der Jahreszeit verschieden; sie hing davon ab, wieweit in den verschiedenen Stockwerken die Fenster und im Erdgeschoß die beiden Türen geöffnet wurden. (Die Versuchspersonen arbeiteten in der Garage vom 1. August 1933 bis zum 1. Januar 1934. Während der letzten $2^1/_2$ Monate ihrer dortigen Tätigkeit waren die Fenster selten offen, und die Türen wurden nur beim Ein- und Ausfahren geöffnet.) Die Wagen wurden im 1. und 2. Stockwerk repariert und im 1. Stockwerk abgeschmiert; Betriebstoff wurde innerhalb der Garage durch einen fahrbaren Füllbehälter ausgegeben, der an jede Stelle der Garage verbracht werden konnte, nachdem er seinerseits an einer ortfesten Zapfstelle innerhalb des Gebäudes im ersten Stock gefüllt worden war. Der Fußboden der Garage wurde fünfmal in der Woche mit petroleumgetränkten Sägespänen gefegt, während der Raum um die Abschmierhebebühnen herum außerdem ungefähr alle 3 Monate mit einem Lösungsmittel gereinigt wurde, um das Fett zu entfernen.

Es wurden alle Arten von Autoreparaturen ausgeführt, und die Schlosser, die den gesamten Wagenpark instandhielten, arbeiteten in Tag- und Nachtschicht. Neu eintretende Leute (unsere Versuchspersonen) wurden zu Arbeiten verschiedenster Art herangezogen, so schnell dies ihre Geschicklichkeit zuließ. Ein Bericht des Betriebsleiters über den Bereich ihrer Tätigkeit besagt, daß ungefähr 80% ihrer Zeit mit Arbeiten wie Verbringen der Wagen an Ort und Stelle, Zusammensuchen von Einzelteilen, Nachfüllen von Benzin ausgefüllt wurde, sowie mit allgemeinen Arbeiten, wie sie von ungelernten Personen verrichtet werden, während der Rest mit eigentlicher Reparaturarbeit verging. Sie verbrachten ihre 9 stündige Arbeitszeit innerhalb der Garage, zum großen Teil in den Reparaturräumen des 1. und 2. Stockes.

Der Fußbodenkehricht wurde von Zeit zu Zeit auf Blei untersucht. Tabelle 6 zeigt die Ergebnisse der Analyse von typischen Proben, die am 5. August 1933 genommen wurden.

Tabelle 6. Der Bleigehalt im Fußbodenkehricht der Versuchsgarage.

Herkunft der Probe	Gefegte Bodenfläche Quadratfuß	Gewicht der Probe g	Bleigehalt als PbO %	Blei je Quadratfuß mg
Innerhalb der Einfahrt	44	36	1,23	9,35
Reparaturraum 1. Stock	60	45	1,25	8,70
Reparaturraum 2. Stock	80	45	1,30	6,77

Was die Befunde anbetrifft, so muß darauf hingewiesen werden, daß Bleistaub in Garagen verschiedene Ursachen haben kann und nicht ausschließlich auf die Verwendung von bleihaltigem Benzin zurückzuführen ist (3, 4). Die Resultate werden daher nur als ein einseitiges und unvollkommenes Hilfsmittel angeführt, das allgemeine Ausmaß des Ausgesetztseins gegen Blei in dieser besonderen Garage darzustellen, ohne näheren Hinweis auf die im einzelnen dazu beitragenden Faktoren.

Während des ersten Abschnitts der Beobachtung der beiden Versuchspersonen wurde in der Luft der Garage fein verteiltes Blei aufgefangen, und zwar nach folgender Methode: Die Luft wurde mit einer Geschwindigkeit von 5 Litern je Minute durch ein Wattefilter und zwei hintereinandergeschaltete Waschflaschen mit Sinterglas-Gasverteilern gesaugt, von denen die erste mit konzentrierter Schwefelsäure und die zweite mit Salpetersäure (1 : 4) gefüllt war. Der gesamte Bleigehalt des Filters und der Waschsäuren bei den jeweiligen Bestimmungen ist aus Tabelle 7 ersichtlich.

Tabelle 7. Die Ergebnisse der Bleianalysen der Luft der Versuchsgarage.

Tag der Probenahme	Ort der Probenahme	Zeit der Entnahme	Volumen der Probe Liter	mg Blei gefunden[1]	mg Blei/cbm
4. Aug. 1933	Reparaturraum 1. Stock	9^{55} bis 15^{55} Uhr	1800	0,11	0,06
10. ,, 1933	,, 1. ,,	17^{00} ,, 23^{00} ,,	1800	0,09	0,05
10. ,, 1933	,, 2. ,,	6^{00}[2] ,, 12^{00} ,,	1800	0,07	0,04
31. ,, 1933	,, 1. ,,	17^{00} ,, 21^{00} ,,	1000	0,03	0,03
1. Sept. 1933	Am Fahrstuhl 2. Stock	7^{00} ,, 8^{40}[3] ,,	500	0,07	0,14
Blindwertprüfung gleicher Mengen der verwendeten Reagenzien				0,00	

Das in bestimmten Luftproben gefundene Blei kann, wenn man den jeweiligen Zeitpunkt der Probenahme berücksichtigt, sehr wohl als in der Hauptsache von den Abgasen der Wagen herrührend angesehen werden. Die Befunde lassen erkennen, daß die in der Luft schwebende Bleimenge während des Hauptansturms der Wagen zeitweilig erhöht wurde, worauf sie dann auf einen deutlich niedrigeren Stand herabsank.

Doppel der 24-Stunden-Proben der Nahrung, der 24-Stunden-Proben von Fäkalien und 48-Stunden-Proben von Urin wurden von jeder Versuchsperson während der Zeit ihrer Beschäftigung gesammelt und am Ende einer jeden Woche im Laboratorium abgeliefert, zu welchem Zeitpunkt auch eine Blutprobe (50 ccm) genommen und das Blutbild, wie weiter oben beschrieben, untersucht wurde. (Unter den gegebenen Umständen wurden Blutausstriche zur Zählung der Basophilen nur einmal in der Woche gemacht.) Diese Beobachtungen erstreckten sich auf 5 Monate, von denen ein erheblicher Teil in die kalte Jahreszeit fiel, so daß die Bleieinwirkung infolge der verringerten natürlichen Durchlüftung der Garage ein Höchstmaß erreichte.

Umfangreiche Proben von Trinkwasser aus den Wohnstätten der Versuchspersonen und aus der Garage wurden beschafft, um auch diese Bleiquelle zu prüfen. Der Bleigehalt belief sich auf 0,02—0,05 mg je Liter.

Um Einwirkungen festzustellen, die sich aus einer weit längeren Zeit als der für unsere unmittelbaren Beobachtungen zur Verfügung stehenden ergaben, wurden auch hier zwei Schlosser, die schon lange in der Garage beschäftigt gewesen waren, vorübergehend ihrer Tätigkeit enthoben und im Laboratorium unter Beobachtung gestellt. Der eine von ihnen (W. B.) war nicht nur während der ganzen Zeit beschäftigt gewesen, in der bleihaltiges Benzin zur Verwendung kam, sondern er war zu einer früheren Zeit (1923/24) auch mit konzentriertem Ethyl-Fluid in Berührung gekommen. Er war seit einer Reihe von Jahren Vorarbeiter bei Reparaturarbeiten und in den vorangegangenen 8 Monaten 9 Stunden täglich hauptsächlich mit Arbeiten an Zündvorrichtungen und Vergasern beschäftigt gewesen. W. B. war Auspuffgasen so stark ausgesetzt, daß er von Zeit zu Zeit am späten Nachmittag Kopfschmerzen bekam; weniger häufig litt er an Benommenheit. Bewußtlos war er nie geworden, auch niemals der Arbeit einer beruflichen Erkrankung wegen fern geblieben. Er verbrachte die Monate September und Oktober 1933 im Laboratorium.

Der andere Schlosser (A. M.) war seit Anfang 1926 beschäftigt gewesen, im ersten Jahr als Fahrer und Wagenschmierer und während der ersten Hälfte 1930 in der

---

[1] Spektrographisch bestimmt, mit einer Höchstfehlergrenze von ± 0,02 mg. Die Gesamtbleimenge in den Proben lag so nahe an der unteren Grenze der Empfindlichkeit der chemischen Methode, daß deren Ergebnisse unbefriedigend waren.

[2] Umfaßt die Zeit der Ausfahrt der Wagen.

[3] Während der Abfahrt von 47 Wagen, die mit laufendem Motor auf den Aufzug warteten.

Werkstatt mit Lackieren und Polieren von Autos. (Dies wurde erst nach Beginn der Beobachtung festgestellt, da die Versuchsperson es zu erwähnen unterlassen hatte, und es war nicht mehr möglich gewesen, den Bleigehalt der während dieser Zeit verwendeten Lackfarben festzustellen.) Die übrige Zeit hatte er als Arbeiter mit allgemeinen Reparaturen zugebracht, 9 Stunden täglich bis Oktober 1933, dann 8 Stunden täglich bis zum 16. Januar 1934, wo er für 2 Monate ins Laboratorium kam.

Analytische Methoden.

Die mit den von uns angewandten chemisch-analytischen Methoden verbundenen Bleiverluste hatten bekanntermaßen die Größenordnung von selten weniger als 0,05 mg und manchmal auch 0,09 mg je Probe, so daß diese Verfahren sich nicht besonders gut für die Verarbeitung kleiner biologischer Proben eigneten. Wir begannen daher im Jahre 1933 eine spektrographische Analysenmethode zu entwickeln und zu normen, die genaue Resultate ergibt, auch wenn sie auf kleinste Bleimengen angewandt wird. Die Einzelheiten, die Grenzen der Empfindlichkeit sowie die Genauigkeit der ursprünglichen und einer verbesserten Methode sind an anderer Stelle beschrieben worden (5, 6). Einige Reihen von Proben, die im Verlaufe dieser Untersuchungen entnommen wurden, wurden gleichzeitig auf chemischem wie auf spektrographischem Wege analysiert. Da die Genauigkeit der von uns verwandten chemischen Methoden in Zweifel gezogen wurde (7) und die Eignung der verschiedenen chemischen Methoden zur Bestimmung kleinster Bleimengen in biologischen Stoffen überhaupt in letzter Zeit mehrfach Gegenstand von Erörterungen war (8, 9, 10, 11), ist es angebracht, daß wir auf den Vorteil einer doppelten Prüfung der Proben nach zwei auf ganz verschiedenen Grundlagen beruhenden Analysenmethoden aufmerksam machen. Es liegt auf der Hand, daß durch einen Vergleich dieser parallel laufenden Befunde nicht nur ihre eigene Gültigkeit, sondern auch die der früher durch die chemische Methode allein erhaltenen Resultate nachgeprüft wird.

Nichtspezifische klinische Aufschlüsse.

Körperliche Untersuchungen der Versuchspersonen vor, während und nach der Zeit ihrer Beschäftigung ergaben hinsichtlich Anzeichen von Bleiaufnahme vollkommen negative Befunde. Der Autoschlosser W. B., der 10 Jahre lang der Möglichkeit einer Gefährdung durch Bleibenzin ausgesetzt gewesen war, befand sich in ausgezeichneter körperlicher Verfassung und in sichtlich guter Gesundheit mit Ausnahme von Folgeerscheinungen vernachlässigter Mundpflege. Da er seit einiger Zeit ohne zahnärztliche Pflege gewesen war, wurde er angehalten, die Mußezeit, die mit seinem Aufenthalt im Laboratorium verbunden war, auszunutzen, um diese Behandlung vornehmen zu lassen, trotz der Möglichkeit, daß die Befunde unseres Versuchs (besonders im Blutbild) in gewissem Grade durch das Ziehen einiger Zähne beeinflußt werden konnten. Sein Arbeitskamerad, der Autoschlosser A. M., befand sich in normalem gesundheitlichem Zustand mit Ausnahme einer gewöhnlichen Erkältung, die während der ersten paar Tage der Beobachtung anhielt, und einer Pyorrhöe mäßigen Grades mit Karies bei zwei Backenzähnen.

Einige bestimmte Blutbefunde bei den vier Versuchspersonen sind wie früher bei den Tankwarten in Abb. 8 veranschaulicht. Sie zeigen keinen besonderen Verlauf und keine bedeutsamen Merkmale.

Analytische Ergebnisse bei den neu eingestellten Autoschlossern.

Die graphischen Aufzeichnungen der analytischen Resultate bei den Versuchspersonen L. S. und E. C. während der Beobachtungszeit im Laboratorium sind aus

Abb. 9 und 11 ersichtlich. Sie zeigen die gleichen charakteristischen Merkmale wie die früheren Aufzeichnungen über die Tankwarte. Mehrere Blutproben, die von jeder der Versuchspersonen entnommen wurden, wiesen nach chemischer Analyse nur Spuren von Blei auf. Die Befunde wurden in die graphischen Darstellungen nicht eingetragen, da sie mengenmäßig nicht von Bedeutung waren.

Die während der Beschäftigungszeit erhaltenen Werte sind in Abb. 10 und 12 graphisch dargestellt. Die Beobachtungen erstreckten sich über eine längere Dauer als diejenigen in Abb. 9 und 11; daher sind die Gesamtzahlen für das Blei im Urin, in der Nahrung und in den Fäkalien für 2 Monate, 4 Monate und die Restzeit

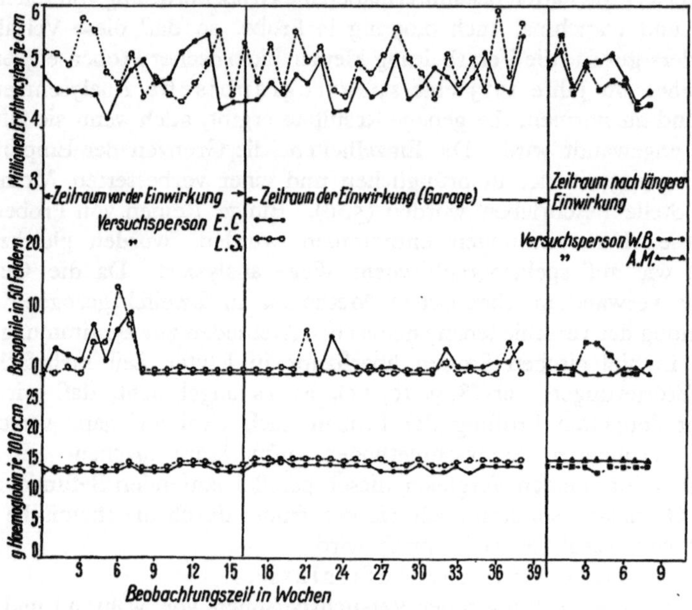

Abb. 8. Erythrocyten, basophile Erythrocyten und Hämoglobin in Wochen. Versuchsperson E. C. und L. S. vor und während kurzer Beschäftigungszeit als Autoschlosser. Versuchsperson W. B. und A. M. nach längerer Beschäftigung als Autoschlosser.

zusammengefaßt, wobei die Werte für den Zeitraum von 4 Monaten mit den entsprechenden Gesamtzahlen in Abb. 9 und 11 unmittelbar vergleichbar sind, mit dem Ergebnis, daß bei Nahrung und Faeces während der zwei Zeitabschnitte jeweils bei den Versuchspersonen kein bedeutender Unterschied besteht. Das Fehlen einer nachweisbaren Zunahme der Faecesbleiausscheidung ist sicherlich auffällig. Wir haben gezeigt, daß Arbeiter, die in gefährdenden Bleibetrieben fein verteilte Bleiverbindungen einatmen, in ihren Fäkalien Bleimengen aufweisen, die aus den oberen Atmungsorganen stammen und die je nach dem Ausmaß der Verunreinigung der eingeatmeten Luft (12) verschieden sind. Bei unseren Versuchspersonen waren die Bleimengen, die ihren Weg aus dem oberen Atmungstrakt in den Darm fanden, zu gering, um eine erkennbare Veränderung in der fäkalen Bleiausscheidung hervorzurufen. Die eingeatmete Luft war offenbar nur wenig mit Blei verunreinigt, oder dieses wurde, soweit vorhanden, von den Schleimhäuten der Atmungsorgane in einer außergewöhnlichen Weise verarbeitet. Es besteht Grund, zu vermuten, daß die Erklärung für die Stetigkeit der analytischen Faecesergebnisse außer in dem niedrigen Bleigehalt der Luft in den physikalischen Eigenschaften der Bleiteilchen liegt. Die Beobachtungen von Sayers (13) an Personen, die feinverteiltes Blei

aus den Abgasen eines mit bleihaltigem Kraftstoff betriebenen Motors einatmeten,
ergaben, daß nur ein kleiner Teil des Bleis innerhalb der Atmungsorgane zurückgehalten wurde. Die Teilchen verhielten sich, wahrscheinlich infolge ihrer außer-
ordentlichen Feinheit, im wesentlichen wie ein Gas und erschienen in der ausgeatmeten Luft wieder. Es kann daher unter den Arbeitsverhältnissen, denen unsere Versuchspersonen ausgesetzt waren, auch kaum erwartet werden, daß in ihren Atmungsorganen Bleimengen abgelagert wurden, die in der fäkalen Ausscheidung eine meßbare Veränderung hervorriefen. Mit einem Zurückhalten von Blei könnte, wenn es überhaupt stattfindet, nur in der Lunge gerechnet werden, wo es resorbiert und sich durch eine Zunahme des Bleigehaltes im Blut und im Urin bemerkbar machen würde.

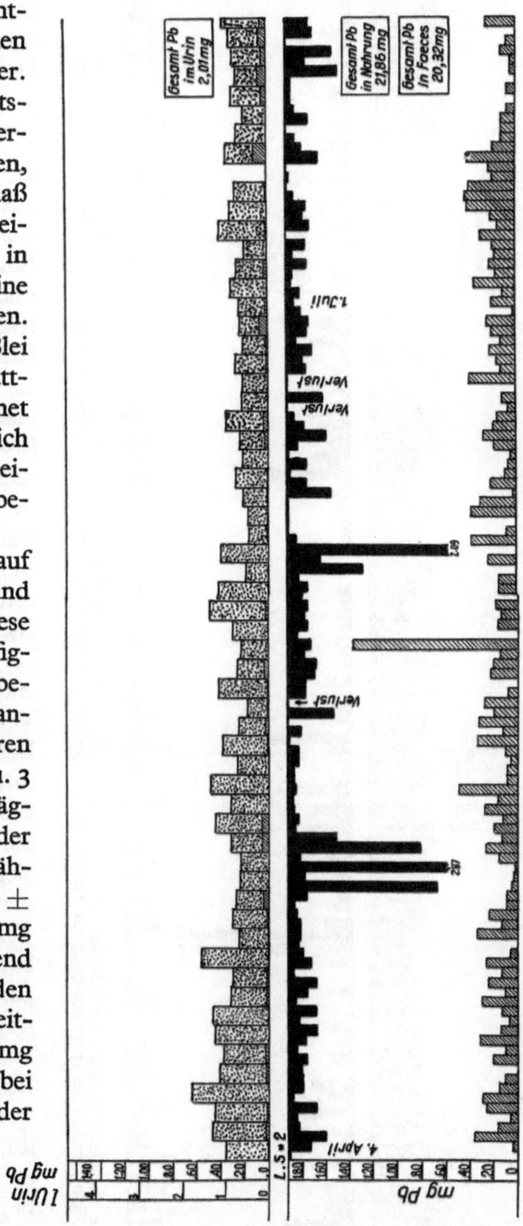

Wir beschränken uns hier auf die Befunde in der Nahrung und den Fäkalien und werten diese aus, indem wir sie nach der Häufigkeit ihres Vorkommens in der betreffenden Untersuchungszeit anordnen, wie dies für die anderen Versuchspersonen in Tabelle 2 u. 3 geschehen ist. Der mittlere tägliche Bleigehalt in der Nahrung der Versuchsperson L. S. betrug während der Kontrollzeit 0,196 ± 0,022 mg und 0,166 ± 0,008 mg in der Beschäftigungszeit, während ihre mittlere Ausscheidung in den Faeces für die entsprechenden Zeiträume sich auf 0,178 ± 0,010 mg bzw. 0,178 ± 0,007 mg belief; bei E. C. betrugen diese Werte in der gleichen Folge angeordnet: 0,203 ± 0,033, 0,185 ± 0,018, 0,162 ± 0,010 u. 0,218 ± 0,011 (s. Tabelle 8).

Beim Vergleich der Mittelwerte für die Nahrung und für die Fäkalien sowie ihrer Häufigkeit ohne Rücksicht auf Versuchsperson oder Zeitabschnitt und andererseits unter Berücksichtigung der einzelnen Versuchspersonen und des entsprechenden Zeitraums waren keine bedeutenden statistischen Unterschiede zu bemerken, und von irgendwelcher beruflicher Bleigefährdung wurde keinerlei

Abb. 9. Tägliche Bleiaufnahme und Ausscheidung der Versuchsperson L. S. während der Kontrollzeit. (Siehe Erklärung Abb. 2.) Die Blöcke stellen fortlaufende Beobachtungen dar.

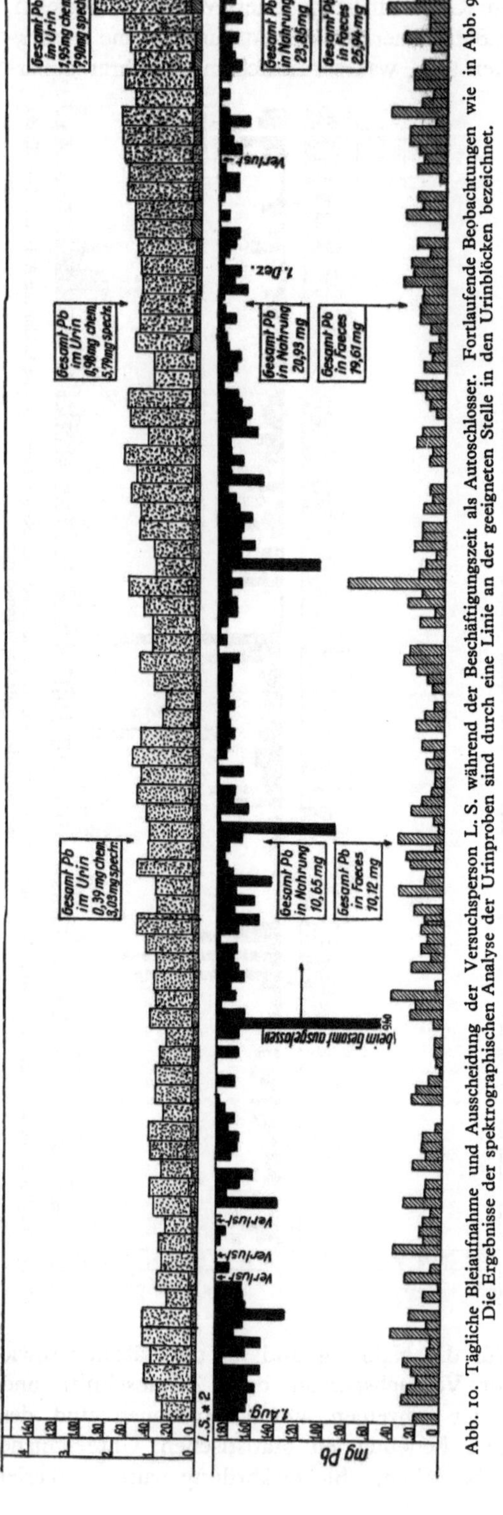

Abb. 10. Tägliche Bleiaufnahme und Ausscheidung der Versuchsperson L. S. während der Beschäftigungszeit als Autoschlosser. Fortlaufende Beobachtungen wie in Abb. 9. Die Ergebnisse der spektrographischen Analyse der Urinproben sind durch eine Linie an der geeigneten Stelle in den Urinblöcken bezeichnet.

Spur gefunden. Als einzige Tatsache ging aus allen Befunden hervor, daß die Aufnahme von Blei mit der Nahrung und mit den Getränken die allein nachweisbare Quelle des bei diesen Personen gefundenen Faecesbleis war.

Die Urinbefunde für die Zeit der Beschäftigung ermöglichen, wie aus Abb. 10 und 12 ersichtlich, einen graphischen Vergleich der Empfindlichkeit der chemischen und der spektrographischen Analysenmethode. Die chemischen Ergebnisse sind durchweg niedriger als die spektrographischen, nicht allein in der Gesamtmenge für die jeweiligen Zeitabschnitte, wie vermerkt, sondern auch bei den einzelnen Posten. Aus den chemischen Befunden allein würde bei einem Vergleich mit denen der Kontrollzeit ersichtlich werden, daß die Bleiausscheidung im Urin während der Schlossertätigkeit geringer war; andererseits würde sich bei beiden Versuchspersonen im Verlauf der Beschäftigung anscheinend eine fortschreitende Zunahme ergeben. Eine sorgfältige Prüfung der durch die zwei analytischen Methoden erzielten Resultate ergab, daß keine dieser Schlußfolgerungen richtig war, sondern daß die beiden scheinbaren Ergebnisse auf zwei Einflüsse zurückzuführen sind: auf einen physiologischen und einen rein künstlich zustande gekommenen. Bei beiden Versuchspersonen trat während dieser Periode eine ständige Zunahme des Urinvolumens auf, was auf ein in der Jahreszeit begründetes Absinken der Temperatur zurückzuführen war. Nach den spektrographischen Werten zu urteilen, ging dies bei beiden Personen mit einer tatsächlichen Zunahme der durchschnittlichen täglichen Bleiausscheidung im Urin Hand in Hand. Diese Zunahme wurde bei den chemischen Befunden bedeutend größer infolge der Verluste, die durch die zahlreichen Trennungsvorgänge bei der Analyse bedingt sind und von denen gezeigt worden ist, daß sie einen mittleren Wert von ungefähr 0,07 mg Blei je Probe (14) erreichen. Diese Verluste verursachten nicht nur eine größere Anzahl negativer chemischer Ergebnisse während der Zeit, in der das Urinvolumen geringer war; auch die positiven Befunde wurden während dieses Zeitraums unverhältnismäßig kleiner, wenn man sie mit der darauffolgenden Periode höheren Urinvolumens und größerer Bleiausscheidung vergleicht. Zu keiner Zeit war eine Zunahme der Bleikonzentration im Urin festzustellen. Tatsächlich machte sich bei der einen Versuchsperson (L. S.) dauernd eine leichte Abnahme bemerkbar, die mit der Zunahme des Urinvolumens zusammenfiel. In den ersten 62 Tagen betrug der mittlere Bleigehalt 0,051 ± 0,0017 mg je Liter, spektrographisch festgestellt; in den nächsten 57 Tagen 0,040 ± 0,0012 mg und in den übrigen 33 Tagen 0,038 ± 0,0014 mg je Liter. Bei der anderen Versuchsperson (E. C.) ging eine bedeutende Veränderung der Konzentration aus der Statistik nicht hervor.

Die statistische Auswertung der Befunde der chemischen Urinanalysen ergab folgende Mittelwerte: die tägliche Bleiausscheidung der Versuchsperson L. S. betrug während der Kontrollzeit 0,020 mg und während der Tätigkeit 0,015 mg; bei E. C. für die entsprechenden Zeitabschnitte 0,014 mg und 0,012 mg. Der Bleigehalt im Liter Urin der Versuchsperson L. S. belief sich während der Kontrollzeit auf 0,024 ± 0,002 mg und während der Schlosserzeit auf 0,012 ± 0,001 mg; bei E. C. war derselbe 0,018 ± 0,003 mg während der Kontrollzeit und 0,013 ± 0,001 mg während der Beschäftigung (s. Tabelle 8). Die anscheinende Abnahme der Bleiausscheidung je Tag und Liter Urin während dieser Zeit

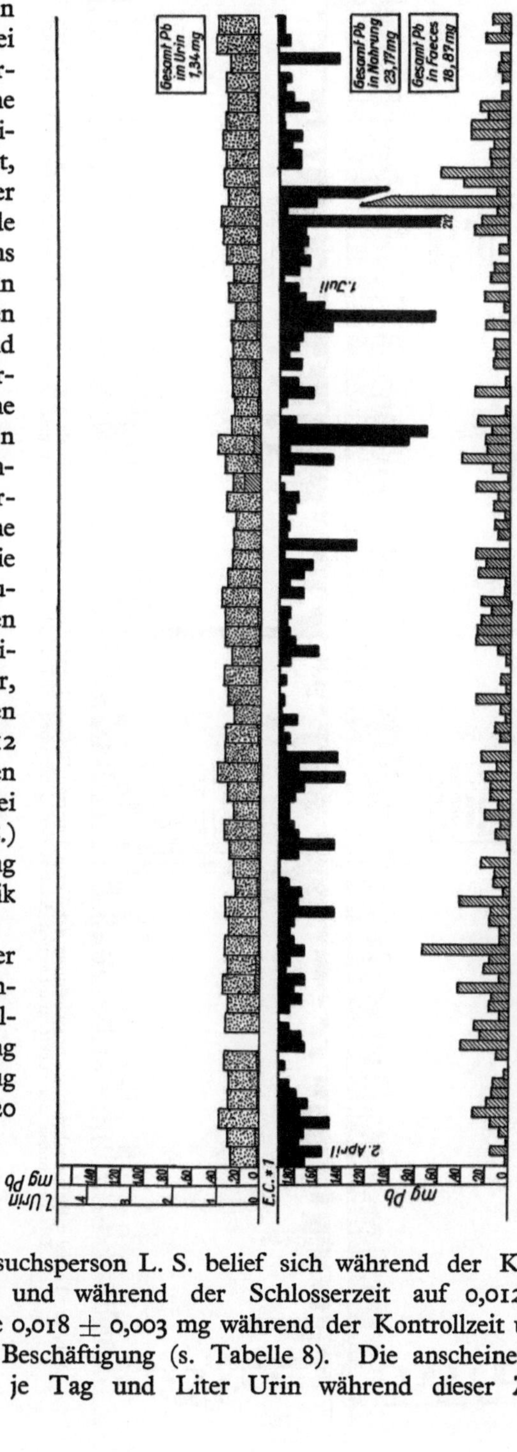

Abb. 11. Tägliche Bleiaufnahme und Ausscheidung der Versuchsperson E. C. während der Kontrollzeit. (Siehe Erklärung Abb. 2.) Die Blöcke stellen fortlaufende Beobachtungen dar.

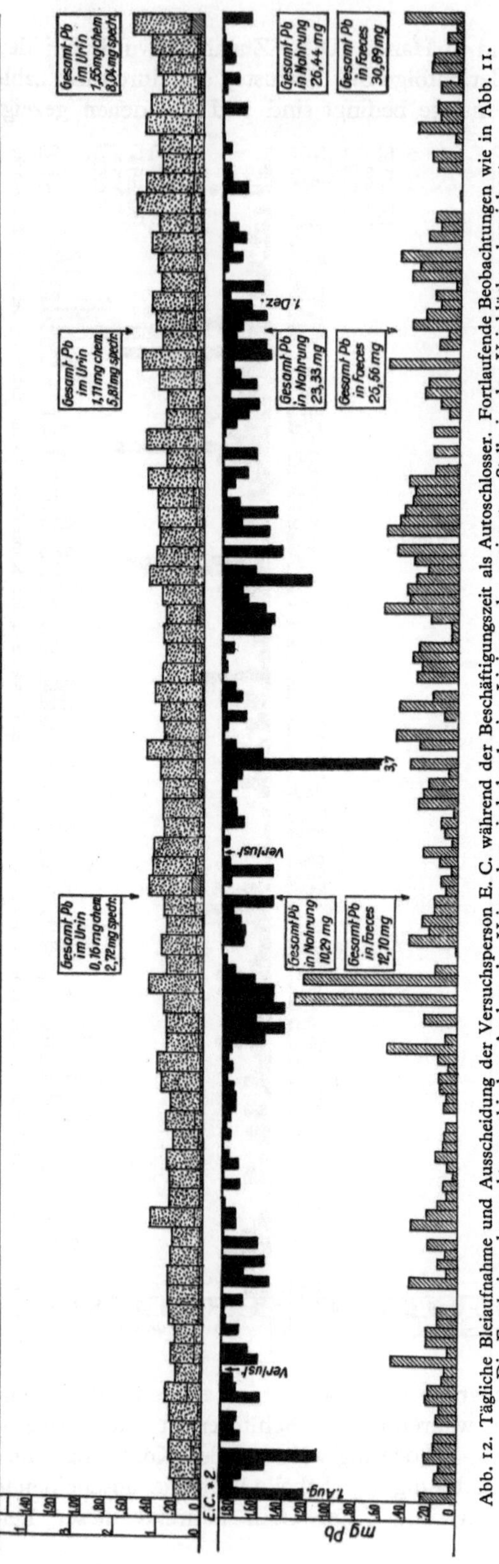

Abb. 12. Tägliche Bleiaufnahme und Ausscheidung der Versuchsperson E. C. während der Beschäftigungszeit als Autoschlosser. Fortlaufende Beobachtungen wie in Abb. 11. Die Ergebnisse der spektrographischen Analyse der Urinproben sind durch eine Linie an der geeigneten Stelle in den Urinblöcken bezeichnet.

ist gemäß dem weiter oben Dargelegten auszudeuten.

Die spektrographisch festgestellte mittlere tägliche Bleiausscheidung im Urin betrug 0,054 mg bei L. S. und 0,053 mg bei E. C., der mittlere Bleigehalt je Liter Urin entsprechend 0,044 ± 0,001 mg bzw. 0,055 ± 0,002 mg. Es besteht, da viele der chemischen Resultate negativ waren, keine Möglichkeit, einen indirekten Vergleich dieser spektrographischen Ergebnisse mit den chemischen Befunden der Kontrollzeit zu ziehen, indem man die letzteren hinsichtlich des mittleren analytischen Verlustes berichtigt. Die Proben, bei denen die negativen Resultate erhalten wurden, wiesen Bleimengen bis zu 0,09 mg auf, doch kann ihr genauer Bleigehalt nicht festgestellt werden. Die spektrographischen Ergebnisse sind hauptsächlich deshalb von Nutzen, weil sie ein im wesentlichen absolutes Maß für die Bleiausscheidung im Urin der Versuchspersonen abgeben. Sie können mit Resultaten verglichen werden, die nach den gleichen Methoden bei normalen nicht ausgesetzten Personen (14) erhalten wurden. Bei 77 Medizinstudenten wurde die mittlere Bleiausscheidung je Liter Urin zu 0,038 ± 0,002 mg gefunden. Das Mittel bei E. C. (0,055 ± 0,002 mg) liegt vom statistischen Standpunkt aus bedeutend höher, während dasjenige bei L. S. (0,044 ± 0,001 mg) kaum unterschieden ist. In Anbetracht dessen jedoch, daß die Proben von den Studenten während der Winter- und Vorfrühlingsmonate abgegeben wurden, wo der Urin das Höchstvolumen und der Bleigehalt seinen

Tabelle 8. Zusammenstellung der Mittelwerte und ihrer wahrscheinlichen Fehler für Blei in Nahrungsmitteln, Fäkalien und Urin bei den Versuchspersonen vor und nach dem Ausgesetztsein gegen Bleibenzin während ihrer Tätigkeit als Tankwarte bzw. Autoschlosser.

Versuchsperson	Vorher				Nachher			
	Nahrung	Faeces	Urin		Nahrung	Faeces	Urin	
	mg je 24 Stunden	mg je 24 Stunden	mg je 24 Stunden	mg je Liter	mg je 24 Stunden	mg je 24 Stunden	mg je 24 Stunden	mg je Liter
Tankwart:								
C. M. H. . .	0,177	0,233	0,025[1]	0,022	0,222	0,314	0,028[1]	0,029
	± 0,013	± 0,013		± 0,001	± 0,013	± 0,017		± 0,002
J. M. McS. .	0,189	0,220	0,032[1]	0,026	0,157	0,185	0,026[1]	0,022
	± 0,012	± 0,012		± 0,001	± 0,010	± 0,011		± 0,001
H. G. R.. . .						0,173	0,014[1]	0,015
						± 0,010		± 0,001
J. A. B. . . .						0,190	0,020[1]	0,020
						± 0,008		± 0,002
Autoschlosser:								
L. S.	0,196	0,178	0,020[1]	0,024	0,166	0,178	0,015[1]	0,012
	± 0,022	± 0,010		± 0,002	± 0,008	± 0,007		± 0,001
E. C.	0,203	0,162	0,014[1]	0,018	0,185	0,218	0,012[1]	0,013
	± 0,033	± 0,010		± 0,003	± 0,018	± 0,011		± 0,001
W. B.. . . .					0,141	0,213	0,029[1,2]	0,026
					± 0,008	± 0,021		± 0,003
A. M.. . . .					0,183	0,265	0,048[1]	0,045
					± 0,012	± 0,021		± 0,002

niedrigsten Stand hatte, kann der etwas höhere mittlere Bleigehalt des Urins unserer beiden Versuchspersonen während eines Zeitraums, in den auch zwei heiße Monate fielen, nicht als Beweis für eine anormale Bleiaufnahme angesehen werden.

Die Analysen der Blutproben, die von den Versuchspersonen L. S. und E. C. (sowie von dem nachstehend erwähnten W. B.) genommen wurden, waren mit unter den ersten, die nach der ursprünglich angewandten spektrographischen Methode ausgeführt wurden. Sie ergaben etwas fehlerhafte Werte aus Gründen, die erst später zutage traten; sie wurden daher gestrichen.

Analytische Ergebnisse bei Autoschlossern nach Beendigung eines längeren Ausgesetztseins.

Abb. 13 veranschaulicht die Befunde bei dem Autoschlosser W. B. Das Verhältnis des Bleigehaltes in der Nahrung zu demjenigen in den Fäkalien gibt keinerlei Anzeichen dafür, daß eine berufliche Bleieinwirkung stattgefunden hat. Auch konnte keine Spur einer anfänglich hohen fäkalen Ausscheidung oder einer darauffolgenden Verringerung gefunden werden.

Für den Urin ergeben die Aufzeichnungen unmittelbar nach Ablauf der beruflichen Tätigkeit keine anormal hohe Bleiausscheidung, und auch die gesamte in den 62 Tagen im Urin gefundene Bleimenge liegt innerhalb normaler Grenzen, wie sie bereits bei anderen Versuchspersonen festgestellt wurden (vgl. Abb. 2 und 4). Leider ist der Beweis dafür nicht ganz zwingend, da diese Urinbefunde mit den anderen in der vorliegenden Untersuchung graphisch aufgezeichneten nicht genau vergleichbar sind. Die aufgelöste Asche jeder dieser Proben wurde nämlich in zwei gleiche Teile geteilt, von denen der eine auf chemischem Wege analysiert wurde,

---

[1] Errechnet aus den mittleren Werten für 48- und 72-Stunden-Proben.
[2] Mittelwert unstetig. Geringe Häufigkeit des Auftretens und starke Schwankungen.

der andere hingegen spektrographisch[1]. Durch diese Unterteilung der Bleimenge je Probe wurde der Anteil der negativen Befunde bei den chemischen Analysen erhöht, und der jeweilige Verlust fiel bei den verkleinerten Bleimengen stärker ins Gewicht; überdies wurde dadurch die Gesamtmenge der Bleiausscheidung für den 62-Tage-Zeitraum verringert. Es besteht daher die Möglichkeit, daß die Bleiausscheidung im Urin der Versuchsperson W. B. etwas über dem Normalen lag, und manche Anzeichen deuten darauf hin, daß dies tatsächlich der Fall war. So lag an vier aufeinanderfolgenden Tagen gegen Ende der Beobachtungszeit der Bleigehalt im Urin etwas über den durchschnittlichen normalen Werten. Die Resultate, die im Anfangsstadium der Anwendung der spektrographischen Methode erhalten wurden, wiesen eine Höchstfehlergrenze von ± 30% auf und sind daher nicht aufgezeichnet. Wenn man diesen Fehler jedoch berücksichtigt, kommt man auf eine leicht erhöhte Bleiausscheidung.

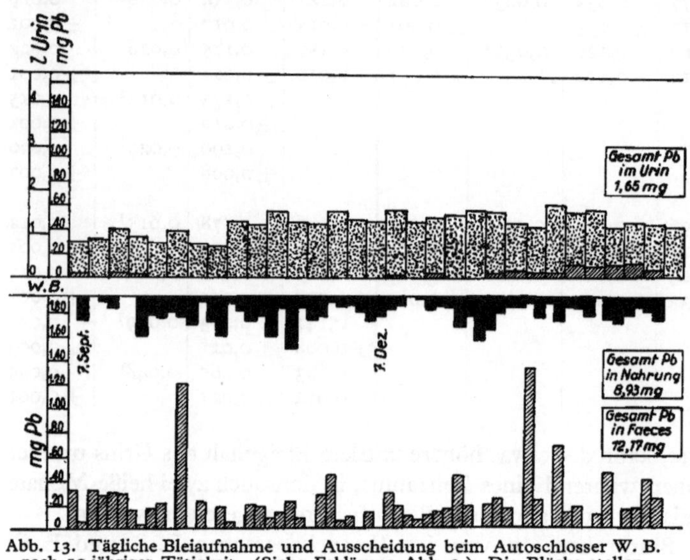

Abb. 13. Tägliche Bleiaufnahme und Ausscheidung beim Autoschlosser W. B. nach 10 jähriger Tätigkeit. (Siehe Erklärung Abb. 2.) Die Blöcke stellen fortlaufende Beobachtungen dar.

Die bei der Versuchsperson A. M. erhaltenen Resultate sind in Abb. 14 graphisch dargestellt. Die Aufzeichnungen der täglichen Nahrungs- und Fäkalienbefunde weichen nur unbedeutend von denjenigen ab, die vorher betrachtet wurden; auch hat die Verwendung des Spektrographen das Bild nicht verändert, ausgenommen, daß der Bleigehalt je Einzelprobe sowie die Gesamtbleiausbeute in den verschiedenen Probenreihen eine Erhöhung erfahren hat, ohne jedoch ihr Verhältnis untereinander zu ändern. Die Ergebnisse der chemischen Analyse des Urins andererseits heben sich ab durch die Häufigkeit, mit der sie etwas über dem bei anderen Versuchspersonen festgestellten Spiegel liegen. Während des Gesamtzeitraums von 61 Tagen war keine Urinprobe in bezug auf Blei negativ. Es ist jedoch keinerlei Anzeichen für eine hohe Anfangsbleiausscheidung und eine spätere Abnahme zu erkennen, auch treten keine Streuwerte von solcher Höhe auf, wie sie in Verbindung mit einer Einwirkung von klinischer Bedeutung in Bleigewerben gefunden wurden. Das regelmäßige Vorkommen von Blei in den Proben führt jedoch zu einer erheblich höheren Gesamtmenge, als bei irgendeiner anderen Versuchsperson für eine entsprechende Zeit gefunden wurde.

Die spektrographischen Ergebnisse beim Urin dienen nur dazu, die durch chemische Analyse ermittelten Tatsachen zu bekräftigen. [Autoschlosser A. M. wurde seiner Beschäftigung zu einer späteren Zeit enthoben als der Schlosser W. B.;

---

[1] Später, d. h. bei den Versuchspersonen L. S., E. C. und A. M., wurden für spektrographische Analysen nur kleine Teile der Proben verwendet, so daß die chemischen Analysen dadurch mengenmäßig nicht mehr beeinflußt wurden.

inzwischen war die Genauigkeit der spektrographischen Methode vergrößert worden, nicht nur durch die gewonnene Erfahrung, sondern auch durch gewisse technische Verbesserungen (6).]

Die spektrographischen Befunde im Blut scheinen die gleiche Bedeutung zu haben wie diejenigen beim Urin. Keines der Ergebnisse liegt jenseits der oberen Grenze, die wir früher bei normalen Einzelpersonen feststellten (14), doch liegen ihr vier von den acht ermittelten Befunden nahe; einer erreicht den normalen Mittelwert (0,058 $\pm$ 0,002), und die anderen drei sind etwas darüber.

Die Bedeutung der analytischen Resultate bei beiden Versuchspersonen wurde weiterhin nach den früher erörterten statistischen Methoden geprüft; die chemischen Mittelwerte sind in Tabelle 8 wiedergegeben, wo sie mit denjenigen der anderen Versuchspersonen verglichen werden können. Die Ergebnisse bei der Nahrung und den Fäkalien zeigen eine normale Verteilung in der Häufigkeit ihres Vorkommens. Wie in anderen Fällen war auch hier die Bleiausscheidung mit den Fäkalien etwas höher als der Bleigehalt in der Nahrung; die vier Mittelwerte bei Nahrung und Fäkalien sind statistisch jedoch von der gleichen Größenordnung. Die Mittelwerte für die Bleiausscheidung mit dem Urin bei W. B. sind, wie auseinandergesetzt wurde, mit denjenigen der anderen Versuchspersonen nicht ohne weiteres vergleichbar; sie sind außerdem

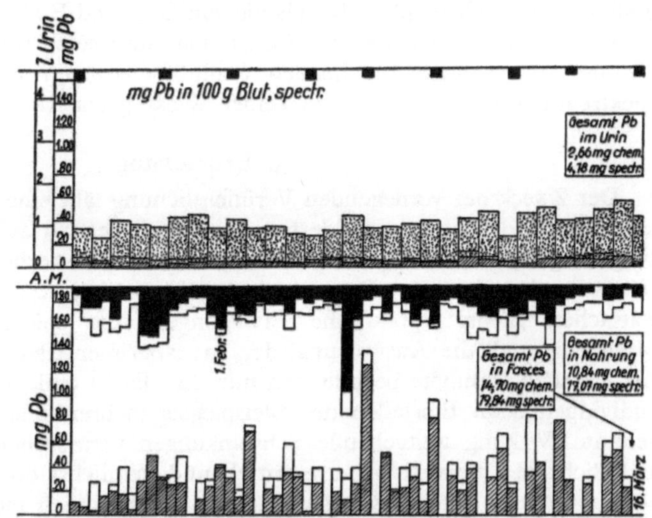

Abb. 14. Tägliche Bleiaufnahme und Ausscheidung beim Autoschlosser A. M. nach 8jähriger Beschäftigung.

Die Blöcke stellen fortlaufende Beobachtungen dar.

Die schwarzen Blöcke an der oberen Linie zeigen den Bleigehalt im Blut in mg je 100 g, spektrographisch bestimmt.

Der obere Teil zeigt die Urinbefunde; die punktierten Flächen stellen das Urinvolumen dar, der schraffierte Teil zeigt Blei in Milligramm an, durch chemische Analyse ermittelt. Die waagerechte Linie über, unter oder übereinstimmend mit dem Abschluß der schraffierten Felder der Urinblöcke zeigt den spektrographisch ermittelten Bleigehalt in Milligramm an. Die Mengen an Urin und Blei für jede 48-Stunden-Periode sind als Durchschnitt für die beiden 24-Stunden-Perioden aufgezeichnet.

Im unteren Teil bezeichnen die oberen schwarzen Felder die chemischen Resultate bei täglichen Doppelnahrungsproben, während die spektrographischen Ergebnisse durch die Gesamtfelder dargestellt werden, die die schwarzen Blöcke umrahmen. Die unteren schraffierten Blöcke zeigen die Resultate der chemischen Analyse bei den täglichen Fäkalienproben; die entsprechenden spektrographischen Werte sind wieder durch die gesamten schraffierten und umrissenen Felder oder durch eine waagerechte schwarze Linie im schraffierten Teil angedeutet.

vom statistischen Standpunkt aus etwas unstät. Im ganzen übersteigen sie jedoch nicht die bei den anderen Personen während der Kontrollzeit gefundenen Zahlen. Die entsprechenden Mittelwerte für A. M. sind verhältnismäßig stetig und liegen höher als diejenigen irgendeiner anderen hier untersuchten Person. Es kann dies auf eine Bleieinwirkung während der Spritzlackierung im Jahre 1930 zurückzuführen sein; dagegen spricht jedoch, daß eine solche Einwirkung angesichts des seltenen Vorkommens von Bleifarben in Autolacken fraglich ist, sowie die weitere und wichtigere Tatsache, daß nach unserer Erfahrung eine erhöhte Bleiausscheidung mit dem Urin eine Zwischenzeit, wie sie hier in Betracht kommt, nicht überdauert

(15). Die in Rede stehende leichte Erhöhung kann der Ausdruck eines andersartig verlaufenen physiologischen Vorganges sein; wahrscheinlich ist jedoch, daß sie eine Folge einer längeren Bleieinwirkung während der beruflichen Tätigkeit war.

Die mittleren spektrographischen Werte bei der Versuchsperson A. M. stehen zu den entsprechenden chemischen Mittelwerten im gleichen Verhältnis wie im Falle der anderen Versuchspersonen. Der mittlere tägliche Bleigehalt seiner Nahrung betrug 0,294 $\pm$ 0,014 mg, derjenige in seinen Fäkalien 0,357 $\pm$ 0,023 mg und in seinem Urin 0,068 mg; der mittlere Bleigehalt je Liter Urin war 0,067 $\pm$ 0,003 mg. Seine mittlere Bleiausscheidung mit dem Urin, spektrographisch bestimmt, ist also, gleichgültig ob ein Vergleich auf Grundlage der Zeit oder der Konzentration angestellt wird, bedeutend größer als die von L. S. und E. C., sowie auch von anderen Versuchspersonen, die keiner Einwirkung ausgesetzt waren (14). Die auf den chemischen Analysen beruhenden Schlußfolgerungen werden daher durch die spektrographischen Resultate in keiner Weise geändert.

3. Erörterung.

Der Zweck der vorliegenden Veröffentlichung läßt eine Erörterung der aus den Ergebnissen der hier geschilderten Versuchsreihen zu ziehenden physiologischen Folgerungen über das hinaus, was bereits in den vorherstehenden Abschnitten gesagt wurde, nicht zu. Doch ergeben sich aus den geschilderten physiologischen Tatsachen gewisse praktische Erwägungen, die späterhin die Auswahl der Methoden und die Auswertung der in experimentellen Untersuchungen dieser Art erzielten Resultate beeinflussen müssen. Es ist einleuchtend, daß in normalen Individuen beim Einstellen des Bleispiegels mehrere Faktoren mitspielen, deren vereinte Wirkung weitgehende Schwankungen verursachen muß. Derartige Veränderlichkeiten müssen genau ermittelt und peinlichst durch systematische Beobachtungen an leichten gewerblichen oder aus sonstigen nicht natürlichen Quellen stammenden Bleieinwirkungen überwacht werden.

Bei einigen unserer früheren Forschungen über die Bleiausscheidung mit dem Urin bei normalen Individuen (16), sowie bei Männern, die als Tankwarte und Autoschlosser beschäftigt waren [Untersuchungen aus den Jahren 1927 und 1929 (1)], haben wir höhere Mittelwerte erhalten als die, welche hier auftreten. Es ist nicht überraschend, daß beliebig entnommene Proben des Urins einer großen Anzahl von Einzelpersonen aus vielen Gegenden, aus den verschiedensten Lebensverhältnissen, mit den verschiedensten persönlichen Gewohnheiten und physiologischen Anlagen Ergebnisse zeitigen, die von denjenigen einiger weniger sorgfältig im Laboratorium überwachter Personen einigermaßen abweichen. Zweifellos waren manche der Proben, die wir bei der Untersuchung der großen Anzahl von Einzelpersonen erhielten, beim Einsammeln mit Blei infiziert worden. Außerdem waren die Möglichkeiten für eine gelegentliche Verunreinigung einer Probe während der Analyse bis zum Jahre 1930, wo wir geeignetere analytische Einrichtungen zur Verfügung bekamen, etwas größer. Auf alle diese Faktoren ist es zurückzuführen, daß der Mittelwert unserer früheren Urinbefunde höher lag als derjenige, den wir in neuerer Zeit feststellten (14); doch war ein Großteil unserer früheren Ergebnisse nicht sehr fehlerhaft, und das Verhältnis zwischen gleichzeitig und nach vergleichbaren Untersuchungsmethoden gruppenweise erhaltenen Befunden blieb unverändert. Die Werte der hier vorliegenden Untersuchung sind im einzelnen genauer als diejenigen unserer früheren Arbeiten, weil innerhalb eines engeren Untersuchungsbereichs eine schärfere Überwachung eingehalten werden konnte. Sie sind jedoch nicht dazu angetan, mit den früheren Resultaten quantitativ verglichen zu werden, da ihre Streuung geringer ist, nicht nur wegen der kleinen Zahl von Versuchspersonen, sondern eben auch wegen der schärferen Überwachung möglicher Untersuchungsfehler.

4. Zusammenfassung und Schlußfolgerungen.

Die Ergebnisse der vorliegenden Untersuchungen können in bezug auf ihre Bedeutung für die Praxis wie folgt zusammengefaßt werden:

1. Unter Versuchsbedingungen, die hinsichtlich normaler Bleiaufnahme und Ausscheidung überwacht werden konnten, veränderte sich der Bleispiegel von zwei jungen gesunden Leuten während einer 4 Monate langen Beschäftigung als Tankwarte nicht meßbar, während der sie große Mengen bleihaltigen Benzins abzugeben hatten. Bei diesen Personen fand sich keine Spur einer durch ihre Tätigkeit verursachten Bleiaufnahme.

2. Zwei Tankwarte, die $3^1/_2$ bzw. 6 Jahre lang große Mengen Bleibenzin abgefüllt hatten, zeigten, als sie plötzlich ihrer Tätigkeit enthoben und 4 Monate hindurch im Laboratorium beobachtet wurden, keinerlei anfängliche oder später auftretende Anomalie in ihrer fäkalen oder Urinbleiabsonderung oder irgendwelche sonstige Anzeichen einer beruflichen Bleiaufnahme.

3. Zwei gesunde junge Leute wurden 4 Monate lang im Laboratorium unter Beobachtung gehalten, bevor sie in einer Reparaturwerkstatt für Autos angestellt wurden, die mit Bleibenzin (3 ccm Bleitetraäthyl je Gallone) betrieben wurden. Nachdem diese beiden Versuchspersonen 5 Monate lang während ihrer dortigen Tätigkeit weiter beobachtet worden waren, zeigten sie keinerlei nachweisbare Veränderung ihres Bleispiegels oder irgendwelche Anzeichen einer beruflichen Bleiaufnahme.

4. Ein 8 Jahre lang mit Reparaturen an Autos, die ausschließlich mit Bleibenzin (Bleitetraäthylhöchstgehalt) liefen, beschäftigter Autoschlosser wies, als er zwecks einer 61 tägigen Untersuchung seiner Beschäftigung enthoben wurde, eine etwas erhöhte Bleiausscheidung im Urin auf, verglichen mit den in diesem Aufsatz beschriebenen anderen Versuchspersonen sowie in ähnlicher Weise beobachteten normalen Individuen. Bei einem anderen Schlosser, der 10 Jahre lang beschäftigt gewesen war, ergab sich kein zwingender Beweis einer Zunahme der Bleiausscheidung mit dem Urin. In keinem der Fälle bestand irgendeine meßbare Zunahme der Bleiausscheidung mit den Fäkalien.

Diese Ergebnisse in Verbindung mit denjenigen von Beobachtungen an beliebigen ähnlich beschäftigten Personen (1) berechtigen zu den folgenden Schlüssen:

1. Die Bleieinwirkung, die mit der Handhabung und der Abgabe von bleitetraäthylhaltigem Benzin an Tankstellen der üblichen Art in den Vereinigten Staaten verbunden ist, ist nicht von Bedeutung.

2. Die Bleiberührung, die aus einer längeren Beschäftigung mit der Pflege und Reparatur von mit Bleibenzin betriebenen Autos entsteht, kann ausreichen, um eine geringe Zunahme der mittleren Bleiausscheidung mit dem Urin zu bewirken; diese äußert sich entweder in einer erhöhten Bleiausscheidung je Zeiteinheit oder in einer höheren Bleikonzentration. Eine Zunahme der fäkalen Bleiausscheidung ist nicht festgestellt worden.

3. Wegen der vielen und verschiedenartigen Gelegenheiten eines leichten Inberührungkommens mit Blei bei der Tätigkeit eines Autoschlossers kann der Gesamtanteil einer Einwirkung durch Bleibenzin und seine Verbrennungsprodukte nur gemutmaßt werden.

4. Angesichts der Schwierigkeit, eine berufliche Bleieinwirkung bei Autoschlossern festzustellen, besteht, wenn man vergleicht, wie leicht es ist, eine solche in bleigefährdeten Gewerben nachzuweisen, kein Grund zu der Annahme, daß die übliche Art des Autodienstes bzw. Reparaturbetriebs irgendwelche Gefahren hinsichtlich einer Bleiaufnahme mit sich bringt. Doch kann beträchtliche Bleigefährdung in Garagen auftreten, in denen Akkumulatoren repariert werden oder in denen regelmäßig mit geschmolzenem Blei und Bleifarben umgegangen wird.

Schrifttum.

1. Kehoe, R. A., F. Thamann u. J. Cholak: Gutachten über die mit dem Vertrieb und der Verwendung von bleitetraäthylhaltigem Benzin verknüpften Bleigefährdungen. (An Appraisal of the Lead Hazards Associated with the Distribution and Use of Gasoline Containing Tetraethyl Lead.) I. Teil. J. ind. Hyg. **16**, 100 (1934). Siehe VII A.

2. Kehoe, R. A., F. Thamann u. J. Cholak: Über die normale Aufnahme und Ausscheidung von Blei. I. Bleiaufnahme und Ausscheidung unter primitiven Lebensbedingungen. (On the Normal Absorption and Excretion of Lead. I. Lead Absorption and Excretion in Primitive Life.) J. ind. Hyg. **15**, 257 (1933). Siehe I A.

3. Leake, J. P. u.a.: Die Verwendung von Bleitetraäthylbenzin in ihrer Beziehung zur öffentlichen Gesundheit. (The Use of Tetraethyl Lead Gasoline in its Relation to the Public Health.) U.S. Publ. Health Bull. Nr. 163 (1926).

4. Schlußbericht der Ethylbenzin-Kommission des englischen Gesundheitsministeriums. (Final Report of the Departmental Committee on Ethyl Petrol. Ministry of Health.) London 1930.

5. Cholak, J.: Die quantitative spektrographische Bestimmung von Blei in Urin. (The Quantitative Spectrographic Determination of Lead in Urine.) J. amer. chem. Soc. **57**, 104 (1935). Siehe VIII B.

6. Cholak, J.: Die quantitative spektrographische Bestimmung von Blei in biologischen Stoffen. (Quantitative Spectrographic Determination of Lead in Biological Material.) Ind. Eng. Chem., Anal. Ed. **7**, 287 (1935). Siehe VIII C.

7. Fairhall, L. T.: Bemerkung über die Genauigkeit von Bleianalysen. (Note on the Accuracy of Lead Analyses.) J. ind. Hyg. **15**, 289 (1933).

8. Necke, A. u. H. Müller: Kritisch-experimentelle Studie über die bekanntesten Mikromethoden des Bleinachweises in organischem Material. Arch. Pharmaz. **271**, 81 (1933).

9. Kehoe, R. A.: Die Bestimmung von Blei in Exkreten und Geweben. (The Determination of Lead in Excreta and Tissues.) Amer. J. clin. Path. **5**, 13 (1935).

10. Middleton, A. W.: Die Wirkung von Salzen auf eine Bestimmung von Bleispuren nach der Chromatmethode. (The Effect of Salts on the Determination of Traces of Lead by the Chromate Method.) J. ind. Hyg. **17**, 7 (1935).

11. Wilkins, E. S. jr., C. E. Willoughby, E. O. Kraemer u. F. L. Smith: Bestimmung von kleinsten Bleimengen in biologischen Stoffen. (Determination of Minute Amounts of Lead in Biological Materials.) Ind. Eng. Chem., Anal. Ed. **7**, 33 (1935).

12. Kehoe, R. A., F. Thamann u. J. Cholak: Bleiaufnahme und Ausscheidung in gewissen Bleigewerben. (Lead Absorption and Excretion in Certain Lead Trades.) J. ind. Hyg. **15**, 306 (1933). Siehe II A.

13. Sayers, R. R. u. a.: Experimentaluntersuchungen über die Wirkung von Bleibenzin und seinen Verbrennungsprodukten. (Experimental Studies on the Effect of Ethyl Gasoline and its Combustion Products.) Bericht des U.S. Bur. Mines 1927.

14. Kehoe, R. A., F. Thamann u. J. Cholak: Normale Aufnahme und Ausscheidung von Blei. (Normal Absorption and Excretion of Lead.) J. amer. med. Assoc. **104**, 90 (1935). Siehe I E.

15. Kehoe, R. A., F. Thamann u. J. Cholak: Bleiaufnahme und Ausscheidung in ihrer Bedeutung für die Diagnose von Bleivergiftung. (Lead Absorption and Excretion in Relation to the Diagnosis of Lead Poisoning.) J. ind. Hyg. **15**, 320 (1933). Siehe III A.

16. Kehoe, R. A., F. Thamann u. J. Cholak: Über die normale Aufnahme und Ausscheidung von Blei. II. Bleiaufnahme und Ausscheidung im heutigen amerikanischen Leben. (On the Normal Absorption and Excretion of Lead. II. Lead Absorption and Lead Excretion in Modern American Life.) J. ind. Hyg. **15**, 273 (1933). Siehe I B.

Abschnitt VIII

Analyseverfahren

(Vgl. auch I A, S. 5f., sowie IV B, S. 4f.)

Bestimmung von Blei[1].

Eine photometrische Dithizonmethode und ihre Anwendung auf gewisse biologische Stoffe.

Von

Donald M. Hubbard,

Kettering-Laboratorium für Angewandte Physiologie, Universität Cincinnati, Cincinnati (Ohio).

Die Einführung von Dithizon durch Fischer (9) und seine darauffolgende Anpassung als Spezialreagenz für die Bestimmung kleinster Bleimengen durch Fischer und Leopoldi (10) hat zu seiner Verwendung bei zahlreichen Methoden geführt, die für die Bestimmung von Blei in biologischen Stoffen entwickelt worden sind (1, 2, 8, 12, 13, 14, 15). Ein Studium dieser Verfahren hat zur Ausarbeitung einer photometrischen Dithizonmethode geführt, die im wesentlichen auf der sog. „Mischfarbenmethode" von Clifford und Wichmann (8) beruht, jedoch unter Benutzung von Anregungen von Wilkins, Willoughby, Winter und ihren Mitarbeitern (13, 14, 15). Diese Methode hat sich für die genaue Bestimmung von Blei fast jeden Konzentrationsbereichs als zuverlässig erwiesen, und sie ist durch Vergleiche mit der spektrographischen Methode eingehend geprüft worden, die in unserem Laboratorium in den letzten Jahren angewandt worden ist (4, 5).

Zweck dieses Aufsatzes ist, die Methode in ihren Einzelheiten zu beschreiben und ihre Anwendung auf die Analyse gewisser biologischer Stoffe zu erörtern.

1. Reagenzien.

Für die Analyse wurden Chemikalien höchsten Reinheitsgrades benutzt, um auf diesem Wege hineinkommendes Blei so niedrig wie möglich zu halten, und die Reagenzien wurden, wo immer tunlich, durch Schwefelwasserstoff oder durch Destillation noch weiter gereinigt. Diese Reinigungsmethoden, die schon früher beschrieben worden sind (4, 5), wurden auf Säuren, destilliertes Wasser und Ammoniumcitratlösung angewandt. Ammoniak und Chloroform werden nach der Methode von Clifford und Wichmann (8) frisch destilliert, und gebrauchtes, Dithizon und Bleidithizonat gelöst enthaltendes Chloroform wird nach der Methode von Biddle (3) aufgearbeitet. Das für die Endextraktion verwendete Dithizon wird in außerordentlicher Reinheit nach (2) erhalten.

Der Bleigehalt der üblicherweise benutzten Reagenzien wird in Tabelle 1 wiedergegeben.

Eine Reinigung des Cyankaliums wurde nicht unternommen. [Nach Clifford (7) ist die Anwesenheit von Phosphaten in Natrium- und Kaliumcyanid schädlich, und es ist anzuraten, diese Salze durch Umkristallisieren zu reinigen. Im Falle von Cyankalium ist seiner Erfahrung nach der Einfluß jedoch zu vernachlässigen, wenn die Färbung unmittelbar nach dem Zusatz des Ammoniumcyanids zu der 1%igen Säure hervorgerufen wird (7), wie es auch in unserem Laboratorium geschieht.]

[1] Aus Ind. Eng. Chem., Anal. Ed. 9, 493 (1937). Vorgetragen auf der mikrochemischen Sektion der 94. Versammlung der American Chemical Society in Rochester, N. Y., am 6.—10. September 1937. Zur Veröffentlichung eingegangen am· 16. Juli 1937.

Tabelle 1. Bleigehalt der bei der Dithizonmethode verwendeten Reagenzien.

Reagenzien	Bleigehalt γ/Liter
Wasser doppelt destilliert (Barnstead-Destillierblase)	2
Wasser dreifach destilliert, 3. Destillation in Pyrex	Spuren[1]
Salpetersäure konzentriert	10—30
Salpetersäure konzentriert, dreifach destilliert in Quarz	Spuren[1]
Salzsäure konzentriert	10—30
Salzsäure von konstantem Siedepunkt, dreifach destilliert in Quarz . .	Spuren[1]
Schwefelsäure konzentriert	etwa 800
Cyankalilösung 10 Gew./Vol.-%	80
Ammoniumcitratlösung 40 Gew./Vol.-%	Spuren[1]

2. Glasgeräte.

Alle Glasgeräte (Pyrexglas) werden vor dem Gebrauch gründlich mit heißer 50%iger Salpetersäure ausgewaschen und sodann mit destilliertem Wasser ausgespült, um sicher zu gehen, daß Blei etwa aus oberflächlicher Verschmutzung entfernt worden ist; das gleiche gilt für Quarz- und Porzellangeräte.

3. Apparatur.

Es wird ein Neutralkeilphotometer, wie von Clifford und Wichmann (8) beschrieben, mit geringen Abänderungen benutzt.

Lampengehäuse: Die Lichtquelle besteht aus neun 32kerzigen Autoscheinwerferglühlampen, 12—16 Volt (Mazda „Tung Sol" T-1144), die, in einen 122 Volt-Wechselstromkreis in Serie geschaltet, ringförmig um zwei Kreisöffnungen von 2,5 cm Durchmesser im Innern des Lampengehäuses angeordnet sind. Das Licht wird von einer starken Mattglasscheibe 15 × 15 cm reflektiert, die in etwa 2,5 cm Entfernung von der Lichtquelle angeordnet ist, so daß diffus reflektiertes Licht entsteht.

Okular: Das Gehäuse und Prismensystem wurde vollständig von einem Bausch und Lomb-Hämoglobinometer Nr. 3600 übernommen.

Keil: Ein neutraler Graukeil aus „C"-Grauglas von Bausch und Lomb, Länge 150 mm, Höhe 20 mm, Dicke am dickeren Ende 8 mm und am dünneren Ende nicht mehr als 0,5 mm. Der Keil wird kompensiert und verstärkt durch einen Keil aus klarem Glas gleicher Abmessungen, der ihm aufgekittet ist.

Küvetten: Alle Küvetten bestehen aus Pyrexglas, mit geschliffenen und polierten angeschmolzenen Fenstern aus Corexglas. Die Fenster sind parallel und optisch plan. Kein Klebstoff oder Kitt ist verwendet. Am Kopf der Küvetten befinden sich Öffnungen zum bequemen Einfüllen und Entleeren. Es werden 3 Küvetten benutzt von 12 bzw. 25 bzw. 50 mm (Toleranz $\pm$ 0,1 mm) innerer Schichtdicke, jeweils für Bereiche von 0—100, 0—50 und 0—10 γ Blei. Der innere Durchmesser dieser Küvetten beträgt 14,5 mm mit einer Toleranz von $\pm$ 0,5 mm.

Filter: Der angewandte Spektralbereich (510 mμ) wird mit Hilfe eines Wratten Compound-Filters (Eastman Kodak Nr. 45 und Nr. 58) erhalten. Die höchste Durchlässigkeit dieses Filters (10%) liegt bei 510 mμ; sie nimmt in den an beiden Seiten des Maximums liegenden Bereichen stark ab und geht bei 478 bzw. 550 mμ auf den Wert von nur 0,1% herunter.

---

[1] Weniger als ein Gamma.

4. Verfahren.

Vorbereitung der Proben.

Biologische Stoffe mit Ausnahme von gemischten Nahrungsmittelproben und kleinen Proben von Urin werden für die Analyse nach der von Kehoe u. a. beschriebenen Methode (11) vorbereitet. Proben gemischter Nahrungsmittel und kleine Mengen Urin werden nach der Methode von Cholak (5) aufbereitet. Beim Zubereiten von Knochenproben ist es ratsam gefunden worden, in einer ersten Stufe zunächst das Blei in Form seines Sulfids zu isolieren, um den Zusatz großer Mengen von Ammoniumcitrat zu vermeiden, die sonst erforderlich wären, das Calcium während der Dithizonextraktion in Lösung zu halten.

Die klaren Lösungen der veraschten Stoffe oder die Lösungen der Sulfide werden in graduierte Zylinder oder Kolben mit Glasstopfen gefüllt.

1. Extraktion.

Ein passend abgemessener Teil der vorbereiteten Probe wird in einen graduierten Squibbschen Scheidetrichter mit Glasstopfen pipettiert, der durch ein Gummiband festgehalten wird. (Die Wahl des aliquoten Teils hängt von dem Gehalt der Probe an Blei und sonstigen Salzen ab; in der Regel ist $^1/_{10}$ der vorbereiteten Probe zweckmäßig. Wenn möglich, sollte der Bleibereich zwischen 0—100 γ liegen, um bei der Bestimmung großer Bleimengen die größte Genauigkeit zu erzielen.) Die Lösung wird mit 15 ccm gereinigter Ammoniumcitratlösung, entsprechend 6 g Citronensäuremonohydrat, sowie 2 Tropfen Phenolrot (nach Clark und Lubs) versetzt und durch tropfenweise Zugabe von konzentriertem, doppelt destilliertem Ammoniak bis zu deutlicher Gelbfärbung teilweise neutralisiert, wobei der Scheidetrichter ständig geschüttelt wird. Ist dieser Punkt erreicht, werden 5 ccm Cyankalilösung (10 Gew./Vol.-%) hinzugefügt und das p_H durch weiteren Zusatz von Ammoniak auf 7,5 eingestellt.

Die Lösung ist nun für die 1. Extraktion des Bleis mit Dithizon fertig. Die Dithizonlösung wird für diesen Zweck durch Auflösen von 30 mg gewöhnlichem Dithizon (Reinheit etwa 86%) in 1 Liter frisch destilliertem oder wiedergewonnenem Chloroform hergestellt. Ihre Stärke ist so, daß 1,0 ccm ungefähr 10 γ Blei entspricht. (Um aus der Dithizonlösung vorher Spuren von Blei zu entfernen, wird sie unmittelbar vor dem Gebrauch mit 1%iger Salpetersäure ausgeschüttelt.) Zur Extraktion werden jeweils 5 ccm in den Trichter gegeben, bis die Farbe des zugesetzten Dithizons unverändert bleibt, die bei großen Bleimengen zunächst hellrot ist, um über Purpur bis zu dem bläulichen Grün der Dithizonlösung selbst überzugehen. Nach jedem Hinzufügen von 5 ccm wird der Scheidetrichter kräftig geschüttelt, die Chloroformschicht abgelassen und in einem 2. Scheidetrichter aufgefangen. Zu den gesammelten bleihaltigen Dithizonschichten in dem 2. Scheidetrichter werden sodann 20 ccm 1%ige Salpetersäure zugesetzt, der Trichter kräftig geschüttelt und die bleifreie Chloroformschicht bis auf 1 ccm abgelassen und beiseite gestellt.

2. Extraktion.

Zu dem zurückbleibenden Inhalt des Trichters werden 2 Tropfen m-Kresolpurpur (nach Clark und Lubs) hinzugefügt und das p_H der wäßrigen Schicht durch Zusatz von schwachem (10%igem) Ammoniak auf 2 gebracht. Man schüttelt kräftig und läßt die Schichten absitzen. Wenn die dithizonhaltige Chloroformschicht keine Farbänderung zeigt, ist kein Wismut vorhanden (14), und die wäßrige Schicht wird durch weiteren Zusatz von schwachem Ammoniak wieder auf p_H 7,5 gebracht, mit einem Tropfen Phenolrot als Indikator. Wieder schüttelt man kräftig und läßt absitzen. Eine Prüfung der Chloroformschicht zu diesem Zeitpunkt wird anzeigen, ob mehr oder weniger als 10 γ Blei vorhanden ist.

Die Bleiextraktion wird vollständig durchgeführt durch wiederholtes Hinzufügen von je 5 ccm Dithizonlösung wie bei der 1. Extraktion, wobei durch die Anzahl der zugesetzten 5 ccm der Bleibereich eindeutig festgestellt wird. Die abgetrennten und gesammelten Chloroformschichten enthalten neben freiem

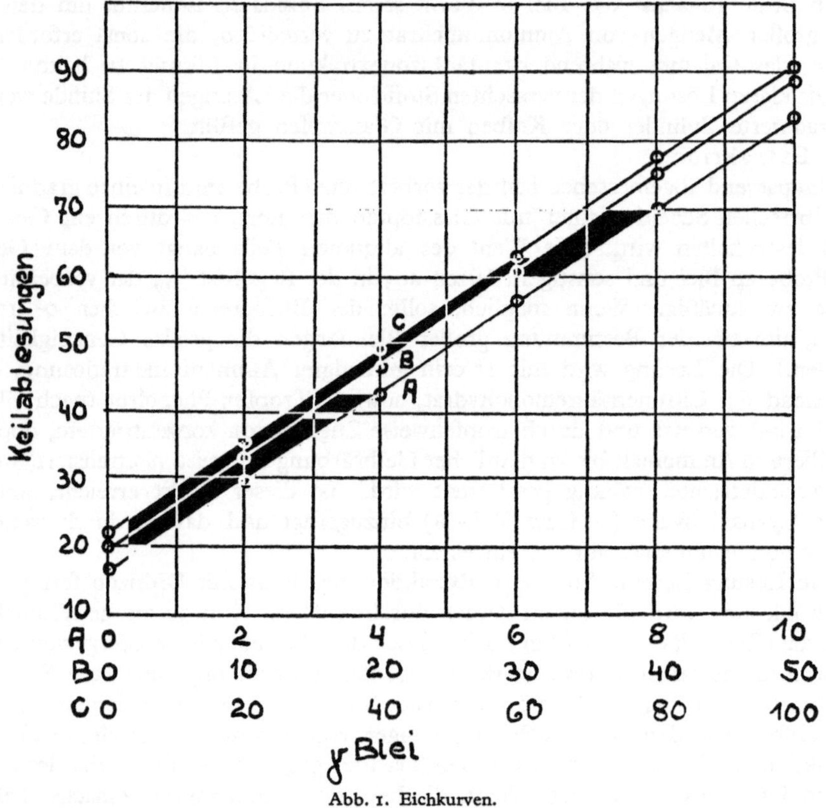

Abb. 1. Eichkurven.

Dithizon das gesamte Blei als chloroformlösliches Bleidithizonat. Sie werden mit 40 ccm 1%iger Salpetersäure ausgeschüttelt (hergestellt durch Verdünnen einer Salpetersäure vom spez. Gew. 1,40). Die bleifreie Chloroform-Dithizonschicht wird abgetrennt, und letzte Spuren aus der Salpetersäurelösung werden mit reinem Chloroform herausgelöst. Die Salpetersäurelösung wird nun durch einen in den Hals eines kleinen Trichters gesteckten, sorgfältig gereinigten Wattebausch in einen anderen sauberen Scheidetrichter filtriert. (Der Wattebausch wird durch Auswaschen mit heißer 50%iger Salpetersäure, mit heißem doppelt destilliertem Wasser und schließlich mit chloroformgesättigter 1%iger doppelt destillierter Salpetersäure gereinigt.) Der ursprüngliche Scheidetrichter wird zweimal mit je 5 ccm 1%iger Salpetersäure wie oben ausgespült und die Spülsäure ebenfalls filtriert. Das gesamte Blei befindet sich nun in 50 ccm 1%iger chloroformgesättigter Salpetersäure, fertig zur endgültigen Bestimmung.

Wenn Wismut zugegen ist, stört es die Bestimmung ernstlich und muß ausgeschaltet werden. Beträgt seine Menge weniger als 0,5 mg, so ist es nach Willoughby und seinen Mitarbeitern (14) leicht durch Extraktion mit Dithizon zu entfernen an dem Punkt, wo bei dieser 2. Extraktion auf p_H 2 eingestellt wird. Wenn mehr Wismut als 0,5 mg zugegen ist, muß von der vorbereiteten Probe ein neuer aliquoter Teil genommen werden, aus welchem das Wismut nach einer früher beschriebenen Methode (11) entfernt wird. Dies ist gelegentlich bei Faecesproben nötig.

3. Extraktion (Endbestimmung des Bleis).

Zur Endbestimmung des Bleis wird wieder mit dithizonhaltigen Chloroformlösungen extrahiert, die aus gereinigtem Dithizon (2) hergestellt sind. Zu den 50 ccm der 1%igen chloroformgesättigten Salpetersäure, die das Blei enthält, werden 10 ccm Ammoniumcyanidlösung hinzugefügt (20 g Cyankali + 150 ccm doppelt destilliertes konzentriertes Ammoniak, spez. Gew. 0,9, oder sein Äquivalent, verdünnt auf 1 Liter mit dreifach destilliertem Wasser). Nach dem Ausschütteln hat die Mischung ein p_H von ungefähr 9,5. Danach werden 10 oder 25 ccm der geeigneten Dithizonlösung hinzugefügt und die Mischung 1 Minute lang kräftig geschüttelt. Von der Chloroformschicht wird eine genügende Menge, die die dafür bestimmte Küvette füllt, durch ein Papierfilter filtriert und die Farbdichte der wasserfreien Phase mit Hilfe des Keilphotometers bestimmt.

Die lineare Verschiebung des Keils, abgelesen an der Millimeterskala mit Nonius, kann an Hand der in Abb. 1 dargestellten Eichkurven auf den Bleigehalt umgerechnet werden.

Der Bleigehalt der Probe selbst wird sodann durch Subtraktion einer Blindwertbestimmung, die als „Nullbestimmung" bei jeder Probenreihe durchgeführt wird, und durch Multiplikation des so erhaltenen Ergebnisses mit dem Faktor des aliquoten Teils bestimmt. Bei Proben, die zur Aufbereitung große Mengen Säuren verbraucht haben, ist außerdem nötig, eine weitere Korrektur durch Subtraktion einer zusätzlichen Blindwertbestimmung anzubringen, die den Bleigehalt der verwendeten Säuren angibt. Diese Blindwertbestimmung ergibt selten mehr als 20 γ.

Die Eichkurven wurden erhalten aus je 50 ccm reiner Lösungen von Bleinitrat in 1%iger chloroformgesättigter Salpetersäure nach dem Verfahren, das im wesentlichen von Clifford und Wichmann (8) angegeben wird. Nebenstehend werden die Konzentrationen der verschiedenen Dithizonlösungen und die feststehenden Werte für die zu verwendenden Mengen sowie die Schichtdicke der benutzten Küvetten angegeben:

Bereich γ	Dithizon-konzentration mg/Liter	Angewandtes Volumen ccm	Schichtdicke der Küvette mm
0— 10	4	10	50
0— 50	8	25	25
0—100	16	25	12

Wiedergewinnung des Chloroforms.

Ein wichtiger Umstand bei der Zubereitung der oben angegebenen Dithizonlösungen liegt in der Verwendung von nach der Methode von Biddle (3) wiedergewonnenem Chloroform, das eine besondere Behandlung erfährt, um die Beständigkeit der Lösungen zu gewährleisten. 1 Liter des beiseite gestellten gebrauchten Chloroforms wird in einen großen Scheidetrichter gefüllt und mit 100 ccm 0,5%iger wäßriger Hydroxylaminchlorhydratlösung ausgeschüttelt, die mit 1%igem Ammoniak auf p_H 7,5, mit Phenolrot als Indikator, neutralisiert worden ist. Spuren von Wasser werden durch Filtrieren durch ein trockenes Faltenfilter entfernt. Dithizonlösungen in so behandeltem Chloroform sind als für mindestens 2 Monate unveränderlich haltbar befunden worden. Es hat sich in der Praxis als nützlich erwiesen, die jeweils bei einer Reihe von Analysen zur Anwendung kommende Dithizonlösung durch Ablesung ihres bleifreien Nullpunkts am Keil auf ihre Beständigkeit zu prüfen.

5. Analytische Ergebnisse.

In Tabelle 2 werden Resultate von bekannten Bleimengen wiedergegeben, die mit Hilfe von reinen Bleinitratlösungen hergestellt und unmittelbar nach der Endstufe, wie oben angegeben, analysiert worden sind.

Tabelle 2. Direkte Bestimmung von reinen Bleinitratlösungen (nur Endbestimmung).

Benutzter Bereich γ	Blei angewandt γ	Blei gefunden γ	Benutzter Bereich γ	Blei angewandt γ	Blei gefunden γ
0—10	0,5	0,7	0—100	12,0	11,0
0—10	1,3	1,3	0—100	57,0	57,0
0—10	3,4	3,4	0—100	62,0	63,0
0—10	5,5	5,6	0—100	75,0	75,0
0—10	7,2	7,2	0—100	86,0	87,0
0—10	8,9	9,1	0—100	96,0	96,0

In Tabelle 3 werden Resultate wiedergegeben, die durch Hinzufügen von bekannten Mengen Blei zu einer passenden Menge Stammsalzlösung erhalten wurden, wie sie von Cholak (5) beschrieben wird. 10 Doppelproben von je 100 ccm, mit Urinsalzen, die 1 Liter normalem Urin entsprachen (5), wurden ohne Kenntnis des Gehaltes seitens des Analysierenden nach derselben Methode analysiert, wie sie für regelrechte Urinproben angegeben wird, jeweils unter Anwendung einer 100 ccm Urin entsprechenden Menge.

Tabelle 3. Analyse von synthetischen Urinproben (nach dem vollständigen Verfahren).

Benutzter Bereich γ	Blei angewandt mg	Blei gefunden[1] mg	Benutzter Bereich γ	Blei angewandt mg	Blei gefunden[1] mg
0—10	nichts	nichts	0— 50	0,170	0,160
0—10	nichts	nichts	0— 50	0,170	0,165
0—10	0,030	0,035	0— 50	0,210	0,210
0—10	0,030	0,026	0— 50	0,210	0,195
0—10	0,060	0,055	0— 50	0,310	0,305
0—10	0,060	0,070	0— 50	0,310	0,300
0—50	0,090	0,095	0— 50	0,440	0,410
0—50	0,090	0,095	0— 50	0,440	0,425
0—50	0,130	0,125	0—100	0,620	0,620
0—50	0,130	0,135	0—100	0,620	0,610

Eine Prüfung der Wiederholbarkeit der Resultate ergab die in Tabelle 4 verzeichneten Befunde, und zwar für gleiche aliquote Teile ein und derselben vorbereiteten Probe, die in wöchentlichen Zeitabständen analysiert wurden.

---

[1] Errechnet aus mit $^1/_{10}$ aliquoten Teilen erhaltenen Befunden.

Eine große Zahl analytischer Befunde von biologischen Stoffen verschiedenster Art ist während des vergangenen Jahres gesammelt worden. In vielen Fällen konnten die Proben gleichzeitig nach der s-Diphenyl-carbazidmethode (11) und nach der spektrographischen Methode (4, 5) analysiert werden. Die Resultate sind an anderer Stelle verglichen worden (6).

6. Erörterung.

Die Zuverlässigkeit der hier geschilderten Methode wird durch die in Tabelle 2, 3 und 4 wiedergegebenen Resultate klar veranschaulicht. Aus Tabelle 2 geht hervor, daß reine Lösungen von Bleinitrat mit einem Bleigehalt von 1—100 γ mit einer Fehlergrenze von 1—2% analysiert werden können, ausgenommen, wenn der Betrag geringer ist als 1 γ oder wenn er sich im niedrigeren Teil des gewählten Konzentrationsbereichs befindet; in diesem Falle wird die prozentuale Fehlergrenze etwas größer. Zur Erlangung dieser Werte wurde lediglich die letzte Stufe der Methode angewandt. Die gleiche Genauigkeit ist nicht zu erreichen, wenn Proben nach dem vollständigen Analysengang behandelt werden, wie aus den Resultaten der Tabelle 3 klar ersichtlich ist. Dies kommt hauptsächlich daher, daß die größere Zahl von Einzelverrichtungen Möglichkeiten für Verluste und Verunreinigung mit sich bringt. Verluste können eintreten bei der Veraschung des Materials, wenn die Oberfläche der Veraschungsschale Blei aus der Probe aufnimmt, das sodann schwer wieder entfernt werden kann. Andererseits sind bleihaltige Glasgeräte sowie Luftstaub, der in die Probe gelangt, eine Quelle von Verunreinigung. Der sich besonders bei kleinen Proben deutlich bemerkbar machende Einfluß von Staub kann erheblich vermindert werden, wenn das gesamte Analyseverfahren in einem vorsätzlich staubfrei gehaltenen Laboratorium ausgeführt wird.

Bei Bestimmungen von Bleimengen unter 10 γ — Mengen, wie sie praktisch in 100 ccm Urin vorhanden sein können — hängt die Endgenauigkeit von der Größe des bei der Nullbestimmung erhaltenen Wertes ab, der aus weiter oben angegebenen Gründen veränderlich ist und in Verbindung mit jeder Analysenreihe neu bestimmt werden muß. Es ist dafür ein Durchschnittswert von 0,8 γ gefunden worden, mit Schwankungen zwischen 0,5 und 1,5 γ.

Die vorstehend beschriebene Methode dürfte sehr geeignet sein für die Analyse praktisch aller Gattungen von Stoffen, die in Frage kommen. Bei der Analyse von Substanzen, wie veraschter gemischter Nahrung oder Faeces, die beträchtliche Mengen von Salzen und außerdem große Mengen Zinn, Kupfer, Aluminium und Mangan enthalten, bietet die Vorschaltung von zwei Extraktionsstufen vor der Endextraktion die Möglichkeit, Blei als reines Bleidithizonat in der Endstufe abzuscheiden. Zweck der 1. Extraktion ist, Komplexe von Begleitmetallen wie Zinn, Kupfer und Zink zu entfernen und das Blei von den in der Probe befindlichen zusätzlichen Salzen zu trennen. Wegen der Anwesenheit dieser Salze geht die Extraktion in dieser Stufe nur allmählich und nicht quantitativ vor sich, so daß eine genaue Bestimmung des Bereichs der Bleikonzentration schwierig wird. Daher ist die 2. Extraktion nicht nur von Nutzen für dessen eindeutige Umgrenzung, nachdem die zusätzlichen Salze vollständig entfernt sind, sondern auch für die

Tabelle 4. Wiederholbarkeit der analytischen Befunde.

Zeitpunkt	Blei gefunden in gemischter Nahrung mg	Blei gefunden in Faeces mg
1. Analyse	0,26	1,18
1 Woche später	0,28	1,24
2 Wochen später	0,25	1,13
3 Wochen später	0,25	1,18
4 Wochen später	0,25	1,18

Feststellung, ob Wismut anwesend ist, sowie gegebenenfalls für dessen quantitative Entfernung. Von den Metallen, von denen bekannt ist, daß sie die Analyse stören, ist Thallium bisher noch nicht angetroffen worden, während Wismut, wie gesagt, leicht festgestellt und entfernt werden kann. Wenn Stanno-Zinn zugegen ist, so wird es im Laufe der Analyse oxydiert und entfernt. Obgleich Proben häufig bedeutende Mengen Zinn enthalten, haben zahlreiche spektrographische Prüfungen der Dithizon-Endextraktion gezeigt, daß sie vollkommen frei von diesem Element war.

Das beschriebene Keilphotometer hat zufriedenstellend gearbeitet. Es wurde gefunden, daß die Ablesungen an dem Keiltyp, der benutzt wurde, in linearem Verhältnis zu den entsprechenden Farbdichtemessungen standen.

Es ist geplant, diese Experimentalarbeit fortzusetzen, besonders in dem niedrigeren Bereich der Bleikonzentration (0—$10\ \gamma$), wobei ein Spektralphotometer benutzt werden soll, um größere Genauigkeit in den Farbdichtemessungen zu erzielen. Von entschiedenem Vorteil wird die Ausschaltung der Lichtfilter sein, da dadurch die Anwendung der Methode auf die Bestimmung anderer metallischer Dithizonkomplexe vereinfacht wird.

7. Zusammenfassung.

Eine photometrische „Mischfarben"-Dithizonmethode ist auf die Analyse gewisser biologischer Stoffe angewendet worden. Die Einschaltung von 3 Extraktionsstufen erlaubt die leichte Abtrennung von Blei in hoher Reinheit. Die 1. Extraktion entfernt zusätzliche Salze, die 2. entfernt etwa vorhandenes Wismut, und die 3. Extraktionsstufe wird zur Endbestimmung benutzt. Andere in biologischen Stoffen gewöhnlich gefundene Metalle beeinflussen die Ergebnisse nicht.

Wiedergewonnenes Chloroform, besonders wenn es in zweckmäßiger Weise aufgearbeitet wird, hat bei der Methode vollständig zufriedenstellende Dienste geleistet, wodurch Verschwendung vermieden wird.

Das Verfahren ist rasch durchzuführen. Vorbereitete Proben können an dem gleichen Tage, an dem sie erhalten werden, durchanalysiert werden.

Schrifttum.

1. Allport, N. L. u. G. H. Skrimshire: Analyst **57**, 440 (1932).
2. Assoc. Official Agr. Chem.: Amtliche und Versuchsmethoden. (Official and Tentative Methods.) 4. Ausgabe, S. 378. Washington 1935.
3. Biddle, D. A.: Ind. Eng. Chem., Anal. Ed. **8**, 99 (1936).
4. Cholak, J.: J. amer. chem. Soc. **57**, 104 (1935). Siehe VIII B.
5. Cholak, J.: Ind. Eng. Chem., Anal. Ed. **7**, 287 (1935). Siehe VIII C.
6. Cholak, J., D. M. Hubbard, R. R. McNary u. R. V. Story: Ind. Eng. Chem., Anal. Ed. **9**, 488 (1937). Siehe VIII E.
7. Clifford, P. A.: J. Assoc. Official Agr. Chem. **20**, 191. D. C., U. S. Food and Drug Administration. Washington 1937.
8. Clifford, P. A. u. H. J. Wichmann: J. Assoc. Official Agr. Chem. **19**, 130—56 (1936).
9. Fischer, H.: Wiss. Veröffentl. Siemens-Konzern **4**, H. 2, 158 (1925); Z. angew. Chem. **42**, 1025 (1929).
10. Fischer, H. u. G. Leopoldi: Wiss. Veröffentl. Siemens-Konzern **12**, H. 1, 44 (1933).
11. Kehoe, R. A., F. Thamann, J. Cholak: J. ind. Hyg. **15**, 257 (1933). Siehe I A.
12. Tompsett, S. L. u. A. B. Anderson: Biochem. J. **29**, 1851 (1935).
13. Wilkins, E. S. jr., C. E. Willoughby, E. O. Kraemer u. F. L. Smith: Ind. Eng. Chem., Anal. Ed. **7**, 33 (1935).
14. Willoughby, C. E., E. S. Wilkins jr. u. E. O. Kraemer: Ind. Eng. Chem., Anal. Ed. **7**, 285 (1935).
15. Winter, O. B., H. M. Robinson, F. W. Lamb u. E. J. Miller: Ind. Eng. Chem., Anal. Ed. **7**, 265 (1935).

Die quantitative spektrographische Bestimmung von Blei in Urin[1].

Von

Jacob Cholak,

Kettering-Laboratorium für Angewandte Physiologie, Universität Cincinnati, Cincinnati (Ohio).

Chemische Methoden zur Bestimmung von Blei in biologischen Stoffen sind mühsam und zeitraubend; sie erfordern, wenn sie genau sein sollen, die Verarbeitung von großen Proben. Überdies weichen die derzeit gebräuchlichen Methoden hinsichtlich der Empfindlichkeit in solchem Maße voneinander ab, daß die erhaltenen Werte nicht streng vergleichbar sind. Verbesserte Ergebnisse hat die spektrographische Methode geliefert, weshalb dieses Verfahren hier in seinen Einzelheiten geschildert und seine Empfindlichkeit und Genauigkeit besprochen werden soll.

1. Ausrüstung und Methode.

Verwendet wurde ein Littrow-Quarz-Spektrograph von Bausch und Lomb, mit dem es möglich war, den Bereich von λ 2100 bis λ 8000 Å auf drei 25-cm-Platten aufzunehmen. Seine Dispersion war derart, daß Elemente mit zahlreichen Spektrallinien, wie Eisen, die Linien anderer Elemente nicht verdeckten.

Ein Lichtbogen zwischen Graphitelektroden (7 mm regraphitierte Achesonelektroden für Spektralzwecke, deren Spektren keine Bleilinie ergaben) wurde zur Anregung benutzt, weil seine hohe Temperatur ihn gut zum Nachweis von sehr kleinen Metallmengen geeignet macht (1); diese Empfindlichkeit wurde weiter gesteigert, indem man die Probe in einer Vertiefung der negativen Elektrode unterbrachte (2). Bei 10 Ampère und 60 Volt wurden Belichtungen von 4 Minuten Dauer als geeignet befunden.

Die Menge des im Lichtbogen verdampften Bleis wurde bestimmt, indem man einen rotierenden logarithmischen Sektor in den Lichtstrahl zwischen dem Boden und dem Spalt des Spektrographen einschaltete (3). Dadurch wurde es möglich, die L ä n g e der Bleilinie auf der photographischen Platte anstatt ihrer Intensität als Maß für die im Bogen vorliegende Bleimenge anzunehmen. Das Messen der Linienlänge wurde durch Verwendung eines weiten Spaltes (0,05 mm) erleichtert; dabei wurde jedoch notwendig, die Lichtintensität abzuschwächen, insbesondere diejenige des Untergrundes, indem man einen gewöhnlichen rotierenden Sektor zwischen dem Bogen und dem logarithmischen Sektor einbaute; der letztere war gemäß der Formel $\log \alpha = b \times 1$ ausgeschnitten, um einen 15 mm langen Spalt zu exponieren (3, 4).

Die empfindlichste Bleilinie (λ 4057,8 Å) konnte nicht benutzt werden, weil sie in einem Gebiet liegt, das von Cyanbanden überdeckt wird, weshalb die Linie

---

[1] Aus J. amer. chem. Soc. **57**, 104 (1935). Zur Veröffentlichung eingegangen am 2. Mai 1934.

λ 2833,2 Å verwendet wurde. Andere Linien, wie zum Beispiel λ 2614,3 Å, erscheinen nicht, wenn weniger als 0,1 mg Pb in 100 ccm vorliegt.

Das in den Proben enthaltene Blei wurde auf folgende Weise bestimmt: Bekannte Bleimengen und eine konstante Menge Wismut wurden zu Lösungen hinzugefügt, die annähernd die gleiche Salzzusammensetzung hatten wie normaler Urin. Diese genormten Lösungen wurden in den Bogen eingeführt, ihre Spektren

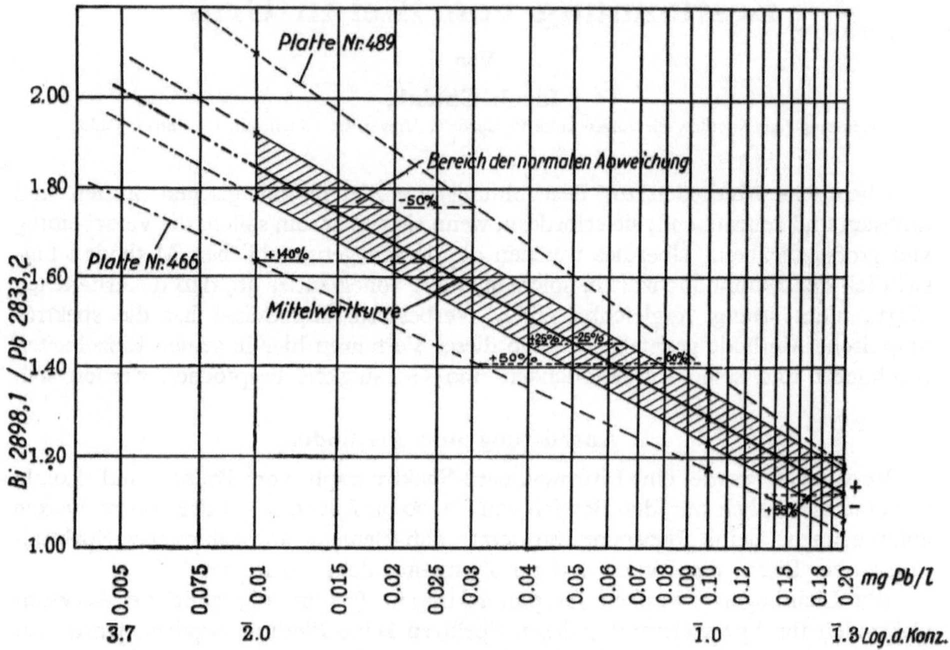

Abb. 1. Mittlerer Verlauf und normale Abweichung der Kurven aus einer Reihe von Beobachtungen, die an den Normlösungen (66 Platten) gemacht wurden, zusammen mit dem Verlauf von zwei einzelnen Kurven, die in den Raum außerhalb der Grenzen der normalen Abweichung fallen.

photographiert, die Längen der Bleilinie λ 2833,2 Å und der Wismutlinie λ 2898,1 Å gemessen und ihr Verhältnis zueinander gegen den Bleigehalt aufgezeichnet. (Wismut wurde als „interne Norm" (4, 5, 6, 7) verwendet, weil es im Urin selten in bedeutenden Mengen vorkommt, und weil es im Bogen unter den gleichen Bedingungen verdampft wie Blei. Die Verwendung von Chrom, Zink, Zinn und Cadmium wurde nach nicht zufriedenstellenden Versuchen aufgegeben.) Die Urinprobe, die unbekannte Mengen Blei enthielt, wurde, mit der gleichen „internen Norm" versehen, in den Bogen eingeführt und auf die gleiche Platte photographiert; die Längen der Blei- und Wismutlinien wurden gemessen, und auf Grund ihres Verhältnisses zu den Normlinien wurde der in der Probe vorhandene Bleigehalt aus der aufgestellten Kurve abgelesen. Bei jeder Platte wurden drei bekannte Lösungen benutzt, die 0,01 bzw. 0,1 bzw. 0,2 mg Blei auf 100 ccm, ferner 5 mg Wismut und das Zehnfache der verschiedenen anorganischen Salze enthielten, die gewöhnlich im Urin normaler Menschen mit durchschnittlicher Beköstigung vorhanden sind (8). 0,2 ccm jeder Lösung (entsprechend 2 ccm normalen Urins) wurden in den Bogen gebracht; ebenso wurde die Lösung des veraschten Urins so eingestellt, daß 0,2 ccm hiervon 2 ccm frischem Urin entsprachen. Der Gehalt an anorganischen Salzen kann 50% unter oder über dem Normalen betragen, ohne daß hierdurch bedeutende Veränderungen in den Intensitäten der Blei- und der Wismutlinie hervorgerufen werden.

Aus Abb. 1 kann ersehen werden, warum es wichtig ist, sowohl die bekannten als auch die unbekannten Lösungen auf der gleichen Platte zu photographieren. Die starke gerade Linie stellt den normalen Verlauf der Kurve dar, die man erhält, wenn man die statistischen Mittel des Intensitätsverhältnisses der genormten Lösungen von 66 Platten gegen die Logarithmen der Bleikonzentration je Liter Urin graphisch aufzeichnet. Von den so ausgewerteten Platten wiesen nur 25% Kurven auf, deren Verlauf mit dieser Mittelwertkurve zusammenfiel; 70% fielen in den von den schwächeren durchgezogenen Linien begrenzten Bereich, welcher die normale ± Abweichung vom Mittel darstellt; die restlichen 30% fielen entweder in den Raum oberhalb oder unterhalb der normalen Abweichung. Der Verlauf der Kurven von zwei derartigen Platten ist durch die gestrichelten, mit den Nrn. 466 und 489 versehenen Linien gekennzeichnet.

2. Ausführung der Untersuchung.

Zu 100 ccm Urin werden in einer 200-ccm-Quarzschale (gereinigt durch wiederholtes Auswaschen mit heißer Salpetersäure und wiederholtes Ausspülen mit heißem, doppelt destilliertem Wasser) 7 ccm doppelt destillierte Salpetersäure[1] hinzugefügt, worauf der Inhalt der Schale auf einer Heizplatte bis zur Trockne eingedampft wird. Die Schale wird, mit einer Quarzplatte bedeckt, in einem Muffelofen bei einer Temperatur verascht, die 500° nicht übersteigen darf, was durch Pyrometer überwacht wird. Nach dem Abkühlen nimmt man die Asche mit 2 ccm doppelt destillierter Salpetersäure und 3—4 ccm doppelt destilliertem Wasser auf, erwärmt nötigenfalls und spült in eine saubere, graduierte 15-ccm-Pyrexzentrifugenröhre über, wobei das Endvolumen unter 9,5 ccm gehalten wird. Die Aschelösung wird spektrographisch auf Wismut geprüft, indem man 0,1 ccm auf einer Graphitelektrode dem Lichtbogen aussetzt. Wenn weniger als 0,1 mg Wismut je Liter vorhanden ist, was daran erkannt wird, daß die Linie λ 2898,1 Å nicht auftritt, werden 0,5 ccm einer Wismutlösung (1 ccm = 1 mg Wismut) hinzugefügt und das Gesamtvolumen der zu prüfenden Lösung mit doppelt destilliertem Wasser auf 10 ccm gebracht. (Falls durch die Vorprüfung Wismut in der Probe festgestellt wird, kann einer der folgenden zwei Wege eingeschlagen werden: Das Wismut kann als Oxychlorid entfernt werden, bevor man die gewünschte Menge Wismut neu als „interne Norm" hinzufügt. Dieses Verfahren bringt einen Verlust an Blei mit sich und ist daher nicht ganz befriedigend. Verläßlichere Resultate erhält man, wenn man die von der Probe hervorgerufene Wismutlinie vernachlässigt, von einer Hinzufügung der „internen Norm" absieht und dagegen den Durchschnitt der Wismutlinien in den Normlösungen als Norm für die Intensität verwendet. Zu diesem Schritt ist man jedoch selten genötigt, da Wismut im Urin nicht häufig in Mengen vorkommt, die zu einem Hervorrufen der Linie λ 2898,1 Å hinreichen.)

---

[1] Nur die mittlere Fraktion der bei Destillation in einem Quarzkolben übergehenden Salpetersäure konz. chem. rein darf benutzt werden. Frisch destillierte Säure ist vorzuziehen, da in Pyrexflaschen einige Monate hindurch aufbewahrte Säure aus dem Glas 0,01 mg Blei je Liter aufnimmt. (Das Glas enthält ungefähr 0,08 mg je Gramm.)

Die zu prüfende Lösung und jede der Normlösungen wird in Mengen von 0,2 ccm in die für sie bestimmten 3 × 10 mm Höhlungen der Graphitelektroden gegeben, indem Anteile von je 0,1 ccm aus Kapillarpipetten wiederholt hinzugegeben und hernach eingetrocknet werden. Die Elektroden werden sodann in einem Ofen mehrere Stunden hindurch getrocknet (am besten über Nacht), wonach sie als negative Pole des Lichtbogens benutzt werden; die Spektren der Probe und der Normen werden auf einer 10 × 25 cm-Platte photographiert. Benutzt wird der Spektralbereich zwischen λ 2500 und λ 3400 Å. Nach dem Entwickeln, Fixieren und Trocknen der Platte werden die Längen der Bleilinie λ 2833,2 Å und der Wismutlinie λ 2898,1 Å bis auf 0,1 mm mittels eines Vergrößerungsokulars gemessen, das eine in Zehntel eingeteilte 20-mm-Skala hat. Die von jeder Platte erhaltenen Angaben werden als Kurve eingetragen.

3. Genauigkeit und Grenzen der Methode.

Um die Genauigkeit der Methode zu prüfen, wurden mehrere Reihen von Lösungen vorbereitet, welche bekannte Mengen Blei sowie die Salze enthielten, die 1 Liter Urin entsprachen. Die hinzugesetzten Mengen Blei lagen unter denjenigen, die in der höchsten Normlösung enthalten sind, nämlich 0,2 mg je Liter.

Tabelle 1.

Blei hinzugefügt . . . . mg	0,01	0,01	0,01	0,01
„ gefunden . . . . mg	0,02	0,01	0,01	0,01
„ hinzugefügt . . . . . . mg	0,05	0,05	0,05	0,05
„ gefunden . . . . mg	0,06	0,06	0,07	0,07
„ hinzugefügt . . . . . . mg	0,10	0,10	0,10	0,10
„ gefunden . . . . mg	0,09	0,10	0,09	0,10
„ hinzugefügt . . . . . . mg	0,15	0,15	0,15	0,15
„ gefunden . . . . mg	0,11	0,12	0,15	0,12

Die Ergebnisse sind in Tabelle 1 verzeichnet, aus der ersehen werden kann, daß der Fehler beim Arbeiten mit Bleimengen von 0,001—0,01 mg je 100 ccm (entsprechend 0,01—0,1 mg je Liter) ungefähr 0,001 mg beträgt, was 0,01 mg Blei je Liter Urin entsprechen würde. Bei Mengen von mehr als 0,01 mg Blei ist der Fehler etwas größer. Eine Verringerung der Probenmenge erhöht den jeweiligen Fehler nicht, — sogar Proben in der Größe von 10 ccm können zur Verwendung gelangen unter der Voraussetzung, daß sie mindestens 0,0001 mg Blei (entsprechend 0,01 mg je Liter) enthalten. Hierin liegt ein klarer Vorteil gegenüber den heute zur Verfügung stehenden chemischen Methoden, bei denen die Empfindlichkeit durch die absolute Menge des vorhandenen Bleis begrenzt wird. Leichte Verluste an Blei ergeben sich unvermeidlich bei chemischen Analysen, welche die Trennung des Bleis mittels seiner Salze von störenden Metallen wie Kupfer, Eisen, Zinn und Aluminium, die in biologischen Stoffen ebenfalls vorhanden sind, nötig machen (9). (Zum Beispiel beträgt der größte Verlust, der bei einer Methode, wie wir sie beschrieben haben (10), beobachtet wurde, 0,07 mg je Probe.) Dadurch, daß sie die für die Trennung des Bleis von anderen Metallen nötigen Handgriffe umgeht, vermeidet die spektrographische Methode diese Verluste.

Die Grenzen der Bleimengen, die mittels dieser Methode genau gemessen werden können, liegen zwischen 0,01 und 0,2 mg je 100 ccm. Diese Grenzen werden durch Abb. 2 veranschaulicht, in der die Änderung des Verhältnisses der Wismut- zur Bleilinie mit dem Bleigehalt in einer Kurve dargestellt ist. Unterhalb von 0,01 mg kann dieses Intensitätsverhältnis nicht mehr bestimmt werden, weil die Schwelle der Empfindlichkeit der Platte erreicht worden ist. Oberhalb 0,2 mg Blei je 100 ccm verläuft die Kurve asymptotisch zu ihrer Achse, weil die Stärke der Bleilinie λ 2833,2 Å einen Punkt erreicht, über den hinaus zunehmende Bleigehalte keine entsprechend höheren Grade von Schwärzung auf der photographischen Platte erzeugen. Hohe Bleigehalte können ohne Schwierigkeit bestimmt werden,

indem man die Probe verdünnt. Wenn dies geschehen muß, ist es ratsam, solche Mengen von Salzen hinzuzufügen, daß ihr Gehalt demjenigen der Normlösungen entspricht. Die meisten Urinproben werden jedoch keine Verdünnung benötigen. (Falls man auf eine größere Zahl von Proben stoßen sollte, die regelmäßig mehr als den oben angegebenen Grenzwert enthalten, kann eine andere Linie, z. B. λ 2614,3 Å, gewählt und ihr Anwendungsbereich in gleicher Weise bestimmt werden.)

Eine weitere Einschränkung bei der Ermittlung der unteren Grenze der Empfindlichkeit der Methode liegt in der Tatsache, daß bleifreie Vergleichslösungen nicht hergestellt werden können. Die bei der Zubereitung der Normlösungen verwendeten Salze wiesen, obwohl sie von der höchsten Reinheit waren, stets merkliche Bleimengen auf.

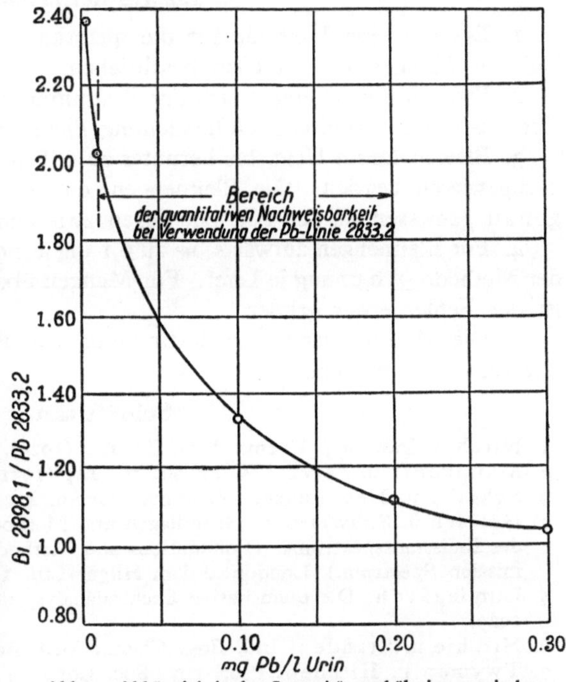

Abb. 2. Abhängigkeit des Intensitätsverhältnisses zwischen Wismut- und Bleilinie von der Bleikonzentration.

Diese können durch Fällen mit Schwefelwasserstoff teilweise entfernt werden, doch haben wir es trotzdem unmöglich gefunden, Normlösungen herzustellen, die weniger als 0,001 mg Blei auf 100 ccm enthalten.

Mit den obigen Begrenzungen ist die Methode für die Bestimmung von Blei in biologischen Stoffen jeder Art als anwendbar befunden worden unter der Voraussetzung, daß Vergleichslösungen hergestellt werden, die der Zusammensetzung der Proben nahekommen.

4. Die Grenzen des qualitativen Nachweises von Blei.

Die Empfindlichkeit des spektrographischen Nachweises von Blei ändert sich je nach der Zusammensetzung des Stoffes, der in den Lichtbogen eingeführt wird. Wenn wir 0,2 ccm reine Bleisalzlösung verwendeten, haben wir gefunden, daß fast 0,1 mg Pb in 100 ccm Lösung vorhanden sein mußten, um die Bleilinie λ 2833,2 Å hervorzurufen. Andererseits lassen Lösungen, die Urinsalze und sehr kleine Bleimengen enthalten (d. h. Lösungen, die in ihrem Salzgehalt durchschnittlichen

Urinproben entsprechen), diese Linie noch auftreten, wenn 0,2 ccm in einer Verdünnung, die nur 0,0002—0,0003 mg Blei auf 1 Liter entspricht, in den Lichtbogen gegeben werden (entsprechend 1 Teil auf 3—5 Milliarden Teile Urin). Überdies ergibt 0,1 ccm frischer Urin stets eine Bleilinie, und da der Urin nach unserer Erfahrung manchmal nicht mehr als 0,01 mg Blei auf den Liter enthält, so liegt die nachgewiesene Empfindlichkeit, ohne daß man zu einer anderen als der beschriebenen üblichen Methodik greift, in der Größenordnung von 1 Teil zu 100 Millionen.

5. Zusammenfassung.

1. Es wird eine Methode für die quantitative spektrographische Bestimmung kleinster Mengen Blei in Urin beschrieben.

2. Diese Methode eignet sich zur Bestimmung von Blei in Proben, die so klein sind, daß eine chemische Untersuchung nicht angewendet werden kann.

3. Bleigehalte im Urin, bis herunter zu 1 Teil auf 100 Millionen, können leicht nachgewiesen werden. Die Bleimengen, die mittels der beschriebenen Methode genau gemessen werden können, liegen zwischen 0,01 und 0,2 mg auf den Liter.

4. Für Bleimengen aufwärts bis zu 0,1 mg auf den Liter beträgt die Genauigkeit der Methode $\pm$ 0,01 mg je Liter. Für Mengen über 0,1 bis zu 0,2 mg auf den Liter ist der Fehler etwas größer.

5. Die Methode kann zur Bestimmung von Blei in biologischen Stoffen aller Art verwendet werden.

Schrifttum.

1. Nitchie: Ind. Eng. Chem., Anal. Ed. 1, 1 (1929).
2. Mannkopff u. Peters: Z. Physik 70, 444 (1931).
3. Scheibe u. Neuhäusser: Z. angew. Chem. 41, 1218 (1928).
4. Gerlach u. Schweitzer: Grundlagen und Methoden der chemischen Analyse mittels des Emissionsspektrums. (Foundations and Methods of Chemical Analysis by the Emission Spectrum.) London: Adam Hilger Ltd. 1929.
5. Lundegårdh: Die quantitative Spektralanalyse der Elemente. Jena: Gustav Fischer 1929.
6. Nitchie u. Standen: Ind. Eng. Chem., Anal. Ed. 4, 182 (1932).
7. Twyman u. Hitchen: Proc. roy. Soc. Lond. A 133, 72 (1931).
8. Mathews: Physiologische Chemie. (Physiological Chemistry.) 5. Aufl., S. 730. 1930.
9. Taylor: Proc. roy. Soc. New South Wales 61, 315 (1928).
10. Kehoe, Thamann u. Cholak: J. ind. Hyg. 15, 257 (1933). Siehe I A.

Die quantitative spektrographische Bestimmung von Blei in biologischen Stoffen[1].

Von

Jacob Cholak,

Kettering-Laboratorium für Angewandte Physiologie, Universität Cincinnati, Cincinnati (Ohio).

Eine quantitative spektrographische Methode zur Bestimmung von Blei in biologischen Stoffen verschiedener Art wird beschrieben, bei der die in einen Lichtbogen eingeführten Bleimengen mikrophotometrisch in Werten der relativen Intensitäten der Bleilinie λ 2833,2 Å gemessen werden. Einige kennzeichnende, mit bekannten Mengen Blei erzielte Ergebnisse weisen eine Genauigkeit von $\pm$ 0,00002 mg bei Anwesenheit von 0,00002—0,0004 mg Pb im Lichtbogen auf. Der Einfluß gewisser Schwankungen in der Zusammensetzung der Proben wird veranschaulicht, und es werden andere hauptsächliche Fehlerquellen erwähnt.

Eine frühere Veröffentlichung (1) unseres Laboratoriums beschrieb eine spektrographische Methode zur quantitativen Bestimmung von Blei in Urin. Diese Methode beruhte auf einer Messung der Längen der keilförmigen Linien, die auf einer photographischen Platte durch Zwischenschaltung eines rotierenden logarithmischen Sektors (9) zwischen dem Lichtbogen und dem Spalt des Spektrographen hervorgerufen werden. Die Verwendung eines Mikrophotometers zum Messen der Linienintensitäten hat die Genauigkeit und Anwendungsmöglichkeit der Methode vergrößert, weshalb eine Beschreibung des Verfahrens, wie es bei der Analyse einer großen Anzahl verschiedener biologischer Stoffe zur Anwendung gelangte, gerechtfertigt erscheint.

1. Apparatur.

Der Spektrograph mit seinem Zubehör ist früher beschrieben worden (1). Zur Messung der Linienintensitäten wurde ein Bausch und Lomb-Mikrophotometer neuester Art verwendet.

2. Eichkurven.

Unbekannte Mengen von gelöstem Blei, die spektrographisch bestimmt werden sollen, müssen einleuchtenderweise mit bekannten Bleimengen in Lösungen von der gleichen Zusammensetzung (innerhalb gewisser Grenzen) hinsichtlich der begleitenden Salze verglichen werden. Es besteht die Möglichkeit, das Blei aus der Lösung einer jeden veraschten biologischen Probe als Sulfid abzutrennen und einer Stammsalzlösung hinzuzufügen, die zum Einstellen der bekannten Bleinormen dient. Ein derartiges Verfahren hat zwar den Vorteil einer allgemeinen Anwendbarkeit, ist aber bei den sehr geringen Bleimengen, die in biologischen Stoffen vorkommen, zu vermeiden, da die dazu erforderlichen Handgriffe einen unvermeidlichen Verlust an Blei zur Folge haben und die Wahrscheinlichkeit einer Verunreinigung erhöhen. Da mäßige Veränderungen in der Zusammensetzung und im Gehalt der Begleitsalze keine bedeutenden Abweichungen in den

---

[1] Aus. Ind. Eng. Chem., Anal. Ed. 7, 287 (15. September 1935). Zur Veröffentlichung eingegangen am 18. März 1935.

Tabelle 1. Einfluß von Abänderungen im Salzgehalt der Normlösungen.

Abänderungen der Normlösung [1]	Gefundenes Verhältnis	Blei laut Eichkurve mg	Gefundenes Verhältnis	Blei laut Eichkurve mg	Gefundenes Verhältnis	Blei laut Eichkurve mg
Halbe mittlere Konzentration	0,51	0,01	1,66	0,10	2,76	0,20
Doppelte mittlere Konzentration	0,49	0,01	1,46	0,09	2,90	0,20
Keine Abänderung	0,39	0,01	1,68	0,10	2,93	0,20
100% mehr NaCl	0,48	0,01	1,69	0,11	3,05	0,21
Kalium fortgelassen	0,40	0,01	1,61	0,10	2,69	0,18
100% mehr Kalium	0,51	0,01	1,70	0,11	2,63	0,18
Phosphorsäure fortgelassen	0,55	0,02	1,60	0,10	2,63	0,18
300% mehr Phosphorsäure	0,53	0,01	1,56	0,10	2,16	0,14 [2]
Calcium fortgelassen	0,39	0,01	1,45	0,09	2,75	0,19
100% mehr Calcium	0,53	0,02	1,65	0,10	2,74	0,19
Magnesium fortgelassen	0,35	0,01	1,58	0,10	2,83	0,19
100% mehr Magnesium	0,55	0,02	1,81	0,11	2,65	0,18
Schwefelsäure nicht vorhanden	0,39	0,01	1,68	0,10	2,93	0,20
7,5 g Schwefelsäure hinzugefügt	0,55	0,02	1,71	0,11	2,55	0,17
100% mehr NaCl und 50% weniger Kalium	0,33	0,01	1,64	0,10	2,80	0,19
100% mehr Kalium und 50% weniger NaCl	0,62	0,02	1,61	0,10	2,73	0,18
100% mehr NaCl und 50% weniger Phosphorsäure	0,53	0,02	1,56	0,10	2,70	0,18
100% mehr Phosphorsäure und 50% weniger NaCl	0,54	0,02	1,52	0,09	2,56	0,17
Zusatz von 50 mg Fe zur Normlösung	0,50	0,01	1,60	0,10	2,42	0,16 [3]

Ergebnissen verursachen (Tabelle 1), ist es, wenn tunlich, das Beste, die Handgriffe bei der Vorbereitung der Proben auf ein Mindestmaß herabzusetzen, indem man die Norm-Bleilösungen derartig anpaßt, daß sie in bezug auf ihre Salzzusammensetzung in annähernder Übereinstimmung mit den Proben stehen. Die verschiedenen Arten von Proben, mit denen man im allgemeinen zu tun hat, können für praktische Zwecke in drei Gruppen unterteilt werden, deren Analyse die Verwendung von gesonderten Bleinormen und gesondert aufgestellten Eichkurven nötig macht.

Jede der Kurven (Abb. 1) wurde auf Grund der von 10 Platten erhaltenen Angaben aufgestellt, von denen jede fünf Spektren von 0,2-ccm-Anteilen einer jeden der drei Bleinormen zeigte. Die Mittelwerte für die Intensitätsverhältnisse — Bleilinie λ 2833,2 Å, geteilt durch den Intensitätsstandard (Wismut λ 2898,1 Å) (2, 3, 7) — für jede Normlösung wurden gegen die entsprechende Bleikonzentration und die entsprechenden in den Lichtbogen eingeführten Bleimengen graphisch aufgetragen. Die drei Normlösungen für Kurve I enthielten jeweils auf 100 ccm Lösung 0,01 bzw. 0,1 bzw. 0,2 mg Blei, sowie 1 mg Wismut [die „interne Norm" (7)] und die Salzmenge, die in der Asche von einem Liter eines durchschnittlichen normalen Urins enthalten ist.

Eine konzentrierte Stammlösung, die für die Zubereitung der Normen für die Kurve I und auch als Verdünnungsmittel für bestimmte Proben, wie später gezeigt,

---

[1] Mittelwerte für die Eichkurve I: 0,01 = 0,47 ± 0,01,   normale Streuung ± 0,10
0,10 = 1,61 ± 0,015,   „   „   ± 0,15
0,20 = 2,95 ± 0,024,   „   „   ± 0,25.

[2] Aus 15 Spektren.
[3] Aus 30 Spektren.

verwendet wird, wurde durch Auflösen der folgenden Salze hergestellt: 170,5 g Chlornatrium, 63,5 g Kaliumchlorid, 31,5 g Calciumchlorid ($CaCl_2 \cdot 6\,H_2O$), 20,0 g Magnesiumchlorid ($MgCl_2 \cdot 6\,H_2O$) und 37,5 g Natriummonophosphat ($NaH_2PO_4 \cdot H_2O$) in 1 Liter destilliertem Wasser. Nach Behandeln mit Schwefelwasserstoff und Filtrieren, um das Blei zu entfernen, wurde das Filtrat mit dreimal destillierter

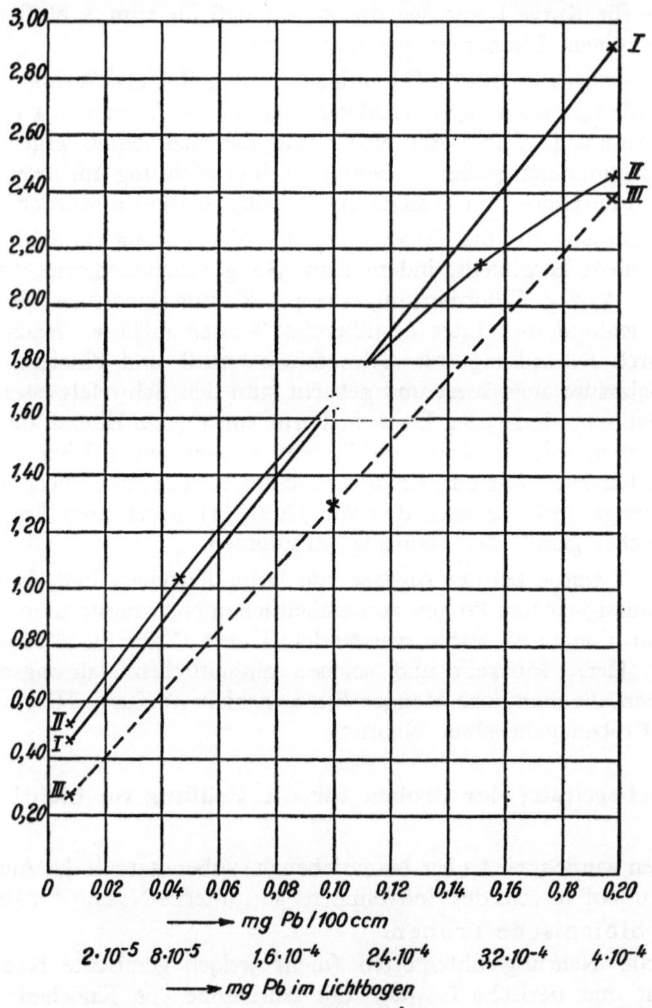

Abb. 1. Verlauf des Intensitätsverhältnisses $\dfrac{\text{Pb } \lambda\,2833,2\,\text{Å}}{\text{Bi } \lambda\,2898,1\,\text{Å}}$ mit zunehmender Bleikonzentration.

Salzsäure (Quarz!) angesäuert, hierauf gekocht, um den Schwefelwasserstoff auszutreiben, und wiederum bis zu 1 Liter mit dreifach destilliertem Wasser aufgefüllt. Je 50 ccm dieser Lösung enthielten Natrium, Kalium, Calcium, Magnesium und Phosphor in Mengen, die denjenigen entsprechen, die in der Asche von 1 Liter normalem Urin gefunden werden (6). (Schwefel wurde mit Absicht außer Acht gelassen, da gefunden worden war, daß sein Vorhandensein oder Nichtvorhandensein innerhalb der Grenzen der zur Verwendung gelangenden Konzentrationen keine Wirkung auf die Intensität des Spektrums ausübt.)

Die Normlösungen für Kurve II unterschieden sich von denjenigen für Kurve I nur dadurch, daß eine jede 50 mg Eisen auf 100 ccm (die Menge, die in 100 ccm Blut auftritt) enthielt. Diese Abweichung erfolgte wegen des beobachteten Einflusses von Eisen auf die Intensität der Bleilinie (Tabelle 1).

Die für Kurve II verwendete Stammlösung wurde daher genau so hergestellt wie diejenige für Kurve I mit der Ausnahme, daß ihr zum Schluß 1,00 g Eisen in Form von reinem Eisendraht zugefügt wurde.

Die Normlösungen für Kurve III enthielten außer Blei und Wismut in den zuvor angegebenen Mengen auch noch die Metalle, die in der Asche von 1 kg gemischter Nahrung vorkommen. Diese Art Norm und die sich daraus ergebende Kurve war bei der Bestimmung großer Proben gemischter Nahrung mit ihrem verhältnismäßig hohen Phosphor- und Kaligehalt als nötig befunden worden.

Die Stammlösung für die Zubereitung der Normlösung III und als Verdünnungsmittel wurde hergestellt, indem man 58,9 g Calciumchlorid, 113,6 g Magnesiumchlorid, 37,2 g Chlornatrium, 174,4 g Kaliumdiphosphat (K_2HPO_4) und 12,2 g Kaliumchlorid in 1 Liter destilliertem Wasser auflöste. Nach Entfernung des Bleis durch Behandlung mit Schwefelwasserstoff und Filtrieren wurde das Filtrat mit Salzsäure angesäuert und gekocht, um den Schwefelwasserstoff auszutreiben. Sodann wurden 0,48 g Eisen in Form von reinem Eisendraht hinzugefügt und das Volumen mit dreifach destilliertem Wasser auf 1 Liter aufgefüllt. Je 50 ccm enthielten dann Natrium, Kalium, Calcium, Magnesium, Phosphor und Eisen in solchen Mengen, wie sie nach den von Lusk (4) errechneten Angaben in 1 kg durchschnittlicher gemischter Nahrung vorkommen.

Die Kurve I wurde bei der Analyse von Urin, Knochen, Fett, Nervengewebe, Rückenmarkflüssigkeit und Proben von einheitlichen Nahrungsmitteln oder anderen Stoffen, die arm an Eisen waren, verwendet; Kurve II für die Analyse von Blut, Leber, Milz, Herz, Muskeln und solchen einheitlichen Nahrungsmitteln oder anderen Proben, die merkliche Mengen Eisen enthielten; Kurve III für die Analyse von großen Proben gemischter Nahrung.

3. Vorbereitung der Proben für die Prüfung im Lichtbogen.

Urin.

Die Proben wurden wie früher beschrieben (1) zubereitet mit der Ausnahme, daß 0,1 mg Wismut auf 10 ccm des Endvolumens als „interne Norm" verwendet wurde.

Andere biologische Proben.

Einheitliche Nahrungsmittelposten (nicht jedoch gemischte Nahrungsmittelproben), Blut und tierische Gewebe mit Ausnahme von Knochen wurden mit Schwefelsäure und dreifach destillierter Salpetersäure in Quarz-Kjeldahl-Kolben aufgeschlossen und zur Trockne verdampft. Knochen und Faeces wurden wegen ihres hohen Kalkgehaltes in einem Muffelofen bei 500° C verascht, nachdem die ersteren mit dreifach destillierter Salpetersäure ausgelaugt worden waren. Die Asche jeder Probe wurde in dreifach destillierter Salzsäure aufgelöst und das Endvolumen durch Verdünnen mit dreifach destilliertem Wasser eingestellt, und zwar so, daß die Lösung entweder die Asche von 1—5 g Knochen in 100 ccm enthielt, oder die Asche von 1 g Blut in 1 ccm, oder bei anderen Proben, mit Ausnahme der Faeces, die Asche der Probe (bis zu einer 100-g-Probe) in 100 ccm. In dem Fall von Faeces enthielt die eingestellte Lösung 1 g Asche in 100 ccm.

Stoffe, bezüglich welcher keine der Eichkurven direkt anwendbar war, wurden für die Analyse mit Hilfe der Kurve I oder II durch Vermischung ihrer aufgelösten Asche und der „bleifreien" Stammlösung, die bei der Herstellung der Normen für die Kurven I und II verwendet wurde, in folgender Weise hergerichtet: 2 ccm der Probelösung und 2 ccm der entsprechenden Stammsalzlösung (zu der auf 100 ccm 1 mg Wismut hinzugefügt worden war) wurden in 15 ccm fassende Pyrexzentrifugenröhren eingefüllt und auf 2 ccm eingeengt. Jeder 0,2-ccm-Anteil, der dem Lichtbogen ausgesetzt wurde, enthielt dann ungefähr 35 mg der anorganischen Salze der Stammlösung zuzüglich einer sehr kleinen und praktisch unbedeutenden Menge Asche, die aus der Probe stammte. (Eine „bleifreie" Stammlösung ist eine Lösung, die vorher mit Schwefelwasserstoff behandelt worden war und nicht mehr als 0,002 mg Pb auf 100 ccm enthält. Die Bleimenge in ein paar Kubikzentimetern einer solchen Lösung kann unbeachtet gelassen werden, da die niedrigste Bleinormlösung 0,01 mg in 100 ccm enthält.)

Rückenmarkflüssigkeit.

Zu 10 ccm Rückenmarkflüssigkeit in einer kleinen Quarzschale wurden 2 ccm dreifach destillierte Salpetersäure hinzugefügt. Nach Verdampfen zur Trockne wurde der Rückstand in einem Muffelofen verascht. Die Asche wurde mit ein paar Tropfen dreifach destillierter Salpetersäure und ein wenig dreifach destilliertem Wasser aufgenommen, in eine 15-ccm-Pyrexzentrifugenröhre übergespült und nach Hinzufügen von 2 ccm der Stammlösung, die für die Normen der Kurve I verwendet wurde (und der noch 1 mg Wismut auf 100 ccm beigefügt worden war), im Wasserbade bis auf 2 ccm eingedampft. Je 0,2 ccm entsprachen dann 1 ccm Rückenmarkflüssigkeit.

Proben von gemischter Nahrung.

Proben von zusammengesetzter Nahrung wurden mit Salpetersäure aufgeschlossen und in einem Muffelofen bei 500° C verascht. (Hierbei können hochgrädige Salpetersäure ohne abermalige Destillierung und Pyrexglasgefäße benutzt werden; eine infolgedessen etwa eintretende Verunreinigung ist in Anbetracht der erheblichen Bleimengen, die in der Nahrung gewöhnlich vorkommen, bedeutungslos.) Der Rückstand wurde in der kleinstmöglichen Menge dreifach destillierter Salpetersäure und dreifach destillierten Wassers aufgelöst, in einen graduierten 100-ccm-Pyrexzylinder mit Glasstopfen übergefüllt und, falls nötig, filtriert, um Kohle zu entfernen. Hierauf wurde die geeignete Menge Wismut hinzugefügt und das Volumen der Lösung so eingestellt, daß 1—1,5 g Asche in je 10 ccm Lösung vorhanden waren. Je 0,2 ccm Lösung enthielten dann 20—30 mg anorganische Salze.

4. Technik der Spektrographie und Photometrie.

Unter Benutzung ein und derselben 0,1-ccm-Kapillarpipette wurden nacheinander Anteile von je 0,2 ccm der zubereiteten Lösungen in die Vertiefung der Elektroden gefüllt (7 mm regraphitierte Acheson-Graphitelektroden, 40 mm lang, mit einer Höhlung 3 mm weit und 10 mm tief). Nach mehrstündigem Trocknen bei 50° C wurde die mit der Höhlung versehene Elektrode als negativer Pol geschaltet; als positiver Pol wurde für jede solche Elektrode eine neue Graphitelektrode verwendet. Die richtig zentrierten Elektroden wurden auf 5 mm Entfernung eingestellt und der Bogen gezündet, indem der Zwischenraum für einen Augenblick mit einem Graphitstab überbrückt wurde. Bei einem Bogen von 10 Ampère und 60 Volt Spannungsabfall wurde 3 Minuten belichtet. Nach Passieren einer Kondensatorlinse aus Quarz fielen die Strahlen, durch einen rotierenden Sektor um 50% abgeschwächt, auf einen Spalt von 5 mm Länge und von 0,04 mm Breite. Dieses Verfahren ergab auf der photographischen Platte einen klaren Untergrund sowie Linien von einer Breite und Länge, daß sie, wenn projiziert, den Spalt des Mikrophotometers vollständig bedeckten. Von jeder der drei Proben wurden fünf Spektren auf jeder Platte photographiert (10 × 25 cm, Eastman Nr. 33). Die Platten wurden 7—8 Minuten lang bei einer Temperatur von 17° C in einem mechanisch bewegten Bad mit einem alkalischen Hydrochinonentwickler entwickelt, der für jede Platte erneuert wurde. Nach Fixieren (15 Minuten) und Waschen (30—45 Minuten) wurden die entwickelten Platten mit einem reinen weichen Wildleder leicht abgewischt und bei Zimmertemperatur einige Stunden getrocknet.

Mikrophotometermessungen wurden nur an ganz trockenen Platten ausgeführt. Der Ausschlag des Galvanometers für die Emulsion neben jeder Linie wurde für die Ablesung als Nullpunkt angenommen, und die Differenzen zwischen diesen Ablesungen und denjenigen für die Linien selbst wurden als die Linienintensitäten eingetragen. Das Verhältnis Bleilinie λ 2833,2 Å : Wismutlinie λ 2898,1 Å wurde dann für jedes Spektrogramm verzeichnet. Der Wert für das mittlere Verhältnis der fünf Spektren einer jeden Probe wurde aus der entsprechenden Eichkurve (Abb. 1) interpoliert.

5. Erörterung.

In Tabelle 2 sind die Ergebnisse verzeichnet, die mit bekannten, den genormten Stammsalzlösungen hinzugefügten Bleimengen erhalten wurden. Obwohl die wiederholten Beobachtungen in mehreren Fällen gleiche Resultate ergaben, können aufeinanderfolgende Spektren der gleichen Probe doch bis zu 20% voneinander abweichen. Der Mangel einer näheren Übereinstimmung ist an erster Stelle der zur Anwendung gelangenden Methode der Erregung des Lichtbogens zuzuschreiben. Der Bogen zwischen den Graphitelektroden hat die Neigung zu wandern, und es ist daher beinahe unmöglich, gleiche Erregungsbedingungen für aufeinanderfolgende Spektrogramme herzustellen. Die Stetigkeit des Lichtbogens kann in gewissem Ausmaße erhöht werden, wenn man die Elektroden gegenüber dem üblichen Verfahren umpolt (5) und verhältnismäßig große Mengen Material, 15—50 mg, in den Bogen einführt. Wenn der Lichtbogen zu wandern beginnt, wird es sehr schwierig, seinen Mittelpunkt auf den Spalt einzustellen, und wenn das Wandern hauptsächlich eintritt, während das Blei oder das Wismut sich in den Bogen hinein verflüchtigt, wird das Spektrogramm nicht denen der gleichen Probe entsprechen, die hergestellt wurden, als der Mittelpunkt des Bogens stetig auf den Spalt eingestellt war. Welche erhöhte Genauigkeit sich aus der Verwendung des Durchschnittswertes einer Anzahl von Spektren der Probe ergibt, ist in Tabelle 2 veranschaulicht. Im allgemeinen liefert das Mittel von fünf Beobachtungen Ergebnisse, die selten um soviel wie 0,01 mg von den Mengen abweichen, die bekanntermaßen vorhanden sind.

Die Angaben der Tabelle 1 führen vor Augen, daß Schwankungen in der Beimengung von Eisen und Phosphaten eine bedeutende Änderung in den Werten ergeben, die man für Konzentrationen von über 0,1 mg Blei auf 100 ccm erhält. Im Falle von Eisen wird diese Schwankung ausgeglichen, wenn man die eigens für die Analyse von eisenhaltigen Proben ermittelte Kurve heranzieht. Wenn in Proben merkliche Mengen Phosphorsäure vorkommen (auf Grund der Intensitäten der Phosphorlinien auf den Platten leicht zu bestimmen), ist die Probe mit der Stammlösung zu verdünnen, um die Bleimenge unter den Wert von 0,1 mg je

100 ccm zu bringen und so die Anwendung des unteren und stetigeren Teils der Kurve zu ermöglichen. Bisweilen enthalten Proben Wismut in solchen Mengen, daß seine Verwendung als „interne Norm" ausgeschlossen wird. Derartige Proben können ohne Benutzung der „internen Norm" nach einem früher beschriebenen Verfahren analysiert werden (1).

Tabelle 2. Ergebnisse mit bekannten Mengen Blei.

mg Pb hinzugefügt	Benutzte Kurve	Mittelwert	Verhältnis Blei/Wismut	mg Blei gefunden	mg Blei Mittelwert
0,01		0,47	0,42	0,01	0,01
			0,44	0,01	
			0,52	0,02	
			0,54	0,02	
			0,42	0,01	
		Mittel 0,47			
0,05	II	0,98	1,04	0,06	0,06
			1,06	0,06	
			1,00	0,05	
			1,05	0,06	
			1,13	0,06	
			1,05	0,06	
		Mittel 1,07			
0,10		1,61	1,52	0,09	0,10
			1,42	0,08	
			1,75	0,11	
			1,56	0,10	
			1,70	0,11	
		Mittel 1,59			
0,12	I	1,75	1,64	0,10	0,11
			1,79	0,11	
			1,84	0,12	
		Mittel 1,75			
0,12	I	1,75	1,59	0,10	0,11
			1,79	0,11	
			1,70	0,11	
		Mittel 1,70			
0,20	I	2,95	2,86	0,20	0,19
			2,86	0,20	
			2,89	0,20	
			2,79	0,18	
			2,68	0,18	
		Mittel 2,81			

Die hauptsächlichsten Fehlerquellen, abgesehen von den oben erwähnten Einflüssen, ergeben sich aus einer Verunreinigung der Probe während des Sammelns und Zubereitens. Alle zur Verwendung gelangenden Gefäße müssen vor jeder Benutzung mit heißer Salpetersäure und darauf mit heißem, dreifach destilliertem Wasser gereinigt werden. Einmal in Angriff genommene Proben sollten so rasch wie möglich zu Ende geführt werden, um jede spätere Verunreinigung zu vermeiden. Verschiedene andere Möglichkeiten einer Verunreinigung sind besprochen worden (8).

Bei der Untersuchung von biologischen Stoffen ist man in seiner Wahl auf die empfindlichste Bleilinie λ 2833,2 Å beschränkt, da sie häufig die einzige ist, die erscheint. Bei Bleimengen im Lichtbogen, die sich von 0,00002—0,0004 mg (0,01—0,2 mg auf 100 ccm) bewegen, sind die auf der photographischen Platte hervorgerufenen Bleilinien in ihrer Intensität derartig, daß sie in den Anfangsteil der Schwärzungskurve für die Linie λ 2833,2 Å fallen. In diesem Bereich ist das Verhältnis zwischen der Intensität (Schwärzung) der Linie und der Strahlungsintensität (Bleikonzentration) genauer auszudrücken durch die angenäherte Formel

$$\text{Schwärzung} = \text{Konstans} \times i,$$

als durch

$$\text{Schwärzung} = \gamma \log i/i_0,$$

die für den geradlinigen Teil der Schwärzungskurve gilt (3, S. 14). Es ist daher praktischer und bequemer, bei der Aufstellung von Eichkurven für den hier in Betracht kommenden Konzentrationsbereich die Intensitätsverhältnisse gegen die Konzentration anstatt gegen den Logarithmus der Konzentration graphisch einzutragen. Bleigehalte, die oberhalb des Bereichs der zur Verwendung kommenden Kurven liegen, können durch Verdünnen mit der geeigneten Salzlösung angepaßt werden; andernfalls ist es notwendig, für die Beobachtungsdaten Eichkurven anzuwenden, die auf Grund der Verhältnisse bei einem höheren Bleikonzentrationsbereich aufzustellen sind.

6. Zusammenfassung.

Das beschriebene Verfahren hat gegenüber einer. früher veröffentlichten Methode (1) die folgenden Vorteile:

Es besitzt über den ganzen Bereich seiner Anwendbarkeit, d. h. für Bleimengen zwischen 0,01 und 0,2 mg, eine Genauigkeit von $\pm$ 0,01 mg.

Es erlaubt die Verwendung eines einzigen Satzes von Eichkurven zur Interpolation der Resultate, erspart daher Zeit und Platten, die sonst für das Aufstellen von individuellen Kurven nach den auf jeder Platte erhaltenen Resultaten erforderlich wären.

Schrifttum.

1. Cholak, J.: Die quantitative spektrographische Bestimmung von Blei in Urin. (The Quantitative Spectrographic Determination of Lead in Urine.) J. amer. chem. Soc. 57, 104 (1935). Siehe VIII B.
2. Gerlach, W. u. E. Schweitzer: Grundlagen und Methoden der chemischen Analyse mittels des Emissionsspektrums. (Foundations and Methods of Chemical Analysis by the Emission Spectrum.) London: Adam Hilger Ltd. 1929.
3. Lundegårdh, H.: Die quantitative Spektralanalyse der Elemente, Teil II. Jena: Gustav Fischer 1934.
4. Lusk, G.: Die Wissenschaft der Ernährung. (Science of Nutrition.) 3. Aufl., S. 360. Philadelphia: W. B. Saunders Co. 1919.
5. Männkopff, R. u. C. Peters: Über quantitative Spektralanalyse mit Hilfe der negativen Glimmschicht im Lichtbogen. Z. Physik 70, 444 (1931).
6. Mathews, A. P.: Physiologische Chemie. (Physiological Chemistry.) 5. Aufl., S. 730, 1186, 1187. New York: W. Wood and Co. 1930.
7. Nitchie, C. C. u. G. W. Standen: Eine verbesserte quantitative spektrographische Analysenmethode. (An Improved Method of Quantitative Spectrographic Analysis.) Ind. Eng. Chem., Anal. Ed. 4, 182 (1932).
8. Rabinowitch, I. M., A. Dingwall u. F. H. Mackay: Studien über Rückenmarkflüssigkeit. I. Chemischer und spektrographischer Nachweis von Blei. (Studies on Cerebrospinal Fluid. I. Chemical and Spectrographic Detection of Lead.) J. of biol. Chem. 103, 707 (1933).
9. Scheibe, G. u. A. Neuhäusser: Die Schnellbestimmung von Legierungsbestandteilen in Eisen durch quantitative Emissionsspektralanalyse. Z. angew. Chem. 41, 1218 (1928).

Spektrographische Analyse von biologischen Stoffen[1].

Von

Jakob Cholak und **Robert V. Story,**

Kettering-Laboratorium für Angewandte Physiologie, Universität Cincinnati, Cincinnati (Ohio).

III. Blei, Zinn, Aluminium, Kupfer und Silber.

Technische Verbesserungen haben während der letzten Jahre die mit der quantitativen Spektralanalyse verbundenen Unsicherheiten sehr verringert und zu einer vermehrten Anwendung der Emissionsspektrographie zur Untersuchung von Spurenmetallen in biologischen Stoffen geführt (1—4, 6, 13, 14, 16, 19—21, 23, 26, 27, 29, 33, 34). Zweck dieses Aufsatzes ist, eine Methode zur gleichzeitigen Bestimmung von Blei, Zinn, Aluminium, Kupfer und Silber in biologischen Stoffen zu beschreiben und auf gewisse Verbesserungen im spektrographischen Verfahren aufmerksam zu machen, die seit den früheren Veröffentlichungen eines der Verfasser (2—4) eingeführt worden sind.

1. Photometrie.

Die frühere Methode der Photometrie (2, 3), die zwar genügend genaue Resultate ergab (5), jedoch nur auf verhältnismäßig niedrige Metallgehalte anzuwenden war, ist nach Prüfung anderer Verfahren (10, 11, 13, 15, 28, 30) durch die Methode von Preuss ersetzt worden (25). Diese Methode, die den Stufenblendenkondensor von Hansen (17) verwendet, um Schwärzungsmarken in das Analysenspektrum einzuprägen, erweitert den analytischen Bereich und setzt die sonst zur Analyse verhältnismäßig hoher Metallkonzentrationen erforderliche Verdünnung herunter. Bei der Auswertung sehr schwacher Linien wurde jedoch eine Methode, nach der Schwärzungsbestimmungen durch Opazitätsbestimmungen ersetzt werden können, als vorteilhaft befunden. Diese Abänderung schließt sich an die frühere Methode der Verfasser (2, 3) an, bei der unmittelbar mit schwachen Linien gearbeitet wurde, anstatt zu versuchen, das zu prüfende Metall abzutrennen und anzureichern (2).

Bei dem jetzt angewandten Verfahren muß die Menge der verwendeten „internen Norm" so groß sein, daß sie eine Standardlinie ergibt, deren Schwärzung in mindestens zwei Stufen des durch den Stufensektor hervorgerufenen Spektrogramms unter 0,30 (Opazität = 2) liegt. Die gemessenen Opazitäten (Galvanometerablesung für die Emulsion/Galvanometerablesung für die Linie) für die zwei schwachen Stufen der Standardlinie werden als gerade Linie gegen die relativen Belichtungen der Stufen eingetragen. Die Opazitäten für die zu messende Linie werden ebenfalls eingetragen, so daß der Abstand zwischen den beiden Linien bei einer zugrunde

---

[1] Aus Ind. Eng. Chem., Anal. Ed. **10**, 619 (1938). Zur Veröffentlichung eingegangen am 1. Juli 1938.

gelegten Opazität von 1,3 sodann zu der Konzentration des zu bestimmenden Metalls in Beziehung gesetzt werden kann (Abb. 4). Abb. 1 stellt eine Photographie

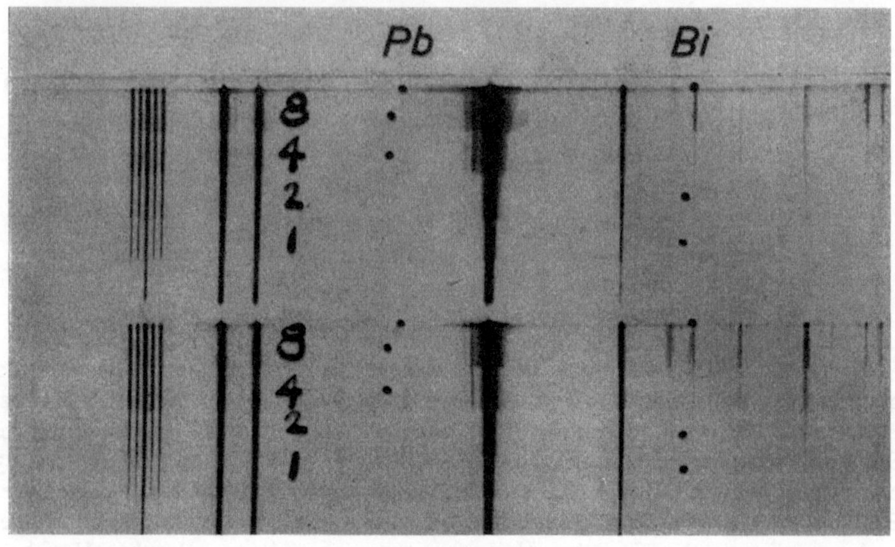

Abb. 1.

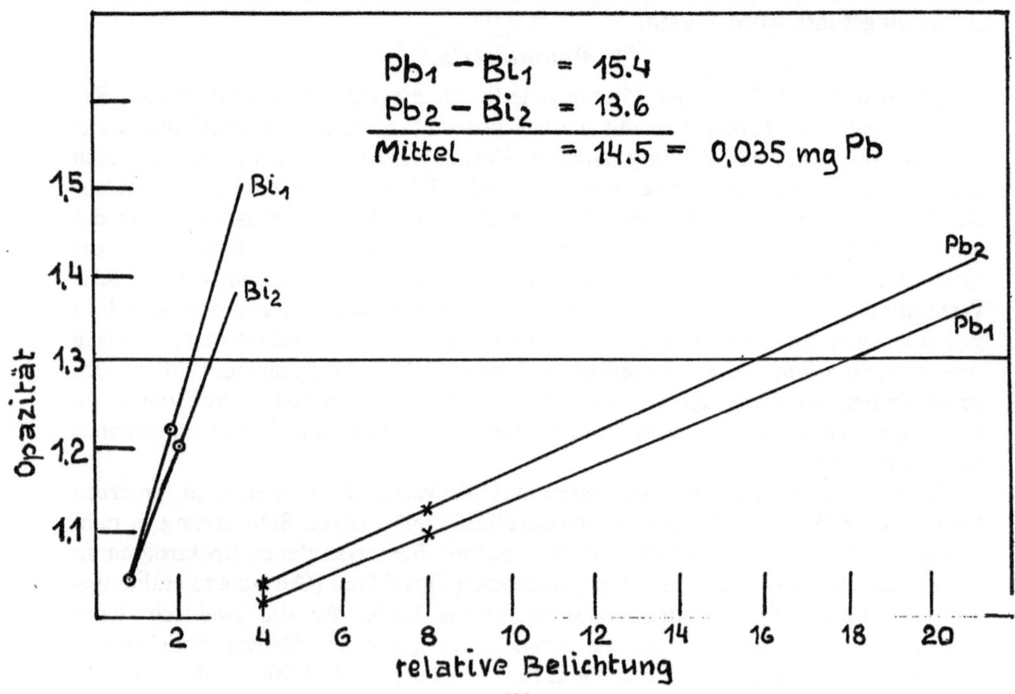

Abb. 2.

von Doppelspektren mit schwachen Prüflinien dar. Abb. 2 veranschaulicht die Methode, nach der die Abstandbestimmung durchgeführt wird.

Das vorbeschriebene Verfahren wird bei Spektrogrammen angewandt, in denen die Prüflinien in nicht mehr als drei Belichtungsstufen erscheinen. Wenn die Linie nur in der höchsten Belichtungsstufe auftritt, so wird der Punkt an einer Stelle eingetragen, bei der eine Opazität von 1 für die nächst niedrigere Stufe angenommen wird. Wenn die Prüflinien in drei oder mehr Stufen erscheinen, dann stimmt die Methode mit der von Strock (30) beschriebenen überein, bei

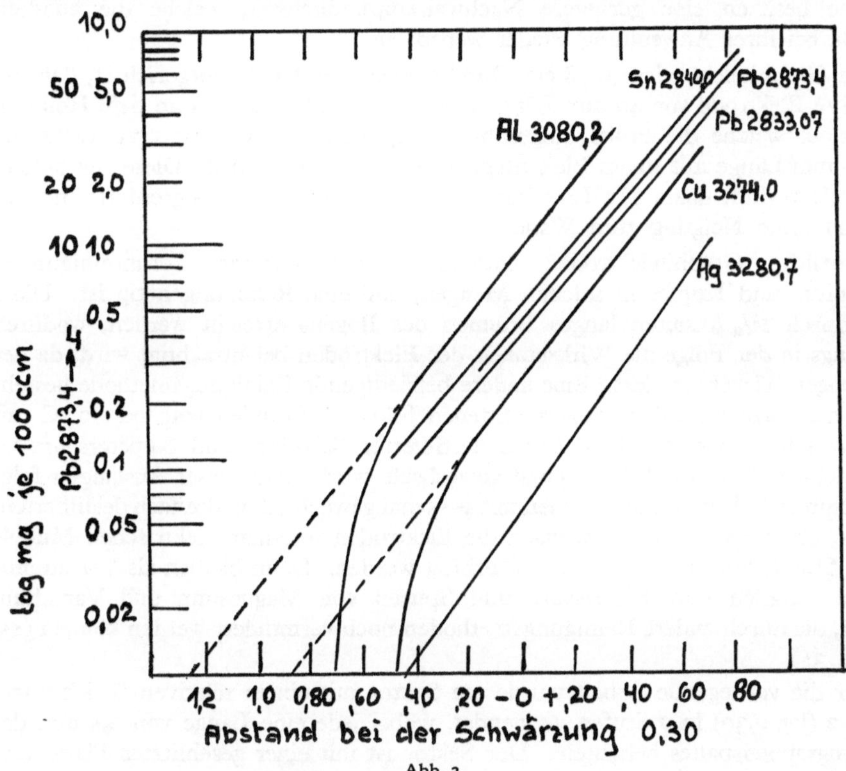

Abb. 3.

der die Abstände zwischen den Schwärzungskurven für die Prüf- und die Normlinien bei einer zugrunde gelegten Schwärzung von 0,30 mit dem Logarithmus der Konzentration in Beziehung gesetzt werden (Abb. 3).

In Grenzfällen hängt die Wahl der Methode davon ab, ob die Schwärzungskurve für die Prüflinie bis zu der zugrunde gelegten Schwärzung von 0,30 genau extrapoliert werden kann oder nicht. Wenn die Schwärzung der Prüflinie in der höchsten Belichtungsstufe kleiner als 0,20 ist, können genauere Ergebnisse erzielt werden, wenn man mit den Opazitäten arbeitet.

2. Apparatur.

Der verwendete Spektralbereich (λ 2600—3500 Å) wird mit dem großen Littrow-Quarzspektrographen von Bausch und Lomb photographiert, unter Benutzung einer sphärischen Quarzlinse zwischen Spalt und Lichtquelle. Empfindliche Linien von Magnesium, Mangan, Eisen, Nickel, Chrom und Zink, die ebenfalls in diesem Bereich auftreten, bieten die Möglichkeit, auch diese Metalle im Rahmen der beschriebenen Methode zu bestimmen.

Wie bei den früheren Arbeiten (2—4) erfolgt die Anregung in einem Gleichstromlichtbogen zwischen Graphitelektroden. Dieser Bogen und seine die Kathodenschichtwirkung benutzende Abart (22) bieten im allgemeinen das befriedigendste Mittel, die winzigen Metallmengen zu verdampfen, die gewöhnlich in biologischen Stoffen enthalten sind. Andere Lichtquellen, wie verschiedene Funkenarten (7, 8, 15, 16, 32), der Wechselstromlichtbogen (7, 9), der Abreißbogen (15) oder die Flamme besitzen eine geringere Nachweisempfindlichkeit, welche die anderen Vorteile bei ihrer Anwendung wieder wettmacht.

Die Graphitelektroden (0,78 cm Durchmesser) werden so vorgerichtet, daß die positive Elektrode von 40 mm Länge eine 3 mm weite und 10 mm tiefe Höhlung enthält, in welche die Probe eingeführt wird, während die negative Elektrode von 70 mm Länge mit einem Bleistiftspitzer fein zugespitzt wird. Diese zugespitzte Elektrode verhilft dazu, den Lichtbogen zu zentrieren und zu begrenzen, und beschränkt seine Neigung zum Wandern.

Käufliche Graphitelektroden enthalten neben anderen Verunreinigungen Aluminium und Kupfer in solchen Mengen, daß eine Reinigung nötig ist. Diese kann durch $1^1/_2$ Minuten langes Brennen des Bogens erreicht werden, wodurch allerdings in der Folge die Wirksamkeit der Elektroden beeinträchtigt wird, da der Lichtbogen stärker wandert. Eine andere befriedigende Reinigungsmethode besteht darin, die vorschriftsmäßig zugeschnittenen Stäbe 48 Stunden lang bei 70° C mit einer Mischung von gleichen Teilen destillierter Salzsäure und Salpetersäure zu behandeln, wobei das Bad 4—5 mal gewechselt wird. Auf dieses Auslaugen folgt ein entsprechend langes Auswaschen mit 4—5 mal gewechseltem dreifach destilliertem Wasser, ebenfalls bei 70° C, wonach die Elektroden in einem elektrischen Muffelofen 1 Stunde lang auf 900—1000° C erhitzt werden. Dann bleiben als Verunreinigungen lediglich Bor, Kieselsäure und Spuren von Magnesium und Vanadium zurück, die durch andere Reinigungsmethoden noch vermindert werden können (15, 18, 24, 35).

Für die vorliegende Arbeit wurde ein Sektor mit einem relativen Belichtungsfaktor 2 (log 0,30) in 7 Stufen verwendet, wobei jede eine Länge von 2,5 mm des Spektrographenspaltes belichtete. Der Sektor ist mit einer geschlitzten Platte versehen, die jede beliebige Anzahl Stufen ausschalten kann; eine Belichtung in 5 Stufen wurde bei unserer Arbeit als die praktischste angewendet. Der Sektor belichtet den Spalt nur über $^1/_3$ seines Umfangs. (Sektoren mit einer höheren Gesamtbelichtung sind von Nutzen bei der Analyse mit unempfindlicheren Linien als die hier in Betracht kommenden. Für derartige Linien wäre ein Sektor geeignet, der an beiden Seiten ausgeschnitten ist, so daß er dem Spektrographenspalt die doppelte Gesamtbelichtung erteilt.)

Schwärzungs- und Opazitätsmessungen wurden mit dem nicht-registrierenden Densitometer von Bausch und Lomb ausgeführt. Um 2,5-mm-Ausschnitte aus den Spektrogrammen zu messen, war es nötig, die Vergrößerung durch Einbau eines längeren Armes für den Projektionsspiegel zu erhöhen.

3. Eichkurven.

Die Eichkurven können mit Lösungen erhalten werden, die durch Zusatz der zu bestimmenden Metalle und „internen Normen" zu einer in bezug auf ihren Gehalt an anorganischen Salzen den zu untersuchenden Stoffen entsprechenden Stammsalzlösung hergestellt werden. Die von uns gewählte Stammsalzlösung stellte eine synthetische Nachahmung einer Auflösung der Asche von normalem Urin dar, wie an anderer Stelle beschrieben (2).

Als doppelte „interne Norm" wurden 5 mg Wismut und 100 mg Kobalt auf 100 ccm Lösung verwandt. Tabelle 1 verzeichnet die Spektrallinien der Metalle und die entsprechenden Linien der „internen Norm", wie sie zur Aufstellung der Eichkurven benutzt wurden.

Abb. 3 und 4 veranschaulicht die bei unseren Untersuchungen benutzte Eichkurvenschar. Aus diesen Abbildungen kann auch der analytische Bereich jeder Linie sowohl beim Schwärzungs- als auch beim Opazitätsverfahren entnommen werden.

Tabelle 1. Spektrallinien.

Metall	Linie λ Å	Interne Norm	Linie λ Å
Blei	2833,07	Wismut	2898,1
,, ...	2873,4	,,	2898,1
Zinn . . .	2840,0	,,	2898,1
Aluminium.	3082,16	Kobalt	3082,6
Kupfer . .	3273,96	,,	3283,45
Silber . . .	3280,67	,,	3283,45

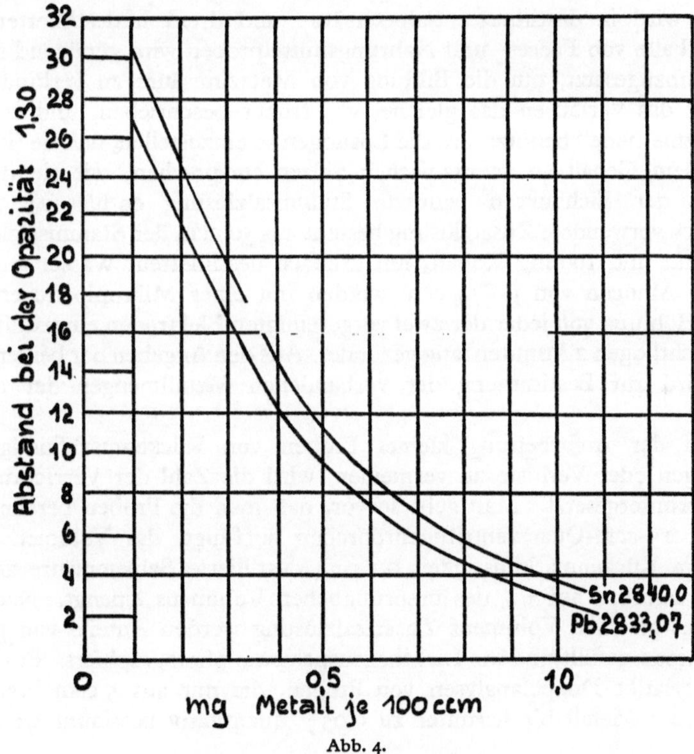

Abb. 4.

4. Vorbereitung der Proben.

Die bei der chemischen Aufbereitung von Proben eintretenden Verunreinigungen sind bis auf zu Vernachlässigendes vermindert worden durch Verwendung gereinigter Säuren und dreifach destillierten Wassers (2) sowie dadurch, daß die Untersuchungen in einem staubfrei gehaltenen Laboratorium ausgeführt wurden. Eine chemische Aufbereitung der Proben ist vorzuziehen, weil sie Lösungen ergibt, die Einheitlichkeit gewährleisten und außerdem die Einführung der kleinen Mengen, wie sie bei der Prüfung verwendet werden, in die Höhlung der Elektroden sehr erleichtern.

Urinproben werden für die Analyse nach einer Methode zubereitet, die früher beschrieben worden ist (4), nur daß die gemischte „interne Norm" (1 ccm = 0,5 mg Bi und 10 mg Co) hinzugefügt wird.

Andere biologische Stoffe mit Ausnahme von Rückenmarkflüssigkeit werden für die Analyse durch Veraschung in Quarzschalen bei einer Temperatur von nicht über 500° C vorbereitet. Das getrocknete Material wird entweder unmittelbar oder nach Aufschluß mit destillierter Salpetersäure verascht. Das letztere Verfahren setzt die für das Veraschen erforderliche Zeit herunter; es wurde auf alle Stoffe mit Ausnahme von Faeces angewandt, die nach Trocknen bis zur Gewichtskonstanz verascht wurden (2). Die vollständige Zerstörung von organischer Substanz kann durch Behandeln der graufarbigen Asche mit ein wenig destillierter Salpetersäure (1 : 1) noch weiterhin beschleunigt werden, mit nachfolgendem Verdampfen bis zur Trockne und einige Minuten langem Erhitzen im Muffelofen. Die Asche wird in destillierter Salpetersäure und dreifach destilliertem Wasser gelöst. Im Falle von Faeces- und Nahrungsmittelproben wird genügend destillierte Salzsäure hinzugesetzt, um die Bildung von Metazinnsäure zu verhindern. Von dann an ist das Verfahren das gleiche, wie früher beschrieben, und es wird die „Stammsalzmethode" benutzt, um die Lösungen so einzustellen, daß sie (in gewissen Grenzen) dem Gehalt an anorganischen Salzen entsprechen, wie sie die für die Aufstellung der Eichkurven benutzte Stammsalzlösung enthält (2). [Die für diesen Zweck verwendete Zusatzlösung besteht aus 50 ccm der Stammsalzlösung (2), 5 mg Wismut und 100 mg Kobalt, mit dreifach destilliertem Wasser auf 100 ccm aufgefüllt.] Mengen von je $^2/_{10}$ ccm werden mit einer Mikropipette entnommen und in die Höhlung von jeder der zwei vorgereinigten Elektroden eingefüllt. Sodann wird der Lichtbogen 2 Minuten lang gezündet. Aus den Angaben der beiden Spektrogramme wird zur Bestimmung der vorhandenen Metallmengen der Mittelwert genommen.

Um bei der Aufarbeitung kleiner Proben von Rückenmarkflüssigkeit Verunreinigungen oder Verluste zu vermeiden, wird die Zahl der Verrichtungen aufs äußerste heruntergesetzt. Man geht so vor, daß man die Proben bereits in einem graduierten 15-ccm-Quarzzentrifugenröhrchen auffängt, das Volumen vermerkt, auf je 1 ccm Rückenmarkflüssigkeit 0,1 ccm destillierte Salpetersäure zufügt und auf dem Wasserbad auf $^1/_{10}$ des ursprünglichen Volumens einengt. Nach Hinzufügung eines gleichen Volumens Zusatzsalzlösung werden Anteile von je 0,4 ccm in die Elektrode gefüllt und ihr Lichtbogenspektrum photographiert. Ein derartiges Verfahren erlaubt Doppelanalysen von Proben, die nur aus 5 ccm bestehen und in denen jedes Metall bis herunter zu 0,05 γ quantitativ bestimmt werden kann.

5. Analytische Ergebnisse.

In Tabelle 2 und 3 sind die Befunde für eine vollständige Reihe von ärztlichen Sektionsproben und für eine Anzahl anderer im Laboratorium verarbeiteter Stoffe verzeichnet.

Ergebnisse, die in diesen beiden Tabellen mit 0,00 bezeichnet sind, bedeuten nicht, daß die in Betracht kommenden Metalle nicht vorhanden waren, sondern nur, daß die vorhandenen Mengen unter 0,005 mg je 100 g Gewebe lagen. Im Falle

Tabelle 2. Metallgehalte in menschlichen Geweben.
(Fall A. P., 1937, Alter 75 Jahre.)

Gewebe	Probe g	Metall gefunden mg je 100 g frisches Gewebe				
		Pb	Sn	Al	Cu	Ag
Nieren	50,0	0,02	0,015	0,02	0,20	0,00
Herz	50,0	0,015	0,015	0,06	0,18	0,00
Gehirn	51,8	0,015	0,00	0,002	0,45	0,005
Magen	50,0	0,03	0,02	0,14	0,09	0,00
Leber	50,0	0,14	0,03	0,02	0,55	0,00
Milz	50,0	0,035	0,02	0,12	0,09	0,00
Kleine Eingeweide	32,0	0,025	0,025	0,10	0,09	0,00
Haut	13,0	0,025	0,015	0,075	0,04	0,00
Lunge	50,0	0,03	0,055	6,60	0,07	0,015
Colon	25,0	0,025	0,025	0,12	0,05	0,01
Blut	13,0	0,025	0,00	0,45	0,11	0,00
Harnblase	24,0	0,01	0,01	0,065	0,06	0,005
Gallenblase	5,4	0,015	0,00	0,02	0,17	0,005
Muskeln	10,0	0,005	0,00	0,04	0,10	0,00
Rippen	5,2	0,39	0,00	0,01	0,21	0,00
Oberschenkelknochen	9,2	3,59	0,00	1,09	2,50	0,00

Tabelle 3. Metallgehalte in biologischen Stoffen.

Substanz	mg Metall gefunden				
	Pb	Sn	Al	Cu	Ag
Rückenmarkflüssigkeit	< 0,001 je 100 ccm	0,000 je 100 ccm	< 0,00 je 100 ccm	0,001 je 100 ccm	0,000 je 100 ccm
Faeces { R. (24 Stunden)	1,12	3,00	5,20	0,94	0,04
R. (24 Stunden)	2,00	12,40	8,00	2,00	0,02
G. (24 Stunden)	0,56	3,00	7,00	1,04	0,03
Gemischte Nahrung[1] {	0,15	3,75	1,55	1,59	0,02
	0,27	1,12	3,10	1,85	0,02
	0,35	7,80	12,00	2,34	0,07
	je Liter				
Urin { R.	0,04	0,015	0,03	0,06	0,00
D.	0,015	0,00	0,09	0,06	0,00
G.	0,06	0,00	0,05	0,06	0,00
	je 100 g				
Blut { R.	0,055	0,00	0,01	0,17	0,00
D.	0,025	0,00	0,005	0,13	0,00
G.	0,04	0,00	0,02	0,13	0,00
Leber I. M.	0,12	0,10	0,12	0,50	0,01

von Silber konnten sehr schwache Linien erfaßt werden; bei Zinn war das Auftreten der Linie gelegentlich zweifelhaft.

Die Genauigkeit der Methode kann aus den in Tabelle 4 wiedergegebenen Resultaten von Doppelanalysen von Probelösungen ersehen werden, die durch Zusatz von Metallen in bekannten Mengen zu der Stammsalzlösung hergestellt worden waren.

---

[1] Genaues Doppelmuster der Beköstigung einer Versuchsperson während 24 Stunden.

Tabelle 4. Analyse bekannter, zu Stammlösungen hinzugefügter Metallmengen.

Pb mg		Sn mg		Al mg		Cu mg		Ag mg	
angew.	gef.	angew.	gef.	angew.	gef.	angew.	gef.	angew.	gef.
0,05	0,04	3,00	2,90	1,00	1,20	0,30	0,27	0,02	0,03
	0,05		3,30		1,00		0,28		0,025
0,30	0,32	0,03	0,03	0,30	0,26	1,50	1,33	0,20	0,18
	0,31		0,03		0,27		1,40		0,22
2,00	1,85	0,40	0,36	0,03	0,02	0,10	0,085	0,60	0,66
	1,95		0,38		0,02		0,085		0,70
5,00	4,70	5,00	5,20	8,00	8,75	0,03	0,03	0,10	0,085
	4,90		4,70		8,75		0,03		0,10

Um in den einzelnen Metallnormlösungen die Auswirkung einer wechselseitigen Verunreinigung einzuschränken, wurde der niedrigste Metallgehalt jeweils etwas höher angesetzt, als er in der Praxis vorkommt.

6. Erörterung.

Wie Abb. 3 und 4 zeigt, müssen unter den untersuchten Metallen Blei und Zinn, wenn sie in Mengen unter 0,1 mg in 100 ccm Lösung vorhanden sind, durch die Opazitäten der Spektrallinien bestimmt werden. Die Meßlinien von Aluminium, Kupfer und Silber dagegen sind so empfindlich, daß über den ganzen analytischen Bereich ihre Schwärzung benutzt werden kann. Im Falle von Kupfer und Aluminium beeinflussen sehr kleine Mengen, die als Verunreinigungen entweder in den „internen Normen" oder in der Stammsalzlösung vorhanden sind, die betreffenden Kurven, wie in den niedrigeren analytischen Bereichen zu erkennen ist. Diese Wirkung nimmt ab mit zunehmendem Gehalt an den zu prüfenden Metallen; sie kann überdies durch Extrapolation aus den geraden Strecken der Kurven bestimmt und aufgehoben werden, wie in Abb. 3 durch die gestrichelten Linien angegeben.

Die Stammsalzlösung und die Lösung für die „interne" Kobaltnorm, die bei unseren Beobachtungen verwendet wurden, brachten Verunreinigungen in der Größenordnung von 6 γ für Kupfer und 12 γ für Aluminium je 100 ccm Lösung mit sich. Eine Behandlung der Stammsalzlösung mit Schwefelwasserstoff (2) entfernt alles Kupfer bis auf winzige Mengen, die durch Ausfällen mit Natriumdiäthyldithiocarbamat noch weiter herabgesetzt werden können (31). Die Hauptquelle für eine Verunreinigung mit Kupfer bildet jedoch die „interne" Kobaltnorm (Mallinckrodts Kobaltchlorid für analytische Zwecke), bei der sich eine Reinigung mit Diäthyldithiocarbamat oder durch ein Dithizonverfahren (12) als erfolglos erwies. Durch das erstere Reagenz wird das Kobalt gefällt und mit dem Kupfer in der Äther- oder Chloroformschicht extrahiert, während bei dem letzteren Reagenz der große Überschuß an Kobalt die Extraktion des Kupfers verhindert. In bezug auf Aluminium ist die Hauptquelle für Verunreinigung die Stammsalzlösung. Bis heute sind geeignete Methoden zur Beseitigung dieses Übelstandes noch nicht gefunden worden. Bei spektrographischen Bestimmungen von Aluminium ist es daher nötig, die Größe der durch die Stammsalze hereingebrachten Verunreinigung jedesmal, wenn die Stammsalzlösung neu hergestellt wird, zu ermitteln. Da bei Urinproben überschüssige Salze nicht hinzugefügt werden, können hier Mengen von Aluminium unter 0,2 mg je 100 ccm Lösung durch Anwendung der extrapolierten Kurve bestimmt werden.

Es ist möglich, den analytischen Bereich für einige der Metalle zu erweitern, indem man geeignete weniger empfindliche Linien benutzt, z. B. bei Blei die Linie λ 2873,4 Å, wenn mehr als 4 mg je 100 ccm Lösung vorliegen (Abb. 3). Für Zinn gibt es, wenn weniger als 10 mg je 100 ccm Lösung zugegen sind, ebenfalls eine Anzahl Linien in dem untersuchten Spektralbereich, doch ist deren Empfindlichkeit kaum geringer als diejenige der Linie λ 2840 Å, so daß ihre Anwendung fast keinen Vorteil bietet. Bei Aluminium und Kupfer sind nur wenige Linien sichtbar; die Aluminiumlinie λ 3092,8 Å ist wertlos wegen des gleichzeitigen Auftretens einer Magnesiumlinie bei λ 3093,05 Å. Die Kupferlinie λ 3247,55 Å ist wahrscheinlich empfindlicher als die Linie λ 3274 Å. Doch wird, da die erstere Linie in einen Bereich fällt, in dem eine Anzahl schmaler Banden auftritt, besser die letztere Linie zum Messen benutzt, wenn es sich um geringste Mengen Kupfer handelt. Die einzige Linie für Silber, die innerhalb des wahrscheinlich in Frage kommenden Konzentrationsbereichs auftrat, war die Linie λ 3280,67 Å.

Die einzigen ernsthaften Schwierigkeiten bei der Analyse werden durch hohe Aluminiumgehalte verursacht. Derartige Proben erfordern weitere Verdünnung und wiederholte Spektrogramme. Nachdem in der Behandlung der Stoffe einige Erfahrung gewonnen worden war, wurde gefunden, daß Faeces- und Nahrungsmittelproben, die gewöhnlich das meiste Aluminium sowie die anderen Metalle in verhältnismäßig großen Mengen enthielten, in dem Endvolumen so eingestellt werden konnten, daß sich eine vollständige Analyse an Hand eines einzigen Spektrogramms durchführen ließ. Lediglich im Falle von Lungenproben, die in der Regel Spuren von Blei, Zinn, Kupfer und Silber sowie meßbare Mengen an Aluminium enthielten, war es nötig, eine besondere Analyse auf Aluminium vorzunehmen.

Bei der Herstellung der Proben mit bekanntem Metallgehalt, die in Tabelle 4 aufgeführt werden, wurde gefunden, daß Chlorsilber ausgefällt wurde, wenn Silber in mehr als 0,1 mg je 100 ccm zugegen war. Solange der Niederschlag fein verteilt war, ergab sich bei der Analyse keine Schwierigkeit, wenn der mit dem Verdünnungsmittel zu mischende Teil unmittelbar nach kräftigem Schütteln der Lösung entnommen wurde. Wenn starke Niederschläge aufgetreten waren, konnten sie durch Zusatz von 1—2 ccm 5%iger Natriumthiosulfatlösung gelöst werden; doch sind in biologischen Stoffen derartige Silbermengen bis heute noch nicht angetroffen worden.

An Hand der Eichkurven, die bei 0,01 mg je 100 ccm Lösung beginnen, und durch Einstellung des Endvolumens der gelösten veraschten Stoffe auf die Hälfte bis sogar $^1/_4$ des früher empfohlenen (2), ist es häufig möglich, Metallmengen bis herunter zu 0,0025—0,005 mg in 100 g frischem Material zu bestimmen.

7. Zusammenfassung.

Es wird eine spektrographische Methode zur gleichzeitigen Bestimmung von Blei, Zinn, Aluminium, Kupfer und Silber in biologischen Stoffen beschrieben. Wichtige Verbesserungen der Methodik liegen in folgendem:

1. Verwendung von Graphitelektroden, die durch eine chemische Behandlung gereinigt werden.

2. Verwendung eines Stufensektors, der dem Analysenspektrum Schwärzungsmarken aufprägt und eine beträchtliche Erweiterung des analytischen Bereichs ermöglicht.

3. Verwendung der Opazität an Stelle der Schwärzung, wodurch die Genauigkeit der Auswertung schwacher Spektrallinien erhöht wird.

Schrifttum.

1. Bennetts, H. W. u. F. E. Chapman: Austral. vet. J. **13**, 138 (1937).
2. Cholak, J.: Ind. Eng. Chem., Anal. Ed. **7**, 287 (1935). Siehe VIII C.
3. Cholak, J.: Ind. Eng. Chem., Anal. Ed. **9**, 26 (1937).
4. Cholak, J.: J. amer. chem. Soc. **57**, 104 (1935). Siehe VIII B.
5. Cholak, J., D. M. Hubbard, R. R. McNary u. R. V. Story: Ind. Eng. Chem., Anal. Ed. **9**, 488 (1937). Siehe VIII E.
6. Cruse, K. u. H. Schubert: Z. anal. Chem. **105**, 241 (1937).
7. Duffendack, O. S. u. K. B. Thomson: Proc. amer. Soc. Testing Materials **36** (II), 301 (1936).
8. Duffendack, O. S., F. H. Wiley u. J. S. Owens: Ind. Eng. Chem., Anal. Ed. **7**, 410 (1935).
9. Duffendack, O. S. u. R. A. Wolfe: Ind. Eng. Chem., Anal. Ed. **10**, 161 (1938).
10. Duffendack, O. S., R. A. Wolfe u. R. W. Smith: Ind. Eng. Chem., Anal. Ed. **5**, 226 (1933).
11. Eisenlohr, F. u. K. Alexy: Z. physik. Chem. A **179**, 241 (1937).
12. Fischer, H.: Angew. Chem. **50**, 919 (1937).
13. Foster, J. S. u. C. A. Horton: Proc. roy. Soc. Lond. B **123**, 422 (1937).
14. Gerlach, W. u. W. Gerlach: Klinische und pathologische Anwendungen der Spektralanalyse. (Clinical and Pathological Applications of Spectrum Analysis.) London: Adam Hilger 1934.
15. Gerlach, W. u. W. Rollwagen: Metallwirtschaft **16**, 1083 (1937).
16. Gerlach, W., W. Rollwagen u. R. Intonti: Virchows Arch. **301** (III), 588 (1938).
17. Hansen, G.: Z. Physik **29**, 356 (1924).
18. Heyne, G.: Angew. Chem. **45**, 612 (1932).
19. Lewis, S. J.: Biochem. J. **25**, 2162 (1931).
20. Lowater, F. u. M. M. Murray: Biochem. J. **31**, 837 (1937).
21. Lundegårdh, H.: Die quantitative Spektralanalyse der Elemente, Teil II. Jena: Gustav Fischer 1934.
22. Mannkopff, R. u. C. Peters: Z. Physik **70**, 444 (1931).
23. Mitchell, R. L.: J. Soc. chem. Ind. **55**, 267—269 T (1936).
24. Owens, J. S.: Metals & Alloys **9**, 15 (1938).
25. Preuss, E.: Chem. Erde **9**, 387 (1935). (Zitiert nach Strock.)
26. Rabinowitch, I. M., A. Dingwall u. F. H. Mackay: J. of biol. Chem. **103**, 707 (1933).
27. Ramage, H.: Nature (Lond.) **138**, 762 (1936).
28. Scheibe, G. u. A. Rivas: Angew. Chem. **49**, 443 (1936).
29. Scott, G. H. u. P. S. Williams: Anat. Rec. **64**, 107 (1935).
30. Strock, L. W.: Spektralanalyse im Kohlebogen mit Hilfe der Kathodenschichtwirkung. (Spectrum Analysis with the Carbon Arc Cathode Layer.) London: Adam Hilger 1936.
31. Tompsett, S. L. u. A. B. Anderson: Biochem. J. **29**, 1851 (1935).
32. Twyman, F. u. C. S. Hitchen: Proc. roy. Soc. Lond. A **133**, 72 (1931).
33. Webb, D. A.: Sci. Proc. roy. Dublin Soc. **21**, 505 (1937).
34. Wood, F. C.: J. Canc. Res. **14**, 476 (1930).
35. Zürrer, Th. u. W. D. Treadwell: Helvet. chim. Acta **18**, 1181 (1935).

Bestimmung von Blei in biologischen Stoffen[1].

Ein Vergleich der spektrographischen, der Dithizon- und der s-Diphenylcarbazidmethode.

Von

Jacob Cholak, Donald M. Hubbard, Robert R. McNary und **Robert V. Story,**

Kettering-Laboratorium für Angewandte Physiologie, Universität Cincinnati, Cincinnati (Ohio).

Im Verlauf von Untersuchungen über das Ausmaß und die Bedeutung der Bleiaufnahme und Ausscheidung beim Menschen (7—12) sind in unserem Laboratorium drei deutlich voneinander unterschiedene analytische Verfahren angewandt worden. Das früheste (im nachstehenden als Carbazidmethode bezeichnete) setzt sich aus zahlreichen zeitraubenden chemischen Trennungen und einer colorimetrischen Endbestimmung des Bleis mit Hilfe von s-Diphenylcarbazid (10) zusammen. Es war bekannt, daß diese Methode zu niedrige Resultate ergab (9, 12). Ein spektrographisches Verfahren, das nur wenig Handgriffe erforderte (2, 3), bot ein befriedigenderes Hilfsmittel zur Bestimmung von winzigen Mengen Blei; es hat in den letzten Jahren ausgedehnte Anwendung gefunden. Da der Wunsch bestand, diese Methode durch eine chemische von gleicher Empfindlichkeit und Genauigkeit zu ergänzen, wurden die Verfahren, die für eine Bestimmung von Blei mittels Dithizon [Diphenylthiocarbazon (1, 4, 5, 14—17)] entwickelt worden waren, einer eingehenden Prüfung unterworfen. Die schließlich eingeschlagene Methode (6), eine Abänderung der „Mischfarbenmethode" von Clifford und Wichmann (4), hat sich in unseren Händen als sehr zufriedenstellend erwiesen.

Da die Einrichtungen unseres Laboratoriums die gleichzeitige Anwendung aller drei Methoden erlaubten, sind Resultate gesammelt worden, welche veranschaulichen, wie genau jede Methode arbeitet und inwieweit sie bei der Bestimmung des Bleigehaltes von biologischen Stoffen verschiedener Art ihren Nutzen hat.

Zweck dieses Aufsatzes ist, diese kennzeichnenden Befunde wiederzugeben und ihre Bedeutung zu erörtern.

1. Verfahren.

Für die Vergleichsprüfungen der drei Methoden wurden Stoffe benutzt, wie sie gewöhnlich in unserem Laboratorium verarbeitet werden, z. B. Urin, Faeces, Proben gemischter Nahrung und Sektionsmaterial. Die Art und Weise der Aufbereitung der Proben für die Analyse ist schon früher beschrieben worden (2, 10); neu war, daß in einigen von ihnen (besonders in Faeces und gemischter Nahrung) so große Mengen Zinn gefunden wurden, daß beim Auflösen der Asche

---

[1] Aus Ind. Eng. Chem., Anal. Ed. **9**, 488 (1937). Vorgetragen auf der mikrochemischen Sektion der 94. Versammlung der American Chemical Society in Rochester, N. Y., am 6.—10. September 1937. Zur Veröffentlichung eingegangen am 16. Juli 1937.

mit Salpetersäure Metazinnsäure gebildet wurde. Um dies zu verhindern, wurden die veraschten Substanzen in Salzsäure und destilliertem Wasser gelöst und die klaren Lösungen bei gemischten Nahrungsmittelproben auf 250 ccm und bei Faecesproben auf 100 ccm eingestellt. Wenn bei der Analyse ein und derselben Lösung alle drei Methoden benutzt wurden, betrug im Falle von gemischten Nahrungsmittelproben (Tabelle 2) der bei der spektrographischen Untersuchung angewandte aliquote Teil 2 ccm, bei der Dithizonmethode 10 ccm und bei der Carbazidmethode 238 ccm. Bei Faecesproben, von denen man wußte, daß sie viel Blei enthielten (Tabelle 3), wurden entsprechend 1 ccm, 5 ccm und 94 ccm verwendet. Bei normalen Faecesproben (Tabelle 4), bei denen nur die spektrographische und die Dithizonmethode herangezogen wurden, betrugen die aliquoten Teile 2 bzw. 10 ccm. Die Resultate aus dem Sektionsmaterial (Tabelle 6) wurden aus passenden Teilmengen der in geeigneter Weise eingestellten Lösungen der veraschten Substanzen (2) erhalten.

Da die Erfahrung gelehrt hatte, daß die Carbazidmethode auch für die genaue Bestimmung kleiner Bleimengen, wie sie in 24-Stunden-Proben normalen Urins auftreten (9, 12), unzureichend ist, wurden Vergleichsresultate derartiger Proben ebenfalls lediglich mit der Dithizon- und der spektrographischen Methode erhalten, und zwar auf zweierlei Weise:

a) Von einer größeren Menge klaren Urins wurden 2 Proben zu je 100 ccm entnommen, um unabhängig voneinander aufbereitet und nach den beiden Methoden analysiert zu werden.

b) Der Rest der Ausgangsprobe wurde als Ganzes aufbereitet und abgemessene Mengen, die jeweils 100 bzw. 200 bzw. 300 ccm Urin entsprachen, wiederum nach der spektrographischen und der Dithizonmethode analysiert.

An Hand von künstlich hergestellten Proben, die veraschtem Urin entsprachen, wurden alle drei Methoden auch durch Prüfanalysen mit bekannten Bleigehalten untereinander verglichen (Tabelle 1). Da die dazu benötigte Stammsalzlösung bleifrei hergestellt werden konnte (2), war es möglich, das tatsächlich angewandte Blei genau zu kontrollieren. Die Salzlösung wurde so eingestellt,

Tabelle 1. Resultate mit bekannten Mengen Blei.

Blei angewandt	Blei gefunden					
	Spektrographisch[1]		Mit Dithizon[1]		Mit Carbazid	
mg	mg	mg	mg	mg	mg	mg
0,000	Spuren	Spuren	0,000	0,000	0,00	0,00
0,030	0,022	0,024	0,035	0,026	0,00	0,00
0,060	0,054	0,050	0,070	0,055	0,00	0,00
0,090	0,083	0,095	0,095	0,095	0,03	0,02
0,130	0,124	0,130	0,125	0,135	0,07	0,06
0,170	0,164	0,160	0,160	0,165	0,11	0,09
0,210	0,184	0,200	0,210	0,195	0,13	0,13
0,310	0,294	0,320	0,300	0,305	0,24	0,24
0,440	0,470	0,460	0,410	0,425	0,37	0,35
0,620	0,620	0,600	0,620	0,610	0,48	0,50

[1] In der Praxis werden die Resultate nur bis zur 2. Dezimale wiedergegeben, da die für gewöhnlich gefundenen Bleimengen so gering sind, daß die 3. Dezimale bedeutungslos ist. Die obigen Ergebnisse wurden aus den in $^1/_{10}$ aliquoten Teilen gefundenen Mengen errechnet.

Tabelle 2. Unterteilung von Bleibefunden nach der Häufigkeit ihres Vorkommens in Proben gemischter Nahrung (50 Proben von einer normalen Versuchsperson).

mg Blei	Spektrographisch	Mit Dithizon	Mit Carbazid
0,000—0,049	..	..	2
0,050—0,099	..	..	2
0,100—0,149	4	4	8
0,150—0,199	4	..	5
0,200—0,249	7	8	8
0,250—0,299	10	8	9
0,300—0,349	5	10	7
0,350—0,399	8	7	3
0,400—0,449	6	6	5
0,450—0,499	3	3	..
0,500—0,549	2	..	1
0,550—0,599		3	..
0,600—0,649	1	1	..
0,650—0,699		..	..
Gesamtzahl der Proben	50	50	50
Insgesamt gefunden mg Blei	15,42	16,41	12,30
Errechnetes Mittel	0,316 ± 0,011	0,334 ± 0,011	0,248 ± 0,011
Normale Abweichung	± 0,115	± 0,116	± 0,113

Unterschiede zwischen den Mittelwerten:

Carbazid und spektrographisch . . . . 0,068 ± 0,015
Carbazid und Dithizon . . . . 0,086 ± 0,015
Spektrographisch und Dithizon . . . . 0,018 ± 0,015

daß, wenn zu jeweils 500 ccm derselben Blei in bekannten Mengen zugesetzt und mit destilliertem Wasser auf 1000 ccm verdünnt wurde, je 100 ccm Lösung der Asche von 1 Liter durchschnittlichem normalem Urin entsprachen. Die Analysen wurden nach jeder Methode doppelt ausgeführt, und zwar den vollständigen Analysengang hindurch, wie er in der Praxis auf Urin angewandt wird (3, 6, 10). Für die Dithizon- und die spektrographische Analyse wurden Teilmengen verwandt, die 100 ccm Urin, für die Carbazidmethode solche, die 1000 ccm Urin entsprachen.

2. Ergebnisse.

Die bei der Analyse der künstlichen „Urin"-Proben nach den verschiedenen Methoden erhaltenen Vergleichsresultate sind in Tabelle 1 aufgeführt.

In Tabelle 2 und 3 werden nach ihrer Häufigkeitsverteilung die errechneten Mittelwerte der nach allen drei Methoden erhaltenen Befunde bei gemischten Nahrungsmittel- und Faecesproben mit ihren wahrscheinlichen Fehlern und normalen Abweichungen wiedergegeben. Ebenso werden die Unterschiede zwischen den Mittelwerten, die wahrscheinlichen Fehler dieser Unterschiede und das in jedem Falle gefundene Gesamtblei verzeichnet. Verwandt wurden dabei fünfzig 24-Stunden-Faecesproben und eine ebenso große Zahl gemischter Nahrungsmittelproben. Letztere bestanden aus Doppelproben aller Mahlzeiten, die von einer unter Beobachtung stehenden Versuchsperson während 24 Stunden eingenommen worden waren.

Tabelle 3. Unterteilung von Bleibefunden nach der Häufigkeit ihres Vorkommens in Faecesproben. (50 Proben von einer bleiausgesetzten Versuchsperson.)

mg Blei (täglich)	Spektrographisch	Mit Dithizon	Mit Carbazid
0,200—0,399	2	3	6
0,400—0,599	5	7	6
0,600—0,799	9	7	13
0,800—0,999	10	9	5
1,000—1,199	5	3	5
1,200—1,399	5	6	3
1,400—1,599	1	2	4
1,600—1,799	4	2	3
1,800—1,999	2	3	4
2,000—2,199	2	3	..
2,200—2,399	1	1	1
2,400—2,599	3	3	..
2,600—2,799	1	1	..
Gesamtzahl der Proben	50	50	50
Insgesamt gefunden mg Blei	58,48	59,80	48,25
Errechnetes Mittel	1,184 ± 0,060	1,188 ± 0,062	0,976 ± 0,049
Normale Abweichung	± 0,625	± 0,646	± 0,517

Unterschiede zwischen den Mittelwerten:

Carbazid und spektrographisch . . . . 0,208 ± 0,077
Carbazid und Dithizon . . . . 0,212 ± 0,079
Spektrographisch und Dithizon . . . . 0,004 ± 0,086

Die hohen Bleibefunde bei den Faecesproben in Tabelle 3 sind darauf zurückzuführen, daß die unter Beobachtung gestandene Versuchsperson bekanntermaßen Blei ausgesetzt gewesen war.

Tabelle 4. Unterteilung von Bleibefunden nach der Häufigkeit ihres Vorkommens in normalen Faeces. (50 Proben von einer normalen Versuchsperson.)

Blei mg	Spektrographisch	Mit Dithizon
0,000—0,049	1	1
0,050—0,099	1	1
0,100—0,149	8	8
0,150—0,199	9	7
0,200—0,249	3	9
0,250—0,299	12	12
0,300—0,349	10	4
0,350—0,399	2	3
0,400—0,449	..	2
0,450—0,499	3	2
0,500—0,549	1	1
Gesamtzahl der Proben	50	50
Insgesamt gefunden mg Blei	12,10	12,12
Errechnetes Mittel	0,252 ± 0,010	0,248 ± 0,010
Normale Abweichung	± 0,108	± 0,106

Unterschiede zwischen den Mittelwerten: 0,004 ± 0,014.

In Tabelle 4 sind ähnliche Befunde bei einer Reihe von normalen Faeces-proben wiedergegeben, die lediglich nach der Dithizon- und der spektrographischen Methode analysiert worden waren.

In Tabelle 5 sind Resultate verzeichnet, die nach der Dithizon- und der spektro-graphischen Methode unabhängig mit je 100 ccm des gleichen Urins, sowie aus aliquoten Teilen des aufbereiteten Probenrestes erhalten wurden. Ferner wird die Gesamtmenge des ursprünglich zur Verfügung stehenden Urins angegeben.

Tabelle 5. Analyse von Urin.
(Zeigt auch, wie die Resultate innerhalb einer Analysenmethode stetig bleiben.)

Gesamte Probe ccm	Unabhängige 100-ccm-Anteile		Aliquoter Teil des aufbereiteten Probenrestes	
	Spektrographisch mg	Mit Dithizon mg	Spektrographisch mg	Mit Dithizon mg
1800	0,03	0,05	0,04	0,04+
1900	0,02	0,05	0,02	0,05
1650	0,08	0,08	0,08	0,07
930	0,04	0,04	0,04	0,04
1500	0,02	0,04	0,03	0,04+
2200	0,02	0,04	0,03	0,04
1040	0,07	0,08	0,06	0,07
1020	0,06	0,07	0,05	0,05
1300	0,01	0,04	0,01	0,03
930	0,05	0,05+	0,05	0,04
1200	0,05	0,06	0,06	0,06

Tabelle 6 führt die Befunde in Sektionsmaterial auf, das anläßlich eines Falles analysiert wurde, bei dem Verdacht auf Bleivergiftung vorlag. Die Werte sind nicht nur verzeichnet, um die tatsächlichen Vergleichsresultate für jedes Organ zu geben, sondern auch um die Art und die Menge der Substanz sowie den Bleibereich zu zeigen, der mit jeder der Methoden zufriedenstellend erfaßt werden kann.

Tabelle 6. Analyse von Sektionsmaterial (Fall R).

Gewebe	Proben g	Blei gefunden	
		Spektrographisch mg	Mit Dithizon mg
Nieren	30,5	0,29	0,31
Leber (Teil des linken Lappens). . . .	38,9	1,17	1,20
Leber (Teil unter der Gallenblase). . .	38,9	1,15	1,20
Gehirn (Mittelhirnfaserstränge).	21,3	0,10	0,11
Gehirn (Mittelhirnzellen)	19,8	0,08	0,09
Milz	37,1	0,20	0,18
Knochen (Oberschenkel).	105,6	3,10	3,10
Knochenvorsprünge im Rippenmark . .	2,2	0,015	0,025
Knochenvorsprünge im Oberschenkelmark	1,7	0,010	0,010
Blei insgesamt		6,115	6,225

3. Erörterung.

Die Vergleichsbefunde bei der Analyse „synthetischer" Urinproben mit bekanntem Bleigehalt (Tabelle 1) zeigen für die Dithizon- und die spektrographische

Methode Übereinstimmung und unterstreichen damit die Größe des durchschnittlichen Verlustes, der mit der Carbazidmethode verbunden ist (9). Daß dieser Verlust von annähernd 0,07 mg je Probe bei der üblichen laufenden Untersuchung von echten Urinproben ebenfalls auftritt, wird deutlich, wenn man die Unterschiede ins Auge faßt, die zwischen den in Tabelle 2 verzeichneten jeweiligen Mittelwerten bestehen. Bei Anwendung der Carbazidmethode auf die Bestimmung von größeren Bleimengen (Tabelle 3) besteht die Wahrscheinlichkeit, daß der Verlust noch vergrößert wird, wenn man eine große Anzahl Proben gleichzeitig durch die zahlreichen Stufen dieser Analysenmethode durchbehandelt. Den durchschnittlichen Verlust auf einem einheitlich niedrigen Stand zu halten, erfordert sorgfältige und ins einzelne gehende Aufmerksamkeit und ist nur möglich, wenn einige wenige Proben auf einmal analysiert werden. Trotzdem befriedigt die Carbazidmethode in den Fällen, in denen der mit ihr verknüpfte Verlust vernachlässigt werden kann, entweder weil große Proben zur Verarbeitung kommen oder weil die Substanzen im ganzen viel Blei enthalten (9, 12).

Die enge Übereinstimmung zwischen den Befunden der Dithizon- und der spektrographischen Methode geht nicht nur aus Tabelle 1 und 6, sondern am deutlichsten aus den Tabellen 2, 3 und 4 hervor, in denen die gefundenen Mengen Blei verglichen bzw. die Unterschiede aus den Mittelwerten der beiden Ergebnisreihen verzeichnet werden. Eine statistische Auswertung dieser Unterschiede durch ein Inbeziehungsetzen derselben zu ihren wahrscheinlichen Fehlern ergibt Quotienten vom Werte 1 oder darunter, wodurch ein weiterer Beweis für die Ähnlichkeit der bei den beiden Methoden erhaltenen Befunde geboten wird (13).

Die stärker ins Auge fallenden Unterschiede bei den Ergebnissen in Urinproben, in denen der Bleigehalt zwischen 0,01 und 0,02 mg je 1000 ccm liegt, werden verständlich, wenn man die möglicherweise auftretenden Analysenfehler bei jeder Methode in Rechnung zieht. Die Fehlergrenze bei einer Bestimmung von 0,01 bis 0,1 mg Blei in 1000 ccm Urin beträgt bei der spektrographischen Methode ± 0,01 mg (3). Da alle Probenlösungen so eingestellt sind, daß jeder Kubikzentimeter 10 ccm des ursprünglichen Urins entspricht, bleibt der relative Fehler stetig, unabhängig davon, wieviel Urin ursprünglich angewandt worden ist (3). Auf der anderen Seite ändert sich bei der Dithizonmethode der Analysenfehler mit der Größe des aliquoten Teils und kommt, wenn dieser 100 ccm Urin entspricht, dem der spektrographischen Methode gleich; er nimmt jedoch ab, wenn größere aliquote Teile verwendet werden. Die Errechnung des Gesamtbleis einer Probe aus der Analyse eines aliquoten Teils kann daher bei beiden Methoden mit verhältnismäßig großem Fehler behaftet sein, besonders in den niedrigsten Bleikonzentrationsbereichen. Wenn also bei der Dithizonmethode die Anwendung größerer aliquoter Teile die analytische Genauigkeit erhöht, so weichen trotzdem, wie aus Tabelle 5 hervorgeht, die Resultate von den mit kleineren aliquoten Teilen erhaltenen nicht erheblich ab. Mehr noch: da diese Analysenschwankungen bei niedrigen Bleikonzentrationen im Urin (0,01—0,02 mg je 1000 ccm) überhaupt kaum von praktischer Bedeutung sein dürften, kann jede der beiden Methoden zur Bestimmung von Bleimengen über 1 γ als zufriedenstellend angesehen werden.

Doch muß der spektrographischen Methode eine Überlegenheit zuerkannt werden in Fällen, bei denen die Bleimenge unter 1 γ liegt, wie bei Rückenmarkflüssigkeit (wo die zur Verfügung stehenden Proben sich zwischen 3 und

10 ccm bewegen) oder bei anderen Stoffen, die nur in kleinen Mengen vorliegen. Dies beruht auf der Stetigkeit des relativen Analysenfehlers, im Lichtbogen 0,02 γ (3); auf dem Fortfallen von Blindwertbestimmungen angesichts der Verwendung besonders gereinigter Reagenzien (2, 3); auf der äußerst geringen Zahl von Einzelverrichtungen und schließlich auf ihrer bemerkenswerten Empfindlichkeit (3). Im Vergleich damit wird die Bestimmung geringster Bleimengen bei der Dithizonmethode unsicher, teils wegen der Möglichkeiten einer Verunreinigung bei den chemischen Verrichtungen, hauptsächlich jedoch wegen der Notwendigkeit, das Resultat durch eine Blindwertbestimmung der verwendeten Chemikalien zu korrigieren, die einen größeren Bleiwert ergeben kann, als die zur Analyse kommende Substanz selbst aufweist.

Bei der Anwendung so empfindlicher Analyseverfahren wie der Dithizon- und der spektrographischen Methode ist es daher nötig, jede nur erdenkliche Vorsicht gegen Bleiverluste einerseits und Verunreinigungen andererseits walten zu lassen, besonders wenn die Bleimenge in dem angewandten aliquoten Teil in der Größenordnung von 1—10 γ liegt. Verluste sind im allgemeinen zu vernachlässigen; der schwerer wiegende Faktor ist Verunreinigung. Diese kann sich aus einer Verwendung unzulänglich gereinigter Apparaturen wie aus Blei in staubiger Luft ergeben. Die Bleiinfektion aus letzterer Quelle kann merklich vermindert werden, wenn man Staub von der Luft des Laboratoriums fernhält. Zufällige Versehrungen können für praktische Zwecke im allgemeinen ausgeschaltet werden, wenn man, sofern genügend Material zur Verfügung steht, die Analyse doppelt durchführt.

4. Zusammenfassung.

Es werden Vergleichsresultate von Bleibestimmungen in biologischen Stoffen mit Hilfe einer spektrographischen, einer Dithizon- und einer chemischen (Carbazid-)Trennungsmethode vorgelegt. Das Gebiet der besonderen Eignung einer jeden dieser Methoden wird wie folgt umrissen: bei der gewöhnlichen laufenden Untersuchung von biologischen Proben, in denen das vorhandene Blei 1 γ übersteigt, kann die spektrographische oder die Dithizonmethode mit gleicher Zuverlässigkeit angewendet werden.

Bei Bleimengen unter 1 γ ist die spektrographische Methode überlegen.

Die chemische (Carbazid-)Trennungsmethode ist hauptsächlich von Nutzen bei großen Proben; sie arbeitet befriedigend, wenn diese so viel Blei enthalten, daß der mit ihr verknüpfte Verlustfehler (annähernd 0,07 mg je Probe) im chemischen oder im physiologischen Sinn vernachlässigt werden kann.

Schrifttum.

1. Assoc. Official Agr. Chem.: Amtliche und Versuchsmethoden. (Official and Tentative Methods.) 4. Ausgabe. Washington 1935.
2. Cholak, J.: Ind. Eng. Chem., Anal. Ed. 7, 287 (1935). Siehe VIII C.
3. Cholak, J.: J. amer. chem. Soc. 57, 104 (1935). Siehe VIII B.
4. Clifford, P. A. u. H. J. Wichmann: J. Assoc. Official Agr. Chem. Washington 19, 130 (1936).
5. Fischer, H. u. G. Leopoldi: Wiss. Veröffentl. Siemens-Konzern 12, 44 (1933).
6. Hubbard, D. M.: Ind. Eng. Chem., Anal. Ed. 9, 493 (1937). Siehe VIII A.

7. Kehoe, R. A., G. Edgar, F. Thamann u. L. W. Sanders: J. amer. med. Assoc. **87**, 2081 (1926).

8. Kehoe, R. A. u. F. Thamann: J. amer. med. Assoc. **9**, 1418 (1929).

9. Kehoe, R. A., F. Thamann u. J. Cholak: J. amer. med. Assoc. **104**, 90 (1935). Siehe I E.

10. Kehoe, R. A., F. Thamann u. J. Cholak: J. ind. Hyg. **15**, 257—340 (1933). Siehe I A bis D; II A; III A.

11. Kehoe, R. A., F. Thamann u. J. Cholak: J. ind. Hyg. **16**, 100 (1934). Siehe VII A.

12. Kehoe, R. A., F. Thamann u. J. Cholak: J. ind. Hyg. **18**, 42 (1936). Siehe VII B.

13. Pearl, R.: Einführung in die medizinische Sterblichkeitsberechnung und Statistik. (Introduction to Medical Biometry and Statistics.) 2. Aufl., S. 287. Philadelphia: W. B. Saunders & Co. 1930.

14. Tompsett, S. L. u. A. B. Anderson: Biochem. J. **29**, 1851 (1935).

15. Wilkins, E. S. jr., C. E. Willoughby, E. O. Kraemer u. F. L. Smith: Ind. Eng. Chem., Anal. Ed. **7**, 33 (1935).

16. Willoughby, C. E., E. S. Wilkins jr. u. E. O. Kraemer: Ind. Eng. Chem., Anal. Ed. **7**, 285 (1935).

17. Winter, O. B., H. M. Robinson, F. W. Lamb u. E. J. Miller: Ind. Eng. Chem., Anal. Ed. **7**, 265 (1935).

Abschnitt IX

Sicherheits- und Betriebsvorschriften

Vorschriften

über den Umgang mit

Ethyl-Fluid

und das Mischen aus Ethyl-Fluid-Fässern,
sowie damit verknüpfte Arbeiten

(Für „Q"-Fluid gelten die Vorschriften unverändert)

Herausgegeben von der

Ethyl G. m. b. H. Berlin

nach Richtlinien der Medizinischen Abteilung
der Ethyl Gasoline Corporation, New York

1. April 1939

Vorschriften über den Umgang mit Ethyl=Fluid und das Mischen aus Ethyl=Fluid=Fässern, sowie damit verknüpfte Arbeiten[1].

(Für „Q"=Fluid gelten die Vorschriften unverändert)

I. Vorschriften, die für die verantwortlichen Leiter der Kraftstoffgesellschaften von unmitttelbarer Bedeutung sind.

Die Aufmerksamkeit der Leiter von Betrieben, die Ethyl-Fluid mit Benzin mischen, wird im folgenden auf gewisse Dinge gelenkt, für welche die Betriebsleitung verantwortlich ist und die von größter Wichtigkeit für die Sicherheit beim Umgang mit Ethyl-Fluid sind.

A. Auswahl des Mischpersonals.

1. Zum Mischen und für die anderen in Mischanlagen erforderlichen Arbeiten sind nur intelligente, junge Leute heranzuziehen, die in der Lage sind, die ihnen gegebenen Anweisungen zu begreifen, und auf die man sich verlassen kann, daß sie diese genau befolgen.

2. Mit diesen Arbeiten sind nur so viel Leute zu betrauen, wie unbedingt erforderlich sind, mindestens jedoch 2 Mann und 1 Ersatzmann. Alle in der Mischanlage beschäftigten Personen müssen über die Gefahr, die ihnen bei Vernachlässigung der Vorschriften über den Umgang mit Ethyl-Fluid droht, genau unterrichtet werden.

Die ganze Handhabung des Ethyl-Fluids, ehe es mit Benzin vermischt ist, soll ausschließlich diesen Leuten übertragen werden.

3. Die vorgesehenen Leute dürfen die in Frage kommenden Arbeiten nur dann und nur so lange ausführen, wie sie von einem ärztlichen Vertreter der Ethyl G. m. b. H. als körperlich tauglich befunden werden.

B. Vorsicht bei dem Transport von Ethyl-Fluid.

Das Ethyl-Fluid muß unter solchen Vorsichtsmaßregeln transportiert werden, daß Gefahr für die Transportleute vermieden und Berührung oder Verunreinigung anderer Gegenstände während des Transportes verhütet wird. Umladung des Ethyl-Fluids seitens des Käufers von einem Bestimmungsort zum anderen soll weitestgehend vermieden werden. Ist ein Umladen jedoch unumgänglich, so müssen die folgenden Vorsichtsmaßnahmen beachtet werden:

---

[1] Herausgegeben von der Ethyl G. m. b. H. Berlin nach Richtlinien der Medizinischen Abteilung der Ethyl Gasoline Corporation, New York.

Die Ethyl-Fluid-Fässer sollen, wenn irgend möglich, vom Mischpersonal in die Eisenbahnwagen, Lastwagen oder Schiffe verladen werden, zum mindesten aber unter ständiger Aufsicht von Leuten, die über das sachgemäße Umgehen und Verfrachten der Ethyl-Fluid-Fässer unterrichtet sind. Beim Ausladen müssen die gleichen Vorsichtsmaßnahmen beachtet werden. Werden die Fässer mit der Eisenbahn verschickt, so sollen sie nicht mit anderen Gütern zusammengebracht werden, auch nicht, wenn diese den gleichen Bestimmungsort haben, sondern sie sind für sich allein direkt ihrem Bestimmungsort zuzuführen. Die Fässer müssen mit den Verschlußverschraubungen nach oben in den Wagen gelegt und durch Bandeisen, Latten und Blöcke festgemacht werden, damit sie sich während der Fahrt nicht bewegen können. Bei Verschiffung sind sie mit den Verschluß-verschraubungen nach oben auf Deck sicher zu verstauen an einer Stelle, die freien Luftzutritt hat und das Bespritzen mit einem Schlauch erlaubt, falls ein Faß undicht wird. Sowohl beim Ein- als auch beim Ausladen ist streng darauf zu achten, daß keine Haken oder Hebevorrichtungen verwendet werden, die das Faß durchlöchern oder eindrücken können oder die keinen sicheren Halt bieten. Die einfachste Art des Versands ist, falls möglich, der Transport auf eigenen Lastwagen unter der Aufsicht eines erfahrenen Angestellten des Versenders.

C. Verwendung einer geeigneten Mischeinrichtung.

1. Jede Mischanlage muß genau nach einer von der Kraftstoffgesellschaft zu unterbreitenden und von der Ethyl G. m. b. H. gutzuheißenden Zeichnung errichtet werden. Diese Zeichnung muß nach Vorbild und Angabe der Ethyl G. m. b. H. angefertigt werden. Aus rein hygienischen Gründen müssen mindestens die folgenden Anforderungen erfüllt werden:

a) Eine ebene, nach drei Seiten offene Zementplattform muß gebaut werden, die genügend Raum bietet für die Errichtung und Bedienung der Mischvorrichtung, für sachgemäßes Lagern aller vollen und leeren Ethyl-Fluid-Fässer, sowie für den Einbau ausreichender Waschgelegenheiten. Die Zementplattform muß im Freien und in genügend weitem Abstand von bereits vorhandenen Gebäuden gelegen sein.

b) Die Höhe der Zementplattform richtet sich nach der Anlieferungsart der Fässer, d. h. sie kann entweder in Höhe eines Güter- oder Lastwagenbodens oder auch zu ebener Erde liegen.

c) Zum Schutz gegen Hitze und Sonne soll die ganze Plattform überdacht sein. Ein etwa an den Seiten erforderlich werdender Schutz gegen zu starkes, direktes Sonnenlicht muß durch verstellbare Rolläden aus Metall oder anderem feuer-festem Material geschaffen werden, die jedoch die Durchlüftung nicht stören dürfen.

d) Eine Seite der Anlage (d. h. die Seite, die von einer Mauer des Wasch- und Schrankraumes gebildet wird) kann aus festem Material gebaut sein. Die drei anderen Seiten müssen mit einem starken Drahtgitter umschlossen werden. Das Gitter soll so beschaffen sein, daß Unbefugte den Platz nicht betreten können; es muß mit einer Tür versehen sein, die verschlossen zu halten ist, wenn die Mischanlage außer Betrieb steht.

e) Die Plattform muß auf allen Seiten von einem gewölbten Zementrand um-geben sein, der das Überlaufen von Flüssigkeiten verhindert; sie muß ausreichende, mit der Kanalisation in Verbindung stehende Abflüsse haben und zu diesen hin genügend abfallen. Eine Wasserleitung, ein passender Schlauch und ein genügender Vorrat an Petroleum zum Abwaschen müssen vorhanden sein.

f) Für die Arbeiter muß ein mit Dampf- oder elektrischer Heizung ausgestatteter Wasch- und Umkleideraum mit Dusche und Waschbecken mit fließend Kalt- und Warmwasser vorgesehen werden. Jeder Arbeiter erhält zwei verschließbare Schränke, einen für die Arbeits- und Schutzkleidung und den anderen für die Ausgehkleidung. Ein kleiner Vorrat an Petroleum soll im Waschraum ebenfalls vorhanden sein. Auch muß ein Klosett eingebaut werden.

g) Für den Bau der gesamten Anlage dürfen nur feuersichere Stoffe verwendet werden; wo es die örtlichen Verhältnisse zulassen, sollte über dem Teil der Plattform, auf dem Ethyl-Fluid-Fässer lagern, eine Sprinkler-Anlage vorgesehen werden. Außerdem müssen auf der Anlage jederzeit ausreichende Feuerlöscheinrichtungen zur Verfügung stehen.

2. Die Einrichtung und die Leistungsfähigkeit einer mit dem größten Sicherheitsfaktor arbeitenden Mischanlage richtet sich nach der Menge der herzustellenden Mischung. Es können somit Veränderungen der Einrichtung erforderlich werden, wenn sich die Mischmenge ändert. Z. B. ist die Häufigkeit des Mischens ein wesentlicher Punkt für die Beurteilung der Gefahr, der die Arbeiter ausgesetzt sind. Die Anzahl der Mischungen hängt vor allem ab von dem Verhältnis zwischen der Nachfrage nach verbleiten Kraftstoffen und dem Fassungsvermögen der für das Mischen und Lagern der Kraftstoffe vorhandenen Tanks. In der Praxis wird die Zahl der Mischungen einer Anlage, in der ein oder mehrere Fässer für die einzelne Mischung gebraucht werden, auf sechs pro Monat beschränkt. Ist die Anzahl der Mischungen wesentlich größer, so ist dies als Beweis für eine unzureichende Einrichtung oder eine unzulängliche Lagerungsmöglichkeit der Anlage anzusehen.

Ein weiterer Punkt für die Beurteilung der Gefährdung, der die Leute ausgesetzt sind, ist die Art und Weise, wie das Ethyl-Fluid gemessen wird. Am besten wird ein ganzes Ethyl-Fluid-Faß als Ausgangsmaß zugrunde gelegt (Ganz-Faß-Mischung), wobei natürlich mindestens genügend Tankraum für die Lagerung der für die Mischung eines Ethyl-Fluid-Fasses nötigen Kraftstoffmenge vorhanden sein muß. Ist die Nachfrage nach verbleiten Kraftstoffen nur gering, so kann unter Einhaltung der Sicherheitsvorschriften eine besondere Vorrichtung für das Abwiegen kleinerer Mengen als ein Faß geschaffen werden (Teil-Faß-Mischung). Die Schwierigkeiten, genaue Mischungen herzustellen, werden hierdurch jedoch erhöht, und eine derartige Mischvorrichtung sollte möglichst vermieden werden. Die Teil-Faß-Mischvorrichtung ist als überholt und unzulänglich anzusehen, wenn sie öfter als zweimal monatlich benutzt wird.

3. Jedem auf der Mischanlage beschäftigten Arbeiter sind außer den zwei Schränken zwei vollständige Bekleidungsausrüstungen zur Verfügung zu stellen. Diese müssen aus Unterkleidung, Socken, Oberkleidung, Mütze, Schuhen, Gummistiefeln, Gummischürzen und Gummihandschuhen bestehen. Bei warmem Wetter kann ein allseitig geschlossener Kesselanzug als Oberkleidung getragen werden; wärmere Kleidung muß aber nach Bedarf gestellt werden. Die Kleidung soll weiß sein, damit alle Flecken leicht sichtbar sind. Die Gummischürzen und Gummihandschuhe müssen aus gutem Material sein, damit sie beim Gebrauch nicht zerreißen. Stoff-Fausthandschuhe, eventuell mit eingenähten Lederhandflächen, können beim Transport und Öffnen der Fässer, sowie bei gröberen Arbeiten zur Schonung der Gummihandschuhe über diese gezogen werden. Lederschuhe dürfen nicht getragen werden, sondern es sind säurefeste Gummistiefel zu empfehlen.

Segeltuchschuhe mit Gummisohlen sind zulässig[1]. Beim Aufwaschen der Zementplattform müssen Gummistiefel getragen werden.

4. Jede auf der Mischanlage arbeitende Person muß mit einer Vollgasmaske versehen sein. Der Gesichtsteil der Maske muß aus Gummi bestehen und das ganze Gesicht, also auch Augen, Nase und Mund bedecken. Die Gasmaske muß mit Augengläsern aus splitterfreiem Glas, einem aus Gummi bestehenden Luftschlauch zum Atmen und einer von dem Gesichtsteil getrennten Filterbüchse mit mindestens 500 ccm hochgradig aktiver Holzkohle versehen sein.

5. Seife, Zahnbürsten, Handbürsten und Handtücher müssen in genügender Zahl für den Waschraum vorhanden sein. Für Ersatz aller Ausrüstungsgegenstände muß, je nachdem sie die Arbeiter bei der Ausübung ihrer Tätigkeit nach den erteilten Vorschriften benötigen, gesorgt werden (s. Abschnitt II).

D. Bekanntmachung der Vorschriften in der Mischanlage.

Ein Plakat, das die ausführlichen Vorschriften für die beim Mischen beschäftigten Arbeiter enthält (wie unten in Abschnitt II und III angegeben), muß an einer gut sichtbaren Stelle der Mischanlage angebracht sein. Außerdem muß eine Tafel vorhanden sein, die jedermann den Zutritt zu der Mischanlage verbietet, mit Ausnahme der Personen, die dazu befugt und in der Herstellung der Mischungen unterrichtet sind. Die Befolgung der in dem Anschlag enthaltenen Vorschriften muß streng überwacht werden. Die Mischanlage ist verschlossen zu halten, wenn sie nicht im Betrieb ist.

E. Vermeidung von unvorschriftsmäßigem Vorgehen bei Herstellung der Mischung.

Sicherheit gegen eventuelle Gefahren beim Mischen kann nur durch eine besonders entworfene und erprobte Mischeinrichtung erreicht werden. Diese muß den erlassenen Vorschriften entsprechen und den Arbeitern vollkommen vertraut sein.

Die Betriebsleitung muß ebenfalls über alle Einzelheiten der Vorschriften genau unterrichtet sein und darf keine Sonderabmachungen treffen und keine Anweisungen an die Arbeiter erlassen, die dem Wortlaut oder dem Sinn dieser Vorschriften widersprechen.

F. Sicherheitsvorsorge für Arbeiter, die sonstwie mit Ethyl-Fluid in Verbindung stehen.

Die Vorschriften, die in Abschnitt IV und V dieses Heftes enthalten sind, betreffen die Sicherheit von Personen, die mit dem Mischen nichts zu tun haben; sie verlangen die besondere Aufmerksamkeit der Betriebsleitung. Diese Vorschriften müssen ebenfalls genau durchgelesen werden.

---

[1] Wo die allgemeinen Vorschriften auf der Anlage das Tragen von Schuhen mit weichen Spitzen verbieten, sind auch Segeltuchschuhe nicht zulässig.

Die nachstehend in Abschnitt II und III enthaltenen Vorschriften stehen in Form eines Plakats zur Verfügung und sind an einer gut sichtbaren Stelle in Mischanlagen, in denen aus Fässern gemischt wird, anzuschlagen.

II. Allgemeine Vorschriften.

Ethyl-Fluid wirkt als Gift, wenn es in den menschlichen Körper eindringt. Es hat die Fähigkeit, die Haut zu durchdringen und auf diese Weise in den Körper zu gelangen. Es kann durch schmutzige Hände in den Mund und durch Einatmen von mit Ethyl-Fluid-Dämpfen geschwängerter Luft in die Lungen gelangen.

Im folgenden werden Anleitungen über den gefahrenfreien Umgang mit Ethyl-Fluid gegeben.

A. Beschreibung und Behandlung der Ausrüstung für in Ethyl-Fluid-Mischanlagen beschäftigte Arbeiter.

1. Jeder auf einer Ethyl-Fluid-Mischanlage beschäftigte Arbeiter muß zwei verschließbare Schränke zu seiner Verfügung haben, einen für die Arbeits- und Schutzkleidung und den anderen für die Ausgehkleidung. Außerdem sind für jeden Mann zwei vollständige Bekleidungsausrüstungen vorzusehen, die aus Unterkleidung, Socken, Oberkleidung, Mütze, Schuhen, Gummistiefeln, Gummischürzen und Gummihandschuhen bestehen müssen. Bei warmem Wetter kann ein allseitig geschlossener Kesselanzug als Oberkleidung getragen werden. Wärmere Kleidung muß aber nach Bedarf gestellt werden. Die Kleidung soll weiß sein, so daß alle Flecken leicht sichtbar sind. Die Gummischürzen und Gummihandschuhe müssen aus gutem Material sein, damit sie beim Gebrauch nicht zerreißen. Stoff-Fausthandschuhe, eventuell mit eingenähten Lederhandflächen, können beim Transport und Öffnen der Fässer sowie bei gröberen Arbeiten zur Schonung der Gummihandschuhe über diese gezogen werden. Lederschuhe dürfen nicht getragen werden, sondern es sind säurefeste Gummistiefel zu empfehlen. Segeltuchschuhe mit Gummisohlen sind zulässig[1]. Beim Aufwaschen der Zementplattform müssen Gummistiefel getragen werden.

2. Jede auf der Anlage arbeitende Person muß mit einer Vollgasmaske versehen sein. Der Gesichtsteil der Maske muß aus Gummi bestehen und das ganze Gesicht, also auch Augen, Nase und Mund bedecken. Die Gasmaske muß mit Augengläsern aus splitterfreiem Glas, einem aus Gummi bestehenden Luftschlauch zum Atmen und einer von dem Gesichtsteil getrennten Filterbüchse mit mindestens 500 ccm hochgradig aktiver Holzkohle versehen sein.

3. Die Kleidung und anderen Ausrüstungsgegenstände müssen nach jedem Gebrauch überprüft werden.

a) Die Filterbüchse der Maske muß nach je 100 normalen Atemstunden, spätestens aber nach sechs Monaten Gebrauchszeit, erneuert werden, und zwar je nachdem, welche Zeit eher abgelaufen ist. Über die Verwendung der Filterbüchsen muß Buch geführt werden.

Wenn in dringenden Fällen die Gasmaske mehrere Stunden hindurch in Fluid-Dämpfen hoher Konzentration gebraucht worden ist, muß die Filterbüchse ausgewechselt werden.

b) Die Maske ist nach jeder Benutzung sorgfältig zu überprüfen. Ist sie verunreinigt, so muß sie zuerst mit Petroleum und dann mit Wasser und Seife gereinigt werden. Auf jeden Fall ist der Gesichtsteil nach jeder Gebrauchszeit mittels Seife

---

[1] Wo die allgemeinen Vorschriften auf der Anlage das Tragen von Schuhen mit weichen Spitzen verbieten, sind auch Segeltuchschuhe nicht zulässig.

und Wasser abzuwaschen. Ist die Maske nicht in Gebrauch, so muß sie in einem
Behälter aufbewahrt werden, der sie gegen Verunreinigungen schützt. Die Filterbüchse muß gegen Eindringen von Feuchtigkeit und anderen Dämpfen verschlossen
werden.

c) Die Oberkleidung muß, wenn sie schmutzig ist oder Ethyl-Fluid-Flecke
hat, gewaschen werden. Mit Ethyl-Fluid befleckte Kleidung muß vor dem Waschen
zunächst wiederholt mit Petroleum oder einem nicht brennbaren Lösungsmittel
gespült werden.

d) Die Gummischutzkleidung, also Schürzen, Handschuhe, Stiefel, oder die
Segeltuchschuhe müssen, sobald sie Ethyl-Fluid-Flecke aufweisen, mit einem
schnell trocknenden Lösungsmittel gereinigt werden.

e) Ist ein Stück der Gummiausrüstung schwammig oder brüchig geworden,
so muß es sofort ersetzt werden.

4. Der Waschraum jeder Mischanlage muß ein Brausebad sowie Waschbecken
mit fließend Kalt- und Warmwasser und einen geeigneten Behälter für Petroleum
enthalten. Seife und Handtücher sind bereit zu halten. Ein Klosett soll ebenfalls vorgesehen werden.

B. Sauberhalten der Haut.

1. Beim Umgang mit Ethyl-Fluid darf keine gewöhnliche Kleidung getragen
werden. Sämtliche eigenen Kleidungsstücke sind in einen sauberen Schrank zu
hängen, und vom Kopf bis zum Fuß ist saubere Arbeitskleidung anzuziehen.

2. Es dürfen nur Kleidungsstücke angezogen werden, die, nachdem sie mit
Ethyl-Fluid in Berührung kamen, gründlich gewaschen wurden.

3. Nach Beendigung der Arbeit mit Ethyl-Fluid sind alle Kleider auszuziehen
und in den hierfür vorgesehenen Schrank zu hängen. Sodann ist mit Seife und
heißem Wasser zu baden.

4. Gegenstände, denen Ethyl-Fluid anhaftet, dürfen nicht mit bloßen Händen
berührt werden.

5. Ethyl-Fluid darf nicht verschüttet oder verspritzt werden.

6. Wenn Ethyl-Fluid zufällig irgendwo auf die Haut gelangt, so ist die Arbeit
sofort zu unterbrechen. Die Kleidungsstücke sind auszuziehen, und das Ethyl-
Fluid ist mit Petroleum und hierauf mit Seife und heißem Wasser abzuwaschen.

7. Falls ein Gegenstand angefaßt werden muß, der mit Ethyl-Fluid in Berührung kam, sind Gummihandschuhe anzuziehen, deren einwandfreier Zustand
vorher geprüft werden muß. Falls die Gummihandschuhe schwammig sind oder
ein Loch haben, ist das Arbeiten mit ihnen gefährlicher als ohne Gummihandschuhe.

8. Mit Ethyl-Fluid bespritzte oder durchtränkte Kleidungsstücke sind sofort
auszuziehen, da die Flüssigkeit sonst durchdringt und auf die Haut gelangt.

C. Fernhalten von Gift vom Mund.

Stecke die Finger nicht in den Mund und fasse nichts an, was in den Mund
genommen wird, ohne vorher die Hände gereinigt zu haben. Vor den Mahlzeiten
wasche die Hände sorgfältig, auch bevor Du Kautabak oder dergleichen in den
Mund steckst. Benutze viel Seife, bürste tüchtig und achte darauf, daß die ganze
innere und äußere Handfläche und die Nägel gründlich gereinigt werden. Die
Fingernägel müssen kurz und sauber gehalten werden.

D. Verhütung des Einatmens von Ethyl-Fluid-Dämpfen.

Sobald man Ethyl-Fluid riechen kann, atmet man es auch schon ein. Halte Dich nicht an einem Platz auf, an dem es nach Ethyl-Fluid riecht. Es ist möglich, das Entstehen von Ethyl-Fluid-Dämpfen an der Arbeitsstelle zu verhüten; achte darauf, daß dies geschieht. Ist die Flüssigkeit zu riechen, so ist entweder eine Undichtigkeit vorhanden, oder es wurde Ethyl-Fluid verschüttet. In diesem Falle ist die Betriebsleitung zu benachrichtigen, die fehlerhaften Zustände sind zu beseitigen, und das verschüttete Ethyl-Fluid muß sofort aufgeputzt werden, bevor die Arbeit wieder aufgenommen wird. Muß für kurze Zeit an einem Platz gearbeitet werden, an dem sich der Geruch von Ethyl-Fluid bemerkbar macht, so ist die Gasmaske aufzusetzen. Um sicher zu gehen, ist zu prüfen, daß sie richtig sitzt und nichts durchläßt. Durch die Gasmaske wird dann nur saubere, ungefährliche Luft eingeatmet.

E. Allgemeine Gesundheitsregeln.

1. Iß regelmäßig, und zwar gemischte Kost. Gehe nicht ohne Frühstück zur Arbeitsstelle und beginne keine besondere Diät, es sei denn, daß diese vom Arzt aus bestimmten Gründen vorgeschrieben wird.

2. Fühlst Du Dich infolge einer starken Erkältung oder aus anderen Gründen nicht wohl, so sollst Du nicht in der Mischanlage arbeiten. Melde Dich beim Vorgesetzten und gehe zum Fabrikarzt. Jede Krankheit ist Grund genug, nicht mit bleihaltigen Stoffen zu arbeiten.

3. Die Zähne müssen sauber und in gutem Zustand gehalten werden. Reinige sie unter sorgfältigem Bürsten täglich zweimal. Blutet das Zahnfleisch beim Zähneputzen, so gehe zum Zahnarzt. Lasse keine alten Zahnstumpfe oder Wurzeln im Mund; diese müssen, da sie als eine Gefahr der Gesundheit anzusehen sind, vom Zahnarzt entfernt werden.

4. Sorge für regelmäßigen Stuhlgang, erforderlichenfalls unter Zuhilfenahme eines Abführmittels.

5. Trinke reichlich und regelmäßig Wasser.

III. Sonderbestimmungen für die Behandlung von Ethyl-Fluid-Fässern und Güterwagen, sowie für das Mischen von Ethyl-Fluid mit Benzin.

A. Entladen und Lagern der Ethyl-Fluid-Fässer.

1. Wird Ethyl-Fluid durch Schiff oder Lastwagen zu einer Mischanlage befördert, so muß das Entladen und die Handhabung der Fässer, wenn irgend möglich, durch das Personal der Mischanlage vorgenommen werden. Ist dies nicht möglich, so muß die Arbeit unter der ständigen Aufsicht eines hinreichend unterrichteten Vertreters der Mischanlage stattfinden. Alle mit dem Entladen Beschäftigten müssen die für das Personal von Mischanlagen vorgeschriebene Arbeits- und Schutzkleidung tragen und mit Gummihandschuhen, Schürze und Gasmaske versehen sein, damit sie in der Lage sind, verschüttetes Ethyl-Fluid aufzuputzen und allen Notfällen zu begegnen (s. Abschnitt B). Es ist darauf zu achten, daß die Fässer nicht mit Haken oder mit Hebevorrichtungen angehoben werden, die sie durchlöchern oder eindrücken können oder die keinen sicheren Halt bieten.

2. Wenn ein mit Ethyl-Fluid beladener Güterwagen geöffnet werden soll, so muß der Beauftragte der Mischanlage zugegen sein und zuerst den Wagen besichtigen, um festzustellen, ob undichte Fässer vorhanden sind. Wird keine Undichtigkeit festgestellt, so kann die Entladung vorgenommen werden. Sind Undichtigkeiten vorhanden, so muß der Beauftragte die Gasmaske aufsetzen, um entweder allein oder mit Hilfe von Arbeitern, die ebenfalls mit Gasmasken ausgerüstet sind, das auf dem Boden verschüttete oder auf den Fässern befindliche Ethyl-Fluid aufzuputzen. Der Wagen muß zwecks guter Entlüftung soweit wie möglich geöffnet werden. Erst nachdem alle Ethyl-Fluid-Dämpfe entwichen sind, kann der Wagen in der üblichen Weise entladen werden (s. Abschnitt B).

3. Alle Fässer müssen mit den Verschlußverschraubungen nach oben auf der betonierten Lager-Plattform gelagert und jedes einzeln für sich verblockt werden; sie sind vor dem Lagern sorgfältig zu überprüfen.

4. Alle undichten Fässer sind von den dichten zu trennen und mit großer Vorsicht zu behandeln. Außen an den Fässern befindliches Ethyl-Fluid muß sorgfältig abgeputzt werden; die undichten Fässer sind zuerst aufzubrauchen.

B. Freigabe von Güterwagen, in denen Ethyl-Fluid befördert wurde, und das Aufputzen von verschüttetem Ethyl-Fluid.

1. Vor der Freigabe eines jeden Güterwagens, in dem Fässer mit Ethyl-Fluid befördert wurden, ist eine sorgfältige Besichtigung des Wagens durch eine verantwortliche Person des Mischpersonals vorzunehmen. Wurde in dem Wagen Ethyl-Fluid verschüttet, so ist wie folgt zu verfahren:

a) Die Wagentüren sind zwecks gründlicher Entlüftung so weit wie möglich zu öffnen.

b) Personen, die den Wagen zum Aufputzen des verschütteten Ethyl-Fluids betreten, müssen die für die Mischanlage vorgeschriebene Arbeits- und Schutzkleidung tragen, sowie entweder die vorgeschriebenen Vollgasmasken oder erprobte Luftschlauchmasken, denen ununterbrochen frische Luft zugeführt wird.

c) Das Fluid muß mit Petroleum oder einem anderen geeigneten Leichtöl-Lösungsmittel abgewaschen und die ganze Stelle sauber geputzt werden. Das Verfahren ist mehrmals zu wiederholen, um das gesamte öllösliche Ethyl-Fluid vom Boden des Wagens zu entfernen.

d) Die gereinigte Stelle wird reichlich mit Wasser abgespritzt und hierauf mit Schmierseife aufgescheuert, wobei mit einem Besen möglichst viel Schaum erzeugt wird. Zum Schluß wird die Seife mit Wasser weggespült.

2. Ethyl-Fluid, das auf Behälter oder irgend sonstwohin verschüttet wurde, ist in ähnlicher Weise sofort zu entfernen. Je nach Gutdünken der Betriebsleitung können in diesen Fällen auch andere Verfahren angewendet werden. Es ist zu beachten, daß die beiden nachstehend beschriebenen Verfahren auf einer chemischen Reaktion beruhen, bei der Wärme entwickelt wird, so daß Feuerschutzmaßnahmen getroffen werden müssen. Ebenso ist mit den Chemikalien vorsichtig umzugehen.

a) Die Flüssigkeit kann weggewaschen und gleichzeitig in einen nichtflüchtigen Zustand überführt werden durch Verwendung von Petroleum mit 5% Sulphurylchlorid (SO_2Cl_2)-Zusatz. Die Stelle, die mit diesem Mittel gereinigt wurde, muß nachher reichlich mit Wasser abgespritzt werden.

b) Eine dünne Paste, die aus handelsüblichem Chlorkalk ($CaOCl_2$) mit Wasser angerührt wird, wird reichlich auf das verschüttete Ethyl-Fluid aufgetragen und die Stelle hierauf mit Wasser abgespritzt. Die Paste wirkt noch besser, wenn kurz vor dem Gebrauch Salzsäure zugesetzt wird. Trockener Chlorkalk darf wegen Feuergefahr nicht verwendet werden.

C. Der Betrieb von Mischanlagen
unter Benutzung ganzer Ethyl-Fluid-Fässer (Ganz-Faß-Mischung).

1. Jeder Arbeiter muß zuerst die oben beschriebene Arbeits- und Schutzkleidung anziehen, bevor er mit der Mischarbeit beginnt. Er muß eine Gummischürze und geeignete Gummihandschuhe tragen. Gasmasken sind griffbereit zu halten.

2. Zum Vermischen mit Benzin sind in vorliegendem Fall nur ganze Fässer mit Ethyl-Fluid zu verwenden. Vor Beginn des Mischens sind alle Vorkehrungen zu treffen, daß vermieden wird, den Inhalt der Fässer nicht vollständig aufzubrauchen. Eine teilweise Entleerung der Fässer darf nur mit besonderen Einrichtungen geschehen (s. Abschnitt D: Teil-Faß-Mischung).

3. Wird ein Ethyl-Fluid-Faß in Angriff genommen, so muß es zuerst, bevor die Verschlußverschraubungen entfernt werden dürfen, in die richtige Lage gebracht und sicher verblockt werden.

4. Die Arbeiter müssen die Gasmaske aufsetzen und, bevor sie die Verschlußverschraubungen entfernen, prüfen, ob die Maske richtig sitzt. Nachdem der Saugheber am Faß angeschlossen ist, dürfen sie sich vom Faß entfernen und während des Entleerens des Fasses die Gasmaske abnehmen.

Werden jedoch infolge heißer Witterung oder aus anderen Gründen in der Nähe der Mischapparatur Ethyl-Fluid-Dämpfe entdeckt, so müssen die Arbeiter die Gasmaske so lange aufbehalten, bis die Ursache beseitigt ist und Sicherheit besteht, daß die Dämpfe verzogen sind.

5. Die abgenommenen Faßverschraubungen und Dichtungen werden, während das Faß entleert wird, in einen mit Benzin oder Petroleum gefüllten Eimer gelegt.

6. Es ist besonders darauf zu achten, daß kein Ethyl-Fluid aus dem Faß herausspritzt oder mit der Haut oder der Kleidung in Berührung kommt. Sollte dies trotzdem geschehen, so muß die Haut sofort mit Petroleum oder Benzin gereinigt und dann mit Wasser und Seife gewaschen werden; die Kleidung ist unverzüglich gegen saubere auszuwechseln.

7. Gelangt Ethyl-Fluid auf die Außenseite eines Fasses, so muß dieses sofort mit Petroleum oder Benzin abgewaschen werden. Die Mischplattform und das Äußere der Fässer müssen immer vollkommen sauber gehalten werden und dürfen keine Spuren von verschüttetem Ethyl-Fluid aufweisen. Durch reichliche Verwendung von Petroleum und darauffolgend Wasser wird alles verschüttete Ethyl-Fluid entfernt.

8. Ist ein Faß mit Hilfe der Absaugvorrichtung soweit wie möglich entleert, so muß es, ohne daß das Saugrohr entfernt wird, wiederholt mit Benzin gefüllt und wieder leer gesaugt werden, um sicher zu gehen, daß alle Reste von Ethyl-Fluid entfernt werden. Sodann kann der Saugheber aus dem Faß herausgenommen und entweder in ein anderes Ethyl-Fluid-Faß oder in einen Behälter mit reinem

Benzin gesteckt werden. Das vollständig geleerte Faß ist, bevor es weggerollt wird, mit den Verschlußverschraubungen und dazu gehörigen Dichtungen fest zu verschließen, ohne weiteren Versuch der Reinigung.

9. Während des Füllens des Fasses mit Benzin, des Herausnehmens der Absaugvorrichtung und des Einschraubens der Faßverschlüsse muß die Gasmaske getragen werden.

10. Wenn ein Mischvorgang beendet ist, muß die ganze Abfüllvorrichtung durch Durchpumpen von reinem Benzin ausgespült werden. Zwischen einem Mischvorgang und dem nächsten sind die Leitungen sauber und frei von Ethyl-Fluid zu halten.

11. Aller Farbstoff, der benötigt wird, um die Farbe der fertigen Mischung auf das richtige Maß zu bringen, muß außerhalb der Misch- und Lagerplattform vorbereitet und so gehandhabt werden, daß weder die Plattform noch die Kleidung befleckt wird, so daß alle etwaigen Flecke auf der Mischapparatur, dem Boden und der Schutzkleidung der Arbeiter einwandfrei als lediglich von Ethyl-Fluid herrührend erkannt werden können. Farbstofflösungen oder Zumischungen von Inhibitoren dürfen nicht durch die Rohrleitungen innerhalb der Mischanlage geleitet werden.

12. Wird im Mischsystem eine Undichtigkeit festgestellt, so muß der Betrieb sofort unterbrochen werden. Kein Arbeiter darf versuchen, irgendeinen Teil der Mischeinrichtung zu reparieren, wenn er nicht ausdrücklich damit beauftragt wurde (s. Abschnitt E).

13. Nach Beendigung des Mischens und Ausspülens der Fässer ist die Arbeits- und Schutzkleidung auszuziehen und, falls bei gründlicher Überprüfung keinerlei Verschmutzung durch Ethyl-Fluid festgestellt worden war, in den für sie vorgesehenen Schrank zu hängen. Andernfalls muß sie unverzüglich gereinigt werden. Die Arbeiter sollen sofort baden und ihre Ausgehkleidung wieder anziehen.

D. Der Betrieb von Mischanlagen unter Benutzung einer Wiegevorrichtung zur teilweisen Entleerung der Ethyl-Fluid-Fässer (Teil-Faß-Mischung).

1. Die Arbeiter müssen wie in Abschnitt C gekleidet und ausgerüstet sein.

2. Bevor ein Ethyl-Fluid-Faß in Angriff genommen wird, müssen die Arbeiter Gasmasken aufsetzen und diese auf guten Sitz prüfen. Die äußere Verschlußverschraubung des Fasses ist dann zu entfernen. Die innere ist leicht zu lösen und sodann wieder fest anzuziehen, daß sie dicht hält. Hierauf ist das Faß in die richtige Lage auf der Wiegeplattform zu bringen und gegen Verrutschen zu verblocken. Erst dann darf die innere Verschraubung entfernt werden.

3. Die abgenommenen Faßverschraubungen und Dichtungen werden, während das Faß entleert wird, in einen mit Benzin oder Petroleum gefüllten Eimer gelegt.

4. Die an dem Saugrohr der Mischdüseeinrichtung befindliche Spezialverschraubung muß fest angezogen werden, bevor mit dem Absaugen des Ethyl-Fluids begonnen wird. Während des Absaugens ist der Entlüftungshahn an der Spezialverschraubung zu öffnen.

5. Ist die gewünschte Menge Ethyl-Fluid abgesaugt, so muß der an der Saugrohrverschraubung befindliche Entlüftungshahn geschlossen werden. Die Wiegeplattform und das Faß sind, wenn nötig, abzuputzen, damit kein Ethyl-Fluid und keine Dämpfe zurückbleiben können.

6. Das Faß muß an seinem Platz auf der Wiegeplattform mit der Saugheber-Verschraubung verschlossen bleiben, bis sein Inhalt für weitere Mischungen vollkommen aufgebraucht ist.

7. Nachdem das Faß durch den Saugheber soweit wie möglich entleert wurde, ist es durch zweimaliges Befüllen mit Benzin und Absaugen desselben gut auszuspülen.

8. Während des Absaugens des Ethyl-Fluids und während des Ausspülens des Fasses mit Benzin, sowie beim Einschrauben der Verschlußverschraubungen muß die Gasmaske getragen werden.

9. Das Zusetzen von Farbstoff, die Behandlung der Kleidung und Ausrüstungsgegenstände sowie das Baden nach dem Mischen müssen den in Abschnitt C gegebenen Vorschriften entsprechen.

E. Die Ausbesserung von Undichtigkeiten oder anderen Schäden in der Mischeinrichtung.

1. Ein Auftreten von Undichtigkeiten oder die Notwendigkeit von Reparaturen schafft Lagen, die außergewöhnliche Vorsicht und ein besondersartiges Vorgehen erfordern.

2. Alle Undichtigkeiten oder notwendig werdenden Reparaturen müssen unverzüglich der Betriebsleitung gemeldet werden. Keine Reparaturarbeit darf ausgeführt werden, bevor die Betriebsleitung die Erlaubnis und die nötigen Anweisungen gegeben hat.

3. Rohrleitungen, durch die konzentriertes Ethyl-Fluid geflossen ist, dürfen nicht geöffnet oder auseinandergenommen werden, bevor ein Vertreter der Ethyl G. m. b. H. die Erlaubnis dazu gegeben hat.

4. Alle Leitungen, durch die konzentriertes Ethyl-Fluid geflossen ist, müssen, bevor sie auseinander genommen werden dürfen, durch Durchpumpen von reinem Benzin sorgfältigst ausgespült werden.

5. Ist dies nicht durchführbar, so müssen die Leute, welche die Reparaturen ausführen, außer der vorgeschriebenen Schutzkleidung Gasmasken tragen.

6. Rohrleitung und andere Apparaturteile, die im Verfolg einer Reparatur oder Auswechslung endgültig ausgebaut wurden, müssen an einem entlegenen Ort bis auf Rotglut ausgebrannt und vergraben werden.

7. Werkzeuge, die mit Ethyl-Fluid in Berührung kamen, müssen mit Petroleum sauber abgewaschen werden.

Die nachstehend in Abschnitt IV enthaltenen Vorschriften stellen Mindestforderungen für den gefahrlosen Umgang mit Ethyl-Fluid in Laboratorien dar. Sie müssen dem Laboratoriumspersonal überall, wo mit Ethyl-Fluid gearbeitet wird, zur Kenntnis gebracht werden, es sei denn, daß durch die verantwortlichen Stellen der Kraftstoffgesellschaft bereits genaue Anweisungen gegeben worden sind.

IV. Vorschriften für den Umgang mit Ethyl-Fluid in Laboratorien.

A. Ethyl-Fluid und dessen konzentrierte Mischungen mit Benzin oder Benzol, gleichviel um welche Mengen es sich handelt, müssen vom Laboratoriums-Personal mit denselben Vorsichtsmaßregeln behandelt werden, wie sie für die auf den Misch-anlagen beschäftigten Leute gelten. Der Umgang mit Ethyl-Fluid sollte nur Chemikern oder Personen, die mit Laboratoriumsarbeiten gründlich vertraut sind, gestattet sein.

B. Alle im Laboratorium beschäftigten Leute, wie Laboratoriumsdiener, Hilfs-kräfte usw., die auf Grund ihrer Tätigkeit zufällig mit Ethyl-Fluid oder seinen konzentrierten Lösungen in Berührung kommen können, müssen genaue An-weisungen über die Verhütung von Gesundheitsschäden erhalten.

C. Ethyl-Fluid oder dessen konzentrierte Lösung soll im Laboratorium nie in großen Mengen verarbeitet werden.

D. Ethyl-Fluid, das für Laboratoriumszwecke benutzt wird, muß in geschlos-senen Behältern in einem verschließbaren, gut gelüfteten Raum aufbewahrt werden, der nur den für seine Verwendung verantwortlichen Personen zugänglich ist.

E. Berührung mit der bloßen Hand muß vermieden werden. Durch vorsichtiges Umgehen unter Verwendung von einwandfreien Gummihandschuhen, falls mit Ethyl-Fluid benetzte Gegenstände angefaßt werden müssen, ist die Haut gegen Ethyl-Fluid zu schützen.

F. Das Einatmen von Dämpfen soll dadurch vermieden werden, daß mit Ethyl-Fluid oder dessen konzentrierter Lösung nur unter einem Abzug gearbeitet wird, der durch eine seitwärts oder abwärts gerichtete Absaugvorrichtung gründlich gelüftet wird.

G. Ethyl-Fluid-Behälter oder Einrichtungsgegenstände, die durch Ethyl-Fluid verunreinigt sind, dürfen nicht herumliegen, sondern sind in dem Abzug aufzube-wahren. Die Entlüftungsvorrichtung muß so lange im Betrieb sein, bis die Gegen-stände gereinigt oder sonstwie unschädlich gemacht sind.

H. Wird Ethyl-Fluid auf die Haut, die Kleidung, den Boden, den Tisch oder auf andere Laboratoriums-Einrichtungen verspritzt, so müssen diese sofort gereinigt werden. Man wasche die Haut gründlich mit Petroleum oder Benzin und darauf mit Wasser und Seife. Befleckte Kleidung muß sofort ausgezogen und des öfteren mit Benzin oder nicht brennbaren Reinigungsmitteln ausgewaschen werden. Schuhe und andere Ledergegenstände können nicht gereinigt werden und sind zu ver-brennen. Fußboden und Geräte müssen erst gründlich mit Petroleum oder einem anderen geeigneten Lösungsmittel und dann mit Wasser und Seife gereinigt werden. Lappen, Putzwolle oder andere zum Aufwischen von Ethyl-Fluid benutzte Dinge sind sofort zu verbrennen oder anderweitig zu zerstören.

I. Auch bei Herstellung kleiner Mischungen außerhalb des Laboratoriums unter Verwendung von Liter-Kannen muß Ethyl-Fluid von den Laboratoriums-Angestellten mit den gleichen Vorsichtsmaßnahmen, wie für Mischanlagen gültig, gehandhabt werden. Dies gilt gleicherweise für die Verwendung von Ethyl-Fluid zu irgendwelchen anderen Zwecken. Jede Mischtätigkeit ist streng auf befugte Prüfversuche zu beschränken. In all diesen Fällen müssen Gasmasken, Schürzen und Handschuhe aus Gummi getragen werden. Der Gesichtsteil der

Maske muß aus Gummi bestehen und das ganze Gesicht, also Augen, Nase und Mund bedecken. Die Gasmaske muß mit Augengläsern aus splitterfreiem Glas, einem aus Gummi bestehenden Luftschlauch zum Atmen und einer von dem Gesichtsteil getrennten Filterbüchse mit mindestens 500 ccm hochgradig aktiver Holzkohle versehen sein. Die Schürze muß aus schwerem Gummi oder aus gummiertem Tuch bestehen. Die Handschuhe sollen unzerreißbar, doch genügend weich sein, daß die Leute die feinen Laboratoriumsarbeiten ungehindert ausführen können.

Die nachstehenden Vorschriften in Abschnitt V enthalten Mindestforderungen zur Verhütung von Bleivergiftung beim Reinigen von Tanks, die zum Lagern von Bleibenzin verwendet wurden. Sie sollen die Vorschriften der Benzinfabriken und Kraftstoffgesellschaften zur Verhütung der Bildung von Benzindämpfen in Benzintanks ergänzen und laufen diesen auf keinen Fall zuwider. Die üblichen Vorschriften für das Reinigen von Benzintanks bieten jedoch keine Sicherheit gegen Schlamm und Krusten in Tanks, die für Bleibenzin benutzt worden sind. Die nachstehenden Vorschriften müssen daher hinzugefügt werden und ebenso wie die üblichen Vorschriften für Benzintanks den Arbeitern, die die Tanks reinigen, vollkommen bekannt sein. Ihre Befolgung ist seitens der Betriebsleitung strengstens durchzusetzen.

V. Anweisungen für die Reinigung von Tanks, die für das Mischen und Lagern von Bleibenzin in Benzinfabriken und Tankanlagen verwendet wurden.

A. Der jeweils zu reinigende Teil der inneren Wand und des Bodens der Tanks muß während des Reinigungsvorganges feucht gehalten werden, um das Einatmen von Staub zu verhindern.

B. Alle Arbeiter, die die Tanks betreten, müssen Druckluftmasken tragen.

C. Alle Arbeiter müssen allseitig geschlossene Anzüge (Kesselanzüge) sowie Hemden, Unterkleidung, Socken und starke säurefeste Handschuhe in tadellosem Zustande tragen, ferner einwandfreie Gummistiefel.

D. Zum Einnehmen der Mahlzeit muß die Kleidung gewechselt und Gesicht und Hände gewaschen werden. Bei Schluß der Arbeit muß die Kleidung wiederum gewechselt und eine Dusche genommen werden. Kein Kleidungsstück darf länger als einen Tag, ohne gewaschen zu sein, getragen werden. Die Gummistiefel und Handschuhe sind ebenfalls täglich zu säubern. Ist die Kleidung irgendwie von dem auf dem Boden der Tanks befindlichen Schlamm verunreinigt, so muß sie sofort gewechselt werden. Die Werkzeuge sowie die Luftmasken sind täglich zu reinigen.

E. Die Gummischläuche der Luftmasken haben eine begrenzte Lebensdauer und müssen so sauber wie möglich gehalten werden. Sie müssen täglich vor dem

Zusammenrollen gereinigt werden, am besten durch gründliches Abspritzen mit Wasser, um anhängenden Schmutz zu beseitigen. Wenn sich in der zugeführten Luft Geruch von Benzin bemerkbar macht, muß die Arbeit sofort unterbrochen werden, bis die Ursache entdeckt oder ein neuer Schlauch angebracht worden ist.

F. Der Schlamm aus dem Tank darf nicht an einer Stelle liegen bleiben, an der irgend jemand damit in Berührung kommen kann. Er muß in nassem Zustande vom Tank weggefahren und an einem Ort vergraben werden, wo er bei etwaigen Erdarbeiten nicht wieder ausgegraben werden kann.

Anmerkung.

Auch Reparaturschlosser und Schweißer müssen diese Vorschriften befolgen, wenn sie in Tanks arbeiten, aus denen Schlamm und Krusten noch nicht entfernt worden sind. Es wird empfohlen, Reparaturen und Schweißarbeiten nicht auszuführen, bevor Schlamm, Krusten und Staub gründlich beseitigt worden sind.

Vorschriften

über den Umgang mit

Ethyl-Fluid

und das Mischen aus Tanks, sowie damit verknüpfte Arbeiten

(Für „Q"-Fluid gelten die Vorschriften unverändert)

Herausgegeben von der

Ethyl G. m. b. H. Berlin

nach Richtlinien der Medizinischen Abteilung
der Ethyl Gasoline Corporation, New York

1. April 1939

Vorschriften über den Umgang mit Ethyl=Fluid und das Mischen aus Tanks, sowie damit verknüpfte Arbeiten[1].

(Für „Q"=Fluid gelten die Vorschriften unverändert)

I. Vorschriften, die für die verantwortlichen Leiter der Kraftstoffgesellschaften von unmittelbarer Bedeutung sind.

Die Aufmerksamkeit der Leiter von Betrieben, die Ethyl-Fluid mit Benzin mischen, wird im folgenden auf gewisse Dinge gelenkt, für welche die Betriebsleitung verantwortlich ist und die von größter Wichtigkeit für die Sicherheit beim Umgang mit Ethyl-Fluid sind.

A. Auswahl des Mischpersonals.

1. Zum Mischen und für alle anderen Verrichtungen an Kesselwagen, Tankautos oder an der Mischeinrichtung sind nur intelligente, junge Leute heranzuziehen, die in der Lage sind, die ihnen gegebenen Anweisungen zu begreifen, und auf die man sich verlassen kann, daß sie diese genau befolgen.

2. Mit diesen Arbeiten sind nur so viel Leute zu betrauen, wie unbedingt erforderlich sind, mindestens jedoch 2 Mann und 1 Ersatzmann. Alle in der Mischanlage beschäftigten Personen müssen über die Gefahr, die ihnen bei Vernachlässigung der Vorschriften über den Umgang mit Ethyl-Fluid droht, genau unterrichtet werden.

Die ganze Handhabung des Ethyl-Fluids, ehe es mit Benzin vermischt ist, soll ausschließlich diesen Leuten übertragen werden.

3. Die vorgesehenen Leute dürfen die in Frage kommenden Arbeiten nur dann und nur so lange ausführen, wie sie von einem ärztlichen Vertreter der Ethyl G. m. b. H. als körperlich tauglich befunden werden.

B. Verwendung einer geeigneten Mischeinrichtung.

1. Jede Mischanlage muß genau nach einer von der Kraftstoffgesellschaft zu unterbreitenden und von der Ethyl G. m. b. H. gutzuheißenden Zeichnung errichtet werden. Diese Zeichnung muß nach Vorbild und Angabe der Ethyl G. m. b. H. angefertigt werden. Aus rein hygienischen Gründen müssen mindestens die folgenden Anforderungen erfüllt werden:

a) Ein feuersicheres, mit Dampfheizung versehenes Gebäude muß gebaut werden, das genügend Raum bietet für die Aufstellung eines Ethyl-Fluid-Vorrat-

---

[1] Herausgegeben von der Ethyl G. m. b. H. Berlin nach Richtlinien der Medizinischen Abteilung der Ethyl Gasoline Corporation, New York.

(Wiege-) Tanks und für die Bedienung der Mischvorrichtung sowie für den Einbau ausreichender Waschgelegenheiten. Es muß in genügend weitem Abstand von bereits vorhandenen Gebäuden gelegen sein.

b) Das Gebäude muß einen Zementboden haben mit einer Betongrube zur Aufnahme des Ethyl-Fluid-Vorrats- (Wiege-) Tanks, die groß genug ist, den Inhalt des Tanks im Falle von Undichtigkeit zu fassen; sie muß ausreichende, mit der Kanalisation in Verbindung stehende Abflüsse haben. Eine Wasserleitung, ein passender Schlauch und ein genügender Vorrat an Petroleum zum Abwaschen müssen vorhanden sein. Der Zugang muß gut verschließbar sein.

c) Für den Bau der gesamten Anlage dürfen nur feuersichere Stoffe verwendet werden. Über dem Wiegetank ist eine Sprinkler-Anlage anzubringen, ebenso Schaumlösch- oder sonstige entsprechenden Einrichtungen in der Grube unter dem Wiegetank. Auch in den übrigen Teilen des Gebäudes müssen jederzeit ausreichende Feuerlöscheinrichtungen zur Verfügung stehen.

d) Für die Arbeiter muß ein Wasch- und Umkleideraum mit Dusche und Waschbecken mit fließend Kalt- und Warmwasser vorgesehen werden. Jeder Arbeiter erhält zwei verschließbare Schränke, einen für die Arbeits- und Schutzkleidung und den anderen für die Ausgehkleidung. Ein kleiner Vorrat an Petroleum soll im Waschraum ebenfalls vorhanden sein. Auch muß ein Klosett eingebaut werden.

2. Jedem auf der Mischanlage beschäftigten Arbeiter sind außer den zwei Schränken zwei vollständige Bekleidungsausrüstungen zur Verfügung zu stellen. Diese müssen aus Unterkleidung, Socken, Oberkleidung, Mütze, Schuhen, Gummistiefeln, Gummischürzen und Gummihandschuhen bestehen. Bei warmem Wetter kann ein allseitig geschlossener Kesselanzug als Oberkleidung getragen werden; wärmere Kleidung muß aber nach Bedarf gestellt werden. Die Kleidung soll weiß sein, damit alle Flecken leicht sichtbar sind. Die Gummischürzen und Gummihandschuhe müssen aus gutem Material sein, damit sie beim Gebrauch nicht zerreißen. Stoff-Fausthandschuhe, eventuell mit eingenähten Lederhandflächen, können bei gröberen Arbeiten zur Schonung der Gummihandschuhe über diese gezogen werden. Lederschuhe dürfen nicht getragen werden, sondern es sind säurefeste Gummistiefel zu empfehlen. Segeltuchschuhe mit Gummisohlen sind zulässig[1]. Beim Aufwaschen des Zementbodens müssen Gummistiefel getragen werden.

3. Jede auf der Mischanlage arbeitende Person muß mit einer Vollgasmaske versehen sein. Der Gesichtsteil der Maske muß aus Gummi bestehen und das ganze Gesicht, also auch Augen, Nase und Mund bedecken. Die Gasmaske muß mit Augengläsern aus splitterfreiem Glas, einem aus Gummi bestehenden Luftschlauch zum Atmen und einer von dem Gesichtsteil getrennten Filterbüchse mit mindestens 500 ccm hochgradig aktiver Holzkohle versehen sein.

4. Seife, Zahnbürsten, Handbürsten und Handtücher müssen in genügender Zahl für den Waschraum vorhanden sein. Für Ersatz aller Ausrüstungsgegenstände muß, je nachdem sie die Arbeiter bei der Ausübung ihrer Tätigkeit nach den erteilten Vorschriften benötigen, gesorgt werden (s. Abschnitt II).

---

[1] Wo die allgemeinen Vorschriften auf der Anlage das Tragen von Schuhen mit weichen Spitzen verbieten, sind auch Segeltuchschuhe nicht zulässig.

C. Unterhaltung der Einrichtung, Reparatur von Undichtigkeiten und Notmaßnahmen.

1. Die Apparatur für die Entleerung von Kesselwagen oder Tankautos und für die Aufspeicherung des Ethyl-Fluids ist so entworfen, daß sie zu jeder Zeit ein geschlossenes System darstellt. Nur wenn sie vollständig geschlossen gehalten wird, kann sie in dem Gebäude, in welchem sie aufgestellt ist, mit Sicherheit bedient werden. Demgemäß schafft das Auftreten von Undichtigkeiten oder die Notwendigkeit von Reparaturen eine Lage, die außergewöhnliche Vorsicht und ein besondersartiges Vorgehen erfordert.

2. Alle Undichtigkeiten oder notwendig werdenden Reparaturen müssen unverzüglich der Ethyl G. m. b. H. oder einem bevollmächtigten Vertreter dieser Gesellschaft gemeldet werden.

Keine Reparaturarbeit darf ausgeführt werden, ehe ein Vertreter der Ethyl G. m. b. H. zugegen ist oder ehe er Erlaubnis und die nötigen Anweisungen gegeben hat.

3. Unter keinen Umständen darf der Ethyl-Fluid-Vorrat- (Wiege-) Tank durch das Misch- oder Schlosserpersonal der Anlage geöffnet werden.

4. Im Falle irgendeines Auslaufens von Ethyl-Fluid aus dem Kesselwagen oder Tankauto müssen alle Personen die Umgebung sofort verlassen und dürfen sie nicht wieder betreten, bevor sie mit der vorschriftsmäßigen Schutzkleidung und Gasmaske versehen sind.

Sollte in der Mischanlage ein Bruch oder eine Undichtigkeit auftreten, muß das Gebäude unverzüglich von allen Personen geräumt werden, die nicht mit der vorschriftsmäßigen Schutzkleidung sowie mit Gasmasken versehen sind.

Jede Berührung mit Fluid und jedes Einatmen seiner Dämpfe ist mit der äußersten Sorgfalt zu vermeiden.

D. Bekanntmachung der Vorschriften in der Mischanlage.

Ein Plakat, das die ausführlichen Vorschriften für die beim Mischen beschäftigten Arbeiter enthält (wie unten in Abschnitt II und III angegeben), muß an einer gut sichtbaren Stelle der Mischanlage angebracht sein. Außerdem muß eine Tafel vorhanden sein, die jedermann den Zutritt zu der Mischanlage verbietet, mit Ausnahme der Personen, die dazu befugt und in der Herstellung der Mischungen unterrichtet sind. Die Befolgung der in dem Anschlag enthaltenen Vorschriften muß streng überwacht werden. Das Gebäude ist verschlossen zu halten, wenn es nicht im Betrieb ist.

E. Vermeidung von unvorschriftsmäßigem Vorgehen bei Herstellung der Mischung.

1. Sicherheit gegen eventuelle Gefahren beim Mischen kann nur durch eine besonders entworfene und erprobte Mischeinrichtung erreicht werden. Diese muß den erlassenen Vorschriften entsprechen und den Arbeitern vollkommen vertraut sein.

Die Betriebsleitung muß ebenfalls über alle Einzelheiten der Vorschriften genau unterrichtet sein und darf keine Sonderabmachungen treffen und keine Anweisungen an die Arbeiter erlassen, die dem Wortlaut oder dem Sinn dieser Vorschriften widersprechen.

2. Diese Vorschriften betreffen lediglich den Umgang mit Ethyl-Fluid in einer Tank-Mischanlage. Wenn in dringenden Fällen nötig wird, in einer Mischanlage, die nur mit Einrichtungen zum Mischen aus dem Vorrat- (Wiege-) Tank ausgestattet ist, Fässer mit Ethyl-Fluid zu verarbeiten, so muß unter Aufsicht eines Vertreters der Ethyl G. m. b. H. eine Faßmischeinrichtung eingebaut werden.

3. Bei jeder Einzelheit, die sich aus dem Transport, der Behandlung, der Lagerung, der Entleerung und dem Auswaschen von Fässern mit Ethyl-Fluid ergibt und die von den lediglich bei dem Entleeren von Fluid aus dem Wiegetank vorkommenden Verrichtungen abweicht, sind die „Vorschriften über den Umgang mit Ethyl-Fluid und das Mischen auf Mischanlagen, in denen Fluid-Vorrattanks aus Fässern gefüllt werden" anzuwenden.

**F. Sicherheitsvorsorge für Arbeiter,
die sonstwie mit Ethyl-Fluid in Verbindung stehen.**

Die Vorschriften, die in Abschnitt IV und V dieses Heftes enthalten sind, betreffen die Sicherheit von Personen, die mit dem Mischen nichts zu tun haben; sie verlangen die besondere Aufmerksamkeit der Betriebsleitung. Diese Vorschriften müssen ebenfalls genau durchgelesen werden.

Die nachstehend in Abschnitt II und III enthaltenen Vorschriften stehen in Form eines Plakats zur Verfügung und sind an einer gut sichtbaren Stelle in der Mischanlage anzuschlagen.

II. Allgemeine Vorschriften.

Ethyl-Fluid wirkt als Gift, wenn es in den menschlichen Körper eindringt. Es hat die Fähigkeit, die Haut zu durchdringen und auf diese Weise in den Körper zu gelangen. Es kann durch schmutzige Hände in den Mund und durch Einatmen von mit Ethyl-Fluid-Dämpfen geschwängerter Luft in die Lungen gelangen.

Im folgenden werden Anleitungen über den gefahrenfreien Umgang mit Ethyl-Fluid gegeben.

**A. Beschreibung und Behandlung der Ausrüstung
für in Ethyl-Fluid-Mischanlagen beschäftigte Arbeiter.**

1. Jeder auf einer Ethyl-Fluid-Mischanlage beschäftigte Arbeiter muß zwei verschließbare Schränke zu seiner Verfügung haben, einen für die Arbeits- und Schutzkleidung und den anderen für die Ausgehkleidung. Außerdem sind für jeden Mann zwei vollständige Bekleidungsausrüstungen vorzusehen, die aus Unterkleidung, Socken, Oberkleidung, Mütze, Schuhen, Gummistiefeln, Gummischürzen und Gummihandschuhen bestehen müssen. Bei warmem Wetter kann ein allseitig geschlossener Kesselanzug als Oberkleidung getragen werden. Wärmere Kleidung muß aber nach Bedarf gestellt werden. Die Kleidung soll weiß sein, so daß alle Flecken leicht sichtbar sind. Die Gummischürzen und Gummihandschuhe müssen aus gutem Material sein, damit sie beim Gebrauch nicht zerreißen. Stoff-Fausthandschuhe, eventuell mit eingenähten Lederhandflächen, können bei gröberen

Arbeiten zur Schonung der Gummihandschuhe über diese gezogen werden. Lederschuhe dürfen nicht getragen werden, sondern es sind säurefeste Gummistiefel zu empfehlen. Segeltuchschuhe mit Gummisohlen sind zulässig[1]. Beim Aufwaschen des Zementbodens müssen Gummistiefel getragen werden.

2. Jede auf der Anlage arbeitende Person muß mit einer Vollgasmaske versehen sein. Der Gesichtsteil der Maske muß aus Gummi bestehen und das ganze Gesicht, also auch Augen, Nase und Mund bedecken. Die Gasmaske muß mit Augengläsern aus splitterfreiem Glas, einem aus Gummi bestehenden Luftschlauch zum Atmen und einer von dem Gesichtsteil getrennten Filterbüchse mit mindestens 500 ccm hochgradig aktiver Holzkohle versehen sein.

3. Die Kleidung und anderen Ausrüstungsgegenstände müssen nach jedem Gebrauch überprüft werden.

a) Die Filterbüchse der Maske muß nach je 100 normalen Atemstunden, spätestens aber nach sechs Monaten Gebrauchszeit, erneuert werden, und zwar je nachdem, welche Zeit eher abgelaufen ist. Über die Verwendung der Filterbüchsen muß Buch geführt werden.

Wenn in dringenden Fällen die Gasmaske mehrere Stunden hindurch in Fluiddämpfen hoher Konzentration innerhalb des Gebäudes gebraucht worden ist, muß die Filterbüchse ausgewechselt werden.

b) Die Maske ist nach jeder Benutzung sorgfältig zu überprüfen. Ist sie verunreinigt, so muß sie zuerst mit Petroleum und dann mit Wasser und Seife gereinigt werden. Auf jeden Fall ist der Gesichtsteil nach jeder Gebrauchszeit mittels Seife und Wasser abzuwaschen. Ist die Maske nicht in Gebrauch, so muß sie in einem Behälter aufbewahrt werden, der sie gegen Verunreinigungen schützt. Die Filterbüchse muß gegen Eindringen von Feuchtigkeit und anderen Dämpfen verschlossen werden.

c) Die Oberkleidung muß, wenn sie schmutzig ist oder Ethyl-Fluid-Flecke hat, gewaschen werden. Mit Ethyl-Fluid befleckte Kleidung muß vor dem Waschen zunächst wiederholt mit Petroleum oder einem nicht brennbaren Lösungsmittel gespült werden.

d) Die Gummischutzkleidung, also Schürzen, Handschuhe, Stiefel, oder die Segeltuchschuhe müssen, sobald sie Ethyl-Fluid-Flecke aufweisen, mit einem schnell trocknenden Lösungsmittel gereinigt werden.

e) Ist ein Stück der Gummiausrüstung schwammig oder brüchig geworden, so muß es sofort ersetzt werden.

4. Der Waschraum jeder Mischanlage muß ein Brausebad sowie Waschbecken mit fließend Kalt- und Warmwasser und einen geeigneten Behälter für Petroleum enthalten. Seife und Handtücher sind bereit zu halten. Ein Klosett soll ebenfalls vorgesehen werden.

B. Sauberhalten der Haut.

1. Beim Umgang mit Ethyl-Fluid darf keine gewöhnliche Kleidung getragen werden. Sämtliche eigenen Kleidungsstücke sind in einen sauberen Schrank zu hängen, und vom Kopf bis zum Fuß ist saubere Arbeitskleidung anzuziehen.

2. Es dürfen nur Kleidungsstücke angezogen werden, die, nachdem sie mit Ethyl-Fluid in Berührung kamen, gründlich gewaschen wurden.

---

[1] Wo die allgemeinen Vorschriften auf der Anlage das Tragen von Schuhen mit weichen Spitzen verbieten, sind auch Segeltuchschuhe nicht zulässig.

3. Nach Beendigung der Arbeit mit Ethyl-Fluid sind alle Kleider auszuziehen und in den hierfür vorgesehenen Schrank zu hängen. Sodann ist mit Seife und heißem Wasser zu baden.

4. Gegenstände, denen Ethyl-Fluid anhaftet, dürfen nicht mit bloßen Händen berührt werden.

5. Ethyl-Fluid darf nicht verschüttet oder verspritzt werden.

6. Wenn Ethyl-Fluid zufällig irgendwo auf die Haut gelangt, so ist die Arbeit sofort zu unterbrechen. Die Kleidungsstücke sind auszuziehen, und das Ethyl-Fluid ist mit Petroleum und hierauf mit Seife und heißem Wasser abzuwaschen.

7. Falls ein Gegenstand angefaßt werden muß, der mit Ethyl-Fluid in Berührung kam, sind Gummihandschuhe anzuziehen, deren einwandfreier Zustand vorher geprüft werden muß. Falls die Gummihandschuhe schwammig sind oder ein Loch haben, ist das Arbeiten mit ihnen gefährlicher als ohne Gummihandschuhe.

8. Mit Ethyl-Fluid bespritzte oder durchtränkte Kleidungsstücke sind sofort auszuziehen, da die Flüssigkeit sonst durchdringt und auf die Haut gelangt.

C. Fernhalten von Gift vom Mund.

Stecke die Finger nicht in den Mund und fasse nichts an, was in den Mund genommen wird, ohne vorher die Hände gereinigt zu haben. Vor den Mahlzeiten wasche die Hände sorgfältig, auch bevor Du Kautabak oder dergleichen in den Mund steckst. Benutze viel Seife, bürste tüchtig und achte darauf, daß die ganze innere und äußere Handfläche und die Nägel gründlich gereinigt werden. Die Fingernägel müssen kurz und sauber gehalten werden.

D. Verhütung des Einatmens von Ethyl-Fluid-Dämpfen.

Sobald man Ethyl-Fluid riechen kann, atmet man es auch schon ein. Halte Dich nicht an einem Platze auf, an dem es nach Ethyl-Fluid riecht. Es ist möglich, das Entstehen von Ethyl-Fluid-Dämpfen an der Arbeitsstelle zu verhüten; achte darauf, daß dies geschieht. Ist die Flüssigkeit zu riechen, so ist entweder eine Undichtigkeit vorhanden, oder es wurde Ethyl-Fluid verschüttet. In diesem Falle ist die Betriebsleitung zu benachrichtigen, die fehlerhaften Zustände sind zu beseitigen, und das verschüttete Ethyl-Fluid muß sofort aufgeputzt werden, bevor die Arbeit wieder aufgenommen wird. Muß für kurze Zeit an einem Platz gearbeitet werden, an dem sich der Geruch von Ethyl-Fluid bemerkbar macht, so ist die Gasmaske aufzusetzen. Um sicher zu gehen, ist zu prüfen, daß sie richtig sitzt und nichts durchläßt. Durch die Gasmaske wird dann nur saubere, ungefährliche Luft eingeatmet.

E. Allgemeine Gesundheitsregeln.

1. Iß regelmäßig, und zwar gemischte Kost. Gehe nicht ohne Frühstück zur Arbeitsstelle und beginne keine besondere Diät, es sei denn, daß diese vom Arzt aus bestimmten Gründen vorgeschrieben wird.

2. Fühlst Du Dich infolge einer starken Erkältung oder aus anderen Gründen nicht wohl, so sollst Du nicht in der Mischanlage arbeiten. Melde Dich beim Vorgesetzten und gehe zum Fabrikarzt. Jede Krankheit ist Grund genug, nicht mit bleihaltigen Stoffen zu arbeiten.

3. Die Zähne müssen sauber und in gutem Zustand gehalten werden. Reinige sie unter sorgfältigem Bürsten täglich zweimal. Blutet das Zahnfleisch beim Zähneputzen, so gehe zum Zahnarzt. Lasse keine alten Zahnstumpfe oder Wurzeln im Mund; diese müssen, da sie als eine Gefahr der Gesundheit anzusehen sind, vom Zahnarzt entfernt werden.

4. Sorge für regelmäßigen Stuhlgang, erforderlichenfalls unter Zuhilfenahme eines Abführmittels.

5. Trinke reichlich und regelmäßig Wasser.

III. Sonderbestimmungen für die Behandlung von Kesselwagen und Tankautos, sowie für das Mischen von Ethyl-Fluid mit Benzin.

A. Entleeren von Ethyl-Fluid-Kesselwagen.

1. Alle irgendwie beim Öffnen des Wagens und beim Anschluß der Verbindungsleitung beschäftigten Personen müssen die vorschriftsmäßige, in dem vorhergehenden Abschnitt beschriebene Schutzkleidung tragen mit Gummi- und Stoff-Fausthandschuhen und mit Gasmaske. Diese Arbeiten dürfen nur von den ausdrücklich dazu bestimmten und unter medizinischer Überwachung stehenden Personen ausgeführt werden.

2. Wenn der volle Ethyl-Fluid-Kesselwagen an die Entladestelle geschoben worden ist, müssen zunächst die Bremsen festgezogen werden, bevor das Gelenkrohr angeschlossen wird. Der Wagen muß außerdem durch geeignete Bremsklötze vor jedem Verrollen oder Zusammenstoßen geschützt sein.

3. Mit Hilfe des dazu bestimmten Schlüssels wird das Schloß an der Kesselhaube geöffnet und abgenommen, und es muß sorgfältig untersucht werden, ob Ethyl-Fluid in die Kesselhaube ausgetreten ist oder nicht. Weder darf diese einen Flecken noch irgendwelchen Geruch nach Ethyl-Fluid aufweisen. Sollte dies doch der Fall sein, so muß der bediende Mann unverzüglich seine Gasmaske aufsetzen und alles Fluid durch Abwischen der befleckten Stellen mit einem petroleumgetränkten Lappen oder mit petroleumgetränkter Putzwolle entfernen, wobei der Lappen oder die Putzwolle unmittelbar nach Beendigung der Arbeit zu vernichten, am besten zu verbrennen ist.

4. Sobald das Entleerungsrohr mit dem Kesselwagen verbunden ist, muß das Entleeren und das Auswaschen mit Benzin unverzüglich und ohne Aufenthalt durchgeführt werden. Die damit beschäftigten Leute müssen ständig dabei bleiben und die Vorgänge sorgfältig überwachen, bis das letzte Waschbenzin entleert und das Entleerungsrohr wieder abgeschraubt ist.

5. Keines der Ventile darf geöffnet werden, bevor die Gelenkverbindungsleitung angeschlossen ist.

6. Unter keinen Umständen dürfen aus Kesselwagen Proben genommen werden.

7. Die Plakate mit der Aufschrift „Gift" dürfen während des Entleerens des Wagens noch nicht entfernt werden.

B. Auswaschen und Freigabe von Kesselwagen.

1. Wenn das Fluid mit Hilfe der Saugeinrichtung in den Vorrat- (Wiege-) Tank entleert ist, muß der Kesselwagen mit Benzin ausgewaschen werden. Ein derartiges

Auswaschen entfernt nicht nur die letzten Reste des gekauften und somit bezahlten Fluids, sondern soll auch die ganze Verbindungsleitung vom Kesselwagen bis zum Vorrat- (Wiege-) Tank so ausspülen, daß sie vollkommen frei von Ethyl-Fluid wird. Um dieses richtig durchzuführen, ist wiederholtes Auswaschen nötig.

Zunächst müssen mindestens 750 Liter Benzin in den Kesselwagen eingefüllt werden; das Verfahren wird sodann wiederholt, indem man diesmal bei einem Kessel von 10 cbm Fassungsgehalt mindestens 3800 Liter und bei einem 20 cbm-Kessel mindestens 7500 Liter Benzin in den Wagen einläßt und wieder herauspumpt.

2. Nachdem der Wagen auf die vorbeschriebene Weise gründlich gereinigt ist, wird das Mano-Vacuummeter abgeschraubt und das Entlüftungsventil geschlossen. Das Ventil am Ende der Entleerungsgelenkleitung wird fest geschlossen, während das Entleerungsventil am Kesselwagen selbst noch einige Minuten offen bleibt, damit alle in den Verbindungsleitungen etwa zurückgebliebene Flüssigkeit vollkommen ablaufen kann. Dann wird auch dieses letztere Ventil fest zugemacht, das Gelenkrohr abgeschraubt und die Deckel-Flansche auf das Kesselwagenventil wieder aufgesetzt. Jedes Verspritzen muß unbedingt vermieden werden, und es ist zu vermeiden, wenn das vorgeschriebene Verfahren eingehalten wird.

Sodann muß noch einmal geprüft werden, ob alle Ventile geschlossen und alle Flanschen ordnungsgemäß verschraubt sind. Sollte der Wagen in irgendwie fehlerhaftem Zustande entweder eingegangen sein oder zurückgesendet werden, so muß die Ethyl G. m. b. H. unverzüglich benachrichtigt werden. Sollte gefunden werden, daß der Kessel irgendwie leckt, so ist sofort durch Telephon oder Telegramm Nachricht zu geben an:

Ethyl-Fabrik, Gapel Werk Nord,
Post Gapel über Rathenow.
Telephon: Premnitz (Westhavelland) Nr. 268.

Alle hierdurch entstehenden Kosten werden vergütet.

Wenn größere Schäden die gesicherte Rücksendung des Wagens in Frage stellen, ist ebenfalls unverzüglich die Ethyl-Fabrik in Kenntnis zu setzen. Kleinere Schäden, die die sichere Rücksendung nicht gefährden, müssen der Ethyl G. m. b. H. Berlin mitgeteilt werden.

Wenn man sich vergewissert hat, daß der Wagen zur Rücksendung in Ordnung ist, muß die Haube wieder verschlossen und die Bremsklötze entfernt werden. Jetzt erst sind die Plakate mit der Aufschrift „Gift" durch solche mit der Aufschrift „Gefährlich! Leer." zu ersetzen.

Unter keinen Umständen darf ein Ethyl-Fluid-Kesselwagen für irgendwelche anderen Zwecke als für den Transport von Ethyl-Fluid verwendet werden. Seine Verwendung für andere Zwecke ist von den zuständigen Behörden streng verboten.

3. Nach Beendigung der vorstehenden Verrichtungen müssen die dabei Beschäftigten baden, bevor sie ihre Ausgehkleidung wieder anlegen.

C. Entleeren, Auswaschen und Freigabe von Ethyl-Fluid-Tankautos.

Die in den unmittelbar vorhergehenden Abschnitten A und B enthaltenen Vorschriften sind auch auf Ethyl-Fluid anzuwenden, das in Tankautos bezogen wird, unter Berücksichtigung geringer Abweichungen in der Einrichtung.

1. Es muß dafür gesorgt werden, daß das an Ort und Stelle gefahrene Tankauto so verblockt wird, daß es sich während der Entleerung nicht verschieben kann.

2. Beim Auswaschen des Tanks muß die eingeführte Benzinmenge dem Fassungsgehalt des Tanks angepaßt werden.

D. Vermischen des Ethyl-Fluids mit Benzin.

1. Wenn eine Mischung mit Hilfe des Vorrat- (Wiege-) Tanks vorgenommen werden soll, ist es nicht nötig, daß Schutzkleidung angezogen wird oder daß die Mischarbeiter hinterher baden, vorausgesetzt, daß nicht ein unvorhergesehenes Ereignis eine Berührung mit Ethyl-Fluid mit sich gebracht hat. Für jeden Notfall jedoch müssen saubere Schutzkleidung und saubere Gasmasken zur Hand sein. Es muß mit aller Sorgfalt jeder Möglichkeit einer Berührung mit Fluid durch die Haut oder durch Einatmen seiner Dämpfe nachgespürt werden.

2. Wenn Umstände eintreten, die die Notwendigkeit des Anlegens von Schutzkleidung und Gasmasken mit sich bringen, haben die Arbeiter die Allgemeinen Vorschriften über Schutzkleidung, Baden und Behandlung der Ausrüstung zu befolgen.

3. Aller Farbstoff, der benötigt wird, um die Farbe der fertigen Mischung auf das richtige Maß zu bringen, muß außerhalb des Misch- und Lagerraums vorbereitet und so gehandhabt werden, daß weder der Zementboden noch die Kleidung befleckt wird, so daß alle etwaigen Flecke auf der Mischapparatur, dem Boden und der Schutzkleidung der Arbeiter einwandfrei als lediglich von Ethyl-Fluid herrührend erkannt werden können. Farbstofflösungen oder Zumischungen von Inhibitoren dürfen nicht durch die Rohrleitungen innerhalb der Mischanlage geleitet werden.

E. Unterhaltung der Einrichtung, Reparatur von Undichtigkeiten und Notmaßnahmen.

1. Die Apparatur für die Entleerung von Kesselwagen oder Tankautos und für die Aufspeicherung des Ethyl-Fluids ist so entworfen, daß sie zu jeder Zeit ein geschlossenes System darstellt. Nur wenn sie vollständig geschlossen gehalten wird, kann sie in dem Gebäude, in welchem sie aufgestellt ist, mit Sicherheit bedient werden. Demgemäß schafft ein Auftreten von Undichtigkeiten oder die Notwendigkeit von Reparaturen eine Lage, die außergewöhnliche Vorsicht und ein besondersartiges Vorgehen erfordert.

2. Alle Undichtigkeiten oder notwendig werdenden Reparaturen müssen unverzüglich der Ethyl G. m. b. H. oder einem bevollmächtigten Vertreter dieser Gesellschaft gemeldet werden. Keine Reparaturarbeit darf ausgeführt werden, ehe ein Vertreter der Ethyl G. m. b. H. zugegen ist, oder ehe er Erlaubnis und die nötigen Anweisungen gegeben hat.

3. Unter keinen Umständen darf der Ethyl-Fluid-Vorrat- (Wiege-) Tank durch das Misch- oder Schlosserpersonal der Anlage geöffnet werden.

4. Im Falle irgendeines Auslaufens von Ethyl-Fluid aus dem Kesselwagen oder Tankauto müssen alle Personen die Umgebung sofort verlassen und dürfen sie nicht wieder betreten, bevor sie mit der vorschriftsmäßigen Schutzkleidung und Gasmaske versehen sind. Sollte in der Mischanlage ein Bruch oder eine Undichtigkeit auftreten, muß das Gebäude unverzüglich von allen Personen geräumt werden, die nicht mit der vorschriftsmäßigen Schutzkleidung sowie mit Gasmasken versehen sind. Jede Berührung mit Fluid und jedes Einatmen seiner Dämpfe ist mit der äußersten Sorgfalt zu vermeiden.

5. Alles innerhalb des Misch- und Lagerraumes verschüttete oder ausgetropfte Ethyl-Fluid oder mit Benzin verdünnte Fluid ist fortzuwaschen, indem die betroffene Fläche reichlich mit Petroleum und darauf mit großen Mengen Wasser abgespült wird.

6. Rohrleitungen und andere Apparaturteile, die im Verfolg einer Reparatur oder Auswechslung endgültig ausgebaut wurden, müssen an einem entlegenen Ort bis auf Rotglut ausgebrannt und vergraben werden.

7. Werkzeuge, die mit Ethyl-Fluid in Berührung kamen, müssen mit Petroleum sauber gewaschen werden.

Die nachstehend in Abschnitt IV enthaltenen Vorschriften stellen Mindestforderungen für den gefahrlosen Umgang mit Ethyl-Fluid in Laboratorien dar. Sie müssen dem Laboratoriums-Personal überall, wo mit Ethyl-Fluid gearbeitet wird, zur Kenntnis gebracht werden, es sei denn, daß durch die verantwortlichen Stellen der Kraftstoffgesellschaft bereits genaue Anweisungen gegeben worden sind.

IV. Vorschriften für den Umgang mit Ethyl-Fluid in Laboratorien.

A. Ethyl-Fluid und dessen konzentrierte Mischungen mit Benzin oder Benzol, gleichviel um welche Mengen es sich handelt, müssen vom Laboratoriums-Personal mit denselben Vorsichtsmaßregeln behandelt werden, wie sie für die auf den Mischanlagen beschäftigten Leute gelten. Der Umgang mit Ethyl-Fluid sollte nur Chemikern oder Personen, die mit Laboratoriumsarbeiten gründlich vertraut sind, gestattet sein.

B. Alle im Laboratorium beschäftigten Leute, wie Laboratoriumsdiener, Hilfskräfte usw., die auf Grund ihrer Tätigkeit zufällig mit Ethyl-Fluid oder seinen konzentrierten Lösungen in Berührung kommen können, müssen genaue Anweisungen über die Verhütung von Gesundheitsschäden erhalten.

C. Ethyl-Fluid oder dessen konzentrierte Lösung soll im Laboratorium nie in großen Mengen verarbeitet werden.

D. Ethyl-Fluid, das für Laboratoriumszwecke benutzt wird, muß in geschlossenen Behältern in einem verschließbaren, gut gelüfteten Raum aufbewahrt werden, der nur den für seine Verwendung verantwortlichen Personen zugänglich ist.

E. Berührung mit der bloßen Hand muß vermieden werden. Durch vorsichtiges Umgehen unter Verwendung von einwandfreien Gummihandschuhen, falls mit Ethyl-Fluid benetzte Gegenstände angefaßt werden müssen, ist die Haut gegen Ethyl-Fluid zu schützen.

F. Das Einatmen von Dämpfen soll dadurch vermieden werden, daß mit Ethyl-Fluid oder dessen konzentrierter Lösung nur unter einem Abzug gearbeitet wird, der durch eine seitwärts oder abwärts gerichtete Absaugvorrichtung gründlich gelüftet wird.

G. Ethyl-Fluid-Behälter oder Einrichtungsgegenstände, die durch Ethyl-Fluid verunreinigt sind, dürfen nicht herumliegen, sondern sind in dem Abzug aufzubewahren. Die Entlüftungsvorrichtung muß so lange im Betrieb sein, bis die Gegenstände gereinigt oder sonstwie unschädlich gemacht sind.

H. Wird Ethyl-Fluid auf die Haut, die Kleidung, den Boden, den Tisch oder auf andere Laboratoriums-Einrichtungen verspritzt, so müssen diese sofort gereinigt werden. Man wasche die Haut gründlich mit Petroleum oder Benzin und darauf mit Wasser und Seife. Befleckte Kleidung muß sofort ausgezogen und des öfteren mit Benzin oder nicht brennbaren Reinigungsmitteln ausgewaschen werden. Schuhe und andere Ledergegenstände können nicht gereinigt werden und sind zu verbrennen. Fußboden und Geräte müssen erst gründlich mit Petroleum oder einem anderen geeigneten Lösungsmittel und dann mit Wasser und Seife gereinigt werden. Lappen, Putzwolle oder andere zum Aufwischen von Ethyl-Fluid benutzte Dinge sind sofort zu verbrennen oder anderweitig zu zerstören.

I. Auch bei Herstellung kleiner Mischungen außerhalb des Laboratoriums unter Verwendung von Liter-Kannen muß Ethyl-Fluid von den Laboratoriums-Angestellten mit den gleichen Vorsichtsmaßregeln, wie für Mischanlagen gültig, gehandhabt werden. Dies gilt gleicherweise für die Verwendung von Ethyl-Fluid zu irgendwelchen anderen Zwecken. Jede Mischtätigkeit ist streng auf befugte Prüfversuche zu beschränken. In all diesen Fällen müssen Gasmasken, Schürzen und Handschuhe aus Gummi getragen werden. Der Gesichtsteil der Maske muß aus Gummi bestehen und das ganze Gesicht, also Augen, Nase und Mund bedecken. Die Gasmaske muß mit Augengläsern aus splitterfreiem Glas, einem aus Gummi bestehenden Luftschlauch zum Atmen und einer von dem Gesichtsteil getrennten Filterbüchse mit mindestens 500 ccm hochgradig aktiver Holzkohle versehen sein. Die Schürze muß aus schwerem Gummi oder aus gummiertem Tuch bestehen. Die Handschuhe sollen unzerreißbar, doch genügend weich sein, daß die Leute die feinen Laboratoriumsarbeiten ungehindert ausführen können.

Die nachstehenden Vorschriften in Abschnitt V enthalten Mindestforderungen zur Verhütung von Bleivergiftung beim Reinigen von Tanks, die zum Lagern von Bleibenzin verwendet wurden. Sie sollen die Vorschriften der Benzinfabriken und Kraftstoffgesellschaften zur Verhütung der Bildung von Benzindämpfen in Benzintanks ergänzen und laufen diesen auf keinen Fall zuwider. Die üblichen Vorschriften für das Reinigen von Benzintanks bieten jedoch keine Sicherheit gegen Schlamm und Krusten in Tanks, die für Bleibenzin benutzt worden sind. Die nachstehenden Vorschriften müssen daher hinzugefügt werden und ebenso wie die üblichen Vorschriften für Benzintanks den Arbeitern, die die Tanks reinigen, vollkommen bekannt sein. Ihre Befolgung ist seitens der Betriebsleitung strengstens durchzusetzen.

V. Anweisungen für die Reinigung von Tanks, die für das Mischen und Lagern von Bleibenzin in Benzinfabriken und Tankanlagen verwendet wurden.

A. Der jeweils zu reinigende Teil der inneren Wand und des Bodens der Tanks muß während des Reinigungsvorganges feucht gehalten werden, um das Einatmen von Staub zu verhindern.

B. Alle Arbeiter, die die Tanks betreten, müssen Druckluftmasken tragen.

C. Alle Arbeiter müssen allseitig geschlossene Anzüge (Kesselanzüge) sowie Hemden, Unterkleidung, Socken und starke säurefeste Handschuhe in tadellosem Zustande tragen, ferner einwandfreie Gummistiefel.

D. Zum Einnehmen der Mahlzeit muß die Kleidung gewechselt und Gesicht und Hände gewaschen werden. Bei Schluß der Arbeit muß die Kleidung wiederum gewechselt und eine Dusche genommen werden. Kein Kleidungsstück darf länger als einen Tag, ohne gewaschen zu sein, getragen werden. Die Gummistiefel und Handschuhe sind ebenfalls täglich zu säubern. Ist die Kleidung irgendwie von dem auf dem Boden der Tanks befindlichen Schlamm verunreinigt, so muß sie sofort gewechselt werden. Die Werkzeuge sowie die Luftmasken sind täglich zu reinigen.

E. Die Gummischläuche der Luftmasken haben eine begrenzte Lebensdauer und müssen so sauber wie möglich gehalten werden. Sie müssen täglich vor dem Zusammenrollen gereinigt werden, am besten durch gründliches Abspritzen mit Wasser, um anhängenden Schmutz zu beseitigen. Wenn sich in der zugeführten Luft Geruch von Benzin bemerkbar macht, muß die Arbeit sofort unterbrochen werden, bis die Ursache entdeckt oder ein neuer Schlauch angebracht worden ist.

F. Der Schlamm aus dem Tank darf nicht an einer Stelle liegen bleiben, an der irgend jemand damit in Berührung kommen kann. Er muß in nassem Zustand vom Tank weggefahren und an einem Ort vergraben werden, wo er bei etwaigen Erdarbeiten nicht wieder ausgegraben werden kann.

Anmerkung.

Auch Reparaturschlosser und Schweißer müssen diese Vorschriften befolgen, wenn sie in Tanks arbeiten, aus denen Schlamm und Krusten noch nicht entfernt worden sind. Es wird empfohlen, Reparaturen und Schweißarbeiten nicht auszuführen, bevor Schlamm, Krusten und Staub gründlich beseitigt worden sind.

Vorschriften

über den Umgang mit

Ethyl-Fluid

und das Mischen auf Mischanlagen,
in denen Fluid-Vorrattanks
aus Fässern gefüllt werden,
sowie damit verknüpfte Arbeiten

(Für „Q"-Fluid gelten die Vorschriften unverändert)

Herausgegeben von der

Ethyl G. m. b. H. Berlin

nach Richtlinien der Medizinischen Abteilung
der Ethyl Gasoline Corporation, New York

1. April 1939

Vorschriften über den Umgang mit Ethyl=Fluid und das Mischen auf Mischanlagen, in denen Fluid=Vorrattanks aus Fässern gefüllt werden, sowie damit verknüpfte Arbeiten[1].

(Für „Q"=Fluid gelten die Vorschriften unverändert)

I. Vorschriften, die für die verantwortlichen Leiter der Kraftstoffgesellschaften von unmittelbarer Bedeutung sind.

Die Aufmerksamkeit der Leiter von Betrieben, die Ethyl-Fluid mit Benzin mischen, wird im folgenden auf gewisse Dinge gelenkt, für welche die Betriebsleitung verantwortlich ist und die von größter Wichtigkeit für die Sicherheit beim Umgang mit Ethyl-Fluid sind.

A. Auswahl des Mischpersonals.

1. Zum Mischen und für die anderen in Mischanlagen erforderlichen Arbeiten sind nur intelligente, junge Leute heranzuziehen, die in der Lage sind, die ihnen gegebenen Anweisungen zu begreifen, und auf die man sich verlassen kann, daß sie diese genau befolgen.

2. Mit diesen Arbeiten sind nur so viel Leute zu betrauen, wie unbedingt erforderlich sind, mindestens jedoch 2 Mann und 1 Ersatzmann. Alle in der Mischanlage beschäftigten Personen müssen über die Gefahr, die ihnen bei Vernachlässigung der Vorschriften über den Umgang mit Ethyl-Fluid droht, genau unterrichtet werden.

Die ganze Handhabung des Ethyl-Fluids, ehe es mit Benzin vermischt ist, soll ausschließlich diesen Leuten übertragen werden.

3. Die vorgesehenen Leute dürfen die in Frage kommenden Arbeiten nur dann und nur so lange ausführen, wie sie von einem ärztlichen Vertreter der Ethyl G. m. b. H. als körperlich tauglich befunden werden.

B. Vorsicht bei dem Transport von Ethyl-Fluid.

Das Ethyl-Fluid muß unter solchen Vorsichtsmaßregeln transportiert werden, daß Gefahr für die Transportleute vermieden und Berührung oder Verunreinigung anderer Gegenstände während des Transportes verhütet wird. Umladung des Ethyl-Fluids seitens des Käufers von einem Bestimmungsort zum anderen soll weitestgehend vermieden werden. Ist ein Umladen jedoch unumgänglich, so müssen die folgenden Vorsichtsmaßnahmen beachtet werden:

---

[1] Herausgegeben von der Ethyl G. m. b. H. Berlin nach Richtlinien der Medizinischen Abteilung der Ethyl Gasoline Corporation New York.

Die Ethyl-Fluid-Fässer sollen, wenn irgend möglich, vom Mischpersonal in die Eisenbahnwagen, Lastwagen oder Schiffe verladen werden, zum mindesten aber unter ständiger Aufsicht von Leuten, die über das sachgemäße Umgehen und Verfrachten der Ethyl-Fluid-Fässer unterrichtet sind. Beim Ausladen müssen die gleichen Vorsichtsmaßnahmen beachtet werden. Werden die Fässer mit der Eisenbahn verschickt, so sollen sie nicht mit anderen Gütern zusammengebracht werden, auch nicht, wenn diese den gleichen Bestimmungsort haben, sondern sie sind für sich allein direkt ihrem Bestimmungsort zuzuführen. Die Fässer müssen mit den Verschlußverschraubungen nach oben in den Wagen gelegt und durch Bandeisen, Latten und Blöcke festgemacht werden, damit sie sich während der Fahrt nicht bewegen können. Bei Verschiffung sind sie mit den Verschlußverschraubungen nach oben auf Deck sicher zu verstauen an einer Stelle, die freien Luftzutritt hat und das Bespritzen mit einem Schlauch erlaubt, falls ein Faß undicht wird. Sowohl beim Ein- als auch beim Ausladen ist streng darauf zu achten, daß keine Haken oder Hebevorrichtungen verwendet werden, die das Faß durchlöchern oder eindrücken können oder die keinen sicheren Halt bieten. Die einfachste Art des Versands ist, falls möglich, der Transport auf eigenen Lastwagen unter der Aufsicht eines erfahrenen Angestellten des Versenders.

C. Verwendung einer geeigneten Mischeinrichtung.

1. Jede Mischanlage muß genau nach einer von der Kraftstoffgesellschaft zu unterbreitenden und von der Ethyl G. m. b. H. gutzuheißenden Zeichnung errichtet werden. Diese Zeichnung muß nach Vorbild und Angabe der Ethyl G. m. b. H. angefertigt werden. Aus rein hygienischen Gründen müssen mindestens die folgenden Anforderungen erfüllt werden:

a) Ein feuersicheres, mit Dampfheizung versehenes Gebäude muß gebaut werden, das genügend Raum bietet für die Aufstellung eines Ethyl-Fluid-Vorrat- (Wiege-) Tanks und für die Bedienung der Mischvorrichtung sowie für den Einbau ausreichender Waschgelegenheiten. Es muß in genügend weitem Abstand von bereits vorhandenen Gebäuden gelegen sein.

b) Eine ebene, nach drei Seiten offene Zementplattform, die genügend Raum bietet für sachgemäßes Lagern aller vollen und leeren Ethyl-Fluid-Fässer sowie für die Errichtung und Bedienung aller zum Leeren und Ausspülen der Fässer benötigten Einrichtungen, muß in Anlehnung an das Fluid-Lager- und -Mischgebäude gebaut werden, so daß sie unmittelbar einen Teil der gesamten Mischanlage bildet.

c) Das Gebäude selbst muß einen Zementboden haben, mit einer Betongrube zur Aufnahme des Ethyl-Fluid-Vorrat- (Wiege-) Tanks, die groß genug ist, den Inhalt des Tanks im Falle von Undichtigkeiten zu fassen; sie muß ausreichende, mit der Kanalisation in Verbindung stehende Abflüsse haben. Eine Wasserleitung, ein passender Schlauch und ein genügender Vorrat an Petroleum zum Abwaschen müssen vorhanden sein.

Über dem Wiegetank ist eine Sprinkler-Anlage anzubringen, ebenso Schaumlösch- oder sonstige entsprechenden Einrichtungen in der Grube unter dem Wiegetank. Auch in den übrigen Teilen des Gebäudes müssen jederzeit ausreichende Feuerlöscheinrichtungen zur Verfügung stehen.

Der Zugang zum Gebäude muß gut verschließbar sein.

Für die Arbeiter muß ein Wasch- und Umkleideraum mit Dusche und Waschbecken mit fließend Kalt- und Warmwasser vorgesehen werden. Jeder Arbeiter erhält zwei verschließbare Schränke, einen für die Arbeits- und Schutzkleidung und den anderen für die Ausgehkleidung. Ein kleiner Vorrat an Petroleum soll im Waschraum ebenfalls vorhanden sein. Auch muß ein Klosett eingebaut werden.

d) Die Faß-Lagerplattform muß auf allen Seiten von einem gewölbten Zementrand umgeben sein, der das Überlaufen von Flüssigkeiten verhindert; sie muß ausreichende, mit der Kanalisation in Verbindung stehende Abflüsse haben und zu diesen hin genügend abfallen. Eine Wasserleitung, ein passender Schlauch und ein genügender Vorrat an Petroleum zum Abwaschen müssen vorhanden sein. Die Höhe der Zementplattform richtet sich nach der Anlieferungsart der Fässer, d. h. sie kann entweder in Höhe eines Güter- oder Lastwagenbodens oder auch zu ebener Erde liegen. Zum Schutz gegen Hitze und Sonne soll die ganze Plattform überdacht sein. Ein etwa an den Seiten erforderlich werdender Schutz gegen zu starkes, direktes Sonnenlicht muß durch verstellbare Rolläden aus Metall oder anderem feuerfesten Material geschaffen werden, die jedoch die Durchlüftung nicht stören dürfen. Die drei offenen Seiten der Plattform müssen mit einem starken Drahtgitter umschlossen werden. Das Gitter soll so beschaffen sein, daß Unbefugte den Platz nicht betreten können. Der erforderliche Eingang muß verschlossen gehalten werden, solange nicht Fässer an- und abgerollt werden.

e) Für den Bau der gesamten Anlage dürfen nur feuersichere Stoffe verwendet werden; wo es die örtlichen Verhältnisse zulassen, sollte über dem Teil der Plattform, auf dem Ethyl-Fluid-Fässer lagern, ebenfalls eine Sprinkler-Anlage vorgesehen werden. Außerdem müssen auch auf der Plattform jederzeit ausreichende Feuerlöscheinrichtungen zur Verfügung stehen.

2. Jedem auf der Mischanlage beschäftigten Arbeiter sind außer den zwei Schränken zwei vollständige Bekleidungsausrüstungen zur Verfügung zu stellen. Diese müssen aus Unterkleidung, Socken, Oberkleidung, Mütze, Schuhen, Gummistiefeln, Gummischürzen und Gummihandschuhen bestehen. Bei warmem Wetter kann ein allseitig geschlossener Kesselanzug als Oberkleidung getragen werden; wärmere Kleidung muß aber nach Bedarf gestellt werden. Die Kleidung soll weiß sein, damit alle Flecken leicht sichtbar sind. Die Gummischürzen und Gummihandschuhe müssen aus gutem Material sein, damit sie beim Gebrauch nicht zerreißen. Stoff-Fausthandschuhe, eventuell mit eingenähten Lederhandflächen, können beim Transport und Öffnen der Fässer, sowie bei gröberen Arbeiten zur Schonung der Gummihandschuhe über diese gezogen werden. Lederschuhe dürfen nicht getragen werden, sondern es sind säurefeste Gummistiefel zu empfehlen. Segeltuchschuhe mit Gummisohlen sind zulässig[1]. Beim Aufwaschen der Zementplattform und des Zementbodens im Gebäude müssen Gummistiefel getragen werden.

3. Jede auf der Mischanlage arbeitende Person muß mit einer Vollgasmaske versehen sein. Der Gesichtsteil der Maske muß aus Gummi bestehen und das ganze Gesicht, also auch Augen, Nase und Mund bedecken. Die Gasmaske muß mit Augengläsern aus splitterfreiem Glas, einem aus Gummi bestehenden Luftschlauch zum Atmen und einer von dem Gesichtsteil getrennten Filterbüchse mit mindestens 500 ccm hochgradig aktiver Holzkohle versehen sein.

---

[1] Wo die allgemeinen Vorschriften auf der Anlage das Tragen von Schuhen mit weichen Spitzen verbieten, sind auch Segeltuchschuhe nicht zulässig.

4. Seife, Zahnbürsten, Handbürsten und Handtücher müssen in genügender Zahl für den Waschraum vorhanden sein. Für Ersatz aller Ausrüstungsgegenstände muß, je nachdem sie die Arbeiter bei der Ausübung ihrer Tätigkeit nach den erteilten Vorschriften benötigen, gesorgt werden (s. Abschnitt II).

D. Unterhaltung der Einrichtung, Reparatur von Undichtigkeiten und Notmaßnahmen.

1. Die Apparatur zur Lagerung und Verarbeitung von Ethyl-Fluid innerhalb des Gebäudes ist so entworfen, daß sie zu jeder Zeit ein geschlossenes System darstellt. Nur wenn sie vollständig geschlossen gehalten wird, kann sie in dem Gebäude, in welchem sie aufgestellt ist, mit Sicherheit bedient werden. Demgemäß schafft das Auftreten von Undichtigkeiten oder die Notwendigkeit von Reparaturen eine Lage, die außergewöhnliche Vorsicht und ein besondersartiges Vorgehen erfordert.

2. Alle Undichtigkeiten oder notwendig werdenden Reparaturen müssen unverzüglich der Ethyl G. m. b. H. oder einem bevollmächtigen Vertreter dieser Gesellschaft gemeldet werden.

Keine Reparaturarbeit darf ausgeführt werden, ehe ein Vertreter der Ethyl G. m. b. H. zugegen ist oder ehe er Erlaubnis und die nötigen Anweisungen gegeben hat.

3. Unter keinen Umständen darf der Ethyl-Fluid-Vorrat- (Wiege-) Tank durch das Misch- oder Schlosserpersonal der Anlage geöffnet werden.

4. Sollte in der Mischanlage ein Bruch oder eine Undichtigkeit auftreten, muß das Gebäude unverzüglich von allen Personen geräumt werden, die nicht mit der vorschriftsmäßigen Schutzkleidung sowie mit Gasmasken versehen sind.

Jede Berührung mit Fluid und jedes Einatmen seiner Dämpfe ist mit der äußersten Sorgfalt zu vermeiden.

E. Bekanntmachung der Vorschriften in der Mischanlage.

Ein Plakat, das die ausführlichen Vorschriften für die beim Mischen beschäftigten Arbeiter enthält (wie unten in Abschnitt II und III angegeben), muß an einer gut sichtbaren Stelle der Mischanlage angebracht sein. Außerdem muß eine Tafel vorhanden sein, die jedermann den Zutritt zu der Mischanlage verbietet, mit Ausnahme der Personen, die dazu befugt und in der Herstellung der Mischungen unterrichtet sind. Die Befolgung der in dem Anschlag enthaltenen Vorschriften muß streng überwacht werden. Das Gebäude sowohl wie die Plattform sind verschlossen zu halten, wenn sie nicht im Betrieb sind.

F. Vermeidung von unvorschriftsmäßigem Vorgehen bei Herstellung der Mischung.

Sicherheit gegen eventuelle Gefahren beim Mischen kann nur durch eine besonders entworfene und erprobte Mischeinrichtung erreicht werden. Diese muß den erlassenen Vorschriften entsprechen und den Arbeitern vollkommen vertraut sein. Die Betriebsleitung muß ebenfalls über alle Einzelheiten der Vorschriften genau unterrichtet sein und darf keine Sonderabmachungen treffen und keine Anweisungen an die Arbeiter erlassen, die dem Wortlaut oder dem Sinn dieser Vorschriften widersprechen.

G. Sicherheitsvorsorge für Arbeiter,
die sonstwie mit Ethyl-Fluid in Verbindung stehen.

Die Vorschriften, die in Abschnitt IV und V dieses Heftes enthalten sind, betreffen die Sicherheit von Personen, die mit dem Mischen nichts zu tun haben; sie verlangen die besondere Aufmerksamkeit der Betriebsleitung. Diese Vorschriften müssen ebenfalls genau durchgelesen werden.

Die nachstehend in Abschnitt II und III enthaltenen Vorschriften stehen in Form eines Plakats zur Verfügung und sind an einer gut sichtbaren Stelle in der Mischanlage anzuschlagen.

II. Allgemeine Vorschriften.

Ethyl-Fluid wirkt als Gift, wenn es in den menschlichen Körper eindringt. Es hat die Fähigkeit, die Haut zu durchdringen und auf diese Weise in den Körper zu gelangen. Es kann durch schmutzige Hände in den Mund und durch Einatmen von mit Ethyl-Fluid-Dämpfen geschwängerter Luft in die Lungen gelangen.

Im folgenden werden Anleitungen über den gefahrenfreien Umgang mit Ethyl-Fluid gegeben.

A. Beschreibung und Behandlung der Ausrüstung
für in Ethyl-Fluid-Mischanlagen beschäftigte Arbeiter.

1. Jeder auf einer Ethyl-Fluid-Mischanlage beschäftigte Arbeiter muß zwei verschließbare Schränke zur Verfügung haben, einen für die Arbeits- und Schutzkleidung und den anderen für die Ausgehkleidung. Außerdem sind für jeden Mann zwei vollständige Bekleidungsausrüstungen vorzusehen, die aus Unterkleidung, Socken, Oberkleidung, Mütze, Schuhen, Gummistiefeln, Gummischürzen und Gummihandschuhen bestehen müssen. Bei warmem Wetter kann ein allseitig geschlossener Kesselanzug als Oberkleidung getragen werden. Wärmere Kleidung muß aber nach Bedarf gestellt werden. Die Kleidung soll weiß sein, so daß alle Flecken leicht sichtbar sind. Die Gummischürzen und Gummihandschuhe müssen aus gutem Material sein, damit sie beim Gebrauch nicht zerreißen. Stoff-Fausthandschuhe, eventuell mit eingenähten Lederhandflächen, können beim Transport und Öffnen der Fässer, sowie bei gröberen Arbeiten zur Schonung der Gummihandschuhe über diese gezogen werden. Lederschuhe dürfen nicht getragen werden, sondern es sind säurefeste Gummistiefel zu empfehlen. Segeltuchschuhe mit Gummisohlen sind zulässig[1]. Beim Aufwaschen der Zementplattform und des Zementbodens im Gebäude müssen Gummistiefel getragen werden.

2. Jede auf der Anlage arbeitende Person muß mit einer Vollgasmaske versehen sein. Der Gesichtsteil der Maske muß aus Gummi bestehen und das ganze Gesicht, also auch Augen, Nase und Mund bedecken. Die Gasmaske muß mit Augengläsern aus splitterfreiem Glas, einem aus Gummi bestehenden Luftschlauch zum Atmen und einer von dem Gesichtsteil getrennten Filterbüchse mit mindestens 500 ccm hochgradig aktiver Holzkohle versehen sein.

---

[1] Wo die allgemeinen Vorschriften auf der Anlage das Tragen von Schuhen mit weichen Spitzen verbieten, sind auch Segeltuchschuhe nicht zulässig.

3. Die Kleidung und anderen Ausrüstungsgegenstände müssen nach jedem Gebrauch überprüft werden.

a) Die Filterbüchse der Maske muß nach je 100 normalen Atemstunden, spätestens aber nach sechs Monaten Gebrauchszeit, erneuert werden, und zwar je nachdem, welche Zeit eher abgelaufen ist. Über die Verwendung der Filterbüchsen muß Buch geführt werden.

Wenn in dringenden Fällen die Gasmaske mehrere Stunden hindurch in Fluiddämpfen hoher Konzentration gebraucht worden ist, muß die Filterbüchse ausgewechselt werden.

b) Die Maske ist nach jeder Benutzung sorgfältig zu überprüfen. Ist sie verunreinigt, so muß sie zuerst mit Petroleum und dann mit Wasser und Seife gereinigt werden. Auf jeden Fall ist der Gesichtsteil nach jeder Gebrauchszeit mittels Seife und Wasser abzuwaschen. Ist die Maske nicht in Gebrauch, so muß sie in einem Behälter aufbewahrt werden, der sie gegen Verunreinigungen schützt. Die Filterbüchse muß gegen Eindringen von Feuchtigkeit und anderen Dämpfen verschlossen werden.

c) Die Oberkleidung muß, wenn sie schmutzig ist oder Ethyl-Fluid-Flecke hat, gewaschen werden. Mit Ethyl-Fluid befleckte Kleidung muß vor dem Waschen zunächst wiederholt mit Petroleum oder einem nicht brennbaren Lösungsmittel gespült werden.

d) Die Gummischutzkleidung, also Schürzen, Handschuhe, Stiefel, oder die Segeltuchschuhe müssen, sobald sie Ethyl-Fluid-Flecke aufweisen, mit einem schnell trocknenden Lösungsmittel gereinigt werden.

e) Ist ein Stück der Gummiausrüstung schwammig oder brüchig geworden, so muß es sofort ersetzt werden.

4. Der Waschraum jeder Mischanlage muß ein Brausebad sowie Waschbecken mit fließend Kalt- und Warmwasser und einen geeigneten Behälter für Petroleum enthalten. Seife und Handtücher sind bereit zu halten. Ein Klosett soll ebenfalls vorgesehen werden.

B. Sauberhalten der Haut.

1. Beim Umgang mit Ethyl-Fluid darf keine gewöhnliche Kleidung getragen werden. Sämtliche eigenen Kleidungsstücke sind in einen sauberen Schrank zu hängen, und vom Kopf bis zum Fuß ist saubere Arbeitskleidung anzuziehen.

2. Es dürfen nur Kleidungsstücke angezogen werden, die, nachdem sie mit Ethyl-Fluid in Berührung kamen, gründlich gewaschen wurden.

3. Nach Beendigung der Arbeit mit Ethyl-Fluid sind alle Kleider auszuziehen und in den hierfür vorgesehenen Schrank zu hängen. Sodann ist mit Seife und heißem Wasser zu baden.

4. Gegenstände, denen Ethyl-Fluid anhaftet, dürfen nicht mit bloßen Händen berührt werden.

5. Ethyl-Fluid darf nicht verschüttet oder verspritzt werden.

6. Wenn Ethyl-Fluid zufällig irgendwo auf die Haut gelangt, so ist die Arbeit sofort zu unterbrechen. Die Kleidungsstücke sind auszuziehen, und das Ethyl-Fluid ist mit Petroleum und hierauf mit Seife und heißem Wasser abzuwaschen.

7. Falls ein Gegenstand angefaßt werden muß, der mit Ethyl-Fluid in Berührung kam, sind Gummihandschuhe anzuziehen, deren einwandfreier Zustand vorher geprüft werden muß. Falls die Gummihandschuhe schwammig sind oder ein Loch haben, ist das Arbeiten mit ihnen gefährlicher als ohne Gummihandschuhe.

8. Mit Ethyl-Fluid bespritzte oder durchtränkte Kleidungsstücke sind sofort auszuziehen, da die Flüssigkeit sonst durchdringt und auf die Haut gelangt.

C. Fernhalten von Gift vom Mund.

Stecke die Finger nicht in den Mund und fasse nichts an, was in den Mund genommen wird, ohne vorher die Hände gereinigt zu haben. Vor den Mahlzeiten wasche die Hände sorgfältig, auch bevor Du Kautabak oder dergleichen in den Mund steckst. Benutze viel Seife, bürste tüchtig und achte darauf, daß die ganze innere und äußere Handfläche und die Nägel gründlich gereinigt werden. Die Fingernägel müssen kurz und sauber gehalten werden.

D. Verhütung des Einatmens von Ethyl-Fluid-Dämpfen.

Sobald man Ethyl-Fluid riechen kann, atmet man es auch schon ein. Halte Dich nicht an einem Platz auf, an dem es nach Ethyl-Fluid riecht. Es ist möglich, das Entstehen von Ethyl-Fluid-Dämpfen an der Arbeitsstelle zu verhüten; achte darauf, daß dies geschieht. Ist die Flüssigkeit zu riechen, so ist entweder eine Undichtigkeit vorhanden, oder es wurde Ethyl-Fluid verschüttet. In diesem Falle ist die Betriebsleitung zu benachrichtigen, die fehlerhaften Zustände sind zu beseitigen, und das verschüttete Ethyl-Fluid muß sofort aufgeputzt werden, bevor die Arbeit wieder aufgenommen wird. Muß für kurze Zeit an einem Platz gearbeitet werden, an dem sich der Geruch von Ethyl-Fluid bemerkbar macht, so ist die Gasmaske aufzusetzen. Um sicher zu gehen, ist zu prüfen, daß sie richtig sitzt und nichts durchläßt. Durch die Gasmaske wird dann nur saubere, ungefährliche Luft eingeatmet.

E. Allgemeine Gesundheitsregeln.

1. Iß regelmäßig, und zwar gemischte Kost. Gehe nicht ohne Frühstück zur Arbeitsstelle und beginne keine besondere Diät, es sei denn, daß diese vom Arzt aus bestimmten Gründen vorgeschrieben wird.

2. Fühlst Du Dich infolge einer starken Erkältung oder aus anderen Gründen nicht wohl, so sollst Du nicht in der Mischanlage arbeiten. Melde Dich beim Vorgesetzten und gehe zum Fabrikarzt. Jede Krankheit ist Grund genug, nicht mit bleihaltigen Stoffen zu arbeiten.

3. Die Zähne müssen sauber und in gutem Zustand gehalten werden. Reinige sie unter sorgfältigem Bürsten täglich zweimal. Blutet das Zahnfleisch beim Zähneputzen, so gehe zum Zahnarzt. Lasse keine alten Zahnstumpfe oder Wurzeln im Mund; diese müssen, da sie als eine Gefahr der Gesundheit anzusehen sind, vom Zahnarzt entfernt werden.

4. Sorge für regelmäßigen Stuhlgang, erforderlichenfalls unter Zuhilfenahme eines Abführmittels.

5. Trinke reichlich und regelmäßig Wasser.

III. Sonderbestimmungen für die Behandlung von Ethyl-Fluid-Fässern und Güterwagen, sowie für das Mischen von Ethyl-Fluid mit Benzin.

A. Entladen und Lagern der Ethyl-Fluid-Fässer.

1. Wird Ethyl-Fluid durch Schiff oder Lastwagen zu einer Mischanlage befördert, so muß das Entladen und die Handhabung der Fässer, wenn irgend möglich,

durch das Personal der Mischanlage vorgenommen werden. Ist dies nicht möglich, so muß die Arbeit unter der ständigen Aufsicht eines hinreichend unterrichteten Vertreters der Mischanlage stattfinden. Alle mit dem Entladen Beschäftigten müssen die für das Personal von Mischanlagen vorgeschriebene Arbeits- und Schutzkleidung tragen und mit Gummihandschuhen, Schürze und Gasmaske versehen sein, damit sie in der Lage sind, verschüttetes Ethyl-Fluid aufzuputzen und allen Notfällen zu begegnen (s. Abschnitt B). Es ist darauf zu achten, daß die Fässer nicht mit Haken oder mit Hebevorrichtungen angehoben werden, die sie durchlöchern oder eindrücken können oder die keinen sicheren Halt bieten.

2. Wenn ein mit Ethyl-Fluid beladener Güterwagen geöffnet werden soll, so muß der Beauftragte der Mischanlage zugegen sein und zuerst den Wagen besichtigen, um festzustellen, ob undichte Fässer vorhanden sind. Wird keine Undichtigkeit festgestellt, so kann die Entladung vorgenommen werden. Sind Undichtigkeiten vorhanden, so muß der Beauftragte die Gasmaske aufsetzen, um entweder allein oder mit Hilfe von Arbeitern, die ebenfalls mit Gasmasken ausgerüstet sind, das auf dem Boden verschüttete oder auf den Fässern befindliche Ethyl-Fluid aufzuputzen. Der Wagen muß zwecks guter Entlüftung soweit wie möglich geöffnet werden. Erst nachdem alle Ethyl-Fluid-Dämpfe entwichen sind, kann der Wagen in der üblichen Weise entladen werden (s. Abschnitt B).

3. Alle Fässer müssen mit den Verschlußverschraubungen nach oben auf der betonierten Lager-Plattform gelagert und jedes einzeln für sich verblockt werden; sie sind vor dem Lagern sorgfältig zu überprüfen.

4. Alle undichten Fässer sind von den dichten zu trennen und mit großer Vorsicht zu behandeln. Außen an den Fässern befindliches Ethyl-Fluid muß sorgfältig abgeputzt werden; die undichten Fässer sind zuerst aufzubrauchen.

B. Freigabe von Güterwagen, in denen Ethyl-Fluid befördert wurde, und das Aufputzen von verschüttetem Ethyl-Fluid.

1. Vor der Freigabe eines jeden Güterwagens, in dem Fässer mit Ethyl-Fluid befördert wurden, ist eine sorgfältige Besichtigung des Wagens durch eine verantwortliche Person des Mischpersonals vorzunehmen. Wurde in dem Wagen Ethyl-Fluid verschüttet, so ist wie folgt zu verfahren:

a) Die Wagentüren sind zwecks gründlicher Entlüftung soweit wie möglich zu öffnen.

b) Personen, die den Wagen zum Aufputzen des verschütteten Ethyl-Fluids betreten, müssen die für die Mischanlage vorgeschriebene Arbeits- und Schutzkleidung tragen, sowie entweder die vorgeschriebenen Vollgasmasken oder erprobte Luftschlauchmasken, denen ununterbrochen frische Luft zugeführt wird.

c) Das Fluid muß mit Petroleum oder einem anderen geeigneten Leichtöl-Lösungsmittel abgewaschen und die ganze Stelle sauber geputzt werden. Das Verfahren ist mehrmals zu wiederholen, um das gesamte öllösliche Ethyl-Fluid vom Boden des Wagens zu entfernen.

d) Die gereinigte Stelle wird reichlich mit Wasser abgespritzt und hierauf mit Schmierseife aufgescheuert, wobei mit einem Besen möglichst viel Schaum erzeugt wird. Zum Schluß wird die Seife mit Wasser weggespült.

2. Ethyl-Fluid, das auf Behälter oder irgend sonstwohin verschüttet wurde, ist in ähnlicher Weise sofort zu entfernen. Je nach Gutdünken der Betriebsleitung

können in diesen Fällen auch andere Verfahren angewendet werden. Es ist zu beachten, daß die beiden nachstehend beschriebenen Verfahren auf einer chemischen Reaktion beruhen, bei der Wärme entwickelt wird, so daß Feuerschutzmaßnahmen getroffen werden müssen. Ebenso ist mit den Chemikalien vorsichtig umzugehen.

a) Die Flüssigkeit kann weggewaschen und gleichzeitig in einen nichtflüchtigen Zustand überführt werden durch Verwendung von Petroleum mit 5% Sulphurylchlorid (SO_2Cl_2)-Zusatz. Die Stelle, die mit diesem Mittel gereinigt wurde, muß nachher reichlich mit Wasser abgespritzt werden.

b) Eine dünne Paste, die aus handelsüblichem Chlorkalk ($CaOCl_2$) mit Wasser angerührt wird, wird reichlich auf das verschüttete Ethyl-Fluid aufgetragen und die Stelle hierauf mit Wasser abgespritzt. Die Paste wirkt noch besser, wenn kurz vor dem Gebrauch Salzsäure zugesetzt wird. Trockener Chlorkalk darf wegen Feuergefahr nicht verwendet werden.

C. Entleeren und Ausspülen von Ethyl-Fluid-Fässern.

1. Jeder Arbeiter muß zuerst die oben beschriebene Arbeits- und Schutzkleidung anziehen, bevor er mit der Arbeit beginnt. Er muß Gummischürze, Gummihandschuhe und Gasmaske tragen.

2. Wird ein Ethyl-Fluid-Faß in Angriff genommen, so muß es zuerst, bevor die Verschlußverschraubungen entfernt werden dürfen, in die richtige Lage gebracht und sicher verblockt werden.

3. Die Arbeiter müssen die Gasmaske aufsetzen und, bevor sie die Verschlußverschraubungen entfernen, prüfen, ob die Maske richtig sitzt. Sie müssen die Maske beständig aufbehalten, bis das Faß geleert, ausgespült und wieder mit den Verschlußverschraubungen versehen ist.

4. Die abgenommenen Faßverschraubungen und Dichtungen werden, während das Faß entleert wird, in einen mit Benzin oder Petroleum gefüllten Eimer gelegt.

5. Es ist besonders darauf zu achten, daß kein Ethyl-Fluid aus dem Faß herausspritzt oder mit der Haut oder der Kleidung in Berührung kommt. Sollte dies trotzdem geschehen, so muß die Haut sofort mit Petroleum oder Benzin gereinigt und dann mit Wasser und Seife gewaschen werden; die Kleidung ist unverzüglich gegen saubere auszuwechseln.

6. Gelangt Ethyl-Fluid auf die Außenseite eines Fasses, so muß dieses sofort mit Petroleum oder Benzin abgewaschen werden. Die Mischplattform und das Äußere der Fässer müssen immer vollkommen sauber gehalten werden und dürfen keine Spuren von verschüttetem Ethyl-Fluid aufweisen. Durch reichliche Verwendung von Petroleum und darauffolgend Wasser wird alles verschüttete Ethyl-Fluid entfernt.

7. Ist ein Faß mit Hilfe der Absaugvorrichtung soweit wie möglich in den Fluid-Vorrat- (Wiege-) Tank entleert, so muß es, ohne daß das Saugrohr entfernt wird, wiederholt mit Benzin gefüllt und wieder leer gesaugt werden, um sicher zu gehen, daß alle Reste von Ethyl-Fluid entfernt werden. Sodann kann der Saugheber aus dem Faß herausgenommen und entweder in ein anderes Ethyl-Fluid-Faß oder in einen Behälter mit reinem Benzin gesteckt werden. Das vollständig geleerte Faß ist, bevor es weggerollt wird, mit den Verschlußverschraubungen und dazu gehörigen Dichtungen fest zu verschließen, ohne weiteren Versuch der Reinigung.

8. Wird im Entleerungssystem eine Undichtigkeit festgestellt, so muß der Betrieb sofort unterbrochen werden. Kein Arbeiter darf versuchen,

irgendeinen Teil der Mischeinrichtung zu reparieren, wenn er nicht von einem beglaubigten Vertreter der Ethyl G. m. b. H. damit beauftragt wurde.

9. Nach Beendigung des Entleerens und Ausspülens der Fässer ist die Arbeits- und Schutzkleidung auszuziehen und, falls bei gründlicher Überprüfung keinerlei Verschmutzung durch Ethyl-Fluid festgetellt worden war, in den für sie vorgesehenen Schrank zu hängen. Andernfalls muß sie unverzüglich gereinigt werden. Die Arbeiter sollen sofort baden und ihre Ausgehkleidung wieder anziehen.

D. Vermischen des Ethyl-Fluids mit Benzin.

1. Wenn eine Mischung mit Hilfe des Vorrat- (Wiege-) Tanks vorgenommen werden soll, ist es nicht nötig, daß Schutzkleidung angezogen wird oder daß die Mischarbeiter hinterher baden, vorausgesetzt, daß nicht ein unvorhergesehenes Ereignis eine Berührung mit Ethyl-Fluid mit sich gebracht hat. Für jeden Notfall jedoch müssen saubere Schutzkleidung und saubere Gasmasken zur Hand sein. Es muß mit aller Sorgfalt jeder Möglichkeit einer Berührung mit Fluid durch die Haut oder durch Einatmen seiner Dämpfe nachgespürt werden.

2. Wenn Umstände eintreten, die die Notwendigkeit des Anlegens von Schutzkleidung und Gasmasken mit sich bringen, haben die Arbeiter die allgemeinen Vorschriften über Schutzkleidung, Baden und Behandlung der Ausrüstung zu befolgen.

3. Aller Farbstoff, der benötigt wird, um die Farbe der fertigen Mischung auf das richtige Maß zu bringen, muß außerhalb des Misch- und Lagerraums vorbereitet und so gehandhabt werden, daß weder der Zementboden noch die Kleidung befleckt wird, so daß alle etwaigen Flecke auf der Mischapparatur, dem Boden und der Schutzkleidung der Arbeiter einwandfrei als lediglich von Ethyl-Fluid herrührend erkannt werden können. Farbstofflösungen oder Zumischungen von Inhibitoren dürfen nicht durch die Rohrleitungen innerhalb der Mischanlage geleitet werden.

E. Unterhaltung der Einrichtung, Reparatur von Undichtigkeiten und Notmaßnahmen.

1. Die Apparatur zur Lagerung und Verarbeitung von Ethyl-Fluid innerhalb des Gebäudes ist so entworfen, daß sie zu jeder Zeit ein geschlossenes System darstellt. Nur wenn sie vollständig geschlossen gehalten wird, kann sie in dem Gebäude, in welchem sie aufgestellt ist, mit Sicherheit bedient werden. Demgemäß schafft ein Auftreten von Undichtigkeiten oder die Notwendigkeit von Reparaturen eine Lage, die außergewöhnliche Vorsicht und ein besondersartiges Vorgehen erfordert.

2. Alle Undichtigkeiten oder notwendig werdenden Reparaturen müssen unverzüglich der Ethyl G. m. b. H. oder einem bevollmächtigten Vertreter dieser Gesellschaft gemeldet werden. Keine Reparaturarbeit darf ausgeführt werden, ehe ein Vertreter der Ethyl G. m. b. H. zugegen ist, oder ehe er Erlaubnis und die nötigen Anweisungen gegeben hat.

3. Unter keinen Umständen darf der Ethyl-Fluid-Vorrat- (Wiege-) Tank durch das Misch- oder Schlosserpersonal der Anlage geöffnet werden.

4. Im Falle irgendeines Auslaufens von Ethyl-Fluid aus den Fässern oder aus Leitungen oder aus dem Vorrattank der Mischanlage muß das Gebäude

unverzüglich von allen Personen geräumt werden, die nicht mit der vorschriftsmäßigen Schutzkleidung sowie mit Gasmasken versehen sind. Jede Berührung mit Fluid und jedes Einatmen seiner Dämpfe ist mit der äußersten Sorgfalt zu vermeiden.

5. Alles innerhalb des Misch- und Lagerraums verschüttete oder ausgetropfte Ethyl-Fluid oder mit Benzin verdünnte Fluid ist fortzuwaschen, indem die betroffene Fläche reichlich mit Petroleum und darauf mit großen Mengen Wasser abgespült wird.

6. Rohrleitungen und andere Apparaturteile, die im Verfolg einer Reparatur oder Auswechslung endgültig ausgebaut wurden, müssen an einem entlegenen Ort bis auf Rotglut ausgebrannt und vergraben werden.

7. Werkzeuge, die mit Ethyl-Fluid in Berührung kamen, müssen mit Petroleum sauber abgewaschen werden.

Die nachstehend in Abschnitt IV enthaltenen Vorschriften stellen Mindestforderungen für den gefahrlosen Umgang mit Ethyl-Fluid in Laboratorien dar. Sie müssen dem Laboratoriums-Personal überall, wo mit Ethyl-Fluid gearbeitet wird, zur Kenntnis gebracht werden, es sei denn, daß durch die verantwortlichen Stellen der Kraftstoffgesellschaft bereits genaue Anweisungen gegeben worden sind.

IV. Vorschriften für den Umgang mit Ethyl-Fluid in Laboratorien.

A. Ethyl-Fluid und dessen konzentrierte Mischungen mit Benzin oder Benzol, gleichviel um welche Mengen es sich handelt, müssen vom Laboratoriums-Personal mit denselben Vorsichtsmaßregeln behandelt werden, wie sie für die auf den Mischanlagen beschäftigten Leute gelten. Der Umgang mit Ethyl-Fluid sollte nur Chemikern oder Personen, die mit Laboratoriumsarbeiten gründlich vertraut sind, gestattet sein.

B. Alle im Laboratorium beschäftigten Leute, wie Laboratoriumsdiener, Hilfskräfte usw., die auf Grund ihrer Tätigkeit zufällig mit Ethyl-Fluid oder seinen konzentrierten Lösungen in Berührung kommen können, müssen genaue Anweisungen über die Verhütung von Gesundheitsschäden erhalten.

C. Ethyl-Fluid oder dessen konzentrierte Lösung soll im Laboratorium nie in großen Mengen verarbeitet werden.

D. Ethyl-Fluid, das für Laboratoriumszwecke benutzt wird, muß in geschlossenen Behältern in einem verschließbaren, gut gelüfteten Raum aufbewahrt werden, der nur den für seine Verwendung verantwortlichen Personen zugänglich ist.

E. Berührung mit der bloßen Hand muß vermieden werden. Durch vorsichtiges Umgehen unter Verwendung von einwandfreien Gummihandschuhen, falls mit Ethyl-Fluid benetzte Gegenstände angefaßt werden müssen, ist die Haut gegen Ethyl-Fluid zu schützen.

F. Das Einatmen von Dämpfen soll dadurch vermieden werden, daß mit Ethyl-Fluid oder dessen konzentrierter Lösung nur unter einem Abzug gearbeitet wird, der durch eine seitwärts oder abwärts gerichtete Absaugvorrichtung gründlich gelüftet wird.

G. Ethyl-Fluid-Behälter oder Einrichtungsgegenstände, die durch Ethyl-Fluid verunreinigt sind, dürfen nicht herumliegen, sondern sind in dem Abzug aufzubewahren. Die Entlüftungsvorrichtung muß so lange im Betrieb sein, bis die Gegenstände gereinigt oder sonstwie unschädlich gemacht sind.

H. Wird Ethyl-Fluid auf die Haut, die Kleidung, den Boden, den Tisch oder auf andere Laboratoriums-Einrichtungen verspritzt, so müssen diese sofort gereinigt werden. Man wasche die Haut gründlich mit Petroleum oder Benzin und darauf mit Wasser und Seife. Befleckte Kleidung muß sofort ausgezogen und des öfteren mit Benzin oder nicht brennbaren Reinigungsmitteln ausgewaschen werden. Schuhe und andere Ledergegenstände können nicht gereinigt werden und sind zu verbrennen. Fußboden und Geräte müssen erst gründlich mit Petroleum oder einem anderen geeigneten Lösungsmittel und dann mit Wasser und Seife gereinigt werden. Lappen, Putzwolle oder andere zum Aufwischen von Ethyl-Fluid benutzte Dinge sind sofort zu verbrennen oder anderweitig zu zerstören.

I. Auch bei Herstellung kleiner Mischungen außerhalb des Laboratoriums unter Verwendung von Liter-Kannen muß Ethyl-Fluid von den Laboratoriums-Angestellten mit den gleichen Vorsichtsmaßnahmen, wie für Mischanlagen gültig, gehandhabt werden. Dies gilt gleicherweise für die Verwendung von Ethyl-Fluid zu irgendwelchen anderen Zwecken. Jede Mischtätigkeit ist streng auf befugte Prüfversuche zu beschränken. In all diesen Fällen müssen Gasmasken, Schürzen und Handschuhe aus Gummi getragen werden. Der Gesichtsteil der Maske muß aus Gummi bestehen und das ganze Gesicht, also Augen, Nase und Mund bedecken. Die Gasmaske muß mit Augengläsern aus splitterfreiem Glas, einem aus Gummi bestehenden Luftschlauch zum Atmen und einer von dem Gesichtsteil getrennten Filterbüchse mit mindestens 500 ccm hochgradig aktiver Holzkohle versehen sein. Die Schürze muß aus schwerem Gummi oder aus gummiertem Tuch bestehen. Die Handschuhe sollen unzerreißbar, doch genügend weich sein, daß die Leute die feinen Laboratoriumsarbeiten ungehindert ausführen können.

Die nachstehenden Vorschriften in Abschnitt V enthalten Mindestforderungen zur Verhütung von Bleivergiftung beim Reinigen von Tanks, die zum Lagern von Bleibenzin verwendet wurden. Sie sollen die Vorschriften der Benzinfabriken und Kraftstoffgesellschaften zur Verhütung der Bildung von Benzindämpfen in Benzintanks ergänzen und laufen diesen auf keinen Fall zuwider. Die üblichen Vorschriften für das Reinigen von Benzintanks bieten jedoch keine Sicherheit gegen Schlamm und Krusten in Tanks, die für Bleibenzin benutzt worden sind. Die nachstehenden Vorschriften müssen daher hinzugefügt werden und ebenso wie die üblichen Vorschriften für Benzintanks den Arbeitern, die die Tanks reinigen, vollkommen bekannt sein. Ihre Befolgung ist seitens der Betriebsleitung strengstens durchzusetzen.

V. Anweisungen für die Reinigung von Tanks, die für das Mischen und Lagern von Bleibenzin in Benzinfabriken und Tankanlagen verwendet wurden.

A. Der jeweils zu reinigende Teil der inneren Wand und des Bodens der Tanks muß während des Reinigungsvorganges feucht gehalten werden, um das Einatmen von Staub zu verhindern.

B. Alle Arbeiter, die die Tanks betreten, müssen Druckluftmasken tragen.

C. Alle Arbeiter müssen allseitig geschlossene Anzüge (Kesselanzüge) sowie Hemden, Unterkleidung, Socken und starke säurefeste Handschuhe in tadellosem Zustande tragen, ferner einwandfreie Gummistiefel.

D. Zum Einnehmen der Mahlzeiten muß die Kleidung gewechselt und Gesicht und Hände gewaschen werden. Bei Schluß der Arbeit muß die Kleidung wiederum gewechselt und eine Dusche genommen werden. Kein Kleidungsstück darf länger als einen Tag, ohne gewaschen zu sein, getragen werden. Die Gummistiefel und Handschuhe sind ebenfalls täglich zu säubern. Ist die Kleidung irgendwie von dem auf dem Boden der Tanks befindlichen Schlamm verunreinigt, so muß sie sofort gewechselt werden. Die Werkzeuge sowie die Luftmasken sind täglich zu reinigen.

E. Die Gummischläuche der Luftmaske haben eine begrenzte Lebensdauer und müssen so sauber wie möglich gehalten werden. Sie müssen täglich vor dem Zusammenrollen gereinigt werden, am besten durch gründliches Abspritzen mit Wasser, um anhängenden Schmutz zu beseitigen. Wenn sich in der zugeführten Luft Geruch von Benzin bemerkbar macht, muß die Arbeit sofort unterbrochen werden, bis die Ursache entdeckt oder ein neuer Schlauch angebracht worden ist.

F. Der Schlamm aus dem Tank darf nicht an einer Stelle liegen bleiben, an der irgend jemand damit in Berührung kommen kann. Er muß in nassem Zustand vom Tank weggefahren und an einem Ort vergraben werden, wo er bei etwaigen Erdarbeiten nicht wieder ausgegraben werden kann.

Anmerkung.

Auch Reparaturschlosser und Schweißer müssen diese Vorschriften befolgen, wenn sie in Tanks arbeiten, aus denen Schlamm und Krusten noch nicht entfernt worden sind. Es wird empfohlen, Reparaturen und Schweißarbeiten nicht auszuführen, bevor Schlamm, Krusten und Staub gründlich beseitigt worden sind.